多変数解析関数論

学部生へおくる岡の連接定理

第2版

野口潤次郎

[著]

朝倉書店

序

　本書の表題は，岡潔博士が生涯をかけた一連の論文の題目
"Sur les fonctions analytiques de plusieurs variables"
からとらせていただいた．多変数函数論，多変数複素関数論，多変数複素解析などは概ね同じ意味で用いられる．多変数と言うとき，独立変数が多数になる場合を狭義には意味するが，従属変数が多数になる場合も同様で，本書で解説されるような内容が基礎理論としてどうしても必要になる．一般次元の複素幾何学や複素多様体論においてはもとより，一変数の複素関数論・リーマン面の理論においても少し高度な内容になればこの事情は同じである．それらだけでなく多変数解析関数論は，現代の数学の広い分野にわたり基礎を与える理論となっている．その最も基本的部分は，岡潔により証明された"連接定理"にある．

　本書の目的は，この岡潔の連接定理を学部生向けの複素関数論・複素解析学講義として標準的に学習できるように展開することである．たとえば，佐藤幹夫の超関数論の基礎として連接性の概念とそれに基づく正則凸領域上の岡–カルタンの基本定理は正に基本をなす理論となっている．金子晃氏の「超函数入門」[24] (p. 307) によれば，その目的のためには多項式凸領域で岡–カルタンの基本定理が示されていればよいとのことであるので，本書で言えば第4章までの内容である．この辺までを数学科の標準学習過程の中で講義をすることを考えると，どのような展開が最も適切かを考えた．答えは，これまでの著書の順序でなく，まず初めに岡の連接定理 (第1連接定理) を証明するのが最もやさしく，その上で正則凸領域を扱うのが理論展開上もすっきりする．第4章の正則凸領域上で岡–カルタンの基本定理を証明するところまでは，抽象的な多様体の概念は出てこない．第4章の終わりを講義する頃にはほかの講義で (可微分) 多様体の概念も習うであろう．すると自然に複素多様体，スタイン多様体が導入できる．そうすれば，スタイン多様体上で岡–カルタン理論を容易に学ぶことができる．

　本書では，このような学習上の配慮をできるだけしたつもりである．書き方も，できるだけやさしく理解しやすく書くことを旨とした．標準的な複素解析の本や

講義の後で，すぐに読めるようにするため，他書からの引用は極力避けた．第2章で代数からごく基本的な事項を引用するが，講義で習うか，引用している教科書を見れば容易に理解可能なものと思う．第6章で体の有限次拡大の理論から原始元の存在を引用したが，環論からの結果は全て使用する分は証明を付けた．内容的に，数学科専門課程に入って習う一般位相空間論，一変数複素解析学，群・環・加群の概念などが程よく融合されて非自明に使われ，それまででは到達できない結果を習得できるという点からも，本書で扱われる内容は数学科専門後期課程の中で教えられるに適切なものと思う．

巻末参考書に見られるように，多変数解析関数論について過去複数の著書がすでに出版されている．それぞれ特徴ある専門書である．その中で，本書の位置付けとしては，たとえば L. ヘルマンダーによるヒルベルト空間の理論を用いた $\bar{\partial}$ 方程式の理論のテキスト [Hör] やグラウェルト–レンメルトによる [G-R1]・[G-R2] の前に学ぶべき内容として考えた．本書は [一松]，[西野]，[Gu-R] とは重複するところが多いが全体的な組み立ては異なり，よりやさしくなったと思う．

本書の内容は 1960 年代までに確立したものである．その主要部分は，岡潔の業績であると言って過言ではないだろう．その中核をなすのは，岡の連接定理である．本書でとる立場は，Oka VII (および VIII) の序文にあるそれである．正則関数の連接性 (第 1 連接定理) に立脚すればそれまでの来し方，Oka I〜VI が一望の下に見渡せ，行く先 (凸性の問題，レビ問題 (ハルトークスの逆問題) Oka IX) も指呼の間にある．岡は Oka VII を書く時点で幾何学的イデアル層の連接性 (第 2 連接定理) と正規化層の連接性 (第 3 連接定理) の証明はすでに手中にあった．多くの書において幾何学的イデアル層の連接性 (第 2 連接定理) を H. カルタンの定理とするが，H. カルタンも指摘しているように岡はすでに証明を持っていた．岡はそれを Oka VIII で書き，さらに正規化空間の存在を示す第 3 連接定理を証明する．このような訳で，Oka VII と Oka VIII は一体のもので，岡は重要な三つの連接定理を証明した．第 2 連接定理については，岡の第 1 連接定理の証明を参考にして H. カルタンも独自に証明を与えた，というのが最も妥当な見方であろう．そのような理由により本書ではこれら一体の三つの連接定理を順に

- 岡の第 1 連接定理 (正則関数の芽の層)
- 岡の第 2 連接定理 (幾何学的イデアル層 (解析的集合のイデアル層))
- 岡の第 3 連接定理 (正規化層)

と呼ぶことにした (この事については巻末「連接性について」で，少し詳しく論ずる)．

本書では岡の第1連接定理をまず初めに証明する (第2章). これが, 本書の特徴である. 第1章では一変数関数論からの準備と多変数正則関数の定義をする. 第3章で層のコホモロジー理論を準備する. 第4章で正則凸領域上の岡–カルタンの基本定理を証明する. 終わりに複素多様体の定義をし, スタイン多様体の定義を述べ, スタイン多様体上で岡–カルタンの基本定理を示す.

第5章では正則領域と正則凸領域の同値性を示し, クザンの問題の解決と岡原理を解説する.

第6章は解析的集合を扱う. 解析的集合の構造を調べ, 幾何学的イデアル層の連接性を主張する岡の第2連接定理を証明する. 第2連接定理の結果として解析的集合の特異点集合が再び解析的であることが示される. 次いで複素空間を導入する. 構造層が整閉である正規複素空間を定義し, 岡の第3連接定理である正規化層の連接性を示す. 最後にスタイン空間上の岡–カルタンの基本定理が示される.

第7章では, いよいよレビ問題 (ハルトークスの逆問題) の解決を与える. 岡は2次元の領域の場合を Oka VI (1942) で解決した. 次いで一般次元不分岐被覆領域 (リーマン領域) に対しレビ問題 (ハルトークスの逆問題) を Oka IX で肯定的に解決する. レビ問題 (ハルトークスの逆問題) の解決のために岡が導入した多重劣調和関数 (Oka VI) を定義し, その性質を調べる. それを用いて擬凸領域を定義し, 後で使う L. シュヴァルツのフレッシェ位相空間に関する有限次元性定理を証明する.

このレビ問題 (ハルトークスの逆問題) については, 岡は Oka VII の序文で連接定理のこの問題への適用を示唆している (この部分は, 残念ながら H. カルタンの手による修正により削除されてしまったが). さらに, Oka VIII (1951) の序文第一文で, 一般次元の $\mathbf{C}^n$ 上の不分岐被覆領域について 1943 年にある研究報告のために高木貞治東大教授宛に日本語でその解決をすでに書き送ったと記している. この研究報告の論文は, 手書きの完成されたものが残っており, 奈良女子大学付属図書館の "岡潔文庫"[46] で見ることができる (岡潔先生遺稿集第一集 7, 1943 年 12 月 12 日付).

Oka VIII の時点までは, 岡はレビ問題を分岐被覆領域の場合に解けると信じて一連の3連接定理の論文を書いていた. しかしながら, 岡は不分岐領域の場合に限定して解決する Oka IX を書く (後年, 分岐の場合は反例が現れ, この選択の正しかったことがわかる).

第7章では, 初めに領域を扱い, 次にリーマン領域を扱う. 証明手法としては, H. グラウェルトによる強擬凸領域上の連接層コホモロジーの有限次元性を用いる

ものである．このH.グラウェルトの有限次元性定理は応用が広い．

最後の第8章は，連接層のコホモロジーの有限次元性定理としてコンパクト複素多様体上のカルタン–セールの定理と強擬凸領域上のH.グラウェルトの定理を第7章での扱いよりも一般化した状況で証明する．最後にH.グラウェルトの定理の応用として小平の埋め込み定理を証明する．岡の連接定理の延長線上で小平–ホッジ理論と複素射影的代数幾何学における基本定理である小平の埋め込み定理の証明が与えられることは，岡の連接性の柔軟な潜在的力を示すものとして素晴しい．

読む上で第7章・第8章では，第6章からの引用はあまりない．したがって，第6章をとばして第7・8章を読むことは可能である．また，解析的集合や複素空間の基礎事項について学習したい読者は，第1章・第2章・第6章と読み進むことも可能である．

本書は，著者が東京大学理学部数学科・大学院数理科学研究科で10年ほど前から断続的に行ってきた講義がもとになっている．講義ノートを原稿にする段階で内容に目を通していただき適切な助言をいただいた風間英明氏，高山茂晴氏，岡潔博士の論文・資料について多くの助言をいただいた山口博史氏の三氏に深く感謝の意を表します．書き進める中で，何かとお世話になった東大数理での月曜セミナーの皆さんと文献について貴重な助言をいただいた研究上の同僚の方々に深く感謝いたします．この間，金沢大学，九州大学，東京工業大学で集中講義をおこなった．特に九州大学での講義は，大いに役に立った．お世話になった神本丈氏に記して感謝したい．最後に，巻末の「余録」に収録した岡潔先生の写真掲載について御快諾いただいた岡熙哉氏と大変お世話になった武内章氏に篤く御礼申しあげます．

　　平成24年 秋　駒場にて

第2版によせて

先人の種々の工夫にもかかわらずこれまでかなり煩雑な手続きで証明されていたH.カルタンの行列分解定理(融合定理)とL.シュヴァルツの有限次元性定理の証明が，初版の出版後に大幅に簡略化されることが判明し，補足として公開されてきた．また，英語版の出版もあり，内容にいくつか補充したい部分も出てきた．それらを全て取り込み，版を更新して出版することになった．初版に比して主な変更点は次の3項目である．

(i) 岡の第 1 連接定理の証明 (定理 2.5.1).
 (ii) H. カルタンの行列分解補題の証明 (補題 4.2.5).
 (iii) L. シュヴァルツの有限次元性定理の証明 (定理 7.3.19).
その他，代数の初等的な部分や微分形式の導入部分，例など追加・補筆した．

 (i) は，拙著[33] に基づくもので，生成元の取り方に工夫を加え証明をより自然にした．(ii) では行列のノルム評価を改良し，より単純な方法で証明を簡易化した．(iii) は，初版では約 23 頁費やしていたものが，本改訂版ではバナッハの開写像定理の証明を入れても 8 頁に縮まった．全体としては，初版より約 25 頁増えているので，約 40 頁分が加筆されたことになる．

 本書を十数年前から企画し始めて，初版では上述の三点が著者にとって満足のいかない部分として残っていたが，今回それらが全て解消した．この間，阿部誠氏，濵野佐知子氏，山ノ井克俊氏，そして東大数理・月曜セミナーのメンバーとの種々の議論には大いに助けられた．深く感謝するところである．また初版以来，本第 2 版の出版について朝倉書店編集部には大変お世話になった．記して感謝したい．

平成 30 (2018) 年 秋　鎌倉にて

ことわり

(i) 自然数 (正整数) の集合 $\mathbf{N}$，整数の集合 $\mathbf{Z}$，有理数の集合 $\mathbf{Q}$，実数の集合 $\mathbf{R}$，複素数の集合 $\mathbf{C}$，虚数単位 i 等は慣習に従って用いている．$\mathbf{Z}_+$ で非負整数の集合を表す．

(ii) $A := \cdots$ という書き方で，新しい記号 A を右辺 $\cdots$ で定めていることを表す．

(iii) 本書では，環，体は可換とし，$1 \neq 0$ を含むとする．体 k に対し $k^* = k \setminus \{0\}$ と記す．

(iv) ある環の元を係数とする多項式で最高次の係数が 1 であるものを，モニック多項式と呼ぶ．

(v) 定理や式の番号は区別せず統一的に現れる順に従って付けられている．ただし，式は (1.1.1) のように括弧で括られている．1番目の数字は章を表し，2番目の数字は節を表す．

(vi) 単調増加，単調減少という場合，等しい場合も含める．たとえば，関数列 $\{\varphi_\nu(x)\}_{\nu=1}^\infty$ が単調増加とは，定義域内の任意の x に対し $\varphi_\nu(x) \leq \varphi_{\nu+1}(x)$, $\nu = 1, 2, \ldots$，が成立することである．

(vii) 近傍は，特にことわらない限り開集合とする．

(viii) 関数や写像 f が空間 X で定義されているとき，その部分集合 $Y \subset X$ への制限を $f|_Y$ で表す．

(ix) 位相空間 X 上の (一般には，ベクトル値) 関数 f の台，$\mathrm{Supp}\, f$ とは，集合 $\{x \in X;\ f(x) \neq 0\}$ の閉包のことである．

(x) 局所コンパクト空間の間の写像 $f : X \to Y$ が固有 (proper) とは，任意のコンパクト部分集合 $K \subset Y$ に対し逆像 $f^{-1}K$ がコンパクトであることをいう．また一点 $y \in Y$ の f による逆像を $f^{-1}y$ と書く．

(xi) 多様体は，特に断らなければ連結とする．

(xii) 特に断らない限り**領域**とは，$\mathbf{C}^n$ ($n \in \mathbf{N}$) の連結開集合のことである．

(xiii) 記号 $\Subset$ は，相対コンパクトであることを意味する．たとえば，$\Delta(a; r) \Subset U$ は，閉包 $\overline{\Delta(a; r)}$ が U 内でコンパクトであることを意味する．

(xiv) $O(1), O(\|z\|), o(1), o(\|z\|)$ 等はランダウの記法に従う．

(xv) 有限集合 S に対し，その元の個数を $|S|$ で表す．

(xvi) 写像 $f : X \to Y$ が，1対1のとき**単射**と呼ぶ．記号 $X \hookrightarrow Y$ は単射を表す．$f : X \to Y$ が上への写像 ($f(X) = Y$) であるとき**全射**と呼ぶ．

(xvii) 可微分多様体の開集合 U 上の, k 階連続偏微分可能関数の全体を $C^k(U)$ と書く. C^k 級とは, k 階連続偏微分可能であることを意味する. $C_0^k(U)$ は, 台がコンパクトな $C^k(U)$ の元の全体を表す.

目　　次

1. 正 則 関 数 1
   1.1 一変数正則関数 1
   1.2 多変数正則関数 4
       1.2.1 多変数正則関数の定義 4
       1.2.2 モンテルの定理 10
       1.2.3 近 似 定 理 11
       1.2.4 解 析 接 続 12
       1.2.5 陰関数定理 16
   1.3 層 20
       1.3.1 層 の 定 義 20
       1.3.2 前　　層 22
       1.3.3 色 々 な 層 25

2. 岡の第1連接定理 31
   2.1 ワイェルストラスの予備定理 31
   2.2 正則局所環 37
       2.2.1 代数からの準備 37
       2.2.2 $\mathcal{O}_{n,a}$ の性質 40
   2.3 解 析 的 集 合 43
   2.4 連　接　層 45
   2.5 岡の第1連接定理 49

3. 層のコホモロジー 60
   3.1 完　全　列 60
   3.2 テンソル積 61
       3.2.1 テンソル積の復習 61

		3.2.2 層のテンソル積	63
	3.3	連接層の完全列	64
	3.4	層のコホモロジー	68
		3.4.1 チェック コホモロジー	68
		3.4.2 長 完 全 列	73
		3.4.3 層の分解とコホモロジー	78
	3.5	ド・ラーム コホモロジー	84
		3.5.1 微分形式と外積	85
		3.5.2 実 領 域	87
		3.5.3 複 素 領 域	90
	3.6	ドルボー コホモロジー	92
	3.7	クザンの問題	97
		3.7.1 クザン I 問題	97
		3.7.2 クザン II 問題	99

4. 正則凸領域と岡–カルタンの基本定理 105

	4.1	正則凸領域	105
	4.2	カルタンの融合補題	109
		4.2.1 行列・行列値関数	109
		4.2.2 H. カルタンの行列分解	112
		4.2.3 融 合 補 題	116
	4.3	岡の基本補題	118
		4.3.1 証明の手順	118
		4.3.2 岡 分 解	120
		4.3.3 岡の基本補題	124
	4.4	岡–カルタンの基本定理	128
	4.5	スタイン多様体と岡–カルタンの基本定理	139
		4.5.1 複素多様体	139
		4.5.2 スタイン多様体	142

5. 正 則 領 域 147

	5.1	正 則 包	147
	5.2	ラインハルト領域	151

5.3　正則領域と正則凸領域 ･････････････････････････････････････ 160
5.4　正則領域と近似列 ･･ 166
5.5　クザンの問題と岡原理 ････････････････････････････････････ 173
　　5.5.1　クザンI問題 ･･ 173
　　5.5.2　クザンII問題 ･･･････････････････････････････････････ 175
　　5.5.3　岡　原　理 ･･ 179
　　5.5.4　エルミート正則直線束 ････････････････････････････ 184
　　5.5.5　K. スタインの例 ･･････････････････････････････････ 187
　　5.5.6　岡　の　例 ･･ 189
　　5.5.7　セールの例 ･･ 191
　　5.5.8　単連結スタイン多様体上の非可解クザンII分布の例 ････････ 192

6. 解析的集合と複素空間 ･････････････････････････････････････ 197
6.1　準　　備 ･･･ 197
　　6.1.1　代数的集合 ･･･ 197
　　6.1.2　解析的集合 ･･･ 199
　　6.1.3　通常点と特異点 ･･･････････････････････････････････ 200
　　6.1.4　有限写像 ･･ 201
6.2　解析的集合の芽 ･･ 202
6.3　代数的基本事項 ･･ 207
6.4　正則局所環のイデアル ････････････････････････････････････ 211
6.5　岡の第2連接定理 ･･ 225
　　6.5.1　幾何学的イデアル層 ･･･････････････････････････････ 225
　　6.5.2　特異点集合 ･･ 229
　　6.5.3　ハルトークスの拡張定理 ････････････････････････ 231
　　6.5.4　解析的集合上の連接層 ････････････････････････････ 231
6.6　解析的集合の既約分解 ････････････････････････････････････ 232
6.7　有限正則写像 ･･ 237
6.8　解析的集合の接続 ･･･ 246
6.9　複　素　空　間 ･･･ 248
6.10　正規複素空間と岡の第3連接定理 ････････････････････････ 252
　　6.10.1　正規複素空間 ･････････････････････････････････････ 252
　　6.10.2　普遍分母 ･･･ 255

6.10.3　非正規点集合の解析性 259
　　　6.10.4　岡の正規化と第3連接定理 261
　6.11　正規複素空間の特異点 265
　　　6.11.1　極大イデアルの階数 265
　　　6.11.2　正規空間の特異点集合は余次元2以上 267
　6.12　スタイン空間と岡–カルタンの基本定理 270

7. 擬凸領域と岡の定理 274
　7.1　多重劣調和関数 274
　　　7.1.1　劣調和関数 274
　　　7.1.2　多重劣調和関数 285
　7.2　擬 凸 領 域 293
　7.3　L. シュヴァルツの定理 297
　　　7.3.1　線形位相空間 297
　　　7.3.2　フレッシェ空間 299
　　　7.3.3　L. シュヴァルツの有限次元性定理 303
　7.4　岡 の 定 理 306
　7.5　リーマン領域上の岡の定理 312
　　　7.5.1　リーマン領域 312
　　　7.5.2　擬 凸 性 316
　　　7.5.3　強擬凸領域 321

8. 連接層コホモロジーと小平の埋め込み定理 333
　8.1　連接層の切断空間の位相 333
　　　8.1.1　$\mathbf{C}^n$ の領域 333
　　　8.1.2　複素多様体 338
　　　8.1.3　複 素 空 間 338
　8.2　カルタン–セールの定理 343
　8.3　正直線束とホッジ多様体 344
　8.4　グラウェルトの定理 346
　　　8.4.1　強擬凸領域 346
　　　8.4.2　正 直 線 束 347
　8.5　小平の埋め込み定理 349

連接性について ………………………………………………… 355

余　　　録 …………………………………………………… 365

参考書・文献 …………………………………………………… 373

一 般 索 引 …………………………………………………… 379

記 号 索 引 …………………………………………………… 383

1

正 則 関 数

一変数関数論の基本事項を復習し，多変数正則関数の定義をする．変数が2以上になったことによる固有の性質としてハルトークス現象を説明し，正則凸性の概念が必然的に現れることを見る．後半では，基本概念である層を導入する．

1.1 一変数正則関数

$z = x + iy$ $(x, y \in \mathbf{R})$ で複素平面 $\mathbf{C}$ の複素座標を表す．$\Re z := x$, $\Im z := y$ をそれぞれ z の実部，虚部と呼ぶ．この節では，U は $\mathbf{C}$ の開集合を表し，連結開集合を領域と呼ぶ．記号 $\Omega \Subset U$ で Ω は，U の相対コンパクト部分集合を表す．関数は，特に断らない限り複素数値である．

定義 1.1.1 関数 $f : U \to \mathbf{C}$ が正則関数または解析関数であるとは，任意の点 $z \in U$ で次の極限が存在することである．
$$f'(z) = \lim_{h \to 0} \frac{f(z+h) - f(z)}{h}.$$
$f'(z)$ を複素微係数と呼び，$f(z)$ から $f'(z)$ をとる演算を複素微分と呼ぶ．関数として $f'(z)$ は，$f(z)$ の導関数と呼ばれる．

U 上の正則関数の全体を $\mathcal{O}(U)$ と書く．$\mathcal{O}(U)$ は 1 ($\neq 0$) を含む可換環をなす．正則関数の合成は，正則である．

定理 1.1.2 (コーシーの定理) $f : U \to \mathbf{C}$ を正則関数とする．$\Omega \Subset U$ を開部分集合で，境界 $\partial \Omega$ が有限個の区分的 C^1 級曲線からなるとする．このとき次が成立する．
$$\int_{\partial \Omega} f(\zeta) d\zeta = 0,$$

$$f(z) = \frac{1}{2\pi i}\int_{\partial\Omega}\frac{f(\zeta)}{\zeta - z}d\zeta, \qquad z \in \Omega.$$

$a \in \mathbf{C}$ を中心とする半径 $r > 0$ の開円板を

$$\Delta(a;r) = \{z \in \mathbf{C}; |z - a| < r\}$$

と書き,その閉包 $\overline{\Delta(a;r)}$ を閉円板と呼ぶ.$\Delta^*(a;r) = \Delta(a;r) \setminus \{a\}$ を穴あき円板とする.

正則関数 $f \in \mathcal{O}(\Delta(a;r))$ は,次のように巾級数展開される.

(1.1.3) $\qquad f(z) = \sum_{\nu=0}^{\infty} c_\nu (z-a)^\nu, \qquad z \in \Delta(a;r).$

この右辺は,広義一様絶対収束,つまり $\sum_{\nu=0}^{\infty} |c_\nu(z-a)^\nu|$ が広義一様収束している.これより,$f(z)$ は C^∞ 級であることがわかる.

C^1 級の関数 $f(z)$ の反正則偏微分を

$$\frac{\partial f}{\partial \bar{z}} = \frac{1}{2}\left(\frac{\partial f}{\partial x} - \frac{1}{i}\frac{\partial f}{\partial y}\right)$$

と定義する.

注意 1.1.4 変数 $z = x + iy$ の複素数値関数 $f(z) = f(x,y) = u(x,y) + iv(x,y)$ に関するいわゆるコーシー–リーマン (Cauchy–Riemann) 方程式は,$\partial f/\partial \bar{z} = 0$ と同値である.

命題 1.1.5 $f \in \mathcal{O}(U)$ であることと f は U 上の C^1 級関数で $\partial f/\partial \bar{z} = 0$ であることは同値である.

定理 1.1.6 (リーマンの拡張定理) 穴あき円板上の正則関数 $f \in \mathcal{O}(\Delta^*(a;r))$ が,中心 a の周りで有界ならば $\tilde{f} \in \mathcal{O}(\Delta(a;r))$ が存在して $\tilde{f}|_{\Delta^*(a;r)} = f$ となる.

二つの領域 $\Omega_i, i = 1, 2$ があり Ω_1 上の正則関数 f が Ω_2 に値を持つとする.$f: \Omega_1 \to \Omega_2$ が写像として全単射であるとき逆 $f^{-1}: \Omega_2 \to \Omega_1$ も正則になる.このとき,$f: \Omega_1 \to \Omega_2$ を双正則写像と呼ぶ.

一変数複素関数論の "一致の定理" や "解析接続" は既知とする.留数定理以降の三大重要事項としては,次が挙げられるであろう (たとえば巻末参考書 [野口] を参照.(ii) と (iii) については本書定理 5.5.1,および定理 5.5.4 も参照)[1].

---

[1] 結果的に本書でミッターク-レッフラーの定理とワイエルストラスの定理も証明されることになる.歴史的にはもちろん一変数の場合はずっと先に証明されていた.

1.1.7 (i) リーマン (Riemann) の写像定理.
(ii) ミッターク-レッフラー (Mittag-Leffler) の定理.
(iii) ワイェルストラス (Weierstrass) の定理.

ワイェルストラスのペー関数 (二重周期有理型関数) は (ii) の特別な場合, $\sin z, \cos z$ や Γ 関数の無限積表示などは, (iii) の特別な場合である.

後に使うものもあるので, もう少し詳しく述べよう.

定理 1.1.8 (リーマンの写像定理) $\mathbf{C}$ の単連結領域 Ω を考える. $\Omega \neq \mathbf{C}$ ならば, 双正則写像 $\varphi : \Omega \to \Delta(0; 1)$ が存在する.

1.1.7, (ii) (iii) の証明では要所でルンゲの近似定理が使われる. 単連結領域では次のように述べられる.

定理 1.1.9 (ルンゲの定理) $\Omega \subset \mathbf{C}$ は単連結領域, $f \in \mathcal{O}(\Omega)$ とする. すると f は, Ω の任意のコンパクト部分集合上, 多項式で一様近似される.

1.1.7, (iii) の帰結として次の重要な事実が得られる.

定理 1.1.10 任意の領域 U に対し, それを存在域とする正則関数 $f \in \mathcal{O}(U)$ が存在する. すなわち, f は U の境界 ∂U のいかなる点 $a \in \partial U$ でも, a を含む近傍へ解析接続できない.

証明 U 内の離散点列 $\{z_\nu\}_{\nu=1}^\infty$ で境界 ∂U の全ての点を集積点とするものをとる. ワイェルストラスの定理により, 各 z_ν で 1 位の零を持ち, $\{z_\nu\}$ 以外では零をとらない正則関数 $f \in \mathcal{O}(U)$ が存在する. f が, もしある点 $a \in \partial U$ の近傍で正則な関数に解析接続されるとすると, f は, a に集積する点列上零をとるので, 一致の定理により恒等的に $f(z) = 0$ となり, 矛盾を得る. したがって, f は U を存在域とする. □

このように一般の正則または有理型関数について 1.1.7 (ii), (iii) は, 含むところが多い. 一般に与えられた点で与えられた値を持つ関数を作る問題を補間問題と呼ぶ. これについて 1.1.7 (ii), (iii) から, 次のような定理も従う ([野口] p. 264 問題 2 を参照).

定理 1.1.11 (補間定理) 任意の領域 U に離散点列集合 $\{P_\nu\}_{\nu=1}^\infty$ をとる. 次に任意の複素数列 $\{A_\nu\}_{\nu=1}^\infty$ を与える. すると, 正則関数 $f \in \mathcal{O}(U)$ で,

$$f(\mathrm{P}_\nu) = A_\nu, \ {}^\forall \nu = 1, 2, \ldots$$

を満たすものが存在する.

証明 まず与えられた点集合 $\{\mathrm{P}_\nu\}_\nu$ で1位の零をとり $\{\mathrm{P}_\nu\}_\nu$ 以外では零点を持たない正則関数 $g(z) \in \mathcal{O}(U)$ をとる (ワイェルストラスの定理 5.5.4 を参照). $g'(\mathrm{P}_\nu) = \alpha_\nu (\neq 0)$ とおき, 各 P_ν の周りで次の有理型関数 (主要部) を考える.

$$h_\nu(z) = \frac{A_\nu}{\alpha_\nu(z - \mathrm{P}_\nu)}, \quad \nu = 1, 2, \ldots.$$

ミッターク-レッフラーの定理 (定理 5.5.1 を参照) によりこれらを主要部とする U 上の有理型関数 $h(z)$ がある. $f(z) = g(z)h(z)$ とおく. 作り方から $f \in \mathcal{O}(U)$ であるが, 除ける特異点 P_ν の周りで次の展開が成立する.

$$\begin{aligned} f(z) &= \left(\frac{A_\nu}{\alpha_\nu(z - \mathrm{P}_\nu)} + O(1) \right) \cdot (z - \mathrm{P}_\nu)(\alpha_\nu + O(z - \mathrm{P}_\nu)) \\ &= A_\nu + O(z - \mathrm{P}_\nu). \end{aligned}$$

したがって, $f(\mathrm{P}_\nu) = A_\nu, \nu = 1, 2, \ldots,$ を得る. □

この定理により領域上に正則関数を自由に作ることができ, 正則関数が豊富に存在することがわかる. したがって, これら正則関数をまとめてその一般的性質を研究する意義が生ずることになる.

多変数関数論では, 定理 1.1.10 が破れる. ここから正則領域の概念が生まれ, 正則凸性や擬凸性の概念が出てくる (ハルトークス (Hartogs) の問題 (逆問題), レビ (Levi) 問題). そして正則領域の上で, (ii) と (iii) が成立するかが問題となる (クザン (Cousin) 問題 I, II). 要所でルンゲ (Runge) の近似定理が必要となる点は同じである.

補間定理 1.1.11 も同様で, 2 変数以上になるとこのように自由に正則関数をとることができるかどうかは, 領域の形状によることになる (系 4.4.21 (i) を参照).

岡潔は, これらの問題全てをほとんど独力で解決した (K. Oka[42], 岡潔全集[44]). それが, 本書がこれから述べようとする内容である.

1.2 多変数正則関数

1.2.1 多変数正則関数の定義

n 次元複素ベクトル空間 $\mathbf{C}^n$ の座標を $z = (z_1, \ldots, z_n)$ と書く. テンソル計算が多く現れるときは, 添字を上にして $z = (z^1, \ldots, z^n)$ とする方が便利でわかり

やすくそのように書くこともある．この節では，下添字を使う．各変数の実部と虚部を

$$z_j = x_j + iy_j, \qquad 1 \leq j \leq n$$

と書く．$z = (z_1, \ldots, z_n)$ のノルム $\|z\|$ を次で定義する．

$$\|z\| = \sqrt{\sum_{j=1}^n |z_j|^2}.$$

点 $a \in \mathbf{C}^n$ を中心として半径 $r > 0$ の**超球** (開球，または単に球とも呼ばれる) を次のようにおく．

$$B(a; r) = \{z \in \mathbf{C}^n; \|z - a\| < r\}.$$

この境界 $\partial B(a; r) = \{z \in \mathbf{C}^n; \|z - a\| = r\}$ を**超球面**と呼ぶ．

φ を可微分関数として，ベクトル場を次のようにおく．

(1.2.1) $$\frac{\partial}{\partial z_j} = \frac{1}{2}\left(\frac{\partial}{\partial x_j} + \frac{1}{i}\frac{\partial}{\partial y_j}\right), \quad \frac{\partial}{\partial \bar{z}_j} = \frac{1}{2}\left(\frac{\partial}{\partial x_j} - \frac{1}{i}\frac{\partial}{\partial y_j}\right),$$

$$\frac{\partial \varphi}{\partial z_j} = \frac{1}{2}\left(\frac{\partial \varphi}{\partial x_j} + \frac{1}{i}\frac{\partial \varphi}{\partial y_j}\right), \quad \frac{\partial \varphi}{\partial \bar{z}_j} = \frac{1}{2}\left(\frac{\partial \varphi}{\partial x_j} - \frac{1}{i}\frac{\partial \varphi}{\partial y_j}\right).$$

これらの記号は，本書を通して用いられる．

変数 z_j が $\xi = (\xi_1, \ldots, \xi_m)$ の C^1 級関数 $z_j(\xi) = z_j(\xi_1, \ldots, \xi_m)$ になっているとき，次が成立する．

(1.2.2) $$\frac{\partial \varphi(z(\xi))}{\partial \xi_k} = \sum_{j=1}^n \left(\frac{\partial \varphi}{\partial z_j}(z(\xi)) \cdot \frac{\partial z_j}{\partial \xi_k}(\xi) + \frac{\partial \varphi}{\partial \bar{z}_j}(z(\xi)) \cdot \frac{\partial \bar{z}_j}{\partial \xi_k}(\xi)\right),$$

$$\frac{\partial \varphi(z(\xi))}{\partial \bar{\xi}_k} = \sum_{j=1}^n \left(\frac{\partial \varphi}{\partial z_j}(z(\xi)) \cdot \frac{\partial z_j}{\partial \bar{\xi}_k}(\xi) + \frac{\partial \varphi}{\partial \bar{z}_j}(z(\xi)) \cdot \frac{\partial \bar{z}_j}{\partial \bar{\xi}_k}(\xi)\right).$$

これは，実変数に分けて合成関数の偏微分についてのライプニッツの公式から出る．

定義 1.2.3 開集合 $U \subset \mathbf{C}^n$ 上の関数 $f : U \to \mathbf{C}$ が**正則関数**または**解析関数**であるとは，C^1 級で U 上

(1.2.4) $$\frac{\partial f}{\partial \bar{z}_j} = 0, \quad 1 \leq {}^\forall j \leq n,$$

が成立していることである．

U 上の正則関数の全体を $\mathcal{O}(U)$ と書く．$\mathcal{O}(U)$ は，$1 (\neq 0)$ を持つ環となる．特に，$\mathbf{C}$ 係数の $z_1, \ldots, z_n$ の n 変数多項式は $\mathbf{C}^n$ 上の正則関数となり，その全体を $\mathbf{C}[z_1, \ldots, z_n]$ で表す．また，閉集合 $F \subset \mathbf{C}^n$ に対し

$$\mathcal{O}(F) = \{f \in \mathcal{O}(V); V \text{ は } F \text{ の近傍}\}$$

とおく.

二つの領域 $\Omega_1 \subset \mathbf{C}^n, \Omega_2 \subset \mathbf{C}^m$ の間の正則関数を成分とする写像
$$\varphi : \Omega_1 \to \Omega_2$$
を正則写像と呼ぶ. $g \in \mathcal{O}(\Omega_2)$ に対し合成関数 $f = g \circ \varphi$ をとると (1.2.2) より f も正則であることがわかる.

φ が逆写像 $\varphi^{-1} : \Omega_2 \to \Omega_1$ をもち正則であるとき, φ を双正則写像と呼ぶ. このとき, 後出の定理 1.2.44 で見るように $n = m$ となり, Ω_1 と Ω_2 は正則同型であるという.

$\Omega_1 \subset \mathbf{C}$ を領域とし, $\Omega_1' \Subset \Omega_1$ を部分領域で境界 $C_1 = \partial \Omega_1'$ は有限個の区分的 C^1 級曲線からなるものとする. $U_{n-1} \subset \mathbf{C}^{n-1}$ を開集合とし $U = \Omega_1 \times U_{n-1}$ とする. $f \in \mathcal{O}(U)$ とする. $z_1 \in \Omega_1', z' = (z_2, \ldots, z_n) \in U_{n-1}$ とし変数 z_1 に定理 1.1.2 を使って次を得る:

(1.2.5) $$f(z_1, z') = \frac{1}{2\pi i} \int_{C_1} \frac{f(\zeta_1, z')}{\zeta_1 - z_1} d\zeta_1.$$

これは, z_1 だけではなく, ほかの座標成分 z_j についても同様に成立する.

定義 1.2.6 n 個の領域 $\Omega_j \subset \mathbf{C}$ の直積領域 $\Omega = \Omega_1 \times \cdots \times \Omega_n \subset \mathbf{C}^n$ を柱状領域 (cylinder domain) と呼ぶ. 特に, 各 Ω_j が凸領域であるとき, Ω を凸柱状領域と呼ぶ.

$a = (a_1, \ldots, a_n) \in \mathbf{C}^n$ と $r = (r_1, \ldots, r_n), r_j > 0$ (**多重半径と呼ぶ**) に対し多重円板 (polydisc) を次で定義する.
$$\mathrm{P}\Delta(a; r) = \prod_{j=1}^{n} \Delta(a_j; r_j).$$

$f \in \mathcal{O}(U)$, $\mathrm{P}\Delta(a; r) \Subset U$ とすると各変数に (1.2.5) を逐次使って次を得る.

(1.2.7) $$f(z) = \left(\frac{1}{2\pi i} \right)^n \int_{|\zeta_1 - a_1| = r_1} d\zeta_1 \cdots \int_{|\zeta_n - a_n| = r_n} d\zeta_n \frac{f(\zeta_1, \ldots, \zeta_n)}{\prod_{j=1}^{n} (\zeta_j - z_j)}$$

この積分表示で積分と偏微分の順序交換が可能であることから次がわかる.

命題 1.2.8 正則関数は, C^∞ 級である.

多重添字 $\alpha = (\alpha_1, \ldots, \alpha_n) \in \mathbf{Z}_+^n$ に対して次のようにおく.
$$z^\alpha = z_1^{\alpha_1} \cdots z_n^{\alpha_n}, \quad |\alpha| = \alpha_1 + \cdots + \alpha_n, \quad \alpha! = \alpha_1! \cdots \alpha_n!,$$
$$\partial_j = \frac{\partial}{\partial z_j}, \qquad \partial^\alpha = \partial_1^{\alpha_1} \cdots \partial_n^{\alpha_n}.$$

補題 1.2.9　$0 < \theta < 1$ を固定する．任意の $f \in \mathcal{O}(\mathrm{P}\Delta(a;r))$ と任意の $z \in \overline{\mathrm{P}\Delta(a;\theta r)}$ に対し次が成立する．
$$|\partial^\alpha f(z)| \leq \frac{\alpha!}{(1-\theta)^{|\alpha|+n} r^\alpha} \cdot \sup_{\mathrm{P}\Delta(a;r)} |f|.$$

証明　$\theta r_j < r'_j < r_j, 1 \leq j \leq n$ をとる．$z \in \overline{\mathrm{P}\Delta(a;\theta r)}$ に対し (1.2.7) より次を得る．
$$\partial^\alpha f(z) = \alpha! \left(\frac{1}{2\pi i}\right)^n \int_{|\zeta_1 - a_1| = r'_1} d\zeta_1 \cdots \int_{|\zeta_n - a_n| = r'_n} d\zeta_n \frac{f(\zeta_1, \ldots, \zeta_n)}{\prod_{j=1}^n (\zeta_j - z_j)^{\alpha_j + 1}}.$$
したがって，
$$|\partial^\alpha f(z)| \leq \frac{\alpha! \prod_{j=1}^n r'_j}{\prod_{j=1}^n |r'_j - \theta r_j|^{\alpha_j + 1}} \cdot \sup_{\mathrm{P}\Delta(a;r)} |f|.$$
$r'_j \to r_j$ とすれば，求める式が出る．　□

定理 1.2.10　$U \subset \mathbf{C}^n$ を開集合，$K \Subset U$ をコンパクト部分集合とする．多重添字 $\alpha \in \mathbf{Z}_+^n$ を任意にとるとき，正定数 $C_{K,\alpha}$ が存在して次が成立する．
$$|\partial^\alpha f(z)| \leq C_{K,\alpha} \sup_U |f|, \quad {}^\forall f \in \mathcal{O}(U), \ {}^\forall z \in K.$$

証明　任意の点 $a \in K$ に対し多重円板近傍 $\mathrm{P}\Delta(a;r) \subset U$ をとる．$K \subset \bigcup_{a \in K} \mathrm{P}\Delta(a; \frac{1}{2}r)$ であり，K はコンパクトであるから有限個の $a_\nu \in K, r_\nu > 0, 1 \leq \nu \leq N$ があって（ハイネ–ボレルの定理），
$$K \subset \bigcup_{\nu=1}^N \mathrm{P}\Delta\left(a_\nu; \frac{1}{2}r_\nu\right).$$
補題 1.2.9 で $\theta = \frac{1}{2}$ と取れば，
$$|\partial^\alpha f(z)| \leq \left(\max_{1 \leq \nu \leq N} \frac{2^{|\alpha|+n} \alpha!}{r_\nu^\alpha}\right) \cdot \sup_U |f|.$$
$C_{K,\alpha} = \max_{1 \leq \nu \leq N} \frac{2^{|\alpha|+n} \alpha!}{r_\nu^\alpha}$ とおけばよい．　□

定理 1.2.11（広義一様収束）　$\mathbf{C}^n$ の開集合 U 上の正則関数列 $\{f_\nu\}_{\nu=1}^\infty$ が，U で広義一様収束するならば，その極限関数 f も U で正則である．

証明　$f_\nu \in \mathcal{O}(U), \nu = 1, 2, \ldots,$ を広義一様収束列とする．すると，$\{f_\nu\}$ は U 上の連続関数 f に広義一様収束する．任意の点 $a \in U$ に対し a を中心とする閉多重円板 $\overline{\mathrm{P}\Delta(a;r)} \Subset U$ をとる．(1.2.7) を f_ν に適用して
$$f_\nu(z) = \left(\frac{1}{2\pi i}\right)^n \int_{|\zeta_1 - a_1| = r_1} d\zeta_1 \cdots \int_{|\zeta_n - a_n| = r_n} d\zeta_n \frac{f_\nu(\zeta_1, \ldots, \zeta_n)}{\prod_{j=1}^n (\zeta_j - z_j)},$$

が成立する．$\overline{\mathrm{P}\Delta(a,r)}$ 上一様に $f_\nu \to f\ (\nu \to \infty)$ と収束するから，連続関数 f について

$$f(z) = \left(\frac{1}{2\pi i}\right)^n \int_{|\zeta_1-a_1|=r_1} d\zeta_1 \cdots \int_{|\zeta_n-a_n|=r_n} d\zeta_n \frac{f(\zeta_1,\ldots,\zeta_n)}{\prod_{j=1}^n (\zeta_j - z_j)},$$

$$z \in \mathrm{P}\Delta(a;r)$$

が成立する．積分と偏微分の順序交換ができるから，右辺の積分表示から f は C^∞ 級であることがわかり，さらに

$$\frac{\partial f}{\partial \bar{z}_j}(z) = 0, \qquad z \in \mathrm{P}\Delta(a;r),\ 1 \leq j \leq n$$

となる．よって $f(z)$ は U 上正則である． $\square$

定義 1.2.12 (広義一様絶対収束) U 上の正則関数からなる級数 $\sum_{\nu=1}^\infty f_\nu$ が広義一様絶対収束するとは，$\sum_{\nu=1}^\infty |f_\nu|$ が広義一様収束することを言う．この場合も，極限関数 $f(z) = \sum_{\nu=1}^\infty f_\nu$ は U で正則である．

(1.2.7) の積分核を巾級数展開すると，

$$\frac{1}{\prod_{j=1}^n (\zeta_j - z_j)} = \prod_{j=1}^n \frac{1}{(\zeta_j - a_j)\left(1 - \frac{z_j - a_j}{\zeta_j - a_j}\right)}$$

$$= \prod_{j=1}^n \sum_{\alpha_j=0}^\infty \frac{(z_j - a_j)^{\alpha_j}}{(\zeta_j - a_j)^{\alpha_j+1}}, \quad z \in \mathrm{P}\Delta(a,r).$$

この右辺は積を展開して一列に並べて級数としたとき広義一様絶対収束している．よって項の並べ方によらずに収束し，極限も変わらない．これより，$f(z)$ の巾級数展開が得られる：

(1.2.13) $$f(z) = \sum_\alpha c_\alpha (z-a)^\alpha.$$

この式の右辺の係数について次が成立することがわかる．

(1.2.14) $$\partial^\alpha f(a) = \alpha! \cdot c_\alpha, \qquad c_\alpha = \frac{1}{\alpha!} \partial^\alpha f(a).$$

ν 次同次多項式を $P_\nu(z-a) = \sum_{|\alpha|=\nu} c_\alpha (z-a)^\alpha$ とおくとき，

(1.2.15) $$f(z) = \sum_{\nu=0}^\infty P_\nu(z-a)$$

を f の同次多項式展開と呼ぶ．

関数として $f=0$ と書くとき，f は値 0 の定数関数であることを意味する．

定理 1.2.16 (一致の定理) U を領域，$f \in \mathcal{O}(U)$ とする．

(i) 非空開集合 $U' \subset U$ が存在して制限 $f|_{U'} = 0$ ならば, U 上で $f = 0$ である.

(ii) ある点 $a \in U$ があって, 任意の $\alpha \in \mathbf{Z}_+^n$ に対し $\partial^\alpha f(a) = 0$ ならば, $f = 0$ である.

証明 (i), (ii) を同時に示す. $z \in U$ で, その近傍 V があって $f|_V = 0$ となるような点の全体を Ω とおく. 定義より Ω は開集合である. $a \in \Omega$ ならば, もちろん任意の $\alpha \in \mathbf{Z}_+^n$ に対し $\partial^\alpha f(a) = 0$ が成立する. もし, これが成立していれば, (1.2.13) の表示が成り立っている多重円板 $\mathrm{P}\Delta(a;r)$ 上 $f|_{\mathrm{P}\Delta(a;r)} = 0$ であるから $a \in \Omega$ である.

仮定より Ω は, 非空である. Ω の境界点 $z_0 \in \partial\Omega$ をとる. z_0 に十分近い点 $a \in \Omega$ で, $U \ni \mathrm{P}\Delta(a;r) \ni z_0$ と取る. $f|_{\mathrm{P}\Delta(a;r)}$ は (1.2.13) のように巾級数展開される. 中心の点 $a \in \Omega$ であるから, 全ての係数 $c_\alpha = 0$ となり, したがって, $f|_{\mathrm{P}\Delta(a;r)} = 0$ となる. よって, $z_0 \in \Omega$ が従い, Ω は閉集合である. U は連結であるから, $\Omega = U$ となる. □

系 1.2.17 (i) U が領域ならば, $\mathcal{O}(U)$ は整域環である.

(ii) U を領域, $f \in \mathcal{O}(U), f \neq 0$ とするとき, $V(f) = \{z \in U; f(z) = 0\}$ は内点を含まない.

証明 (i) $f_j \in \mathcal{O}(U), f_j \neq 0, j = 1, 2$ とする. 任意に一点 $a \in U$ をとる. 定理 1.2.16 と (1.2.15) より a の近傍で同次多項式展開を考える:

$$f_j(z) = \sum_{\nu=\nu_j}^{\infty} P_{j\nu}(z-a), \quad P_{j\nu_j}(z-a) \neq 0,$$

となる $\nu_j \in \mathbf{Z}_+, j = 1, 2$ が一意的に決まる. $f(z) = f_1(z)f_2(z)$ の a での同次多項式展開は,

$$f(z) = P_{1\nu_1}(z-a) \cdot P_{2\nu_2}(z-a) + \cdots$$

となる. $P_{1\nu_1}(z-a) \cdot P_{2\nu_2}(z-a) \neq 0$ であるから再び定理 1.2.16 により $f \neq 0$ となる.

(ii) これは, 定理 1.2.16 (i) から直ちに従う. □

(1.2.13) のように正則関数 f が $\mathrm{P}\Delta(a;r)$ で巾級数展開されているとする. 正数 $s_j < r_j$, $1 \leq j \leq n$ をとり, $z_j = a_j + s_j e^{i\theta_j}, 0 \leq \theta_j \leq 2\pi$ において $|f(a_1 + s_1 e^{i\theta_1}, \ldots, a_n + s_n e^{i\theta_n})|^2$ の積分を考える. $\int_0^{2\pi} e^{i(\mu-\nu)\theta} d\theta = 2\pi \delta_{\mu,\nu}$ (クロネッカー記号) に注意すると,

$$\text{(1.2.18)} \quad \left(\frac{1}{2\pi}\right)^n \int_0^{2\pi} d\theta_1 \cdots \int_0^{2\pi} d\theta_n |f(a_1 + s_1 e^{i\theta_1}, \ldots, a_n + s_n e^{i\theta_n})|^2$$
$$= \sum_{|\alpha| \geq 0} |c_\alpha|^2 s_1^{2\alpha_1} \cdots s_n^{2\alpha_n} \geq |c_0|^2 = |f(a)|^2$$

を得る.

定理 1.2.19 (最大値原理) U を領域, $f \in \mathcal{O}(U)$ とする. もし $|f(z)|$ が, ある点 $a \in U$ で極大値をとれば, f は定数関数である.

証明 $|f(a)|$ が極大であったとする. するとある多重円板近傍 $\mathrm{P}\Delta(a;r)$ が存在して,

$$\text{(1.2.20)} \quad |f(z)|^2 \leq |f(a)|^2, \quad {}^\forall z \in \mathrm{P}\Delta(a;r)$$

が成立する. $\mathrm{P}\Delta(a;r)$ で $f(z) = \sum c_\alpha (z-a)^\alpha$ と巾級数展開する. (1.2.20) と (1.2.18) より,

$$c_\alpha = 0, \quad {}^\forall |\alpha| > 0$$

となる. 一致の定理 1.2.16 より f は, 定数であることがわかる. □

1.2.2 モンテルの定理

定理 1.2.21 領域 Ω 上の正則関数列 $\{f_\nu\}$ が一様有界ならば, Ω 上で広義一様収束する部分列 $\{f_{\nu_\mu}\}$ が存在し, 極限関数は Ω 上正則である.

証明 任意の ν と $z \in \Omega$ に対し $|f_\nu(z)| \leq M$ とする. 任意のコンパクト部分集合 $K \Subset \Omega$ をとる. K を含む開集合 $U \Subset \Omega$ をとる. $\bar{U}$ に対し定理 1.2.10 を使うと, ある正定数 C が存在して

$$\text{(1.2.22)} \quad |\partial_j f_\nu(z)| \leq CM, \quad z \in \bar{U},\ 1 \leq j \leq n,\ \nu = 1, 2, \ldots.$$

$\delta > 0$ を任意の 2 点 $z, w \in K$ に対し $\|z - w\| < \delta$ ならば

$$tz + (1-t)w \in U, \quad 0 \leq {}^\forall t \leq 1$$

が成り立つようにとっておく. このとき, (1.2.22) とシュヴァルツの不等式より

$$|f_\nu(z) - f_\nu(w)| \leq \left| \int_0^1 \left(\sum_{j=1}^n \partial_j f_\nu(tz + (1-t)w) \cdot (z_j - w_j) \right) dt \right|$$
$$\leq \sqrt{n} CM \|z - w\|, \quad z, w \in K.$$

よって, K 上への制限 $\{f_\nu|_K\}$ は, K 上一様有界かつ同程度連続である. アスコリ–アルゼラの定理により一様収束する部分列がある.

コンパクト集合の増加列 $K_\mu \Subset \Omega$ $(\mu = 1, 2, \ldots)$ を, K_μ° をその内点集合とす

るとき,
$$K_\mu \subset K_{\mu+1}^\circ, \quad \Omega = \bigcup_{\mu=1}^\infty K_\mu^\circ$$
と取る. 関数列 $\{f_\nu\}_\nu$ から K_1 上一様収束する部分列 $\{f_{\nu(\lambda)}^{(1)}\}_\lambda$ をとる. 次に, $\{f_{\nu(\lambda)}^{(1)}\}_\lambda$ から K_2 上一様収束する部分列 $\{f_{\nu(\lambda)}^{(2)}\}_\lambda$ をとる. このようにして, 順次帰納的に部分列 $\{f_{\nu(\lambda)}^{(\mu)}\}_\lambda$ を K_μ 上一様収束するようにとる. 対角線部分列 $\{f_{\nu(\lambda)}^{(\lambda)}\}_\lambda$ をとれば, これは任意の K_μ 上で一様収束する (カントールの対角線論法). つまり部分列 $\{f_{\nu(\lambda)}^{(\lambda)}\}_\lambda$ は, Ω 上で広義一様収束する. $f = \lim_{\lambda \to \infty} f_{\nu(\lambda)}^{(\lambda)}$ の正則性は, 定理 1.2.11 より従う. $\square$

1.2.3　近似定理

これは, 多変数正則関数のルンゲの定理の原型である.

定理 1.2.23 単連結領域 $\Omega_j \subset \mathbf{C}$ を成分とする柱状領域 $\Omega = \prod_j \Omega_j$ と $f \in \mathcal{O}(\Omega)$ をとる. このとき, 任意のコンパクト部分集合 $K \Subset \Omega$ 上 f は, 多項式で一様近似可能である. つまり任意の $\varepsilon > 0$ に対しある多項式 $P_\varepsilon(z_1, \ldots, z_n)$ が存在して,
$$|f(z) - P_\varepsilon(z)| < \varepsilon, \quad z \in K$$
が成立する.

証明 リーマンの写像定理 1.1.8 により, 各 Ω_j について双正則写像 $\psi_j : \Omega_j \to \Delta(0; 1) = U_j$ があるか, または $\Omega_j = \mathbf{C} = U_j$ である. 柱状領域 $U = \prod U_j$ とおけば, 双正則写像 $\psi : \Omega \to U$ がある. (1.2.13) により $f \circ \psi^{-1}(\zeta_1, \ldots, \zeta_n)$ は巾級数展開される:
$$f \circ \psi^{-1}(\zeta_1, \ldots, \zeta_n) = \sum_\alpha c_\alpha \zeta^\alpha.$$
任意の $\varepsilon > 0$ に対し $N \in \mathbf{N}$ を十分大きくとれば,
$$\left| f \circ \psi^{-1}(\zeta_1, \ldots, \zeta_n) - \sum_{|\alpha| \leq N} c_\alpha \zeta^\alpha \right| < \varepsilon, \quad \zeta \in \psi(K).$$
$\zeta_j = \psi_j(z_j)$ を代入すれば
$$\left| f(z_1, \ldots, z_n) - \sum_{|\alpha| \leq N} c_\alpha \psi_1(z_1)^{\alpha_1} \cdots \psi_n(z_n)^{\alpha_n} \right| < \varepsilon, \quad z \in K.$$
K_j を K の z_j 座標への射影とすると, $K_j \Subset \Omega_j$ である. ルンゲの定理 1.1.9 により, $\psi_j(z_j)$ を K_j 上 z_j の多項式 $Q_j(z_j)$ で一様近似可能である. $Q(z) = (Q_1(z_1), \ldots, Q_n(z_n))$ とおけば,

$$\left| f(z_1,\ldots,z_n) - \sum_{|\alpha|\leq N} c_\alpha Q(z)^\alpha \right| < 2\varepsilon, \quad z \in K$$

とできる．$P_\varepsilon(z) = \sum_{|\alpha|\leq N} c_\alpha Q(z)^\alpha$ とおけばよい． $\square$

系 1.2.24 $\Omega \subset \mathbf{C}^n$ を凸柱状領域，$f \in \mathcal{O}(\Omega)$ とする．すると f は任意のコンパクト集合 $K \Subset \Omega$ 上多項式で一様近似可能である．

これは，定理 1.2.23 の特別な場合である．

1.2.4 解析接続

多変数正則関数の解析接続は，一変数の場合と同様に次のように定義される．

定義 1.2.25（解析接続） U, V を $\mathbf{C}^n$ の開集合で V は連結とし，$f \in \mathcal{O}(U), g \in \mathcal{O}(V)$ があるとする．$U \cap V \neq \emptyset$ とし，W をその一つの連結成分とする．もし制限 $f|_W = g|_W$ が成り立つならば，$U \cup V$ 上に一般には多価の正則関数が

$$h(z) = \begin{cases} f(z), & z \in U, \\ g(z), & z \in V \end{cases}$$

と定義される．h を f（または g）の解析接続と呼ぶ．一致の定理 1.2.16 により，h は存在すれば f（または g）に対し一意的だが（**解析接続の一意性**）一価とは限らない．$a \in \partial U \cap V$ のとき，f は a を越えて解析接続されると言う．

$n = 1$ として，任意の領域 $U \subsetneq \mathbf{C}$ を考える．$a \in \partial U$ を任意にとると $f(z) = \frac{1}{z-a}$ は，U 上正則で a を越えて正則に解析接続することはできない．

多変数 $(n \geq 2)$ では，領域 $U \subset \mathbf{C}^n$ の形状により真に大きい領域 $\tilde{U} \supsetneq U$ が存在して，任意の $f \in \mathcal{O}(U)$ が $\tilde{U}$ 上に解析接続されるという現象が起こる．この現象は，一変数では起こらなかったものである．さらには $\tilde{U}$ は一葉領域とは限らない（つまり $\tilde{U}$ が $\mathbf{C}^n$ の一部を複数回覆う）例も存在する．この問題は，第 5 章で詳しく論ずるが，多変数解析関数論の発展の動機付けを与えた重要な焦点であるので，例を一つ挙げて説明する．第 2 章以降の理論展開がどうしてそのような道筋を辿ることになったかを理解する助けにはなると思う．

多変数では一変数の場合の定理 1.1.10 が成立しない例を述べよう．$n \geq 2$ とする．$a = (a_1,\ldots,a_n) \in \mathbf{C}^n$ とし領域 $\Omega_\mathrm{H}(a;\gamma) \subset \mathbf{C}^n$ を次のように定義する．正数の n 組 $\gamma = (\gamma_j)_{1 \leq j \leq n}$ と $0 < \delta_j < \gamma_j, 1 \leq j \leq n$ をとり，

$$(1.2.26) \qquad \Omega_1 = \{z = (z_1,\ldots,z_n) \in \mathbf{C}^n; |z_1 - a_1| < \gamma_1,$$

$$|z_j - a_j| < \delta_j,\ 2 \le j \le n\},$$
$$\Omega_2 = \{z = (z_1, \ldots, z_n) \in \mathbf{C}^n;\ \delta_1 < |z_1 - a_1| < \gamma_1,$$
$$|z_j - a_j| < \gamma_j,\ 2 \le j \le n\},$$
$$\Omega_{\mathrm{H}}(a;\gamma) = \Omega_1 \cup \Omega_2$$

とおく (図 1.1). 任意に $f \in \mathcal{O}(\Omega_{\mathrm{H}}(a;\gamma))$ をとる. $\delta_1 < r_1 < \gamma_1$ を任意にとる.

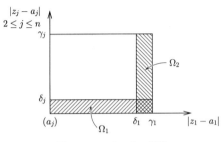

図 1.1 ハルトークス領域

$z = (z_j) \in \Omega_1$, ただし $|z_1 - a_1| < r_1$ に対して次の積分表示が得られる.

(1.2.27) $$f(z) = \frac{1}{2\pi i} \int_{|\zeta_1 - a_1| = r_1} \frac{f(\zeta_1, z_2, \ldots, z_n)}{\zeta_1 - z_1} d\zeta_1.$$

この右辺の被積分関数は, $z \in \Omega_2, |z_1 - a_1| < r_1$ で意味を持ち, 積分表示された関数は, 多重円板

$$\{z = (z_j); |z_1 - a_1| < r_1, |z_j - a_j| < \gamma_j,\ 2 \le j \le n\}$$

内で正則な関数を表す. $r_1 \nearrow \gamma_1$ として, 結局 f は多重円板 $\mathrm{P}\Delta(a;\gamma) = \{z = (z_j); |z_j - a_j| < \gamma_j, 1 \le j \le n\}$ 上の正則関数 $\tilde{f} \in \mathcal{O}(\mathrm{P}\Delta(a;\gamma))$ に一意的に解析接続される. この $\Omega_{\mathrm{H}}(a;\gamma)$ は, a を中心とするハルトークス領域と呼ばれる. 任意の $f \in \mathcal{O}(\Omega_{\mathrm{H}}(a;\gamma))$ は, 一斉に $\tilde{f} \in \mathcal{O}(\mathrm{P}\Delta(a;\gamma))$ に解析接続され, $\Omega_{\mathrm{H}}(a;\gamma) \subsetneq \mathrm{P}\Delta(a;\gamma)$ である. このような性質をハルトークス現象と呼ぶ. まとめて, 次の命題を得る.

命題 1.2.28 ハルトークス領域 $\Omega_{\mathrm{H}}(a;\gamma)$ 上の正則関数は, 全て一斉に多重円板 $\mathrm{P}\Delta(a;\gamma)$ 上の正則関数に一意的に解析接続される.

系 1.2.29 (ハルトークス拡張) $\mathrm{P}\Delta(0;\rho)(\subset \mathbf{C}^n)$ を多重円板とする. $2 \le k \le n$ として

$$S = \{(z_j) \in \mathrm{P}\Delta(0;\rho); z_1 = \cdots = z_k = 0\}$$

とおく.このとき,任意の $f \in \mathcal{O}(\mathrm{P}\Delta(0;\rho) \setminus S)$ は一意的に $\mathcal{O}(\mathrm{P}\Delta(0;\rho))$ の元に解析接続される.

証明 任意の点 $c \in S$ に対し $\mathrm{P}\Delta(0;\rho)$ 内のハルトークス領域 $\Omega_\mathrm{H}(a;\gamma)$ を

$$\mathrm{P}\Delta(a;\gamma) \subset \mathrm{P}\Delta(0;\rho), \qquad c \in S \cap \mathrm{P}\Delta(a;\gamma) \subset \mathrm{P}\Delta(a;\gamma) \setminus \Omega_\mathrm{H}(a;\gamma)$$

が成立するようにとることができる.よって命題 1.2.28 より f は c の近傍 $\mathrm{P}\Delta(a;\gamma)$ で正則になる.$c \in S$ は任意であったから主張が従う.

これは,また次のように積分表示 (1.2.27) を用いて直接的にも証明できる.簡単のために $a = 0, \rho = (1,\ldots,1)$ とする.$0 < r_1 < 1$ を任意にとり

$$\tilde{f}(z_1, z_2, \ldots, z_n) = \frac{1}{2\pi i} \int_{|\zeta_1| = r_1} \frac{f(\zeta_1, z_2, \ldots, z_n)}{\zeta_1 - z_1} d\zeta_1,$$

$$(z_j) \in \mathrm{P}\Delta(0; (r_1, 1, \ldots, 1))$$

とおく.これは,$\mathrm{P}\Delta(0; (r_1, 1, \ldots, 1))$ で正則である.$z_2 \neq 0$ ならば,仮定より $\tilde{f}(z_1, \ldots, z_n) = f(z_1, \ldots, z_n)$ である.$r_1 \nearrow 1$ とすれば,$\tilde{f} \in \mathcal{O}(\mathrm{P}\Delta(0; (1, \ldots, 1)))$ となる. $\square$

注. このハルトークス拡張は,S が余次元 2 以上の解析的部分集合の場合に一般化される (定理 6.5.14).

ハルトークス現象を最大値原理の立場から見ると次のようになる.$\delta_j < r_j < \gamma_j$, $1 \leq j \leq n$ を任意に固定し,

$$K = \{(z_j); |z_j - a_j| = r_j, \ 1 \leq j \leq n\} \Subset \Omega_\mathrm{H}(a;\gamma)$$

とおく.このコンパクト部分集合に対し最大値原理の立場から K を含む閉集合

$$\hat{K}_{\Omega_\mathrm{H}(a;\gamma)} = \{z \in \Omega_\mathrm{H}(a;\gamma); |f(z)| \leq \max_K |f|, \ {}^\forall f \in \mathcal{O}(\Omega_\mathrm{H}(a;\gamma))\},$$

$$\hat{K}_{\mathrm{P}\Delta(a;\gamma)} = \{z \in \mathrm{P}\Delta(a;\gamma); |f(z)| \leq \max_K |f|, \ {}^\forall f \in \mathcal{O}(\mathrm{P}\Delta(a;\gamma))\}$$

を考える.上述のハルトークス現象により,

(1.2.30) $$\hat{K}_{\Omega_\mathrm{H}(a;\gamma)} = \hat{K}_{\mathrm{P}\Delta(a;\gamma)} \cap \Omega_\mathrm{H}(a;\gamma)$$

となっている.最大値原理 (定理 1.2.19) により,

$$\hat{K}_{\mathrm{P}\Delta(a;\gamma)} = \overline{\mathrm{P}\Delta(a;r)}$$

がわかる.$\hat{K}_{\mathrm{P}\Delta(a;\gamma)} \Subset \mathrm{P}\Delta(a;\gamma)$ であるが,(1.2.30) より $\hat{K}_{\Omega_\mathrm{H}(a;\gamma)}$ は $\Omega_\mathrm{H}(a;\gamma)$ の相対コンパクト部分集合ではない.

この特徴を捉えて次の定義を与えよう．$\Omega \subset \mathbf{C}^n$ を一般に領域とする．部分集合 $A \subset \Omega$ に対しその正則凸包を

(1.2.31) $$\hat{A}_\Omega = \{z \in \Omega; |f(z)| \leq \sup_A |f|, \,^\forall f \in \mathcal{O}(\Omega)\}$$

と定義する．

定義 1.2.32 Ω が**正則凸**であるとは，任意のコンパクト部分集合 $K \Subset \Omega$ の正則凸包 $\hat{K}_\Omega$ が Ω のコンパクト部分集合であることとする．

上述の例で言えば，多重円板 $P\Delta(a;\gamma)$ は正則凸であるが，ハルトークス領域 $\Omega_H(a;\gamma)$ は正則凸でないことになる．

さらに解析接続について極大な領域という正則関数の自然な存在域の観点から次の定義を与えよう．

定義 1.2.33 (i) 領域 $\Omega \subset \mathbf{C}^n$ が**正則領域**であるとは，Ω の任意の境界点 $a \in \partial \Omega$ に対し，ある正則関数 $f_0 \in \mathcal{O}(\Omega)$ で a を越えて解析接続できないものが存在することを言う．
(ii) ある一つの $f \in \mathcal{O}(\Omega)$ があり，f が Ω のどの境界点を越えても解析接続できないとき Ω を f の**存在域**と呼ぶ．

注意 1.2.34 1次元 $(n=1)$ では，次の三つの性質が全て常に満たされる．$\Omega \subset \mathbf{C}$ を領域とする．
 (i) Ω は正則凸である．
 (ii) Ω は正則領域である．
 (iii) Ω はある関数 $f \in \mathcal{O}(\Omega)$ の存在域である．

∵) 境界 $\partial \Omega = \emptyset$ ならば，$\Omega = \mathbf{C}$ であり (i), (ii), (iii) が成り立つ (たとえば，$f(z) = z$ と取れば良い)．

$\partial \Omega \neq \emptyset$ とする．各点 $a \in \partial \Omega$ に対し $f_a(z) = \frac{1}{z-a} \in \mathcal{O}(\Omega)$ は a を越えて正則に解析接続できないので，(ii) が出る．(iii) は定理 1.1.10 そのものである．

(i) を示そう．コンパクトな $K \Subset \Omega$ をとる．$R = \max_K |z|$ とおけば，$\hat{K}_\Omega \subset \overline{\Delta(0;R)}$．

$$\delta = \min\{|z-a|; z \in K, a \in \partial \Omega \cap \overline{\Delta(0;R)}\} > 0$$

とおく．$a \in \partial \Omega \cap \overline{\Delta(0;R)}$ に対して $f_a \in \mathcal{O}(\Omega)$ であるから，

$$\hat{K}_\Omega \subset \left\{z \in \Omega; \inf_{a \in \partial \Omega} |z-a| \geq \delta\right\} \cap \overline{\Delta(0;R)} \Subset \Omega.$$

よって (i) がわかった. △

$n \geq 2$ では様相はずっと複雑になる．本書では，第 3 章で正則凸領域を扱う．正則凸性という概念が多変数解析関数論の柱であることがわかる．第 4 章で正則領域を扱い，正則凸領域と同値であることが示される．

1.2.5 陰関数定理

実変数関数についての陰関数定理を思い起こそう．実変数の $C^r(r \geq 1)$ 級関数による連立方程式

(1.2.35) $\quad \psi_j(x_1, \ldots, x_n, y_1, \ldots, y_m) = 0, \quad 1 \leq j \leq m$

があるとき，定義域内のある点 (a,b) で $\psi_j(a,b) = 0, 1 \leq j \leq m$ が満たされ，かつヤコビ行列式

(1.2.36) $\quad \det \left(\dfrac{\partial \psi_j}{\partial y_k}(a,b) \right)_{1 \leq j,k \leq m} \neq 0$

ならば，(a,b) の周りで連立方程式 (1.2.35) は，一意的に C^r 級の関数による解

(1.2.37) $\quad (y_j) = (\phi_j(x_1, \ldots, x_n)), \quad b = (\phi_j(a))$

を持つ．

さて，ここでは正則関数による連立方程式

(1.2.38) $\quad f_j(z_1, \ldots, z_n, w_1, \ldots, w_m) = 0, \quad 1 \leq j \leq m$

を考える．この複素ヤコビ行列および複素ヤコビ行列式を

(1.2.39) $\quad \left(\dfrac{\partial f_j}{\partial w_k} \right)_{1 \leq j,k \leq m}, \quad \det \left(\dfrac{\partial f_j}{\partial w_k} \right)_{1 \leq j,k \leq m}$

で定義する．

f_j, w_k の実部・虚部を

$$f_j = f_{1j} + i f_{2j}, \quad w_k = w_{1k} + i w_{2k}$$

と表す．(1.2.38) は次と同じである：

(1.2.40) $\quad f_{1j}(z_1, \ldots, z_n, w_{11}, w_{21}, \ldots, w_{1m}, w_{2m}) = 0, \quad 1 \leq j \leq m,$

$\qquad\qquad f_{2j}(z_1, \ldots, z_n, w_{11}, w_{21}, \ldots, w_{1m}, w_{2m}) = 0, \quad 1 \leq j \leq m.$

(1.2.40) のヤコビ行列式を

(1.2.41) $\quad \dfrac{\partial(f_{1j}, f_{2j})}{\partial(w_{1k}, w_{2k})} = \begin{vmatrix} \frac{\partial f_{11}}{\partial w_{11}} & \frac{\partial f_{11}}{\partial w_{21}} & \frac{\partial f_{11}}{\partial w_{12}} & \frac{\partial f_{11}}{\partial w_{22}} & \cdots \\ \frac{\partial f_{21}}{\partial w_{11}} & \frac{\partial f_{21}}{\partial w_{21}} & \frac{\partial f_{21}}{\partial w_{12}} & \frac{\partial f_{21}}{\partial w_{22}} & \cdots \\ \vdots & \vdots & \vdots & \vdots & \end{vmatrix}$

と表す．これを実ヤコビ行列式と呼ぶことにする．

補題 1.2.42 正則関数 $f_j(z,w)$, $1 \leq j \leq m$, $z = (z_1, \ldots, z_n)$, $w = (w_1, \ldots, w_m)$ の実ヤコビ行列式と複素ヤコビ行列式の間には次の関係式が成立する．

$$\frac{\partial(f_{1j}, f_{2j})}{\partial(w_{1k}, w_{2k})} = \left|\det\left(\frac{\partial f_j}{\partial w_k}\right)\right|^2.$$

証明 定義 1.2.3, つまりコーシー–リーマン方程式 (関係式) から従う次の関係式に注意する．

(1.2.43) $\quad \dfrac{\partial f_j}{\partial w_k} = \dfrac{\partial(f_{1j} + if_{2j})}{\partial w_{1k}}, \qquad i\dfrac{\partial f_j}{\partial w_k} = \dfrac{\partial(f_{1j} + if_{2j})}{\partial w_{2k}}.$

これを用いて実ヤコビ行列式を計算していく．(1.2.41) の行列式の中で，偶数行に i を乗じて一つ前の行に加えると，

$\dfrac{\partial(f_{1j}, f_{2j})}{\partial(w_{1k}, w_{2k})}$

$= \begin{vmatrix} \frac{\partial(f_{11}+if_{21})}{\partial w_{11}} & \frac{\partial(f_{11}+if_{21})}{\partial w_{21}} & \frac{\partial(f_{11}+if_{21})}{\partial w_{12}} & \frac{\partial(f_{11}+if_{21})}{\partial w_{22}} & \cdots \\ \frac{\partial f_{21}}{\partial w_{11}} & \frac{\partial f_{21}}{\partial w_{21}} & \frac{\partial f_{21}}{\partial w_{12}} & \frac{\partial f_{21}}{\partial w_{22}} & \cdots \\ \vdots & \vdots & \vdots & \vdots & \cdots \end{vmatrix}$

[奇数行に $\frac{i}{2}$ を乗じて次の行に加えると，]

$= \begin{vmatrix} \frac{\partial(f_{11}+if_{21})}{\partial w_{11}} & \frac{\partial(f_{11}+if_{21})}{\partial w_{21}} & \frac{\partial(f_{11}+if_{21})}{\partial w_{12}} & \frac{\partial(f_{11}+if_{21})}{\partial w_{22}} & \cdots \\ \frac{i}{2}\frac{\partial f_{11}}{\partial w_{11}} + \frac{1}{2}\frac{\partial f_{21}}{\partial w_{11}} & \frac{i}{2}\frac{\partial f_{11}}{\partial w_{21}} + \frac{1}{2}\frac{\partial f_{21}}{\partial w_{21}} & \frac{i}{2}\frac{\partial f_{11}}{\partial w_{12}} + \frac{1}{2}\frac{\partial f_{21}}{\partial w_{12}} & \frac{i}{2}\frac{\partial f_{11}}{\partial w_{22}} + \frac{1}{2}\frac{\partial f_{21}}{\partial w_{22}} & \cdots \\ \vdots & \vdots & \vdots & \vdots & \cdots \end{vmatrix}$

[ここで関係式 (1.2.43) を使うと，]

$= \begin{vmatrix} \frac{\partial f_1}{\partial w_1} & i\frac{\partial f_1}{\partial w_1} & \frac{\partial f_1}{\partial w_2} & i\frac{\partial f_1}{\partial w_2} & \cdots \\ \frac{i}{2}\overline{\frac{\partial f_1}{\partial w_{11}}} & \frac{i}{2}\overline{\frac{\partial f_1}{\partial w_{21}}} & \frac{i}{2}\overline{\frac{\partial f_1}{\partial w_{12}}} & \frac{i}{2}\overline{\frac{\partial f_1}{\partial w_{22}}} & \cdots \\ \vdots & \vdots & \vdots & \vdots & \cdots \end{vmatrix}$

$= \begin{vmatrix} \frac{\partial f_1}{\partial w_1} & i\frac{\partial f_1}{\partial w_1} & \frac{\partial f_1}{\partial w_2} & i\frac{\partial f_1}{\partial w_2} & \cdots \\ \frac{i}{2}\overline{\frac{\partial f_1}{\partial w_1}} & \frac{1}{2}\overline{\frac{\partial f_1}{\partial w_1}} & \frac{i}{2}\overline{\frac{\partial f_1}{\partial w_2}} & \frac{1}{2}\overline{\frac{\partial f_1}{\partial w_2}} & \cdots \\ \vdots & \vdots & \vdots & \vdots & \cdots \end{vmatrix}$

(続く)

[奇数列に $-i$ を乗じて次の列に加えると,]

$$= \begin{vmatrix} \frac{\partial f_1}{\partial w_1} & 0 & \frac{\partial f_1}{\partial w_2} & 0 & \cdots \\ \frac{i}{2}\overline{\frac{\partial f_1}{\partial w_1}} & \overline{\frac{\partial f_1}{\partial w_1}} & \frac{i}{2}\overline{\frac{\partial f_1}{\partial w_2}} & \overline{\frac{\partial f_1}{\partial w_2}} & \cdots \\ \vdots & \vdots & \vdots & \vdots & \cdots \end{vmatrix} = \begin{vmatrix} \frac{\partial f_1}{\partial w_1} & 0 & \frac{\partial f_1}{\partial w_2} & 0 & \cdots \\ 0 & \overline{\frac{\partial f_1}{\partial w_1}} & 0 & \overline{\frac{\partial f_1}{\partial w_2}} & \cdots \\ \vdots & \vdots & \vdots & \vdots & \cdots \end{vmatrix}$$

$$= \begin{vmatrix} \frac{\partial f_j}{\partial w_k} & \vdots & O \\ \cdots & & \cdots \\ O & \vdots & \overline{\frac{\partial f_j}{\partial w_k}} \end{vmatrix} = \left|\det\left(\frac{\partial f_j}{\partial w_k}\right)\right|^2. \qquad \Box$$

定理 1.2.44 (陰関数定理) 点 $(a,b) \in \mathbf{C}^n \times \mathbf{C}^m$ の近傍で定義された正則関数の連立方程式 (1.2.38) を考える. $f_j(a,b) = 0, 1 \leq j \leq m$ とする. このとき,

$$(1.2.45) \qquad \det\left(\frac{\partial f_j}{\partial w_k}(a,b)\right)_{1 \leq j,k \leq m} \neq 0$$

ならば, (a,b) の近傍で連立方程式 (1.2.38) の正則解

$$(w_j) = (g_j(z_1,\ldots,z_n)), \quad b = (g_j(a)) \quad (1 \leq j \leq m)$$

が一意的に存在する.

証明 連立方程式 (1.2.38) を実関数の連立方程式 (1.2.40) と見る. 条件 (1.2.45) と補題 1.2.42 より実関数の場合の陰関数定理を適用できて, (1.2.37) で与えられる C^∞ 級関数の解が一意的にある. これを複素関数表示して,

$$w_j = g_j(z_1,\ldots,z_n), \quad b_j = g_j(a), \quad 1 \leq j \leq m$$

と書いておく. g_j が正則であることを示せば, 証明は終わる. $z = a$ の近傍で,

$$f_j(z, g_1(z),\ldots,g_m(z)) = 0, \quad 1 \leq j \leq m$$

が満たされているので, これを $\partial/\partial \bar{z}_k$ で偏微分すると, (1.2.2) より

$$\frac{\partial f_j}{\partial \bar{z}_k} + \sum_{l=1}^{m} \frac{\partial f_j}{\partial w_l} \cdot \frac{\partial g_l}{\partial \bar{z}_k} + \sum_{l=1}^{m} \frac{\partial f_j}{\partial \bar{w}_l} \cdot \frac{\partial \bar{g}_l}{\partial \bar{z}_k} = 0.$$

$f_j(z,w)$ は, z,w の正則関数であるから,

$$\sum_{l=1}^{m} \frac{\partial f_j}{\partial w_l} \cdot \frac{\partial g_l}{\partial \bar{z}_k} = 0, \quad 1 \leq j,k \leq m.$$

この連立方程式の係数行列 $\left(\frac{\partial f_j}{\partial w_l}\right)_{1 \leq j,l \leq m}$ は条件 (1.2.45) により点 (a,b) の近傍で正則行列である. したがって,

$$\frac{\partial g_l}{\partial \bar{z}_k} = 0, \quad 1 \leq k,l \leq m$$

が従い,$g_l(z)$ が正則関数であることが示された. □

定理 1.2.46 (逆関数定理) $\mathbf{C}^n$ の原点の近傍 U, V の間の正則写像
$$f : z = (z_k) \in U \to (f_j(z)) \in V$$
の複素ヤコビ行列式 $\det\left(\frac{\partial f_j}{\partial z_k}\right) \neq 0$ ならば,U, V をさらに小さく取り換えることにより,f は正則な逆写像 $f^{-1} : V \to U$ を持つ.

証明 n 個の連立方程式
$$F_j = w_j - f_j(z) = 0, \quad 1 \le j \le n$$
を考える.複素ヤコビ行列式は,0 の近傍で $\det\left(\frac{\partial F_j}{\partial z_k}(z)\right) \neq 0$ であるから,陰関数定理 1.2.44 により必要なら V を取り換えて正則関数 $z_k = g_k(w) \in \mathcal{O}(V)$,$1 \le k \le n$ が存在し,
$$w_j - f_j(g_1(w), \ldots, g_n(w)) = 0, \quad 1 \le j \le n$$
が満たされる.$z_h = g_h(w)$ とおけば,$z_h = g_h(f_1(z), \ldots, f_n(z))$ となり,$f \circ g = \mathrm{id}_V$,$g \circ f = \mathrm{id}_U$ を得る. □

定義 1.2.47 開集合 $U \subset \mathbf{C}^N$ の閉部分集合 $M \subset U$ が**複素部分多様体**であるとは,任意の点 $a \in M$ に近傍 $W \subset U$ と正則関数 $f_j \in \mathcal{O}(W)$,$1 \le j \le q$ が存在して次の二条件が成り立っていることを言う.

(i) $M \cap W = \{f_j = 0, 1 \le j \le q\}$.
(ii) 任意の点 $z \in M \cap W$ で,複素ヤコビ行列 $\left(\frac{\partial f_j}{\partial z_k}(z)\right)_{1 \le j \le q, 1 \le k \le N}$ の階数が q である.

このとき,定理 1.2.44 により必要なら W をさらに小さく取り直せば,$0 \in \mathbf{C}^n$ $(n = N - q)$ の近傍 V と正則写像 $g : v \in V \to g(v) \in W \cap M(\subset \mathbf{C}^N)$ が存在して,U と $W \cap M$ の間の全単射を与える.V の座標系 $v = (v_1, \ldots, v_n)$ を $M \cap W$ の**正則局所座標系**と呼ぶ.$n = \dim_a M$ と書き M の a での**次元**と呼び,$\dim M = \max_{a \in M} \dim_a M$ を M の次元と呼ぶ.M 上の関数 ϕ が任意の正則局所座標系について正則関数であるとき ϕ を M 上の**正則関数**と呼ぶ.実際ある点 $a \in M$ の近傍で,ϕ が正則関数であるという性質は a の周りの正則局所座標系の取り方によらないことが,合成関数の偏微分の公式 (1.2.2) を用いて容易に確かめられる.M 上の正則関数の全体を $\mathcal{O}(M)$ と書き表す.

定理 1.2.48 複素部分多様体 $M \subset U$ $(\subset \mathbf{C}^N)$ の任意の点 $a \in M$ をとり,

$\dim_a M = n$ とする．a の U 内の近傍 V と $0 \in \mathbf{C}^N$ を中心とする多重円板 $\mathrm{P}\Delta$ および双正則写像 $\Psi: z \in V \to (\psi_j(z)) = (w_j) \in \mathrm{P}\Delta$ が存在して，
$$M \cap V = \Psi^{-1}\{w_{n+1} = \cdots = w_N = 0\}$$
が成立する．したがって，$v_j = \psi_j|_{M \cap V}, 1 \leq j \leq n$ とおくと $(v_j)_{1 \leq j \leq n}$ は $M \cap V$ での正則局所座標系を与える．

証明 a の近傍 W と正則関数 $f_j \in \mathcal{O}(W), 1 \leq j \leq N-n$ を定義 1.2.47 のようにとる．添字の順序を入れ換えて $\left(\frac{\partial f_j}{\partial z_k}(z)\right)_{1 \leq j \leq N-n, n+1 \leq k \leq N}$ の階数が $N-n$ であるとしてよい．次の正則写像を考える．
$$\Psi: z = (z_1, \ldots, z_n, z_{n+1}, \ldots, z_N) \in W$$
$$\to (z_1, \ldots, z_n, f_1(z), \ldots, f_{N-n}(z)) \in \mathbf{C}^N.$$
作り方から Ψ の複素ヤコビ行列の階数は N である．$\Psi(a) = 0$ であるから逆関数の定理 1.2.46 により 0 にある多重円板近傍 $\mathrm{P}\Delta$ と逆写像
$$\Psi^{-1}: \mathrm{P}\Delta \to V = \Psi^{-1}(\mathrm{P}\Delta) \subset W$$
が存在する．$\Psi(z) = (\psi_j(z))$ とおけば所要の条件を満たしている． □

1.3 層

1.3.1 層の定義

X を一般に位相空間とする．まず層の定義から始めよう．

定義 1.3.1 X 上の層 (sheaf) $\mathscr{S}$ とは，次の三条件の満たされることである．
 (i) $\mathscr{S}$ は位相空間である．
 (ii) 連続全射 $\pi: \mathscr{S} \to X$ がある．
 (iii) π は局所同相写像である．
さらに，$\mathscr{S}$ がアーベル群の層とは，次が満たされることである．
 (iv) 任意の $x \in X$ に対し $\mathscr{S}_x := \pi^{-1}x$ がアーベル群の構造を持ち，群構造
$$(u, v) \in \mathscr{S} \times_X \mathscr{S} := \{(u, v) \in \mathscr{S} \times \mathscr{S}; \pi(u) = \pi(v)\} \to u \pm v \in \mathscr{S}$$
が連続である．

π は射影 (projection)，$x \in X$ に対し $\mathscr{S}_x$ を x での茎 (stalk) と呼ぶ．X を層 $\mathscr{S}$ の底空間と呼ぶ．アーベル群以外にも環の層，体の層などが代数演算が連続であるという条件で同様に定義される．

例 1.3.2 $\mathbf{C}$ に離散位相を入れ, $\pi: \mathbf{C}_X = \mathbf{C} \times X \to X$ を自然な射影と定義すれば, これは X 上の体の層である. このような層を**定数層**と呼ぶ. ほかにも同様に, 定数層 $\mathbf{R}_X \to X$, $\mathbf{Z}_X \to X$ などが定義される. X が決まっているときは, 単に $\mathbf{C}, \mathbf{R}, \mathbf{Z}$ と略記することが多い.

開集合 $U \subset X$ 上の**切断** f とは連続写像 $f: U \to \mathscr{S}$ で $\pi \circ f = \mathrm{id}_U$ を満たすものを言う. 連続でない切断を考えることもあるが, そのときはそのように断る. $\Gamma(U, \mathscr{S})$ で $\mathscr{S}$ の U 上の切断の全体を表す.

任意に $s \in \mathscr{S}$ をとる. $\pi(s) = x$ とすると, ある近傍 $V \ni s$ があり,
$$\pi|_V : V \to U = \pi(V)(\subset X)$$
は同相である. したがって,
$$f := (\pi|_V)^{-1} : U \to V$$
は切断で, $V = f(U)$ は s の近傍である. このような $\{V\}$ は, s の基本近傍系を成す. $\mathscr{S}$ がアーベル群の層ならば定義 1.3.1 (iv) と上の f を用いれば $f(x) - f(x) = 0_x$ ($\mathscr{S}_x$ の零元) $(x \in U)$ は連続である. 以上より次の命題がわかる.

命題 1.3.3　　(i) $\mathscr{S}_x$ に誘導される位相は, 離散位相である.

(ii) $f, g \in \Gamma(U, \mathscr{S})$, $x \in U$ に対し
$$f(x) = g(x) \iff {}^\exists 近傍\ V \ni x\ で\ f|_V = g|_V.$$

(iii) $\mathscr{S}$ がアーベル群の層のとき, $f, g \in \Gamma(U, \mathscr{S})$ に対し $f \pm g \in \Gamma(U, \mathscr{S})$ が自然に定義される.

(iv) $\mathscr{S}$ がアーベル群の層のとき, 零写像 $0: x \in X \to 0_x \in \mathscr{S}$ は切断である.

$\pi: \mathscr{S} \to X, \eta: \mathscr{T} \to X$ を X 上の層とする. 連続写像 $\phi: \mathscr{S} \to \mathscr{T}$ で $\pi = \eta \circ \phi$ を満たすものを層の**準同型** (homomorphism) または**射** (morphism) と呼ぶ.

$$\begin{array}{ccc} \phi: & \mathscr{S} & \longrightarrow & \mathscr{T} \\ & \pi \searrow & \circlearrowright & \swarrow \eta \\ & & X & \end{array}$$

$\mathscr{S}, \mathscr{T}$ がアーベル群の層など代数構造を持つ場合は, ϕ はその代数構造と両立するものとする. ϕ が同相写像であるとき, $\mathscr{S}$ と $\mathscr{T}$ は**同型**であると言う.

ϕ の**像** $\mathrm{Im}\phi := \phi(\mathscr{S})$ は層である. $\mathscr{S}, \mathscr{T}$ がアーベル群の層の場合, $\mathrm{Ker}\phi := \{s \in \mathscr{S}; \phi(s) = 0\}$ を ϕ の**核**と呼ぶ. 読者は, これらが実際層になることを確かめられたい (章末問題 9).

底空間が異なる場合は,層の射は次のように定義される. $\pi : \mathscr{S} \to X$, $\eta : \mathscr{T} \to Y$ をそれぞれ層とする. 連続写像 $\Psi : \mathscr{S} \to \mathscr{T}$ が層の射であるとは,連続写像 $\psi : X \to Y$ が存在して次が可換になることである.

$$\begin{array}{ccc} \Psi : \mathscr{S} & \longrightarrow & \mathscr{T} \\ \downarrow & \circlearrowleft & \downarrow \\ \psi : X & \longrightarrow & Y \end{array}$$

Ψ, ψ が同相写像であるとき $\mathscr{S}$ と $\mathscr{T}$ は同型であると言う.

1.3.2 前層

層を構成するときに便利な,層の一つ前の概念である前層について述べる.

定義 1.3.4 三つ組 $(\{U_\alpha\}, \{\mathscr{S}_\alpha\}, \{\rho_{\alpha\beta}\})$ (α はある添字集合を動くものとする) が X 上の前層 (presheaf) であるとは,次の三条件が満たされることである.

(i) $\{U_\alpha\}$ は,X の開集合の基底を成す.

(ii) $\mathscr{S}_\alpha$ は,集合である.

(iii) $U_\alpha \subset U_\beta$ に対し**制限写像**と呼ばれる $\rho_{\alpha\beta} : \mathscr{S}_\beta \to \mathscr{S}_\alpha$ が対応し,$U_\alpha \subset U_\beta \subset U_\gamma$ ならば

$$\rho_{\alpha\gamma} = \rho_{\alpha\beta} \circ \rho_{\beta\gamma}$$

が成立する.

代数構造が入るとき,たとえば各 $\mathscr{S}_\alpha$ がアーベル群で,$\rho_{\alpha\beta}$ が群の準同型であるとき,$(\{U_\alpha\}, \{\mathscr{S}_\alpha\}, \{\rho_{\alpha\beta}\})$ をアーベル群の前層と呼ぶ.

層 $\mathscr{S} \to X$ があるとき,これから次のようにして前層が作られる.

(i) X の開基 $\{U_\alpha\}$ を任意にとる.

(ii) $\mathscr{S}_\alpha := \Gamma(U_\alpha, \mathscr{S})$.

(iii) $U_\alpha \subset U_\beta$ に対し $\rho_{\alpha\beta} : f \in \mathscr{S}_\beta \to f|_{U_\alpha} \in \mathscr{S}_\alpha$ を制限写像とする.

次に前層 $(\{U_\alpha\}, \{\mathscr{S}_\alpha\}, \{\rho_{\alpha\beta}\})$ が与えられたとき,次の手続きで層を作ることができる. $x \in X$ に対し,互いに素な合併集合

$$\Sigma(x) = \bigsqcup_{U_\alpha \ni x} \mathscr{S}_\alpha$$

をとり,これに同値関係を次のように入れる.

1.3.5 $f_\alpha, f_\beta \in \Sigma(x)$ に対し $f_\alpha \sim f_\beta$ とは,x のある近傍 $U_\gamma \subset U_\alpha \cap U_\beta$ が存在して,

が成立することとする.

定義 1.3.4 (iii) より,これは同値関係である (章末問題 10). 商集合

(1.3.6) $$\mathscr{S}_x = \Sigma(x)/\sim = \varinjlim_{U_\alpha \ni x} \mathscr{S}_\alpha$$

をとる. この右辺を帰納的極限 (inductive limit, direct limit) と呼ぶ.

$$\mathscr{S} = \bigsqcup_{x \in X} \mathscr{S}_x$$

とおく. $f_\alpha \in \mathscr{S}_\alpha$ の同値類を芽 (germ) と呼び,

$$\underline{f_\alpha}_x \in \mathscr{S}_x \subset \mathscr{S}$$

と表す. $\underline{f_\alpha}_x$ の開近傍として集合

$$\{\underline{f_\alpha}_y ; y \in U_\alpha\}$$

をとり, $\mathscr{S}$ に位相を入れる (章末問題 11).

この $\mathscr{S}$ を前層 $(\{U_\alpha\}, \{\mathscr{S}_\alpha\}, \{\rho_{\alpha\beta}\})$ から**誘導された層**と呼ぶ.

命題 1.3.7 アーベル群の前層 $(\{U_\alpha\}, \{\mathscr{S}_\alpha\}, \{\rho_{\alpha\beta}\})$ から誘導された層 $\mathscr{S}$ はアーベル群の層となる.

証明 群演算が連続になっていることを示すことが残っている. $(s,t) \in \mathscr{S} \times_X \mathscr{S}$ から $s \pm t \in \mathscr{S}$ の決まり方を見る. $s = \underline{f_\alpha}_x$, $t = \underline{g_\beta}_x$, $f_\alpha \in \mathscr{S}_\alpha$, $g_\beta \in \mathscr{S}_\beta$ と表される. $(x \in) U_\gamma \subset U_\alpha \cap U_\beta$ をとる. $\mathscr{S}_\gamma$ の中で,

$$\rho_{\gamma\alpha}(f_\alpha) \pm \rho_{\gamma\beta}(g_\beta)$$

をとり,

$$s \pm t = \underline{\rho_{\gamma\alpha}(f_\alpha) \pm \rho_{\gamma\beta}(g_\beta)}_x \in \mathscr{S}_x$$

が定まる. $s \pm t$ の任意の近傍

$$\mathscr{U}_\varepsilon = \{\underline{h_\varepsilon}_y ; y \in U_\varepsilon\}, \quad x \in U_\varepsilon, \quad h_\varepsilon \in \mathscr{S}_\varepsilon,$$

$$\underline{h_\varepsilon}_x = s \pm t$$

をとる. x のある近傍 $U_\delta \subset U_\varepsilon \cap U_\gamma$ が存在して,

$$\rho_{\delta\varepsilon}(h_\varepsilon) = \rho_{\delta\gamma}(\rho_{\gamma\alpha}(f_\alpha) \pm \rho_{\gamma\beta}(g_\beta)) = \rho_{\delta\alpha}(f_\alpha) \pm \rho_{\delta\beta}(g_\beta)$$

となる. $\mathscr{V}_\delta = \{\underline{\rho_{\delta\alpha}(f_\alpha)}_y ; y \in U_\delta\}$ は s の近傍, $\mathscr{W}_\delta = \{\underline{\rho_{\delta\beta}(g_\beta)}_y ; y \in U_\delta\}$ は t の近傍であり, 定義により $\mathscr{V}_\delta \pm \mathscr{W}_\delta \subset \mathscr{U}_\varepsilon$ となるので, $\mathscr{S}$ の群演算は連続であ

る. □

さて以上の操作で，一般に
- 層 $\mathscr{S} \Longrightarrow$ 前層 $\Longrightarrow$ 層 $\mathscr{S}$ に戻る.
- 前層 $(\{U_\alpha\}, \{\mathscr{S}_\alpha\}, \{\rho_{\alpha\beta}\}) \Rightarrow$ 層 $\Rightarrow$ 前層 $(\{U_\alpha\}, \{\mathscr{S}_\alpha\}, \{\rho_{\alpha\beta}\})$ に戻らない.

例 1.3.8 (1) $X = \mathbf{R}$, $\{U_\alpha\}$ を X の任意の開基とする．全ての $\mathscr{S}_\alpha = \mathbf{Z}$, $\rho_{\alpha\beta} = 0$ とおけば，これで $(\{U_\alpha\}, \{\mathscr{S}_\alpha\}, \{\rho_{\alpha\beta}\})$ は前層の定義 1.3.4 の条件を満たす．これから誘導される層は零元からのみなる定数層 $0_X \to X$ である．したがって，これから前層を作ると，全て $\Gamma(U_\alpha, 0_X) = 0 \neq \mathscr{S}_\alpha$ である.

(2) $\mathbf{R}$ は通常の距離位相の位相空間とする．開集合 $U \subset \mathbf{R}$ に対し

$$\Gamma(U) = \begin{cases} 0, & 0 \notin U, \\ \mathbf{Z}, & 0 \in U. \end{cases}$$

$$\rho_{VU} : m \in \Gamma(U) \to 0 \in \Gamma(V), \quad V \subset U$$

とおく．$(\{U\}, \{\Gamma(U)\}, \{\rho_{VU}\})$ は前層を成す．これから誘導される層 $\mathscr{S}$ は，$\mathscr{S}_x = 0$ ($^\forall x \in \mathbf{R}$) で，$\Gamma(\mathbf{R}, \mathscr{S}) = 0$ となるが，前層の $\Gamma(\mathbf{R}) = \mathbf{Z} \neq \Gamma(\mathbf{R}, \mathscr{S})$ である.

定義 1.3.9 前層 $(\{U_\alpha\}, \{\mathscr{S}_\alpha\}, \{\rho_{\alpha\beta}\})$ が完備であるとは任意の

$$U_\alpha = \bigcup_{\beta \in \Phi'} U_\beta$$

と書かれているものについて次の二条件が満たされることである.

(i) $f_\alpha, g_\alpha \in \mathscr{S}_\alpha$ が，任意の $\beta \in \Phi'$ について $\rho_{\beta\alpha}(f_\alpha) = \rho_{\beta\alpha}(g_\alpha)$ ならば，$f_\alpha = g_\alpha$ となる.

(ii) $f_\beta \in \mathscr{S}_\beta, \beta \in \Phi'$ が存在して，任意の U_γ と $\beta_1, \beta_2 \in \Phi'$, ただし $U_\gamma \subset U_{\beta_1} \cap U_{\beta_2}$, に対し

$$\rho_{\gamma\beta_1}(f_{\beta_1}) = \rho_{\gamma\beta_2}(f_{\beta_2})$$

が成立していれば，ある $f_\alpha \in \mathscr{S}_\alpha$ が存在して

$$\rho_{\beta\alpha}(f_\alpha) = f_\beta, \quad ^\forall \beta \in \Phi'$$

が成立する.

命題 1.3.10 前層が層から作られたものであるためには，完備であることが必要十分条件である.

証明 層から作られた前層が完備であることは直ちにわかるので,逆を証明しよう.

完備な前層 $(\{U_\alpha\}, \{\mathscr{S}_\alpha\}, \{\rho_{\alpha\beta}\})$ が与えられたとする.これから誘導された層を $\mathscr{S} \to X$ とする.自然な射 $\rho_\alpha : f_\alpha \in \mathscr{S}_\alpha \to \rho_\alpha(f_\alpha) \in \Gamma(U_\alpha, \mathscr{S})$ が

$$\rho_\alpha(f_\alpha)(x) = \underline{f_\alpha}_x \in \mathscr{S}_x$$

として定義される.次のことが示されれば十分である.

主張 1.3.11 $\rho_\alpha : \mathscr{S}_\alpha \to \Gamma(U_\alpha, \mathscr{S})$ は同型である.

∵) 単射性:$f_\alpha, g_\alpha \in \mathscr{S}_\alpha$ に対し $\rho_\alpha(f_\alpha) = \rho_\alpha(g_\alpha)$ とする.帰納的極限の定義から,任意の点 $x \in U_\alpha$ にある近傍 $U_\beta \subset U_\alpha$ が存在して $\rho_{\beta\alpha}(f_\alpha) = \rho_{\beta\alpha}(g_\alpha)$ が成立する.このような U_β で U_α を覆う:$U_\alpha = \bigcup_{\beta \in \Phi'} U_\beta$.完備性の定義 1.3.9 (i) より,$f_\alpha = g_\alpha$ が従う.

全射性:任意に $s \in \Gamma(U_\alpha, \mathscr{S})$ をとる.任意の $x \in U_\alpha$ に近傍 $U_\beta \subset U_\alpha, f_\beta \in \mathscr{S}_\beta$ が存在して,$s(x) = \underline{f_\beta}_x$ となる.切断なので,必要ならば U_β をさらに小さくして

$$s(y) = \underline{f_\beta}_y, \qquad {}^\forall y \in U_\beta$$

が成立しているとしてよい.このような U_β の全て $\{U_\beta\}_{\beta \in \Phi'}$ を考えれば,

$$U_\alpha = \bigcup_{\beta \in \Phi'} U_\beta,$$

$$f_\beta \in \mathscr{S}_\beta,$$

$$s(x) = \underline{f_\beta}_x, \quad x \in U_\beta$$

となっている.$U_\gamma \subset U_{\beta_1} \cap U_{\beta_2}$ $(\gamma, \beta_1, \beta_2 \in \Phi')$ が与えられれば,

$$\rho_\gamma(\rho_{\gamma\beta_1}(f_{\beta_1}))(x) = s(x) = \rho_\gamma(\rho_{\gamma\beta_2}(f_{\beta_2}))(x), \quad x \in U_\gamma$$

が成立している.すでに示した単射性より

$$\rho_{\gamma\beta_1}(f_{\beta_1}) = \rho_{\gamma\beta_2}(f_{\beta_2})$$

がわかる.定義 1.3.9 (ii) より,ある $f_\alpha \in \mathscr{S}_\alpha$ が存在して

$$\rho_{\beta\alpha}(f_\alpha) = f_\beta, \qquad {}^\forall \beta \in \Phi'$$

が成立し,$\rho_\alpha(f_\alpha) = s$ がわかった. $\square$

1.3.3 色々な層

位相空間 X の前層 $(\{U_\alpha\}, \{\mathscr{S}_\alpha\}, \{\rho_{\alpha\beta}\})$ から層 $\mathscr{S} \to X$ を作る方法は,各点 $s \in \mathscr{S}$ の近傍の決まり方がよく見えるという点で優れている.

(1) $\mathscr{S}_\alpha = \{f : U_\alpha \to \mathbf{Z}; 定数関数\}$,$\rho_{\alpha\beta}$ は関数の部分集合への制限写像とおけ

ば，完備な前層が得られ，その誘導する層はすでに出てきた定数層 $\mathbf{Z} = \mathbf{Z}_X \to X$ にほかならない．

(2) $\mathscr{S}_\alpha = \{f : U_\alpha \to \mathbf{R}; 連続関数\}$, $\rho_{\alpha\beta}$ は関数の部分集合への制限写像とおけば，完備な前層が得られ，その誘導する層 $\mathscr{C}_X \to X$ が得られる．これを X 上の連続関数の芽の層と呼ぶ．これは (可換) 環の層である．$\mathscr{C}$ は，一般にはハウスドルフにならない．たとえば，$X = \mathbf{R}$ (通常の距離位相空間) とする．$0 \in \mathbf{R}$ の近傍で恒等的に 0 をとる関数の芽を $s_0 = \underline{0}_0$ とし，関数

$$(1.3.12) \qquad f(x) = \begin{cases} 0, & x \leq 0 \\ e^{-1/x}, & x > 0 \end{cases}$$

の 0 での芽を s_1 とする．$s_0 \neq s_1$ であるが，$x < 0$ では常に $f(x) = 0$ であるのでそれぞれのどんな近傍 $\mathscr{U}_i \ni s_i, i = 0, 1$ をとっても $\mathscr{U}_0 \cap \mathscr{U}_1 \neq \emptyset$ である．

0 をとらない連続関数の芽の層を X 上で考え，それを $\mathscr{C}_X^*$ で表す．

(3) X を $\mathbf{R}^n$ の開集合とする (より一般的には可微分多様体としてよい)．このとき，$\mathscr{S}_\alpha = \{f : U_\alpha \to \mathbf{R}; C^\infty 級関数\}$, $\rho_{\alpha\beta}$ は関数の部分集合への制限写像とおけば，完備な前層が得られ，その誘導する層 $\mathscr{E}_X \to X$ が得られる．これを X 上の可微分関数の芽の層と呼ぶ．これは環の層である．(1.3.12) の関数は C^∞ 級なので，$\mathscr{E}_X$ は，ハウスドルフにならない．

C^∞ 級の複素数値の関数を考えても同様である．記号も同じ，$\mathscr{E}_X$ を用いる．どちらの意味で用いるかは断るので混乱は，生じない．$\mathscr{E}_X^* = \mathscr{E}_X \cap \mathscr{C}_X^*$ とおく．

(4) X を $\mathbf{C}^n$ の開集合，またはその複素部分多様体とする (より一般的には複素多様体[2]としてよい)．このとき，$\mathscr{S}_\alpha = \{f : U_\alpha \to \mathbf{C}; 正則関数\}$, $\rho_{\alpha\beta}$ は関数の部分集合への制限写像とおけば，完備な前層が得られ，その誘導する層 $\mathcal{O}_X \to X$ を X 上の正則関数の芽の層と呼ぶ．これは環の層であり，一致の定理 1.2.16 よりハウスドルフである (章末問題 12)．

また，系 1.2.17 (i) より環として茎 $\mathcal{O}_{X,a}$ $(a \in X)$ は整域である．

$0 \in X \subset \mathbf{C}^n$ とする．任意の $s \in \mathcal{O}_{X,0}$ は，0 のある多重円板上の正則関数 $f \in \mathcal{O}(\mathrm{P}\Delta(0;r))$ の芽 $\underline{f}_0$ である．$f(z)$ を巾級数展開する：

$$f(z) = \sum_\lambda c_\lambda z^\lambda.$$

原点の周りの収束巾級数の全体を $\mathbf{C}\{z_1, \ldots, z_n\} = \mathbf{C}\{(z_j)\}$ と書く．$\sum_\lambda c_\lambda z^\lambda \in \mathbf{C}\{(z_j)\}$ は $s \in \mathcal{O}_{X,0}$ によって一意的に決まる．よって次の同型がある：

---

[2] 複素多様体を未だ知らない読者は，無視せよ．

$$\mathcal{O}_{X,0} \cong \mathbf{C}\{(z_j)\}.$$

これは,極大イデアル

$$\mathfrak{m}_{X,0} = \left\{ \sum_{|\lambda|\geq 1} c_\lambda z^\lambda \in \mathbf{C}\{(z_j)\} \right\}$$

を持つ局所環[3]である. $k \in \mathbf{N}$ に対し $\mathfrak{m}_{X,0}$ の k 巾 $\mathfrak{m}_{X,0}^k$ をとると,

$$\mathfrak{m}_{X,0}^k = \left\{ \sum_{|\lambda|\geq k} c_\lambda z^\lambda \in \mathbf{C}\{(z_j)\} \right\}$$

となる.したがって商 $\mathcal{O}_{X,0}/\mathfrak{m}_{X,0}^k$ は,次数が高々 $(k-1)$ 次の多項式全体と $\mathbf{C}$ 上のベクトル空間として同型になる:

$$\mathcal{O}_{X,0}/\mathfrak{m}_{X,0}^k \cong \left\{ \sum_{|\lambda|\leq k-1} c_\lambda z^\lambda \in \mathbf{C}[z_1,\ldots,z_n] \right\}.$$

これらの事柄は,以後特段の断りなく使われる. $\mathcal{O}_X^* = \mathcal{O}_X \cap \mathcal{E}_X^*$ とおく.

(5) $X \subset \mathbf{C}^n$ を開集合とする.部分集合 $E \subset X$ があるとき,

$$\mathscr{S}_\alpha = \{f \in \mathcal{O}(U_\alpha); f(x) = 0, {}^\forall x \in E \cap U_\alpha\}$$

として前層を定義し,これから誘導される層を $\mathscr{I}\langle E\rangle$ と書く.各茎 $\mathscr{I}\langle E\rangle_x$ は環 $\mathcal{O}_{X,x}$ のイデアルになっている. $\mathscr{I}\langle E\rangle$ を部分集合 E のイデアル層と呼ぶ.

特別に, $E = \{a\}$ $(a \in X)$ ならば $\mathscr{I}\langle\{a\}\rangle_a = \mathfrak{m}_{X,a}$ である.

(6) $\mathscr{R} \to X$ を環の層とする.層 $\mathscr{S} \to X$ が $\mathscr{R}$ 加群の層とは $\mathscr{S}$ がアーベル群の層で,演算

$$(r,s) \in \mathscr{R} \times_X \mathscr{S} \to rs \in \mathscr{S}$$

が連続なものとして定義され,次が成立することとする:

$$r'(rs) = (r'r)s$$
$$(r+r')s = rs + r's,$$
$$r(s+s') = rs + rs'.$$

$\mathscr{R}$ 加群の層が二つ $\mathscr{S}, \mathscr{T}$ あるとき,任意の開集合 U に対し, $\mathscr{R}(U)$ 加群の直和

$$\mathscr{S}(U) \oplus \mathscr{T}(U)$$

から作られる前層の誘導する層として直和の層 $\mathscr{S} \oplus \mathscr{T}$ が得られる.これはもちろん, $\mathscr{R}$ 加群の層である. $\mathscr{S}$ 自身を p $(\in \mathbf{N})$ 個直和した層を $\mathscr{S}^p$ と書く.

$\mathscr{T} \subset \mathscr{S}$ が部分加群の層であるとき,開集合 $U \subset X$ に対し商加群

---

[3] 一般に,一意的な極大イデアルを持つ環を "局所環" と呼ぶ.

28   1. 正 則 関 数

$$\mathscr{S}(U)/\mathscr{T}(U)$$

を対応させる前層をとり，これから誘導される層を $\mathscr{S}$ の $\mathscr{T}$ による**商層**と言い $\mathscr{S}/\mathscr{T}$ と書く．自然な準同型 $\mathscr{S} \to \mathscr{S}/\mathscr{T}$ がある．任意の $x \in X$ で

$$(\mathscr{S}/\mathscr{T})_x \cong \mathscr{S}_x/\mathscr{T}_x$$

が成り立つ．しかし一般には，

$$(\mathscr{S}/\mathscr{T})(U) \not\cong \mathscr{S}(U)/\mathscr{T}(U).$$

例 1.3.13 $\mathbf{R}$ は通常の距離位相を入れ，定数層 $\mathbf{Z}_\mathbf{R} \to \mathbf{R}$ を考える．これは環の層である．部分集合 $E \subset \mathbf{R}$ に対しイデアル層 $\mathscr{I}\langle E \rangle$ を次で定義する．

$$\mathscr{I}\langle E \rangle_x = \begin{cases} \mathbf{Z}, & x \notin E, \\ 0, & x \in E. \end{cases}$$

今イデアル層 $\mathscr{I}\langle \{0,1\} \rangle$ をとり，$U = \mathbf{R}$ とすると，

$$(\mathbf{Z}_\mathbf{R}/\mathscr{I}\langle \{0,1\} \rangle)(\mathbf{R}) \cong \mathbf{Z} \oplus \mathbf{Z},$$

$$\mathbf{Z}_\mathbf{R}(\mathbf{R})/(\mathscr{I}\langle \{0,1\} \rangle(\mathbf{R})) \cong \mathbf{Z}/\{0\} = \mathbf{Z}.$$

したがって，

$$(\mathbf{Z}_\mathbf{R}/\mathscr{I}\langle \{0,1\} \rangle)(\mathbf{R}) \not\cong \mathbf{Z}_\mathbf{R}(\mathbf{R})/(\mathscr{I}\langle \{0,1\} \rangle(\mathbf{R})).$$

$(\{\mathbf{Z}_\mathbf{R}(U)/(\mathscr{I}\langle \{0,1\} \rangle(U))\}, \{\rho_{UV}\})$ (ρ_{VU} は，$V \subset U$ の場合の制限写像) から作られる前層は，完備でないものの例にもなっている．

(7) 開集合 $X \subset \mathbf{C}^n$ 上の正則関数の芽の層 $\mathcal{O}_X$ を考える．系 1.2.17 により部分領域 $U \subset X$ に対し $\mathcal{O}(U)$ は整域環であることに注意する．

定義 1.3.14 部分領域 $U \subset X$ に商体 $\mathscr{M}(U) = \mathcal{O}(U)/(\mathcal{O}(U) \setminus \{0\})$ を対応させてできる前層から誘導される体の層 $\mathscr{M}_X$ を X 上の**有理型関数の芽の層**と呼ぶ．切断 $f \in \Gamma(X, \mathscr{M}_X)$ を X 上の**有理型関数**と呼ぶ．X が領域ならば，$\Gamma(X, \mathscr{M}_X)$ は体である．

(8) $f: X \to Y$ を位相空間の間の連続写像とする．$\mathscr{S} \to X$ を層とする．このとき，任意の開部分集合 $V \subset Y$ に対し $\Gamma(f^{-1}V, \mathscr{S})$ を対応させることにより Y 上の前層 $(\{V\}, \{\Gamma(f^{-1}V, \mathscr{S})\}, \{\rho_{VV'}\})$ が得られる．ただし $\rho_{VV'}$ は制限写像である．これから誘導される層を $f_*\mathscr{S} \to Y$ と書き，$\mathscr{S}$ の f による**順像層**あるいは簡単に**順像**と呼ぶ．

問 題

1. 注意 1.1.4 を示せ.
2. 関係式 (1.2.2) を示せ.
3. U, V, W を定義 1.2.25 のものとするとき,$\partial U \cap \partial W \cap V \neq \emptyset$ を示せ.
4. (有限補間) $a_\nu \in \mathbf{C}, 1 \leq \nu \leq q$, を有限個の相異なる点とし,$\alpha_\nu \in \mathbf{C}$,$1 \leq \nu \leq q$, を任意の複素数とする.このとき,1 変数 z の多項式 $P(z)$ で,全ての $\nu = 1, 2, \ldots, q$ について $P(a_\nu) = \alpha_\nu$ となるものを構成せよ.
(ヒント：初め $q = 2$ の場合を考え,それを一般化せよ.)
5. $\alpha_\nu \in \mathbf{C}$ ($\nu \in \mathbf{Z}$) を複素数で,ある $k \in \mathbf{N}$ に対し次の級数が収束するものとする.
$$\sum_{\nu \in \mathbf{Z}\setminus\{0\}} \frac{|\alpha_\nu|}{|\nu|^k} < \infty.$$
すると,
$$f(z) = (\sin \pi z)^k \sum_{\nu \in \mathbf{Z}} \frac{(-1)^{\nu k} \alpha_\nu}{\pi^k (z - \nu)^k}$$
は,正則関数 $f(z)$ に広義一様絶対収束し,全ての $\nu \in \mathbf{Z}$ に対し $f(\nu) = \alpha_\nu$ を満たすことを示せ.
6. (リュービルの定理) $\mathbf{C}^n$ 上の有界正則関数は,定数に限ることを示せ.
7. $\Omega \subset \mathbf{C}^n$ を領域とし一点 $a \in \Omega$ をとる.$E = (a + \mathbf{R}^n) \cap \Omega$ (または,$(a + (i\mathbf{R})^n) \cap \Omega$) とおく.もし $f \in \mathcal{O}(\Omega)$ が,E 上で消える (値 0 をとる) ならば,f は Ω 上消えることを証明せよ.
8. f を $\mathbf{C}^n$ 上の正則関数である定数 $C > 0$ と $k \in \mathbf{Z}_+$ に対し $|f(z)| \leq C\|z\|^k$ ($\forall z \in \mathbf{C}^n$) を満たすものとする.すると,$f$ は高々次数 k の多項式であることを示せ.
9. $\phi : \mathscr{S} \to \mathscr{T}$ を位相空間 X 上のアーベル群の層の間の射とする.すると,像 $\mathrm{Im}\,\phi$ と核 $\mathrm{Ker}\,\phi$ も X 上のアーベル群の層であることを示せ.
10. (1.3.5) で与えられる関係は,実際同値関係であることを示せ.
11. $(\{U_\alpha\}, \{\mathscr{S}_\alpha\}, \{\rho_{\alpha\beta}\})$ を位相空間 X 上の前層としその誘導する層を $\mathscr{S} \to X$ とする.各 $x \in X$ について $U_\alpha \ni x$ と $f_\alpha \in \mathscr{S}_\alpha$ をとり,$\{\underline{f_{\alpha_y}}; y \in U_\alpha\}$ とおくと,これ等は $\mathscr{S}$ において基本近傍系の公理を満たすことを証明せよ.

12. X を $\mathbf{C}^n$ の領域とする. 層 $\mathcal{O}_X$ は, ハウスドルフ位相空間であることを示せ.
13. §1.3.3 (8) で定義した前層 $(\{V\}, \{\Gamma(f^{-1}V, \mathscr{S})\}, \{\rho_{VV'}\})$ は完備であることを示せ.

2

岡の第1連接定理

正則関数の局所的な性質を調べる．主目標は，多変数解析関数論で最も基本的かつ重要な岡の連接定理である．連接層は，現代の数学の広い分野で数学を記述する基本言語となっている．岡潔は，不定域イデアル "idéal de domaines indéterminés" と呼んだ．"連接" の語は，H. カルタンの用いた faisceau cohérent から来るが，語感からするとその直訳ともいえない．cohérent は論理的整合性がとれているという意味で，連続的に互いに接しているという意味とは異なる．もともとの連接層の意味からすると日本語の連接という言い方は，内容に相応しい語感を持つ．

2.1 ワイェルストラスの予備定理

$P\Delta(a;r) \subset \mathbf{C}^n$ を多重円板とし，$f \in \mathcal{O}(P\Delta(a;r))$ を考える．$f \not\equiv 0$ ($f(z) \not\equiv 0$) とすると $f(z)$ は次のように巾級数展開される．

$$f(z) = \sum_\lambda c_\lambda (z-a)^\lambda = \sum_{\nu=\nu_0}^\infty P_\nu(z-a),$$

$$P_\nu(z-a) = \sum_{|\lambda|=\nu} c_\lambda (z-a)^\lambda \quad (\nu \text{ 同次多項式}),$$

$$P_{\nu_0}(z-a) \not\equiv 0.$$

この同次多項式展開の 0 でない初項の次数 $\nu_0 = \mathrm{ord}_a f$ を f の a での零の位数と呼ぶ．

簡単のため平行移動して，$a=0$ で考える．$f(0)=0$ ($\nu_0 \geq 1$) とする．ベクトル $v \in \mathbf{C}^n \setminus \{0\}$ を $P_{\nu_0}(v) \neq 0$ と取る．$\zeta \in \mathbf{C}$ に対し

$$f(\zeta v) = \sum_{\nu=\nu_0}^\infty \zeta^\nu P_\nu(v) = \zeta^{\nu_0}(P_{\nu_0}(v) + \zeta P_{\nu_0+1}(v) + \cdots).$$

座標を線形変換して新しく座標 $z = (z_1, \ldots, z_n)$ を $v = (0, \ldots, 0, 1)$ となるよう

にする．

$$\mathrm{P}\Delta(0;r) = \mathrm{P}\Delta_{n-1} \times \Delta(0;r_n) \subset \mathbf{C}^{n-1} \times \mathbf{C}$$

と書き，座標は

$$z = (z', z_n) \in \mathrm{P}\Delta_{n-1} \times \Delta(0;r_n),$$
$$0 = (0,0)$$

等と書く．この座標について改めて次のようになっていると仮定する．

2.1.1 (i) f は，閉多重円板 $\overline{\mathrm{P}\Delta(0;r)}$ の近傍で正則で，同次多項式展開 $f(z) = \sum_{\nu=\nu_0}^{\infty} P_\nu(z)$ について，$P_{\nu_0}(0,1) \neq 0$ かつ

$$f(0, z_n) = z_n^{\nu_0}(P_{\nu_0}(0,1) + z_n P_{\nu_0+1}(0,1) + \cdots).$$

(ii) $r_n > 0$ を十分小さくとり，$\{|z_n| \leq r_n; f(0, z_n) = 0\} = \{0\}$.

(iii) $r_1, \ldots, r_{n-1} > 0$ を r_n に従って小さくとれば，任意の $z' \in \overline{\mathrm{P}\Delta}_{n-1}$ に対して $f(z', z_n) = 0$ の根 z_n は円板 $\Delta(0; r_n)$ に含まれる．特に $(z', z_n) \in \overline{\mathrm{P}\Delta}_{n-1} \times \{|z_n| = r_n\}$ に対して常に $|f(z', z_n)| > 0$.

$\underline{f}_0 \in \mathcal{O}_{\mathbf{C}^n, 0}$ に対し，上の 2.1.1 (i)〜(iii) を満たす多重円板 $\mathrm{P}\Delta(0; r)$ を $\underline{f}_0$ または f の標準多重円板，その座標 $z = (z_1, \ldots, z_n)$ を標準座標と呼ぶ．

注意 2.1.2 (i) $\underline{f}_0$ の標準多重円板は，0 の基本近傍系をなす．なぜならば，$r_n > 0$ はいくらでも小さくとれ，それに従って $r_j, 1 \leq j \leq n-1$ も任意に小さくとれる．

(ii) $\{v \in \mathbf{C}^n; P_{\nu_0}(v) = 0\}$ は内点を含まないので，標準多重円板と標準座標は有限個の $\underline{f_k}_0 \in \mathcal{O}_{\mathbf{C}^n, 0} \setminus \{0\}, 1 \leq k \leq l(<\infty), f_k(0) = 0$ について同一のものをとることができる．

(iii) 方向ベクトル $v \in \mathbf{C}^n \setminus \{0\}$ は，可算個の $\underline{f_k}_0 \in \mathcal{O}_{\mathbf{C}^n, 0} \setminus \{0\}, f_k(0) = 0, k = 1, 2, \ldots,$ に対し同一のものをとることができる．なぜならば，$f_k(z)$ の同次多項式展開の 0 でない初項を $P_{k\nu_k}(z)$ とすると，$A = \bigcup_{k=1}^{\infty}\{P_{k\nu_k}(v) = 0\}$ は内点を含まない閉集合の可算和であるからベールのカテゴリー定理により A も内点を含まない．したがって，$\mathbf{C}^n \setminus A \neq \emptyset$ となり，$v \in \mathbf{C}^n \setminus A$ をとればよい．このことから，可算個の $\{\underline{f_k}_0\}$ に対し共通の標準座標をとることができる (標準座標近傍を共通にとることは，一般にできないが)．

閉集合 $E \subset \mathbf{C}^n$ の近傍で正則な関数の全体を $\mathcal{O}(E)$ と書くことにする．関数 g

に対し定義域の部分集合 W 上の上限ノルムを
$$\|g\|_W = \sup_{z \in W} |g(z)|$$
と書く.

定理 2.1.3 (ワイエルストラスの予備定理) $\underline{f}_0 \in \mathcal{O}_{\mathbf{C}^n,0} \setminus \{0\}, f(0) = 0$, $p = \mathrm{ord}_0 f$ とし, f の標準多重円板 $\mathrm{P}\Delta = \mathrm{P}\Delta_{n-1} \times \Delta(0;r_n)$ ($\ni z = (z', z_n)$) を一つとる.

(i) 正則関数 $a_j \in \mathcal{O}(\overline{\mathrm{P}\Delta_{n-1}}), a_j(0) = 0, 1 \leq j \leq p$ と零をとらない正則関数 $u \in \mathcal{O}(\overline{\mathrm{P}\Delta})$ が一意的に存在して次が成立する.

(2.1.4) $$f(z) = f(z', z_n) = u(z)\Big(z_n^p + \sum_{j=1}^p a_j(z') z_n^{p-j}\Big),$$
$$(z', z_n) \in \mathrm{P}\Delta_{n-1} \times \Delta(0; r_n).$$

(ii) 任意の $\varphi \in \mathcal{O}(\mathrm{P}\Delta)$ に対し, 正則関数 $a \in \mathcal{O}(\mathrm{P}\Delta)$ と $b_j \in \mathcal{O}(\mathrm{P}\Delta_{n-1}), 1 \leq j \leq p$, が一意的に存在して次が成立する.

(2.1.5) $$\varphi(z) = af + \sum_{j=1}^p b_j(z') z_n^{p-j}, \quad z = (z', z_n) \in \mathrm{P}\Delta_{n-1} \times \Delta(0; r_n).$$

(iii) (ii) において f のみによる定数 $M > 0$ が存在して,
$$\|a\|_{\mathrm{P}\Delta} \leq M \|\varphi\|_{\mathrm{P}\Delta}, \qquad \|b_j\|_{\mathrm{P}\Delta_{n-1}} \leq M \|\varphi\|_{\mathrm{P}\Delta}.$$

証明 (i) $k \in \mathbf{Z}_+$ に対し,

(2.1.6) $$\sigma_k(z') = \frac{1}{2\pi i} \int_{|z_n|=r_n} z_n^k \frac{\frac{\partial f}{\partial z_n}(z', z_n)}{f(z', z_n)} dz_n, \quad z' \in \overline{\mathrm{P}\Delta_{n-1}}$$

とおく. $\sigma_k \in \mathcal{O}(\overline{\mathrm{P}\Delta_{n-1}})$ となる. 留数定理により $\sigma_0(z') \in \mathbf{Z}$, かつ連続関数でもあるので,

$$\sigma_0(z') \equiv \sigma_0(0) = \frac{1}{2\pi i} \int_{|z_n|=r_n} \frac{\frac{\partial f}{\partial z_n}(0, z_n)}{f(0, z_n)} dz_n = p.$$

よって, $z' \in \mathrm{P}\Delta_{n-1}$ を止めたときの $f(z', z_n) = 0$ の根の個数は, 重複度を込めれば常に p 個であることがわかる. それらを, $\zeta_1(z'), \ldots, \zeta_p(z')$ (重複度を込めて) と書く. 再び留数定理より,

$$\sigma_k(z') = \sum_{j=1}^p (\zeta_j(z'))^k, \quad k = 0, 1, \ldots$$

が成り立っている. $\zeta_1(z'), \ldots, \zeta_p(z')$ の ν 次基本対称式を

$$a_\nu(z') = (-1)^\nu \sum_{1 \leq j_1 < \cdots < j_\nu \leq p} \zeta_{j_1}(z') \cdots \zeta_{j_\nu}(z')$$

とおく．すると，$a_\nu(z') \in \mathbf{Q}[\sigma_1(z'), \ldots, \sigma_\nu(z')]$ となる (章末問題 1 を参照)．たとえば，$p = 2$ とすると
$$a_2(z') = \zeta_1(z')\zeta_2(z') = \frac{1}{2}\sigma_1(z')^2 - \frac{1}{2}\sigma_2(z').$$
全ての $\zeta_j(0) = 0$ に注意すれば，$a_\nu \in \mathcal{O}(\overline{\mathrm{P}\Delta}_{n-1})$, $a_\nu(0) = 0, \nu \geq 1$ がわかる．次のようにおく．

(2.1.7) $\quad W(z', z_n) = \prod_{j=1}^{p} (z_n - \zeta_j(z')) = z_n^p + \sum_{j=1}^{p} a_j(z') z_n^{p-j}.$

$W(z', z_n) \in \mathcal{O}(\overline{\mathrm{P}\Delta}_{n-1})[z_n] \subset \mathcal{O}(\overline{\mathrm{P}\Delta}_{n-1} \times \mathbf{C})$ となる．$s_n > r_n$ を r_n に十分近くとれば，任意に $z' \in \overline{\mathrm{P}\Delta}_{n-1}$ を止めるとき，$|z_n| < s_n$ における $W(z', z_n) = 0$ と $f(z', z_n) = 0$ の根は重複度を込めて一致しているので[1]，$|z_n| < s_n$ で次の積分表示が成立する．

$$u(z', z_n) = \frac{f(z', z_n)}{W(z', z_n)} = \frac{1}{2\pi i} \int_{|\zeta_n| = s_n} \frac{f(z', \zeta_n)}{W(z', \zeta_n)} \cdot \frac{d\zeta_n}{\zeta_n - z_n},$$
$$v(z', z_n) = \frac{W(z', z_n)}{f(z', z_n)} = \frac{1}{2\pi i} \int_{|\zeta_n| = s_n} \frac{W(z', \zeta_n)}{f(z', \zeta_n)} \cdot \frac{d\zeta_n}{\zeta_n - z_n}.$$

これらの積分表示より $u, v \in \mathcal{O}(\overline{\mathrm{P}\Delta}_{n-1} \times \{|z_n| \leq r_n\})$ がわかり，$|z_n| = r_n$ の近傍では u, v の分母は，零を持たないので $u \cdot v = 1$ が成立している．したがって，解析接続の一意性より，$\overline{\mathrm{P}\Delta}$ 上 $u \cdot v = 1$ となる．よって，u は $\overline{\mathrm{P}\Delta}$ 上で零をとることはない．ある定数 $C > 0$ が存在して，

(2.1.8) $\quad C^{-1} \leq |u(z)| \leq C, \quad z \in \overline{\mathrm{P}\Delta}$

となる．以上より，
$$f(z', z_n) = u(z)\Big(z_n^p + \sum_{j=1}^{p} a_j(z') z_n^{p-j}\Big) = u(z) W(z', z_n),$$
$u \in \mathcal{O}(\overline{\mathrm{P}\Delta})$, $a_\nu \in \mathcal{O}(\overline{\mathrm{P}\Delta}_{n-1})$, $a_\nu(0) = 0$ となることがわかった．

$u(z), W(z', z_n)$ は $\mathcal{O}_{\mathbf{C}^n, 0}$ の元として一意的に定まることを見よう．
$$\underline{f}_0 = \underline{u}_0 \cdot \Big(z_n^p + \textstyle\sum_{j=1}^{p} a_j(z') z_n^{p-j}\Big)_0$$
$$= \underline{\tilde{u}}_0 \cdot \Big(z_n^p + \textstyle\sum_{j=1}^{p} \tilde{a}_j(z') z_n^{p-j}\Big)_0$$
とする．右辺の表示が共通に有効である標準多重円板 $\widetilde{\mathrm{P}\Delta}_{n-1} \times \Delta(0; \tilde{r}_n)$ をとれば，各 $z' \in \widetilde{\mathrm{P}\Delta}_{n-1}$ について

---

[1] ここまでの議論では，z' を止める毎に $|z_n| < s_n$ について商 $f(z', z_n)/W(z', z_n)$ は 0 をとらない正則関数であることまでわかるが，(z', z_n) を全て動かしてはその連続性も不明である．

$$z_n^p + \sum_{j=1}^{p} a_j(z') z_n^{p-j} = 0,$$

$$z_n^p + \sum_{j=1}^{p} \tilde{a}_j(z') z_n^{p-j} = 0$$

の根は重複度を込めて一致するので,

$$a_j(z') = \tilde{a}_j(z'), \quad 1 \le j \le p.$$

したがって, $u(z) = \tilde{u}(z)$ が従う.

(ii) 次のように書かれているとしてよい.

$$f = W(z', z_n) = z_n^p + \sum_{\nu=1}^{p} a_\nu(z') z_n^{p-\nu}$$

$$= \sum_{\nu=0}^{p} a_\nu(z') z_n^{p-\nu} \in \mathcal{O}(\overline{\mathrm{P}\Delta}_{n-1})[z_n].$$

ただし, $a_0(z') = 1$ とした. $\varphi \in \mathcal{O}(\mathrm{P}\Delta_{n-1} \times \Delta(0; r_n))$ に対し,

(2.1.9) $$a(z', z_n) = \frac{1}{2\pi i} \int_{|\zeta_n| = t_n} \frac{\varphi(z', \zeta_n)}{W(z', \zeta_n)} \cdot \frac{d\zeta_n}{\zeta_n - z_n},$$

$$(z', z_n) \in \mathrm{P}\Delta_{n-1} \times \Delta(0; r_n)$$

とおく. ただし, $|z_n| < t_n < r_n$ と取る. $a(z', z_n)$ は, t_n の取り方によらないので, $a(z', z_n) \in \mathcal{O}(\mathrm{P}\Delta_{n-1} \times \Delta(0; r_n))$ を定める. $z' \in \mathrm{P}\Delta_{n-1}, |z_n| < t_n$ として

(2.1.10)

$$\varphi(z', z_n) - a(z', z_n) W(z', z_n)$$

$$= \frac{1}{2\pi i} \int_{|\zeta_n| = t_n} \varphi(z', \zeta_n) \frac{d\zeta_n}{\zeta_n - z_n} - \frac{W(z', z_n)}{2\pi i} \int_{|\zeta_n| = t_n} \frac{\varphi(z', \zeta_n)}{W(z', \zeta_n)} \cdot \frac{d\zeta_n}{\zeta_n - z_n}$$

$$= \frac{1}{2\pi i} \int_{|\zeta_n| = t_n} \varphi(z', \zeta_n) \left\{ 1 - \frac{W(z', z_n)}{W(z', \zeta_n)} \right\} \frac{d\zeta_n}{\zeta_n - z_n}$$

$$= \frac{1}{2\pi i} \int_{|\zeta_n| = t_n} \varphi(z', \zeta_n) \frac{\sum_{\nu=0}^{p-1} a_\nu(z')(\zeta_n^{p-\nu} - z_n^{p-\nu})}{W(z', \zeta_n)(\zeta_n - z_n)} d\zeta_n$$

$$= \frac{1}{2\pi i} \int_{|\zeta_n| = t_n} \frac{\varphi(z', \zeta_n)}{W(z', \zeta_n)} \left\{ \sum_{\nu=0}^{p-1} a_\nu(z')(\zeta_n^{p-\nu-1} + \zeta_n^{p-\nu-2} z_n + \cdots \right.$$

$$\left. + z_n^{p-\nu-1}) \right\} d\zeta_n$$

$$= b_1(z') z_n^{p-1} + b_2(z') z_n^{p-2} + \cdots + b_p(z')$$

と表す. ここで, $b_\nu(z')$ を次のようにおいた.

(2.1.11) $$b_\nu(z') = \frac{1}{2\pi i} \int_{|\zeta_n| = t_n} \frac{\varphi(z', \zeta_n)}{W(z', \zeta_n)} \left(\sum_{h=0}^{\nu-1} a_h(z') \zeta_n^{\nu-1-h} \right) d\zeta_n.$$

この表示より，$b_\nu(z') \in \mathcal{O}(\mathrm{P}\Delta_{n-1}), 1 \leq \nu \leq p$ (t_n によらない) がわかる．したがって，

(2.1.12) $\quad\quad \varphi(z', z_n) = a(z', z_n) W(z', z_n) + \sum_{\nu=1}^{p} b_\nu(z') z_n^{p-\nu}$

が得られた．

次に一意性を示す．より小さい f の標準多重円板 $\widetilde{\mathrm{P}\Delta}_{n-1} \times \Delta(0; \tilde{r}_n)$ 上で

(2.1.13) $\quad\quad \varphi(z', z_n) = \tilde{a}(z', z_n) W(z', z_n) + \sum_{\nu=1}^{p} \tilde{b}_\nu(z') z_n^{p-\nu}$

と表されたとする．(2.1.12), (2.1.13) の両辺を引いて移項する．

$$(a(z', z_n) - \tilde{a}(z', z_n)) W(z', z_n) = \sum_{\nu=1}^{p} (\tilde{b}_\nu(z') - b_\nu(z')) z_n^{p-\nu} \not\equiv 0$$

とすると，任意の $z' \in \widetilde{\mathrm{P}\Delta}_{n-1}$ を止める毎に，左辺は $z_n \in \Delta(0; \tilde{r}_n)$ について重複度を込めて少なくとも p 個の零点を持つ．一方右辺は高々 $p-1$ 個の零点しか持たないので矛盾をきたす．よって，

$$\tilde{b}_\nu(z') = b_\nu(z'), \quad\quad \tilde{a}(z', z_n) = a(z', z_n)$$

でなければならない．

(iii) 次に評価を考える．(2.1.9), (2.1.10), (2.1.11) において，ある $\delta > 0$ があって

(2.1.14) $\quad\quad |W(z', \zeta_n)| \geq \delta > 0, \quad z' \in \mathrm{P}\Delta_{n-1}, |\zeta_n| = t_n (\nearrow r_n)$

となっている．したがって，(2.1.11) より $\sup_{\mathrm{P}\Delta_{n-1}} |a_\nu|, p, r_n$ だけで決まる定数 $M > 0$ があって

$$|b_\nu(z') z_n^{p-\nu}| \leq M\delta^{-1} \|\varphi\|_{\mathrm{P}\Delta}, \quad\quad \|b_\nu\|_{\mathrm{P}\Delta_{n-1}} \leq M\delta^{-1} \|\varphi\|_{\mathrm{P}\Delta}$$

が成立する．(2.1.10) より，$z' \in \mathrm{P}\Delta_{n-1}, |z_n| = t_n (< r_n)$ に対して

$$|\varphi(z', z_n) - a(z', z_n) W(z', z_n)| \leq pM\delta^{-1} \|\varphi\|_{\mathrm{P}\Delta}.$$

これより

$$|a(z', z_n) W(z', z_n)| \leq (pM\delta^{-1} + 1) \|\varphi\|_{\mathrm{P}\Delta}$$

を得る．(2.1.14) より

$$|a(z', z_n)| \leq (pM\delta^{-1} + 1) \delta^{-1} \|\varphi\|_{\mathrm{P}\Delta}.$$

$t_n \nearrow r_n$ として，最大値原理 (定理 1.2.19) より

$$\|a\|_{\mathrm{P}\Delta} \leq (pM\delta^{-1} + 1) \delta^{-1} \|\varphi\|_{\mathrm{P}\Delta}.$$

W をもとの f に置き換えた評価を求めるために

$$\varphi = aW + \sum_{\nu=1}^{p} b_\nu(z') z_n^{p-\nu}$$
$$= \left(\frac{a}{u}\right) \cdot f + \sum_{\nu=1}^{p} b_\nu(z') z_n^{p-\nu}$$

と書く. (2.1.8) より
$$C^{-1} \leq |u| \leq C$$

であるから, 結局 φ にはよらない正定数 $M' = M'(f)$ が存在して
$$\|a\|_{\mathrm{P}\Delta} \leq M' \|\varphi\|_{\mathrm{P}\Delta},$$
$$\|b_\nu\|_{\mathrm{P}\Delta_{n-1}} \leq M' \|\varphi\|_{\mathrm{P}\Delta}, \quad 1 \leq \nu \leq p$$

が成立する. □

定義 2.1.15 $\mathrm{P}\Delta_{n-1} \subset \mathbf{C}^{n-1}$ とし, $\mathcal{O}(\overline{\mathrm{P}\Delta}_{n-1})$ 係数の z_n 多項式
$$W(z', z_n) = z_n^p + \sum_{\nu=1}^{p} a_\nu(z') \cdot z_n^{p-\nu},$$
$$a_\nu \in \mathcal{O}(\overline{\mathrm{P}\Delta}_{n-1}), \quad a_\nu(0) = 0$$

をワイェルストラス多項式と呼ぶ. これを芽で考えた,
$$W = z_n^p + \sum_{\nu=1}^{p} a_{\nu_0} \cdot z_n^{p-\nu} \in \mathcal{O}_{\mathrm{P}\Delta_{n-1},0}[z_n]$$

もワイェルストラス多項式と呼ぶことにする.

2.2 正則局所環

簡単のために $\mathcal{O}_{\mathbf{C}^n, a} = \mathcal{O}_{n, a}$ $(a \in \mathbf{C}^n)$ と略記する. これは, 整域局所環である (§1.3.3 (4)). この節では, さらに詳しく代数的な性質を調べる.

2.2.1 代数からの準備

この小節では, 多項式環に関する基本的な事実をまとめて述べる. 参照する標準的な参考書としては, [永田], [森田], [Lan] などがある.

定理 2.2.1 (ガウス) 素元分解整域環 (U.F.D., 素元一意分解可能な整域環のこと) 上の多項式環は素元分解整域環である.

定理 2.2.2 (ヒルベルト) ネーター環上の多項式環はネーター環である.

環 A 上の加群がネーターとは, その任意の部分加群が有限生成であることで

ある.

補題 2.2.3 環 A がネーターならば,A^p $(p \geq 2)$ もネーターである.

証明 p についての帰納法による.仮定により $p = 1$ では成立している.

$p > 1$ とし $p - 1$ では成立しているとする.$M \subset A^p$ を部分加群とする.

$$\pi : A^p \to A$$

を第 1 成分への射影とする.$\pi(M) \subset A$ は有限個の元 $u_i \in \pi(M), 1 \leq i \leq k$ で生成される.$U_i \in \pi^{-1} u_i$ $(1 \leq i \leq k)$ をとる.すると,あとは $M \cap \operatorname{Ker} \pi$ が有限生成ならばよい.$\operatorname{Ker} \pi \cong A^{p-1}$ であるから帰納法の仮定より $M \cap \operatorname{Ker} \pi$ は有限生成である. □

整域環 A を係数とする一変数多項式環 $A[X]$ をとる.その二元を

$$f(X) = a_0 X^m + a_1 X^{m-1} + \cdots + a_m,$$
$$g(X) = b_0 X^n + b_1 X^{n-1} + \cdots + b_n,$$
$$a_0 b_0 \neq 0,$$

とする.$f(X)$ と $g(X)$ の**終結式** (resultant) $R(f, g) \in A$ は次の $m + n$ 次正方行列式で定義される.

$$(2.2.4) \quad R(f, g) = \begin{vmatrix} a_0 & \cdots & a_m & & & \\ & \ddots & & \ddots & & \\ & & a_0 & \cdots & a_m & \\ b_0 & \cdots & b_n & & & \\ & \ddots & & \ddots & & \\ & & b_0 & \cdots & b_n & \end{vmatrix} \begin{matrix} n \text{ ケ} \\ \\ \\ m \text{ ケ} \end{matrix}.$$

ここで,行 (a_i) は縦に対角的に n 行並び,行 (b_j) が同じく m 行並ぶ.それ以外には 0 が入る.

定理 2.2.5 上述の多項式 $f(X)$ と $g(X)$ に対し,多項式 $\varphi(X), \psi(X) \in A[X]$ で次を満たすものが存在する:$\deg \varphi < n, \deg \psi < m$,

$$\varphi(X) f(X) + \psi(X) g(X) = R(f, g) \ (\in A).$$

証明 (2.2.4) において第 j 列に X^{m+n-j} を掛け最後の列に加える操作を $j = 1, 2, \ldots, m + n - 1$ の全てについて行うと次を得る.

$$R(f,g) = \begin{vmatrix} a_0 & a_1 & \cdots & \cdots & a_m & & & X^{n-1}f(X) \\ & a_0 & a_1 & \cdots & \cdots & a_m & & X^{n-2}f(X) \\ & & \ddots & & & & \ddots & \vdots \\ & & & a_0 & a_1 & \cdots & \cdots & f(X) \\ b_0 & b_1 & \cdots & \cdots & b_n & & & X^{m-1}g(X) \\ & b_0 & b_1 & \cdots & \cdots & b_n & & X^{m-2}g(X) \\ & & \ddots & & & & \ddots & \vdots \\ & & & b_0 & b_1 & \cdots & \cdots & g(X) \end{vmatrix}.$$

この行列式を最後の列に関して展開すれば,求める多項式 $\varphi(x), \psi(x)$ を得る. □

K を A の商体の代数的閉包とする.

定理 2.2.6 (i) 二つの方程式 $f(X) = 0$ と $g(X) = 0$ に K における共通根が存在するためには,$R(f,g) = 0$ が必要十分である.

 (ii) A は,素元分解整域環であるとする.このとき,$f(X)$ と $g(X)$ が共通の素因子をもつためには,$R(f,g) = 0$ が必要十分である.

証明 (i) $\alpha \in K$ を $f = g = 0$ の共通根であるとする.定理 2.2.5 において,$X = \alpha$ と代入すると,
$$A \ni R(f,g) = \varphi(\alpha)f(\alpha) + \psi(\alpha)g(\alpha) = 0 \in K.$$
単射埋め込み $A \hookrightarrow K$ であることにより,A において $R(f,g) = 0$ が成立する.

一方,$R(f,g) = 0$ ならば定理 2.2.5 より $\varphi(X)f(X) = -\psi(X)g(X)$ となる.$\deg \varphi < n$ であるから,$g(X) = 0$ のある根 $(\in K)$ は,$f(X) = 0$ の根でもなければならない.

(ii) 仮定と定理 2.2.1 により,$A[X]$ は素元分解整域環である.$f(X)$ と $g(X)$ が共通の素因子 $h(X)$ を持つと仮定する.すると定理 2.2.5 により,$h(X)$ は $R(f,g)$ の素因子でなければならない.$R(f,g) \in A$ であるから $R(f,g) = 0$ でなければならない.

もし $R(f,g) = 0$ ならば,定理 2.2.5 より $\varphi(X)f(X) = -\psi(X)g(X)$. 多項式次数の比較により,重複度を込めて g の全ての素因子が φ の素因子であることはあり得ない.したがって,$g(X)$ のある素因子は $f(X)$ の素因子でもある. □

2.2.2 $\mathcal{O}_{n,a}$ の性質

定理 2.2.7 $\mathcal{O}_{n,a}$ は，素元分解整域環である．

証明 $a = 0$ としてよい．n に関する帰納法による．

(1) $n = 1$．任意の $\underline{f}_0 \in \mathcal{O}_{1,0}$, $\underline{f}_0 \neq 0$ は 0 の近傍で一意的に

(2.2.8) $$f(z) = z^p h(z), \qquad p \in \mathbf{Z}_+, h(0) \neq 0$$

と表される．$\underline{h}_0$ は単元である．$\underline{z}_0$ は既約元で，p は $\underline{f}_0$ で一意的に決まる．よって $\mathcal{O}_{1,0}$ は素元分解整域環である．

(2) $n \geq 2$．$n-1$ では正しいとする．任意の $\underline{f}_0 \in \mathcal{O}_{n,0}$ は，ワイエルストラスの予備定理 2.1.3 により単元を除いてワイエルストラス多項式になる：

$$\underline{f}_0 = z_n^p + \sum_{\nu=1}^p \underline{a_\nu}_0 \cdot z_n^{p-\nu} \in \mathcal{O}_{n-1,0}[z_n].$$

帰納法の仮定により $\mathcal{O}_{n-1,0}$ は素元分解整域環なので，定理 2.2.1 によりそれ上の多項式環 $\mathcal{O}_{n-1,0}[z_n]$ も素元分解整域環である．あと $\mathcal{O}_{n-1,0}[z_n]$ の元の可約・既約性が $\mathcal{O}_{n,0}$ の元としての可約・既約性と同値であることを確認する必要がある．そこで，次の補題を示そう．

補題 2.2.9 $\underline{f}_0 \in \mathcal{O}_{n-1,0}[z_n]$ をワイエルストラス多項式とする．$\underline{g}_0, \underline{h}_0 \in \mathcal{O}_{n,0}$ があって，$\underline{f}_0 = \underline{h}_0 \cdot \underline{g}_0$ とする．するとあるワイエルストラス多項式 $W_1(z', z_n)$, $W_2(z', z_n)$ があって 0 の近傍で

$$f(z', z_n) = W_1(z', z_n) \cdot W_2(z', z_n), \quad \frac{g}{W_1} \cdot \frac{h}{W_2} = 1$$

が成立する．

∵) g, h は単元ではないとしてよい．$f(z', z_n) = g(z', z_n) \cdot h(z', z_n) \in \mathcal{O}(\overline{\mathrm{P}\Delta})$ と多重円板 $\mathrm{P}\Delta$ をとる．$f(0, z_n) = z_n^p \not\equiv 0$ である．$\mathrm{P}\Delta$ は f の標準多重円板にとれる．すると

$$g(0, z_n) \not\equiv 0, \qquad h(0, z_n) \not\equiv 0$$

よって $\mathrm{P}\Delta$ は，g および h に対しても標準多重円板になっている．したがって，ワイエルストラス多項式 $W_i(z', z_n), i = 1, 2$ と単元 $u_i, i = 1, 2$ があって

$$g(z', z_n) = u_1 W_1(z', z_n), \qquad h(z', z_n) = u_2 W_2(z', z_n)$$

となる．よって

$$f(z', z_n) = u_1 u_2 W_1(z', z_n) W_2(z', z_n)$$

となり，$W_1 W_2$ はワイエルストラス多項式である．ワイエルストラス多項式の表

現の一意性より，
$$u_1 u_2 = 1, \qquad f = W_1 W_2$$
が従う． △

定理 2.2.7 の証明の続き：補題 2.2.9 により，ワイェルストラス多項式 $\underline{f}_0$ が $\mathcal{O}_{n,0}$ の元として可約ならば $\mathcal{O}_{n-1,0}[z_n]$ の元として可約であり，その成分はワイェルストラス多項式になる． □

次の補題は，後で必要になる．

補題 2.2.10 $Q(z', z_n) \in \mathcal{O}_{n-1,0}[z_n]$ をワイェルストラス多項式とする．$R \in \mathcal{O}_{n-1,0}[z_n]$ として $R = Q \cdot \underline{g}_0$, $\underline{g}_0 \in \mathcal{O}_{n,0}$ と書けていたとするならば，$\underline{g}_0 \in \mathcal{O}_{n-1,0}[z_n]$ である．

証明 関数などは全て 0 を中心とする閉多重円板 $\overline{P\Delta}$ の近傍で正則とする．z_n 多項式としての $Q(z', z_n)$ の最高次の係数は 1 であるから互除法により，

(2.2.11) $\qquad R = \varphi Q + \psi, \qquad \varphi, \psi \in \mathcal{O}_{n-1,0}[z_n],$
$$\deg_{z_n} \psi < p = \deg_{z_n} Q$$

と割り算ができる．$P\Delta = P\Delta_{n-1} \times \Delta_{(n)}$ ($\Delta_{(n)} = \{|z_n| < r_n\}$) は，$Q$ の標準多重円板になっているとしてよいので，$z' \in P\Delta_{n-1}$ を止めると $Q(z', z_n) = 0$ は重複度を込めて p 個の零点を持つ．したがって，R は重複度を込めて，少なくとも p 個の零点を持つ．(2.2.11) より，ψ も重複度を込めて，少なくとも p 個の零点を持つ．$\deg \psi < p$ であるから $\psi \equiv 0$ でなければならない．以上より，次を得る．
$$R = \varphi Q = gQ,$$
$$(\varphi - g)Q = 0, \qquad Q \neq 0.$$
$\mathcal{O}_{n,0}$ は整域であるから，$\varphi - g = 0$．よって $g = \varphi \in \mathcal{O}_{n-1,0}[z_n]$ がわかった． □

補題 2.2.12 $0 \in \mathbf{C}^n$ の近傍の多重円板 $P\Delta$ 上の正則関数 f, g が原点で互いに素 $(\underline{f}_0, \underline{g}_0) = 1$ ならば，0 のある近傍の任意の点 b で互いに素 $(\underline{f}_b, \underline{g}_b) = 1$ である．

証明 $P\Delta = P\Delta_{n-1} \times \Delta_{(n)}$ ($\Delta_{(n)} = \{|z_n| < r_n\}$) は f, g に共通の標準多重円板になっているとしてよい．すると一意的にワイェルストラス多項式 $P(z', z_n)$, $Q(z', z_n)$ と単元 $u, v \in \mathcal{O}(\overline{P\Delta})$ があって

(2.2.13) $\qquad f = uP, \qquad g = vQ$

と書けている．条件より，P_0, Q_0 は互いに素である．補題 2.2.9 により，これは，$\mathcal{O}_{n-1,0}[z_n]$ の元として互いに素であることと同値である．定理 2.2.6 により，これは終結式

$$R(P(z', z_n), Q(z', z_n)) = R(z') \neq 0 \in \mathcal{O}_{n-1,0}$$

であることと同値である．したがって，任意の点 $b' \in \mathrm{P}\Delta_{n-1}$ で，$R_{b'} \neq 0$. これから，P, Q は，$\mathcal{O}_{n-1,b'}[z_n]$ の元として互いに素になる．したがって，f, g は $\mathrm{P}\Delta$ の任意の点で互いに素になる． □

この補題より次の命題が，直ちに従う．

命題 2.2.14 $U \subset \mathbf{C}^n$ を開集合，$f, g \in \mathcal{O}(U)$ とする．すると $\{a \in U; (\underline{f}_a, \underline{g}_a) = 1\}$ は，開集合である．

注． $\underline{f}_a$ が既約でもその近くの点 b で $\underline{f}_b$ が既約とは限らない．たとえば，$f(x, y, z) = x^2 - zy^2$ を考える．これは原点で既約である．しかし，任意の点 $(0, 0, c), c \neq 0$ において $f = (x + \sqrt{z}y)(x - \sqrt{z}y)$ と分解する．

定理 2.2.15 $\mathcal{O}_{n,a}$ は，ネーター環であり，$\mathcal{O}_{n,a}^p$ $(p \geq 2)$ もネーターである．

証明 $\mathcal{O}_{n,a}$ がネーターならば，補題 2.2.3 により後半が従う．

$\mathcal{O}_{n,a}$ のネーター性を示す．$a = 0$ として，n についての帰納法による．

(1) $n = 1$. 任意のイデアル $\mathscr{I} \subset \mathcal{O}_{1,0}$ をとる．$\mathscr{I} \neq \{0\}, \mathcal{O}_{1,0}$ とする．$\underline{f}_0 \in \mathscr{I} \setminus \{0\}$ を (2.2.8) のように分解したときに現れる p の最小値を，再び p と書くと，

$$\mathscr{I} = z^p \cdot \mathcal{O}_{1,0}$$

となる．つまり $\mathscr{I}$ は単項イデアルである．イデアル増大列 $\mathscr{I}_1 \subset \mathscr{I}_2 \subset \mathscr{I}_3 \subset \cdots$ があれば

$$\mathscr{I}_\nu = z^{p_\nu} \mathcal{O}_{1,0}, \quad p_1 \geq p_2 \geq p_3 \geq \cdots$$

となる．したがって，ある ν_0 があり，$p_{\nu_0} = p_{\nu_0+1} = \cdots$ となる．つまり，$\mathscr{I}_{\nu_0} = \mathscr{I}_\nu, \nu \geq \nu_0$ と安定化する．

(2) $n \geq 2$. $n-1$ で成立しているとする．$\mathcal{O}_{n-1,0}$ はネーターである．定理 2.2.2 により $\mathcal{O}_{n-1,0}[z_n]$ もネーターになる．$\mathcal{O}_{n,0}$ の任意のイデアルの増加列

$$\mathscr{I}_1 \subset \mathscr{I}_2 \subset \cdots \subset \mathscr{I}_\nu \subset \cdots$$

をとる．示したいことは，ある $\nu_0 \in \mathbf{N}$ で $\mathscr{I}_{\nu_0} = \mathscr{I}_\nu$ ($^\forall \nu \geq \nu_0$) と安定化するこ

とである．そのような ν_0 が存在しないと仮定する．部分列を取り直して
$$\mathscr{I}_1 \subsetneq \mathscr{I}_2 \subsetneq \cdots \subsetneq \mathscr{I}_\nu \subsetneq \cdots$$
となっているとしてよい．各 ν に対し $\underline{f_{\nu_0}} \in \mathscr{I}_\nu \setminus \mathscr{I}_{\nu-1}$ ($\mathscr{I}_0 = \{0\}$ とする) をとる．注 2.1.2 (iii) より全ての f_ν に関する標準座標 $(z', z_n) \in \mathbf{C}^{n-1} \times \mathbf{C}$ がとれ，単元 $\underline{u_{\nu_0}} \in \mathcal{O}_{n,0}$ とワイエルストラス多項式 $W_\nu(z', z_n) \in \mathcal{O}_{n-1,0}[z_n]$ があって
$$\underline{f_{\nu_0}} = \underline{u_{\nu_0}} \cdot W_\nu(z', z_n)$$
となる．$\underline{f_{\nu_0}} = W_\nu(z', z_n)$ としてよい．
$$\mathscr{I}'_\nu = \sum_{\mu=1}^{\nu} W_\mu(z', z_n) \cdot \mathcal{O}_{n-1,0}[z_n]$$
と $\mathcal{O}_{n-1,0}[z_n]$ のイデアルを定める．取り方から $\mathscr{I}'_\nu \subsetneq \mathscr{I}'_{\nu+1}$, $\nu = 1, 2, \ldots$, となっている．$\mathcal{O}_{n-1,0}[z_n]$ はネーターであったからこれは矛盾である． □

2.3　解 析 的 集 合

解析的集合の定義と初歩的な性質を述べる．$U \subset \mathbf{C}^n$ を開集合とする．

定義 2.3.1　$A \subset U$ が**解析的部分集合**あるい単に**解析的集合**であるとは，任意の点 $a \in U$ に近傍 $V \subset U$ と有限個の正則関数 $f_j \in \mathcal{O}(V), 1 \leq j \leq l$ が存在して
$$A \cap V = \{z \in V; f_1(z) = \cdots = f_l(z) = 0\}$$
と表されることである．

定義により，解析的集合は閉集合である．

注意 2.3.2　$n = 1$ ならば，U の解析的部分集合と U 内の離散的閉部分集合とは同義となる．

定理 2.3.3　U を領域とする．解析的集合 $A \subset U$ が内点をもてば，$U = A$ である．

証明　A の内点集合を A' とする．$A' \neq \emptyset$ で U の開集合である．$a \in \overline{A'} \cap U$ をとる．a の U 内の連結近傍 V と有限個の正則関数 $f_j \in \mathcal{O}(V), 1 \leq j \leq l$ が存在して
$$A \cap V = \{f_1 = \cdots = f_l = 0\}$$
となっている．ある $b \in V \cap A'$ がある．定義から b のある近傍 $W \subset A \cap V$ が

あって $W \cap A = W$ となる．つまり，$f_j|_W(z) \equiv 0, 1 \leq j \leq l$ が成立している．一致の定理 1.2.16 より，$f_j(z) \equiv 0, 1 \leq j \leq l$．よって $V \cap A = V$ となり $a \in A'$ が従う．これで，$A'(\subset U)$ は開かつ閉であることがわかった．U は連結なので，$A' = U$ が従う．包含関係 $A \supset A' = U \supset A$ より，$A = U$ となる． $\square$

定理 2.3.4 (リーマンの拡張定理) U を領域，$A \subsetneq U$ を真解析的部分集合とする．正則関数 $f \in \mathcal{O}(U \setminus A)$ は，A の各点 a の周りで有界，つまり a のある近傍 V があって制限 $f|_{V \setminus A}$ が有界ならば，f は U 上に一意的に解析接続される．

証明　$n = 1$ のときは，注 2.3.2 と定理 1.1.6 により成立している．

$n \geq 2$ とする．任意に $a \in A$ をとる．平行移動で $a = 0$ とする．仮定より 0 の近傍 V と $\phi \in \mathcal{O}(V) \setminus \{0\}$ があって
$$A \cap V \subset \{\phi = 0\}$$
となっている．V として ϕ の標準多重円板 $P\Delta = P\Delta_{n-1} \times \Delta(0; r_n)$ をとる．$z' \in P\Delta_{n-1}, |z_n| = r_n$ ならば $\phi(z', z_n) \neq 0$ である．つまり $(P\Delta_{n-1} \times \{|z_n| = r_n\}) \cap A = \emptyset$ である．$z' \in P\Delta_{n-1}$ を止めれば，$\phi(z', z_n) = 0$ は $\Delta(0; r_n)$ 内で高々有限個の零点しか持たない．その零点の周りで，$f(z', z_n)$ は有界であるから定理 1.1.6 により，$\Delta(0; r_n)$ 上で正則としてよい．したがって，
$$f(z', z_n) = \frac{1}{2\pi i} \int_{|\zeta_n| = r_n} \frac{f(z', \zeta_n)}{\zeta_n - z_n} d\zeta_n, \quad |z_n| < r_n$$
と表される．$f(z', \zeta_n), |\zeta_n| = r_n$ は z' について正則であるから，この積分表示により $f(z', z_n)$ が $P\Delta$ 上正則であることがわかる． $\square$

定理 2.3.5 U を領域，$A \subsetneq U$ を真解析的部分集合とすると，$U \setminus A$ も領域である．

証明　もし $U \setminus A$ が非連結であるとすると，非空開集合 V_1, V_2 があって
$$U \setminus A = V_1 \cup V_2, \quad V_1 \cap V_2 = \emptyset$$
となる．$f \in \mathcal{O}(U \setminus A)$ を次のように定める：
$$f(z) = \begin{cases} 0, & z \in V_1, \\ 1, & z \in V_2. \end{cases}$$
定理 2.3.4 により f は一意的に $\tilde{f} \in \mathcal{O}(U)$ に解析接続される．$\tilde{f}|_{V_1} \equiv 0$ であるから，一致の定理 1.2.16 より $\tilde{f}(z) \equiv 0$ でなければならず，これは矛盾である． $\square$

定義 2.3.6 $U \subset \mathbf{C}^n$ を開集合,$A \subset U$ を解析的集合とする.§1.3.3 (5) で,$E = A$ として解析的集合 A のイデアル層 $\mathscr{I}\langle A \rangle$ を定義する.$z \in U \setminus A$ ならば,もちろん z での茎 $\mathscr{I}\langle A \rangle_z = \mathcal{O}_{U,z}$ である.一般に解析的集合のイデアル層を幾何学的イデアル層 (idéal géométrique de domaines indéterminés)[2] と呼ぶ.

2.4 連 接 層

まず一般的な連接層の定義から始めよう.

X を位相空間とし,$\mathscr{A} \to X$ を環の層,$\mathscr{S} \to X$ を $\mathscr{A}$ 加群の層とする.

定義 2.4.1 $\mathscr{S}$ が $\mathscr{A}$ 加群の層として局所有限であるとは,任意の $x \in X$ に対し近傍 $U \ni x$ と有限個の切断 $\sigma_j \in \Gamma(U, \mathscr{S})$, $1 \leq j \leq l$, が存在して
$$\mathscr{S}|_U = \sum_{j=1}^{l} \mathscr{A}|_U \cdot \sigma_j,$$
つまり
$$\mathscr{S}_y = \sum_{j=1}^{l} \mathscr{A}_y \cdot \sigma_j(y), \qquad {}^{\forall}y \in U$$
が成立することである.このとき,$\{\sigma_j\}_{j=1}^l$ を $\mathscr{S}$ の $\mathscr{A}$ 加群の層としての U 上の局所有限生成系と呼ぶ.

定義 2.4.2(関係層) $\mathscr{S}$ の関係層とは,次のようにして定義される層 $\mathscr{R}((\tau_j)_{1 \leq j \leq q})$ のことを言う.

(i) $U \subset X$ を開集合とする.

(ii) $\tau_j \in \Gamma(U, \mathscr{S})$, $1 \leq j \leq q(< \infty)$ を有限個の切断とする.

(iii) $\mathscr{R}(\tau_1, \ldots, \tau_q) = \mathscr{R}((\tau_j)_{1 \leq j \leq q}) \subset (\mathscr{A}|_U)^q$ は次で定義される $\mathscr{A}|_U$ 加群の層である.
$$(2.4.3) \quad \mathscr{R}((\tau_j)_{1 \leq j \leq q})_x = \Big\{ (a_1, \ldots, a_q) \in (\mathscr{A}_x)^q \,;\, \sum_{j=1}^{q} a_j \tau_j(x) = 0 \Big\},$$
$$\mathscr{R}((\tau_j)_{1 \leq j \leq q}) = \bigcup_{x \in U} \mathscr{R}((\tau_j)_j)_x.$$

一次関係 (2.4.3) が有限個の $\tau_{(\lambda)} = (\tau_{(\lambda)j})$, $\lambda = 1, \ldots, l(< \infty)$ をもって連立で満たされていることを要請するとき,
$$\mathscr{R}\Big((\tau_{(\lambda)j})_{1 \leq j \leq q}; 1 \leq \lambda \leq l\Big) = \bigcap_{\lambda=1}^{l} \mathscr{R}\Big((\tau_{(\lambda)j})_{1 \leq j \leq q}\Big)$$

---

[2] 岡潔は,Oka VII で当該概念をこのように呼んだ.

を連立関係層と呼ぶことにする．

定義 2.4.4 (連接性) $\mathscr{A}$ 加群の層 $\mathscr{S}$ が次の二条件を満たすとき，$\mathscr{S}$ は $\mathscr{A}$ 加群の層として**連接**である，または $\mathscr{A}$ **上連接**であると言う．
 (i) $\mathscr{S}$ は，$\mathscr{A}$ 加群の層として局所有限である．
 (ii) $\mathscr{S}$ の任意の関係層は，$\mathscr{A}$ 加群の層として局所有限である．

 注．連接層の定義自体では，基礎環の層 $\mathscr{A}$ の連接性は問わない．

定義 2.4.5 (連接層) $\Omega \subset \mathbf{C}^n$ を開集合とする．Ω 上の $\mathcal{O}_\Omega$ 加群の連接層を，単に Ω 上の**連接層**と呼ぶ．

 注．この定義の連接層を"解析的連接層"と呼ぶ文献もある．本書では，特に断らない限り連接層と言えば，正則関数の芽の層上の連接加群層のことを言う．

 ひとまず一般的な場合の性質を調べよう．

命題 2.4.6 (一点–局所生成性) $\mathscr{S}$ を X 上の $\mathscr{A}$ 加群の層で局所有限であるとする．点 $a \in X$ で有限個の元 $\underline{\gamma_j}_a \in \mathscr{S}_a, 1 \leq j \leq l$ が $\mathscr{S}_a$ を $\mathscr{A}_a$ 上生成しているならば，ある近傍 $U \ni a$ が存在して U 上 $\underline{\gamma_j}_a$ は代表元 $\gamma_j \in \Gamma(U, \mathscr{S})$ をもち，

$$\mathscr{S}_x = \sum_{j=1}^{l} \mathscr{A}_x \gamma_j(x), \qquad {}^\forall x \in U$$

が成立する．特に，Ω 上の連接層 $\mathscr{S}$ に対してこれが成立する．

証明 $\mathscr{S}$ の局所有限性よりある近傍 $V (\ni a)$ 上の有限生成系 $\{\sigma_k\}_{k=1}^m \subset \Gamma(V, \mathscr{S})$ がある．仮定により，

$$\sigma_k(a) = \sum_{j=1}^{l} \underline{f_{kj}}_a \underline{\gamma_j}_a, \quad \underline{f_{kj}}_a \in \mathscr{A}_a$$

と書ける．$\underline{\gamma_j}_a, \underline{f_{kj}}_a$ が代表元を持つような a の近傍 $U \subset V$ をとる．

$$\sigma_k(x) = \sum_{j=1}^{l} \underline{f_{kj}}_x \gamma_j(x), \quad {}^\forall x \in U$$

が成り立つ．$\{\sigma_k(x)\}$ は $\mathscr{A}_x$ 上 $\mathscr{S}_x$ $(x \in U)$ を生成するので，$\{\gamma_j(x)\}$ は $\mathscr{A}_x$ 上 $\mathscr{S}_x$ を生成する． □

命題 2.4.7 $\mathscr{S}$ を $\mathscr{A}$ 上の連接加群の層とする．
 (i) $\mathscr{S}$ の部分加群層については，局所有限性と連接性は同値である．
 (ii) $\mathscr{S}^N$ $(N = 2, 3, \ldots)$ も連接である．

証明 (i) 確認すべきは，関係層の局所有限性であるが，これはもともとの層 $\mathscr{S}$ が連接であるから局所有限である．

(ii) N についての帰納法による．$N=1$ は仮定である．$N \geq 2$ とし，$N-1$ では成立しているとする．$U \subset X$ を開集合として，有限個の切断 $F_i \in \Gamma(U, \mathscr{S}^N)$, $1 \leq i \leq q$ が与えられたとき，その関係層

$$\mathscr{R} = \left\{ (a_i) \in \mathscr{A}_x^q \subset \mathscr{A}^q; \sum_{i=1}^q a_i \underline{F_i}_x = 0, \, x \in U \right\}$$

が局所有限であることを示せばよい．$F_i = (F_{i1}, \ldots, F_{iN})$ とおけば，$\mathscr{R}$ は次で決まる：

$$(a_i) \in \mathscr{A}_x^q, \quad \sum_{i=1}^q a_i \underline{F_{ij}}_x = 0, \quad 1 \leq j \leq N, \, x \in U.$$

まず，$j=1$ を考える．

$$(a_i) \in \mathscr{A}_x^q, \quad \sum_{i=1}^q a_i \underline{F_{i1}}_x = 0, \quad x \in U$$

で決まる関係層を $\mathscr{R}_1 \subset (\mathscr{A}|_U)^q$ とおく．$\mathscr{R} \subset \mathscr{R}_1$ であり，$\mathscr{S}$ は連接と仮定されているから $\mathscr{R}_1$ は局所有限である．任意の点 $a \in U$ に近傍 $V \subset U$ と $\mathscr{R}_1|_V$ の局所有限生成系 $\{\phi^{(\lambda)}\}_{\lambda=1}^L$ $(\phi^{(\lambda)} \in \Gamma(V, \mathscr{R}_1))$ が存在する．$\phi^{(\lambda)} = (\phi_i^{(\lambda)})_{1 \leq i \leq q}$ とおく．任意の点 $x \in V$ において $\mathscr{R}_{1x}$ の元

$$(a_i) = \left(\sum_\lambda \underline{c_\lambda}_x \cdot \phi_i^{(\lambda)}(x) \right), \qquad \underline{c_\lambda}_x \in \mathscr{A}_x$$

が $\mathscr{R}_x$ に属する必要十分条件は，

(2.4.8) $$\sum_i \sum_\lambda \underline{c_\lambda}_x \cdot \phi_i^{(\lambda)}(x) \cdot \underline{F_{ij}}_x = 0, \quad 1 \leq j \leq N$$

である．これを $(\underline{c_\lambda}_x)$ に関する関係式と見る．$j=1$ については，$\phi_i^{(\lambda)}$ の取り方からすでに成立している．よって (2.4.8) の連立関係式は，実質 $N-1$ 個の連立関係式である．帰納法の仮定により a の近傍 $W(\subset V)$ 上かかる $(\underline{c_\lambda}_x)$ は有限個の切断 $\gamma^{(\nu)} = (\gamma_\lambda^{(\nu)})$ $(\gamma_\lambda^{(\nu)} \in \Gamma(W, \mathscr{A}))$ の線形和で表せる．したがって $(a_i^{(\nu)}) = \sum_\lambda \gamma_\lambda^{(\nu)} \cdot \phi_i^{(\lambda)}$ は，任意の点 $x \in W$ で $\mathscr{R}_x$ を生成する． □

命題 2.4.9 $\mathscr{S}$ を $\mathscr{A}$ 上の連接加群の層とする．$\mathscr{A}$ 上の連接部分加群の層 $\mathscr{F}_i \subset \mathscr{S}, i=1,2$ があるとき，$\mathscr{F}_1 \cap \mathscr{F}_2$ も連接である．

証明 任意の点 $a \in X$ に共通の近傍 $U(\subset X)$ 上の $\mathscr{F}_i$ の局所有限生成系

$$\alpha_j \in \Gamma(U, \mathscr{F}_1), \quad 1 \leq j \leq l,$$
$$\beta_k \in \Gamma(U, \mathscr{F}_2), \quad 1 \leq k \leq m$$

がある．任意の点 $x \in U$ において $\gamma \in \mathscr{F}_{1x} \cap \mathscr{F}_{2x}$ は
$$\gamma = \sum_j a_j \alpha_j(x) = \sum_k b_k \beta_k(x), \quad a_j, b_k \in \mathscr{A}_x$$
と書かれる元である．これは次と同値である：
$$(2.4.10) \qquad \sum_j a_j \alpha_j(x) + \sum_k b_k(-\beta_k(x)) = 0,$$
$$\gamma = \sum_j a_j \alpha_j(x).$$

(2.4.10) は，(a_j, b_k) を未定係数とする $\mathscr{S}$ の関係層 $\mathscr{R} := \mathscr{R}(\ldots, \alpha_j, \ldots, -\beta_k, \ldots)$ を定める．$\mathscr{S}$ は連接であるから $\mathscr{R}$ は局所有限である．$U \ni a$ を小さく取り直せば，$\mathscr{R}|_U$ は有限個の切断 $\eta^{(h)} \in \Gamma(U, \mathscr{S})$, $1 \leq h \leq L$ により生成される．$\eta^{(h)} = (a_j^{(h)}, b_k^{(h)})$ とおけば，$(\mathscr{F}_1 \cap \mathscr{F}_2)|_U$ は，
$$\xi^{(h)} = \sum_j a_j^{(h)} \alpha_j = \sum_k b_k^{(h)} \beta_k \in \Gamma(U, \mathscr{F}_1 \cap \mathscr{F}_2), \quad 1 \leq h \leq L$$
で生成される． $\square$

例 2.4.11 Oka VII にある連接でない例を紹介する．2 変数 z, w の空間 $\mathbf{C}^2$ で超平面 $X = \{z = w\}$ を考える．二つの超球 $B_i = \{|z|^2 + |w|^2 < r_i^2\}$ $(r_1 < r_2)$ をとり，$X_0 = X \cap B_2 \setminus B_1$ とおく．$\Gamma_1 = \partial B_1$ を境界の超球面とする．開集合 $U \subset B_2$ 上の正則関数 $f(z,w)$ で $f(z,w)/(z-w)$ が $U \cap X_0$ の全ての点で正則であるものの全体 $\mathscr{B}(U)$ を考える．$\{\mathscr{B}(U)\}$ は制限写像で自然に前層をなすのでこれが定める層を $\mathscr{B}$ とすると，$\mathscr{B}$ は $\mathcal{O}_{B_2}$ のイデアル層である．作り方から次が成り立つ．

$$(2.4.12) \qquad \mathscr{B}_a = \begin{cases} \mathcal{O}_{n,a} \cdot \underline{(z-w)}_a, & a \in X_0, \\ \mathcal{O}_{n,a}, & a \in B_2 \setminus X_0. \end{cases}$$

$\mathscr{B}$ は任意の点 $a \in X_0 \cap \Gamma_1$ で局所有限でない．もし局所有限生成と仮定すると，a の多重円板近傍 U と有限個の正則関数 $f_j \in \mathscr{B}(U)$, $1 \leq j \leq N$ が存在して
$$\mathscr{B}_b = \sum_{j=1}^N \mathcal{O}_{n,b} \cdot \underline{f_j}_b, \quad {}^\forall b \in U.$$
しかし $f_j(z,z) \equiv 0$ であるから，$b \in U \cap X \setminus X_0$ では $\mathscr{B}_b \neq \mathcal{O}_{n,b}$ となり，(2.4.12) に矛盾する．

例 2.4.13 関係層について次のようにして局所有限でない例を作れる．やはり $\mathbf{C}^n$ で原点中心の超球 B をとり，その境界を Γ とする．$\chi(a)$ を B の集合関数とする．すなわち，B 上で $\chi = 1$, $\mathbf{C}^n \setminus B$ 上で $\chi = 0$ である．

$$\mathscr{R} = \left\{ \underline{f}_a \in \mathcal{O}_{n,a}; \underline{f}_a \cdot \underline{\chi}_a = 0, \quad a \in \mathbf{C}^n \right\}$$

とおく．すると，

$$\mathscr{R}_a = \begin{cases} 0, & a \in B \cup \Gamma, \\ \mathcal{O}_{n,a}, & a \notin B \cup \Gamma. \end{cases}$$

したがって，$\mathscr{R}$ は $a \in \Gamma$ で局所有限でない．

一次関係の長さを 2 にしたければ，$\phi(a) = 1 - \chi(a)$ とおき，

$$\mathscr{S} = \left\{ \underline{f}_a \oplus \underline{g}_a \in \mathcal{O}_{n,a} \oplus \mathcal{O}_{n,a}; \underline{f}_a \cdot \underline{\chi}_a + \underline{g}_a \cdot \underline{\phi}_a = 0, \quad a \in \mathbf{C}^n \right\} \subset \mathcal{O}_n^2$$

とおく．すると，

$$\mathscr{S}_a = \begin{cases} 0 \oplus \mathcal{O}_{n,a}, & a \in B, \\ 0 \oplus 0, & a \in \Gamma, \\ \mathcal{O}_{n,a} \oplus 0, & a \notin B \cup \Gamma. \end{cases}$$

したがって，$\mathscr{S}$ は Γ の点で局所有限でない．

χ, ϕ に可微分性を求めるならば，C^∞ 級の関数で

$$\chi(a) > 0, a \in B; \quad \chi(a) = 0, a \notin B$$

と取れば，同じ結論が得られる．

例 2.4.14 連接であるものの例としては，これから証明する $\mathcal{O}_{\mathbf{C}^n}$ や幾何学的イデアル層 $\mathscr{I}\langle A \rangle$ (定義 2.3.6) がある (§6.5)．証明は，それぞれかなり大変である．

2.5 岡の第 1 連接定理

次の定理はよく "岡の連接定理" と呼ばれるが，本書ではこれを岡の第 1 連接定理と呼ぶ[3]．この定理の意味あるいは意義を一言二言で述べることは不可能であろう．20 世紀ドイツ複素解析学の代表格である H. グラウェルトの朋友 R. レンメルトは，1994 年著作の数学百科辞典[47], p. 46 で次のように述べている：

It is no exaggeration to claim that Oka's theorem became a landmark in the development of function theory of several complex variables.

定理 2.5.1 (岡の第 1 連接定理，1948[4]) $\mathcal{O}_{\mathbf{C}^n}$ は，連接層である．したがって

---

[3] 理由については，この章末および巻末「連接性について」を参照．
[4] この年号 1948 についても巻末「連接性について」を参照．

$\mathcal{O}_{\mathbf{C}^n}^N$ $(N \geq 1)$ は，連接である．

証明 $\mathcal{O}_{\mathbf{C}^n} = \mathcal{O}_n$ と書くことにする．$\mathcal{O}_n$ の連接性がわかれば，命題 2.4.7 (ii) により $\mathcal{O}_n^N$ の連接性が従う．しかし，帰納法の型から $\mathcal{O}_n^N$ の連接性を証明する．

証明は，$N \geq 1$ は一般として，$n \geq 0$ に関する帰納法による．

(イ) $n = 0$: この場合は，$\mathbf{C}$ 上の有限次元ベクトル空間の線形関係式に有限個の基底が存在するかを問う問題で，必ず有限基底が存在するので主張は成立している．

(ロ) $n \geq 1$: $\mathcal{O}_{n-1}^N$ は，任意の $N \geq 1$ に対して連接であると仮定する．

$N = 1$ の場合を示せば十分である (命題 2.4.7 (ii))．

問題は，局所的であり定義 2.4.4 (ii) の条件を示せばよい．開集合 $\Omega \subset \mathbf{C}^n$ と $\tau_j \in \mathcal{O}(\Omega) \cong \Gamma(\Omega, \mathcal{O}_n)$, $1 \leq j \leq q$, をとり関係式

(2.5.2) $\qquad \underline{f_1}_z \underline{\tau_1}_z + \cdots + \underline{f_q}_z \underline{\tau_q}_z = 0, \quad \underline{f_j}_z \in \mathcal{O}_{n,z}, \; z \in \Omega$

で定義される関係層 $\mathscr{R}(\tau_1, \ldots, \tau_q)$ を考える．示したいことは，次の主張である．

主張 2.5.3 任意の点 $a \in \Omega$ に対しその近傍 $V \subset \Omega$ と有限個の切断 $s_k \in \Gamma(V, \mathscr{R}(\tau_1, \ldots, \tau_q)), 1 \leq k \leq l,$ が存在して

$$\mathscr{R}(\tau_1, \ldots, \tau_q)_b = \sum_{k=1}^{l} \mathcal{O}_{n,b} \cdot s_k(b), \quad \forall b \in V$$

が成立する [5]．

平行移動により $a = 0$ としてよい．もしある元 $\underline{\tau_{j_0}} = 0$ ならば，近傍 $V \ni 0$ があって，$\mathscr{R}(\tau_1, \ldots, \tau_q)|_V \subset (\mathcal{O}_V)^q$ の j 番目の成分は $\mathcal{O}_V$ に一致する．それは，j 番目の成分を 1 他を 0 とした切断 $(0, \ldots, \overset{i\text{番目}}{1}, \ldots, 0)$ により生成され，有限生成性は残りの成分について示せばよい．以降，$\underline{\tau_{j_0}} \neq 0, 1 \leq j \leq q$, と仮定する．

定理 2.2.7 により $\mathcal{O}_{n,0}$ は，素元分解整域環であるから，$\underline{\tau_{j_0}}, 1 \leq j \leq q$, を共通因子で割ってしまってよいので，それ等の中に共通因子はないとしてよい [6]．

p_j を τ_j の 0 での零の位数とし，

$$p = \max_{1 \leq j \leq q} p_j, \qquad p' = \min_{1 \leq j \leq q} p_j \geq 0$$

とおく．順番を付け直して $p' = p_1$ となっているとしてよい．次で与えられる切

---

[5] 章末問題 4 を参照．問題 4 は証明の議論上，必ずしも必要な事ではないが，以下の議論を理解する上で役に立つであろう．
[6] この手続きは，必ずしも必要とはしないが，実際に有限生成系を求めるアルゴリズムを考えるとき，その複雑性を軽減する．

断は，明らかに (2.5.2) の解であり，$\mathscr{R}$ の切断である：

$$(2.5.4) \quad t_i = (\tau_i, 0, \ldots, 0, \overset{i\text{番目}}{-\tau_1}, 0, \ldots, 0) \in \Gamma(\Omega, \mathscr{R}), \quad 2 \leq i \leq q.$$

我々は，これらを**自明解**と呼ぶことにする．

全ての τ_j に対して共通の標準多重円板 $\mathrm{P}\Delta = \mathrm{P}\Delta_{n-1} \times \Delta_{(n)}$，$\Delta_{(n)} = \{|z_n| < r_n\}$，をとる．0 におけるワイェルストラスの予備定理 2.1.3 により，τ_j の単元部分は f_j に繰り込めるので，全ての τ_j は，ワイェルストラス多項式であるとしてよい：

$$(2.5.5) \quad \tau_j = P_j(z', z_n) = \sum_{\nu=0}^{p_j} a_{j\nu}(z') z_n^\nu = \sum_{\nu=0}^{p} a_{j\nu}(z') z_n^\nu \in \mathcal{O}(\mathrm{P}\Delta_{n-1})[z_n],$$

$$a_{j\nu}(0) = 0 \ (\nu < p_j), \quad a_{jp_j} = 1, \quad a_{j\nu} = 0 \ (p_j < \nu \leq p).$$

$p_j = 0$，つまり $\underline{\tau_{j_0}}$ が単元の場合は，$P_j = 1$ とする．

$$(2.5.6) \quad \mathscr{R} = \mathscr{R}(P_1, \ldots, P_q)$$

とおく．この自明解は，次より成る：

$$T_i = (P_i, 0, \ldots, 0, \overset{i\text{番目}}{-P_1}, 0, \ldots, 0) \in \Gamma(\mathrm{P}\Delta, \mathscr{R}), \quad 2 \leq i \leq q.$$

$\mathscr{R}$ の局所有限性を示せばよい．そのために，未知ベクトル $\alpha = (\alpha_j) \in \mathscr{R}$ に対し自明解 T_i ($2 \leq i \leq q$) による割り算を遂行する；より正確には，α_j に対し P_1 による割り算を遂行する（下記の (2.5.11) を参照）．

任意に点 $b = (b', b_n) \in \mathrm{P}\Delta_{n-1} \times \Delta_{(n)}$ をとる．$\mathcal{O}_{n-1,b'}[z_n]$ の元を z_n **多項式的芽**と呼ぶことにする．同様に，z_n 多項式的芽 α_j からなる $\alpha = (\alpha_1, \ldots, \alpha_q) \in \mathcal{O}_{n,b}^q$ を z_n **多項式的元**と呼び，$(f_j)_{1 \leq j \leq q} \in (\mathcal{O}(\mathrm{P}\Delta_{n-1})[z_n])^q$ の場合，$f := (f_j)$ を z_n **多項式的切断**と呼ぶ．このとき，

$$\deg \alpha = \deg_{z_n} \alpha = \max_j \deg_{z_n} \alpha_j,$$

$$\deg f = \deg_{z_n} f = \max_j \deg_{z_n} f_j$$

とおく．すると：

2.5.7 自明解 T_i ($2 \leq i \leq q$) は，$\deg T_i \leq p$ である z_n 多項式的切断である．

次を示そう．

補題 2.5.8 (次数構造) 記号は上述のものとすると，$\mathscr{R}_b$ の任意の元は，自明解 T_i, $2 \leq i \leq q$, と $\mathscr{R}_b$ の有限個の z_n 多項式的元 $\alpha = (\alpha_1, \alpha_2, \ldots, \alpha_q)$ の $\mathcal{O}_{n,b}$ を係数とする有限和で書き表され，それ等 α は，

$$\deg \alpha_1 < p,$$
$$\deg \alpha_j < p', \quad 2 \leq j \leq q$$

を満たす．

注意． もし $p' = 0$ ならば，自明解だけで十分で，α は現れない（下記注意 2.5.14 を参照）．

∵) b において，ワイエルストラスの予備定理 2.1.3 を適用して，P_1 を単元 u とワイエルストラス多項式 Q の積に分解する：

$$P_1(z', z_n) = u \cdot Q(z', z_n - b_n), \qquad \deg Q = d \leq p_1.$$

補題 2.2.10 より $u \in \mathcal{O}_{n-1,b'}[z_n]$ が従う．よって

(2.5.9) $$\deg_{z_n} u = p_1 - d.$$

任意に $f = (f_1, \ldots, f_q) \in \mathscr{R}_b$ をとる．ワイエルストラスの予備定理 2.1.3 (ii) より

$$f_i = c_i Q + \beta_i, \quad 1 \leq i \leq q,$$
$$c_i \in \mathcal{O}_{n,b}, \quad \beta_i \in \mathcal{O}_{n-1,b'}[z_n],$$

(2.5.10) $$\deg_{z_n} \beta_i \leq d - 1.$$

$u \in \mathcal{O}_{n,b}$ は単元であるから，$\tilde{c}_i := c_i u^{-1}$ とおくことにより次を得る．

(2.5.11) $$f_i = \tilde{c}_i P_1 + \beta_i, \quad 1 \leq i \leq q.$$

これを使って計算すると，

(2.5.12) $$(f_1, \ldots, f_q) + \tilde{c}_2 T_2 + \cdots + \tilde{c}_q T_q$$
$$= (\tilde{c}_1 P_1 + \beta_1, \tilde{c}_2 P_1 + \beta_2, \ldots, \tilde{c}_q P_1 + \beta_q)$$
$$\quad + (\tilde{c}_2 P_2, -\tilde{c}_2 P_1, 0, \ldots, 0) + \cdots + (\tilde{c}_q P_q, 0, \ldots, 0, -\tilde{c}_q P_1)$$
$$= \left(\sum_{i=1}^q \tilde{c}_i P_i + \beta_1, \beta_2, \ldots, \beta_q \right)$$
$$= (g_1, \beta_2, \ldots, \beta_q).$$

ただし，$g_1 = \sum_{i=1}^q \tilde{c}_i P_i + \beta_1 \in \mathcal{O}_{n,b}$ とおいた．$\beta_i \in \mathcal{O}_{n-1,b'}[z_n], 2 \leq i \leq q$, であることに注意する．$(g_1, \beta_2, \ldots, \beta_q) \in \mathscr{R}_b$ であるから，

(2.5.13) $$g_1 P_1 = -\beta_2 P_2 - \cdots - \beta_q P_q \in \mathcal{O}_{n-1,b'}[z_n].$$

注意 2.5.14 もし $p_1 = 0$ ならば $P_1 = 1$, $\beta_i = 0, 1 \leq i \leq q$, となり，したがっ

て $g_1 = 0$ となる．この場合，証明はここで終わる．

一般に，(2.5.13) の右辺の表示より
$$\deg_{z_n} g_1 P_1 \leq \max_{2 \leq i \leq q} \deg_{z_n} \beta_i + \max_{2 \leq i \leq q} \deg_{z_n} P_i \leq d + p - 1.$$
一方，$g_1 P_1 = g_1 u Q$ であり，Q は b でのワイエルストラス多項式である．再び補題 2.2.10 を使うと
$$\alpha_1 := g_1 u \in \mathcal{O}_{n-1,b'}[z_n],$$
(2.5.15) $\deg_{z_n} \alpha_1 = \deg_{z_n} g_1 P_1 - \deg_{z_n} Q$
$$\leq d + p - 1 - d = p - 1.$$
$\alpha_i = u\beta_i \in \mathcal{O}_{n-1,b'}[z_n], 2 \leq i \leq q$，とおくことにより，(2.5.9) と (2.5.10) より
(2.5.16) $\quad \deg_{z_n} \alpha_i \leq p_1 - d + d - 1 = p_1 - 1 = p' - 1, \quad 2 \leq i \leq q,$
が従う．すると (2.5.12) より
(2.5.17) $\quad\quad\quad f = -\sum_{i=2}^{q} \tilde{c}_i T_i + u^{-1}(\alpha_1, \alpha_2, \ldots, \alpha_q). \quad\quad\quad \triangle$

ここまでの議論では，まだ帰納法の仮定を使っていない．さて，それを (2.5.17) に現れる $(\alpha_1, \ldots, \alpha_q)$ に対し局所有限生成系がとれることを示すのに使おう．(2.5.15) と (2.5.16) により次のように書き表せる：

(2.5.18) $\quad\quad \alpha_1 = \sum_{\nu=0}^{p-1} c_{1\nu}(z')_{b'} z_n^\nu, \quad c_{1\nu}(z')_{b'} \in \mathcal{O}_{n-1,b'},$
$$\alpha_i = \sum_{\nu=0}^{p'-1} c_{i\nu}(z')_{b'} z_n^\nu, \quad c_{i\nu}(z')_{b'} \in \mathcal{O}_{n-1,b'}, \, 2 \leq i \leq q.$$

$\mathrm{P}\Delta = \mathrm{P}\Delta_{n-1} \times \Delta_{(n)}$ 上の (2.5.18) を満たす元 $(\alpha_1, \ldots, \alpha_q)$ で，かつ
(2.5.19) $\quad\quad\quad \alpha_1 P_1 + \alpha_2 P_2 + \cdots + \alpha_q P_q = 0$
を満たすものの全体を $\mathscr{S}(\subset \mathcal{O}^q_{\mathrm{P}\Delta})$ で表す．$\mathscr{S}$ は，$\mathrm{P}\Delta_{n-1}$ 上の $\mathcal{O}_{n-1}$ 加群の層と見ることができる．(2.5.19) の左辺は z_n 多項式的元で，次数は高々 $p + p' - 1$ である．したがって，関係式 (2.5.19) は，その z_n 多項式的元の $p + p'$ 個の係数全てが 0 であることと同値である．これは，(2.5.5) の表示を用いて書けば，次のようになる．

(2.5.20) $\quad \sum_{i=1}^{q} {\sum_{k+h=\nu}}' a_{ik}(z')_{b'} \cdot c_{ih}(z')_{b'} = 0 \in \mathcal{O}_{n-1,b'}, \quad 0 \leq \nu \leq p + p' - 1.$

ここで，$\sum'$ とは，和が添字 h, k で実際対応する $a_{ik}(z')_{b'}, c_{ih}(z')_{b'}$ が存在するものに限ることを意味する．すると，(2.5.20) は $p + p'(q-1)$ 個の未知数 c_{ih}

に関する $(p+p')$ 連立の $\mathcal{O}_{\mathrm{P}\Delta_{n-1}}^{p+p'(q-1)}$ 内の一次関係層 $\widetilde{\mathscr{S}}$ を定める．帰納法の仮定により $\widetilde{\mathscr{S}}$ は，0 のある近傍 $\widetilde{\mathrm{P}\Delta}_{n-1} \subset \mathrm{P}\Delta_{n-1}$ 上有限生成系をもつ．よって，(2.5.18) により $\mathscr{S}$ は $\widetilde{\mathrm{P}\Delta} := \widetilde{\mathrm{P}\Delta}_{n-1} \times \Delta_{(n)} (\subset \mathrm{P}\Delta_{n-1} \times \Delta_{(n)} = \mathrm{P}\Delta)$ 上有限生成系 $\{\pi_\mu\}_{\mu=1}^M$ をもつ．

以上により，$\mathscr{R}$ は $\widetilde{\mathrm{P}\Delta}$ 上 $\{T_i\}_{i=2}^q \cup \{\pi_\mu\}_{\mu=1}^M$ により生成されることがわかった． $\square$

定義 2.5.21 $\mathcal{O}_\Omega$ 加群の層 $\mathscr{S}$ が有限次局所自由とは，任意の $x \in \Omega$ に近傍 U と $p \in \mathbf{N}$ があり，$\mathscr{S}|_U \cong \mathcal{O}_U^p$ となることを言う．

次の命題は，岡の第 1 連接定理 2.5.1 から直ちに出る．

系 2.5.22 有限次局所自由 $\mathcal{O}_\Omega$ 加群は連接である．

さて，実際に例で関係層の局所有限生成系を求めてみよう．

例 2.5.23 $(z,w) \in \mathbf{C}^2$ を標準座標系として
$$F_1(z,w) = w + z,$$
$$F_2(z,w) = w^2 + z^2 w + z^3 e^z,$$
$$F_3(z,w) = w^3 + zw^2 + z^2 \tan z$$
とおく．これらは，原点 0 における w に関するワイエルストラス多項式で，共通の因子はもっていない．

(2.5.24) $$f_1 F_1 + f_2 F_2 + f_3 F_3 = 0$$
で定まる関係層を $\mathscr{R}(F_1, F_2, F_3)$ とする．

0 の近傍で $\mathscr{R}(F_1, F_2, F_3)$ の局所有限生成系を求めてみよう．最大次数の F_3 に関して割り算を行うとかなり複雑な計算量の多いものになる．しかし，最小次数の $\deg_w F_1 = \min\{\deg_w F_i\} = 1$ に関して行えば，以下のように簡単に求まる．ワイエルストラスの予備定理 2.1.3 に従い，
$$f_i = c_i F_1 + \beta_i, \quad \beta_i \in \mathcal{O}_z, \ 1 \leq i \leq 3,$$
とおく．ここで，$\mathcal{O}_z$ は，z のみを変数とする正則関数を表す．自明解は
$$T_2 = \begin{pmatrix} F_2 \\ -F_1 \\ 0 \end{pmatrix}, \qquad T_3 = \begin{pmatrix} F_3 \\ 0 \\ -F_1 \end{pmatrix}$$

である．すると，
$$\begin{pmatrix} f_1 \\ f_2 \\ f_3 \end{pmatrix} + c_2 T_2 + c_3 T_3 = \begin{pmatrix} \sum_{i=1}^3 c_i F_i + \beta_1 \\ \beta_2 \\ \beta_3 \end{pmatrix} = \begin{pmatrix} g_1 \\ \beta_2 \\ \beta_3 \end{pmatrix}$$
となる．ただし，$g_1 = \sum_{i=1}^3 c_i F_i + \beta_1$．よって
$$(2.5.25) \qquad g_1 F_1 + \beta_2 F_2 + \beta_3 F_3 = 0.$$
次数比較より $\deg g_1 \leq 2$ であるので，
$$g_1(z, w) = g_{12}(z) w^2 + g_{11}(z) w + g_{10}(z)$$
とおく．これを (2.5.25) に代入すると
$$(g_{12} w^2 + g_{11} w + g_{10})(w + z) + \beta_2 (w^2 + z^2 w + z^3 e^z)$$
$$+ \beta_3 (w^3 + z w^2 + z^2 \tan z) = 0.$$
w に関する次数 3 の多項式として
$$(g_{12} + \beta_3) w^3 + (g_{12} z + g_{11} + \beta_2 + \beta_3 z) w^2$$
$$+ (g_{11} z + g_{10} + \beta_2 z^2) w + g_{10} z + \beta_2 z^3 e^z + \beta_3 z^2 \tan z = 0.$$
全ての係数を 0 とおくことにより
$$g_{12} + \beta_3 = 0,$$
$$g_{12} z + g_{11} + \beta_2 + \beta_3 z = 0,$$
$$g_{11} z + g_{10} + \beta_2 z^2 = 0,$$
$$g_{10} + \beta_2 z^2 e^z + \beta_3 z \tan z = 0.$$
ここで，最後の式は既に z で割ってある．行列を用いて書けば，
$$(2.5.26) \qquad \begin{pmatrix} 1 & 0 & 0 & 0 & 1 \\ z & 1 & 0 & 1 & z \\ 0 & z & 1 & z^2 & 0 \\ 0 & 0 & 1 & z^2 e^z & z \tan z \end{pmatrix} \begin{pmatrix} g_{12} \\ g_{11} \\ g_{10} \\ \beta_2 \\ \beta_3 \end{pmatrix} = \begin{pmatrix} 0 \\ 0 \\ 0 \\ 0 \end{pmatrix}.$$
簡単な行列の基本変形により，

$$\begin{pmatrix} 1 & 0 & 0 & 0 & 1 \\ 0 & 1 & 0 & 1 & 0 \\ 0 & 0 & 1 & z^2-z & 0 \\ 0 & 0 & 0 & 1 & \frac{\tan z}{1-z+ze^z} \end{pmatrix} \begin{pmatrix} g_{12} \\ g_{11} \\ g_{10} \\ \beta_2 \\ \beta_3 \end{pmatrix} = \begin{pmatrix} 0 \\ 0 \\ 0 \\ 0 \end{pmatrix}.$$

ここで, $\frac{\tan z}{1-z+ze^z}$ は 0 の周りで正則である. よって,

$$\begin{pmatrix} g_1 \\ \beta_2 \\ \beta_3 \end{pmatrix} = \begin{pmatrix} -w^2 + \frac{\tan z}{1-z+ze^z}w + (z^2-z)\frac{\tan z}{1-z+ze^z} \\ -\frac{\tan z}{1-z+ze^z} \\ 1 \end{pmatrix} \beta_3.$$

かくして, $\mathscr{R}(F_1, F_2, F_3)$ は, 0 の周りで次の有限系で生成されることがわかる.

$$\left\{ T_2, T_3, \begin{pmatrix} -w^2 + \frac{\tan z}{1-z+ze^z}w + (z^2-z)\frac{\tan z}{1-z+ze^z} \\ -\frac{\tan z}{1-z+ze^z} \\ 1 \end{pmatrix} \right\}.$$

注意 2.5.27 (2.5.17) において次数評価,

$$\deg_{z_n} T_i \leq p = \max_j \deg_{z_n} P_j,$$

$$\deg_{z_n}(\alpha_1, \alpha_2, \ldots, \alpha_q) < p$$

を得た. さらには, 第 1 成分 α_1 については $\deg_{z_n} \alpha_1 < p$ であるが, 他の成分については

$$\deg_{z_n} \alpha_i < p' = \min_{1 \leq j \leq q} \deg_{z_n} P_j, \quad 2 \leq i \leq q$$

であることが示された ((2.5.15), (2.5.16) を参照). したがって, 既に証明中で述べられたように, もし $p' = 0$ ならば, 自明解 $T_i, 2 \leq i \leq q$, が $\mathscr{R}$ の局所有限生成系を成す. $p' = 1$ ならば, $\alpha_i, 2 \leq i \leq q$, は z_n に関して定数である. この最低次数の P_1 を用いるアイデアは, 拙著[33] によるもので, Oka VII (1948) にある証明を少々ではあるが改良するものである. 多くの文献, K. Oka[42] VII, H. Cartan[6], R. Narasimhan[29], L. Hörmander[23], 西野[30], 等々では割り算アルゴリズム (2.5.11) は, 最大次数 p をもつ P_{j_0} に関して成されるので α_i の次数は全て p 未満となる評価しか得られない.

さらには (2.5.11) において P_1 を用いることは, 最大次数を持つ P_{j_0} を用いるより自然である. なぜならば, P_{j_0} を用いては最も単純な場合である $p' = 0$ の場合に自明解が既に局所有限生成系をなすことに証明が帰着できないからである (注

意 2.5.14 を参照). 実際, $n = 1$ の場合は, 全て $p' = 0$ の場合に帰着される (章末問題 4 を参照).

そのような訳で p' が小さい場合には, 上述の証明は有効性が高まる.

歴 史 的 補 足

タイヒミューラーモジュライ理論で有名な L. ベアースは, ニューヨーク大学クーラン数理科学研究所 (米国ニューヨーク市) での多変数関数論講義録[2] の序を次の文で閉じている.

> Every account of the theory of several complex variables is largely a report on the ideas of Oka. This one is no exception.

この岡のアイデアの柱が "岡の第 1 連接定理" である. 岡の第 1 連接定理 2.5.1 の証明は, 実に見事と言うほかない.

20 世紀ドイツ複素解析学の泰斗 H. グラウェルトと R. レンメルトは有名な著書 [G-R2] (1984) の序文で,

> Of greatest importance in Complex Analysis is the concept of a coherent analytic sheaf.

と述べ, 「複素解析学における四基本連接定理」として以下のものを掲げている.

(i) 複素空間 X の構造層 $\mathcal{O}_X$ は, 連接である (本書 (以下同) §6.9 を参照).
(ii) 幾何学的イデアル層 $\mathscr{I}\langle A \rangle$ は, 連接である (§6.5 を参照).
(iii) 複素空間 X の正規化層 $\hat{\mathcal{O}}_X$ は, 連接である (§6.10 を参照).
(iv) 固有正則写像による連接層の任意次の順像層は, 連接である (定理 6.9.8 を参照).

岡は Oka VII (1950) と VIII (1951) において初めの三つの連接定理を証明した. 二番目の幾何学的イデアル層の連接性は H. カルタン (1950)[6] に帰する文献が多いが, 巻末の「連接性について」で論じているようにこの結果は, Oka VII (受理 1948) で明確にアナウンスされているものである. 読めばわかるように Oka VII と VIII は一体のもので, Oka VII を完成させた時点で第 2 連接定理の証明は既に岡の手中にあった. そのような歴史進展の流れから, 本書では初めの三つの連接定理を順に岡の第 1 連接定理, 第 2 連接定理, 第 3 連接定理と呼ぶことにした. "H. カルタンは, その間に第 2 連接定理について独自の証明を与えた" というのが, 歴史の実際に最も近いと考えられる. より詳しくは, 巻末の「連接性に

ついて」を参照されたい.

問 題

1. 変数 $\zeta_j \in \mathbf{C}, 1 \leq j \leq n$ の同次多項式を次のようにおく.
$$s_\nu = (-1)^\nu \sum_{1 \leq j_1 < \cdots < j_\nu \leq n} \zeta_{j_1} \cdots \zeta_{j_\nu}, \quad 1 \leq \nu \leq n,$$
$$\sigma_\mu = \sum_{j=1}^n \zeta_j^\mu, \quad \mu \geq 1.$$
このとき,関係式
$$\sigma_m + \sigma_{m-1} s_1 + \cdots + \sigma_1 s_{m-1} + m s_m = 0, \quad m \leq n,$$
$$\sigma_m + \sigma_{m-1} s_1 + \cdots + \sigma_{m-n} s_n = 0, \quad m > n$$
が成立することを示せ.

(ヒント:まず,変数 X の多項式を $f(X) = \prod_{j=1}^n (1 - \zeta_j X) = 1 + s_1 X + \cdots + s_n X^n$ とおくと, $\frac{f'(X)}{f(X)} = -\sum_{j=1}^n \frac{\zeta_j}{1 - \zeta_j X} = -\sum_{\nu=0}^\infty \sigma_{\nu+1} X^\nu$ となることに注意し, $f'(X) = -f(X) \sum_{\nu=0}^\infty \sigma_{\nu+1} X^\nu$ の係数比較をせよ. 次に, $X^m + s_1 X^{m-1} + \cdots + s_n X^{m-n} = X^{m-n} \prod_{j=1}^n (X - \zeta_j)$ に注意し, これに $X = \zeta_j, 1 \leq j \leq n,$ を代入せよ.)

2. (1) $f(z,w) = \sin w + z^2$ $((z,w) \in \mathbf{C}^2)$ とおく.
    a) $\mathrm{ord}_0 f = 1$ を示せ.
    b) $f(z,w)$ の 0 でのワイエルストラス分解を求めよ.
   (2) 同じ問題を $g(z,w) = w + \sin w + z^2$ について考えよ.

3. 上の (2) でとった g によって $g(z,w) = 0$ で定まる陰関数 $w = w(z)$ を考える. (7.1.11) を用いて,0 の近傍で $w(z)$ の $g(z,w)$ を用いた積分表示を求めよ.

4. $n = 1$ の場合に,主張 2.5.3 を直接証明せよ.

5. 2 変数多項式を
$$P_1(z,w) = w + z,$$
$$P_2(z,w) = w^2 + (z^2 + z)w + z^3,$$
$$P_3(z,w) = w^3 + zw^2 + z^3$$
と与えるとき,関係層 $\mathscr{R}(P_1, P_2, P_3)$ の原点の近傍での有限生成系を一つ求めよ.

6. w 多項式的正則関数

$$F_1(z,w) = w + ze^z,$$
$$F_2(z,w) = w^2 + z^2 w,$$
$$F_3(z,w) = w^3 + w^2 \sin z,$$
$$F_4(z,w) = w^3 + z^3 e^z$$

に対し，関係層 $\mathscr{R}(F_1, F_2, F_3, F_4)$ の原点の近傍での有限生成系を一つ求めよ．

3
層のコホモロジー

第1章 §1.3 で層を導入した．この章では層コホモロジーの基礎理論を身につける．本章では，層といえば少なくともアーベル群の構造を持つものとする．層コホモロジーを用いることにより岡の理論を理解しやすくなり，使いやすくなる．次の章で見るように，岡の "上空移行の原理" も明快になり，岡の連接定理の含むところの深さを理解可能になる．

3.1 完全列

X を位相空間として，その上の (アーベル群の) 層と準同型 (射ともいう) の列

$$\mathscr{R} \xrightarrow{\phi} \mathscr{S} \xrightarrow{\psi} \mathscr{T}$$

があるとき，これが完全列とは

$$\mathrm{Im}\,\phi = \mathrm{Ker}\,\psi$$

が成立することとする．定義より次が成立する．

(i) ϕ が単射 $\iff$ $0 \to \mathscr{R} \xrightarrow{\phi} \mathscr{S}$ が完全．

(ii) ψ が全射 $\iff$ $\mathscr{S} \xrightarrow{\psi} \mathscr{T} \to 0$ が完全．

層の短完全列とは，次の形の完全列をいう．

(3.1.1) $\qquad 0 \to \mathscr{R} \xrightarrow{\phi} \mathscr{S} \xrightarrow{\psi} \mathscr{T} \to 0.$

すなわち，ϕ は単射，ψ は全射で，$\mathrm{Im}\,\phi = \mathrm{Ker}\,\psi$ が成立することである．

一般に完全列 $0 \to \mathscr{R} \xrightarrow{\phi} \mathscr{S}$ があれば，

$$0 \to \mathscr{R} \xrightarrow{\phi} \mathscr{S} \longrightarrow \mathscr{S}/\mathscr{R} \to 0$$

は完全である．したがって (3.1.1) が完全であることと ϕ が単射かつ $\mathscr{T} \cong \mathscr{S}/\mathscr{R}$ は同値である．

(3.1.1) は写像の合成により次の完全列を誘導する．

$$0 \longrightarrow \Gamma(X,\mathscr{R}) \xrightarrow{\phi_*} \Gamma(X,\mathscr{S}) \xrightarrow{\psi_*} \Gamma(X,\mathscr{T}).$$
(3.1.2)
$$\cup \qquad \cup \qquad \cup$$
$$f \longmapsto \phi \circ f;\ g \longmapsto \psi \circ g$$

なぜならば,単射 ϕ によって $\mathscr{R} \subset \mathscr{S}$ と見ることにして,任意の $g \in \Gamma(X,\mathscr{S})$, $\psi_*(f) = 0$ について $x \in X$ をとれば,$\psi(g(x)) = 0$ なので,$g(x) \in \mathscr{R}_x$ となり,$g \in \Gamma(X,\mathscr{R})$ となっている.

しかし,(3.1.2) で ψ_* が全射とは限らない.この右側にどのような列を補充すれば完全列が得られるかを論ずるのが,この章 §3.4 で扱う層のコホモロジー理論である.

例 3.1.3 例 1.3.13 でのように,$X = \mathbf{R}$, $\mathscr{I}\langle\{0,1\}\rangle \subset \mathbf{Z}_X$ をとり,$\mathscr{J} = \mathbf{Z}_X / \mathscr{I}\langle\{0,1\}\rangle$ とおく.自然な写像による列

$$0 \to \mathscr{I}\langle\{0,1\}\rangle \to \mathbf{Z}_X \xrightarrow{\psi} \mathscr{J} \to 0$$

は完全であるが,

$$0 \to \Gamma(X,\mathscr{I}\langle\{0,1\}\rangle) \to \Gamma(X,\mathbf{Z}_X) \xrightarrow{\psi_*} \Gamma(X,\mathscr{J}) \cong \mathbf{Z} \oplus \mathbf{Z}.$$

一方,$\Gamma(X,\mathscr{I}\langle\{0,1\}\rangle) = 0$, $\Gamma(X,\mathbf{Z}_X) = \mathbf{Z}$ であるから,ψ_* は全射ではあり得ない.

例 3.1.4 $X = \mathbf{C}^* = \mathbf{C} \setminus \{0\}$ とすると,次は短完全列である.

$$0 \to \mathbf{Z}_X \to \mathcal{O}_X \xrightarrow{\mathbf{e}} \mathcal{O}_X^* \to 0.$$

ただし,$f \in \mathcal{O}_X$ に対し $\mathbf{e}(f) = e^{2\pi i f}$ である.すると

$$0 \to \Gamma(X,\mathbf{Z}_X) = \mathbf{Z} \to \Gamma(X,\mathcal{O}_X) \xrightarrow{\mathbf{e}_*} \Gamma(X,\mathcal{O}_X^*)$$

は完全である.正則関数 $z \in \Gamma(X,\mathcal{O}_X^*)$ に対し,局所的には $\frac{1}{2\pi i}\log z$ は,$\mathcal{O}_X$ の切断であるが,$\frac{1}{2\pi i}\log z$ は X 上では一価関数になりえず,$\Gamma(X,\mathcal{O}_X)$ の元ではない.したがって $z \notin \mathrm{Im}\,\mathbf{e}_*$.

3.2 テンソル積

3.2.1 テンソル積の復習

R を環 (可換に限る) で,$1 \neq 0$ を含むものとする.A, B を R (左) 加群とする.$[A \times B]$ で $(a,b) \in A \times B$ で生成される自由加群を表す (**Z** 加群).$[A \times B]_0$ で以下の元で生成される $[A \times B]$ の部分加群を表す:

$$(a+a',b) - (a,b) - (a',b),$$
$$(a,b+b') - (a,b) - (a,b'),$$
$$(ra,b) - (a,rb),$$
$$a,a' \in A, \quad b,b' \in B, \quad r \in R.$$

このとき,$A \otimes_R B = [A \times B]/[A \times B]_0$ と書き,A, B の (R 上の) テンソル積と呼ぶ.$(a,b) \in A \times B$ の同値類を $a \otimes b \in A \otimes B$ と書く.$R \otimes_R A \cong A$ である.

定理 3.2.1 A_i ($i=1,2,3$) と B を R 加群とし,$A_1 \xrightarrow{\phi} A_2 \xrightarrow{\psi} A_3 \to 0$ を完全列とする.このとき,$\tilde{\phi} = \phi \otimes 1, \tilde{\psi} = \psi \otimes 1$ として自然に誘導された列
$$A_1 \otimes_R B \xrightarrow{\tilde{\phi}} A_2 \otimes_R B \xrightarrow{\tilde{\psi}} A_3 \otimes_R B \to 0$$
は完全である.

証明 仮定とテンソル積の定義から
$$A_2 \otimes B \longrightarrow A_3 \otimes B \longrightarrow 0$$
は完全である.次に $A_2 \otimes B$ での完全性を示す.包含関係 $\mathrm{Ker}\,\tilde{\psi} \supset \mathrm{Im}\,\tilde{\phi}$ は,仮定よりすぐにわかる.逆を示そう.
$$\pi : A_2 \otimes B \longrightarrow (A_2 \otimes B)/\mathrm{Im}\,\tilde{\phi} = A_4$$
とおく.$a' \otimes b \in A_3 \otimes B$ に対し $a \in A_2, \psi(a) = a'$ となる a をとり
$$f(a' \otimes b) = [a \otimes b + \mathrm{Im}\,\tilde{\phi}] \in A_4$$
とおく.これで準同型 $f : A_3 \otimes B \to A_4$ が定義されていることを見よう.a の取り方を変え,$a_1 \in A_2, \psi(a_1) = a'$ と取ると $a_1 = a + c, c \in \mathrm{Ker}\,\psi = \mathrm{Im}\,\phi$ と表される.よって
$$a_1 \otimes b + \mathrm{Im}\,\tilde{\phi} = a \otimes b + c \otimes b + \mathrm{Im}\,\tilde{\phi} = a \otimes b + \mathrm{Im}\,\tilde{\phi}.$$
ここで,$c \otimes b \in \mathrm{Im}\,\tilde{\phi}$ を使った.よって f は定義され,次は可換である.

$$\begin{array}{ccc} A_2 \otimes B & \xrightarrow{\tilde{\psi}} & A_3 \otimes B \\ \pi \searrow & \circlearrowleft & \swarrow f \\ & A_4 & \end{array}$$

これより,$\mathrm{Ker}\,\tilde{\psi} \subset \mathrm{Ker}\,f \circ \tilde{\psi} = \mathrm{Ker}\,\pi = \mathrm{Im}\,\tilde{\phi}$ となる.したがって,$\mathrm{Im}\,\tilde{\phi} = \mathrm{Ker}\,\tilde{\psi}$ が成立する. □

3.2.2　層のテンソル積

加群の層のテンソル積については，注意を要する．以下，環の層 $\mathscr{R} \to X$ は，
$$\Gamma(X, \mathscr{R}) \ni 1 \neq 0$$
を満たすとする．$\mathscr{S}, \mathscr{T}$ を X 上の $\mathscr{R}$ 加群の層とする．テンソル積 $\mathscr{S} \otimes_{\mathscr{R}} \mathscr{T}$ は，前層
$$\{\mathscr{S}(U) \otimes_{\mathscr{R}(U)} \mathscr{T}(U);\ U \subset X\ \text{は開集合}\}$$
から誘導される層として定義する．このとき，任意の $x \in X$ での茎について，
$$(3.2.2) \qquad (\mathscr{S} \otimes_{\mathscr{R}} \mathscr{T})_x = \mathscr{S}_x \otimes_{\mathscr{R}_x} \mathscr{T}_x$$
は成立する．しかし一般に，開集合 $U \subset X$ に対し
$$\mathscr{S}(U) \otimes_{\mathscr{R}(U)} \mathscr{T}(U) \to (\mathscr{S} \otimes_{\mathscr{R}} \mathscr{T})(U)$$
は同型ではない．

例 3.2.3　(1) $X = \mathbf{R}$ に通常の距離位相を考える．定数層 $\mathbf{Z}_X \to X$ をとる．例 1.3.13 での記号を用いて，イデアル層 $\mathscr{I}\langle\{0\}\rangle, \mathscr{I}\langle\{0,1\}\rangle$ を考える．

商層 $\mathscr{S} = \mathbf{Z}_X / \mathscr{I}\langle\{0,1\}\rangle$ をとる．次が成り立つ．
$$\mathscr{S}_x = \begin{cases} \mathbf{Z}, & x = 0, 1, \\ 0, & x \neq 0, 1. \end{cases}$$
$$\mathscr{S}(X) \cong \mathbf{Z} \oplus \mathbf{Z}.$$

テンソル積 $\mathscr{T} = \mathscr{I}\langle\{0\}\rangle \otimes_{\mathbf{Z}_X} \mathscr{S}$ を考える．
$$\mathscr{T}_x = \mathscr{I}\langle\{0\}\rangle_x \otimes_{\mathbf{Z}} \mathscr{S}_x = \begin{cases} \mathbf{Z}, & x = 1, \\ 0, & x \neq 1. \end{cases}$$

よって，$\mathscr{T}(X) \cong \mathbf{Z}$. 一方 $\mathscr{I}\langle\{0\}\rangle(X) = 0$ であるから，
$$\mathscr{I}\langle\{0\}\rangle(X) \otimes_{\mathbf{Z}} \mathscr{S}(X) = 0.$$

(2) 連接層についても似たような例を同様に作れる．たとえば，X をリーマン球面とする[1]．$\mathcal{O}_X$ を X 上の正則関数の芽の層とする．相異なる点 $a, b \in X$ をとる．幾何学的イデアル層 $\mathscr{I}\langle\{a,b\}\rangle$ を考える (例 2.4.14)．商層 $\mathscr{S} = \mathcal{O}_X / \mathscr{I}\langle\{a,b\}\rangle$ とテンソル積 $\mathscr{T} = \mathscr{I}\langle\{a\}\rangle \otimes_{\mathcal{O}_X} \mathscr{S}$ をとると，
$$\mathscr{T}(X) \cong \mathbf{C} \neq \mathscr{I}\langle\{a\}\rangle(X) \otimes_{\mathcal{O}_X(X)} \mathscr{S}(X) = \{0\} \otimes_{\mathcal{O}_X(X)} \mathscr{S}(X) = 0.$$

---

[1] 一般には，複素多様体を知っていれば X をコンパクト連結複素多様体，$\dim X \geq 1$ とする．

定理 3.2.4 X 上の $\mathscr{R}$ 加群の層の完全列

$$\mathscr{A}_1 \longrightarrow \mathscr{A}_2 \longrightarrow \mathscr{A}_3 \longrightarrow 0$$

があり，$\mathscr{B} \to X$ を $\mathscr{R}$ 加群の層とすると

$$\mathscr{A}_1 \otimes_{\mathscr{R}} \mathscr{B} \longrightarrow \mathscr{A}_2 \otimes_{\mathscr{R}} \mathscr{B} \longrightarrow \mathscr{A}_3 \otimes_{\mathscr{R}} \mathscr{B} \longrightarrow 0$$

も完全である．

証明 各茎について

$$\mathscr{A}_{1x} \otimes_{\mathscr{R}_x} \mathscr{B}_x \longrightarrow \mathscr{A}_{2x} \otimes_{\mathscr{R}_x} \mathscr{B}_x \longrightarrow \mathscr{A}_{3x} \otimes_{\mathscr{R}_x} \mathscr{B}_x \longrightarrow 0, \quad x \in X$$

が完全ならばよい．これは，(3.2.2) と定理 3.2.1 より従う． □

3.3　連接層の完全列

引き続き X は位相空間とし $\mathscr{A}$ を X 上の環の層とする．次の定理は J.-P. セールによる．

定理 3.3.1 (セール)　$\mathscr{A}$ 加群の層の短完全列

$$0 \to \mathscr{R} \xrightarrow{\phi} \mathscr{S} \xrightarrow{\psi} \mathscr{T} \to 0$$

があるとき，どれか二つが $\mathscr{A}$ 加群の層として連接ならば残りの一つも $\mathscr{A}$ 加群の層として連接である．

証明 以下，単射 ϕ により $\mathscr{R}$ は $\mathscr{S}$ に含まれている部分加群層と見なす．また $\mathscr{A}$ は固定しているので，「$\mathscr{A}$ 加群の層として連接」を単に「連接」と言うことにする．

(イ) $\mathscr{S}, \mathscr{T}$ が連接の場合．$\mathscr{R}$ は $\mathscr{S}$ の部分加群なので，命題 2.4.7 (i) より，$\mathscr{R}$ が局所有限であることを示せばよい．任意に $x \in X$ をとる．$\mathscr{S}$ の連接性より，ある近傍 $U \ni x$ とその上の $\mathscr{S}$ の局所有限生成系 $\sigma_j \in \Gamma(U, \mathscr{S}), 1 \leq j \leq p$ があって

$$\mathscr{S}|_U = \sum_{j=1}^{p} \mathscr{A}|_U \cdot \sigma_j$$

となる．元 $\sum_{j=1}^{p} a_{jx} \sigma_j(x) \in \mathscr{S}_x$ ($a_{jx} \in \mathscr{A}_x$) が $\mathscr{R}_x$ の元であることは，

$$\psi\left(\sum_{j=1}^{p} a_{jx} \sigma_j(x)\right) = \sum_{j=1}^{p} a_{jx}(\psi_* \sigma_j)(x) = 0$$

と同値である．これは，$(a_{jx}) \in (\mathscr{A}|_U)^p$ が $\mathscr{T}$ の関係層 $\mathscr{R}((\psi_* \sigma_j)_j)$ の元であることで，$\mathscr{T}$ は連接なので，$\mathscr{R}((\psi_* \sigma_j)_j)$ は x のある近傍 $V \subset U$ 上有限生成である．よって $\mathscr{R}$ は V 上局所有限生成である．

(ロ) $\mathscr{R},\mathscr{S}$ が連接の場合. $\mathscr{S}$ が局所有限で, ψ が全射であるから $\mathscr{T}$ も局所有限である.

開集合 $U \subset X$ と $\tau_j \in \Gamma(U,\mathscr{T}), 1 \leq j \leq l(<\infty)$ をとる. 関係層 $\mathscr{R}((\tau_j)_j)$ の局所有限性を示す. 任意の $x \in U$ で $(a_{jx}) \in (\mathscr{A}_x)^l$ が $\mathscr{R}((\tau_j)_j)_x$ の元であるとは,
$$\sum_{j=1}^{l} a_{jx}\tau_j(x) = 0.$$
ψ が全射であるから, x のある近傍 $V \subset U$ と $\sigma_j \in \Gamma(V,\mathscr{S}), \psi_*\sigma_j = \tau_j|_V$ が存在して,

(3.3.2) $\qquad (a_{jy}) \in \mathscr{A}_y^l$ が $\mathscr{R}((\tau_j)_j)_y$ の元
$$\iff \psi\left(\sum_{j=1}^{l} a_{jy}\sigma_j(y)\right) = 0, \quad y \in V.$$

$\operatorname{Ker}\psi = \mathscr{R}$ で $\mathscr{R}$ は局所有限であるから, 必要なら近傍 V をさらに小さくして, 有限個の $\lambda_i \in \Gamma(V,\mathscr{R}), 1 \leq i \leq m$ が存在して $\mathscr{R}|_V$ を生成しているとしてよい. すると (3.3.2) は次と同値となる.
$$\sum_{j=1}^{l} a_{jy}\sigma_j(y) = \sum_{k=1}^{m} b_{ky}\lambda_k(y), \qquad {}^{\exists}(b_{ky}) \in (\mathscr{A}_y)^m.$$
これは, $((a_{jy}),(b_{ky})) \in \mathscr{R}((\sigma_j)_j,(-\lambda_k)_k)$ ということである. $\mathscr{S}$ の連接性から, 関係層 $\mathscr{R}((\sigma_j)_j,(-\phi_*\lambda_k)_k)$ は局所有限であるので, そのような (a_{jy}) も局所有限性をもち, 関係層 $\mathscr{R}((\tau_j)_j)$ の局所有限性が従う.

(ハ) $\mathscr{R},\mathscr{T}$ が連接の場合.

まず $\mathscr{S}$ の局所有限性を示そう. 任意に $x \in X$ をとると, その近傍 U と, その上の $\mathscr{T}$ の局所有限生成系 $\tau_j \in \Gamma(U,\mathscr{T}), 1 \leq j \leq t$ が存在して
$$\mathscr{T}|_U = \sum_j \mathscr{A}|_U \cdot \tau_j.$$
ψ は全射であるから, ある $\sigma_{jx} \in \mathscr{S}_x$ が存在して $\psi(\sigma_{jx}) = \tau_j(x)$ が成立する. 芽の定義から, x のある近傍 $V \subset U$ と $\sigma_j \in \Gamma(V,\mathscr{S})$ が存在して, $\psi_*\sigma_j = \tau_j|_V$ となる. また $\mathscr{R}$ も局所有限であるから必要なら V をさらに小さくとれば, 有限個の $\lambda_i \in \Gamma(V,\mathscr{R}), 1 \leq i \leq s$ が存在して
$$\mathscr{R}|_U = \sum_i \mathscr{A}|_U \cdot \lambda_i$$
となっている. 任意に $f \in \mathscr{S}_y, y \in V$ をとる.
$$\psi(f) = \sum_j a_{jy}\tau_j(y) = \psi\left(\sum_j a_{jy}\sigma_j(y)\right), \quad a_{jy} \in \mathscr{A}_y$$
と表される. $f - \sum_j a_{jy}\sigma_j(y) \in \operatorname{Ker}\psi = \mathscr{R}$ であるから, ある $b_{iy} \in \mathscr{A}_y$ があって

$$f - \sum_j a_{jy}\sigma_j(y) = \sum_i b_{iy}\lambda_i(y)$$

となる．これより，$f = \sum_j a_{jy}\sigma_j(y) + \sum_i b_{iy}\lambda_i(y)$ と表され，$\mathscr{S}$ は V 上 $\{\sigma_j, \lambda_i\}_{j,i}$ で生成されることがわかった．

次に $\mathscr{S}$ の関係層について見る．開集合 $U \subset X$ と有限個の切断 $\sigma_i \in \Gamma(U, \mathscr{S})$, $1 \leq i \leq l$ をとり，関係層 $\mathscr{R}((\sigma_i)_i) \to U$ を考える．$(a_{iy}) \in \mathscr{R}((\sigma_i)_i)$ ならば $\sum_i a_{iy} \cdot (\psi_*\sigma_i)(y) = 0$ である．$\mathscr{T}$ の関係層 $\mathscr{R}((\psi_*\sigma_i)_i)$ は有限生成なので，任意の $x \in U$ に近傍 $V \subset U$ と有限個の切断 $\alpha_h \in \Gamma(V, \mathcal{O}_V^l)$, $1 \leq h \leq k$ が存在して $\mathscr{R}((\psi_*\sigma_i)_i)$ は V 上 $\{\alpha_h\}$ によって生成される．これより，

$$(3.3.3) \qquad (a_{iy}) = \sum_{h=1}^k b_{hy}\alpha_h(y)$$

と書ける．(a_{iy}) が $\mathscr{R}((\sigma_i)_i)_y$ の元であるために (b_{hy}) が満たすべき条件を求めよう．$\alpha_h = (\alpha_{hi})$ とおくと，

$$\psi\left(\sum_i \alpha_{hi}(y)\sigma_i(y)\right) = 0$$

なので $\lambda_h := \sum_i \alpha_{hi} \cdot \sigma_i \in \Gamma(V, \mathscr{R})$ となっている．したがって，$(a_{iy}) \in \mathscr{R}((\sigma_i)_i)_y$ の必要十分条件は (3.3.3) かつ (b_{hy}) について次が成立することである．

$$(3.3.4) \qquad \sum b_{hy}\lambda_h(y) = 0.$$

これは，$(b_{hy}) \in \mathscr{R}((\lambda_h)_h)$ ということであり，$\mathscr{R}$ の関係層 $\mathscr{R}((\lambda_h)_h)$ は有限生成である．したがって，x の近傍 $W \subset V$ 上の $\mathscr{R}((\lambda_h)_h)$ の有限生成系 $\{(b_{h\nu})\}_\nu$ をもって (3.3.3) で与えられる有限個の $\{(a_{i\nu})\}_\nu$ が $\mathscr{R}((\sigma_i)_i)|_W$ を生成することになる． □

ここまでは，基礎の環の層 $\mathscr{A}$ の連接性は必要としない内容であった．ここで，$\Omega \subset \mathbf{C}^n$ を開集合とする．Ω 上の連接層の概念を完全列の言葉で述べてみよう．以下では，岡の第 1 連接定理 2.5.1 により $\mathcal{O}_\Omega$ の連接性がわかっているのが本質的である．

命題 3.3.5 $\mathcal{O}_\Omega$ 加群の層 $\mathscr{S}$ について次は同値である．
 (i) $\mathscr{S}$ は連接層である．
 (ii) 任意の $x \in \Omega$ にある近傍 $U \subset \Omega$ とその上の完全列

$$\mathcal{O}_U^q \xrightarrow{\phi} \mathcal{O}_U^p \xrightarrow{\psi} \mathscr{S}|_U \to 0$$

が存在する．

証明 (i)⇒(ii)．局所有限性より任意の点 $x \in \Omega$ に近傍 U と U 上の $\mathscr{S}$ の局所有

限生成系 $\sigma_j \in \Gamma(U, \mathscr{S})$, $1 \leq j \leq p$ が存在して
$$\psi : \left(\underline{f_j}_y\right) \in \mathcal{O}_{U,y}^p \to \sum_{j=1}^p \underline{f_j}_y \cdot \sigma_j(y) \in \mathscr{S}_y, \quad y \in U$$
は全射である．$\mathrm{Ker}\,\psi$ は，
$$\sum_{j=1}^p \underline{f_j}_y \cdot \sigma_j(y) = 0$$
となる $(\underline{f_j}_y)$ の全体なので，関係層 $\mathscr{R}((\sigma_j)_j)$ にほかならない．$\mathscr{S}$ は連接と仮定しているので，$\mathrm{Ker}\,\psi = \mathscr{R}((\sigma_j)_j)$ も局所有限である．必要なら U をさらに小さくし，ψ の場合と同様にして全射 $\phi : \mathcal{O}_U^q \to \mathrm{Ker}\,\psi$ を作ることができる．

(ii)⇒(i)．$\mathscr{R} = \mathrm{Im}\,\phi$ とおくと，これは $\mathcal{O}_U^p$ の有限生成部分加群である．命題 2.4.7 (i) より $\mathscr{R}$ は連接層である．したがって次の完全列を得る．
$$0 \longrightarrow \mathscr{R} \longrightarrow \mathcal{O}_U^p \longrightarrow \mathscr{S}|_U \longrightarrow 0.$$
$\mathscr{R}$ と $\mathcal{O}_U^p$ は連接であるから定理 3.3.1 により，$\mathscr{S}$ も連接である． □

この命題により，次の連接性の基本的な性質が導かれる．

定理 3.3.6 $\mathscr{S}, \mathscr{T}$ を Ω 上の連接層とすると，$\mathscr{S} \otimes_{\mathcal{O}_\Omega} \mathscr{T}$ も連接である．

証明 命題 3.3.5 より，任意の $x \in \Omega$ に近傍 U と次の完全列が存在する．
$$\mathcal{O}_U^q \xrightarrow{\phi} \mathcal{O}_U^p \xrightarrow{\psi} \mathscr{S}|_U \to 0.$$
定理 3.2.4 より $\tilde{\phi} = \phi \otimes 1, \tilde{\psi} = \psi \otimes 1$ とおいて，
$$\mathcal{O}_U^q \otimes \mathscr{T}|_U \xrightarrow{\tilde{\phi}} \mathcal{O}_U^p \otimes \mathscr{T}|_U \xrightarrow{\tilde{\psi}} \mathscr{S}|_U \otimes \mathscr{T}|_U \to 0$$
は完全列である．
$$\mathcal{O}_U^q \otimes \mathscr{T}|_U \cong (\mathscr{T}|_U)^q, \quad \mathcal{O}_U^p \otimes \mathscr{T}|_U \cong (\mathscr{T}|_U)^p$$
であるから
$$(\mathscr{T}|_U)^q \xrightarrow{\tilde{\phi}} (\mathscr{T}|_U)^p \xrightarrow{\tilde{\psi}} \mathscr{S}|_U \otimes \mathscr{T}|_U \to 0$$
は完全である．命題 2.4.7 (ii) より，$(\mathscr{T}|_U)^p, (\mathscr{T}|_U)^q$ は連接である．$\mathrm{Im}\,\tilde{\phi}$ は $(\mathscr{T}|_U)^p$ 内の有限生成部分加群であるので，命題 2.4.7 (i) より連接である．よって列
$$0 \longrightarrow \mathrm{Im}\,\tilde{\phi} \longrightarrow (\mathscr{T}|_U)^p \longrightarrow \mathscr{S}|_U \otimes \mathscr{T}|_U \to 0$$
は完全である．定理 3.3.1 より $\mathscr{S}|_U \otimes \mathscr{T}|_U$ の連接性が従う． □

3.4 層のコホモロジー

3.4.1 チェック コホモロジー

X を位相空間, $\mathscr{U} = \{U_\alpha\}_{\alpha \in \Phi}$ をその開被覆とする.

$$N_q(\mathscr{U}) = \{\sigma = (U_0, \ldots, U_q); U_i \in \mathscr{U}\}, \qquad q \geq 0,$$
$$N(\mathscr{U}) = \bigcup_{q=0}^{\infty} N_q(\mathscr{U})$$

とおき, $N(\mathscr{U})$ を $\mathscr{U}$ の脈体 (nerve), $N_q(\mathscr{U})$ を q 脈体と呼ぶ. その元 $\sigma = (U_0, \ldots, U_q) \in N_q(\mathscr{U})$ を単体 (simplex) または q 単体と呼ぶ. $|\sigma| = \bigcap_{i=0}^{q} U_i$ を σ の台と呼ぶ.

$\mathscr{S} \to X$ を層とする. 写像

$$f : \sigma \in N_q(\mathscr{U}) \to f(\sigma) \in \Gamma(|\sigma|, \mathscr{S})$$

で交代性

(3.4.1) $\quad f(U_0, \ldots, U_i, \ldots, U_j, \ldots, U_q) = -f(U_0, \ldots, U_j, \ldots, U_i, \ldots, U_q),$
$\qquad i \neq j, \quad (U_0, \ldots, U_i, \ldots, U_j, \ldots, U_q) \in N_q(\mathscr{U})$

を満たすものを $\mathscr{U}$ の $\mathscr{S}$ に値を持つ q 次余鎖 (co-chain) と呼ぶ. ただし, $\Gamma(\emptyset, \mathscr{S}) = 0$ と定義しておく. その全体を $C^q(\mathscr{U}, \mathscr{S})$ と書く. $C^q(\mathscr{U}, \mathscr{S})$ には, $\mathscr{S}$ から誘導される自然なアーベル群の構造が入る.

$f \in C^q(\mathscr{U}, \mathscr{S})$ の余境界 $\delta f \in C^{q+1}(\mathscr{U}, \mathscr{S})$ が $\sigma = (U_0, \ldots, U_{q+1}) \in N_{q+1}(\mathscr{U})$ に対し

(3.4.2) $\quad (\delta f)(\sigma) = \sum_{i=0}^{q+1} (-1)^i f(U_0, \ldots, \check{U}_i, \ldots, U_{q+1})|_{|\sigma|}$

と定義される. ただし, $\check{U}_i$ は, これが欠けていることを意味する. $\delta : C^q(\mathscr{U}, \mathscr{S}) \to C^{q+1}(\mathscr{U}, \mathscr{S})$ は群の準同型である.

補題 3.4.3 $C^q(\mathscr{U}, \mathscr{S})$ に交代性 (3.4.1) を条件として入れても入れなくても, 次が成立する.

(3.4.4) $\quad C^q(\mathscr{U}, \mathscr{S}) \xrightarrow{\delta} C^{q+1}(\mathscr{U}, \mathscr{S}) \xrightarrow{\delta} C^{q+2}(\mathscr{U}, \mathscr{S}),$
$$\delta \circ \delta = 0.$$

証明 実際計算すると,

$$(\delta^2 f)(U_0,\ldots,U_{q+2}) = \delta(\delta f)(U_0,\ldots,U_{q+2})$$
$$= \sum_{i=0}^{q+2} (-1)^i \delta f(U_0,\ldots,\check{U}_i,\ldots,U_{q+2})$$
$$= \sum_{i=0}^{q+2} (-1)^i \Big\{ \sum_{j=0}^{i-1} (-1)^j f(U_0,\ldots,\check{U}_j,\ldots,\check{U}_i,\ldots,U_{q+2})$$
$$+ \sum_{j=i+1}^{q+2} (-1)^{j-1} f(U_0,\ldots,\check{U}_i,\ldots,\check{U}_j,\ldots,U_{q+2}) \Big\}$$
$$= \sum_{i=0}^{q+2} \sum_{j=0}^{i-1} (-1)^{i+j} f(U_0,\ldots,\check{U}_j,\ldots,\check{U}_i,\ldots,U_{q+2})$$
$$- \sum_{i=0}^{q+2} \sum_{j=i+1}^{q+2} (-1)^{i+j} f(U_0,\ldots,\check{U}_i,\ldots,\check{U}_j,\ldots,U_{q+2})$$
$$= \sum_{0 \leq j < i \leq q+2} (-1)^{i+j} f(U_0,\ldots,\check{U}_j,\ldots,\check{U}_i,\ldots,U_{q+2})$$
$$- \sum_{0 \leq i < j \leq q+2} (-1)^{i+j} f(U_0,\ldots,\check{U}_i,\ldots,\check{U}_j,\ldots,U_{q+2})$$
$$= 0. \qquad \square$$

$$Z^q(\mathscr{U},\mathscr{S}) = \{f \in C^q(\mathscr{U},\mathscr{S}); \delta f = 0\}, \quad q \geq 0,$$
$$B^q(\mathscr{U},\mathscr{S}) = \delta C^{q-1}(\mathscr{U},\mathscr{S}), \quad C^{-1}(\mathscr{U},\mathscr{S}) = 0$$

と定義する. $Z^q(\mathscr{U},\mathscr{S})$ の元を q 次余輪体 (コサイクル co-cycle), $B^q(\mathscr{U},\mathscr{S})$ の元を q 次余境界 (コバウンダリー co-boudary) と呼ぶ. (3.4.4) より

$$B^q(\mathscr{U},\mathscr{S}) \subset Z^q(\mathscr{U},\mathscr{S}).$$

$\mathscr{U}$ に関する $\mathscr{S}$ に値を持つ q 次コホモロジー (群) $H^q(\mathscr{U},\mathscr{S})$ は次で定義される.

(3.4.5) $\qquad H^q(\mathscr{U},\mathscr{S}) = Z^q(\mathscr{U},\mathscr{S})/B^q(\mathscr{U},\mathscr{S}), \quad q \geq 0.$

補題 3.4.6 $H^0(\mathscr{U},\mathscr{S}) \cong \Gamma(X,\mathscr{S}).$

証明 $f \in C^0(\mathscr{U},\mathscr{S})$ とする. 各 $U_\alpha \in \mathscr{U}$ に $f(U_\alpha) = \sigma_\alpha \in \Gamma(U_\alpha,\mathscr{S})$ が対応している. $\delta f = 0$ であるから, $U_\alpha \cap U_\beta \neq \emptyset$ に対し,

$$\delta f(U_\alpha, U_\beta) = \sigma_\beta|_{U_\alpha \cap U_\beta} - \sigma_\alpha|_{U_\alpha \cap U_\beta} = 0.$$

つまり, $\sigma_\beta|_{U_\alpha \cap U_\beta} = \sigma_\alpha|_{U_\alpha \cap U_\beta}$ であるから, $\sigma \in \Gamma(X,\mathscr{S})$ が存在して $\sigma|_{U_\alpha} = \sigma_\alpha$ となる.

逆に, $\sigma \in \Gamma(X,\mathscr{S})$ があれば, $f(U_\alpha) = \sigma|_{U_\alpha}$ と定義すれば, $f \in C^0(\mathscr{U},\mathscr{S})$ が得られ, $\delta f = 0$ である. したがって, $f \in Z^0(\mathscr{U},\mathscr{S}) = H^0(\mathscr{U},\mathscr{S})$ となる. $\square$

X の開被覆 $\mathscr{V}=\{V_\lambda\}_{\lambda\in\Lambda}$ が $\mathscr{U}=\{U_\alpha\}_{\alpha\in\Phi}$ の**細分** ($\mathscr{U}\prec\mathscr{V}$) であるとは, 対応 $\mu:\mathscr{V}\to\mathscr{U}$ (あるいは添字集合の間の対応 $\mu:\Lambda\to\Phi$) で $V_\lambda\subset\mu(V_\lambda)(=U_{\mu(\lambda)})$ が成立するものが存在することを言う. この細分は自然に準同型

$$\mu^*:f\in C^q(\mathscr{U},\mathscr{S})\to C^q(\mathscr{V},\mathscr{S}),$$
$$\mu^*(f)(V_0,\ldots,V_q)=f(\mu(V_0),\ldots,\mu(V_q))|_{V_0\cap\cdots\cap V_q}$$

を誘導する. 以下煩雑になるので, 制限記号 $|_{V_0\cap\cdots\cap V_q}$ は省略して書くことがある. μ^* と δ は交換可能, $\delta\circ\mu^*=\mu^*\circ\delta$, となるので (3.4.5) の定義よりコホモロジー間の準同型

$$\mu^*:H^q(\mathscr{U},\mathscr{S})\to H^q(\mathscr{V},\mathscr{S})$$

が導かれる.

補題 3.4.7 $\mathscr{V}$ が二つの写像 $\mu:\mathscr{V}\to\mathscr{U}, \nu:\mathscr{V}\to\mathscr{U}$ によって $\mathscr{U}$ の細分になっているとする. このとき,

$$\mu^*=\nu^*:H^q(\mathscr{U},\mathscr{S})\to H^q(\mathscr{V},\mathscr{S})$$

が成立する.

証明 $q=0$ の場合. 補題 3.4.6 により, 共に $\Gamma(X,\mathscr{S})$ に同型で, 同一の $f\in\Gamma(X,\mathscr{S})$ を制限して, $(f_\alpha)=(f|_{U_\alpha})\in H^0(\mathscr{U},\mathscr{S})$, $(g_\lambda)=(f|_{V_\lambda})\in H^0(\mathscr{V},\mathscr{S})$ となっているので, $\mu^*=\nu^*$ となっている.

$q>0$ の場合. 準同型

$$\theta:C^q(\mathscr{U},\mathscr{S})\to C^{q-1}(\mathscr{V},\mathscr{S})$$

を次のように定義する. $f\in C^q(\mathscr{U},\mathscr{S}), \tau=(V_0,\ldots,V_{q-1})\in N_{q-1}(\mathscr{V})$ に対し,

$$\theta(f)(\tau)=\theta(f)(V_0,\ldots,V_{q-1})$$
$$=\sum_{j=0}^{q-1}(-1)^j f(\mu(V_0),\ldots,\mu(V_j),\nu(V_j),\ldots,\nu(V_{q-1})).$$

$\tau'=(V_0,\ldots,V_q)\in N_q(\mathscr{V})$ に対し,

$$(\delta\circ\theta(f))(V_0,\ldots,V_q)=\sum_{i=0}^{q}(-1)^i\theta(f)(V_0,\ldots,\check{V}_i,\ldots,V_q)$$
$$=\sum_{i=0}^{q}\Big\{(-1)^i\sum_{j=0}^{i-1}(-1)^j f(\mu(V_0),\ldots,\mu(V_j),\nu(V_j),\ldots,\underset{i+1\text{ 番目の所}}{\nu(\check{V}_i)},\ldots,\nu(V_q))$$
$$+(-1)^i\sum_{j=i+1}^{q}(-1)^{j+1}f(\mu(V_0),\ldots,\mu(\check{V}_i),\ldots,\mu(V_j),\nu(V_j),\ldots,\nu(V_q))\Big\}$$

$$= \sum_{j=0}^{q} (-1)^{j+1} (\delta f)(\mu(V_0), \ldots, \mu(V_j), \nu(V_j), \ldots, \nu(V_q))$$
$$+ f(\nu(V_0), \ldots, \nu(V_q)) - f(\mu(V_0), \ldots, \mu(V_q)).$$

したがって，もし $\delta f = 0$ ならば，
$$\delta(\theta(f)) = \nu(f) - \mu(f) \in B^q(\mathscr{V}, \mathscr{S}).$$
よって，$\mu^* = \nu^* : H^q(\mathscr{U}, \mathscr{S}) \to H^q(\mathscr{V}, \mathscr{S})$. □

X の開被覆の全体は，細分 $\mathscr{U} \prec \mathscr{V}$ ($\mu : \mathscr{V} \to \mathscr{U}$) の関係で順序集合 (有向族) になる．$\mathscr{U} \prec \mathscr{V} \prec \mathscr{W}$ に対し，次の可換図式が成立する．

$$\begin{array}{ccc} H^q(\mathscr{U}, \mathscr{S}) & \longrightarrow & H^q(\mathscr{V}, \mathscr{S}) \\ & \circlearrowright & \downarrow \\ & \searrow & \\ & & H^q(\mathscr{W}, \mathscr{S}). \end{array}$$

よって帰納的極限を (1.3.6) の場合と同様にしてとることができる．すなわち，まず互いに素な合併集合
$$\Xi^q(\mathscr{S}) = \bigsqcup_{\mathscr{U}} H^q(\mathscr{U}, \mathscr{S})$$
をとる．二元 $f \in H^q(\mathscr{U}, \mathscr{S}) \subset \Xi^q(\mathscr{S})$, $g \in H^q(\mathscr{V}, \mathscr{S}) \subset \Xi^q(\mathscr{S})$ が同値 $f \sim g$ であるとは，$\mathscr{U}$ と $\mathscr{V}$ に共通のある細分 $\mathscr{W}$
$$\mu : \mathscr{W} \to \mathscr{U}, \quad \nu : \mathscr{W} \to \mathscr{V}$$
が存在して，
$$\mu^*(f) = \nu^*(g) \in H^q(\mathscr{W}, \mathscr{S})$$
が成立することと定義する．この同値関係による $\Xi^q(\mathscr{S})$ の商として帰納的極限が次のように定義される．

(3.4.8) $\qquad H^q(X, \mathscr{S}) = \varinjlim_{\mathscr{U}} H^q(\mathscr{U}, \mathscr{S}) = \Xi^q(\mathscr{S})/\sim.$

これを層 $\mathscr{S}$ の q 次 (チェック (Čech)) コホモロジー (群) と呼ぶ．

注意 3.4.9 交代性 (3.4.1) を仮定せずに $C^q(\mathscr{U}, \mathscr{S})$ をとり，$H^q(X, \mathscr{S})$ を定義することもできる．後に見るように (定理 3.4.38) コホモロジー群 $H^q(X, \mathscr{S})$ は互いに同型となり変わらないことがわかる．

自然な準同型

$$H^q(\mathscr{U},\mathscr{S}) \longrightarrow H^q(X,\mathscr{S}), \qquad q \geq 0$$

がある. 補題 3.4.6 により, $q=0$ のときは,

(3.4.10) $\qquad H^0(X,\mathscr{S}) \cong H^0(\mathscr{U},\mathscr{S}) \cong \Gamma(X,\mathscr{S}).$

さらに, $q=1$ は特別で次が成立する.

命題 3.4.11 記号は上述のものとするとき, $H^1(\mathscr{U},\mathscr{S}) \to H^1(X,\mathscr{S})$ は単射である.

証明 $f=(f_{\alpha\beta}) \in Z^1(\mathscr{U},\mathscr{S})$ を任意の 1 次余輪体とする. $\delta f = 0$ であるから $U_\alpha \cap U_\beta \cap U_\gamma$ 上で次が成立している.

(3.4.12) $\qquad f_{\beta\gamma} - f_{\alpha\gamma} + f_{\alpha\beta} = 0.$

この $(f_{\alpha\beta})$ の $H^1(X,\mathscr{S})$ 内の像 $[(f_{\alpha\beta})]=0$ であるとする. すると, $\mathscr{U}$ の細分 $\mathscr{V}=\{V_\lambda\}_{\lambda\in\Lambda} \succ \mathscr{U} = \{U_\alpha\}_{\alpha\in\Phi}$ ($\varphi: \Lambda \to \Phi$) と $(g_\lambda) \in C^0(\mathscr{V},\mathscr{S})$ が存在して, $\delta(g_\lambda) = (f_{\varphi(\lambda)\varphi(\mu)})$ となる. つまり, $V_\lambda \cap V_\mu$ 上で次が成立する.

(3.4.13) $\qquad f_{\varphi(\lambda)\varphi(\mu)} = g_\mu - g_\lambda.$

$U_\alpha = \bigcup_\lambda (V_\lambda \cap U_\alpha)$ に注意して各 $V_\lambda \cap U_\alpha$ 上で

$$h_{\alpha\lambda} = g_\lambda + f_{\varphi(\lambda)\alpha}$$

と定める. $V_\lambda \cap V_\mu \cap U_\alpha$ 上では (3.4.12), (3.4.13) より

$$\begin{aligned} h_{\alpha\lambda} - h_{\alpha\mu} &= g_\lambda - g_\mu + f_{\varphi(\lambda)\alpha} - f_{\varphi(\mu)\alpha} \\ &= f_{\varphi(\mu)\varphi(\lambda)} + f_{\varphi(\lambda)\alpha} - f_{\varphi(\mu)\alpha} \\ &= \delta f(U_{\varphi(\mu)}, U_{\varphi(\lambda)}, U_\alpha) = 0. \end{aligned}$$

したがって $(h_{\alpha\lambda})$ は, $h_\alpha \in \Gamma(U_\alpha,\mathscr{S})$ を $h_\alpha|_{U_\alpha \cap V_\lambda} = h_{\alpha\lambda}$ として決める. $U_\alpha \cap U_\beta$ 上では, $x \in U_\alpha \cap U_\beta$ を任意にとれば, $x \in V_\lambda$ と取ることにより

$$\begin{aligned} h_\beta(x) - h_\alpha(x) &= h_{\beta\lambda}(x) - h_{\alpha\lambda}(x) \\ &= g_\lambda(x) + f_{\varphi(\lambda)\beta}(x) - g_\lambda(x) - f_{\varphi(\lambda)\alpha}(x) \\ &= f_{\varphi(\lambda)\beta}(x) - f_{\varphi(\lambda)\alpha}(x) \\ &= f_{\alpha\beta}(x). \end{aligned}$$

これは, $(h_\alpha) \in C^0(\mathscr{U},\mathscr{S})$, $\delta(h_\alpha) = (f_{\alpha\beta})$ を意味する. よって, コホモロジー類について $[(f_{\alpha\beta})] = 0 \in H^1(\mathscr{U},\mathscr{S})$ となる. □

定理 3.4.14 $X \subset \mathbf{R}^n$ を開集合とする. 任意の層 $\mathscr{S} \to X$ に対し,

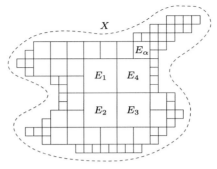

図 3.1 X の閉直方体被覆

$$H^q(X, \mathscr{S}) = 0, \quad q \geq 2^n.$$

証明 X を開直方体で被覆することを考える．$\mathbf{R}^n$ の座標に平行な軸で分割し（図 3.1）境界を少し含むように開直方体を作り被覆する．このとき重なる開直方体の数は高々 2^n 個にできる．$\mathscr{U} = \{U_\alpha\}$ をそのような開被覆とする．任意に $f \in C^q(\mathscr{U}, \mathscr{S})$ をとる．$q \geq 2^n$, $\sigma = (U_0, \ldots, U_q) \in N_q(\mathscr{U})$ として $f(\sigma)$ を考える．交代性 (3.4.1) より $U_0, \ldots, U_q$ が全て相異なる場合を考えれば十分である．すると $|\sigma| = \emptyset$ となる．定義により $f = 0$ である． □

次の小節で使われる位相空間の開被覆の性質で特徴付けられる性質を定義しておこう．

定義 3.4.15 (i) 位相空間 X の開被覆 $\{U_\alpha\}$ が局所有限であるとは，任意の点 $x \in X$ に近傍 V が存在して $U_\alpha \cap V \neq \emptyset$ となる U_α は有限個しかないことを言う．

(ii) X がパラコンパクトであるとは，任意の開被覆 $\{U_\alpha\}$ に対してその細分で局所有限なものが存在することを言う．

3.4.2 長完全列

X 上の層の短完全列

(3.4.16) $$0 \to \mathscr{R} \xrightarrow{\phi} \mathscr{S} \xrightarrow{\psi} \mathscr{T} \to 0$$

があるとする．任意の開集合 $U \subset X$ に対し，自然に次の列が誘導される．

$$0 \to \Gamma(U, \mathscr{R}) \xrightarrow{\phi_*} \Gamma(U, \mathscr{S}) \xrightarrow{\psi_*} \Gamma(U, \mathscr{T}).$$

これは，完全である．つまり，ϕ_* は単射で，$\mathrm{Im}\,\phi_* = \mathrm{Ker}\,\psi_*$．しかし，$\psi_*$ は一

般に全射ではない (例 3.1.3, 例 3.1.4 を参照).

定理 3.4.17 X をパラコンパクト・ハウスドルフ空間とする.短完全列 (3.4.16) が与えられたとき,次の完全列が存在する:

$$0 \to H^0(X, \mathscr{R}) \xrightarrow{\phi_*} H^0(X, \mathscr{S}) \xrightarrow{\psi_*} H^0(X, \mathscr{T})$$
$$\xrightarrow{\delta_*} H^1(X, \mathscr{R}) \longrightarrow H^1(X, \mathscr{S}) \longrightarrow H^1(X, \mathscr{T})$$
$$\xrightarrow{\delta_*} H^2(X, \mathscr{R}) \longrightarrow \cdots$$
$$\vdots$$

ここで,δ_* は以下の証明中で決める準同型である.

上述の定理で得られた完全列を (短完全列 (3.4.16) から誘導された) 長完全列と呼ぶ.

証明 $\mathscr{U} = \{U_\alpha\}_{\alpha \in \Phi}$ を X の局所有限開被覆とする.任意の単体 $\sigma \in N_q(\mathscr{U})$ に対し完全列

$$0 \to \Gamma(|\sigma|, \mathscr{R}) \xrightarrow{\phi_*} \Gamma(|\sigma|, \mathscr{S}) \xrightarrow{\psi_*} \Gamma(|\sigma|, \mathscr{T}),$$
$$0 \to C^q(\mathscr{U}, \mathscr{R}) \xrightarrow{\phi_*} C^q(\mathscr{U}, \mathscr{S}) \xrightarrow{\psi_*} C^q(\mathscr{U}, \mathscr{T})$$

がある.$\bar{C}^q(\mathscr{U}, \mathscr{S}) = \operatorname{Im} \psi_* \subset C^q(\mathscr{U}, \mathscr{S})$ とおく.すると次の横の列は完全な可換図式を得る:

(3.4.18)

$$\begin{array}{ccccccccc}
& & \vdots & & \vdots & & \vdots & & \\
& & \downarrow & & \downarrow & & \downarrow & & \\
0 & \to & C^{q-1}(\mathscr{U}, \mathscr{R}) & \xrightarrow{\phi_*} & C^{q-1}(\mathscr{U}, \mathscr{S}) & \xrightarrow{\psi_*} & \bar{C}^{q-1}(\mathscr{U}, \mathscr{T}) & \to & 0 \\
& & \downarrow \delta & \circlearrowleft & \downarrow \delta & \circlearrowleft & \downarrow \delta & & \\
0 & \to & C^q(\mathscr{U}, \mathscr{R}) & \xrightarrow{\phi_*} & C^q(\mathscr{U}, \mathscr{S}) & \xrightarrow{\psi_*} & \bar{C}^q(\mathscr{U}, \mathscr{T}) & \to & 0 \\
& & \downarrow \delta & \circlearrowleft & \downarrow \delta & \circlearrowleft & \downarrow \delta & & \\
0 & \to & C^{q+1}(\mathscr{U}, \mathscr{R}) & \xrightarrow{\phi_*} & C^{q+1}(\mathscr{U}, \mathscr{S}) & \xrightarrow{\psi_*} & \bar{C}^{q+1}(\mathscr{U}, \mathscr{T}) & \to & 0 \\
& & \downarrow & & \downarrow & & \downarrow & & \\
& & \vdots & & \vdots & & \vdots & &
\end{array}$$

ただし,δ は (3.4.2) で定義されたものである.ここで

$$\bar{Z}^q(\mathscr{U}, \mathscr{T}) = \{f \in \bar{C}^q(\mathscr{U}, \mathscr{T}); \delta f = 0\},$$
$$\bar{H}^q(\mathscr{U}, \mathscr{T}) = \bar{Z}^q(\mathscr{U}, \mathscr{T}) / \delta \bar{C}^{q-1}(\mathscr{U}, \mathscr{T})$$

とおく. $f \in \bar{C}^q(\mathscr{U}, \mathscr{T})$ の同値類を $[f] \in \bar{H}^q(\mathscr{U}, \mathscr{T})$ と書くことにする. 各 q に対し

(3.4.19) $\qquad H^q(\mathscr{U}, \mathscr{R}) \xrightarrow{\phi_*} H^q(\mathscr{U}, \mathscr{S}) \xrightarrow{\psi_*} \bar{H}^q(\mathscr{U}, \mathscr{T})$

は完全である.

定義により $f \in \bar{Z}^q(\mathscr{U}, \mathscr{T})$ に対し, ある $g \in C^q(\mathscr{U}, \mathscr{S})$ で $\psi_*(g) = f$ となる. $\psi_* \circ \delta(g) = \delta \circ \psi_*(g) = \delta f = 0$ であるから, ある $h \in C^{q+1}(\mathscr{U}, \mathscr{R})$ で

(3.4.20) $\qquad \phi_*(h) = \delta(g)$

となるものがある ((3.4.18) の図式の中で各元がどのように対応しているかを確かめると理解しやすい). $\phi_*(\delta(h)) = \delta(g) = 0$ で, ϕ_* は単射であるから, $\delta(h) = 0$ となり, $[h] \in H^{q+1}(\mathscr{U}, \mathscr{R})$ が決まる.

(3.4.21) $\qquad \delta_*[f] = [h] \in H^{q+1}(\mathscr{U}, \mathscr{R})$

とおく. これが, $[f] \in \bar{H}^q(\mathscr{U}, \mathscr{T})$ の代表元の取り方によらずに定義できていることを見よう. $[f] = [f']$ とすると, $f - f' = \delta(f'')$, $f'' \in \bar{C}^{q-1}(\mathscr{U}, \mathscr{T})$ となる. 定義より, ある $g'' \in C^{q-1}(\mathscr{U}, \mathscr{S})$ があって $f'' = \psi_*(g'')$. また, $g' \in C^q(\mathscr{U}, \mathscr{S})$, $\psi_*(g') = f'$ をとる. 取り方より, $\psi_*(g) - \psi_*(g') = \delta \psi_*(g'')$ であるので

$$g - g' - \delta(g'') \in \operatorname{Ker} \psi_*.$$

したがって, $h'' \in C^q(\mathscr{U}, \mathscr{R})$ があって $g - g' - \delta(g'') = \phi_*(h'')$. これより

$$\delta(g) - \delta(g') = \delta \phi_*(h'') = \phi_*(\delta h'').$$

$h, h' \in C^{q+1}(\mathscr{U}, \mathscr{R})$ は, $\phi_*(h) = \delta(g)$, $\phi_*(h') = \delta(g')$ と取ってあるので, 上式より

$$\phi_*(h) - \phi_*(h') = \phi_*(\delta h'').$$

ϕ_* は単射なので,

$$h - h' = \delta h''.$$

よって, $[h] = [h'] \in H^{q+1}(\mathscr{U}, \mathscr{R})$ が従う.

以上より次の列を得る.

(3.4.22) $\qquad \cdots \longrightarrow H^q(\mathscr{U}, \mathscr{R}) \xrightarrow{\phi_*} H^q(\mathscr{U}, \mathscr{S}) \xrightarrow{\psi_*} \bar{H}^q(\mathscr{U}, \mathscr{T})$
$\qquad\qquad \xrightarrow{\delta_*} H^{q+1}(\mathscr{U}, \mathscr{R}) \xrightarrow{\phi_*} H^{q+1}(\mathscr{U}, \mathscr{S}) \xrightarrow{\psi_*} \bar{H}^{q+1}(\mathscr{U}, \mathscr{T})$
$\qquad\qquad \xrightarrow{\delta_*} \cdots.$

主張. (3.4.22) は完全である.

∵) (3.4.19) より $H^q(\mathscr{U},\mathscr{S})$ の前後では完全である.

$\bar{H}^q(\mathscr{U},\mathscr{T})$ の前後の完全性を示そう. $[f] \in \bar{H}^q(\mathscr{U},\mathscr{T})$, $\delta_*[f] = 0$ をとる. (3.4.20) で f に対し選んだ g,h を考える:

$$\psi_*(g) = f, \qquad \phi_*(h) = \delta(g)$$

となっている. $[h] = \delta_*[f] = 0$ であるから,ある $h' \in C^q(\mathscr{U},\mathscr{R})$ があって $h = \delta h'$. すると,$\delta\phi_*(h') = \phi_*(\delta h') = \phi_*(h) = \delta(g)$ が成り立っている.

$$g' = g - \phi_*(h')$$

とおく.

(3.4.23) $\qquad \psi_*(g') = \psi_*(g) - \psi_* \circ \phi_*(h') = \psi_*(g) = f$

なので g' も g の役をする.

$$\delta g' = \delta g - \delta\phi_*(h') = \delta(g) - \delta(g) = 0$$

なので $[g'] \in H^q(\mathscr{U},\mathscr{S})$ が決まり,(3.4.23) より $\psi_*[g'] = [f]$ となる.

次に $H^{q+1}(\mathscr{U},\mathscr{R}) \ni [h]$ で見る. $\phi_*[h] = 0$ とする. $h \in Z^{q+1}(\mathscr{U},\mathscr{R})$ で,条件より

$$\phi_*(h) = \delta(g), \qquad {}^\exists g \in C^q(\mathscr{U},\mathscr{S}),$$
$$\psi_*(g) = f \in \bar{C}^q(\mathscr{U},\mathscr{T}).$$

対応の仕方から,$\delta_*[f] = [h]$. これで (3.4.22) が完全であることがわかった. △

次に X の開被覆の細分 $\mathscr{U} \prec \mathscr{V}$ ($\mu:\mathscr{V} \to \mathscr{U}$) を考える. 自然に誘導された準同型

$$\bar{\mu}^* : \bar{H}^q(\mathscr{U},\mathscr{T}) \to \bar{H}^q(\mathscr{V},\mathscr{T})$$

を得る. $\mathscr{R}, \mathscr{S}$ についても準同型

$$\mu^* : H^q(\mathscr{U},\mathscr{R}) \to H^q(\mathscr{V},\mathscr{R}), \quad \mu^* : H^q(\mathscr{U},\mathscr{S}) \to H^q(\mathscr{V},\mathscr{S})$$

が得られる. これらは,(3.4.18) の図式と可換になる. したがって,帰納的極限 $\varinjlim_{\mathscr{U}}$ をとって (3.4.22) から次の完全列を得る.

(3.4.24) $\quad \cdots \longrightarrow H^q(X,\mathscr{R}) \xrightarrow{\phi_*} H^q(X,\mathscr{S}) \xrightarrow{\psi_*} \bar{H}^q(X,\mathscr{T})$
$\qquad \xrightarrow{\delta_*} H^{q+1}(X,\mathscr{R}) \xrightarrow{\phi_*} H^{q+1}(X,\mathscr{S}) \xrightarrow{\psi_*} \bar{H}^{q+1}(X,\mathscr{T})$
$\qquad \xrightarrow{\delta_*} \cdots.$

残っているのは,$\bar{H}^q(X,\mathscr{T}) = H^q(X,\mathscr{T})$ を示すことである. そのためには,

3.4 層のコホモロジー

次のことを示せばよい.

主張 3.4.25 任意の $f \in C^q(\mathscr{U}, \mathscr{T})$ に対し, ある細分 $\mathscr{V} \succ \mathscr{U}$ $(\mu : \mathscr{V} \to \mathscr{U})$ と $g \in C^q(\mathscr{V}, \mathscr{S})$ が存在して $\mu^*(f) = \psi_*(g)$ が成立する.

∵) ここでパラコンパクト性を使う. f は一つとり止める. $\mathscr{U} = \{U_\alpha\}_{\alpha \in \Phi}$ は局所有限としてよい. パラコンパクト・ハウスドルフ性より X は正規であるからある開被覆 $\mathscr{W} = \{W_\alpha\}_{\alpha \in \Phi}$ が存在して $\bar{W}_\alpha \subset U_\alpha$ ($^\forall \alpha \in \Phi$) とできる. 各点 $x \in X$ の十分小さな近傍 V_x を次を満たすようにとれる.

3.4.26 (i) ある W_α が存在して, $V_x \subset W_\alpha$.
(ii) もし $V_x \cap W_\beta \neq \emptyset$ ならば $V_x \subset U_\beta$.
(iii) 任意の $\sigma = (U_0, \ldots, U_q) \in N_q(\mathscr{U})$, $x \in \bigcap_{j=0}^{q} W_j$ ((ii) より $V_x \subset |\sigma|$) に対し常に $f(\sigma)|_{V_x}$ は, $\psi_* : \Gamma(V_x, \mathscr{S}) \to \Gamma(V_x, \mathscr{T})$ の像に入っている.

∵) (i) $\{W_\alpha\}$ は開被覆であるから, V_x を小さくとれば, そのような W_α は存在する.

(ii) $\mathscr{U}$ は局所有限であるから必要ならさらに V_x を小さくとり $U_\alpha \cap V_x \neq \emptyset$ となる α は有限個であるとしてよい. それらを $\{1, 2, \ldots, l\}$ とする. 必要なら順番を変更して次のようになっているとして良い:

$$x \in \bar{W}_j, \quad 1 \leq j \leq k,$$
$$x \notin \bar{W}_j, \quad k+1 \leq j \leq l.$$

$V_x \cap (\bigcup_{j=k+1}^{l} \bar{W}_j) = \emptyset$ となるように V_x を小さくとれば, $V_x \cap W_\alpha \neq \emptyset$ となる W_α は, $W_j, 1 \leq j \leq k$ だけである. $\bar{W}_j \subset U_j$ であるから $V_x \subset \bigcap_{j=1}^{k} U_j$ と取れば, 求められる性質を持つ.

(iii) $x \in X$ に対し上述の (i) (ii) でとった近傍 $V_x \ni x$ をとる. とり方から $V_x \cap U_\beta \neq \emptyset$ となる β は有限個である. そのような β を動かしてできる単体 $\sigma' \in N(\mathscr{U})$ も有限個である.

$$\mathscr{S}_x \longrightarrow \mathscr{T}_x \longrightarrow 0$$

は完全であるから, V_x を十分小さくとれば, 上述の有限個の全ての σ' に対して $f(\sigma')|_{V_x}$ は $\phi_*(\Gamma(V_x, \mathscr{S}))$ に含まれる. したがって (iii) が満たされる.

主張 3.4.25 の証明の続き: 各 V_x に対し 3.4.26 (i) より $W_\alpha \supset V_x$ がとれる. それを W_x とすれば

$$V_x \subset W_x \subset U_\alpha.$$

これにより開被覆 $\mathscr{V} = \{V_x\}$ は，$\mathscr{U} = \{U_\alpha\}$ の細分となる．対応を $\mu : \mathscr{V} \to \mathscr{U}$ と書く．任意の $\tau = (V_0, \ldots, V_q) \in N_q(\mathscr{V})$ について $|\tau| = V_0 \cap \cdots \cap V_q \subset W_0 \cap \cdots \cap W_q$ となり $|\tau| \neq \emptyset$ ならば，$V_0 \cap W_i \neq \emptyset, 0 \leq i \leq q$ が成立するので 3.4.26 (ii) より $V_0 \subset U_i, 0 \leq i \leq q$ となる．したがって

$$|\tau| \subset V_0 \subset U_0 \cap \cdots \cap U_q = |\mu(\tau)|$$

となり，

$$\mu(f)(\tau) = f(\mu(\tau))|_{|\tau|} = f(U_0, \ldots, U_q)|_{|\tau|}$$

が従う．ここで 3.4.26 (iii) より

$$f(U_0, \ldots, U_q)|_{V_0} \in \psi_*(\Gamma(V_0, \mathscr{S}))$$

である．したがって，ある $g(\tau) \in \Gamma(|\tau|, \mathscr{S})$ があって

$$\mu(f)(\tau) = (f(U_0, \ldots, U_q)|_{V_0})|_{|\tau|} = \psi_*(g(\tau)).$$

$g = (g(\tau)) \in C^q(\mathscr{V}, \mathscr{S})$ とおけば，$\mu(f) = \psi_*(g)$ となる． △

以上で，定理の証明が完結した． □

例 3.4.27 例 3.1.4 で考えた短完全列を領域 $X \subset \mathbf{C}^n$ 上で考える：

$$0 \to \mathbf{Z} \to \mathcal{O}_X \xrightarrow{\mathbf{e}} \mathcal{O}_X^* \to 0.$$

これより次の長完全列が得られる：

$$0 \longrightarrow \mathbf{Z} \longrightarrow H^0(X, \mathcal{O}_X) \xrightarrow{\mathbf{e}_*} H^0(X, \mathcal{O}_X^*)$$

$$\xrightarrow{\delta_*} H^1(X, \mathbf{Z}) \longrightarrow H^1(X, \mathcal{O}_X) \longrightarrow H^1(X, \mathcal{O}_X^*)$$

$$\xrightarrow{\delta_*} H^2(X, \mathbf{Z}) \longrightarrow H^2(X, \mathcal{O}_X) \longrightarrow \cdots$$

ただし，$\Gamma(X, \mathbf{Z}) \cong \mathbf{Z}$ と見なした．

3.4.3 層の分解とコホモロジー

次のような（アーベル群の）層と準同型 d_p $(p \in \mathbf{Z}^+)$ の列を考えよう：

$$(3.4.28) \qquad \mathscr{S}_0 \xrightarrow{d_0} \mathscr{S}_1 \xrightarrow{d_1} \cdots \longrightarrow \mathscr{S}_p \xrightarrow{d_p} \cdots.$$

全ての $p \geq 0$ に対し $d_{p+1} \circ d_p = 0$ が満たされるとき，(3.4.28) または族 $\{\mathscr{S}_p\}_{p \geq 0}$ は，層の複体 (complex) と呼ばれる．この場合，(3.4.28) または $\{\mathscr{S}_p\}_{p \geq 0}$ の q 次コホモロジー (群) (cohomology (group)) が

$$\mathscr{H}^q\left(X, \{\mathscr{S}_p\}_{p\geq 0}\right) = \begin{cases} \Gamma(X, \operatorname{Ker} d_0) = \Gamma(X, \mathscr{S}), & q = 0, \\ \Gamma(X, \operatorname{Ker} d_q)/d_{q-1}\Gamma(X, \mathscr{S}_{q-1}), & q \geq 1 \end{cases}$$

として定義される.

$\mathscr{S} \to X$ を層とする. $\mathscr{S}$ の分解 (resolution) とは, 層の複体 $\{\mathscr{S}_p\}_{p=0}^\infty$ であって

(3.4.29) $\quad\quad 0 \longrightarrow \mathscr{S} \longrightarrow \mathscr{S}_0 \xrightarrow{d_0} \mathscr{S}_1 \xrightarrow{d_1} \cdots \longrightarrow \mathscr{S}_p \xrightarrow{d_p} \cdots$

が完全列になっているものを言う. $\{\mathscr{S}_p\}_{p=0}^\infty$ は, $\mathscr{S}$ の右分解とも呼ばれる.

定理 3.4.30 X はパラコンパクト・ハウスドルフとする. $H^q(X, \mathscr{S}_p) = 0, q \geq 1, p \geq 0$, ならば

$$H^q(X, \mathscr{S}) \cong \mathscr{H}^q\left(X, \{\mathscr{S}_p\}_{p\geq 0}\right), \quad q \geq 0.$$

証明 $\mathscr{K}_p = \operatorname{Ker} d_p, p \geq 0$ とおく. 条件より, 次は共に完全列である.

$$0 \longrightarrow \mathscr{S} \longrightarrow \mathscr{S}_0 \longrightarrow \mathscr{K}_1 \longrightarrow 0,$$

$$0 \longrightarrow \mathscr{K}_p \longrightarrow \mathscr{S}_p \longrightarrow \mathscr{K}_{p+1} \longrightarrow 0, \quad p \geq 1.$$

$q = 0$ の場合は, 明らか. $q \geq 1$ とする. 定理 3.4.17 により次は完全列である.

(3.4.31) $\quad\quad \cdots \longrightarrow H^{q-1}(X, \mathscr{S}_0) \xrightarrow{d_{0*}} H^{q-1}(X, \mathscr{K}_1) \xrightarrow{\delta_*} H^q(X, \mathscr{S})$
$\quad\quad\quad\quad \longrightarrow H^q(X, \mathscr{S}_0) \xrightarrow{d_{0*}} H^q(X, \mathscr{K}_1) \longrightarrow \cdots.$

仮定により $H^q(X, \mathscr{S}_0) = 0$. $q = 1$ とすると

$$H^0(X, \mathscr{S}_0) \xrightarrow{d_{0*}} H^0(X, \mathscr{K}_1) \xrightarrow{\delta_*} H^1(X, \mathscr{S}) \longrightarrow 0$$

は完全である. したがって

$$H^1(X, \mathscr{S}) \cong \Gamma(X, \mathscr{K}_1)/d_0\Gamma(X, \mathscr{S}_0) = \mathscr{H}^1\left(X, \{\mathscr{S}_p\}_{p\geq 0}\right).$$

よって $q = 1$ では証明された.

以下 $q \geq 1$ に関する帰納法による. $q \geq 2$ とし $q-1$ では定理は成立しているとする. (3.4.31) と仮定より

$$0 \longrightarrow H^{q-1}(X, \mathscr{K}_1) \xrightarrow{d_{0*}} H^q(X, \mathscr{S}) \longrightarrow 0$$

は完全である. よって

(3.4.32) $\quad\quad\quad\quad H^q(X, \mathscr{S}) \cong H^{q-1}(X, \mathscr{K}_1).$

$\mathscr{K}_1$ について次の分解がある.

$$0 \longrightarrow \mathscr{K}_1 \longrightarrow \mathscr{S}_1 \xrightarrow{d_1} \mathscr{S}_2 \xrightarrow{d_2} \cdots \longrightarrow \mathscr{S}_p \xrightarrow{d_p} \cdots.$$

帰納法の仮定を $\mathscr{K}_1$ に適用して,

$$H^{q-1}(X, \mathscr{K}_1) \cong \Gamma(X, \mathscr{K}_q)/d_{q-1}\Gamma(X, \mathscr{S}_{q-1}).$$

これと (3.4.32) より,

$$H^q(X, \mathscr{S}) \cong \Gamma(X, \mathscr{K}_q)/d_{q-1}\Gamma(X, \mathscr{S}_{q-1}) = \mathscr{H}^q(X, \{\mathscr{S}_p\}_{p \geq 0}). \quad \square$$

ここで $H^q(X, \mathscr{S}_p) = 0, q \geq 1, p \geq 0$ となる分解 (3.4.29) が存在するかが問題となる.

定義 3.4.33 一般に層 $\mathscr{S} \to X$ が細層であるとは任意の局所有限な開被覆 $X = \bigcup_\alpha U_\alpha$ に対し次の 1 の分割 (単位の分割とも言う) $\{\rho_\alpha\}$ が存在することである.

(i) $\rho_\alpha : \mathscr{S} \to \mathscr{S}$ は,準同型.
(ii) $\rho_\alpha(\mathscr{S}_x) = 0, x \in X \setminus U_\alpha$. (これを $\mathrm{Supp}\,\rho_\alpha \subset U_\alpha$ と書く.)
(iii) $\sum_\alpha \rho_\alpha(s) = s, \,{}^\forall s \in \mathscr{S}$.

例 3.4.34 【重要】X を $\mathbf{R}^m$ の開集合とする (一般には X はパラコンパクト可微分多様体 (定義 4.5.1) としてよい). 局所有限な開被覆 $X = \bigcup_\alpha U_\alpha$ に対し,それに従属する 1 の分割 $\varphi_\alpha \in C_0^\infty(U_\alpha)$ (U_α 上のコンパクト台を持つ C^∞ 級の関数全体), $0 \leq \varphi_\alpha(x) \leq 1, \sum_\alpha \varphi_\alpha(x) = 1$ が存在する. X 上の可微分関数の芽の層 $\mathscr{E}_X$ において

$$\rho_\alpha : \underline{f}_x \in \mathscr{E} \to \varphi_\alpha \cdot \underline{f}_x \in \mathscr{E}$$

とおけば, $\{\rho_\alpha\}$ は, $\mathscr{E}_X$ の 1 の分割である. したがって, X 上の $\mathscr{E}_X$ 加群の層は,全て細層である. もちろん, 連続関数の芽の層 $\mathscr{C}_X$ も細層である.

定理 3.4.35 $\mathscr{S} \to X$ が細層ならば, 任意の局所有限開被覆 $\mathscr{U} = \{U_\alpha\}$ に対し

$$H^q(\mathscr{U}, \mathscr{S}) = 0, \qquad q \geq 1.$$

特に, X がパラコンパクト・ハウスドルフならば, $H^q(X, \mathscr{S}) = 0, q \geq 1$.

証明 $\mathscr{U}$ に従属する $\mathscr{S}$ の 1 の分割 $\{\rho_\alpha\}$ をとる. 任意の開集合上の切断 $f \in \Gamma(U, \mathscr{S})$ に対し $\rho_\alpha f \in \Gamma(U, \mathscr{S})$ を次のように定義する.

$$\rho_\alpha f(x) = \begin{cases} \rho(f(x)), & x \in U \cap U_\alpha, \\ 0, & x \in U \setminus U_\alpha. \end{cases}$$

任意に $f \in Z^q(\mathscr{U}, \mathscr{S})$ をとる. $\tau = (U_0, \ldots, U_{q-1}) \in N_{q-1}(\mathscr{U})$ に対し

$$g(\tau) = g(U_0, \ldots, U_{q-1}) = \sum_\alpha \rho_\alpha f(U_\alpha, U_0, \ldots, U_{q-1})$$

として，$g \in C^{q-1}(\mathscr{U}, \mathscr{S})$ を定める．すると次のように，$\delta g = f$ が確かめられる．

$$\delta g(U_0, \ldots, U_q) = \sum_{i=0}^{q} (-1)^i g(U_0, \ldots, \check{U}_i, \ldots, U_q)$$

$$= \sum_{i=0}^{q} (-1)^i \sum_{\alpha} \rho_\alpha f(U_\alpha, U_0, \ldots, \check{U}_i, \ldots, U_q)$$

$$= \sum_{\alpha} \sum_{i=0}^{q} (-1)^i \rho_\alpha f(U_\alpha, U_0, \ldots, \check{U}_i, \ldots, U_q)$$

$$\Big[\delta f = 0 \text{ より}$$

$$f(\check{U}_\alpha, U_0, \ldots, U_q) - \sum_{i=0}^{q} (-1)^i \rho_\alpha f(U_\alpha, U_0, \ldots, \check{U}_i, \ldots, U_q) = 0 \Big]$$

$$= \sum_{\alpha} \rho_\alpha f(U_0, \ldots, U_q) = f(U_0, \ldots, U_q). \qquad \square$$

定理 3.4.36 任意の層 $\mathscr{S} \xrightarrow{\pi} X$ に対し，細層分解 $\{\mathscr{S}_p\}_{p \geq 0}$ が存在する．しかも任意の開集合 U に対し制限 $\{\mathscr{S}_p|_U\}_{p \geq 0}$ が $\mathscr{S}|_U$ の細層分解であるようにとれる．

証明 任意の開集合 V 上の連続性を仮定しない全ての切断のなすアーベル群 $\mathscr{S}^*(V) = \{f : V \to \mathscr{S}; \pi \circ f(x) = x, x \in V\}$ を考える．$\{(V, \mathscr{S}^*(V))\}$ は完備な前層を成す．これの誘導する層を $\mathscr{S}^* \to X$ と書く．

ここで次の補題を示そう．

補題 3.4.37 任意の開集合 $U \subset X$ に対し $\mathscr{S}^*|_U$ は細層である．

∵) $\mathscr{W} = \{W_\lambda\}_{\lambda \in \Lambda}$ を U の局所有限な開被覆とする．Λ を整列化して $\Lambda = \{1, 2, \ldots\}$ とする．$F_1 = W_1$ とおき，帰納的に $F_\mu = W_\mu \setminus \bigcup_{\lambda < \mu} F_\lambda, \mu > 1$ とおく．すると，

$$F_\lambda \subset W_\lambda; \quad F_\lambda \cap F_\mu = \emptyset, \lambda \neq \mu; \quad U = \bigcup_\lambda F_\lambda$$

となる．これを用いると，

$$\rho_\lambda : \mathscr{S}^*|_U \longrightarrow \mathscr{S}^*|_U,$$

$$\rho_\lambda(s) = \begin{cases} s, & s \in \mathscr{S}^*_x, \quad x \in F_\lambda, \\ 0, & s \in \mathscr{S}^*_x, \quad x \notin F_\lambda, \end{cases}$$

$$\sum_\lambda \rho_\lambda = 1.$$

これにより $\{\rho_\lambda\}$ は，$\mathscr{S}^*|_U$ の 1 の分割を与え，$\mathscr{S}^*|_U$ は細層である． $\triangle$

定理の証明の続き：$\mathscr{S}_0 = \mathscr{S}^*$ とおけば，$\mathscr{S}_0$ は細層で
$$0 \longrightarrow \mathscr{S} \longrightarrow \mathscr{S}_0$$
は完全である．$\mathscr{S}_1' = \mathscr{S}_0/\mathscr{S}$ とおく．再び不連続切断を用いて $\mathscr{S}_1'^*$ をとると，それは細層で
$$0 \longrightarrow \mathscr{S} \longrightarrow \mathscr{S}_0 \longrightarrow \mathscr{S}_1'^*$$
は完全列となる．$\mathscr{S}_1 = \mathscr{S}_1'^*$ とおく．これを繰り返すことにより細層による分解
$$0 \longrightarrow \mathscr{S} \longrightarrow \mathscr{S}_0 \longrightarrow \mathscr{S}_1 \longrightarrow \mathscr{S}_2 \longrightarrow \cdots$$
を得ることができる． □

定理 3.4.30，定理 3.4.35 と定理 3.4.36 より次のことがわかる．

定理 3.4.38 X は，パラコンパクト・ハウスドルフとする．
 (i) 層 $\mathscr{S}$ の細層分解 $\{\mathscr{S}_p\}_{p\geq 0}$ によるコホモロジー $\mathscr{H}^q(X, \{\mathscr{S}_p\})$ は，同型を除いて $\{\mathscr{S}_p\}_{p\geq 0}$ の取り方によらない．
 (ii) チェック コホモロジーを定義する際に，$f \in C^q(\mathscr{U}, \mathscr{S})$ ($\mathscr{U} = \{U_\alpha\}$ は X の開被覆) に交代性 (3.4.1) を課していたが，これを条件とせずに $C^q(\mathscr{U}, \mathscr{S})$ を定義しコホモロジー $H^q(X, \mathscr{S})$ を定義しても得られるものは同型である．

証明 (i) これは，コホモロジー $\mathscr{H}^q(X, \{\mathscr{S}_p\})$ は，全てチェック コホモロジー $H^q(X, \mathscr{S})$ に同型になることからわかる．
 (ii) $H^q(X, \mathscr{S})$ の定義の中で交代性を課したものも課さないものも $\mathscr{S}$ の一つの細層分解によるコホモロジー $\mathscr{H}^q(X, \{\mathscr{S}_p\})$ に同型であることから従う． □

定義 3.4.39 X の開被覆 $\mathscr{U}$ が層 $\mathscr{S}$ に関するルレイ (Leray) 被覆であるとは，
$$H^q(|\sigma|, \mathscr{S}) = 0, \quad {}^\forall \sigma \in N(\mathscr{U}), q \geq 1$$
が満たされることである．

定理 3.4.40 $\mathscr{U} = \{U_\alpha\}$ が層 $\mathscr{S}$ に関するルレイ被覆ならば
$$H^q(\mathscr{U}, \mathscr{S}) \cong H^q(X, \mathscr{S}), \quad q \geq 0.$$

証明 $q = 0$ では，補題 3.4.6 により成立している．
 $q \geq 1$ とする．定理 3.4.36 による細層分解
$$(3.4.41) \qquad 0 \longrightarrow \mathscr{S} \longrightarrow \mathscr{S}_0 \xrightarrow{d_0} \mathscr{S}_1 \xrightarrow{d_1} \cdots \longrightarrow \mathscr{S}_p \xrightarrow{d_p} \cdots$$
をとる．任意の単体 $\sigma \in N(\mathscr{U})$ に対し，(3.4.41) を台 $|\sigma|$ に制限したものも細層

分解を与える.

(3.4.42) $\quad 0 \longrightarrow \mathscr{S}|_{|\sigma|} \longrightarrow \mathscr{S}_0|_{|\sigma|} \xrightarrow{d_0} \mathscr{S}_1|_{|\sigma|} \xrightarrow{d_1} \cdots \longrightarrow \mathscr{S}_p|_{|\sigma|} \xrightarrow{d_p} \cdots.$

定理 3.4.30 により,

$$\{f \in \Gamma(|\sigma|, \mathscr{S}_p); d_p f = 0\}/d_{p-1}\Gamma(|\sigma|, \mathscr{S}_{p-1}) \cong H^p(|\sigma|, \mathscr{S}) = 0, \quad p \geq 1.$$

よって, (3.4.42) が誘導する列

$$0 \longrightarrow \Gamma(|\sigma|, \mathscr{S}) \longrightarrow \Gamma(|\sigma|, \mathscr{S}_0) \xrightarrow{d_{0*}} \Gamma(|\sigma|, \mathscr{S}_1) \xrightarrow{d_{1*}} \cdots \longrightarrow \Gamma(|\sigma|, \mathscr{S}_p) \xrightarrow{d_{p*}} \cdots$$

は完全である.したがって $q \geq 0$ について次は完全列である.

(3.4.43) $\quad 0 \longrightarrow C^q(\mathscr{U}, \mathscr{S}) \longrightarrow C^q(\mathscr{U}, \mathscr{S}_0) \xrightarrow{(-1)^q d_{0*}} C^q(\mathscr{U}, \mathscr{S}_1) \xrightarrow{(-1)^q d_{1*}} \cdots$
$\longrightarrow C^q(\mathscr{U}, \mathscr{S}_p) \xrightarrow{(-1)^q d_{p*}} \cdots.$

さて次に,下記 (3.4.44) で与えられるいわゆる二重複体を考える.(3.4.43) と仮定である $\mathscr{U}$ がルレイ被覆であることから次の可換図式 (3.4.44) で第 1 行と第 1 列を除いて行・列は全て縦横に完全列になっていることがわかる.

(3.4.44)

$$
\begin{array}{ccccccccc}
& 0 & & 0 & & 0 & & 0 & \\
& \downarrow & & \downarrow & & \downarrow & & \downarrow & \\
0 \to & \Gamma(X, \mathscr{S}) & \to & \Gamma(X, \mathscr{S}_0) & \xrightarrow{d_{0*}} & \Gamma(X, \mathscr{S}_1) & \xrightarrow{d_{1*}} \cdots \to & \Gamma(X, \mathscr{S}_q) & \xrightarrow{d_{q*}} \cdots \\
& \downarrow & & \downarrow & & \downarrow & & \downarrow & \\
0 \to & C^0(\mathscr{U}, \mathscr{S}) & \to & C^0(\mathscr{U}, \mathscr{S}_0) & \xrightarrow{d_{0*}} & C^0(\mathscr{U}, \mathscr{S}_1) & \xrightarrow{d_{1*}} \cdots \to & C^0(\mathscr{U}, \mathscr{S}_q) & \xrightarrow{d_{q*}} \cdots \\
& \downarrow \delta & & \downarrow \delta & & \downarrow \delta & & \downarrow \delta & \\
0 \to & C^1(\mathscr{U}, \mathscr{S}) & \to & C^1(\mathscr{U}, \mathscr{S}_0) & \xrightarrow{-d_{0*}} & C^1(\mathscr{U}, \mathscr{S}_1) & \xrightarrow{-d_{1*}} \cdots \to & C^1(\mathscr{U}, \mathscr{S}_q) & \xrightarrow{-d_{q*}} \cdots \\
& \downarrow \delta & & \downarrow \delta & & \downarrow \delta & & \downarrow \delta & \\
0 \to & C^2(\mathscr{U}, \mathscr{S}) & \to & C^2(\mathscr{U}, \mathscr{S}_0) & \xrightarrow{d_{0*}} & C^2(\mathscr{U}, \mathscr{S}_1) & \xrightarrow{d_{1*}} \cdots \to & C^2(\mathscr{U}, \mathscr{S}_q) & \xrightarrow{d_{q*}} \cdots \\
& \downarrow \delta & & \downarrow \delta & & \downarrow \delta & & \downarrow \delta & \\
& \vdots & & \vdots & & \vdots & & \vdots & \\
0 \to & C^q(\mathscr{U}, \mathscr{S}) & \to & C^q(\mathscr{U}, \mathscr{S}_0) & \xrightarrow{(-1)^q d_{0*}} & C^q(\mathscr{U}, \mathscr{S}_1) & \xrightarrow{(-1)^q d_{1*}} \cdots \to & C^q(\mathscr{U}, \mathscr{S}_q) & \xrightarrow{(-1)^q d_{q*}} \cdots \\
& \downarrow \delta & & \downarrow \delta & & \downarrow \delta & & \downarrow \delta & \\
& \vdots & & \vdots & & \vdots & & \vdots & \\
\end{array}
$$

次がわかれば定理 3.4.30 と合わせて証明が終わる.

主張 3.4.45 $\quad \mathscr{H}^q(X, \{\mathscr{S}_p\}) \cong H^q(\mathscr{U}, \mathscr{S}).$

∵) 任意に $f \in \operatorname{Ker} d_{q*} \subset \Gamma(X, \mathscr{S}_q), d_{q*}f = 0$ をとる．可換図式 (3.4.44) で，f の $\Gamma(X, \mathscr{S}_q) \to C^0(\mathscr{U}, \mathscr{S}_q)$ による像 $f_q^0 = (f|_{U_\alpha})$ をとる．(3.4.44) を縦横に追いながら順次 f_{q-i}^i, f_{q-i-1}^i を

$$f_{q-i}^i \in C^i(\mathscr{U}, \mathscr{S}_{q-i}), \quad f_{q-i-1}^i \in C^i(\mathscr{U}, \mathscr{S}_{q-i-1}),$$

$$\delta f_{q-i}^{i-1} = f_{q-i}^i, \quad d_{q-i-1*}f_{q-i-1}^i = f_{q-i}^i,$$

と取ることができる．$i = q$ で $f_0^q \in C^q(\mathscr{U}, \mathscr{S}_0), d_{0*}f_0^q = 0$ を得る．よって $f_0^q \in C^q(\mathscr{U}, \mathscr{S})$ となる．さらに $\delta f_0^q = 0$ なので，$f_0^q \in Z^q(\mathscr{U}, \mathscr{S})$．これによって，対応

(3.4.46) $\qquad f \in \operatorname{Ker} d_{q*} \to f_0^q \in Z^q(\mathscr{U}, \mathscr{S})$

が得られた．この対応でもし，$f \in d_{q-1*}\Gamma(X, \mathscr{S}_{q-1})$ ならば，$f = d_{q-1*}g$, $g \in \Gamma(X, \mathscr{S}_{q-1})$ となる g がある．g の $\Gamma(X, \mathscr{S}_{q-1}) \to C^0(\mathscr{U}, \mathscr{S}_{q-1})$ の像を g_{q-1}^0 と書く．$d_{q-1*}g_{q-1}^0 = f_q^0$ となる．前と同様に (3.4.44) を縦横に追い順次 $g_{q-1-i}^i \in C^i(\mathscr{U}, \mathscr{S}_{q-1-i})$ を

$$f_{q-i}^i = \delta g_{q-i}^{i-1}, \qquad i = 1, 2, \ldots,$$

$$d_{q-i-1*}g_{q-i-1}^i = g_{q-i}^i$$

と取る．$i = q$ で $f_0^q = \delta g_0^{q-1}$, $g_0^{q-1} \in C^{q-1}(\mathscr{U}, \mathscr{S})$ となり，(3.4.46) は準同型

$$\Phi_q : \operatorname{Ker} d_{q*}/\operatorname{Im} d_{q-1*} \to H^q(\mathscr{U}, \mathscr{S})$$

を定義する．

可換図式 (3.4.44) を上と逆に追うことにより，準同型

$$\Psi_q : H^q(\mathscr{U}, \mathscr{S}) \to \operatorname{Ker} d_{q*}/\operatorname{Im} d_{q-1*}$$

を得る．構成から $\Phi_q \circ \Psi_q = \operatorname{id}$, $\Psi_q \circ \Phi_q = \operatorname{id}$ がわかるので，Φ_q, Ψ_q は同型である．よって

$$\mathscr{H}^q(X, \{\mathscr{S}_p\}) \cong H^q(\mathscr{U}, \mathscr{S})$$

が示された． $\square$

3.5 ド・ラーム コホモロジー

$\mathbf{R}^n$ の領域のド・ラーム (de Rham) コホモロジーを解説する．領域 $X \subset \mathbf{R}^n$ 上の実数値 C^∞ 関数の芽の層 $\mathscr{E}_X \to X$ をとる．X が固定されていて，誤解の恐れのないときは $\mathscr{E}_X$ を $\mathscr{E}$ と略記する．

3.5.1 微分形式と外積

$(x^1, \ldots, x^n)$ を $\mathbf{R}^n$ の標準座標系として, 定係数のベクトル場 (constant vector field) $\xi = \sum_{i=1}^{n} \alpha^i \frac{\partial}{\partial x^i}$ ($\alpha^i \in \mathbf{R}$ または $\mathbf{C}$) の全体が成す $\mathbf{R}$ または $\mathbf{C}$ 上のベクトル空間 E を考える. 以下, $\mathbf{C}$ 上で考えるが, $\mathbf{R}$ 上で考えても, 議論は同様である. $\{\frac{\partial}{\partial x^i}\}_{i=1}^{n}$ は, E の基底である. E の双対ベクトル空間 E^* を考える. $\{\frac{\partial}{\partial x^i}\}_{i=1}^{n}$ の双対基底を $\{dx^j\}_{j=1}^{n}$ で表す. E^* の元

$$\eta = \sum_{j=1}^{n} \beta_j dx^j : E \to \mathbf{C}, \quad \beta_j \in \mathbf{C}$$

を定係数微分形式 (constant differential form) と呼ぶ. ξ と η の間の双対性は次で与えられる.

(3.5.1) $$(\eta, \xi) = \sum_{i=1}^{n} \beta_i \alpha^i \in \mathbf{C};$$

特に, $\left(dx^j, \frac{\partial}{\partial x^i}\right) = \delta_{ji}$ (クロネッカーの記号).

$X \subset \mathbf{R}^n$ を開部分集合とする. 上述の定係数ベクトル場 $\xi = \sum_{i=1}^{n} \alpha^i \frac{\partial}{\partial x^i}$ の係数 α_i を X 上の複素数値関数 a_i に拡張し

$$\tilde{\xi} = \sum_{i=1}^{n} a^i \frac{\partial}{\partial x^i}$$

としたものは一般に X 上のベクトル場と呼ばれる. 同様に, $\eta = \sum_{j=1}^{n} \beta_j dx^j$ の係数 β_j を X 上の複素数値関数 b_j に拡張した

$$\tilde{\eta} = \sum_{j=1}^{n} b_j dx^j$$

を X 上の微分形式 (differential form) と呼ぶ. $\tilde{\xi}$ と $\tilde{\eta}$ の間の双対性は (3.5.1) と同様にして

(3.5.2) $$(\tilde{\eta}, \tilde{\xi}) = \sum_{i=1}^{n} b_i a^i$$

で与えられる. 以下では, a^i, b_j は $\mathscr{E}(X)(:= \Gamma(X, \mathscr{E}_X))$ に属するものとする.

$\varphi \in \mathscr{E}(X)$ の微分または外微分 $d\varphi$ を

(3.5.3) $$d\varphi = \sum_{j=1}^{n} \frac{\partial \varphi}{\partial x^j} dx^j$$

と定義する. $d\varphi$ は, X 上の微分形式である.

$q \in \mathbf{N}$ を自然数として, q 個の番号 $1 \leq i_1, \ldots, i_q \leq n$ に対し記号

$$dx^{i_1} \wedge \cdots \wedge dx^{i_q}$$

を $\{1, \ldots, q\}$ の置換 σ に対し

$$dx^{i_{\sigma(1)}} \wedge \cdots \wedge dx^{i_{\sigma(q)}} = (\operatorname{sgn} \sigma) dx^{i_1} \wedge \cdots \wedge dx^{i_q}$$

という関係を満たすものとして導入する．ただし，$\mathrm{sgn}\,\sigma$ は σ の符号を表す．したがって，たとえば $dx^i \wedge dx^i = 0 \; (1 \leq i \leq n)$ が成立する．集合として $\{i_1, \ldots, i_q\}$ が異なれば $dx^{i_1} \wedge \cdots \wedge dx^{i_q}$ は互いに相異なる一次独立な元と考える．

線形和

(3.5.4) $\quad\quad\quad f = \displaystyle\sum_{1 \leq i_1, \ldots, i_q \leq n} b_{i_1 \cdots i_q} dx^{i_1} \wedge \cdots \wedge dx^{i_q}, \quad b_{i_1 \cdots i_q} \in \mathscr{E}(X)$

は，X 上の q 次微分形式と呼ばれる．その全体を $\mathscr{E}^{(q)}(X)$ で表す．$\mathscr{E}^{(q)}(X)$ は，環 $\mathscr{E}(X)$ 上の加群をなす．

番号 $1 \leq i_1, \ldots, i_q \leq n$ から成る多重添え字を I として，その長さを $|I| := q$ と定義する．次のように書くことにする：

$$dx^I = dx^{i_1} \wedge \cdots \wedge dx^{i_q}.$$

$1 \leq i_1 < \cdots < i_q \leq n$ となっている場合，I は**狭義単調増加**であると言う．I が狭義単調増加な多重添え字を渡るとき，dx^I は，$\mathscr{E}^{(q)}(X)$ の $\mathscr{E}(X)$ 上の自由基底をなす．したがって，任意の $f \in \mathscr{E}^{(q)}(X)$ は，一意的に

(3.5.5) $\quad\quad\quad\quad\quad\quad f = \displaystyle\sum_{|I|=q}{}' f_I dx^I$

と書き表される．ここで，$\sum'_{|I|=q}$ とは，I が長さ q の狭義単調増加な多重添え字全体を渡るときの和を表す．定義より

$$\mathscr{E}^{(q)}(X) = 0, \quad q > n.$$

二つの多重添え字 $I = (i_1, \ldots, i_q)$ と $J = (j_1, \ldots, j_r) \; (1 \leq r \leq n)$ に対し $(q+r)$ 次微分形式が，

$$dx^I \wedge dx^J = dx^{i_1} \wedge \cdots \wedge dx^{i_q} \wedge dx^{j_1} \wedge \cdots \wedge dx^{j_r}$$

と定義され，線形的に拡張して

(3.5.6) $\quad\quad\quad (f,g) \in \mathscr{E}^{(q)}(X) \times \mathscr{E}^{(r)}(X) \to f \wedge g \in \mathscr{E}^{(q+r)}(X)$

が定義される．これを，微分形式の**外積**と呼ぶ．便宜上，$\mathscr{E}^{(0)}(X) = \mathscr{E}(X)$ とする．

$Y \subset \mathbf{R}^m$ を他の開集合として，$\varphi : X \to Y$ を C^∞ 写像とする．$y = (y^1, \ldots, y^m)$ を $\mathbf{R}^m$ の標準座標系とする．$\varphi^j \in \mathscr{E}(X)$ をもって，$\varphi(x) = (\varphi^1(x), \ldots, \varphi^m(x))$ と書く．X 上の C^∞ 関数 $y^j = \varphi^j(x)$ を考え，その外微分をとることにより，微分形式 dy^j の φ による引き戻しを

$$\varphi^* dy^j = d(y^j \circ \varphi) = d\varphi^j = \sum_{i=1}^n \frac{\partial \varphi^j}{\partial x^i} dx^i$$

として定義する．さらにこれを，線形的に拡張し引き戻し写像

(3.5.7) $\qquad \varphi^* : \eta \in \mathscr{E}^{(q)}(Y) \to \varphi^* \eta \in \mathscr{E}^{(q)}(X)$

が定義される．

3.5.2 実領域

この小節では $\mathbf{R}^n$ の領域上のド・ラーム (de Rham) コホモロジーについて述べ，ド・ラームの定理を示す．

$X \subset \mathbf{R}^n$ を領域，$\mathscr{E}_X \to X$ を X 上の C^∞ 級関数 (実数値または複素数値) の芽の層とする．ときに，$\mathscr{E}_X$ を $\mathscr{E}$ と略記する．

$x = (x^1, \ldots, x^n) \in \mathbf{R}^n$ を座標とする．C^∞ 級関数を係数とする q 次微分形式は，

$$f = \sum_{|I|=q} f_I dx^I$$

と書かれる．このとき外微分 d は，

$$df = \sum_{|I|=q} df_I \wedge dx^I = \sum_{|I|=q} \sum_{j=1}^{n} \frac{\partial f_I}{\partial x^j} dx^j \wedge dx^I$$

で定義される．$df = 0$ であるとき，f は (d) **閉微分形式**と呼ばれる．また，$f = dg$ と書かれるとき，f は (d) **完全**であるといわれる．$\mathscr{E}_X^{(q)} \to X$ で X 上の C^∞ 級 q 次微分形式の芽の層を表す．外微分 d は，層の準同型

$$d : \underline{f}_x \in \mathscr{E}_X^{(q)} \to \underline{df}_x \in \mathscr{E}_X^{(q+1)}$$

を定義する．$\mathscr{E}_X^{(0)} = \mathscr{E}_X$ とする．

$$d \circ d = 0$$

が成立する．例 3.4.34 により，$\mathscr{E}_X^{(q)}$ は細層である．

定数層 $\mathbf{R}_X \to X$, $\mathbf{C}_X \to X$ を $\mathbf{R}, \mathbf{C}$ と略記する．すると $\mathscr{E}_X$ を実数値でとるか複素数値でとるかで次の二つの列を得る．

(3.5.8) $\qquad 0 \to \mathbf{R} \to \mathscr{E}_X^{(0)} \xrightarrow{d} \mathscr{E}_X^{(1)} \xrightarrow{d} \cdots \xrightarrow{d} \mathscr{E}_X^{(n)} \xrightarrow{d} 0$,

$\qquad\qquad\quad 0 \to \mathbf{C} \to \mathscr{E}_X^{(0)} \xrightarrow{d} \mathscr{E}_X^{(1)} \xrightarrow{d} \cdots \xrightarrow{d} \mathscr{E}_X^{(n)} \xrightarrow{d} 0$.

どちらの場合でも議論は同じなので，この小節では，複素数値の場合を考える．

X がある点 $x_0 \in X$ に関して**星状**とは，任意の点 $x \in X$ と x_0 を結ぶ線分が X に含まれる場合をいう．X が凸領域ならば，任意の点 $x \in X$ に関して星状である．

補題 3.5.9 (ポアンカレの補題) X がある点 $x_0 \in X$ に関して星状ならば，任意の閉微分形式 $f \in \Gamma(X, \mathscr{E}_X^{(q)})$ ($df = 0$) は，$q = 0$ ならば $f \in \mathbf{C}$，$q > 0$ ならば完全である．つまり，ある $g \in \Gamma(X, \mathscr{E}_X^{(q-1)})$ が存在して $f = dg$ となる．

特に一般の開集合 X 上で列 (3.5.8) は，完全であり，細層分解である．

証明 $x_0 = 0$ としてよい．$q = 0$ の場合．$df = 0$ ならば，$f(x) \equiv f(0) \in \mathbf{C}$ である．

$q > 0$ の場合．C^∞ 級単調増加関数 $\phi : \mathbf{R} \to \mathbf{R}$ を

$$\phi(t) = 0 \quad (t \leq 0), \qquad \phi(t) = 1 \quad (t \geq 1)$$

と取る．次のように可微分写像をおく：

$$\Phi : (t, x) \in \mathbf{R} \times X \to \phi(t)x \in X.$$

$x = (x^1, \ldots, x^n)$ を座標とし，$f \in \Gamma(X, \mathscr{E}_X^{(q)})$ をとり多重添字 I を用いて，

$$f = \sum_{|I|=q} f_I dx^I$$

と表す．

$$\Phi^* f = \sum_I f_I(\phi(t)x) d(\phi(t)x^{i_1}) \wedge \cdots \wedge d(\phi(t)x^{i_q})$$
$$= \sum_I f_I(\phi(t)x)(\phi(t))^q dx^I + \sum_{|J|=q-1} \beta_J(t, x) dt \wedge dx^J$$
$$= \sum_{|I|=q} \alpha_I(t, x) dx^I + \sum_{|J|=q-1} \beta_J(t, x) dt \wedge dx^J$$

と書き表す．

(3.5.10) $$\alpha_I(0, x) = 0, \qquad \alpha_I(1, x) = f_I(x)$$

である．この f に対し，$(q-1)$ 形式を

$$\theta f = \sum_{|J|=q-1} \left(\int_0^1 \beta_J(t, x) dt \right) dx^J \in \Gamma(X, \mathscr{E}_X^{(q-1)}), \ q = 1, 2, \ldots$$

とおく．定義より，次が従う：

(3.5.11) $$d\theta f = \sum_{|J|=q-1} \sum_{h=1}^n \left(\int_0^1 \frac{\partial \beta_J(t, x)}{\partial x^h} dt \right) dx^h \wedge dx^J.$$

一方

$$\Phi^* df = d\Phi^* f = \sum_{|I|=q} \sum_{h=1}^n \frac{\partial \alpha_I}{\partial x^h} dx^h \wedge dx^I$$
$$+ \sum_{|I|=q} \frac{\partial \alpha_I}{\partial t} dt \wedge dx^I - \sum_{|J|=q-1} \sum_{h=1}^n \frac{\partial \beta_J}{\partial x^h} dt \wedge dx^h \wedge dx^J$$

であるから，これに θ を作用させると

$$\theta df = \sum_{|I|=q} \left(\int_0^1 \frac{\partial \alpha_I}{\partial t} dt\right) dx^I - \sum_{|J|=q-1} \sum_{h=1}^n \left(\int_0^1 \frac{\partial \beta_J}{\partial x^h} dt\right) dx^h \wedge dx^J$$

$$= \sum_I (\alpha_I(1,x) - \alpha_I(0,x))dx^I - \sum_{|J|=q-1} \sum_{h=1}^n \left(\int_0^1 \frac{\partial \beta_J}{\partial x^h} dt\right) dx^h \wedge dx^J.$$

ここで (3.5.10), (3.5.11) を使うと $\theta df = f - d\theta f$ となり，

$$f = \theta df + d\theta f$$

が成立する．$df = 0$ ならば，$f = d\theta f$ と書ける． □

補題 3.5.9 により，(3.5.8) は $\mathbf{C}$ の細層分解であることがわかり，ド・ラーム分解と呼ばれる．各 $q \geq 0$ に対し

(3.5.12) $\qquad H^q_{\mathrm{DR}}(X, \mathbf{C}) = \{f \in \Gamma(X, \mathscr{E}^{(q)}_X); df = 0\}/d\Gamma(X, \mathscr{E}^{(q-1)}_X)$

とおき，これをド・ラーム コホモロジー (群) と呼ぶ．定理 3.4.30 より次のド・ラームの定理を得る．

定理 3.5.13 (ド・ラームの定理)　X を $\mathbf{R}^n$ の領域とすると

$$H^q(X, \mathbf{C}) \cong H^q_{\mathrm{DR}}(X, \mathbf{C})$$

が成立する．特に，$H^q(X, \mathbf{C}) = 0$, $q > n$.

系 3.5.14　(i) X が単連結ならば，$H^1(X, \mathbf{C}) = 0$.

(ii) $X \subset \mathbf{R}^n$ が凸領域ならば，$H^q(X, \mathbf{C}) = 0$, $q > 0$.

証明　(i) ド・ラームの定理 3.5.13 より，

$$H^1(X, \mathbf{C}) \cong \{f \in \Gamma(X, \mathscr{E}^{(1)}_X); df = 0\}/d\Gamma(X, \mathscr{E}^{(0)}_X).$$

$f \in \Gamma(X, \mathscr{E}^{(1)}_X)$, $df = 0$ をとる．任意に $x_0 \in X$ を固定する．$x \in X$ に対し x_0 と x を結ぶ x_0 から x への区分的 C^1 級曲線 $C(x)$ をとり

$$g(x) = \int_{C(x)} f$$

とおく．これは，$C(x)$ のホモトピーで不変である．$\pi_1(x_0, X) = 0$ であるから，$g(x), x \in X$ は X 上の C^∞ 級関数となる．$dg = f$ であるから，$[f] = 0 \in H^1(X, \mathbf{C})$.

(ii) 凸領域は，その中の任意の点を中心として星状であることに注意すれば，これはポアンカレの補題 3.5.9 とド・ラームの定理 3.5.13 より従う． □

注意 3.5.15 (i) $\mathbf{C}$ を $\mathbf{R}$ として係数関数は全て実数値とすれば，$H^q(X, \mathbf{R})$ について同様なことが成立する．係数拡大の関係から $H^q(X, \mathbf{C}) = H^q(X, \mathbf{R}) \otimes_{\mathbf{R}} \mathbf{C}$ である．

(ii) パラコンパクト可微分多様体上では 1 の分解の存在により，定理 3.5.13 は成立する．

3.5.3 複素領域

$z = (z^1, \ldots, z^n)$ を $\mathbf{C}^n$ の標準座標とする．各 z^j の実部を x^j，虚部を y^j とし，

$$(3.5.16) \qquad dz^j = dx^j + idy^j, \qquad d\bar{z}^j = dx^j - idy^j$$

とおく．(1.2.1) で定義した $\frac{\partial}{\partial z^h}, \frac{\partial}{\partial \bar{z}^h}$ とは次の双対関係が成立する．

$$(3.5.17) \qquad \left(dz^j, \frac{\partial}{\partial z^h} \right) = \left(d\bar{z}^j, \frac{\partial}{\partial \bar{z}^h} \right) = \delta_{jh}, \quad 1 \leq j, h \leq n,$$
$$\left(dz^j, \frac{\partial}{\partial \bar{z}^h} \right) = \left(d\bar{z}^j, \frac{\partial}{\partial z^h} \right) = 0, \quad 1 \leq j, h \leq n.$$

$\Omega \subset \mathbf{C}^n$ を領域とする．$\varphi \in \mathscr{E}(\Omega)$ として，その外微分 $d\varphi$ は (3.5.3) で定義された．さらに，Ω 上の微分形式を次のように定める．

$$(3.5.18) \qquad \partial \varphi = \sum_{j=1}^n \frac{\partial \varphi}{\partial z_j} dz^j, \qquad \bar{\partial} \varphi = \sum_{j=1}^n \frac{\partial \varphi}{\partial \bar{z}^j} d\bar{z}^j,$$
$$d^c \varphi = \frac{i}{4\pi}(\bar{\partial}\varphi - \partial\varphi).$$

以上の記号のもとで次が成立する．

$$(3.5.19) \qquad d\varphi = \partial\varphi + \bar{\partial}\varphi.$$

以降，これらの記号は，本書を通して用いられる．

注意 3.5.20 上の定義により，(1.2.4) は，$\bar{\partial} f = 0$ と同じ事になる．

$p, q \in \mathbf{Z}_+$ とし，微分形式 f が

$$f = \sum_{|I|=p, |J|=q} f_{I\bar{J}} dz^I \wedge d\bar{z}^J, \qquad f_{I\bar{J}} \in \Gamma(U, \mathscr{E}_\Omega)$$

と表されるとき，f は (p, q) 型であるという．Ω 上で，(p, q) 型 C^∞ 級複素数値関数を係数とする微分形式の芽の層を $\mathscr{E}_\Omega^{(p,q)}$ で表す．$\mathscr{E}_\Omega^{(p,q)}$ は，$\mathscr{E}_\Omega$ 加群の層であるから細層である．ときにこれを $\mathscr{E}^{(p,q)}$ と略記する．

外微分 df は $df = \partial f + \bar{\partial} f$ と分解する．ただし，

$$\partial f = \sum_{|I|=p, |J|=q} \sum_{h=1}^n \frac{\partial f_{I\bar{J}}}{\partial z^h} dz^h \wedge dz^I \wedge d\bar{z}^J,$$

$$\bar{\partial}f = \sum_{|I|=p,|J|=q} \sum_{h=1}^{n} \frac{\partial f_{I\bar{J}}}{\partial \bar{z}^h} d\bar{z}^h \wedge dz^I \wedge d\bar{z}^J$$
$$= \sum_{|I|=p,|J|=q} \sum_{h=1}^{n} (-1)^p \frac{\partial f_{I\bar{J}}}{\partial \bar{z}^h} dz^I \wedge d\bar{z}^h \wedge d\bar{z}^J.$$

$f \in \Gamma(U, \mathscr{E}_\Omega^{(p,0)})$ とする. $f = \sum_{|I|=p} f_I dz^I$ とおく. 次の同値関係が成立する.

$$\bar{\partial}f = \sum_{|I|=p} \sum_{h=1}^{n} \frac{\partial f_I}{\partial \bar{z}^h} d\bar{z}^h \wedge dz^I = 0$$
$$\iff \frac{\partial f_I}{\partial \bar{z}^h} = 0, \quad 1 \le h \le n$$
$$\iff f_I \in \mathcal{O}(U).$$

正則関数を係数とする $(p,0)$ 型微分形式を正則 p 形式と呼び,その芽の層を

(3.5.21) $$\mathcal{O}_\Omega^{(p)} = \sum_{|I|=p} \mathcal{O}_\Omega dz^I$$

と書く. 次の補題は, 後で解析的ド・ラームの定理のために必要となる.

補題 3.5.22 (解析的ポアンカレの補題) Ω がある点 $x_0 \in \Omega$ に関して星状ならば,任意の $f \in \Gamma(\Omega, \mathcal{O}_\Omega^{(q)}), df = 0$ に対し $g \in \Gamma(\Omega, \mathcal{O}_\Omega^{(q-1)})$ が存在して $f = dg$ となる.

証明 証明は,ポアンカレの補題 3.5.9 で dx^h を $dz^h (1 \le h \le n)$ に置き換えてそのまま適用する. 実パラメーター t が入るが, z に関しては全て係数関数は正則である. したがって $\theta f \in \Gamma(\Omega, \mathcal{O}_\Omega^{(q-1)})$ となり,

$$f = \theta df + d\theta f$$

が成立する. よって, $df = 0$ ならば $g = \theta f$ とおけば $f = dg$ となる. □

この補題より次が従う.

系 3.5.23 次は $\mathbf{C}$ の分解である.

$$0 \to \mathbf{C} \to \mathcal{O}_\Omega = \mathcal{O}_\Omega^{(0)} \xrightarrow{d} \mathcal{O}_\Omega^{(1)} \xrightarrow{d} \cdots \xrightarrow{d} \mathcal{O}_\Omega^{(n)} \xrightarrow{d} 0.$$

注. この場合は, $d = \partial$ である. しかし $H^p(\Omega, \mathcal{O}_\Omega^{(q)}) = 0, q \ge 0, p \ge 1$ が成り立つかどうかわからないから,この分解から決まるコホモロジー $\mathscr{H}^q(\Omega, \{\mathcal{O}_\Omega^{(p)}\})$ が $H^q(\Omega, \mathbf{C})$ に一致するかどうかはわからない.

3.6 ドルボー コホモロジー

次に正則関数に関する基本であるドルボー (Dolbeault) コホモロジーについて述べよう.前節の記号を引き続き用いる.

次の列を考える.

$$(3.6.1) \quad 0 \to \mathcal{O}_\Omega^{(p)} \to \mathcal{E}_\Omega^{(p,0)} \xrightarrow{\bar{\partial}} \mathcal{E}_\Omega^{(p,1)} \xrightarrow{\bar{\partial}} \cdots \xrightarrow{\bar{\partial}} \mathcal{E}_\Omega^{(p,n)} \to 0.$$

これが完全列であることをこれから証明する.(3.6.1) はドルボー分解と呼ばれる.

$\mathbf{C}$ 上の関数 ψ のコーシー積分変換 $\mathrm{T}\psi(z)$ を

$$(3.6.2) \quad \mathrm{T}\psi(z) = \frac{1}{2\pi i}\int_{\mathbf{C}} \frac{\psi(\zeta)}{\zeta - z} d\zeta \wedge d\bar{\zeta}$$

と定義する.もちろん積分は存在する状況で考える.

補題 3.6.3 ψ を $\mathbf{C}$ 上の C^∞ 級関数で台がコンパクトであるものとする.すると $\mathrm{T}\psi$ も C^∞ 級で

$$\frac{\partial \mathrm{T}\psi}{\partial \bar{z}} = \psi.$$

証明 $\zeta - z$ を改めて ζ と記せば

$$\mathrm{T}\psi(z) = \frac{1}{2\pi i}\int_{\mathbf{C}} \frac{\psi(\zeta + z)}{\zeta} d\zeta \wedge d\bar{\zeta}$$

と表せる.$\zeta = re^{i\theta}$ と極座標表示すれば

$$\mathrm{T}\psi(z) = \frac{1}{2\pi i}\int_0^\infty \int_0^{2\pi} \frac{\psi(re^{i\theta} + z)}{re^{i\theta}}(-2i) r dr d\theta$$
$$= \frac{-1}{\pi}\int_0^\infty dr \int_0^{2\pi} d\theta\, \psi(re^{i\theta} + z) e^{-i\theta}.$$

これより $\mathrm{T}\psi$ が C^∞ 級であることがわかる.以下,ストークスの定理を用いて計算する:

$$\frac{\partial \mathrm{T}\psi}{\partial \bar{z}} = \frac{1}{2\pi i}\int_{\mathbf{C}} \frac{1}{\zeta}\frac{\partial \psi(\zeta+z)}{\partial \bar{z}} d\zeta \wedge d\bar{\zeta} = \frac{1}{2\pi i}\int_{\mathbf{C}} \frac{\frac{\partial}{\partial \bar{\zeta}}\psi(\zeta+z)}{\zeta} d\zeta \wedge d\bar{\zeta}$$
$$= \frac{-1}{2\pi i}\int_{\mathbf{C}} \frac{\partial}{\partial \bar{\zeta}}\left(\frac{\psi(\zeta+z)}{\zeta}\right) d\bar{\zeta} \wedge d\zeta = \frac{i}{2\pi}\int_{\mathbf{C}} \bar{\partial}_\zeta\left(\frac{\psi(\zeta+z)}{\zeta}\right) \wedge d\zeta$$
$$= \frac{i}{2\pi}\int_{\mathbf{C}} d_\zeta\left(\frac{\psi(\zeta+z)}{\zeta} d\zeta\right) \quad [\mathrm{Supp}\,\psi \Subset \mathbf{C}\, \text{なので}\, R \gg 0\, \text{に対し}]$$
$$= \frac{i}{2\pi}\int_{|\zeta|=R} \frac{\psi(\zeta+z)}{\zeta} d\zeta - \lim_{\varepsilon \to +0} \frac{i}{2\pi}\int_{|\zeta|=\varepsilon} \frac{\psi(\zeta+z)}{\zeta} d\zeta$$

$$= \lim_{\varepsilon \to +0} \frac{1}{2\pi i} \int_{|\zeta|=\varepsilon} \frac{\psi(\zeta+z)}{\zeta} d\zeta = \lim_{\varepsilon \to +0} \frac{1}{2\pi} \int_0^{2\pi} \psi(z + \varepsilon e^{i\theta}) d\theta$$
$$= \psi(z). \qquad \square$$

補題 3.6.4 (ドルボーの補題) $\Omega = \prod_{j=1}^n \Omega_j \Subset \mathbf{C}^n$ を有界な凸柱状領域とする．閉包 $\bar{\Omega}$ の近傍 U 上で定義された $f \in \Gamma(U, \mathscr{E}_U^{(p,q)})$，$\bar{\partial} f = 0$ に対しある $g \in \Gamma(\mathbf{C}^n, \mathscr{E}_{\mathbf{C}^n}^{(p,q-1)})$ が存在して

$$\bar{\partial} g|_\Omega = f|_\Omega$$

が成立する．特に，列 (3.6.1) は完全であり，$\mathbf{C}^n$ の任意の領域 Ω 上で $\mathcal{O}_\Omega^{(p,0)}$ の細層分解を与える．

証明 $\mathbf{C}^n$ 上の C^∞ 級関数 $\chi(z) \geq 0$ を $\mathrm{Supp}\,\chi \Subset U$，$\chi|_\Omega = 1$ と取り，$\hat{f} = \chi f \in \Gamma(\mathbf{C}^n, \mathscr{E}^{(p,q)})$ とおく．

$$\hat{f} = \sum_{|I|=p, |J|=q} \hat{f}_{I\bar{J}} dz^I \wedge d\bar{z}^J$$

と表す．$1 \leq k \leq n$ をとり，$J = \{j_1, \ldots, j_q\}$ を

$$k \leq j_1 < \cdots < j_q \leq n$$

と制限して考え，k についての帰納法により証明する．

$k = n$ の場合．このときは，$q = 1$ となり

$$\hat{f} = \sum_{|I|=p} \hat{f}_{I\bar{n}} dz^I \wedge d\bar{z}^n$$

と表せる．変数 z^n に関するコーシー積分変換

$$\mathrm{T}_n \hat{f}_{I\bar{n}}(z^1, \ldots, z^n) = \frac{1}{2\pi i} \int_{\zeta^n \in \mathbf{C}} \frac{\hat{f}_{I\bar{n}}(z^1, \ldots, z^{n-1}, \zeta^n)}{\zeta^n - z^n} d\zeta^n \wedge d\bar{\zeta}^n$$

をとる．$\chi|_\Omega = 1$ なので，

$$\hat{f}(z) = f, \quad \bar{\partial}\hat{f}(z) = 0, \qquad z \in \Omega.$$

Ω 上で

$$\bar{\partial}\hat{f} = \sum_{|I|=p} \sum_{h=1}^n \frac{\partial \hat{f}_{I\bar{n}}}{\partial \bar{z}^h} d\bar{z}^h \wedge dz^I \wedge d\bar{z}^n$$

$$= \sum_{|I|=p} \sum_{h=1}^{n-1} \frac{\partial \hat{f}_{I\bar{n}}}{\partial \bar{z}^h} (-1)^p dz^I \wedge d\bar{z}^h \wedge d\bar{z}^n$$

$$= 0 \Longleftrightarrow \frac{\partial \hat{f}_{I\bar{n}}}{\partial \bar{z}^h} = 0, \quad 1 \leq h \leq n-1,$$

$$\Longleftrightarrow \hat{f}_{I\bar{n}}(z^1, \ldots, z^n) \text{ は } z^1, \ldots, z^{n-1} \text{ について正則．}$$

よって，$T_n \hat{f}_{I\bar{n}}(z^1,\ldots,z^n)$ は，Ω 上 $(z^1,\ldots,z^{n-1})$ について正則である．
$$g = \sum_{|I|=p} (-1)^p T_n \hat{f}_{I\bar{n}} dz^I \in \Gamma(\mathbf{C}^n, \mathscr{E}^{(p,0)})$$
とおく．補題 3.6.3 より Ω 上
$$\bar{\partial}g = \sum_{|I|=p} (-1)^p \frac{\partial T_n \hat{f}_{I\bar{n}}}{\partial \bar{z}^n} d\bar{z}^n \wedge dz^I = \sum_{|I|=p} f_{I\bar{n}} dz^I \wedge \bar{z}^n = f.$$

次に $k \leq n-1$ として $k+1$ で成立しているとして $J = \{j_1,\ldots,j_q\}$, $k \leq j_1 < \cdots < j_q \leq n$ の場合を示そう．凸柱状領域 Ω' を $\Omega \Subset \Omega' \Subset U$ と取り，$\chi|_{\Omega'} = 1$ と取り直す．$\hat{f}$ を次のように分ける：

(3.6.5) $\quad \hat{f} = \displaystyle\sum_{\substack{|I|=p \\ |J'|=q-1, k \notin J'}} \hat{f}_{I\bar{J}'} dz^I \wedge d\bar{z}^k \wedge d\bar{z}^{J'} + \sum_{\substack{|I|=p \\ |J|=q, k \notin J}} \hat{f}_{I\bar{J}} dz^I \wedge d\bar{z}^J$

$\quad = f_{(1)} + f_{(2)}.$

Ω' 上 $\bar{\partial}\hat{f} = \bar{\partial}f = 0$ であるから，
$$\bar{\partial}\hat{f} = \sum_{\substack{|I|=p \\ |J'|=q-1, k \notin J'}} \sum_{h=1}^n \frac{\partial \hat{f}_{I\bar{J}'}}{\partial \bar{z}^h} d\bar{z}^h \wedge dz^I \wedge d\bar{z}^k \wedge d\bar{z}^{J'}$$
$$+ \sum_{\substack{|I|=p \\ |J|=q, k \notin J}} \sum_{h=1}^n \frac{\partial \hat{f}_{I\bar{J}}}{\partial \bar{z}^h} d\bar{z}^h \wedge dz^I \wedge d\bar{z}^J = 0.$$

したがって，$\frac{\partial \hat{f}_{I\bar{J}'}}{\partial \bar{z}^h} = 0, 1 \leq h \leq k-1$．よって Ω' 上 $\hat{f}_{I\bar{J}'}$ は，$(z^1,\ldots,z^{k-1})$ について正則である．コーシー積分変換を用いて
$$G = \sum_{\substack{|I|=p \\ |J'|=q-1, k \notin J'}} T_k \hat{f}_{I\bar{J}'} (-1)^p dz^I \wedge d\bar{z}^{J'}$$
とおく．$T_k \hat{f}_{I\bar{J}'}$ は，$(z^1,\ldots,z^{k-1})$ について正則であることに注意する．補題 3.6.3 を使って計算すると，
$$\bar{\partial}G = \sum_{\substack{|I|=p \\ |J'|=q-1, k \notin J'}} \sum_{h=1}^n \frac{T_k \hat{f}_{I\bar{J}'}}{\partial \bar{z}^h} (-1)^p d\bar{z}^h \wedge dz^I \wedge d\bar{z}^{J'}$$
$$= \sum_{\substack{|I|=p \\ |J'|=q-1, k \notin J'}} \frac{T_k \hat{f}_{I\bar{J}'}}{\partial \bar{z}^k} dz^I \wedge d\bar{z}^k \wedge d\bar{z}^{J'}$$
$$+ \sum_{\substack{|I|=p \\ |J'|=q-1, k \notin J'}} \sum_{h=k+1}^n \frac{T_k \hat{f}_{I\bar{J}'}}{\partial \bar{z}^h} dz^I \wedge d\bar{z}^h \wedge d\bar{z}^{J'}$$
$$= f_{(1)} + h_{(1)}.$$

ここで, $h_{(1)}$ は, 最後の式の第 2 項を表し, $f_{(1)}$ は (3.6.5) でおいたものである.

(3.6.6) $\quad \hat{f} - \bar{\partial}G = f_{(2)} - h_{(1)} = h_{(2)} \quad (\bar{\partial}G = \hat{f} - h_{(2)})$

とおく. $h_{(2)}$ は, $d\bar{z}^1, \ldots, d\bar{z}^k$ を含まず Ω' 上 $\bar{\partial}h_{(2)} = \bar{\partial}\hat{f} - \bar{\partial}\bar{\partial}G = \bar{\partial}f = 0$. よって帰納法の仮定を使い, ある $g_{(2)} \in \Gamma(\mathbf{C}^n, \mathscr{E}^{(p,q-1)})$ がとれて Ω 上で $\bar{\partial}g_{(2)} = h_{(2)}$ を満たすようにできる. $g = G + g_{(2)} \in \Gamma(\mathbf{C}^n, \mathscr{E}^{(p,q-1)})$ とおけば, (3.6.6) より Ω 上で
$$\bar{\partial}g = \bar{\partial}G + \bar{\partial}g_2 = f - h_{(2)} + h_{(2)} = f$$
となり, 証明が終わった. $\square$

$p, q \geq 0$ に対し

(3.6.7) $\quad H^q_{\bar{\partial}}(\Omega, \mathcal{O}^{(p)}_\Omega) = \{f \in \Gamma(\Omega, \mathscr{E}^{(p,q)}_\Omega); \bar{\partial}f = 0\}/\bar{\partial}\Gamma(\Omega, \mathscr{E}^{(p,q-1)}_\Omega)$

とおき, これをドルボー コホモロジー (群) と呼ぶ. 補題 3.6.4 と定理 3.4.30 より次の定理を得る.

定理 3.6.8 (ドルボーの定理) 領域 $\Omega \subset \mathbf{C}^n$ について
$$H^q(\Omega, \mathcal{O}^{(p)}_\Omega) \cong H^q_{\bar{\partial}}(X, \mathcal{O}^{(p)}_\Omega)$$
特に, $q > n$ または $p > n$ ならば, $H^q(\Omega, \mathcal{O}^{(p)}_\Omega) = 0$.

この定理を用いて, 次の多変数複素解析学の基本定理の原型とも言うべきコホモロジーの消滅定理を示そう.

定理 3.6.9 凸柱状領域 $\Omega \subset \mathbf{C}^n$ に対し
$$H^q(\Omega, \mathcal{O}_\Omega) = 0, \qquad q \geq 1.$$

証明 ここでは, 記号の簡略化のため $\mathscr{E}^{(p,q)}_*$ の下の添字 $*$ は省略して書くことにする. 定理 3.6.8 より
$$H^q(\Omega, \mathcal{O}_\Omega) \cong \{f \in \Gamma(\Omega, \mathscr{E}^{(0,q)}); \bar{\partial}f = 0\}/\bar{\partial}\Gamma(\Omega, \mathscr{E}^{(0,q-1)}).$$
Ω の凸柱状部分領域 Ω_ν による増大被覆 $\Omega = \bigcup_{\nu=1}^\infty \Omega_\nu$, $\Omega_\nu \Subset \Omega_{\nu+1}$ をとっておく. $f \in \Gamma(\Omega, \mathscr{E}^{(0,q)})$, $\bar{\partial}f = 0$ を任意にとる. $g \in \Gamma(\Omega, \mathscr{E}^{(0,q-1)})$, $\bar{\partial}g = f$ となる g を作ればよい.

補題 3.6.4 を各 Ω_ν に適用することにより,

(3.6.10) $\quad h_\nu \in \Gamma(\mathbf{C}^n, \mathscr{E}^{(0,q-1)}), \quad \bar{\partial}h_\nu|_{\Omega_\nu} = f|_{\Omega_\nu}, \quad \nu = 2, 3, \ldots$

が存在する. 以下議論が $q \geq 2$ の場合と $q = 1$ の場合とにわかれる. $q = 1$ の場

合の方が本質的に難しくルンゲの近似定理を必要とする (この事情は, Ω および $\mathcal{O}_\Omega$ をもっと一般のスタイン空間上の連接層の場合にしても同じである).

$q \geq 2$ の場合. $g_2 = h_2$ とおき, $g_2, \ldots, g_\nu$ までが

(3.6.11)
$$\bar{\partial} g_\mu|_{\Omega_\mu} = f|_{\Omega_\mu}, \quad \mu = 2, 3, \ldots, \nu,$$
$$g_\mu|_{\Omega_{\mu-2}} = g_{\mu-1}|_{\Omega_{\mu-2}}, \quad \mu = 3, 4, \ldots, \nu.$$

が満たされるように決まったとする. $\bar{\partial}(h_{\nu+1} - g_\nu)|_{\Omega_\nu} = 0$ なので補題 3.6.4 により, $\alpha_{\nu+1} \in \Gamma(\Omega, \mathscr{E}^{(0,q-2)})$ を $\bar{\partial}\alpha_{\nu+1}|_{\Omega_{\nu-1}} = (h_{\nu+1} - g_\nu)|_{\Omega_{\nu-1}}$ を満たすようにとる.

$$g_{\nu+1} = h_{\nu+1} - \bar{\partial}\alpha_{\nu+1} \in \Gamma(\Omega, \mathscr{E}^{(0,q-1)})$$

とおく. 作り方から

$$\bar{\partial} g_{\nu+1}|_{\Omega_{\nu+1}} = (\bar{\partial} h_{\nu+1} - \bar{\partial}\bar{\partial}\alpha_{\nu+1})|_{\Omega_{\nu+1}} = f|_{\Omega_{\nu+1}},$$
$$g_{\nu+1}|_{\Omega_{\nu-1}} = h_{\nu+1}|_{\Omega_{\nu-1}} - \bar{\partial}\alpha_{\nu+1}|_{\Omega_{\nu-1}}$$
$$= h_{\nu+1}|_{\Omega_{\nu-1}} - (h_{\nu+1} - g_\nu)|_{\Omega_{\nu-1}} = g_\nu|_{\Omega_{\nu-1}}.$$

よって $g_{\nu+1}$ が (3.6.11) を $\mu = \nu + 1$ として満たされるようにとれた. したがって $g = \lim_{\nu \to \infty} g_\nu \in \Gamma(\Omega, \mathscr{E}^{(0,q-1)})$ とおけば, $\bar{\partial} g = f$.

$q = 1$ の場合. $h_\nu \in \Gamma(\Omega, \mathscr{E})$ ($\mathscr{E} = \mathscr{E}^{(0,0)}$), $\bar{\partial} h_\nu|_{\Omega_\nu} = f|_{\Omega_\nu}, \nu = 2, 3, \ldots$, を (3.6.10) でとったものとする. $g_2 = h_2$ とおき, $g_\mu \in \Gamma(\Omega_\mu, \mathscr{E}), \mu = 2, \ldots, \nu$ までが次を満たすようにとれたとする.

(3.6.12) $\bar{\partial} g_\mu|_{\Omega_\mu} = f|_{\Omega_\mu}, \quad \mu = 2, 3, \ldots, \nu,$
$$\|g_\mu - g_{\mu-1}\|_{\Omega_{\mu-2}} := \sup\{|g_\mu(z) - g_{\mu-1}(z)|; z \in \Omega_{\mu-2}\} < \frac{1}{2^{\mu-2}},$$
$$\mu = 3, 4, \ldots, \nu.$$

$\bar{\partial}(h_{\nu+1} - g_\nu)|_{\Omega_\nu} = (f - f)|_{\Omega_\nu} = 0$ であるから, $h_{\nu+1} - g_\nu$ は Ω_ν 上で正則である. ルンゲの近似定理 1.2.24 より多項式関数 $P_{\nu+1}(z^1, \ldots, z^n)$ が存在して

$$\|h_{\nu+1} + P_{\nu+1} - g_\nu\|_{\Omega_{\nu-1}} < \frac{1}{2^{\nu-1}}$$

とできる. $g_{\nu+1} = h_{\nu+1} + P_{\nu+1}$ とおけば, (3.6.12) は $\mu = \nu + 1$ として成立する. 次の級数

$$g = g_2 + (g_3 - g_2) + \cdots + (g_{\mu+1} - g_\mu) + \cdots$$
$$= g_\nu + \sum_{\mu=\nu}^{\infty} (g_{\mu+1} - g_\mu)$$

は広義一様絶対収束し $g \in \Gamma(\Omega, \mathscr{E})$ を定め, $\bar{\partial}g = f$ を満たす. □

注意 3.6.13 定理 3.6.9 は，実は任意の柱状領域に対して証明できる．しかし，ここではそれを必要としない．この簡単な凸柱状領域の場合を示してさえおけば十分で，後は岡の第 1 連接定理を用いて正則凸領域上の連接層，さらには正則領域上の連接層に対してコホモロジーの消滅定理を証明する，というのが本書でとる道筋である．

3.7 クザンの問題

さて以上の準備で，岡潔が第 I 論文 (1936) を書く前夜の状況まできた．ここで扱っている理論の初めの動機が何かは興味深くもあり，またそれを知っておくことはこれから新しいことを始めようというときの参考になると思うので簡単に触れておこう．詳しくは，主要な定理を証明した後に解説される §5.5 を参照されたい．

3.7.1 クザン I 問題

$\Omega \subset \mathbf{C}^n$ を領域とし, $\Omega = \bigcup_\alpha U_\alpha$ を開被覆とする．各 U_α 上に有理型関数 $f_\alpha \in \Gamma(U_\alpha, \mathscr{M}_\Omega)$ が与えられ,

$$f_\alpha|_{U_\alpha \cap U_\beta} - f_\beta|_{U_\alpha \cap U_\beta} \in \Gamma(U_\alpha \cap U_\beta, \mathcal{O}_\Omega)$$

が満たされているとする．このとき, $F \in \Gamma(\Omega, \mathscr{M}_\Omega)$ で

$$F|_{U_\alpha} - f_\alpha \in \Gamma(U_\alpha, \mathcal{O}_\Omega)$$

を満たすものが存在するかを問うのがクザン I 問題であった．これは，一変数の場合は，ミッターク-レッフラーの定理にほかならない．

$f_{\alpha\beta} = f_\alpha|_{U_\alpha \cap U_\beta} - f_\beta|_{U_\alpha \cap U_\beta}$ とおけば $(f_{\alpha\beta}) \in Z^1(\{U_\alpha\}, \mathcal{O}_\Omega)$ が決まる．Ω が凸柱状領域ならば定理 3.6.9 から, $[(f_{\alpha\beta})] \in H^1(\Omega, \mathcal{O}_\Omega) = 0$ であり，命題 3.4.11 よりある $(g_\alpha) \in C^0(\{U_\alpha\}, \mathcal{O}_\Omega)$ があって

$$f_{\alpha\beta} = g_\beta - g_\alpha.$$

したがって, $f_\alpha - f_\beta = g_\beta - g_\alpha$ となり, $U_\alpha \cap U_\beta$ 上 $f_\alpha + g_\alpha = f_\beta + g_\beta$ が成立する．よって U_α 上で $F = f_\alpha + g_\alpha$ と定義すれば, F は Ω 上の有理型関数で，

$$F|_{U_\alpha} - f_\alpha = g_\alpha \in \Gamma(U_\alpha, \mathcal{O}_\Omega)$$

となっている．これでクザン I 問題の解が構成された．

実際クザンは，任意の柱状領域に対しこの問題を解いていた．1変数の場合には，任意の領域でクザンI問題は可解であった(ミッターク-レッフラーの定理)．しかし，次の例が示すように2変数以上では，クザンI問題は無条件では可解でない．

例 3.7.1 (クザンI非可解の例) 2変数の空間 $(z,w) \in \mathbf{C}^2$ で次のように定義されるハルトークス領域 Ω_{H} を考える ((1.2.26)，図3.2を参照)：

$$(3.7.2) \quad \Omega_1 = \{(z,w) \in \mathbf{C}^2; |z| < 3,\ |w| < 1\},$$
$$\Omega_2 = \{(z,w) \in \mathbf{C}^2; 2 < |z| < 3,\ |w| < 3\},$$
$$\Omega_{\mathrm{H}} = \Omega_1 \cup \Omega_2.$$

$D = \{(z,w); z = w\} \cap \Omega_{\mathrm{H}}$, $D_j = \{(z,w); z = w\} \cap \Omega_j$, $j = 1,2$, とおく．$D = D_1 \cup D_2$, $D_1 \cap D_2 = \emptyset$ となる．

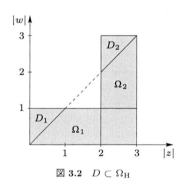

図 3.2 $D \subset \Omega_{\mathrm{H}}$

次で与えられるクザンI分布を考える．

$$(3.7.3) \quad \begin{aligned} f_1(z,w) &= \frac{1}{z-w}, & (z,w) &\in \Omega_1, \\ f_2(z,w) &= 0, & (z,w) &\in \Omega_2. \end{aligned}$$

仮に，このクザンI分布が Ω_{H} において解 $F \in \Gamma(\Omega_{\mathrm{H}}, \mathscr{M}_{\Omega_{\mathrm{H}}})$ を持ったとする．すると，$G(z,w) = F(z,w)(z-w)$ は，Ω_{H} で正則である．命題1.2.28により $G(z,w)$ は，$\Delta(0;3)^2$ 上正則に解析接続される．$G(z,w)$ を $\Delta(0;3)^2 \cap \{z=w\} = \{(z,z); |z| < 3\}$ に制限すると，

$$(3.7.4) \quad G|_{D_1}(z,z) \equiv 1 \quad (|z| < 1), \qquad G|_{D_2}(z,z) \equiv 0 \quad (2 < |z| < 3).$$

これは，解析関数の一致の定理1.2.16に反する．より強く次がわかる．

命題 3.7.5 記号は，上述のものとすると
$$\dim_{\mathbf{C}} H^1(\Omega_H, \mathcal{O}_{\Omega_H}) = \infty.$$

証明 Ω_H の開被覆を $\mathscr{U} = \{\Omega_1, \Omega_2\}$ とおくと，$H^1(\mathscr{U}, \mathcal{O}_{\Omega_H}) \hookrightarrow H^1(\Omega_H, \mathcal{O}_{\Omega_H})$ (補題 3.4.11) であるから，$\dim_{\mathbf{C}} H^1(\mathscr{U}, \mathcal{O}_{\Omega_H}) = \infty$ を示せばよい．(3.7.3) で f_1 を
$$f_{1\nu}(z, w) = \frac{1}{(z-w)^\nu}, \quad \nu = 1, 2, \ldots$$
に置き換えたクザン I 分布を考え，$f_{12\nu} = f_{1\nu} - f_2$ が定める $H^1(\mathscr{U}, \mathcal{O}_{\Omega_H})$ の元を γ_ν $(\nu = 1, 2, \ldots)$ とする．$\{\gamma_\nu\}_{\nu \in \mathbf{N}}$ が $\mathbf{C}$ 上一次独立であることを言えば，十分である．そうでないとすると，$\mathbf{C}$ 係数の一次関係
$$c_1 \gamma_1 + \cdots + c_k \gamma_k = 0, \quad c_\nu \in \mathbf{C}, 1 \leq \nu \leq k, \ c_k \neq 0,$$
がある．これは，クザン I 分布
$$\begin{align}
(3.7.6) \quad & g_1(z, w) = \sum_{\nu=1}^{k} \frac{c_\nu}{(z-w)^\nu}, \quad (z, w) \in \Omega_1, \\
& g_2(z, w) = 0, \quad (z, w) \in \Omega_2.
\end{align}$$
が可解であることを意味する．その解を F_k とする．$G_k(z, w) = F_k(z, w)(z-w)^k$ とおくと $G_k \in \mathcal{O}(\Omega_H)$．したがって，$G_k(z, w)$ は $\Delta(0; 3)^2$ まで正則に解析接続される．これを $\Delta(0; 3)^2 \cap \{z = w\}$ に制限すると矛盾を得ることは，(3.7.4) で見たとおりである． $\square$

3.7.2 クザン II 問題

領域 $\Omega \subset \mathbf{C}^n$ 上の 0 でない有理型関数の芽が作る乗法群の層 $\mathscr{M}_\Omega^*$ を考える．自然な単射 $\mathcal{O}_\Omega^* \hookrightarrow \mathscr{M}_\Omega^*$ がある．商層 $\mathscr{D}_\Omega = \mathscr{M}_\Omega^* / \mathcal{O}_\Omega^*$ をとり，これを因子の芽の層と呼ぶ．短完全列

$$(3.7.7) \quad \begin{array}{ccccccc}
0 & \longrightarrow & \mathcal{O}_\Omega^* & \longrightarrow & \mathscr{M}_\Omega^* & \longrightarrow & \mathscr{D}_\Omega & \longrightarrow & 0 \\
& & & & \cup & & \cup & & \\
& & & & \phi & \longmapsto & [\phi] & &
\end{array}$$

が在る．このとき
$$\Gamma(\Omega, \mathscr{M}_\Omega^*) \longrightarrow \Gamma(\Omega, \mathscr{D}_\Omega) \longrightarrow 0$$
が完全列かを問うのがクザン II 問題であった．これは，一変数の場合は，ワイェルストラスの定理である．

$\gamma \in \Gamma(\Omega, \mathscr{D}_\Omega)$ を任意にとる．すると Ω のある開被覆 $\mathscr{U} = \{U_\alpha\}$ と $\phi_\alpha \in$

$\Gamma(U_\alpha, \mathscr{M}_\Omega^*)$ が存在して,

(3.7.8) $$\phi_{\alpha\beta} := \phi_\alpha/\phi_\beta \in \Gamma(U_\alpha, \mathcal{O}_\Omega^*), \quad [\phi_\alpha] = \gamma|_{U_\alpha}$$

が成立する．このとき，クザン II 問題とは Ω 上の有理型関数 $G \in \Gamma(\Omega, \mathscr{M}_\Omega^*)$ で
$$\frac{G|_{U_\alpha}}{\phi_\alpha} \in \Gamma(U_\alpha, \mathcal{O}_\Omega^*)$$
となるものの存在を問うものである．この $\{\phi_\alpha, U_\alpha\}_\alpha$ を**クザン II 分布**と呼ぶ．

まず，クザン I 問題の場合 (例 3.7.1) と同様に 2 変数以上では，クザン II 問題は無条件では可解でないことを見よう．

例 3.7.9 (クザン II 非可解の例)　例 3.7.1 と同じ記号を用いる．ハルトークス領域 Ω_H において，次で与えられるクザン II 分布を考える．
$$f_1(z,w) = z - w, \quad (z,w) \in \Omega_1,$$
$$f_2(z,w) = 1, \quad\quad\; (z,w) \in \Omega_2.$$
仮に，このクザン II 分布が Ω_H において解 $F \in \Gamma(\Omega_H, \mathcal{O}_{\Omega_H})$ を持ったとする．命題 1.2.28 により $F(z,w)$ は，$\Delta(0;3)^2$ 上正則に解析接続される．$F(z,w)$ を $\Delta(0;3)^2 \cap \{z = w\} = \{(z,z); |z| < 3\}$ に制限すると，
$$F|_{D_1}(z,z) \equiv 0 \; (|z| < 1), \quad F|_{D_2}(z,z) \neq 0 \; (2 < |z| < 3).$$
これは，解析関数の一致の定理 1.2.16 に反する．

それでは，クザン II 問題は，クザン I 問題が解ける領域ならば可解となるのかというと，ここには**岡原理**と呼ばれる原理の発見につながるもう一歩踏み込んだ問題がある．クザン II 問題は，もともとポアンカレによる有理型関数の分数表示の問題から来た．Ω 上に零でない有理型関数 f が与えられたとき，局所的には各点の近傍 U で互いに素 (U の各点での芽が互いに素) な正則関数 g_U, h_U をもって，
$$f = \frac{g_U}{h_U}$$
と表される．この g_U, h_U を大域的に Ω 上の正則関数で互いに素という性質を保って表示可能かが問題である．

短完全列 (3.7.7) は，次の長完全列を誘導する．

(3.7.10) $$0 \to H^0(\Omega, \mathcal{O}_\Omega^*) \longrightarrow H^0(\Omega, \mathscr{M}_\Omega^*) \longrightarrow H^0(\Omega, \mathscr{D}_\Omega)$$
$$\stackrel{\delta_*}{\longrightarrow} H^1(\Omega, \mathcal{O}_\Omega^*) \longrightarrow H^1(\Omega, \mathscr{M}_\Omega^*) \longrightarrow \cdots$$

(3.7.8) より $\phi_{\alpha\beta}$ は，$(\phi_{\alpha\beta}) \in Z^1(\mathscr{U}, \mathcal{O}_\Omega^*)$ を定め，そのコホモロジー類 $[(\phi_{\alpha\beta})] \in H^1(\mathscr{U}, \mathcal{O}_\Omega^*)$ は，(3.7.10) で見れば $\delta_*(\gamma) = [(\phi_{\alpha\beta})] \in H^1(\mathscr{U}, \mathcal{O}_\Omega^*)$ となっている．

クザン II 問題の解 G が存在するための必要十分条件は $\delta_*(\gamma) = 0$ となることである．命題 3.4.11 により $H^1(\mathscr{U}, \mathcal{O}_\Omega^*) \hookrightarrow H^1(\Omega, \mathcal{O}_\Omega^*)$ であるから，

(3.7.11) $$\beta := \delta_*(\gamma) = 0 \in H^1(\Omega, \mathcal{O}_\Omega^*)$$

がクザン II 問題が可解であるための必要十分条件ということになる．実際必要性は，定義から従う．逆は，$\beta = 0$ ならば，各 U_α 上に $\eta_\alpha \in \Gamma(U_\alpha, \mathcal{O}^*)$ が存在して，

(3.7.12) $$\frac{\eta_\beta|_{U_\alpha \cap U_\beta}}{\eta_\alpha|_{U_\alpha \cap U_\beta}} = \phi_{\alpha\beta} = \frac{\phi_\alpha}{\phi_\beta} \in \Gamma(U_\alpha \cap U_\beta, \mathcal{O}^*)$$

が満たされる．よって，$G = \phi_\alpha \eta_\alpha$ とおけば，解 $G \in \Gamma(\Omega, \mathscr{M}_\Omega^*)$ が得られる．

ここで，例 3.4.27 の長完全列を考える．

(3.7.13)
$$H^1(\Omega, \mathcal{O}_\Omega) \to H^1(\Omega, \mathcal{O}_\Omega^*) \xrightarrow{\delta_*} H^2(\Omega, \mathbf{Z}) \to H^2(\Omega, \mathcal{O}_\Omega) \to \cdots .$$
$$\cup \qquad\qquad \cup$$
$$\beta \longmapsto \delta_*(\beta) = c_1(\beta)$$

これで決まる 2 次コホモロジー類 $c_1(\gamma) = -\delta_*(\beta) \in H^2(\Omega, \mathbf{Z})$ (マイナス記号を付ける) を γ の**第 1 チャーン (Chern) 類**と呼ぶ．$c_1(\gamma)$ は位相不変量である．クザン II 問題の解 G が存在すれば，$\beta = 0$ であり，$c_1(\gamma) = 0$ となる．

さて，凸柱状領域の場合のように $H^q(\Omega, \mathcal{O}_\Omega) = 0$, $q \geq 1$ が成立しているとする (定理 3.6.9)．すると (3.7.13) より次は完全列になる．

$$0 \longrightarrow H^1(\Omega, \mathcal{O}_\Omega^*) \longrightarrow H^2(\Omega, \mathbf{Z}) \longrightarrow 0.$$

したがって，$H^1(\Omega, \mathcal{O}_\Omega^*) \cong H^2(\omega, \mathbf{Z})$．この場合は，必要条件である $c_1(\gamma) = 0$ があれば，$\beta = 0$ となり，クザン II 問題の解 G が存在することになる．このように解析的解の存在が位相的条件で決まることを**岡原理**と呼ぶ．これは，Oka III (1939) で初めて明らかにされた．

クザンは柱状領域 $\Omega = \prod \Omega_j$ で，一つの成分 Ω_i を除いて他が全て単連結の場合にこの問題を解いていた．実際，この場合は $H^2(\Omega, \mathbf{Z}) = 0$ である (注意 3.6.13 も参照).

次の第 4 章では定理 3.6.9 を正則凸領域上の任意の連接層に対し証明し，その後第 5 章で正則領域上で任意の連接層に対し証明する．その証明は岡潔が Oka I, II, ..., と辿ったものではなく，むしろ Oka VII (1950) から道を逆に辿る．Oka VII では，そのような証明について既に言及されている．

注意 3.7.14 コホモロジーでは，重要なのは上でみたように 1 次コホモロジー $H^1(\Omega, \mathscr{S})$ である．これが消えるかどうかで考えている問題が大域的に解けるか

どうかが決まる．すると，どうして一見より複雑な高次コホモロジー $H^q(\Omega, \mathscr{S})$, $q = 2, 3, \ldots$, まで考えるのだろうと読者は思うであろう．ここが，コホモロジー理論の旨い所で，一般次数のコホモロジーを扱う理論を準備しておきさえすれば，あとは形式的な議論のみで考える対象 $\mathscr{S}$ の 1 次コホモロジー $H^1(\Omega, \mathscr{S})$ の問題を別の扱いやすい別の層 $\mathscr{T}$ の高次コホモロジー $H^q(\Omega, \mathscr{T})$ の問題に帰着し，解決できるのである．

歴史的補足

岡の"不定域イデアル"の概念 (Oka VII 1948/1950) が，同時期発表された J. ルレイ (C.R. Paris **222** (1946)/J. Math. pure appl. **29** (1950)) による"層"の概念と同じであることを H. カルタンは見抜き，層のコホモロジー理論を J.-P. セルと共に発展させた．クザン問題は $H^1(X, \mathscr{S})$ ($\mathscr{S} = \mathcal{O}_X, \mathcal{O}_X^*$) の問題であったが，一般の $q \geq 1$ に対し $H^q(X, \mathscr{S})$ を考えるべきであるということは J.-P. セルによると，H. カルタンは 1953 年にブリュッセルで開かれた研究集会の議事録内の論文[7] §7 で述べている．

問題

1. (3.5.6) において $g \wedge f = (-1)^{qr} f \wedge g$ を示せ．
2. 多重添字 $I = (i_1, \ldots, i_q)$ を持つ q 次微分形式 dx^I と q 個のベクトル場 $\frac{\partial}{\partial x^{j_1}}, \ldots, \frac{\partial}{\partial x^{j_q}}$ $(1 \leq j_1, \ldots, j_q \leq n)$ に対し次のようにおく．

(3.7.15)
$$dx^I\left(\frac{\partial}{\partial x^{j_1}}, \ldots, \frac{\partial}{\partial x^{j_q}}\right) = \det\left(\delta_{i_\nu j_\mu}\right)_{\nu, \mu}$$
$$= \begin{cases} \mathrm{sgn}\begin{pmatrix} i_1 \cdots i_q \\ j_1 \cdots j_q \end{pmatrix}, & I = J(\text{集合として}) \text{ の場合}; \\ 0, & \text{その他の場合}. \end{cases}$$

$\mathscr{X}(X)$ で X 上の C^∞ ベクトル場全体の成す $\mathscr{E}(X)$ 加群を表す．

$\mathscr{E}^{(q)}(X)$ は，$\mathscr{E}(X)$ 加群として (3.7.15) を線形的に拡張した多重線形交代写像

$$\eta : (\xi_1, \ldots, \xi_q) \in (\mathscr{X}(X))^q \to \eta(\xi_1, \ldots, \xi_q) \in \mathscr{E}(X)$$

の全体が作る $\mathscr{E}(X)$ 加群と同型になることを示せ.
3. $X \subset \mathbf{R}^n$ を1点 $a \in X$ に関する星状領域とする. このとき, 次が成立することを示せ.
$$H^q(X, \mathbf{R}) = 0, \quad q \geq 1.$$
4. (3.5.17), (3.5.19) を示せ.
5. 補題 3.5.22 の証明を書き下せ.
6. $\Omega\ (\subset \mathbf{C}^n)$ をクザン II 問題は常に可解である領域とする. 任意の Ω 上の有理型関数 f に対し, $g, h \in \mathcal{O}(\Omega)$ で $f = \frac{g}{h}$ かつ任意の $a \in \Omega$ において $\underline{g}_a$ と $\underline{h}_a$ が互いに素であるものが存在することを証明せよ. (補題 2.2.12 も参照.)
7.
$$\dim_{\mathbf{C}} H^1(\mathbf{C}^2 \setminus \{0\}, \mathcal{O}_{\mathbf{C}^2 \setminus \{0\}}) = \infty$$
であることを以下に従い証明せよ.

a) 自然な複素座標系 $(z_1, z_2) \in \mathbf{C}^2$ をもって, $X = \mathbf{C}^2 \setminus \{0\}$ とおき, その開被覆 $\{U_1, U_2\}$ を
$$U_j = \{(z_1, z_2) \in \mathbf{C}^2 \setminus \{0\}; z_j \neq 0\}, \quad j = 1, 2$$
と取る. このとき,
$$Z^1(\mathscr{U}, \mathcal{O}_X) = O(U_1 \cap U_2),$$
$$C^0(\mathscr{U}, \mathcal{O}_X) = \mathcal{O}(U_1) \oplus \mathcal{O}(U_2)$$
となることを示せ.

b) 余境界作用素
$$\delta : C^0(\mathscr{U}, \mathcal{O}_X) \to B^1(\mathscr{U}, \mathcal{O}_X) \subset C^1(\mathscr{U}, \mathcal{O}_X)$$
を書き表せ.

c) 次の収束ローラン展開を示せ.
$$\mathcal{O}(U_1) \ni f_1(z_1, z_2) = \sum_{\mu, \nu \in \mathbf{Z}} a_{\mu\nu} z_1^\mu z_2^\nu, \quad a_{\mu\nu} = 0, \,^{\forall}\nu < 0,$$
$$\mathcal{O}(U_2) \ni f_2(z_1, z_2) = \sum_{\mu, \nu \in \mathbf{Z}} b_{\mu\nu} z_1^\mu z_2^\nu, \quad b_{\mu\nu} = 0, \,^{\forall}\mu < 0,$$
$$\mathcal{O}(U_1 \cap U_2) \ni f(z_1, z_2) = \sum_{\mu, \nu \in \mathbf{Z}} c_{\mu\nu} z_1^\mu z_2^\nu.$$

d) 次を示せ.

$$B^1(\mathscr{U}, \mathcal{O}_X) = \Big\{ f(z_1, z_2) = \sum_{\mu,\nu \in \mathbf{Z}} c_{\mu\nu} z_1^\mu z_2^\nu \in \mathcal{O}(U_1 \cap U_2);$$

$$\text{任意の } \mu < 0 \text{ かつ } \nu < 0 \text{ に対し } c_{\mu\nu} = 0 \Big\}.$$

e) 次を示せ.

$$H^1(\mathscr{U}, \mathcal{O}_X) \cong \Big\{ g(z_1, z_2) = \sum_{\mu,\nu \in \mathbf{Z}} d_{\mu\nu} z_1^\mu z_2^\nu \in \mathcal{O}(U_1 \cap U_2);$$

$$\mu \geq 0 \text{ または } \nu \geq 0 \text{ ならば } d_{\mu\nu} = 0 \Big\}.$$

また,$H^1(\mathscr{U}, \mathcal{O}_X) \hookrightarrow H^1(X, \mathcal{O}_X)$ であることにも注意せよ.

4
正則凸領域と岡-カルタンの基本定理

この章では，$\mathbf{C}^n$ の正則凸領域 Ω に対し岡-カルタンの基本定理を証明する．すなわち，Ω 上の連接層 $\mathscr{F} \to \Omega$ に対し高次コホモロジーの消滅 $H^q(\Omega, \mathscr{F}) = 0, q \geq 1$ を証明する．証明法は，Oka I・II においてクザン I 問題を解決した 3 種類の帰納法を巧妙に用いた証明を，連接層のコホモロジーを用いてわかりやすく書き直したものである．連接層の使い方としては，Oka VII の序文に書いてあることをコホモロジーという技法を用いてわかりやすく実行したものである．そこでは，岡による第 1 連接定理と Oka I で開発された "上空移行の原理" が実に本質的役割を果たす．その意味で，基本定理の本質的部分は Oka VII と I で終わっている．基本定理が一般の層のコホモロジーの言葉でこの形に整備されたのはカルタンとセールによる．

4.1 正則凸領域

正則凸領域については，すでに §1.2 の最後で触れた．ここでは，"凸性" の原点に戻って考えてみる．$A \subset \mathbf{C}^n$ を部分集合とする．A が凸とは，任意の 2 点 $z, w \in A$ と任意の $t \in [0,1]$ に対し
$$tz + (1-t)w \in A$$
が成立することである．一般に A の凸閉包 $\mathrm{co}(A)$ とは A を含む最小の凸閉集合と定義されるが，次のようにも定義される．

(4.1.1) $$\mathrm{co}(A) = \{z \in \mathbf{C}^n \cong \mathbf{R}^{2n}; \text{任意の線形汎関数 } L: \mathbf{R}^{2n} \to \mathbf{R}$$
$$\text{に対し } L(z) \leq \sup_A L\}.$$

閉集合 A が凸とは，$A = \mathrm{co}(A)$ が成立することでもある．A がコンパクトならば

$\mathrm{co}(A)$ もコンパクトである. 領域 $\Omega \subset \mathbf{C}^n$ が凸であることと任意のコンパクト部分集合 $A \Subset \Omega$ に対して

$$\mathrm{co}(A) \Subset \Omega$$

となることは, 同値である.

この凸性は, $\mathbf{C}^n \cong \mathbf{R}^{2n}$ の一次アファイン変換に関して不変であるが, 双正則写像で不変な性質ではない. つまり, 二つの領域 $\Omega_i \subset \mathbf{C}^n$, $i=1,2$, があり双正則写像 $\varphi : \Omega_1 \to \Omega_2$ があるとき, Ω_1 が凸であっても Ω_2 が凸とは限らない. たとえば, $n=1$ として $\Omega_1 = \Delta(0,1)$ を単位円板とし, Ω_2 としては, 凸でない単連結領域 (たとえば図 4.1) をとるとき, リーマンの写像定理により双正則写像 $\varphi : \Delta(0;1) \to \Omega_2$ が存在する.

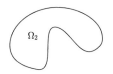

図 4.1 非凸領域

我々は, 正則同型 (双正則写像) で不変な凸性を求めたい. (4.1.1) を正則関数を用いて表記してみよう. $z_j = x_j + iy_j$, $1 \le j \le n$, とし

$$L(z) = L(x_1, y_1, \ldots, x_n, y_n) = \sum_{j=1}^{n}(a_j x_j + b_j y_j), \quad a_j, b_j \in \mathbf{R}$$

とおく. $L_0(z) = \sum_{j=1}^{n}(a_j - ib_j)z_j$ とおくと, これは正則で

$$L(z) = \Re L_0(z)$$

となる. $|e^{L_0(z)}| = e^{L(z)}$ である. したがって, 次が成立する.

(4.1.2) $\quad \mathrm{co}(A) = \Big\{ z \in \mathbf{C}^n \cong \mathbf{R}^{2n}; 任意の線形汎関数 L_0 : \mathbf{C}^n \to \mathbf{C}$

$$に対し |e^{L_0(z)}| \le \sup_A |e^{L_0(w)}| \Big\}.$$

$e^{L_0(z)}$ は, $\mathbf{C}^n$ 上の正則関数である. (1.2.31) で定義した正則凸包 $\hat{A}_\Omega$ では, $e^{L_0(z)}$ を考えている領域上の正則関数全体に渡らせている形になっていることに注意しよう.

以上より次がわかる.

命題 4.1.3 領域 $\Omega \subset \mathbf{C}^n$ の部分集合 $A \subset \Omega$ に対し次が成立する.

(i) $\quad \widehat{(\hat{A}_\Omega)}_\Omega = \hat{A}_\Omega$.

(ii) $\hat{A}_\Omega \subset \mathrm{co}(A)$.

Ω が正則凸領域であるとは，任意のコンパクト部分集合 $K \Subset \Omega$ に対し，常に $\hat{K}_\Omega \Subset \Omega$ となること (定義 1.2.32) と定義したが，K はコンパクトとしなくても，$K \Subset \Omega$ とすれば条件としては，同値である．

定理 4.1.4 (i) 正則凸性は正則同型で不変である．すなわち，二つの領域 $\Omega_i \subset \mathbf{C}^n$, $i = 1, 2$, があり双正則写像 $\varphi : \Omega_1 \to \Omega_2$ があるとき，Ω_1 が正則凸ならば Ω_2 も正則凸である．

(ii) 有限個の正則凸領域 Ω_μ, $1 \leq \mu \leq l$, の共通部分 $\Omega = \bigcap_{\mu=1}^{l} \Omega_\mu$ は正則凸領域である．

証明 (i) 部分集合 $K \subset \Omega_1$ に対し，K がコンパクトであることと $\varphi(K)$ がコンパクトであることは同値であり，
$$\varphi\left(\hat{K}_{\Omega_1}\right) = \widehat{\varphi(K)}_{\Omega_2}$$
がわかる．よって主張が従う．

(ii) コンパクトな $K \Subset \Omega$ に対し，
$$\hat{K}_\Omega \subset \hat{K}_{\Omega_\mu} \Subset \Omega_\mu, \quad 1 \leq \mu \leq l$$
であるから，$\hat{K}_\Omega \Subset \Omega$ である． □

定理 4.1.5 $n = 1$ の場合は，任意の領域 $\Omega \subset \mathbf{C}$ が正則凸である．

証明 コンパクト部分集合 $K \Subset \Omega$ を任意にとる．定義により，
$$\hat{K}_\Omega \subset \left\{z \in \Omega; |z| \leq \max_K |z|\right\}$$
であるから，$\hat{K}_\Omega$ は有界である．もし $\hat{K}_\Omega \not\Subset \Omega$ とすると，境界点 $a \in \partial\Omega$ に収束する点列 $\zeta_\nu \in \hat{K}_\Omega$, $\nu = 1, 2, \ldots$, をとることができる．正則関数 $f(z) = \frac{1}{z-a} \in \mathcal{O}(\Omega)$ を考えると，
$$\infty > \max_K |f| \geq \lim_{\nu \to \infty} |f(\zeta_\nu)| = \infty$$
となり，矛盾をきたす． □

定理 4.1.6 凸領域 $\Omega \subset \mathbf{C}^n$ は，正則凸である．

証明 Ω が凸ならば，コンパクト $K \Subset \Omega$ に対し $\mathrm{co}(K) \Subset \Omega$ が成り立つ．命題 4.1.3 より，$\hat{K}_\Omega \Subset \Omega$ が従う． □

例 **4.1.7**　(i) $\mathbf{C}^n$ の超球 $B(a;\rho)$ $(a \in \mathbf{C}^n, \rho > 0)$ は，凸領域であるから正則凸である．
(ii) 同じ理由で，多重円板 $P\Delta(a;r)$ も正則凸である．
(iii) 凸柱状領域 (定義 1.2.6) は，正則凸である．有限個の凸柱状領域の共通部分は凸柱状領域であり正則凸である．

凸柱状領域 Ω に対して基本定理 3.6.9 により $H^q(\Omega, \mathcal{O}_\Omega) = 0, q \geq 1$, が示されている．この章の目的は，まず凸柱状領域 Ω 上の任意の連接層 $\mathscr{F}$ に対し

(4.1.8) $$H^q(\Omega, \mathscr{F}) = 0, \qquad q \geq 1$$

を示し，さらに岡の上空移行の原理を用いてこれを一般の正則凸領域に対し証明することである．ここで次の 4 点を注意しておきたい．

注意 4.1.9　(i) "凸柱状領域" は，リーマンの写像定理により任意の単連結領域の直積と双正則であり，特に多重円板とも双正則であるから一つの領域について結果を述べる分にはどれをとっても同じである．しかしそれを使うときにそれらの有限個の共通部分を考える必要が生ずる．それは，チェックコホモロジーにおけるルレイ被覆 (定義 3.4.39) を得たいためである．任意の有限個の共通部分をとったときに保たれる形状で最もわかりやすい幾何学的形状が "凸性" であるので凸柱状領域をとった．
 (ii) "凸柱状領域" をとった，もう一つの理由がある．初めから凸柱状領域で示しておけば，その証明を理解し詳しく読めば，実は高級なリーマンの写像定理を使わなくてもよいことがわかる．ただ，記述が相当煩雑になる．この点は，読者自ら一通り読んだ後に確認されると理解を深める良い演習になると思う．
(iii) 正則凸領域で $\mathscr{F} = \mathcal{O}_\Omega$ に対し (4.1.8) を証明するのにも凸柱状領域上で任意の連接層に対し (4.1.8) が成立することを必要とする．
(iv) 最後にどうして "正則凸領域" を問題にするのかということがある．それは，正則関数の存在域ということを考えると最も自然なそして必然的な領域であることによる．次の第 5 章で領域については正則凸領域と正則領域が同値であることを示す．さらには，第 7 章で正則凸領域は擬凸領域とも同値であることも示される．しかし，この同値性は一般の複素多様体を問題にすると成立しなくなる．一方，正則凸領域はスタイン多様体・スタイン空間に一般化され，岡-カルタンの基本定理がそこでは成立するのである．そ

の意味で正則凸性が最も基本的な柱になる概念である．

以下，しばらく準備が続く．

4.2 カルタンの融合補題

領域 $\Omega \subset \mathbf{C}^n$ 上の連接層 $\mathscr{F} \to \Omega$ を考える．$\mathscr{F}$ の局所有限生成系が隣接する閉部分領域 $E', E''(\Subset \Omega)$ 上にあるとき，それ等を融合して $E' \cup E''$ 上で $\mathscr{F}$ の有限生成系を作る必要がある．まずは，行列に関する基本的な事項から始めよう．

4.2.1 行列・行列値関数

これからの議論で必要になる，行列・行列値関数の列，級数，無限乗積に関する事項を準備する．

一般に $p(\in \mathbf{N})$ 次 (複素) 正方行列 $A = (a_{ij})$ に対し二つのノルムが考えられる：
$$\|A\|_\infty = \max_{i,j}\{|a_{ij}|\},$$
$$\|A\| = \max\{\|A\xi\|; \xi \in \mathbf{C}^p, \|\xi\| = 1\}.$$
$\xi = {}^t(0,\ldots,0,1,0,\ldots,0)$ を考えることにより，
$$\|A\|_\infty \leq \|A\| \leq p\|A\|_\infty$$
が成立するので，収束についてはどちらで考えても同じである．

行列の積については，$\|A\|_\infty$ よりも $\|A\|$ の方が性質が良いので以降 $\|A\|$ を用いる．$\|A\|$ は作用素ノルムと呼ばれる．

$A = A(z)$ が，部分集合 $E \subset \mathbf{C}^n$ 上定義された p 次正方行列値関数であるとき，
$$\|A\|_E = \sup\{\|A(z)\|; z \in E\}$$
と書く．$\mathbf{1}_p$ で p 次単位行列を表す．

命題 4.2.1 A を p 次正方行列または p 次正方行列値関数 $A(z)\,(z \in E)$ とする．B をもう一つの p 次正方行列とすると，次が成立する：
 (i) $\|A + B\| \leq \|A\| + \|B\|$.
 (ii) $\|AB\| \leq \|A\| \cdot \|B\|$.
 (iii) $A = A(z)\,(z \in E)$ に対し，$\|A\|_E \leq \varepsilon < 1$ (ε は正定数) ならば，逆行列 $(\mathbf{1}_p - A(z))^{-1}$ が存在して次が成立する．
$$(\mathbf{1}_p - A(z))^{-1} = \mathbf{1}_p + A(z) + A(z)^2 + \cdots.$$

ここで，右辺は E 上一様収束し，$\|(\mathbf{1}_p - A)^{-1}\|_E \leq \frac{1}{1-\varepsilon}$．特に，$\varepsilon = \frac{1}{2}$ ならば，$\|(\mathbf{1}_p - A)^{-1}\|_E \leq 2$．

(iv) $k = 0, 1, \ldots,$ に対し，$0 < \varepsilon_k < 1$ と p 次正方行列値関数 $A_k(z), z \in E$ が与えられ，$\|A_k\|_E \leq \varepsilon_k$, $\sum_{k=0}^{\infty} \varepsilon_k < \infty$ が満たされているとする．このとき，次の二つの無限乗積

$$\lim_{k \to \infty} (\mathbf{1}_p - A_0(z)) \cdots (\mathbf{1}_p - A_k(z)),$$

$$\lim_{k \to \infty} (\mathbf{1}_p - A_k(z)) \cdots (\mathbf{1}_p - A_0(z))$$

は E 上一様収束し，極限は共に可逆行列値関数である．

証明 (i), (ii) は定義より直ちに従う．(iii) は，次の恒等式と不等式で $k \to \infty$ とすればよい：

$$(\mathbf{1}_p - A(z))(\mathbf{1}_p + A(z) + A(z)^2 + \cdots + A(z)^k) = \mathbf{1}_p - A(z)^{k+1},$$

$$\|\mathbf{1}_p + A(z) + A(z)^2 + \cdots + A(z)^k\|_E \leq \sum_{j=0}^{k} \|A\|_E^j \leq \sum_{j=0}^{k} \varepsilon^j = \frac{1 - \varepsilon^{k+1}}{1 - \varepsilon}.$$

(iv) は，どちらも同じような証明であるが，二番目の式を示そう．

$$G_k(z) = (\mathbf{1}_p - A_k(z)) \cdots (\mathbf{1}_p - A_0(z)) = \prod_{j=k}^{0} (\mathbf{1}_p - A_j(z)), \quad k = 0, 1, \ldots$$

とおくとき，列 $\{G_k\}_{k=0}^{\infty}$ が一様コーシー列であることと，$\{G_k^{-1}\}_{k=0}^{\infty}$ も一様収束することとを示せば十分である．$C_0 = \exp(\sum_{k=0}^{\infty} \varepsilon_k)$ とおくと，次が成立する：

$$\|G_k\|_E \leq \prod_{j=k}^{0} \|\mathbf{1}_p - A_j\|_E \leq \prod_{j=0}^{k} (1 + \|A_j\|_E) \leq \prod_{j=0}^{k} (1 + \varepsilon_j)$$

$$= \exp\left(\sum_{j=0}^{k} \log(1 + \varepsilon_j)\right) < \exp\left(\sum_{j=0}^{k} \varepsilon_j\right) < C_0.$$

$l > k > 0$ に対し，上式を用いて，

$\|G_l - G_k\|_E$

$\leq \|(\mathbf{1}_p - A_l)(\mathbf{1}_p - A_{l-1}) \cdots (\mathbf{1}_p - A_{k+1}) - \mathbf{1}_p\|_E \cdot \|G_k\|_E$

$\leq C_0 \| -A_l - A_{l-1} - \cdots - A_{k+1} + A_l A_{l-1} + \cdots$
$\qquad + (-1)^{l-k} A_l \cdots A_{k+1}\|_E$

$\leq C_0 (\|A_l\|_E + \|A_{l-1}\|_E + \cdots + \|A_{k+1}\|_E + \|A_l\|_E \cdot \|A_{l-1}\|_E + \cdots$
$\qquad + \|A_l\|_E \cdots \|A_{k+1}\|_E)$

$= C_0 \left(\prod_{j=l}^{k+1} (1 + \|A_j\|_E) - 1\right) \leq C_0 \left(\prod_{j=k+1}^{l} (1 + \varepsilon_j) - 1\right)$

$$< C_0 \left(\exp\left(\sum_{j=k+1}^{l} \varepsilon_j \right) - 1 \right) \longrightarrow 0 \quad (l > k \to \infty).$$

$G_k^{-1} = \prod_{j=0}^{k} (\mathbf{1}_p - A_j)^{-1}$ については，$B_k = -A_k(\mathbf{1}_p - A_k)^{-1}$ とおくと，

$$(\mathbf{1}_p - A_k)^{-1} = \mathbf{1}_p - B_k$$

が成立し，(iii) の結果を用いると，

$$\|B_k\|_E \leq \|A_k\|_E \cdot \|(\mathbf{1}_p - A_k)^{-1}\|_E \leq \frac{\varepsilon_k}{1 - \varepsilon_k}.$$

$0 < \theta := \max_k \{\varepsilon_k\} < 1$ とおくと，

$$\|B_k\|_E \leq \frac{\varepsilon_k}{1 - \theta}.$$

したがって，任意の $k \gg 1$ に対し B_k も A_k が満たすべき条件を満たしているので，$\{G_k^{-1}\}_{k=0}^{\infty}$ も E 上一様収束する． □

p 次正方行列 S, T に対し，$(\mathbf{1}_p - S)^{-1}, (\mathbf{1}_p - T)^{-1}$ の存在を仮定して，

(4.2.2) $\quad M(S, T) = (\mathbf{1}_p - S)^{-1}(\mathbf{1}_p - S - T)(\mathbf{1}_p - T)^{-1},$

$\qquad\qquad N(S, T) = \mathbf{1}_p - M(S, T)$

とおく．次の補題が，後出の収束の議論での鍵となる．

補題 4.2.3 S, T を p 次正方行列とし，$\max\{\|S\|, \|T\|\} \leq \frac{1}{2}$ とすると，

$$\|N(S, T)\| \leq 2^2 (\max\{\|S\|, \|T\|\})^2.$$

証明 $(\mathbf{1}_p - T)^{-1} = \mathbf{1}_p + T(\mathbf{1}_p - T)^{-1} = \mathbf{1}_p + T + T^2(\mathbf{1}_p - T)^{-1}$ に注意して，

$$\begin{aligned}
M(S, T) &= (\mathbf{1}_p - S)^{-1}(\mathbf{1}_p - S - T)(\mathbf{1}_p - T)^{-1} \\
&= (\mathbf{1}_p - (\mathbf{1}_p - S)^{-1}T)(\mathbf{1}_p - T)^{-1} \\
&= \mathbf{1}_p + T + T^2(\mathbf{1}_p - T)^{-1} \\
&\quad - (\mathbf{1}_p + S(\mathbf{1}_p - S)^{-1})T(\mathbf{1}_p + T(\mathbf{1}_p - T)^{-1}) \\
&= \mathbf{1}_p + T + T^2(\mathbf{1}_p - T)^{-1} \\
&\quad - T - T^2(\mathbf{1}_p - T)^{-1} - S(\mathbf{1}_p - S)^{-1}T(\mathbf{1}_p - T)^{-1} \\
&= \mathbf{1}_p - S(\mathbf{1}_p - S)^{-1}T(\mathbf{1}_p - T)^{-1},
\end{aligned}$$

$N(S, T) = S(\mathbf{1}_p - S)^{-1}T(\mathbf{1}_p - T)^{-1}.$

条件より，

$$\|N(S, T)\| \leq \|S\| \cdot 2 \cdot \|T\| \cdot 2 \leq 2^2 (\max\{\|S\|, \|T\|\})^2. \qquad \square$$

4.2.2 H. カルタンの行列分解

次の状況を設定する.

4.2.4 (閉直方体) ここでは,閉直方体や閉長方形と言えば,有界で,辺は座標軸に平行で,ある辺の幅が 0 に退化する場合も含むこととする.

$E', E'' \Subset \Omega$ は閉直方体で次のように表されるものとする.閉直方体 $F \Subset \mathbf{C}^{n-1}$ と一辺 ℓ を共有する閉長方形 $E'_n, E''_n \Subset \mathbf{C}$ があり

$$E' = F \times E'_n, \qquad E'' = F \times E''_n,$$
$$(\ell = E'_n \cap E''_n),$$

と表される.

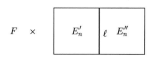

図 4.2 隣接閉直方体

p 次複素正則行列のなす群を $GL(p; \mathbf{C})$ とする.次の行列分解は,H. カルタン[4] による.

補題 4.2.5 (カルタンの行列分解) 記号は,上述のものとする.$\mathbf{1}_p$ の近傍 $V_0 \subset GL(p; \mathbf{C})$ が存在して $F \times \ell$ の近傍 U 上正則な行列値関数 $A: U \to V_0$ に対し E' (および E'') の近傍 U' (および U'') 上の行列値正則関数 $A': U' \to GL(p; \mathbf{C})$ (および $A'': U'' \to GL(p; \mathbf{C})$) が存在して $F \times \ell$ のある近傍上 $A = A' \cdot A''$ が成立する.

証明 F, E'_n, E''_n を各辺同じ長さ $\delta > 0$ だけ外へ広げた閉長方形と閉直方体を $\tilde{F}$, $\tilde{E}'_{n(1)}, \tilde{E}''_{n(1)}$ とする.$\delta > 0$ を十分小さくとれば,

$$F \times \ell \subset \tilde{F} \times (\tilde{E}'_{n(1)} \cap \tilde{E}''_{n(1)}) \Subset U$$

が成立しているとしてよい.境界を図 4.3 のように

$$(4.2.6) \qquad \partial\left(\tilde{E}'_{n(1)} \cap \tilde{E}''_{n(1)}\right) = \gamma_{(1)} = \gamma'_{(1)} + \gamma''_{(1)}$$

とおく.同様に,E'_n から $\tilde{E}'_{n(1)}$ へ広げた幅 δ を内側の $\frac{\delta}{2}$ を残し,外側の $\frac{\delta}{2}$ を 2 分割法で順次内側に小さく入れてゆく.つまり $\tilde{E}'_{n(1)}$ から $\frac{\delta}{4}$ だけ内側に入った閉長方形を $\tilde{E}'_{n(2)}$ とし,$\tilde{E}'_{n(k)}$ まで決まったとして,その内側に $\frac{\delta}{2^{k+1}}$ だけ内側に

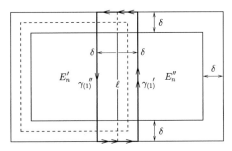

図 **4.3** 隣接閉長方形の δ-閉近傍

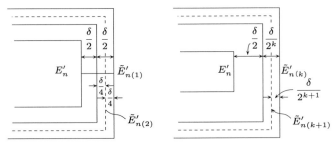

図 **4.4** 閉長方形の $\frac{\delta}{2^k}$-閉近傍

入った閉長方形を $\tilde{E}'_{n(k+1)}$ とする (図 4.4).

$$\frac{\delta}{4} + \frac{\delta}{8} + \cdots = \frac{\delta}{2}$$

であるから,

$$\bigcap_{k=1}^{\infty} \tilde{E}'_{n(k)} = E'_n \text{ を } \frac{\delta}{2} \text{ だけ各辺を外側へ広げた閉長方形}$$

である. $\tilde{E}''_{n(k)}$ も同様に定める. (4.2.6) と同じように

(4.2.7) $$\partial\left(\tilde{E}'_{n(k)} \cap \tilde{E}''_{n(k)}\right) = \gamma_{(k)} = \gamma'_{(k)} + \gamma''_{(k)}$$

とおく. E', E'' の閉近傍直方体をそれぞれ次のように定める.

$$\tilde{E}'_{(k)} = \tilde{F} \times \tilde{E}'_{n(k)}, \qquad \tilde{E}''_{(k)} = \tilde{F} \times \tilde{E}''_{n(k)}.$$

$B_1(z) = \mathbf{1}_p - A(z)$ とおく. $(z', z_n) \in \tilde{E}'_{(2)} \cap \tilde{E}''_{(2)}$ に対しコーシーの積分表示を用いて次のように表す.

(4.2.8) $$B_1(z', z_n) = \frac{1}{2\pi i} \int_{\gamma_{(1)}} \frac{B_1(z', \zeta)}{\zeta - z_n} d\zeta$$

$$= \frac{1}{2\pi i} \int_{\gamma'_{(1)}} \frac{B_1(z', \zeta)}{\zeta - z_n} d\zeta + \frac{1}{2\pi i} \int_{\gamma''_{(1)}} \frac{B_1(z', \zeta)}{\zeta - z_n} d\zeta \quad \text{(続く)}$$

$$= B_1'(z', z_n) + B_1''(z', z_n).$$

$B_1'(z', z_n)$ は，$(z', z_n) \in \tilde{E}_{(2)}'$ で正則，$B_1''(z', z_n)$ は，$(z', z_n) \in \tilde{E}_{(2)}''$ で正則である．

(4.2.9) $\qquad |z_n - \zeta| \geq \dfrac{\delta}{4}, \quad {}^\forall (z', z_n) \in \tilde{E}_{(2)}', \quad {}^\forall \zeta \in \gamma_{(1)}'$

となっている．L を曲線 $\gamma_{(1)}'$ の長さとすれば，

$$L = \gamma_{(1)}' \text{の長さ} \geq \gamma_{(k)}'(\gamma_{(k)}'') \text{ の長さ} \quad (k = 1, 2, \ldots).$$

$(z', z_n) \in \tilde{E}_{(2)}'$ に対し (4.2.8) と (4.2.9) より

$$\|B_1'(z', z_n)\| \leq \frac{1}{2\pi} \cdot \frac{4}{\delta} L \cdot \max_{\gamma_{(1)}} \|B_1(z', \zeta)\|.$$

したがって，

$$\|B_1'\|_{\tilde{E}_{(2)}'} \leq \frac{2L}{\pi\delta} \|B_1\|_{\tilde{E}_{(1)}' \cap \tilde{E}_{(1)}''}.$$

同様にして，

$$\|B_1''\|_{\tilde{E}_{(2)}''} \leq \frac{2L}{\pi\delta} \|B_1\|_{\tilde{E}_{(1)}' \cap \tilde{E}_{(1)}''}.$$

(4.2.10) $\qquad \varepsilon_1 = \max\left\{\|B_1'\|_{\tilde{E}_{(2)}'}, \|B_1''\|_{\tilde{E}_{(2)}''}\right\} \left(\leq \dfrac{2L}{\pi\delta} \|B_1\|_{\tilde{E}_{(1)}' \cap \tilde{E}_{(1)}''}\right)$

とおく．$\dfrac{\pi\delta}{2^5 L} \leq \dfrac{1}{2}$ が満たされるように，必要ならば $\delta > 0$ を小さく取り直す．

$$\|B_1\|_{\tilde{E}_{(1)}' \cap \tilde{E}_{(1)}''} \leq \frac{\pi^2 \delta^2}{2^6 L^2}$$

とすると，

(4.2.11) $\qquad \varepsilon_1 \leq \dfrac{\pi\delta}{2^5 L} \leq \dfrac{1}{2},$

(4.2.12) $\qquad A(z) = (\mathbf{1}_p - B_1(z)) = (\mathbf{1}_p - B_1'(z))(\mathbf{1}_p - N(B_1'(z), B_1''(z)))$
$$\cdot (\mathbf{1}_p - B_1''(z)), \quad z \in \tilde{E}_{(2)}' \cap \tilde{E}_{(2)}''.$$

以下，帰納的に構成してゆく．$j = 1, \ldots, k(\in \mathbf{N})$ に対し p 次正方行列値正則関数

$$B_j'(z) \ (z \in \tilde{E}_{(j+1)}'), \quad B_j''(z) \ (z \in \tilde{E}_{(j+1)}'')$$

が，次を満たすように決まったとする：

(4.2.13)
$$\varepsilon_j := \max\left\{\|B_j'\|_{\tilde{E}_{(j+1)}'}, \|B_j''\|_{\tilde{E}_{(j+1)}''}\right\} \leq \frac{\pi\delta}{2^{j+4}L} \left(\leq \frac{1}{2^j}\right), \ 1 \leq j \leq k,$$

(4.2.14)
$$A(z) = (\mathbf{1}_p - B_1'(z)) \cdots (\mathbf{1}_p - B_k'(z)) \cdot (\mathbf{1}_p - N(B_k'(z), B_k''(z)))$$

$$\cdot (\mathbf{1}_p - B_k''(z))\cdots(\mathbf{1}_p - B_1''(z)), \quad z \in \tilde{E}'_{(k+1)} \cap \tilde{E}''_{(k+1)}.$$

$k=1$ の場合は，(4.2.11), (4.2.12) により成立している．

$z \in \tilde{E}'_{(k+2)} \cap \tilde{E}''_{(k+2)}$ に対し $B_{k+1}(z) = N(B_k'(z), B_k''(z))$ ((4.2.2) を参照) として，(4.2.7) で定義される $\gamma'_{(k+1)}, \gamma''_{(k+1)}$ を用いて

$$B'_{k+1}(z', z_n) = \frac{1}{2\pi i}\int_{\gamma'_{(k+1)}}\frac{B_{k+1}(z',\zeta)}{\zeta - z_n}d\zeta, \quad (z', z_n) \in \tilde{E}'_{(k+2)},$$

$$B''_{k+1}(z', z_n) = \frac{1}{2\pi i}\int_{\gamma''_{(k+1)}}\frac{B_{k+1}(z',\zeta)}{\zeta - z_n}d\zeta, \quad (z', z_n) \in \tilde{E}''_{(k+2)}$$

とおく．上記被積分関数内で，$|\zeta - z_n| \geq \frac{\delta}{2^{k+2}}$ であることに注意すると，(4.2.13) と補題 4.2.3 より，

$$(4.2.15) \qquad \varepsilon_{k+1} \leq \frac{L}{2\pi}\frac{2^{k+2}}{\delta}\|N(B_k', B_k'')\|_{\tilde{E}'_{(k+1)} \cap \tilde{E}''_{(k+1)}}$$

$$\leq \frac{L}{2\pi}\frac{2^{k+2}}{\delta}2^2\varepsilon_k^2 \leq \frac{1}{2}\varepsilon_k \leq \frac{\pi\delta}{2^{k+5}L},$$

$$\mathbf{1}_p - N(B_k'(z), B_k''(z)) = (\mathbf{1}_p - B'_{k+1}(z))(\mathbf{1}_p - N(B'_{k+1}(z), B''_{k+1}(z)))$$

$$\cdot (\mathbf{1}_p - B''_{k+1}(z)), \quad z \in \tilde{E}'_{(k+2)} \cap \tilde{E}''_{(k+2)}.$$

よって，(4.2.13) および (4.2.14) は，$k+1$ で成立する．

(4.2.13) と命題 4.2.1 (iv) より，次の無限乗積

$$A'(z) = \lim_{k\to\infty}(\mathbf{1}_p - B_1'(z))\cdots(\mathbf{1}_p - B_k'(z)), \quad z \in \tilde{E}' := \bigcap_{k=1}^{\infty}\tilde{E}'_{(k)},$$

$$A''(z) = \lim_{k\to\infty}(\mathbf{1}_p - B_k''(z))\cdots(\mathbf{1}_p - B_1''(z)), \quad z \in \tilde{E}'' := \bigcap_{k=1}^{\infty}\tilde{E}''_{(k)}$$

はそれぞれの定義域で一様収束し，その内部で可逆な p 次正方行列値正則関数となる．$z \in \tilde{E}' \cap \tilde{E}''$ に対し，(4.2.13) と補題 4.2.3 より

$$\|N(B_k'(z), B_k''(z))\| \leq 2^2\varepsilon_k^2 \leq \frac{1}{2^{2k-2}} \longrightarrow 0 \quad (k\to\infty)$$

であるから，(4.2.14) より $A(z) = A'(z)A''(z)$ を得る． $\square$

注意 4.2.16 (評価付き) 補題 4.2.5 において E', E'', U で決まる正定数 η, C と E' を内部に含む閉直方体近傍 $\tilde{E}'$ および E'' を内部に含む閉直方体近傍 $\tilde{E}''$ が $\tilde{E}' \cap \tilde{E}'' \subset U$ を満たすように存在して，$A = \mathbf{1}_p - B$ と書くとき，$\|B\|_U \leq \eta$ ならば $A' = \mathbf{1}_p - B'$, $A'' = \mathbf{1}_p - B''$ を

$$A(z) = A'(z)A''(z), \quad z \in \tilde{E}' \cap \tilde{E}'',$$

$$\max\{\|B'\|_{\tilde{E}'}, \|B''\|_{\tilde{E}''}\} \leq C\|B\|_U$$

を満たすようにとることができる. 証明は, 上記議論と (4.2.10), (4.2.15) による.

4.2.3 融合補題

次が H. カルタン[4] による融合補題である. 岡は, 第 VII 論文の序文脚注で, この論文[4] の定理に負うところもまた大きいと書いている[1]).

補題 4.2.17 (カルタンの融合補題) $E' \subset U'$, $E'' \subset U''$ を補題 4.2.5 のものとする. 連接層 $\mathscr{F} \to \Omega$ の U' 上の有限個の切断 $\sigma'_j \in \Gamma(U', \mathscr{F}), 1 \leq j \leq p'$, は U' 上 $\mathscr{F}$ を生成しているとする. 同様に, $\sigma''_k \in \Gamma(U'', \mathscr{F}), 1 \leq k \leq p''$, は U'' 上 $\mathscr{F}$ を生成しているとする. さらに $a_{jk}, b_{kj} \in \mathcal{O}(U' \cap U''), 1 \leq j \leq p', 1 \leq k \leq p''$, が存在して

$$\sigma'_j = \sum_{k=1}^{p''} a_{jk} \sigma''_k, \quad \sigma''_k = \sum_{j=1}^{p'} b_{kj} \sigma'_j$$

と表されているとする.

このとき近傍 $W \supset E' \cup E'', W \subset U' \cup U''$ と $\Gamma(W, \mathscr{F})$ の有限個の切断 $\sigma_l, 1 \leq l \leq p = p' + p''$, が存在して, それらが W 上 $\mathscr{F}$ を生成する.

証明 列ベクトルと行列を $\sigma' = {}^t(\sigma'_1, \ldots, \sigma'_{p'})$, $\sigma'' = {}^t(\sigma''_1, \ldots, \sigma''_{p''})$, $A = (a_{jk})$, $B = (b_{kj})$ とおくと

(4.2.18) $\qquad\qquad \sigma' = A \sigma'', \qquad \sigma'' = B \sigma'.$

σ', σ'' に 0 を加えて個数を合わせ次のようにおく.

$$\tilde{\sigma}' = \begin{pmatrix} \sigma'_1 \\ \vdots \\ \sigma'_{p'} \\ \hline 0 \\ \vdots \\ 0 \end{pmatrix}, \quad \tilde{\sigma}'' = \begin{pmatrix} 0 \\ \vdots \\ 0 \\ \hline \sigma''_1 \\ \vdots \\ \sigma''_{p''} \end{pmatrix}.$$

また,

$$\tilde{A} = \left(\begin{array}{c|c} \mathbf{1}_{p'} & A \\ \hline -B & \mathbf{1}_{p''} - BA \end{array} \right)$$

---

[1]) 第 VII 論文の序文の脚注 (2) で H. カルタン [4] [40] の論文情報の引用; "dont nous devons beaucoup aussi aux théorèmes" と書いている. 複数形になっているのは, 主に前の補題 4.2.5 とこの補題 4.2.17 のことと思われる.

とおく．(4.2.18) より，$BA\sigma'' = \sigma''$ であることを使うと
$$\tag{4.2.19} \tilde{\sigma}' = \tilde{A}\tilde{\sigma}''$$
となる．基本変形の繰り返しである行列

$$\tag{4.2.20} P = \left(\begin{array}{c|c} \mathbf{1}_{p'} & A \\ \hline 0 & \mathbf{1}_{p''} \end{array}\right), \quad P^{-1} = \left(\begin{array}{c|c} \mathbf{1}_{p'} & -A \\ \hline 0 & \mathbf{1}_{p''} \end{array}\right),$$

$$Q = \left(\begin{array}{c|c} \mathbf{1}_{p'} & 0 \\ \hline B & \mathbf{1}_{p''} \end{array}\right), \quad Q^{-1} = \left(\begin{array}{c|c} \mathbf{1}_{p'} & 0 \\ \hline -B & \mathbf{1}_{p''} \end{array}\right)$$

をとり $\tilde{A}$ を右と左から変形すると $Q\tilde{A}P^{-1} = \mathbf{1}_p$ を得る．$\tilde{A} = Q^{-1}P$ であるから $R = P^{-1}Q$ とおけば，

$$\tag{4.2.21} R = \left(\begin{array}{c|c} \mathbf{1}_{p'} & -A \\ \hline 0 & \mathbf{1}_{p''} \end{array}\right)\left(\begin{array}{c|c} \mathbf{1}_{p'} & 0 \\ \hline B & \mathbf{1}_{p''} \end{array}\right),$$

$$\tilde{A}R = \mathbf{1}_p.$$

R は，その形から A, B をどのようにとっても可逆であることに注意する．A, B の成分 a_{jk}, b_{kj} は，$E' \cap E'' = F \times \ell$ の近傍上正則であるから系 1.2.24 により，その適当な近傍 $W_0 (\Subset U' \cap U'')$ 上多項式 $\tilde{a}_{jk}, \tilde{b}_{kj}$ で一様近似できる．それ等を用いて (4.2.21) により作られる行列を $\tilde{R}$ とする．それ等一様近似を十分小さくすれば補題 4.2.5 の $\mathbf{1}_p$ の近傍 V_0 に対し

$$\tag{4.2.22} \hat{A}(z) = \tilde{A}(z)\tilde{R}(z) \in V_0, \qquad z \in W_0$$

が成り立つ．すると補題 4.2.5 により，E'（および E''）の適当な近傍 W'（および W''）とそこで正則な関数を成分とする p 次可逆行列 $\hat{A}'$（および $\hat{A}''$）が存在して，$W' \cap W'' (\subset W_0)$ 上

$$\tag{4.2.23} \hat{A} = \hat{A}'\hat{A}''$$

と書ける．これと (4.2.22) より $\tilde{A} = \hat{A}'\hat{A}''\tilde{R}^{-1}$ となり，(4.2.19) より $W' \cap W''$ 上

$$\tag{4.2.24} \hat{A}'^{-1}\tilde{\sigma}' = \hat{A}''\tilde{R}^{-1}\tilde{\sigma}''$$

が成立する．したがって，$\tau_h \in \Gamma(W' \cup W'', \mathscr{F}), 1 \leq h \leq p,$ を

$$\begin{pmatrix} \tau_1 \\ \vdots \\ \tau_p \end{pmatrix} = \begin{cases} \hat{A}'^{-1}\tilde{\sigma}', & W'上, \\ \hat{A}''\tilde{R}^{-1}\tilde{\sigma}'', & W''上, \end{cases}$$

と定義することができる．$\hat{A}'^{-1}$ と $\hat{A}''\tilde{R}^{-1}$ は可逆行列であるから，$\tau_h, 1 \leq h \leq p$, は $W' \cup W''$ 上で $\mathscr{F}$ を生成する． □

上で得た (τ_h) を (σ_j') と (σ_k'') を融合して作られた $\mathscr{F}$ の有限生成系と呼ぶ．

4.3 岡の基本補題

この節の目標は，凸柱状領域 $\Omega = \prod \Omega_j \subset \mathbf{C}^n$ 上の連接層 $\mathscr{F}$ に対し高次コホモロジーの消滅を証明することである．そのために，$\mathscr{F}$ の有限生成系を Ω のコンパクト集合上で構成し，それを順次拡大していく．その議論をわかりやすくするためにリーマンの写像定理により各 Ω_j を開長方形にしておく．

議論の記述が煩雑になることを厭わなければ，リーマンの写像定理を使う必要はなく，凸領域のままでも議論はできる．ただし，その場合は前節のカルタンによる補題からしかるべく変更が必要となる．

4.3.1 証明の手順

目標は，次節で証明する正則凸領域上の次の定理である．未定義語が少々出てくるが，ひとまず読み進めてほしい．

岡-カルタンの基本定理. 正則凸領域 $\Omega \subset \mathbf{C}^n$ 上の連接層 $\mathscr{F} \to \Omega$ に対し，

$$H^q(\Omega, \mathscr{F}) = 0, \qquad q \geq 1$$

が成立する．

ここで，その証明手順について述べておこう．
(i) まず，どんな層 $\mathscr{S} \to \Omega$ に対しても，$H^q(\Omega, \mathscr{S}) = 0, q \geq 2^{2n}$ (定理 3.4.14).
(ii) $\mathscr{F}$ を連接層とすると，局所有限であるから任意の一点 $a \in \Omega$ を中心とする多重円板近傍 $\mathrm{P}\Delta = \mathrm{P}\Delta(a; r)$ 上に次の完全列が作れる．
$$\mathcal{O}_{\mathrm{P}\Delta}^{N_1} \xrightarrow{\varphi_1} \mathscr{F}|_{\mathrm{P}\Delta} \to 0.$$
(iii) 凸柱状領域 Ω を考えるが，議論の記述のしやすさのために開直方体と仮定する．リーマンの写像定理でそれらは互いに双正則であるから，この仮定により一般性を失うことはない．その相対コンパクト開直方体 $\Omega_\nu \Subset \Omega_{\nu+1}$,

4.3 岡の基本補題

$\nu = 1, 2, \ldots,$ による増大開被覆をとる．まず，相対コンパクトな Ω_ν 上で
$$H^q(\Omega_\nu, \mathscr{F}) = 0, \qquad q \geq 1$$
を証明することを目標にする．ここで，$\mathscr{F}$ は Ω_ν に制限したものとして考えている．

(iv) 各閉直方体 $\bar{\Omega}_\nu$ を座標に平行な実超平面で分割し十分小さな閉直方体 $E_{\nu\mu}$, $\mu = 1, 2, \ldots,$ の和に表せば，(ii) より $E_{\nu\mu}$ の近傍 $U_{\nu\mu}$ 上で完全列

(4.3.1) $\qquad \mathcal{O}^{N_{\nu\mu}}_{U_{\nu\mu}} \xrightarrow{\varphi_{\nu\mu}} \mathscr{F}|_{U_{\nu\mu}} \to 0$

がある．

(v) 次に隣接する $E_{\nu\mu}, E_{\nu\mu'}$ についてカルタンの融合補題 4.2.17 を用いて完全列 (4.3.1) を融合し $E_{\nu\mu} \cup E_{\nu\mu'}$ の近傍上の完全列を作る．これを繰り返し，$\bar{\Omega}_\nu$ の近傍 U_ν 上の完全列
$$\mathcal{O}^{N_1}_{U_\nu} \xrightarrow{\varphi_1} \mathscr{F}|_{U_\nu} \to 0$$
を作る．よって次の短完全列を得る．

(4.3.2) $\qquad 0 \to \operatorname{Ker} \varphi_1 \to \mathcal{O}^{N_1}_{U_\nu} \xrightarrow{\varphi_1} \mathscr{F}|_{U_\nu} \to 0.$

$q \geq 1$ として，Ω_ν 上に制限すれば次の長完全列を得る．
$$\cdots \to H^q(\Omega_\nu, \mathcal{O}^{N_1}_{\Omega_\nu}) \to H^q(\Omega_\nu, \mathscr{F}) \to H^{q+1}(\Omega_\nu, \operatorname{Ker} \varphi_1)$$
$$\to H^{q+1}(\Omega_\nu, \mathcal{O}^{N_1}_{\Omega_\nu}) \to \cdots.$$

Ω_ν は凸柱状領域であるからドルボーの定理 3.6.9 により，$H^q(\Omega_\nu, \mathcal{O}^{N_1}_{\Omega_\nu}) = 0$, $q \geq 1$, である．したがって，
$$H^q(\Omega_\nu, \mathscr{F}) \cong H^{q+1}(\Omega_\nu, \operatorname{Ker} \varphi_1).$$

これで，コホモロジーの次数を一つ上げられた．$\mathscr{F}$ は連接であるから，$\operatorname{Ker} \varphi_1$ も連接層である．

(vi) (i) に帰着させるために，連接層 $\operatorname{Ker} \varphi_1$ に対し上の議論を行い，これをさらに繰り返すことにより，次の $\mathscr{F}$ の "長さ p" $(p \in \mathbf{N})$ の連接層の完全列を得る．

(4.3.3) $\qquad 0 \to \operatorname{Ker} \varphi_p \to \mathcal{O}^{N_{p-1}}_{\Omega_\nu} \xrightarrow{\varphi_{p-1}} \cdots \xrightarrow{\varphi_2} \mathcal{O}^{N_1}_{\Omega_\nu} \xrightarrow{\varphi_1} \mathscr{F}|_{\Omega_\nu} \to 0.$

これを連接層 $\mathscr{F}$ の長さ p の "岡分解"(Oka syzygies) と呼ぶ．これにより順次コホモロジーの次数を上げていく．$p = 2^{2n} - 1$ と取り，最後に (i) を使うことにより

(4.3.4) $\qquad H^q(\Omega_\nu, \mathscr{F}) \cong H^{q+1}(\Omega_\nu, \operatorname{Ker} \varphi_1) \cong \cdots \qquad$ (続く)

$$\cong H^{2^{2n}}(\Omega_\nu, \operatorname{Ker} \varphi_{2^{2n}-q}) = 0, \quad q \geq 1$$

を得る.

(vii) [岡の基本補題] $\nu \to \infty$ として, $H^q(\Omega, \mathscr{F}) = 0, q \geq 1$.

(viii) [岡の上空移行の原理] この原理は, Oka I でクザン問題を解決するために開発されたもので, そのままでは困難な問題を次元を上げて単純な領域の場合に帰着して証明しようとするものである. その有効性は, コホモロジー理論を共用することによりますます際立ってくる.

Ω を正則凸領域とする. 解析的多面体の増大開被覆 $\Omega_\mu \Subset \Omega_{\mu+1} \nearrow \Omega$ をとる. 各 Ω_μ は, ある次元の多重円板 $\mathrm{P}\Delta_{(\mu)}$ に閉複素部分多様体として埋め込める. これにより, Ω_μ は, $\mathrm{P}\Delta_{(\mu)}$ の解析的部分集合とみなし, そのイデアル層を $\mathscr{I}\langle\Omega_\mu\rangle$ と書く. 次の連接層の短完全列を得る.

$$0 \to \mathscr{I}\langle\Omega_\mu\rangle \to \mathscr{O}_{\mathrm{P}\Delta_{(\mu)}} \to \mathscr{O}_{\Omega_\mu} := \mathscr{O}_{\mathrm{P}\Delta_{(\mu)}}/\mathscr{I}\langle\Omega_\mu\rangle \to 0.$$

$\mathscr{F}|_{\Omega_\mu}$ を Ω_μ の外では, 0 として単純拡張した層を $\hat{\mathscr{F}}_\mu$ とし, 上の完全列とのテンソル積をとると定理 3.2.4 により完全列

$$\mathscr{I}\langle\Omega_\mu\rangle \otimes \hat{\mathscr{F}}_\mu \xrightarrow{\psi} \hat{\mathscr{F}}_\mu \xrightarrow{\phi} \mathscr{O}_{\mathrm{P}\Delta_{(\mu)}}/\mathscr{I}\langle\Omega_\mu\rangle \cong \mathscr{O}_{\Omega_\mu} \otimes \hat{\mathscr{F}}_\mu \cong \mathscr{F}|_{\Omega_\mu} \to 0$$

を得る. ψ の像は局所有限生成であるから連接である. したがって, 次の連接層の短完全列を得る.

$$0 \to \operatorname{Im} \psi \to \hat{\mathscr{F}}_\mu \xrightarrow{\phi} \mathscr{F}|_{\Omega_\mu} \to 0.$$

$\mathrm{P}\Delta_{(\mu)}$ 上では (iv) により基本定理は成立しているので,

$$H^q(\Omega_\mu, \mathscr{F}) \cong H^q(\mathrm{P}\Delta_{(\mu)}, \hat{\mathscr{F}}_\mu) = 0, \quad q \geq 1.$$

(ix) $\mu \to \infty$ として, $H^q(\Omega, \mathscr{F}) = 0, q \geq 1$.

この節では, (i)〜(vii) の部分を示す. (viii) と (ix) は, 次節で扱う.

注意 4.3.5 注意 3.7.14 で述べられたことは, たとえば上のステップ (v), (vi) に現れている. (4.3.4) に見られるように, 問題を高次コホモロジーに還元して自明に解いてしまうのである.

4.3.2 岡分解

$E \Subset \mathbf{C}^n$ を閉直方体とする (4.2.4 を参照). E の長さが正の辺の個数を E の次元と呼ぶことにし, $\dim E$ と書く. $0 \leq \dim E \leq 2n$ である.

E の近傍上で定義された連接層 $\mathscr{F}$ の岡分解 (Oka syzygies) の存在を示す. 次の補題は, 連接層に対し準大域的有限生成性を主張するものである.

補題 4.3.6 $E \in \mathbf{C}^n$ を任意の閉直方体とする.

(i) E の近傍で定義された任意の連接層 $\mathscr{F}$ は, E のある近傍上有限生成系を持つ. つまり, $\mathscr{F}$ が定義されているある近傍 $U \supset E$ とある $N \in \mathbf{N}$ が存在して次の完全列が存在する.
$$\mathcal{O}_U^N \xrightarrow{\varphi} \mathscr{F}|_U \to 0.$$

(ii) E の近傍 U で定義されている連接層 $\mathscr{F}$, U 上の $\mathscr{F}$ の有限生成系 $\{\sigma_j\}_{1 \leq j \leq N}$ および切断 $\sigma \in \Gamma(U, \mathscr{F})$ が任意に与えられているとする.

このとき, E のある近傍 $U' \subset U$ 上の正則関数 $a_j \in \mathcal{O}(U')$, $1 \leq j \leq N$, があって
$$\sigma = \sum_{j=1}^N a_j \sigma_j \quad (U' \text{上})$$
と表される.

証明 (i), (ii) を同時に次元 $\nu := \dim E$ に関する二重帰納法で証明する.

(イ) $\nu = 0$ の場合：これは共に連接性の定義から直ちに出る.

(ロ) $\nu \geq 1$ として, (i), (ii) は次元 $\nu - 1$ の任意の閉直方体の近傍で定義された任意の連接層について成立しているとする.

(i) 次元 ν の任意の閉直方体 E とその近傍上の連接層 $\mathscr{F}$ をとる. 座標 $(z_j) = (x_j + iy_j) \in \mathbf{C}^n$ と書き, $(x_1, y_1, \ldots, x_n, y_n)$ と並べる. 平行移動と座標の順序変更で E は, 次のように書けているとして一般性を失わない.
$$E = F \times [0, T].$$
ただし, F は次元 $\nu - 1$ の閉直方体で T は正数である. 任意に一点 $t \in [0, T]$ をとり $E_t := F \times \{t\}$ をとると, E_t は次元 $\nu - 1$ の閉直方体であるから (i) についての帰納法の仮定より $\mathscr{F}$ は E_t の近傍上で有限生成系を持つ. ハイネ–ボレルの定理によりある有限分割

(4.3.7) $$0 = t_0 < t_1 < \cdots < t_L = T$$

が存在して $E_\alpha = F \times [t_{\alpha-1}, t_\alpha]$, $1 \leq \alpha \leq L$ のある近傍上で $\mathscr{F}$ の有限生成系 $\{\sigma_{\alpha j}\}_j$ が存在する. $E_\alpha \cap E_{\alpha+1} = E_{t_\alpha}$ は次元 $\nu - 1$ の閉直方体であるから (ii) についての帰納法の仮定より, $E_\alpha \cap E_{\alpha+1}$ のある近傍上で正則関数 a_{jk}, b_{kj} が存在して
$$\sigma_{\alpha j} = \sum_k a_{jk} \sigma_{\alpha+1 k}, \quad \sigma_{\alpha+1 k} = \sum_j b_{kj} \sigma_{\alpha j}$$

と書かれる. これに融合補題 4.2.17 を使うと, $E_\alpha \cup E_{\alpha+1}$ の近傍上の有限生成

系を得る．初めに E_1 の近傍と E_2 の近傍上の有限生成系を融合させて $E_1 \cup E_2$ の近傍上の $\mathscr{F}$ の有限生成系を作る (図 4.5).

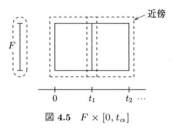

図 4.5　$F \times [0, t_\alpha]$

同じ方法でそれと E_3 の近傍上の有限生成系を融合させて $\bigcup_{\alpha=1}^{3} E_\alpha$ の近傍上の $\mathscr{F}$ の有限生成系を作る．これを繰り返せば，$\bigcup_{\alpha=1}^{L} E_\alpha = E$ の近傍上の有限生成系を作ることができる．

(ii) $\mathscr{F}$ と $\{\sigma_j\}$, σ を題意のようにとる．閉直方体 E を (i) のようにとり，同じ記号を用いることとする．任意の $t \in [0, T]$ に対して E_t は次元 $\nu - 1$ の閉直方体であるから，(ii) についての帰納法の仮定より，E_t の近傍上の正則関数 a_{tj} が存在して，その近傍上で
$$\sigma = \sum_j a_{tj} \sigma_j$$
と書かれる．(i) での議論と同様にして有限分割 4.3.7 が存在して各 E_α の近傍 U_α 上に正則関数 $a_{\alpha j} \in \mathcal{O}(U_\alpha)$ があって
$$\sigma = \sum_j a_{\alpha j} \sigma_j \quad (U_\alpha 上)$$
と表される．$\mathscr{R} := \mathscr{R}((\sigma_j)_j)$ を $(\sigma_j)_j$ による関係層とすると岡の第 1 連接定理 2.5.1 により $\mathscr{R}$ は E の近傍上の連接層である．他の添字 β をとると $U_\alpha \cap U_\beta$ 上で
$$\sum_j (a_{\alpha j} - a_{\beta j}) \sigma_j = 0$$
である．したがって，
$$(b_{\alpha\beta j})_j := (a_{\alpha j} - a_{\beta j})_j \in \Gamma(U_\alpha \cap U_\beta, \mathscr{R}).$$
$\mathscr{R}$ は連接層であるから $\dim E = \nu$ の場合の上の (i) の結果より $\mathscr{R}$ は E の近傍上で有限生成系 $\{\tau_h\}$ を持つ．再び $E_\alpha \cap E_\beta$ ($\neq \emptyset$ として) は次元 $\nu - 1$ の閉直方体であるから帰納法の仮定よりその近傍上の正則関数 $c_{\alpha\beta h}$ が存在して
$$(b_{\alpha\beta j})_j = \sum_h c_{\alpha\beta h} \tau_h.$$

U_α 達を小さく取り直せば，これは $U_\alpha \cap U_\beta$ 上で成立しているとしてよい．E の開直方体近傍 Ω を十分小さくとり，U_α を Ω に制限しているとすれば，$\{U_\alpha\}$ は Ω の開被覆であるとしてよい．$c_{\beta\alpha h} = -c_{\alpha\beta h}$ が成り立つようにとっておく．相異なる三つの添字 α, β, γ に対しては $U_\alpha \cap U_\beta \cap U_\gamma = \emptyset$ となっているとしてよい．したがって，1 次余輪体 $(c_{\alpha\beta h})_{\alpha,\beta} \in Z^1(\{U_\alpha\}, \mathcal{O}_\Omega)$ を得る．定理 3.6.9 と命題 3.4.11 より $H^1(\{U_\alpha\}, \mathcal{O}_\Omega) = 0$ であるから，ある $(d_{\alpha h}) \in \mathcal{O}(U_\alpha)$ が存在して

$$c_{\alpha\beta h} = d_{\beta h} - d_{\alpha h} \quad (U_\alpha \cap U_\beta \text{上})$$

が各 α, β について成立する．

以上より

$$(a_{\alpha j} - a_{\beta j})_j = \sum_h (d_{\beta h} - d_{\alpha h})\tau_h$$

となる．$\tau_h = (\tau_{hj})$ と成分で書けば，

$$a_{\alpha j} + \sum_h d_{\alpha h}\tau_{hj} = a_{\beta j} + \sum_h d_{\beta h}\tau_{hj}$$

が成立している．したがってこれは Ω 上の正則関数 $a_j \in \mathcal{O}(\Omega)$ を定義する．τ_h は $\mathscr{R}$ の切断であったから

$$\sigma = \sum_j a_j \sigma_j \quad (\Omega 上)$$

が示された． $\square$

補題 4.3.8 (岡分解 (Oka Syzygies), Oka VII) $\mathscr{F}$ を閉直方体 $E \Subset \mathbf{C}^n$ の近傍上の連接層とする．このとき $\mathscr{F}$ の任意の長さ p の岡分解が，E のある近傍 U 上に存在する．すなわち，完全列

(4.3.9) $\qquad 0 \to \operatorname{Ker}\varphi_p \to \mathcal{O}_U^{N_p} \xrightarrow{\varphi_p} \cdots \xrightarrow{\varphi_2} \mathcal{O}_U^{N_1} \xrightarrow{\varphi_1} \mathscr{F}|_U \to 0$

が存在する．

証明 補題 4.3.6 (i) により E のある近傍 U_1 上で次の完全列が存在する．

$$0 \to \operatorname{Ker}\varphi_1 \to \mathcal{O}_{U_1}^{N_1} \xrightarrow{\varphi_1} \mathscr{F}|_{U_1} \to 0.$$

セールの定理 3.3.1 により $\operatorname{Ker}\varphi_1$ は連接である．$\operatorname{Ker}\varphi_1$ に補題 4.3.6 (i) を再び適用すれば，E のある近傍 $U_2 (\subset U_1)$ 上次の完全列が存在する．

$$0 \to \operatorname{Ker}\varphi_2 \to \mathcal{O}_{U_2}^{N_2} \xrightarrow{\varphi_2} \mathcal{O}_{U_2}^{N_1} \xrightarrow{\varphi_1} \mathscr{F}|_{U_2} \to 0.$$

これを p 回繰り返せば求める岡分解が得られる． $\square$

4.3.3 岡の基本補題

記号は今まで通りとする.

補題 4.3.10 $\mathscr{F}$ を閉直方体 E の近傍上で定義された連接層とする. E の内点集合 E° について
$$H^q(E^\circ, \mathscr{F}) = 0, \qquad q \geq 1$$
が成立する.

証明 補題 4.3.8 で $p = 2^{2n} - 1$ として得た岡分解を E° に制限すれば, §4.3.1 の (v)~(vii) の議論から
$$H^q(E^\circ, \mathscr{F}) \cong H^{2^{2n}}(E^\circ, \mathrm{Ker}\, \varphi_{2^{2n}-q}) = 0, \quad q \geq 1$$
となる. □

これで連接層が E の近傍で定義されている場合には, E の内点上で岡-カルタンの基本定理が成立することがわかったことになる. これを連接層が E の内点のみで定義されている場合に主張するには, まだもう一段階の議論が必要になる.

基本定理をまず凸柱状領域に対し証明する (下記の岡の基本補題 4.3.11). 内容的には, 定理 3.6.9 を層 $\mathcal{O}_\Omega$ から任意の連接層に一般化するものであるが, これが本質的な大きな一歩となる. この一般化により岡の上空移行が自由に使えるようになる. このことにより, 凸柱状領域 (多重円板と言っても同じであるが) の場合から正則凸領域を扱う場合の距離とスタイン多様体を扱う場合の距離が同じになる (複素多様体の基礎知識を持っていればという条件下で). その意味で岡-カルタンの基本定理の本質的な部分はこの岡の基本補題に全て含まれている. このことが初めて示されたのが Oka VII であった.

補題 4.3.11 (岡の基本補題[2]) $\Omega \subset \mathbf{C}^n$ を凸柱状領域, $\mathscr{F} \to \Omega$ を連接層とすると, 次が成立する.
$$H^q(\Omega, \mathscr{F}) = 0, \qquad q \geq 1.$$

証明 (a) リーマンの写像定理により, Ω を開直方体として良い. Ω の相対コンパクト部分開直方体の増大列による被覆
$$\Omega_\nu \Subset \Omega_{\nu+1}, \quad \nu = 1, 2, \ldots, \quad \bigcup_{\nu=1}^\infty \Omega_\nu = \Omega$$

---

[2] 種々の複素解析的な問題を上空移行の原理により多重円板上の問題に帰着して解決するというのが Oka I からの一貫したアイデアであった.

をとる．Ω の相対コンパクト開直方体 U_α による局所有限開被覆 $\mathscr{U} = \{U_\alpha\}$ を一つとる．任意の q-単体 $\sigma \in N_q(\mathscr{U})$ の台 $|\sigma|$ は，また開直方体 $(\Subset \Omega)$ であるから補題 4.3.10 より

$$H^q(|\sigma|, \mathscr{F}) = 0, \qquad q \geq 1.$$

したがって，$\mathscr{U}$ はルレイ被覆である．$\mathscr{U}$ の Ω_ν への制限 $\mathscr{U}_\nu = \{U_\alpha \cap \Omega_\nu\}_\alpha$ についても同様である．したがって，定理 3.4.40 と補題 4.3.10 より

(4.3.12) $\qquad$ (i) $H^q(\Omega, \mathscr{F}) \cong H^q(\mathscr{U}, \mathscr{F}), \quad q \geq 0;$

$\qquad\qquad$ (ii) $H^q(\Omega_\nu, \mathscr{F}) \cong H^q(\mathscr{U}_\nu, \mathscr{F}) = 0, \quad q \geq 1.$

そこで任意に $[f] \in H^q(\mathscr{U}, \mathscr{F})$ をとる．$f \in Z^q(\mathscr{U}, \mathscr{F})$ である．制限 $f|_{\Omega_\nu} \in Z^q(\mathscr{U}_\nu, \mathscr{F})$ を考えると，(4.3.12) (ii) よりある $g_\nu \in C^{q-1}(\mathscr{U}_\nu, \mathscr{F})$ が存在して

(4.3.13) $\qquad\qquad f|_{\Omega_\nu} = \delta g_\nu, \qquad \nu = 1, 2, \ldots$

が成立する．

(b) $q \geq 2$ の場合．$\tilde{g}_1 = g_1$ とおく．$\tilde{g}_\nu \in C^{q-1}(\mathscr{U}_\nu, \mathscr{F})$ までが，

(4.3.14) $\qquad\qquad f|_{\Omega_\nu} = \delta \tilde{g}_\nu,$

$$\tilde{g}_\nu(\sigma) = \tilde{g}_{\nu-1}(\sigma), \quad \sigma \in N_{q-1}(\mathscr{U}), \text{ ただし } |\sigma| \subset \Omega_{\nu-1},$$

と定まったとする．(4.3.13) より，$\delta(\tilde{g}_\nu - g_{\nu+1}|_{\Omega_\nu}) = 0$ であるから，ある $h_{\nu+1} \in C^{q-2}(\mathscr{U}_\nu, \mathscr{F})$ があって

(4.3.15) $\qquad\qquad \tilde{g}_\nu - g_{\nu+1}|_{\Omega_\nu} = \delta h_{\nu+1}.$

$h_{\nu+1}$ を次のように Ω 全体に拡張する．

(4.3.16) $\qquad \tilde{h}_{\nu+1}(\sigma) = \begin{cases} h_{\nu+1}(\sigma), & \sigma \in N_{q-2}(\mathscr{U}), |\sigma| \subset \Omega_\nu, \\ 0, & \text{その他の場合,} \end{cases}$

とおく．$\tilde{h}_{\nu+1} \in C^{q-2}(\mathscr{U}, \mathscr{F})$ となる．

$$\tilde{g}_{\nu+1} = g_{\nu+1} + \delta \tilde{h}_{\nu+1}|_{\Omega_{\nu+1}}$$

とおく．(4.3.15) と (4.3.16) より

$$\delta \tilde{g}_{\nu+1} = \delta g_{\nu+1} = f|_{\Omega_{\nu+1}}$$

$$\tilde{g}_{\nu+1}(\sigma) = \tilde{g}_\nu(\sigma), \quad \sigma \in N_{q-1}(\mathscr{U}), |\sigma| \subset \Omega_\nu.$$

これより，$\tilde{g} = \lim_{\nu \to \infty} \tilde{g}_\nu \in C^{q-1}(\mathscr{U}, \mathscr{F})$ が定義され，$\delta \tilde{g} = f$ が成立する．したがって，$[f] = 0$ が示された．

(c) $q = 1$ の場合．$q \geq 2$ の場合は，$\tilde{g}_{\nu+1}$ をとるとき，$\tilde{g}_\nu$ と $\Omega_{\nu-1}$ 内で一致す

るように $C^{q-2}(\mathscr{U}, \mathscr{F})$ の元をとり調整して決めた．$q=1$ では $C^{-1}(\mathscr{U}, \mathscr{F})$ は存在しないので，この手法は使えない．代わりにより本質的な近似定理を用いる．

以下閉集合 "$\bar{\Omega}_\nu$ 上で" と言う意味は，"$\bar{\Omega}_\nu$ のある近傍 (適当な開直方体) 上で" と言う意味と解することにする．

上の $f \in Z^1(\mathscr{U}, \mathscr{F})$ に対し $f|_{\bar{\Omega}_\nu}$ を考え，(4.3.12) (ii) により改めて $g_\nu \in C^0(\mathscr{U}|_{\bar{\Omega}_\nu}, \mathscr{F})$ を $\bar{\Omega}_\nu$ 上で

(4.3.17) $$\delta g_\nu = f|_{\bar{\Omega}_\nu}$$

が成立するように取り直す．

補題 4.3.6 により各 $\bar{\Omega}_\nu$ 上に $\mathscr{F}$ の有限生成系 $\{\sigma_{(\nu)j}\}_{j=1}^{M_\nu}$ があるので，それをとり固定する．補題 4.3.6 (ii) より $\bar{\Omega}_{\nu-1}$ ($\nu \geq 2$) の近傍上に正則関数

$$\alpha_{(\nu,\nu-1)jk}, \quad 1 \leq j \leq M_\nu, 1 \leq k \leq M_{\nu-1}$$

があって $\bar{\Omega}_{\nu-1}$ 上

(4.3.18) $$\sigma_{(\nu)j} = \sum_{k=1}^{M_{\nu-1}} \alpha_{(\nu,\nu-1)jk} \sigma_{(\nu-1)k}$$

と書かれる．この式は，$\bar{\Omega}_{\nu-1}$ の近傍上で成立していることに注意する．(4.3.18) を繰り返し使うことにより，$\nu > \mu \geq 1$ に対し $\bar{\Omega}_\mu$ の近傍上で

(4.3.19) $$\sigma_{(\nu)j} = \sum \alpha_{(\nu,\nu-1)jk_{\nu-1}} \alpha_{(\nu-1,\nu-2)k_{\nu-1}k_{\nu-2}}$$
$$\cdots \alpha_{(\mu+1,\mu)k_{\mu+1}k_\mu} \sigma_{(\mu)k_\mu}$$

ここで,

(4.3.20)
$$\alpha_{(\nu,\mu)jk} = \sum_{k_h, \mu+1 \leq h \leq \nu-1} \alpha_{(\nu,\nu-1)jk_{\nu-1}} \alpha_{(\nu-1,\nu-2)k_{\nu-1}k_{\nu-2}} \cdots \alpha_{(\mu+1,\mu)k_{\mu+1}k}$$

とおくと，$\alpha_{(\nu,\mu)jk}$ は $\bar{\Omega}_\mu$ 上の正則関数であり，次が $\bar{\Omega}_\mu$ 上で成立する．

(4.3.21) $$\sigma_{(\nu)j} = \sum_{k=1}^{M_\mu} \alpha_{(\nu,\mu)jk} \sigma_{(\mu)k}.$$

$\bar{\Omega}_1$ 上 $\tilde{g}_1 = g_1$ とおく．以下順次，$\bar{\Omega}_\nu$ 上 $\tilde{g}_\nu$ を $\delta \tilde{g}_\nu = f|_{\bar{\Omega}_\nu}$ を満たし，かつある収束条件を満たすように決めてゆく．

$\tilde{g}_\nu$ ($\nu \geq 1$) まで決まったとする．$\delta(g_{\nu+1}|_{\bar{\Omega}_\nu} - \tilde{g}_\nu) = f|_{\bar{\Omega}_\nu} - f|_{\bar{\Omega}_\nu} = 0$ であるから，$g_{\nu+1}|_{\bar{\Omega}_\nu} - \tilde{g}_\nu \in \Gamma(\bar{\Omega}_\nu, \mathscr{F})$ となる．補題 4.3.6 (ii) により，正則関数 $a_{\nu+1 j} \in \mathscr{O}(\bar{\Omega}_\nu), 1 \leq j \leq M_{\nu+1}$ が存在して

(4.3.22) $$g_{\nu+1}|_{\bar{\Omega}_\nu} - \tilde{g}_\nu = \sum_{j=1}^{M_{\nu+1}} a_{\nu+1 j} \sigma_{(\nu+1)j} \quad (\bar{\Omega}_\nu \text{ 上で})$$

と書かれる。$\bar{\Omega}_\nu$ 上の正則係数関数 $a_{\nu+1j}$ をルンゲの定理 1.2.24 により $\bar{\Omega}_{\nu+1}$ 上 (たとえば、$\Omega_{\nu+2}$ 上) の正則関数 $\tilde{a}_{\nu+1j}$ で $\bar{\Omega}_\nu$ 上一様近似して、

(4.3.23) $\qquad \|a_{\nu+1j} - \tilde{a}_{\nu+1j}\|_{\bar{\Omega}_\nu} = \max_{\bar{\Omega}_\nu}\{|a_{\nu+1j} - \tilde{a}_{\nu+1j}|\} < \varepsilon$

とする。$\varepsilon > 0$ は後で決める。

(4.3.24) $\qquad \tilde{g}_{\nu+1} = g_{\nu+1} - \sum_{j=1}^{M_{\nu+1}} \tilde{a}_{\nu+1j}\sigma_{(\nu+1)j} \in C^0(\mathscr{U}|_{\bar{\Omega}_{\nu+1}}, \mathscr{F})$

とおく。$\sum_{j=1}^{M_{\nu+1}} \tilde{a}_{\nu+1j}\sigma_{(\nu+1)j} \in \Gamma(\bar{\Omega}_{\nu+1}, \mathscr{F})$, $\delta\tilde{g}_{\nu+1} = \delta g_{\nu+1} = f|_{\bar{\Omega}_{\nu+1}}$ である。
(4.3.24), (4.3.22) と (4.3.19) より

$$\tilde{g}_{\nu+1} - \tilde{g}_\nu = \sum_{j=1}^{M_{\nu+1}} (a_{\nu+1j} - \tilde{a}_{\nu+1j})\sigma_{(\nu+1)j} \quad (\bar{\Omega}_\nu \text{ 上で})$$

$$= \sum_{j,k}(a_{\nu+1j} - \tilde{a}_{\nu+1j})\alpha_{(\nu+1,\lambda)jk}\sigma_{(\lambda)k} \quad (\bar{\Omega}_\lambda \text{ 上で}),$$

$$1 \leq \lambda \leq \nu.$$

ε を十分小さくとることにより,

(4.3.25) $\qquad \sum_{j,k} \|(a_{\nu+1j} - \tilde{a}_{\nu+1j})\alpha_{(\nu+1,\lambda)jk}\|_{\bar{\Omega}_\lambda} < \dfrac{1}{2^{\nu+1}}, \quad 1 \leq \lambda \leq \nu$

が成立するようにする。これで $\tilde{g}_{\nu+1}$ が決まった。このようにして帰納的に $\tilde{g}_\nu$, $\nu = 2, 3, \ldots$, を (4.3.24) により (4.3.25) を満たすようにとる。

近似 (4.3.25) により次の関数項級数は Ω_ν 上, 絶対一様収束する.

(4.3.26) $\qquad b_{\nu k} = \sum_{\lambda=\nu}^{\infty} \sum_j (a_{\lambda+1j} - \tilde{a}_{\lambda+1j})\alpha_{(\lambda+1,\nu)jk} \in \mathscr{O}(\Omega_\nu).$

Ω_ν 上で次のようにおく.

(4.3.27) $\qquad G_\nu = \tilde{g}_\nu + \sum_{k=1}^{M_\nu} b_{\nu k}\sigma_{(\nu)k} \in \Gamma(\Omega_\nu, \mathscr{F}), \quad \nu = 1, 2, \ldots.$

$G_{\nu+1}|_{\Omega_\nu} = G_\nu$ を示したい. 以下, Ω_ν に制限して考えることとして制限記号 "$|_{\Omega_\nu}$" は煩雑になるので省略する. (4.3.26), (4.3.27) のおき方より次の計算が成立する.

$$G_{\nu+1} = \tilde{g}_{\nu+1} + \sum_{l=1}^{M_{\nu+1}} b_{\nu+1\,l}\sigma_{(\nu+1)l}$$

$$= \tilde{g}_\nu + \tilde{g}_{\nu+1} - \tilde{g}_\nu + \sum_{l=1}^{M_{\nu+1}} b_{\nu+1\,l}\sigma_{(\nu+1)l}$$

$$= \tilde{g}_\nu + \sum_k \sum_j (a_{\nu+1j} - \tilde{a}_{\nu+1j})\alpha_{(\nu+1,\nu)jk}\,\sigma_{(\nu)k}$$

$$+ \sum_k \sum_{\lambda=\nu+1}^{\infty} \sum_j (a_{\lambda+1j} - \tilde{a}_{\lambda+1j})\alpha_{(\lambda+1,\nu)jk}\,\sigma_{(\nu)k} \qquad (続く)$$

$$= \tilde{g}_\nu + \sum_k \sum_{\lambda=\nu}^{\infty} \sum_j (a_{\lambda+1 j} - \tilde{a}_{\lambda+1 j})\alpha_{(\lambda+1,\nu)jk}\,\sigma_{(\nu)k}$$
$$= \tilde{g}_\nu + \sum_{k=1}^{M_\nu} b_{\nu k}\,\sigma_{(\nu)k} = G_\nu.$$

したがって，$G = \lim_{\nu \to \infty} G_\nu \in C^0(\mathscr{U}, \mathscr{F})$ が存在して，$\delta G = f$ が成立する．以上で $[f] = 0$ が示された． □

注意 4.3.28 上の (c) ($q = 1$) の場合の証明では，各 $\bar{\Omega}_\nu$ 上に $\mathscr{F}$ の有限生成系を固定し，極限は係数関数のみでとることで G_ν を構成した．切断空間 $\Gamma(\Omega_\nu, \mathscr{F})$ に位相を入れて極限をとったわけではないことに注意しよう．$\mathscr{F}$ の切断空間に広義一様収束の位相を導入することは可能で興味ある読者は §8.1 を見られたい．そのような位相を入れれば，極限をとる部分の議論はもう少しすっきりするが，$\mathscr{F}$ の切断空間に位相を入れるにはそれなりの準備が必要となる．

注意 4.3.29 コホモロジーの消滅では，1 次コホモロジー $H^1(*, \star) = 0$ が重要である．これは連接層に対するクザン I 問題にほかならない．岡はこれを初めて解いた (Oka VII)．実際，岡が証明したことは岡分解の存在であった (補題 4.3.6 と 4.3.8)．もちろん狙いは，存在定理であり内容的には，次節で述べる岡–カルタンの基本定理 4.4.2 ($q = 1$) であった．

コホモロジーについて一般次数のコホモロジー $H^q(*, \star), q \geq 1$ を考えるように提案したのは J.-P. セールであった (H. カルタン[7], p. 51)．そのような事情で，この種の定理を "岡–カルタン–セールの定理" と呼ぶ文献もある．

上述の証明でもわかる通り，コホモロジー理論としては全ての次数のコホモロジーを考えるのが自然で，全体として纏まる．しかし 2 次以上のコホモロジーの消滅では 1 次コホモロジーの消滅で本質的な役を果たすルンゲの近似定理を必要としないなど，その内容には本質的な差がある．2 次以上のコホモロジーは，1 次コホモロジーの消滅の理解のための中間的役割は果たしている．第 7 章で扱うレビ問題 (ハルトークスの逆問題) の解決でも 1 次コホモロジーだけで十分である．

4.4　岡–カルタンの基本定理

まず解析的多面体の定義を与えよう．

定義 4.4.1 一般の領域 $G \subset \mathbf{C}^n$ 上に正則関数 $f_j, 1 \leq j \leq l$, が有限個与えら

れ，開部分集合
$$\{z \in G; |f_j(z)| < 1, 1 \leq j \leq l\}$$
の相対コンパクト連結成分の一つまたは有限個の和集合 $P \Subset G$ を $\mathcal{O}(G)$-**解析的多面体**と呼ぶ．$f_j \in \mathcal{O}(G)$ であることが明白な場合は，単に解析的多面体と呼ぶことにする．

正則凸領域上で次の定理を証明する．

定理 4.4.2 (岡–カルタンの基本定理) $\Omega \subset \mathbf{C}^n$ を正則凸領域，$\mathscr{F} \to \Omega$ を連接層とすると，次が成立する．
$$H^q(\Omega, \mathscr{F}) = 0, \qquad q \geq 1.$$

証明の手順 4.3.1 の (viii) と (ix) を遂行する．証明は，岡の基本補題 4.3.11 の凸柱状領域に対する証明において，開直方体 Ω_ν を解析的多面体 P_ν に置き換え，相対コンパクト開直方体による被覆を相対コンパクト凸柱状領域による被覆に置き換えて，その手順をそのまま繰り返す．必要となる性質を順次対照させながら証明してゆこう．

(a) 一般に領域 $G \subset \mathbf{C}^n$ と複素 k 次元閉部分多様体 $X \subset G$ があるとする．$\mathcal{O}_X$ で X 上の正則関数の芽の層を表す．局所的には，$x \in X$ の近傍 $U \subset G$ で次の条件を満たすものがある．U は，0 を中心とする多重円板の直積 $\mathrm{P}\Delta_k \times \mathrm{P}\Delta_{n-k}$ ($\mathrm{P}\Delta_k \subset \mathbf{C}^k$, $\mathrm{P}\Delta_{n-k} \subset \mathbf{C}^{n-k}$) と双正則同型であり，それらを同一視すれば
$$X \cap (\mathrm{P}\Delta_k \times \mathrm{P}\Delta_{n-k}) = \mathrm{P}\Delta_k \times \{0\} \quad (0 \in \mathrm{P}\Delta_{n-k})$$
と表される．

X の幾何学的イデアル層 $\mathscr{I}\langle X \rangle$ とは次のように定義されるものであった．
$$(4.4.3) \qquad \mathscr{I}\langle X \rangle = \left\{ \underline{f_V}_x \in \mathcal{O}_G; x \in G, f_V|_{V \cap X} = 0 \right\}.$$
ここで，V は正則関数 f_V が定義されている x の近傍を表す．

補題 4.4.4 上述の記号の下で，$x = (x_1, \ldots, x_k, x_{k+1}, \ldots, x_n) \in \mathrm{P}\Delta_k \times \mathrm{P}\Delta_{n-k}$ を正則座標系とする．この近傍上で $\mathscr{I}\langle X \rangle$ は
$$(4.4.5) \qquad \mathscr{I}\langle X \rangle_x = \sum_{j=k+1}^n \mathcal{O}_{G,x} \cdot \underline{x_j}_x, \quad x \in \mathrm{P}\Delta_k \times \mathrm{P}\Delta_{n-k}$$
と表され，局所有限生成となり，G 上の連接層である．

証明 $x = 0$ で (4.4.5) を示せば，十分である．0 の近傍で正則な関数 $f(x)$ の巾

級数展開 $f(x) = \sum_{\alpha} c_{\alpha} x^{\alpha}$ をとる．これを
$$f(x) = b_{n-1}(x_1, \ldots, x_{n-1}) + a_n(x_1, \ldots, x_n) x_n$$
と書く．書き方は一意的になる．$b_{n-1}(x_1, \ldots, x_{n-1})$ についても同様に
$$b_{n-1}(x_1, \ldots, x_{n-1}) = b_{n-2}(x_1, \ldots, x_{n-2}) + a_{n-1}(x_1, \ldots, x_{n-1}) x_{n-1}$$
と書き表す．これを順次繰り返せば，
$$f(x) = b_k(x_1, \ldots, x_k) + \sum_{j=k+1}^{n} a_j(x_1, \ldots, x_j) x_j$$
となる．したがって
$$\underline{f}_0 \in \mathscr{I}\langle X \rangle_0 \iff b_k(x_1, \ldots, x_k) = 0 \iff \underline{f}_0 \in \sum_{j=k+1}^{n} \mathcal{O}_{\mathrm{P}\Delta, 0} \cdot \underline{x_j}_0$$
となる．よってイデアル層 $\mathscr{I}\langle X \rangle \subset \mathcal{O}_{\mathrm{P}\Delta}$ は局所有限生成であり，命題 2.4.7 (i) により $\mathscr{I}\langle X \rangle$ は連接である． $\square$

$\mathcal{O}_X|_{U \cap X} \cong \mathcal{O}_{\mathrm{P}\Delta_k}$ であるから，$\mathcal{O}_X$ は X 上の層として連接である．$\mathcal{O}_X$ を X の外では 0 として G 上へ拡張した層 $\widehat{\mathcal{O}}_X$ を $\mathcal{O}_X$ の G 上への単純拡張と呼ぶ．短完全列
$$0 \to \mathscr{I}\langle X \rangle \to \mathcal{O}_G \to \mathcal{O}_G / \mathscr{I}\langle X \rangle \to 0$$
を考えると，$\widehat{\mathcal{O}}_X \cong \mathcal{O}_G / \mathscr{I}\langle X \rangle$ である．補題 4.4.4 とセールの定理 3.3.1 によって $\widehat{\mathcal{O}}_X \cong \mathcal{O}_G / \mathscr{I}\langle X \rangle$ は G 上の連接層である．

一般に X 上の連接層 $\mathscr{F}$ に対し，上と同様に X の外では 0 として G 上へ拡張した層 $\widehat{\mathscr{F}}$ を $\mathscr{F}$ の G 上への単純拡張と呼ぶ．これも G 上の連接層になる．なぜならば，局所有限生成であることは定義より従う．次に開集合 U 上の有限個の切断 $s_j \in \Gamma(U, \widehat{\mathscr{F}})$, $1 \leq j \leq l$ の関係層
$$\mathscr{R}(s_1, \ldots, s_l) = \left\{ (\underline{f_j}_x) \in \mathcal{O}_G^l; x \in G, \sum_{j=1}^{l} \underline{f_j}_x s_j(x) = 0 \right\}$$
を考える．$\mathscr{R}(s_1, \ldots, s_l)$ の $\mathcal{O}_G$ 加群の層としての局所有限生成性を示すのだが，$x \in G \setminus X$ では $\mathscr{R}(s_1, \ldots, s_l)_x = \mathcal{O}_{G,x}^l$ であるから成立している．$x \in X$ の近傍 $V \subset G$ では仮定により，$\mathscr{R}(s_1, \ldots, s_l) \otimes (\mathcal{O}_G / \mathscr{I}\langle X \rangle)$ は，$\mathcal{O}_G / \mathscr{I}\langle X \rangle$ 加群の層として連接であるので V を小さくとれば，そこで $\mathcal{O}_G / \mathscr{I}\langle X \rangle$ 加群として有限生成である．つまり $\mathscr{I}\langle X \rangle$ を法として有限生成である．補題 4.4.4 により，$\mathscr{I}\langle X \rangle$ も V 上で $\mathcal{O}_G$ イデアルとして有限生成であるように V をとることができる．よって V 上で $\mathscr{R}(s_1, \ldots, s_l)$ は $\mathcal{O}_G$ 加群の層として有限生成であることがわかる．

以上の事柄は，これからしばしば使うのでまとめておく．

4.4 岡–カルタンの基本定理

定理 4.4.6 X を領域 $G \subset \mathbf{C}^n$ の複素閉部分多様体とすると，次が成立する．
 (i) X の幾何学的イデアル層 $\mathscr{I}\langle X \rangle$ は，連接である[3]．
 (ii) 単純拡張 $\widehat{\mathcal{O}}_X$ は，連接である．
 (iii) X 上の連接層 $\mathscr{F}$ の単純拡張 $\widehat{\mathscr{F}}$ は，連接である．

次に正則凸領域を内側から近似する解析的多面体列を作る．

補題 4.4.7 正則凸領域 Ω は，いつも $\mathcal{O}(\Omega)$-解析的多面体領域による被覆増大列

$$P_\nu \Subset P_{\nu+1}, \quad \nu \in \mathbf{N},$$
$$\Omega = \bigcup_\nu P_\nu$$

を持つ．

証明 境界距離関数を $d(z;\partial\Omega) = \inf\{\|z-\zeta\|; \zeta \in \partial\Omega\}$ とおく．任意に $a_0 \in \Omega$ を固定する．$r_0 > 0$ を十分大きくとれば

$$U_1 = \left\{ z \in \Omega; \|z\| < r_0, d(z,\partial\Omega) > \frac{1}{r_0} \right\} \ni a_0.$$

この開集合の a_0 を含む連結成分を V_1 とする．V_ν を開集合

$$U_\nu = \left\{ z \in \Omega; \|z\| < \nu r_0, d(z,\partial\Omega) > \frac{1}{\nu r_0} \right\}, \quad \nu = 1, 2, \ldots$$

の a_0 を含む連結成分とする．定義より，$\bigcup_{\nu=1}^\infty U_\nu = \Omega$．任意の点 $z \in \Omega$ をとり，a_0 と z を曲線 C で結ぶ．C はコンパクトで $C \subset \bigcup_{\nu=1}^\infty U_\nu$ であるから，ある数 ν_0 が存在して，$C \subset U_{\nu_0}$．連結性より，$C \subset V_{\nu_0}$ となり，$z \in V_{\nu_0}$ となる．したがって $\bigcup_{\nu=1}^\infty V_\nu = \Omega$ が成立する．これで，Ω の被覆増大領域列

$$V_\nu \Subset V_{\nu+1}, \quad \bigcup_{\nu=1}^\infty V_\nu = \Omega$$

ができた．

$\bar{V}_1$ の正則凸包 $\widehat{V_{1\Omega}}$ をとる．Ω は正則凸であるから $\widehat{V_{1\Omega}}$ はコンパクトである．その近傍 $W \Subset \Omega$ をとる．W の境界点 $a \in \partial W$ は，$a \notin \widehat{V_{1\Omega}}$ であるから，ある $h \in \mathcal{O}(\Omega)$ があって，

$$\max_{\widehat{V_{1\Omega}}} |h| < |h(a)|$$

とできる．

---

[3] さらに一般に特異点を許す解析的集合に対してもその幾何学的イデアル層が連接であることを主張するのが，岡の第 **2** 連接定理である (定理 6.5.1)．

$$\max_{\widehat{V}_{1\Omega}} |h| < \theta < |h(a)|$$

と θ をとれば,a の近傍 $\omega(a) \subset \Omega$ がとれて次が成立する.

$$\max_{\widehat{V}_{1\Omega}} |h| < \theta < |h(z)|, \quad z \in \omega(a).$$

h を θ で割っておけば,

(4.4.8) $$\max_{\widehat{V}_{1\Omega}} |h| < 1 < |h(z)|, \quad z \in \omega(a)$$

としてよい.∂W はコンパクトであるから,有限個の (4.4.8) のような $h_j \in \mathcal{O}(\Omega)$ と $\omega(a_j)$ $(1 \leq j \leq l)$ がとれて,

$$\widehat{V}_{1\Omega} \subset Q := \{z \in \Omega; |h_j(z)| < 1, 1 \leq j \leq l\}, \quad \bigcup_{j=1}^{l} \omega(a_j) \supset \partial W$$

が成立する.$Q \cap \partial W = \emptyset$ であるから Q の V_1 を含む連結成分を P_1 とすれば,P_1 は $\mathcal{O}(\Omega)$-解析的多面体領域で

$$V_1 \Subset P_1 \Subset W$$

を満たす.

V_{ν_2} を $V_{\nu_2} \supset \bar{P}_1 \cup \bar{V}_2$ と取る.$\bar{V}_{\nu_2}$ に対して上で $\bar{V}_1$ に対して行った議論と同じ議論を繰り返して $V_{\nu_2} \Subset P_2 \Subset \Omega$ となる $\mathcal{O}(\Omega)$-解析的多面体領域 P_2 をとる.これを繰り返せば,所要の解析的多面体領域の増大列 P_ν, $\nu = 1, 2, \ldots$,を得る. □

補題 4.4.9(岡の上空移行) 任意の領域 G の解析的多面体 $P \Subset G$ と P 上の任意の連接層 $\mathscr{S}$ に対し,

$$H^q(P, \mathscr{S}) = 0, \qquad q \geq 1$$

が成立する.

証明 有限個の $h_i \in \mathcal{O}(G)$, $1 \leq i \leq m$ を $P \Subset G$ が,

$$\{z \in G; |h_j(z)| < 1, 1 \leq j \leq m\}$$

の有限個の連結成分の和となるようにとる.$P \Subset \mathbf{C}^n$ は有界であるから,多重円板 $\mathrm{P}\Delta'$ が存在して $P \subset \mathrm{P}\Delta'$ となる.次の閉複素部分多様体としての固有な埋め込みを考える.

$$\iota_P : z \in P \to (z, h_1(z), \ldots, h_m(z)) \in \mathrm{P}\Delta' \times \Delta(0,1)^m.$$

多重円板を $\mathrm{P}\Delta'' = \Delta(0,1)^m$, $\mathrm{P}\Delta = \mathrm{P}\Delta' \times \mathrm{P}\Delta''$ とおく.この埋め込み写像をこれから頻繁に使うので名前をつけ

(4.4.10) $$\iota_P : P \to \mathrm{P}\Delta' \times \mathrm{P}\Delta'' = \mathrm{P}\Delta$$

を P の岡の上空移行写像，略して岡写像と呼ぶことにする．

解析的多面体 P を像 $\iota_P(P) \subset \mathrm{P}\Delta$ と同一視する．$\mathscr{S}$ の $\mathrm{P}\Delta$ 上への単純拡張 $\widehat{\mathscr{S}}$ は連接層であり (定理 4.4.6) $\mathrm{P}\Delta$ は凸柱状領域であるから岡の基本補題 4.3.11 により，
$$H^q(\mathrm{P}\Delta, \widehat{\mathscr{S}}) = 0, \qquad q \geq 1.$$
作り方から，$H^q(P, \mathscr{S}) \cong H^q(\mathrm{P}\Delta, \widehat{\mathscr{S}})$ であるから主張が従う． $\square$

一般に開集合 $U \subset \mathbf{C}^n$ と有限個の正則関数 $f_j \in \mathcal{O}(U), 1 \leq j \leq L$，があるとき
$$Q = \{z \in U ; |f_j(z)| < 1, 1 \leq j \leq L\}$$
と表される開集合を U の**半解析的多面体**と呼ぶことにする．

補題 4.4.11 (岡の上空移行) Q を凸柱状領域 G の半解析的多面体とし，$\mathscr{S} \to Q$ を任意の連接層とする．このとき，
$$H^q(Q, \mathscr{S}) = 0, \qquad q \geq 1$$
が成立する．

証明 Q が有限個の $f_j \in \mathcal{O}(G), 1 \leq j \leq m$ で
$$Q = \{z \in G ; |f_j(z)| < 1, 1 \leq j \leq m\}$$
と書かれているとする．岡写像と同じアイデアで正則単射
$$z \in Q \to (z, f_1(z), \ldots, f_m(z)) \in G \times \Delta(0;1)^m$$
の像は $R = G \times \Delta(0;1)^m$ の閉複素部分多様体である．それを Q と同一視する．R は凸柱状領域である．$\mathscr{S} \to Q$ の R 上への単純拡張 $\widehat{\mathscr{S}}$ をとる．これは R 上の連接層である (定理 4.4.6)．したがって岡の基本補題 4.3.11 より
$$H^q(Q, \mathscr{S}) \cong H^q(R, \widehat{\mathscr{S}}) = 0, \quad q \geq 1. \qquad \square$$

$\Omega \subset \mathbf{C}^n$ を正則凸領域とする．Ω の凸柱状領域 $U_\alpha \Subset \Omega$ による局所有限な開被覆 $\mathscr{U} = \{U_\alpha\}$ をとる．任意の複体 $\sigma \in N_q(\mathscr{U})$ の台 $|\sigma|$ も凸柱状領域であるから岡の基本補題 4.3.11 により任意の連接層 $\mathscr{F} \to \Omega$ に対し

(4.4.12) $$H^q(|\sigma|, \mathscr{F}) = 0, \qquad q \geq 1$$

となり $\mathscr{F}$ に関するルレイ被覆である (定理 3.4.40)．したがって，

(4.4.13) $$H^q(\Omega, \mathscr{F}) \cong H^q(\mathscr{U}, \mathscr{F}), \qquad q \geq 0.$$

補題 4.4.7 により $\mathcal{O}(\Omega)$-解析的多面体領域による被覆増大列 $\{P_\nu\}$ をとる. $\mathscr{U}$ の P_ν への制限 $\mathscr{U}_\nu = \{P_\nu \cap U_\alpha\}$ をとる. $P_\nu \cap U_\alpha$ は, $U_\alpha \subset P_\nu$ ならば凸柱状領域, そうでなければ凸柱状領域の半解析的多面体である. したがって補題 4.4.11 により

$$H^q(|\tau|, \mathscr{F}) = 0, \qquad \tau \in N_q(\mathscr{U}_\nu), \ q \geq 1.$$

よって $\mathscr{U}_\nu$ は, P_ν の $\mathscr{F}$ に関するルレイ被覆となり, 補題 4.4.9 を使うと,

(4.4.14) $$H^q(\mathscr{U}_\nu, \mathscr{F}) \cong \begin{cases} H^0(P_\nu, \mathscr{F}), & q = 0, \\ H^q(P_\nu, \mathscr{F}) = 0, & q \geq 1. \end{cases}$$

(b) $q \geq 2$ の場合の基本定理 4.4.2 の証明. 以上の準備で $q \geq 2$ の場合の証明ができる. 岡の基本補題 4.3.11 の証明で Ω_ν を P_ν に読み替える. その補題の証明 (b) と同じ議論で任意の $f \in Z^q(\mathscr{U}, \mathscr{F})$ に対し, (4.4.14) より $\tilde{g}_\nu \in C^{q-1}(\mathscr{U}_\nu, \mathscr{F})$ を次を満たすように作ることができる.

$$\delta \tilde{g}_\nu = f|_{\Omega_\nu}$$
$$\tilde{g}_\nu(\sigma) = \tilde{g}_{\nu-1}(\sigma), \quad \sigma \in N_{q-1}(\mathscr{U}), \ |\sigma| \subset \Omega_{\nu-1}.$$

したがって, $\tilde{g} = \lim_{\nu \to \infty} \tilde{g}_\nu \in C^{q-1}(\mathscr{U}, \mathscr{F})$ が定義され, $\delta \tilde{g} = f$ が成立する. よって $[f] = 0 \in H^q(\mathscr{U}, \mathscr{F})$ が示された.

(c) $q = 1$ の場合の基本定理 4.4.2 の証明. この場合は, (a) で示したことに加えて各 $\bar{P}_\nu$ の近傍上での $\mathscr{F}$ の有限生成系と $\mathcal{O}(P_\nu)$ の関数を $\mathcal{O}(\Omega)$ の関数で近似する近似定理が必要になる.

補題 4.4.15 (岡の上空移行) P を領域 $G \subset \mathbf{C}^n$ の $\mathcal{O}(G)$-解析的多面体とし $\mathscr{S}$ を閉包 $\bar{P}$ の近傍上で定義された連接層とする. このとき, $\mathscr{S}$ は $\bar{P}$ のある近傍上で有限生成系を持つ. すなわちある近傍 $U \supset \bar{P}$ と有限個の $s_j \in \Gamma(U, \mathscr{S}), 1 \leq j \leq l$ が存在して, 次は完全列である.

$$\left(\underline{f_j}_z\right) \in \mathcal{O}_U^l \to \sum_j \underline{f_j}_z s_j(z) \in \mathscr{S}|_U \to 0 \quad (z \in U).$$

証明 有限個の $h_i \in \mathcal{O}(G), 1 \leq i \leq m$ を $P \Subset G$ が,

$$\{z \in G; |h_j(z)| < 1, 1 \leq j \leq m\}$$

の有限個の連結成分の和となるようにとる. $\varepsilon > 0$ を十分小さくとれば,

$$\{z \in G; (1-\varepsilon)|h_j(z)| < 1, 1 \leq j \leq m\}$$

の P の点を含む連結成分の和 $\tilde{P}$ は, $\mathscr{S}$ の定義域に含まれかつ $\tilde{P} \Subset G$ となる. $\mathscr{S} = \mathscr{S}|_{\tilde{P}}$ と書くことにする.

$\mathcal{O}(G)$-解析的多面体 $\tilde{P}$ の岡写像
$$\iota_{\tilde{P}} : \tilde{P} \to \mathrm{P}\Delta' \times \mathrm{P}\Delta'' = \mathrm{P}\Delta$$
をとる. $\tilde{P}$ を像 $\iota_{\tilde{P}}(\tilde{P})$ と同一視する. $\mathscr{S}$ の単純拡張 $\widehat{\mathscr{S}}$ は $\mathrm{P}\Delta$ 上の連接層になる (定理 4.4.6). リーマンの写像定理により $\mathrm{P}\Delta$ は開直方体 R としてよい. 閉直方体 E を $\bar{P} \subset E \Subset R$ と取る. 補題 4.3.6 により, $\widehat{\mathscr{S}}$ は, E の近傍 V 上で有限個の生成系を持つ. それを $U = V \cap \tilde{P}$ に制限すれば, U 上の $\mathscr{S}$ の有限生成系が得られる. □

補題 4.4.16 前補題と同じく P を領域 $G \subset \mathbf{C}^n$ の $\mathcal{O}(G)$-解析的多面体とし $\mathscr{S}$ を閉包 $\bar{P}$ の近傍上で定義された連接層とする. $s_j \in \Gamma(P, \mathscr{S}), 1 \leq j \leq l$ を P 上の $\mathscr{S}$ の有限生成系とする. すると, 次は完全列 (全射) である.
$$(f_j) \in \mathcal{O}(P)^l \to \sum_j f_j s_j \in \Gamma(P, \mathscr{S}) \to 0.$$

証明 仮定により
$$\phi : \left(\underline{f_j}_z\right) \in \mathcal{O}_P^l \to \sum_j \underline{f_j}_z s_j(z) \in \mathscr{S}|_P$$
は全射であり, $\mathrm{Ker}\,\phi$ は連接層である. よって, 次の連接層の短完全列を得る.
$$0 \to \mathrm{Ker}\,\phi \to \mathcal{O}_P^l \to \mathscr{S}|_P \to 0.$$
定理 3.4.17 により次の長完全列が従う.
$$H^0(P, \mathcal{O}_P^l) \to H^0(P, \mathscr{S}) \to H^1(P, \mathrm{Ker}\,\phi) \to \cdots.$$
補題 4.4.9 より, $H^1(P, \mathrm{Ker}\,\phi) = 0$ であるから, 全射
$$\phi_* : H^0(P, \mathcal{O}_P^l) \to H^0(P, \mathscr{S}) \to 0$$
を得る. □

次が, 各解析的多面体 P_ν で作った解を収束させるために本質的役を果たす近似定理である.

補題 4.4.17 (岡の上空移行：ルンゲ型近似) P を任意の領域 G の解析的多面体とする. 任意の P 上の正則関数 f は, P のコンパクト部分集合上 $\mathcal{O}(G)$ の元で任意に一様近似可能である.

証明 P の岡写像

$$\iota_P : z \in P \to (z, h(z)) = (z, w) \in \mathrm{P}\Delta' \times \mathrm{P}\Delta'' = \mathrm{P}\Delta$$

をとる．ここで，$h(z) = (h_j(z))$，$h_j \in \mathcal{O}(G)$ である．P を $\iota_P(P)$ と同一視し，$\mathscr{I}\langle P \rangle$ で $P \subset \mathrm{P}\Delta$ のイデアル層とする．岡の第1連接定理 2.5.1 により次の短完全列を得る．

$$0 \to \mathscr{I}\langle P \rangle \to \mathcal{O}_{\mathrm{P}\Delta} \to \widehat{\mathcal{O}}_P \to 0.$$

定理 3.4.17 により

$$H^0(\mathrm{P}\Delta, \mathcal{O}_{\mathrm{P}\Delta}) \to H^0(\mathrm{P}\Delta, \widehat{\mathcal{O}}_P) \cong H^0(P, \mathcal{O}_P) \to H^1(\mathrm{P}\Delta, \mathscr{I}\langle P \rangle) \to \cdots.$$

$\mathscr{I}\langle P \rangle$ は，連接層であるから岡の基本補題 4.3.11 により $H^1(\mathrm{P}\Delta, \mathscr{I}\langle P \rangle) = 0$．したがって，

$$H^0(\mathrm{P}\Delta, \mathcal{O}_{\mathrm{P}\Delta}) \to H^0(P, \mathcal{O}_P) \to 0.$$

よって $F \in \mathcal{O}(\mathrm{P}\Delta)$ が存在して，$F|_P = f$ となる．$F(z, w)$ $((z, w) \in \mathrm{P}\Delta' \times \mathrm{P}\Delta'')$ を巾級数展開する：

$$F(z, w) = \sum_{\alpha, \beta} c_{\alpha\beta} z^\alpha w^\beta.$$

任意のコンパクト部分集合 $K \Subset P(\subset \mathrm{P}\Delta)$ と任意の $\varepsilon > 0$ に対し，ある $N \in \mathbf{N}$ が存在して

$$\left| F(z, w) - \sum_{|\alpha|, |\beta| \leq N} c_{\alpha\beta} z^\alpha w^\beta \right| < \varepsilon, \quad (z, w) \in K \subset \mathrm{P}\Delta.$$

$w = h(z)$ を代入すると

$$\left| f(z) - \sum_{|\alpha|, |\beta| \leq N} c_{\alpha\beta} z^\alpha h^\beta(z) \right| < \varepsilon, \quad z \in K \subset P \subset G.$$

$\sum_{|\alpha|, |\beta| \leq N} c_{\alpha\beta} z^\alpha h^\beta(z) \in \mathcal{O}(G)$ であるから，主張が示された． □

$q = 1$ の場合の基本定理 **4.4.2** の証明．以上の準備の下で，前節の岡の基本補題 4.3.11(c) の場合の証明を，開直方体 Ω_ν の代わりに解析的多面体 P_ν をとって遂行する．たとえば，ルンゲの定理に変えて補題 4.4.17 を用いて P_ν 上の正則関数を $\bar{P}_{\nu-1}$ 上 $\mathcal{O}(\Omega)$ の元で一様近似する．結果，帰納的に次のような列がとれる ((4.3.27) を参照)．

(4.4.18) $\quad G_\nu \in C^0(\mathscr{U}_\nu, \mathscr{F}), \quad (P_\nu \text{ 上}) \quad \nu = 1, 2, \ldots,$

$\quad\quad\quad\quad\quad \delta G_\nu = f|_{P_\nu}, \quad \nu = 1, 2, \ldots,$

(4.4.19) $\quad G_{\nu+1}|_{P_\nu} = G_\nu, \quad \nu = 1, 2, \ldots.$

これより $G = \lim_{\nu \to \infty} G_\nu \in C^0(\mathscr{U}, \mathscr{F})$ が存在して，$\delta G = f$ を満たす．した

がって，$[f] = 0$ となる．これで基本定理 4.4.2 の証明が完結した． □

注意． 第 3 章問題 7 でみたように，基本定理 4.4.2 は正則凸性の仮定がなければ $\mathscr{F} = \mathcal{O}_\Omega, q = 1$ の場合で反例がある．

ここで岡–カルタンの基本定理 4.4.2 の簡単ではあるが非自明な応用を系としていくつか与えよう．

まずドルボーの定理 3.6.8 より次の系が直ちに出る．

系 4.4.20 正則凸領域 Ω 上では，任意の $f \in \Gamma(\Omega, \mathscr{E}_\Omega^{(p,q)})$ $(q \geq 1)$, $\bar{\partial}f = 0$ に対し，ある $g \in \Gamma(\Omega, \mathscr{E}_\Omega^{(p,q-1)})$ が存在して，$f = \bar{\partial}g$ が成立する．

系 4.4.21 $\Omega \subset \mathbf{C}^n$ を領域とする．
  (i) (補間定理) $X = \{x_\nu\}_{\nu=1}^\infty$ を Ω 内の離散点列とするとき，任意の数列 $\{\alpha_\nu\}_{\nu=1}^\infty$ に対し，ある正則関数 $f \in \mathcal{O}(\Omega)$ が存在して，$f(x_\nu) = \alpha_\nu$, $\nu = 1, 2, \ldots$, が成立することと Ω が正則凸であることは同値である．
  (ii) $\mathscr{F}$ を正則凸な Ω 上の連接層とする．任意の点 $a \in \Omega$ において茎 $\mathscr{F}_a$ は有限個の切断 $\sigma_j \in \Gamma(\Omega, \mathscr{F})$, $1 \leq j \leq l$ によって $\mathcal{O}_{\Omega,a}$ 上生成される．つまり

$$(4.4.22) \qquad \mathscr{F}_a = \sum_{j=1}^l \mathcal{O}_{\Omega,a} \cdot \sigma_j(a).$$

証明． (i) Ω を正則凸とする．X を Ω の 0 次元複素部分多様体と見る．その幾何学的イデアル層 $\mathscr{I}\langle X \rangle$ は，定理 4.4.6 により Ω 上の連接層である．各 x_ν では，$\mathscr{I}\langle X \rangle_{x_\nu}$ は $\mathcal{O}_{\Omega,x_\nu}$ の極大イデアル $\mathfrak{m}_{x_\nu}$ に一致する．したがって

$$(\mathcal{O}_\Omega / \mathscr{I}\langle X \rangle)_{x_\nu} = \mathcal{O}_{\Omega,x_\nu} / \mathfrak{m}_{x_\nu} \cong \mathbf{C}$$

となる．したがって制限写像から誘導される次の自然な列が完全であることを示せば良い．

$$(4.4.23) \quad f \in H^0(\Omega, \mathcal{O}_\Omega) \to f|_X \in H^0(\Omega, \mathcal{O}_\Omega / \mathscr{I}\langle X \rangle) \cong H^0(X, \mathbf{C}) \to 0.$$

次の連接層の短完全列を考える．

$$(4.4.24) \qquad 0 \to \mathscr{I}\langle X \rangle \to \mathcal{O}_\Omega \to \mathcal{O}_\Omega / \mathscr{I}\langle X \rangle \to 0.$$

これより次の長完全列が従う．

$$(4.4.25) \qquad H^0(\Omega, \mathcal{O}_\Omega) \to H^0(\Omega, \mathcal{O}_\Omega / \mathscr{I}\langle X \rangle) \to H^1(\Omega, \mathscr{I}\langle X \rangle) \to \cdots.$$

岡–カルタンの基本定理 4.4.2 により，$H^1(\Omega, \mathscr{I}\langle X \rangle) = 0$．したがって，(4.4.23) を得る．

逆に，Ω が正則凸でないとすると，あるコンパクト集合 $K \Subset \Omega$ で $\hat{K}_\Omega \not\Subset \Omega$ で

あるものが存在する．すると離散点列 $x_\nu \in \hat{K}_\Omega \subset \Omega$, $\nu = 1, 2, \ldots$, をとることができる．数列 $\{\alpha_\nu\}_\nu$ を $|\alpha_\nu| \nearrow \infty$ と取る．このとき $f \in \mathcal{O}(\Omega)$ で $f(x_\nu) = \alpha_\nu$, $\nu = 1, 2, \ldots$, を満たすものは存在しない．なぜならば，定義により

$$|\alpha_\nu| = |f(x_\nu)| \leq \sup_K |f| < \infty, \quad {}^\forall f \in \mathcal{O}(\Omega), \ \nu = 1, 2, \ldots.$$

(ii) 次に $X = \{a\}$, $\mathscr{I}\langle X \rangle = \mathfrak{m}_a$ の場合を考える．(4.4.24)，定理 3.2.4 と定理 3.3.6 より次の連接層の短完全列を得る．

$$\mathfrak{m}_a \otimes \mathscr{F} \to \mathscr{F} \to (\mathcal{O}_\Omega/\mathfrak{m}_a) \otimes \mathscr{F} \to 0.$$

準同型 $\mathscr{F} \to (\mathcal{O}_\Omega/\mathfrak{m}_a) \otimes \mathscr{F} \cong \mathscr{F}/\mathfrak{m}_a\mathscr{F}$ の核を $\mathscr{K}$ と書けば，セールの定理 3.3.1 により $\mathscr{K}$ は，連接層で

$$0 \to \mathscr{K} \to \mathscr{F} \to \mathscr{F}/(\mathfrak{m}_a\mathscr{F}) \to 0$$

は完全である．(i) の議論と同様にして，$H^1(\Omega, \mathscr{K}) = 0$ であるから，次の全射を得る．

(4.4.26) $\qquad H^0(\Omega, \mathscr{F}) \to H^0(\Omega, \mathscr{F}/(\mathfrak{m}_a\mathscr{F})) \cong \mathscr{F}_a/(\mathfrak{m}_a\mathscr{F}_a) \to 0.$

$\mathcal{O}_{\Omega,a}$ 上の $\mathscr{F}_a$ の生成元 α_j, $1 \leq j \leq l$ をとる．(4.4.26) により $\sigma_j \in H^0(\Omega, \mathscr{F})$, $1 \leq j \leq l$ が存在して，

$$\sigma_j(a) \equiv \alpha_j \quad (\mathrm{mod}\ \mathfrak{m}_a\mathscr{F}_a).$$

つまり，元 $\underline{h_{jk}}_a \in \mathfrak{m}_a$ が存在して

$$\sigma_j(a) = \alpha_j + \sum_{k=1}^l \underline{h_{jk}}_a \cdot \alpha_k$$

と書ける．クロネッカー記号 δ_{jk} を用いれば，

$$\sum_{k=1}^l \left(\delta_{jk} + \underline{h_{jk}}_a\right)\alpha_k = \sigma_j(a), \quad 1 \leq j \leq l.$$

$h_{jk}(a) = 0$ であるから $\det(\delta_{jk} + h_{jk}(a)) = \det(\delta_{jk}) = 1$ となり，逆元

$$\det\left(\delta_{jk} + \underline{h_{jk}}_a\right)^{-1} \in \mathcal{O}_{\Omega,a}$$

が存在する．よって $\gamma_{jk} \in \mathcal{O}_{\Omega,a}$ が存在して，$\alpha_j = \sum_k \gamma_{jk}\sigma_k(a)$ を得る．したがって $\mathcal{O}_{\Omega,a}$ 上 $\{\alpha_j(a)\}_j$ は $\mathscr{F}_a$ を生成する． $\square$

注意 4.4.27 (i) 上の補間定理について，ハルトークス領域 $\Omega_\mathrm{H}(a;\gamma)$ では，どのようにすれば補間問題が非可解である例が作れるか読者は考えられたい．

この補間定理は，$\Omega = \mathbf{C}^n$ やその超球 $\Omega = B(0;R)$ のような図形的には最も簡単な場合ですでに非自明であることに読者は注目されたい．

(ii) H. カルタンは，この主張を定理 A と呼んだ (一方，H. カルタンは岡–カルタンの基本定理 4.4.2 を定理 B と呼んだ). 内容的には，この主張 (ii) は基本定理 4.4.2 の系であり，重要性の点からも基本定理に並ぶべくものではない. 命題 2.4.6 (一点–局所生成性) により，(4.4.22) はある近傍 $U \ni a$ 上で成立する. この意味で，連接層について "一点–局所生成性" が正則凸領域上では一転して "大域–一点生成性" が成立すると言えることになる.

次に解析的ド・ラームの定理を示そう.

系 4.4.28 (解析的ド・ラームの定理) $\Omega \subset \mathbf{C}^n$ を正則凸領域とすると，
$$H^q(\Omega, \mathbf{C}) \cong \mathscr{H}^q\left(\Omega, \{\mathcal{O}_\Omega^{(p)}\}_{p \geq 0}\right)$$
$$= \left\{f \in \Gamma\left(\Omega, \mathcal{O}_\Omega^{(q)}\right); df = 0\right\} / d\Gamma\left(\Omega, \mathcal{O}_\Omega^{(q-1)}\right), \quad q \geq 0.$$
ただし，$\mathcal{O}_\Omega^{(-1)} = 0$ とした．特に，$H^q(\Omega, \mathbf{C}) = 0, q \geq n+1$.

証明 系 3.5.23 より $\mathbf{C}$ の分解
$$0 \to \mathbf{C} \to \mathcal{O}_\Omega = \mathcal{O}_\Omega^{(0)} \to \mathcal{O}_\Omega^{(1)} \to \cdots \to \mathcal{O}_\Omega^{(n)} \to 0$$
がある. $\mathcal{O}_\Omega^{(p)}$ は全て連接層であるから岡–カルタンの基本定理 4.4.2 より $H^q(\Omega, \mathcal{O}_\Omega^{(p)}) = 0, q \geq 1, p \geq 0$. よって定理 3.4.30 より求める同型を得る. □

クザン問題. 正則凸領域上で岡–カルタンの基本定理 4.4.2 が証明できたので，正則凸領域上でクザン I・II 問題 (§3.7) は解決されることになる．しかしこの問題はもともと正則領域上で提出されたもので次の章で正則領域と正則凸領域の同値性を証明するので説明はその後にする (§5.5).

4.5 スタイン多様体と岡–カルタンの基本定理

正則凸領域の持つ性質を抽象化し複素多様体に対し定式化したものにスタイン多様体の概念がある．まずは，複素多様体の定義から始めよう．

4.5.1 複素多様体

(a) 可微分多様体. 可微分多様体の定義と基本的性質を述べる．詳しい証明は，参考書［村上］，［松島］などを参照してほしい．

定義 4.5.1 (可微分多様体) 連結ハウスドルフ位相空間 M が可微分多様体 (C^∞

多様体) であるとは，次の条件が満たされることを言う．

(i) 開被覆 $M = \bigcup_{\alpha \in \Gamma} U_\alpha$ と $\mathbf{R}^n$ の開集合 Ω_α への同相写像 $\phi_\alpha : U_\alpha \to \Omega_\alpha$ が存在する．

(ii) 任意の $U_\alpha \cap U_\beta \neq \emptyset$ に対し，制限写像

$$\phi_\beta \circ \phi_\alpha^{-1}|_{\phi_\alpha(U_\alpha \cap U_\beta)} : \phi_\alpha(U_\alpha \cap U_\beta) \to \phi_\beta(U_\alpha \cap U_\beta)$$

は可微分 (C^∞) 同相写像である．

上記定義では特に M を連結と仮定する必要はないが，連結成分毎に考えればよいので，以下 M は連結と仮定する．n を M の (実) 次元と呼び $n = \dim M$ ($\dim_\mathbf{R} M$) と書く．三つ組 $(U_\alpha, \phi_\alpha, \Omega_\alpha)$ を M の局所図 (local chart) と呼ぶ．$x \in U_\alpha$ に対し $\phi_\alpha(x) = (x_\alpha^1, \ldots, x_\alpha^n)$ を局所座標系と呼ぶ．U_α を点 $x \in U_\alpha$ の近傍と考えるときは U_α または $(U_\alpha, \phi_\alpha, \Omega_\alpha)$ を局所座標近傍と呼ぶ．M の開集合 U 上の関数 $f : U \to \mathbf{C}$ が可微分 (C^∞ 級) 関数であるとは，任意の $U_\alpha \cap U \neq \emptyset$ に対し $f \circ \phi_\alpha^{-1}(x_\alpha^1, \ldots, x_\alpha^n)$ が $(x_\alpha^1, \ldots, x_\alpha^n) \in \phi_\alpha(U \cap U_\alpha)$ について可微分 (C^∞ 級) であるとして定義できる．つまり，この性質は $x \in U_\alpha$ の取り方によらずに定義できている．同様に二つの可微分多様体の間の連続写像 $F : N \to M$ が可微分であるとは任意の $x \in N$ をとるとき M の局所図 $(U_\alpha, \phi_\alpha, \Omega_\alpha)$, $F(x) \in U_\alpha$ に対し，

$$\phi_\alpha \circ F|_{F^{-1}U_\alpha} = (F_\alpha^1, \ldots, F_\alpha^n)$$

とおくとき全ての F_α^j が可微分関数であることとして定義できる．

一般に位相空間 X が局所コンパクトであるとは，任意の点 $x \in X$ の基本近傍系 $\{V_\alpha\}$ で，閉包 $\bar{V}_\alpha$ がコンパクトであるものが存在することを言う．可微分多様体は，局所コンパクトである．また X が第2可算公理を満たすとは，可算個の開集合基底を持つことを言う．X が，σ コンパクトであるとは，X の増大開被覆 $\{U_j\}_{j=1}^\infty$ で $\bar{U}_j$ がコンパクトかつ $\bar{U}_j \Subset U_{j+1}, j = 1, 2, \ldots$，となるものが存在することを言う．

次の定理が知られている．

定理 4.5.2 X を局所コンパクト位相空間とするとき，次の三条件は同値である．

(i) X は，第2可算公理を満たす．
(ii) X は，パラコンパクトである．
(iii) X は，σ コンパクトである．

次の定理は基本的である．

4.5 スタイン多様体と岡-カルタンの基本定理

定理 4.5.3 (1 (単位) の分割 (partition of unity)) パラコンパクト可微分多様体 M の局所有限被覆 $\{U_\alpha\}_{\alpha \in \Gamma}$ に対し，可微分関数の族 $\{c_\alpha\}_{\alpha \in \Gamma}$ で次を満たすものが存在する．

(i) 任意の α に対し $0 \leq c_\alpha \leq 1$．

(ii) 任意の α に対し $\operatorname{Supp} c_\alpha \subset U_\alpha$．

(iii) $\sum_\alpha c_\alpha = 1$．

注意 4.5.4 例 3.4.34 と同様にパラコンパクト可微分多様体 M 上の C^∞ 級関数の芽の層 $\mathscr{E}_M$ 上の加群の層 $\mathscr{S}$ は全て細層である．したがって定理 3.4.35 により次が成立する．
$$H^q(M, \mathscr{S}) = 0, \quad q \geq 1.$$

定義 4.5.5 可微分多様体の間の可微分写像 $\varphi: M \to N$ がはめ込み (immersion) であるとは，M と N の局所可微分座標に関していたるところそのヤコビ行列が $\dim_{\mathbf{R}} M$ に等しいことをいう．さらに，ϕ が固有かつ単射であるとき φ は埋め込み (embedding) であるという．

命題 4.5.6 可微分多様体の間の可微分写像 $\varphi: M \to N$ が埋め込みならば，像 $\varphi(M)$ は N の部分多様体である．

証明は，読者に任せよう (章末問題 9)．

(b) 複素多様体． 複素多様体は可微分多様体の定義において可微分写像を正則写像に置き換えて，次のように定義される．

定義 4.5.7 (複素多様体) 連結ハウスドルフ位相空間 M が**複素多様体**であるとは，次の条件が満たされることを言う．

(i) 開被覆 $M = \bigcup_{\alpha \in \Gamma} U_\alpha$ と $\mathbf{C}^n$ の開集合 Ω_α への同相写像 $\phi_\alpha: U_\alpha \to \Omega_\alpha$ が存在する．

(ii) 任意の $U_\alpha \cap U_\beta \neq \emptyset$ に対し，制限写像
$$\phi_\beta \circ \phi_\alpha^{-1}|_{\phi_\alpha(U_\alpha \cap U_\beta)} : \phi_\alpha(U_\alpha \cap U_\beta) \to \phi_\beta(U_\alpha \cap U_\beta)$$
は双正則写像である．

可微分多様体の場合と同様に，三つ組 $(U_\alpha, \phi_\alpha, \Omega_\alpha)$ を M の局所図 (local chart) と呼ぶ．$x \in U_\alpha$ に対し $\phi_\alpha(x) = (x_\alpha^1, \ldots, x_\alpha^n)$ を正則局所座標系，U_α を局所座標近傍と呼ぶ．局所図を用いて，M の開集合上の正則関数，二つの複素多様体間

の正則写像，双正則写像，正則同型，正則はめ込み，正則埋め込みなどが可微分多様体，あるいは $\mathbf{C}^n$ の領域の場合と同様に定義される．命題 4.5.6 と同様に，次が成立する．

命題 4.5.8 複素多様体の間の正則写像 $\varphi : M \to N$ が埋め込みならば，像 $\varphi(M)$ は N の複素部分多様体である．

複素多様体 M の上の正則関数の芽の層を $\mathcal{O}_M$, M 上の正則関数の全体を $\mathcal{O}(M)$ $(= \Gamma(M, \mathcal{O}_M) = H^0(M, \mathcal{O}_M))$ と表す．

二つの複素多様体 M, N と正則写像 $\pi : M \to N$ があるとする．もし $\pi : M \to N$ が位相被覆，すなわち π は全射で任意の点 $y \in N$ に対しそのある近傍 V が存在し U を $\pi^{-1}V$ の任意の連結成分とするとき制限 $\pi|_U : U \to V$ が正則同型写像である場合，$\pi : M \to N$ を N 上の**不分岐被覆**と呼ぶ．もしここで $\pi : U \to V$ が単に有限射であるときは $\pi : M \to N$ を N 上の**分岐被覆**と呼ぶ．

定義 4.5.9[4] $\pi : M \to N$ が N 上の不分岐被覆領域であるとは，任意の点 $x \in M$ に対し近傍 $U \ni x$ と $V \ni \pi(x)$ が存在して $\pi|_U : U \to V$ が正則同型であることとする．この性質を π は，局所双正則であると言うことにする．

一般には $\pi|_U : U \to V$ が正則同型とは限らないが有限射であるとき $\pi : M \to N$ を N 上の**分岐被覆領域**と呼ぶ．特に，$\pi : M \to N$ が不分岐被覆領域で π が単射であるときこれを**単葉領域**と言う．この場合は，π により M を N 内の部分領域と見なすことができる．

4.5.2 スタイン多様体

定義 4.5.10 連結で第 2 可算公理を満たす n 次元複素多様体 M がスタイン多様体であるとは，次のスタイン条件 (i)〜(iii) が満たされることである．

(i) (正則分離性) 相異なる 2 点 $x, y \in M$ に対し $f \in \mathcal{O}(M)$ が存在して，$f(x) \neq f(y)$ を満たす．

(ii) (正則局所座標系) 任意の点 $x \in M$ に対し n 個の元 $f_j \in \mathcal{O}(M), 1 \leq j \leq n$ が存在して x のある近傍上で $(f_j)_{1 \leq j \leq n}$ が正則局所座標を与える．

(iii) (正則凸性) 任意のコンパクト部分集合 $K \Subset M$ に対し，その正則凸包
$$\hat{K}_M = \{x \in M; |f(x)| \leq \max_K |f|, \, {}^\forall f \in \mathcal{O}(M)\}$$

---

[4] ここで定義される概念は最終的には，特異点を許す複素空間に対して定義されるものである (定義 6.9.11 を参照)．

もまたコンパクトである．

この定義より，次が直ちにわかる．

命題 4.5.11 スタイン多様体の複素部分多様体は，スタインである．

$\mathcal{O}(M)$-解析的多面体 $P \Subset M$ が定義 4.4.1 と同様に定義される．M はスタイン多様体であるとする．スタイン条件 (i), (ii) を使い有限個の正則関数を f_j に加え，改めて $f_j, 1 \le j \le l$ と書けば，$\mathcal{O}(M)$-解析的多面体 P の多重円板 $\mathrm{P}\Delta \subset \mathbf{C}^l$ への複素閉部分多様体としての正則埋め込み

$$\iota_P : P \to \mathrm{P}\Delta$$

を得る．これが，スタイン多様体の場合の岡の上空移行写像 (岡写像) である．

複素多様体 M の各点には，多重円板と正則同型な基本近傍系が存在する．したがって正則凸領域と双正則な開集合による被覆 $\mathscr{U} = \{U_\alpha\}$ を持つ．U_α の有限個の共通集合の連結成分は，再び正則凸領域と双正則であるから，$\mathscr{U}$ は任意の連接層に対しルレイ被覆である．

また，スタイン条件 (iii) を用いれば，M の内側からの解析的多面体による近似列

$$P_\nu \Subset P_{\nu+1}, \qquad \nu \in \mathbf{N},$$
$$M = \bigcup_\nu P_\nu$$

が補題 4.4.7 の場合と同様にしてとることができる．

すると M 上の連接層 $\mathscr{F}$ に対し，前節の正則凸領域とその解析的多面体に関する補題が全て M とその解析的多面体に対して成立することがわかる．このことから次のスタイン多様体に対する基本定理がわかる．

定理 4.5.12 (岡–カルタンの基本定理) M をスタイン多様体とし，$\mathscr{F}$ をその上の連接層とすると

$$H^q(M, \mathscr{F}) = 0, \qquad q \ge 1$$

が成立する．

繰り返しは避けるが，同じく系 4.4.20，系 4.4.21，系 4.4.28 がスタイン多様体に対して成立する．

他分野への影響

連接層と岡–カルタンの基本定理が現代の数学の色々な分野の基礎になっているということをすでに何箇所かで述べてきた．364 頁の最後に挙げた分野で言えば，代数幾何までは述べた．微分方程式論では，たとえば

青本和彦–喜多通武，超幾何関数論，シュプリンガー・フェアラーク東京，1994

を見ると，解析的ド・ラームの定理 4.4.28 は前提として超幾何関数論が展開されている．

また，佐藤の超関数論とその流れをくむ分野ではすでに序文で言及した金子[24]だけでなく，以下のような記述が見られる．

- M. Kashiwara, T. Kawai and T. Kimura, Foundations of Algebraic Analysis, Princeton University Press, Princeton, 1986

の序文の初めでは，岡の "theory of ideals of undetermined domains" が引用され，岡–カルタンの基本定理が

"The following thorems are crucial. In particular, Theorem 1.2.2 (岡–カルタンの基本定理) seems to be one of the most profound results in the field of analysis in this century."

として，証明はなしで引用されている．

- 柏原正樹，代数解析概論，岩波書店，2008

では，連接層のことは既知として扱われ付録で必要事項が述べられている．

- 谷崎俊之・堀田良之，D 加群と代数群，シュプリンガー・フェアラーク東京，1995

でも，解析的な部分では連接性や岡–カルタンの基本定理は基礎として仮定され理論展開がなされている．

問　題

1. (補間問題に関係して) ハルトークス領域 $\Omega_\mathrm{H}(a;\gamma)$ に対し，非可解な補間問題の例を作れ．
2. $a_{\nu\mu} \in \mathbf{C}^2$, $(\nu,\mu) \in \mathbf{Z}^2$ を相異なる点とし，$\alpha_{\nu\mu} \in \mathbf{C}$, $(\nu,\mu) \in \mathbf{Z}^2$ をある $(k,l) \in \mathbf{N}^2$ に対し次の収束条件を満たす複素数とする．
$$\sum_{(\nu,\mu)\in\mathbf{Z}^2} \frac{|\alpha_{\nu\mu}|}{|\nu|^k|\mu|^l} < \infty.$$

ただし，上式において $\nu = 0$ (または $\mu = 0$) に対し $|0|^k = 1$ (または $|0|^l = 1$) と約束する．このとき，級数

$$f(z,w) = (\sin \pi z)^k (\sin \pi w)^l \sum_{(\nu,\mu) \in \mathbf{Z}^2} \frac{(-1)^{\nu k + \mu l} \alpha_{\nu\mu}}{\pi^k \pi^l (z-\nu)^k (w-\mu)^l}$$

は，整関数 $f(z,w)$ に広義一様絶対収束し，$f(a_{\nu\mu}) = \alpha_{\nu\mu}$ ($^\forall (\nu,\mu) \in \mathbf{Z}^2$) を満たすことを証明せよ．

3. $\{a_\nu\}_{\nu=1}^\infty$ を正則凸領域 $\Omega(\mathbf{C}^n)$ の離散点列で Ω 内に集積点を持たないものとする．各点 a_ν に次数 d_ν の多項式 $P_\nu(z - a_\nu)$ が対応しているとする．すると，正則関数 $f \in \mathcal{O}(\Omega)$ で

$$f(z) - P_\nu(z - a_\nu) = O(\|z - a_\nu\|^{d_\nu + 1}) \quad (z \to a_\nu), \quad ^\forall \nu \geq 1,$$

を満たすものが存在することを示せ．

4. コンパクト部分集合 $K \Subset \mathbf{C}^n$ に対しその**多項式凸包** $\hat{K}_P$ を

$$\hat{K}_P = \left\{ z \in \mathbf{C}^n; |P(z)| \leq \sup_K |P|, {}^\forall P, 多項式 \right\}$$

と定義する．$\hat{K}_P = K$ ならば K は**多項式凸**であると言う．

　多項式凸な $K(\Subset \mathbf{C}^n)$ の近傍で正則な関数は K 上多項式で一様近似可能であることを証明せよ．

5. $\mathbf{C}^n$ の領域 Ω 上の有界正則関数の全体を $\mathcal{O}_B(\Omega)$ と書くことにする．コンパクト部分集合 $K \Subset \Omega$ に対し $\mathcal{O}_B(\Omega)$ 正則凸包 $\hat{K}_B$ を

$$\hat{K}_B = \left\{ z \in \Omega; |f(z)| \leq \sup_K |f|; {}^\forall f \in \mathcal{O}_B(\Omega) \right\}$$

と定義する．$K = \hat{K}_B$ ならば，K の近傍で正則な関数は K 上 $\mathcal{O}_B(\Omega)$ の元で一様近似可能であることを示せ．

6. (一般補間定理) $\Omega \subset \mathbf{C}^n$ を凸領域とし，$X \subset \Omega$ を複素部分多様体 (一般に非連結) とする．このとき，任意の $g \in \mathcal{O}(X)$ に対し $f \in \mathcal{O}(\Omega)$ で $f|_X = g$ となるものが存在することを示せ．

7. 注 4.2.16 の証明を与えよ．

8. カルタンの行列分解補題 4.2.5 は，任意の正則な行列値関数 $A : U \to GL(p; \mathbf{C})$ に対し成立することを次の手順で証明せよ．

　　a) 任意の p 次正方行列 $Z = (z_{ij})$ に対し，級数

$$\exp Z = 1 + \frac{1}{1!}Z + \frac{1}{2!}Z^2 + \cdots + \frac{1}{\nu!}Z^\nu + \cdots$$

は，優級数収束し $(\exp Z) \cdot (\exp(-Z)) = \mathbf{1}_p$ を満たすことを示せ．したがって，$\exp Z$ は可逆行列を定義し Z の成分 z_{ij} ($1 \leq i, j \leq p$) に

ついて正則 (解析的) である.

b) $\exp Z$ は, 零行列のある近傍 W で双正則であることを示せ. そこでの $S = \exp Z$ の逆を $Z = \log S, S \in \omega := \exp W$ と書く. $F \times \ell$ の近傍 $U' \Subset U$ をとり固定する. 任意の正則な行列値関数 $A : U \to GL(p; \mathbf{C})$ に対し, 有限個の正則な行列値関数 $B_j : U' \to \omega, 1 \leq j \leq N$ を

$$A(z) = \exp B_1(z) \cdot \exp B_2(z) \cdots \exp B_N(z), \quad z \in U'$$

が成立するようにとれることを示せ.

c) 各 $B_j(z)$ を $F \times \ell$ の近傍 $U'' \Subset U'$ 上で多項式を成分とする行列 $\tilde{B}_j(z)$ で一様近似し,

$$A(z) \cdot \left(\exp \tilde{B}_1(z) \cdots \exp \tilde{B}_N(z) \right)^{-1} \in V_0, \quad z \in U''$$

を満たすようにできることを示せ.

9. 命題 4.5.6 を証明せよ. (ヒント：陰関数定理.)

10. 命題 4.5.11 を証明せよ.

11. M をスタイン多様体 (または, $\mathbf{C}^n$ の正則凸領域) とする. $f_j \in \mathcal{O}(M)$, $1 \leq j \leq N$ を有限個の正則関数で $\{f_1 = \cdots = f_N = 0\} = \emptyset$ を満たすものとする. すると, $g_j \in \mathcal{O}(M), 1 \leq j \leq N$ で

$$g_1 f_1 + \cdots + g_N f_N = 1$$

を満たすものが存在することを示せ.

12. M を第二可算公理を満たす複素多様体とする. 任意の連接イデアル層 $\mathscr{I} \subset \mathcal{O}_M$ に対し $H^1(M, \mathscr{I}) = 0$ であると仮定する. すると, M はスタインであることを示せ.

5

正 則 領 域

正則領域とは,その境界を越えて全ての正則関数が一斉に解析接続される(ハルトークス現象)ことはない領域として定義される.正則関数の存在域の観点からは,この方が正則凸性よりも自然な考え方で歴史的にも正則領域の方が発現が早い.

岡の解決したクザン問題も正則領域上で問われた.カルタン–トゥーレンの定理は両者が同値であることを主張する.したがって岡–カルタンの基本定理は正則領域上で成立することになる.

5.1 正 則 包

正則領域の概念は定義 1.2.33 で与えた.

定義 5.1.1 (i) 領域 $\Omega \subset \Omega' \subset \mathbf{C}^n$ があり任意の $f \in \mathcal{O}(\Omega)$ が Ω' 上へ解析接続されるとき,Ω' を Ω の**正則拡大** (extension of holomorphy) と呼ぶ (ハルトークス現象).

(ii) Ω の正則拡大の内で極大のものを Ω の**正則包** (envelope of holomorphy) と呼ぶ.

したがって,Ω 自身がすでに Ω の正則包であることと正則領域であることは,同値である.

§1.2.4 ではハルトークス領域 $\Omega_\mathrm{H}(a;\gamma)$ についてハルトークス現象が起こることを見た.実際,多重円板 $\mathrm{P}\Delta(a;\gamma)$ は $\Omega_\mathrm{H}(a;\gamma)$ の正則拡大であり,それ自身正則領域であるので,$\Omega_\mathrm{H}(a;\gamma)$ の正則包である.ここでは,このような性質について詳しく論ずる.

ドルボーの補題 3.6.4 の解の台について $p=0, q=1$ の場合に詳しく調べよう.

補題 5.1.2 $\eta = \sum_{j=1}^n \eta_j d\bar{z}_j \in \mathscr{E}^{(0,1)}(\mathbf{C}^n)$, $n \geq 2$ について次を仮定する.
$$\mathrm{Supp}\,\eta \Subset \mathbf{C}^n,$$
$$\bar{\partial}\eta = \sum_{1 \leq j < k \leq n} \left(-\frac{\partial \eta_j}{\partial \bar{z}_h} + \frac{\partial \eta_k}{\partial \bar{z}_j}\right) d\bar{z}_j \wedge d\bar{z}_h = 0.$$

このときある $\psi \in \mathscr{E}^{(0,0)}(\mathbf{C}^n)$ で, $\bar{\partial}\psi = \eta$, $\mathrm{Supp}\,\psi \Subset \mathbf{C}^n$ となるものが存在する.

証明
$$\psi(z_1,\ldots,z_n) = \frac{1}{2\pi i} \int_{\mathbf{C}} \frac{\eta_1(\zeta_1, z_2, \ldots, z_n)}{\zeta_1 - z_1} d\zeta_1 \wedge d\bar{\zeta}_1$$

とおく. $\zeta_1 - z_1 = \xi$ と変数変換すると,
$$\psi(z_1,\ldots,z_n) = \frac{1}{2\pi i} \int_{\mathbf{C}} \frac{\eta_1(z_1 + \xi, z_2, \ldots, z_n)}{\xi} d\xi \wedge d\bar{\xi}.$$

この表示より $\psi \in \mathscr{E}^{(0,0)}(\mathbf{C}^n)$. また $\|z'\| = \|(z_2,\ldots,z_n)\| \gg 1$ ならば任意の $\xi \in \mathbf{C}$ に対し $\eta_1(\xi, z') \equiv 0$. よって

(5.1.3) $\qquad\qquad \psi(z_1,\ldots,z_n) = 0, \quad \|z'\| \gg 1.$

補題 3.6.3 より
$$\frac{\partial \psi}{\partial \bar{z}_1} = \eta_1(z_1,\ldots,z_n).$$

また $2 \leq h \leq n$ について条件 $\bar{\partial}\eta = 0$ より
$$\frac{\partial \psi}{\partial \bar{z}_h} = \frac{1}{2\pi i} \int_{\mathbf{C}} \frac{\frac{\partial \eta_1}{\partial \bar{z}_h}(z_1 + \xi, z_2, \ldots, z_n)}{\xi} d\xi \wedge d\bar{\xi}$$
$$= \frac{1}{2\pi i} \int_{\mathbf{C}} \frac{\frac{\partial \eta_h}{\partial \bar{z}_1}(z_1 + \xi, z_2, \ldots, z_n)}{\xi} d\xi \wedge d\bar{\xi}$$
$$= \frac{\partial}{\partial \bar{z}_1} \frac{1}{2\pi i} \int_{\mathbf{C}} \frac{\eta_h(\xi, z_2, \ldots, z_n)}{\xi - z_1} d\xi \wedge d\bar{\xi}$$
$$= \eta_h(z_1, z_2, \ldots, z_n).$$

よって $\bar{\partial}\psi = \eta$ がわかった. これより
$$\bar{\partial}\psi = 0, \qquad \mathbf{C}^n \setminus \mathrm{Supp}\,\eta\ 上.$$

よって ψ は $\mathbf{C}^n \setminus \mathrm{Supp}\,\eta$ で正則である. (5.1.3) より $\|z'\| \gg 1$ で $\psi = 0$. よって $\mathbf{C}^n \setminus \mathrm{Supp}\,\eta$ の $\|z'\| \gg 1$ を含む連結成分上 $\psi \equiv 0$. よって, $\mathrm{Supp}\,\psi \Subset \mathbf{C}^n$. □

定理 5.1.4 (ハルトークス) $\Omega \subset \mathbf{C}^n$ を領域, $n \geq 2$, $K \Subset \Omega$ をコンパクトとする. $\Omega \setminus K$ は, 連結と仮定する (重要). このとき任意の $f \in \mathcal{O}(\Omega \setminus K)$ は Ω まで正則に解析接続される. つまり, Ω は $\Omega \setminus K$ の正則拡大である.

証明 $\varphi \in C_0^\infty(\Omega)$ を K の近傍上 $\varphi \equiv 1$ となるようにとる.
$$u_0 = (1-\varphi)f \in C^\infty(\Omega)$$
とおく. $\bar\partial u_0 = -\bar\partial\varphi \cdot f = -f\bar\partial\varphi = \eta$ とすると
$$\eta \in \mathscr{E}^{(0,1)}(\mathbf{C}^n), \quad \operatorname{Supp}\eta \Subset \mathbf{C}^n, \quad \bar\partial\eta = 0.$$
補題 5.1.2 より $g \in \mathscr{E}_0^{(0,0)}(\mathbf{C}^n)$ が存在して
$$\bar\partial g = \eta, \quad \operatorname{Supp}g \Subset \mathbf{C}^n.$$
仮定から $\partial\Omega$ のある近傍 V があって $V \cap \Omega$ 上では, $g=0$ であることがわかる (図 5.1).

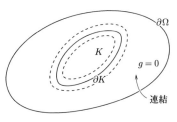

図 **5.1** ハルトークス現象

$\tilde{f} = u_0 - g$ とおくと,
$$\bar\partial\tilde{f} = \bar\partial u_0 - \bar\partial g = \eta - \eta = 0.$$
よって $\tilde{f} \in \mathcal{O}(\Omega)$ である. 必要ならば V をさらに小さくとれば, $V\cap\Omega$ 上 $u_0=f$ であるから,
$$f(z) = \tilde{f}(z), \quad z \in V \cap \Omega.$$
$\Omega \setminus K$ が連結であることと解析接続の一意性から $\Omega \setminus K$ 上で $f(z) = \tilde{f}(z)$ が成立する. □

これまでの例では単葉な正則拡大の例ばかりであったが, $\Omega \subset \mathbf{C}^n$ が単葉領域でもその正則包が単葉とは限らない例を与えよう.

例 5.1.5 $\Omega \subset \mathbf{C}^2(\ni (z,w))$ は次のように定義されるものとする. $\arg z$ を $\arg 1 = 0$ として分枝を固定する.
$$\frac{1}{2} < |z| < 1,$$
$$-\frac{\pi}{2} + \arg z < |w| < \frac{\pi}{2} + \arg z.$$
Ω の定義域は, その中の点 (z,w) をとるとき, z が円環の中を反時計回りに一

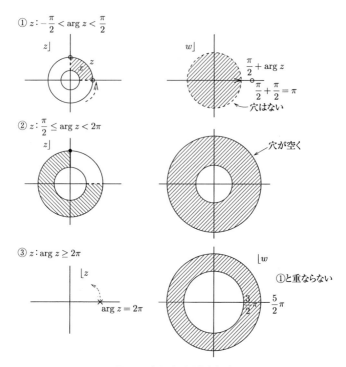

図 5.2 無限葉正則拡大領域

回りし，$\arg z$ が 2π 増加しても w の定義域が変化し重ならないので Ω は $\mathbf{C}^2$ の部分領域 (つまり単葉領域) である (図 5.2)．

$f(z,w) \in \mathcal{O}(\Omega)$ とする．$\frac{1}{2} < |z| < 1$ をとると一般に w は②，③のような円環領域になるので，そこでローラン展開される．

(5.1.6) $$f(z,w) = \sum_{k=-\infty}^{\infty} a_k(z) w^k, \quad -\frac{\pi}{2} + \arg z < |w| < \frac{\pi}{2} + \arg z,$$

$$a_k(z) = \frac{1}{2\pi i} \int_{|w|=r} \frac{f(z,w)}{w^{k+1}} dw, \quad z について正則.$$

解析接続して，$0 < \arg z < \frac{\pi}{2}$ の所まで移動すると，$f(z,w)$ は $|w| < \frac{\pi}{2} + \arg z$ で正則なので，$a_k(z) \equiv 0$, $k < 0$．解析接続の一意性より (5.1.6) の展開で $a_k(z) \equiv 0$, $k < 0$．よって (5.1.6) は

$$f(z,w) = \sum_{k=0}^{\infty} a_k(z) w^k, \quad |w| < \frac{\pi}{2} + \arg z$$

となり，$\{|w| < \frac{\pi}{2} + \arg z\}$ 全体で正則となる．つまり $f(z,w) \in \mathcal{O}(\tilde{\Omega})$．ここで $\tilde{\Omega}$ は次のように定義される $\mathbf{C}^2$ 上の無限葉不分岐領域である (定義 4.5.9).

$$\tilde{\Omega}: \frac{1}{2} < |z| < 1, \quad \arg 1 = 0,$$
$$|w| < \frac{\pi}{2} + \arg z,$$
$$p: (z, w) \in \tilde{\Omega} \to (z, w) \in \mathbf{C}^2 \quad (\text{無限葉になる}).$$

このような $\mathbf{C}^n$ 上の単葉とは限らない不分岐領域をリーマン領域と呼び, §7.5.1 で詳しく論ずる.

5.2 ラインハルト領域

この節では巾級数の収束域を記述するラインハルト領域について述べる. 正則領域, 正則凸領域の形状が最も理解しやすい形で現れる. また, 巾級数の収束域として基本的である.

まず初めに巾級数の基本的性質を調べる.

(5.2.1) $$f(z) = \sum_{|\alpha| \geq 0} a_\alpha z^\alpha \quad (z \in \mathbf{C}^n)$$

を n 変数の巾級数とする.

補題 5.2.2 ある $M \geq 0$ と $w \in \mathbf{C}^n$ が存在し, 任意の $\alpha \in \mathbf{Z}_+^n$ に対し $|a_\alpha w^\alpha| \leq M$ ならば巾級数 (5.2.1) は多重円板 $\mathrm{P}\Delta = \{z; |z_j| < |w_j|, 1 \leq j \leq n\}$ で広義一様絶対収束する.

証明 任意に $0 < \theta < 1$ をとる. $w = (w_j), w_j \neq 0$ としてよい. $z \in \mathrm{P}\Delta$ で $|z_j| \leq \theta |w_j|, 1 \leq j \leq n$ を満たすとする.
$$|a_\alpha z^\alpha| = |a_\alpha| \theta^{|\alpha|} |w^\alpha| \leq M \theta^{|\alpha|}.$$
よって次の優級数収束が成立する.
$$\sum_\alpha |a_\alpha z^\alpha| \leq \sum_{\alpha_1, \ldots, \alpha_n \geq 0} M \theta^{\alpha_1 + \cdots + \alpha_n} = M \left(\frac{1}{1-\theta}\right)^n. \qquad \square$$

多変数の巾級数の収束域を定義しようとするとき, ある変数が 0 をとると, 本来発散している無限個の項がなくなり, 内点を持たない集合上で収束するという現象が起こる. そのような点で元の巾級数の収束を論じても意味がないので, 巾級数 f の収束域 $\Omega(f)$ を次のように定義する.

(5.2.3) $\Omega(f)^* = \{w \in (\mathbf{C}^*)^n; \, ^\exists M > 0, \, |a_\alpha w^\alpha| \leq M, \, ^\forall \alpha \in \mathbf{Z}_+^n\}^\circ,$
$$\Omega(f) = \{z = (z_j) \in \mathbf{C}^n; \, ^\exists (w_j) \in \Omega(f)^*, \, |z_j| < |w_j|, \, 1 \leq \, ^\forall j \leq n\}.$$

ただし，{ }° で内点の全体を表す．$\Omega(f)$ の任意の点と原点を結ぶ線分は $\Omega(f)$ に含まれるので $\Omega(f)$ は領域である．

補題 5.2.4 $\Omega(f)^* = \Omega(f) \cap (\mathbf{C}^*)^n$ が成り立つ．特に $\Omega(f)^*$ も領域である．

証明 任意に $z \in \Omega(f) \cap (\mathbf{C}^*)^n$ をとる．定義によりある $w \in \Omega(f)^*$ と定数 $M > 0$ があって，
$$|z_j| < |w_j|, \quad |a_\alpha w^\alpha| \leq M.$$
したがって，$z \in \Omega(f)^*$ である．

逆に $z \in \Omega(f)^*$ を任意にとる．十分小さい $\varepsilon > 0$ をとれば，$(|z_j| + \varepsilon) \in \Omega(f)^*$ である．したがって，ある $M > 0$ が存在して，
$$|a_\alpha|(|z_j| + \varepsilon)^\alpha \leq M.$$
$w_j = |z_j| + \varepsilon \ (1 \leq j \leq n)$ と取れば $w = (w_j) \in \Omega(f)^*$ となり，$z \in \Omega(f) \cap (\mathbf{C}^*)^n$ が従う． □

任意の $\theta = (\theta_1, \ldots, \theta_n) \in \mathbf{R}^n$ に対し
$$z = (z_1, \ldots, z_n) \in \Omega(f) \Rightarrow e^{i\theta} \cdot z := (e^{i\theta_1} z_1, \ldots, e^{i\theta_n} z_n) \in \Omega(f)$$
が成立している[1]．作用 $e^{i\theta} \cdot z$ を**多重回転**と呼ぶことにする．

定義 5.2.5 領域 $\Omega \subset \mathbf{C}^n$ が多重回転不変であるとき**ラインハルト領域**と呼ぶ．つまり，任意の $\theta = (\theta_1, \ldots, \theta_n) \in \mathbf{R}^n$ に対し
$$z \in \Omega \Longrightarrow e^{i\theta} \cdot z \in \Omega$$
が成立することである．このとき境界 $\partial \Omega$ も多重回転不変である．

定理 5.2.6 Ω をラインハルト領域，$\Omega \ni 0, f \in \mathcal{O}(\Omega)$ とする．$f(z)$ は一意的に巾級数で
$$f(z) = \sum a_\alpha z^\alpha$$
と表され，収束は Ω 内広義一様絶対収束である．

証明 一意性は原点 0 の近傍で決まる（一致の定理 1.2.16）．

$\varepsilon > 0$ に対し Ω_ε を開集合
$$\{z \in \Omega; \ d(z; \partial \Omega) > \varepsilon \|z\|\}$$

---

[1] $\theta = (\theta_1, \ldots, \theta_n)$ に対して "$e^{i\theta}$" が定義されているわけではない．

の 0 を含む連結成分とする．ここで $d(z; \partial\Omega)$ は，ユークリッド距離に関する境界距離関数を表す．任意の $z \in \Omega$ は，Ω 内において 0 と折れ線 C（これはコンパクト）で結べる．したがって，ある $\varepsilon > 0$ で

$$d(C; \partial\Omega) > \varepsilon \|z\|, \quad {}^\forall z \in C$$

を満たすものがある．定義より $C \subset \Omega_\varepsilon$．よって $z \in \Omega_\varepsilon$．したがって

$$\Omega = \bigcup_{\varepsilon > 0} \Omega_\varepsilon.$$

$z \in \Omega_\varepsilon$ を任意にとる．$\xi_i = (1+\varepsilon)e^{i\theta_j}$, $\theta = (\theta_j) \in \mathbf{R}^n$ とおく．任意の $a \in \partial\Omega$ に対し

$$\begin{aligned}
\|(\xi_j z_j) - a\| &= \|e^{i\theta} \cdot z - a + \varepsilon e^{i\theta} \cdot z\| \\
&\geq \|e^{i\theta} \cdot z - a\| - \varepsilon \|e^{i\theta} \cdot z\| \\
&\geq d(e^{i\theta} \cdot z, \partial\Omega) - \varepsilon \|z\| = d(z, \partial\Omega) - \varepsilon \|z\| \\
&> \varepsilon \|z\| - \varepsilon \|z\| = 0.
\end{aligned}$$

したがって，$(\xi_i z_j) \in \Omega$ が従う．

$$g(z_1, \ldots, z_n) = \left(\frac{1}{2\pi i}\right)^n \int \cdots \int_{|\xi_j|=1+\varepsilon} \frac{f(\xi_1 z_1, \ldots, \xi_n z_n)}{\prod_j (\xi_j - 1)} d\xi_1 \cdots d\xi_n$$

とおく．$g \in \mathcal{O}(\Omega_\varepsilon)$ となる．$\|z\|$ を十分小さくとれば，コーシーの積分表示より $g(z) = f(z)$ が成立している．一致の定理より $z \in \Omega_\varepsilon$ に対して

(5.2.7)
$$\begin{aligned}
f(z) &= \left(\frac{1}{2\pi i}\right)^n \int \cdots \int_{|\xi_j|=1+\varepsilon} \frac{f(\ldots, \xi_j z_j, \ldots)}{\prod_j (\xi_j - 1)} d\xi_1 \cdots d\xi_n \\
&= \left(\frac{1}{2\pi i}\right)^n \int \cdots \int_{|\xi_j|=1+\varepsilon} \frac{f(\ldots, \xi_j z_j, \ldots)}{\prod_j \xi_j \left(1 - \frac{1}{\xi_j}\right)} d\xi_1 \cdots d\xi_n \\
&= \left(\frac{1}{2\pi i}\right)^n \int \cdots \int_{|\xi_j|=1+\varepsilon} f(\ldots, \xi_j z_j, \ldots) \prod_{j=1}^n \left(\sum_{\alpha_j=0}^\infty \frac{1}{\xi_j^{\alpha_j+1}}\right) d\xi_1 \cdots d\xi_n \\
&= \sum_{|\alpha| \geq 0} \left(\frac{1}{2\pi i}\right)^n \int \cdots \int_{|\xi_j|=1+\varepsilon} \frac{f(\xi_1 z_1, \ldots, \xi_n z_n)}{\xi_1^{\alpha_1+1} \cdots \xi_n^{\alpha_n+1}} d\xi_1 \cdots d\xi_n.
\end{aligned}$$

上の最後の級数は，任意の $z \in \Omega_\varepsilon$ について絶対収束していることに注意する．$\|z\|$ を小さくとり $(\xi_j z_j)$ が，f の巾級数展開される原点を中心とする多重円板に入るようにし，次のようにおく．

$(5.2.8)$ $\qquad f(\xi_1 z_1,\ldots,\xi_u z_u) = \sum_{\beta} c_\beta \xi_1^{\beta_1} z_1^{\beta_1} \cdots \xi_n^{\beta_n} z_n^{\beta_n}.$

各 α について

$$(5.2.9) \quad \left(\frac{1}{2\pi i}\right)^n \int \cdots \int_{|\xi_j|=1+\varepsilon} \left(\sum_{\beta} \frac{c_\beta \xi_1^{\beta_1} z_1^{\beta_1} \cdots \xi_n^{\beta_n} z_n^{\beta_n}}{\xi_1^{\alpha_1+1} \cdots \xi_n^{\alpha_n+1}}\right) d\xi_1 \cdots d\xi_n$$

$$= \left(\frac{1}{2\pi i}\right)^n \sum_{\beta} \left(\int \cdots \int_{|\xi_j|=1+\varepsilon} \xi_1^{\beta_1-\alpha_1-1} \cdots \xi_n^{\beta_n-\alpha_n-1} d\xi_1 \cdots d\xi_n\right) c_\beta z^\beta$$

$$= c_\alpha z^\alpha.$$

よって $(5.2.7)$~$(5.2.9)$ より

$$f(z) = \sum_{|\alpha| \geq 0} c_\alpha z^\alpha, \quad z \in \Omega_\varepsilon.$$

$\varepsilon > 0$ は任意であったから，この式は Ω 上で成り立つ． $\square$

点 $a = (a_j) \in (\mathbf{C}^*)^n$ に対し，

$(5.2.10)$ $\qquad \log a^* = (\log|a_1|,\ldots,\log|a_n|) \in \mathbf{R}^n$

とおく．多重回転不変な部分集合 $A \subset \mathbf{C}^n$ に対し

$(5.2.11)$ $\qquad A^* = A \cap (\mathbf{C}^*)^n,$

$\qquad \log A^* = \{(\lambda_1,\ldots,\lambda_u) \in \mathbf{R}^n;\ (e^{\lambda_1},\ldots,e^{\lambda_n}) \in A^*\} \subset \mathbf{R}^n$

と定義する．A が開集合ならば，$\log A^*$ も開集合である．$\mathrm{co}(\log A^*)$ で $\log A^*$ の $\mathbf{R}^n$ 内での凸包を表す．$\log A^* = \mathrm{co}(\log A^*)$ であるとき，A は対数凸であると言う．

ラインハルト領域 Ω が完備であるとは任意の $w = (w_j) \in \Omega$ に対し

$$\{z = (z_j);\ |z_j| < |w_j|,\ 1 \leq j \leq n\} \subset \Omega$$

が成立することとする．

定理 5.2.12 $\Omega(f)$ は次を満たす．

(i) $\Omega(f)$ は，完備ラインハルト領域である．

(ii) $z \in \mathbf{C}^n$ が $\Omega(f)$ の元であるために，ある $\lambda = (\lambda_1,\ldots,\lambda_n) \in \log \Omega(f)^*$ が存在して $|z_j| < e^{\lambda_j}, 1 \leq j \leq n$ となることは必要十分である．

(iii) $\Omega(f)$ は対数凸開集合である．

証明 (i) $(w_j) \in \Omega(f)^*$ に対し補題 5.2.2 より $\prod \Delta(0;|w_j|) \subset \Omega(f)$ が従う．よっ

て $\Omega(f)$ は，完備である．

(ii) $z = (z_j) \in \mathbf{C}^n$ が $z \in \Omega(f)$ となることと，ある $(z'_j) \in \Omega(f)$ で $|z_j| < |z'_j|$, $1 \leq j \leq n$, を満たすものが存在することは，同値である．$\lambda_j = \log|z'_j|$, $1 \leq j \leq n$, とおけば，

$$|z_j| < e^{\lambda_j}, \quad 1 \leq j \leq n.$$

逆にある $(\lambda_j) \in \Omega(f)^*$ に対して $|z_j| < e^{\lambda_j}$, $1 \leq j \leq n$, となっているとする．(i) の結果より，$(z_j) \in \Omega(f)$ が成立する．

(iii) $\Omega(f)^*$ は開集合なので $\log \Omega(f)^*$ も開集合である．任意に $\lambda, \lambda' \in \log \Omega(f)^*$ をとる．$\varepsilon > 0$ を十分小さくとれば，$\lambda + (\varepsilon, \ldots, \varepsilon), \lambda' + (\varepsilon, \ldots, \varepsilon) \in \log \Omega(f)^*$ である．補題 5.2.2 によりある $M > 0$ が存在して

$$|a_\alpha| e^{\sum \alpha_j (\lambda_j + \varepsilon)} \leq M, \qquad |a_\alpha| e^{\sum \alpha_j (\lambda'_j + \varepsilon)} \leq M$$

が成立する．任意の $0 \leq t \leq 1$ に対し

$$\begin{aligned}|a_\alpha| e^{\sum \alpha_j (t\lambda_j + (1-t)\lambda'_j + \varepsilon)} &= |a_\alpha| e^{\sum \alpha_j (t(\lambda_j + \varepsilon) + (1-t)(\lambda'_j + \varepsilon))} \\ &= \left(|a_\alpha| e^{\sum \alpha_j (\lambda_j + \varepsilon)}\right)^t \left(|a_\alpha| e^{\sum \alpha_j (\lambda'_j + \varepsilon)}\right)^{1-t} \\ &\leq M^t \cdot M^{1-t} = M.\end{aligned}$$

補題 5.2.2 により

$$(e^{t\lambda_1 + (1-t)\lambda'_1}, \ldots, e^{t\lambda_n + (1-t)\lambda'_n}) \in \Omega(f)^*.$$

よって，$t\lambda + (1-t)\lambda' \in \log \Omega(f)^*$ がわかる． □

一般にラインハルト領域 Ω に対し，その対数凸包を

$$\widehat{\Omega} = \{(z_1, \ldots, z_n) \in \mathbf{C}^n; \; {}^\exists (\lambda_j) \in \mathrm{co}(\log \Omega^*), \, |z_j| < e^{\lambda_j}, \, 1 \leq j \leq n\} \, (\supset \Omega)$$

とおく．定義から $\widehat{\Omega}$ は，完備対数凸ラインハルト領域である．

定理 5.2.13 Ω を原点 0 を含むラインハルト領域とすると，その対数凸包 $\widehat{\Omega}$ は Ω の正則拡大である．つまり任意の $f \in \mathcal{O}(\Omega)$ に対しある $\hat{f} \in \mathcal{O}(\widehat{\Omega})$ で $\hat{f}|_\Omega = f$ となるものが存在する．

証明 任意に $f \in \mathcal{O}(\Omega)$ をとる．定理 5.2.6 により $f(z)$ は Ω 内で収束巾級数

$$f(z) = \sum_\alpha a_\alpha z^\alpha$$

で表される．この巾級数の収束域 $\Omega(f)$ を考える．$f \in \mathcal{O}(\Omega(f))$ である．$\log \Omega^* \subset \log \Omega(f)^*$ となる．定理 5.2.12 より $\log \Omega(f)^*$ は凸である．よって

$$\mathrm{co}(\log \Omega^*) \subset \log \Omega(f)^*.$$

これと補題 5.2.4 より $\widehat{\Omega} \subset \Omega(f)$ が従う．よって $f \in \mathcal{O}(\widehat{\Omega})$ とみなせる． □

後に我々は，完備対数凸ラインハルト領域は，正則領域であることを見る (定理 5.2.18).

例 5.2.14 例として次のように定義されるハルトークス領域 $\Omega_\mathrm{H}(\subset \mathbf{C}^2)$ をもう一度考えよう．

$$0 < r, s < 1,$$
$$\Omega_\mathrm{H} = \{(z,w) \in \mathbf{C}^2;\ |z| < 1, |w| < s\}$$
$$\cup \{(z,w) \in \mathbf{C}^2;\ r < |z| < 1, |w| < 1\}.$$

これはラインハルト領域である (図 5.3)．

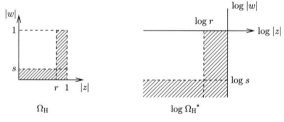

図 5.3 ハルトークス領域とその log 像

正則包 $\widehat{\Omega}_\mathrm{H}$ は，次の図 5.4 のようになり，実際 $\widehat{\Omega}_\mathrm{H} \supsetneq \Omega_\mathrm{H}$ である．

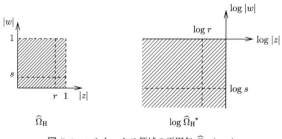

図 5.4 ハルトークス領域の正則包 $\widehat{\Omega}_\mathrm{H}(r,s)$

例 5.2.15 巾級数

$$f(z) = \sum_\alpha c_\alpha z^\alpha, \quad z = (z_1, z_2)$$

が, $(\frac{1}{2}, 1)$, $(1, \frac{1}{2})$ で収束とすると $\Omega(f)$ は少なくとも図 5.5 の領域を含む. 図 5.5 では, 次が満たされる.

$$\log|z_i| < 0, \quad i = 1, 2,$$

$$\log|z_1| + \log|z_2| < -\log 2.$$

特に, $(\frac{1}{2}, \frac{1}{2})$ は $\Omega(f)$ の内点に入る.

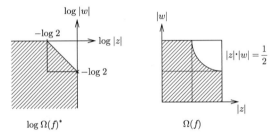

図 5.5 対数凸領域

ラインハルト領域 Ω と座標 $z = (z_1, \ldots, z_n) \in \mathbf{C}^n$ の添字集合の任意の分割

$$I \sqcup J = \{1, 2, \ldots, n\}, \quad I \cap J = \emptyset,$$

$$|I| = k, \quad |J| = n - k$$

をとる. このとき,

(5.2.16) $\quad \Omega_I = \Omega \cap \{(z_j) \in \mathbf{C}^n;\ z_j = 0,\ {}^\forall j \in J\}$

$\quad \subset \{(z_j) \in \mathbf{C}^n;\ z_j = 0,\ {}^\forall j \in J\} \cong \mathbf{C}^k$

とおく.

補題 5.2.17 $\Omega \subset \mathbf{C}^n$ を対数凸な完備ラインハルト領域とする. 座標の添字集合の任意の分割 $I \sqcup J$ に対し, Ω_I は $\mathbf{C}^k$ ($|I| = k$) のラインハルト領域として対数凸完備である.

証明 座標の番号を付け替えて $I = \{1, \ldots, k\}$, $J = \{k+1, \ldots, n\}$ としてよい. $z = (z', z'') \in \mathbf{C}^k \times \mathbf{C}^{n-k}$ と書くことにする. Ω_I が多重回転不変であることと完備性は定義より直ちに従う. 対数凸性を示そう. 任意に 2 点 $z', w' \in \Omega_I^*$ をと

る．もちろん, $(z',0),(w',0)\in\Omega$ であるから十分小さな $z'',w''\in(\mathbf{C}^*)^{n-k}$ をとれば, $(z',z''),(w',w'')\in\Omega^*$ となる．任意の $0\leq t\leq 1$ に対して,

$$t(\ldots,\log|z'_i|,\ldots,\log|z''_j|,\ldots)$$
$$+(1-t)(\ldots,\log|w'_i|,\ldots,\log|w''_j|,\ldots)\in\log\Omega^*.$$

Ω は完備であるから,

$$t(\ldots,\log|z'_I|,\ldots)+(1-t)(\ldots,\log|w'_i|,\ldots)\in\log\Omega^*_I, \quad 0\leq{}^\forall t\leq 1.$$

よって, Ω_I は対数凸である． □

定理 5.2.18 Ω を 0 を含むラインハルト領域とする．次の条件は同値である．
 (i) Ω は正則凸領域である．
 (ii) Ω は正則領域である．
 (iii) ある巾級数 $f(z)=\sum_{|\alpha|\geq 0}a_\alpha z^\alpha$ が存在して $\Omega=\Omega(f)$ となる．
 (iv) Ω は完備かつ対数凸である．

証明 (i)⇒(ii) 次節で示す定理 5.3.1 (i) より従う (定理 5.3.1 の証明では, もちろん現下の定理の結果は用いない).

 (ii)⇒(iii) 定理 5.3.1 (ii) と定理 5.2.6 による．

 (iii)⇒(iv) $\Omega=\widehat{\Omega}$ が成り立っている．定理 5.2.13 により, Ω は完備対数凸ラインハルト領域である．

 (iv)⇒(i) 次のようにして示される．$w\in(\mathbf{C}^*)^n$ に対し多重円板を

$$\mathrm{P}\Delta^w=\{(z_1,\ldots,z_n)\in\mathbf{C}^n; |z_j|<|w_j|,1\leq j\leq n\}$$

とおく．完備性より

$$\Omega=\bigcup_{w\in\Omega^*}\mathrm{P}\Delta^w \quad (\text{開被覆}).$$

任意にコンパクト部分集合 $K\Subset\Omega$ をとる．$\widehat{K}_\Omega\Subset\Omega$ (Ω は正則凸) を示す．有限個の $w_1,\ldots,w_N\in\Omega^*$ があって

$$K\subset\bigcup_{\nu=1}^N\mathrm{P}\Delta^{w_\nu}\subset\bigcup_{\nu=1}^N\overline{\mathrm{P}\Delta}^{w_\nu}\Subset\Omega.$$

$L=\bigcup_{\nu=1}^N\overline{\mathrm{P}\Delta}^{w_\nu}$ とおく．$\widehat{K}_\Omega\subset\widehat{L}_\Omega\subset\widehat{L}_{\mathbf{C}^n}$ であり, $\widehat{L}_{\mathbf{C}^n}$ はコンパクトである．したがって $\widehat{L}_{\mathbf{C}^n}\subset\Omega$ を示せばよい．$\widehat{L}_{\mathbf{C}^n}$ は, 多重回転不変であることに注意する．

 (イ) まず $\widehat{L}_{\mathbf{C}^n}\cap(\mathbf{C}^*)^n\subset\Omega$ を示す．

5.2 ラインハルト領域 159

補題 5.2.19 $\mathrm{co}(\log L^*) \supset \log(\widehat{L}_{\mathbf{C}^n})^*$ が成立する.

証明 任意の $\alpha_j \in \mathbf{Z}_+, 1 \leq j \leq n$, $|\alpha| > 0$ に対し, 正則関数 $z^\alpha = z_1^{\alpha_1} \cdots z_n^{\alpha_n}$ を考えると

$$\max_L |z^\alpha| \leq \max_{1 \leq \nu \leq N} |w_\nu^\alpha|.$$

したがって任意の $\zeta = (\zeta_j) \in \widehat{L}_{\mathbf{C}^n} \cap (\mathbf{C}^*)^n$ に対し

(5.2.20) $$|\zeta^\alpha| \leq \max_{1 \leq \nu \leq N} |w_\nu^\alpha|.$$

対数をとって,

$$\sum_{j=1}^n \alpha_j \log|\zeta_j| \leq \max_\nu \sum_{j=1}^n \alpha_j \log|w_{\nu j}|.$$

$\alpha_1 + \cdots + \alpha_u = |\alpha|$ で割り, $\lambda_j = \frac{\alpha_j}{|\alpha|} \in \mathbf{Q} \geq 0$ とおくと次が成立する.

$$\sum_{j=1}^n \lambda_j \log|\zeta_j| \leq \max_\nu \sum_{j=1}^n \lambda_j \log|w_{\nu j}|.$$

この不等式は任意の n 個の $\lambda_j \in \mathbf{Q}, \lambda_j \geq 0, \sum_{j=1}^n \lambda_j = 1$ について成立することになる. したがって, 任意の $\lambda_j \in \mathbf{R}, \lambda_j \geq 0, \sum_{j=1}^n \lambda_j = 1$ に対しても

(5.2.21) $$\sum_{j=1}^n \lambda_j \log|\zeta_j| \leq \max_\nu \sum_{j=1}^n \lambda_j \log|w_{\nu j}|$$

が成立する.

(5.2.22) $$M = \Big\{(\eta_1, \ldots, \eta_n) \in \mathbf{R}^n ; {}^\forall \lambda_j \in \mathbf{R}, \lambda_j \geq 0, \sum_{j=1}^n \lambda_j = 1,$$
$$\sum_{j=1}^n \lambda_j \eta_j \leq \max_\nu \sum_{j=1}^n \lambda_j \log|w_{\nu j}|\Big\}$$

とおく. $\log \zeta^* \in M$ である.

主張 5.2.23 $\mathrm{co}(\log L^*) = M$.

∵) $\log w_\nu^* = (\log|w_{\nu 1}|, \ldots, \log|w_{\nu n}|) \in \mathbf{R}^n$ とおく. $\log(\mathrm{P}\Delta^{w_\nu})^*$ は $\log w_\nu^*$ を頂点とする "第3象限" である. したがって, 任意の $(\eta_1, \ldots, \eta_n) \in \mathrm{co}(\log L^*)$ をとると, 任意の $\lambda_j \in \mathbb{R}, \lambda_j \geq 0, \sum_{j=1}^n \lambda_j = 1$ に対し

$$\sum_{j=1}^n \lambda_j \eta_j \leq \max_\nu \sum_{j=1}^n \lambda_j \log|w_{\nu j}|$$

が成立する. よって $\mathrm{co}(\log L^*) \subset M$ である.

一方, $\eta = (\eta_1, \ldots, \eta_n) \notin \mathrm{co}(\log L^*)$ とすると次のような一次関数 F が存在する.

$$^\exists F(\eta) = \sum_{j=1}^{n} l_j \eta_j + C,$$

$$F(\eta) > 0, \qquad \log L^* \subset \{F < 0\}.$$

$\log L^*$ ではどの変数も $\eta_j \to -\infty$ とできるので全ての $l_j \geq 0$ である. $\sum_{j=1}^{n} l_j = 1$ としてよい. すると M の定義より, $\eta \notin M$. したがって $\mathrm{co}(\log L^*) \supset M$. 以上より $\mathrm{co}(\log L^*) = M$. これで, 補題の証明が終わった. □

これより, Ω は完備対数凸と仮定したから $\log \zeta^* \in M \subset \mathrm{co}(\log \Omega^*) = \log \Omega^*$. よって $\zeta \in \Omega$ がわかった.

(ロ) $\zeta = (\zeta_1, \ldots, \zeta_n) \in \widehat{L}_{\mathbf{C}^n}$ の成分に 0 が含まれている場合を考える. $\zeta_i \neq 0$ である添字 i の全体を I, $\zeta_j = 0$ である添字 j の全体を J とする. $k = |I|$ とおく.

$$L_I = \bigcup_{\nu=1}^{N} \overline{\mathrm{P}\Delta_I^{w_\nu}} \Subset \Omega_I \subset \mathbf{C}_I^n \cong \mathbf{C}^k$$

であるから, $\zeta \in \widehat{L_{I\mathbf{C}^k}} \cap (\mathbf{C}^*)^k$ である. 補題 5.2.17 により, Ω_I は $\mathbf{C}^k$ の領域として対数凸完備ラインハルト領域であるから, (イ) の議論が適用できる. したがって, $\zeta \in \Omega_I \subset \Omega$ がわかる. □

5.3 正則領域と正則凸領域

正則凸領域については第 4 章で詳しく論じた. 本節ではこれが正則領域と同値であることを示す.

定理 5.3.1 (カルタン–トゥーレン) 領域 $\Omega \subset \mathbf{C}^n$ について次の三条件は同値である.

(i) Ω は正則領域である.
(ii) ある $f \in \mathcal{O}(\Omega)$ があって, Ω は f の存在域である.
(iii) Ω は正則凸である.

以下しばらく証明の準備をする.

$r = (r_1, \ldots, r_n)$, $r_j > 0$ とし原点 0 を中心とし多重半径 r の多重円板 $\mathrm{P}\Delta = \mathrm{P}\Delta(0; r)$ を固定する. $\Omega \subset \mathbf{C}^n$ を領域とし

(5.3.2) $\qquad \delta_{\mathrm{P}\Delta}(z, \partial \Omega) = \sup\{s > 0; \ z + s\mathrm{P}\Delta \subset \Omega\}(> 0), \quad z \in \Omega,$

(5.3.3) $\qquad \|z\|_{\mathrm{P}\Delta} = \inf\{s \geq 0; \ z \in s\mathrm{P}\Delta\} \geq 0, \quad z \in \mathbf{C}^n$

とおく. $\delta_{\mathrm{P}\Delta}(z, \partial\Omega)$ を PΔ に関する Ω の境界距離関数と呼ぶ. 簡単な計算により
(5.3.4) $\qquad |\delta_{\mathrm{P}\Delta}(z, \partial\Omega) - \delta_{\mathrm{P}\Delta}(z', \partial\Omega)| \leq \|z - z'\|_{\mathrm{P}\Delta}, \quad z, z' \in \Omega$
がわかる.

$\|z\|$ で通常のユークリッドノルムを表せば, ある定数 $C > 0$ があって
$$C^{-1}\|z\| \leq \|z\|_{\mathrm{P}\Delta} \leq C\|z\|$$
が成立するから, (5.3.4) により $\delta_{\mathrm{P}\Delta}(z, \partial\Omega)$ は連続関数である.

補題 5.3.5 $f \in \mathcal{O}(\Omega)$ とコンパクト部分集合 $K \Subset \Omega$ に対し
$$|f(z)| \leq \delta_{\mathrm{P}\Delta}(z, \partial\Omega), \quad z \in K$$
と仮定する. 任意の $\xi \in \widehat{K}_\Omega$ で任意の $u \in \mathcal{O}(\Omega)$ を巾級数展開する.
(5.3.6) $\qquad u(z) = \sum_\alpha \dfrac{\partial^\alpha u(\xi)}{\alpha!}(z - \xi)^\alpha.$
すると, これは $z \in \xi + |f(\xi)|\mathrm{P}\Delta$ で収束する.

証明 $0 < t < 1$ に対し
$$\Omega_t = \{(z_j);\ {}^\exists w \in K, |z_j - w_j| \leq tr_j|f(w)|,\ 1 \leq j \leq n\}$$
$$\subset \bigcup_{w \in K} \{(z_j);\ (z_j) \in (w_j) + t\delta_{\mathrm{P}\Delta}(w, \partial\Omega)\overline{\mathrm{P}\Delta}\}$$
とおくと, これは Ω 内でコンパクトである. したがって, ある $M > 0$ があって $|u(z)| \leq M, z \in \Omega_t$ が成立する. これより偏導関数の評価をする. $w \in K$ として $\rho_j > 0$ は現れる変数が Ω 内に収まるように小さくとることとして, 次が成立する.
$$u(z) = \left(\frac{1}{2\pi i}\right)^n \int\cdots\int_{|\xi_j - w_j| = \rho_j} \frac{u(\xi)}{\prod_j (\xi_j - z_j)}\, d\xi_1\cdots d\xi_n,$$
$$\partial^\alpha u(z) = \left(\frac{1}{2\pi i}\right)^n \alpha! \int\cdots\int_{|\xi_j - w_j| = \rho_j} \frac{u(\xi)}{(\xi - z)^{\alpha + (1,\ldots,1)}}\, d\xi_1\cdots d\xi_n.$$
$f(w) \neq 0$ とする.
$$z = w, \quad \rho_j = tr_j|f(w)|$$
とおく.
$$|\partial^\alpha u(w)| \leq \alpha! M \cdot \frac{1}{(t|f(w)|r)^\alpha}$$
$$= \alpha! M \frac{1}{t^{|\alpha|}|f(w)|^{|\alpha|}r^\alpha}.$$

したがって，
$$\frac{|\partial^\alpha u(w)||t^{|\alpha|}|f(w)|^{|\alpha|} r^\alpha}{\alpha!} \leq M, \quad w \in K.$$
この式は，$f(w) = 0$ のときは，自明に成立している．変形して，次を得る．
$$|f(w)|^{|\alpha|}|\partial^\alpha u(w)| \leq \frac{\alpha! \cdot M}{t^{|\alpha|} r^\alpha}, \quad w \in K.$$
$f(w)^{|\alpha|}\partial^\alpha u(w) \in \mathcal{O}(\Omega)$ なので $\widehat{K}_\Omega$ の定義より
$$|f(w)|^{|\alpha|}|\partial^\alpha u(w)| \leq \frac{\alpha! M}{t^{|\alpha|} r^\alpha}, \quad w \in \widehat{K}_\Omega$$
が成立する．$w = \xi \in \widehat{K}_\Omega$ として (5.3.6) は $z \in \xi + |f(\xi)|t\,\mathrm{P}\Delta$ について収束する．$t \nearrow 1$ として (5.3.6) は $z \in \xi + |f(\xi)|\,\mathrm{P}\Delta$ で収束する． □

補題 5.3.7 $\Omega \subset \mathbf{C}^n$ を正則領域とする．$f \in \mathcal{O}(\Omega)$, $K \Subset \Omega$ をコンパクトとする．
$$|f(z)| \leq \delta_{\mathrm{P}\Delta}(z, \partial\Omega), \quad z \in K$$
ならば
$$|f(z)| \leq \delta_{\mathrm{P}\Delta}(z, \partial\Omega), \quad z \in \widehat{K}_\Omega.$$
特に，f を定数とすると

(5.3.8) $$\inf_{z \in K} \delta_{\mathrm{P}\Delta}(z, \partial\Omega) = \inf_{z \in \widehat{K}_\Omega} \delta_{\mathrm{P}\Delta}(z, \partial\Omega).$$

証明 補題 5.3.5 により任意の $u \in \mathcal{O}(\Omega)$ と $z \in \widehat{K}_\Omega$ に対し u は $z + |f(z)|\,\mathrm{P}\Delta$ で正則である．Ω は正則領域と仮定したので $z + |f(z)|\,\mathrm{P}\Delta \subset \Omega$ でなければならない．したがって
$$|f(z)| \leq \delta_{\mathrm{P}\Delta}(z, \partial\Omega), \quad z \in \widehat{K}_\Omega.$$
特に $f \equiv C = \min\{\delta_{\mathrm{P}\Delta}(z, \partial\Omega); z \in K\}$ と取る．すると
$$C \leq \delta_{\mathrm{P}\Delta}(z, \partial\Omega), \quad z \in \widehat{K}_\Omega$$
が成立する．したがって
$$\inf_{z \in K} \delta_{\mathrm{P}\Delta}(z, \partial\Omega) \leq \inf_{z \in \widehat{K}_\Omega} \delta_{\mathrm{P}\Delta}(z, \partial\Omega).$$
逆の不等式は，集合の包含関係 $K \subset \widehat{K}_\Omega$ よりわかる．よって (5.3.8) が従う． □

定理 5.3.1 の証明．

(i)⇒(iii) 任意にコンパクト部分集合 $K \Subset \Omega$ をとる．定義から
$$\widehat{K}_\Omega \subset \mathrm{P}\Delta(\ldots, 1 + \max\{|z_j|; (z_j) \in K\}, \ldots)$$

5.3 正則領域と正則凸領域

であるから有界で, Ω 内の閉集合である. Ω が正則領域であるから (5.3.8) より

$$\inf_{z \in K} \delta_{\mathrm{P}\Delta}(z, \partial\Omega) = \inf_{z \in \widehat{K}_\Omega} \delta_{\mathrm{P}\Delta}(z, \partial\Omega).$$

しかも $\delta_{\mathrm{P}\Delta}(z, \partial\Omega)$ は連続なので

$$\inf_{z \in K} \delta_{\mathrm{P}\Delta}(z, \partial\Omega) = \min_{z \in K} \delta_{\mathrm{P}\Delta}(z, \partial\Omega) > 0.$$

よって $\inf_{z \in \widehat{K}_\Omega} \delta_{\mathrm{P}\Delta}(z, \partial\Omega) > 0$ となり, $\widehat{K}_\Omega \Subset \Omega$ がわかる.

(iii)⇒(ii) これは第 4 章の岡–カルタンの基本定理 4.4.2 の応用である補間定理 4.4.21 (i) を用いると簡単にわかる. Ω の離散点列 $\{a_\nu\}_{\nu=1}^\infty$ で Ω の内点には集積せず, $\partial\Omega$ の全ての点を集積点としているものをとる. 補間定理 4.4.21 (i) により $f \in \mathcal{O}(\Omega)$ で $f(a_\nu) = \nu$ となるものがある. 任意の $b \in \partial\Omega$ に対し b に収束する部分列 $\{a_{\nu_\mu}\}_\mu$ をとれば,

$$f(a_{\nu_\mu}) = \nu_\mu \to \infty \quad (\mu \to \infty)$$

となるので f は b を超えて解析接続できない. つまり Ω は f の存在域であるので正則領域である.

しかしこの証明は大定理を用いたもので, もっと初歩的に示せるので以下にそれを与える. 歴史的にもこの部分は岡–カルタンの基本定理よりずっと前にわかっていた.

$\{a_j\}_{j=1}^\infty$ を上述の離散点列とする.

$$D_j = a_j + \delta_{\mathrm{P}\Delta}(a_j, \partial\Omega) \cdot \mathrm{P}\Delta \subset \Omega$$

とおく. Ω のコンパクト部分集合増大列 K_j $(j = 1, 2, \ldots)$ を, K_j° でその内点集合を表すとき

$$K_j \Subset K_{j+1}^\circ, \quad \bigcup_{j=1}^\infty K_j^\circ = \Omega$$

が成立するようにとる. 取り方より全ての $j \geq 1$ について $D_j \cap (\Omega \setminus \widehat{K}_{j\Omega}) \neq \emptyset$ である. したがって $z_j \in D_j \setminus \widehat{K}_{j\Omega}$ をとれば, ある $f_j \in \mathcal{O}(\Omega)$ で次を満たす元がある.

$$\max_{K_j} |f_j| < |f_j(z_j)|.$$

f_j を $f_j(z_j)$ で割って, $f_j(z_j) = 1$ とすれば,

$$\max_{K_j} |f_j| < |f_j(z_j)| = 1$$

としてよい. 巾乗 f_j^ν をとり ν を十分大きくとり, それを改めて f_j とすれば

$$\max_{K_j} |f_j| < \frac{1}{2^j}, \quad f_j(z_j) = 1$$

が成立しているとしてよい．$\sum_j \frac{j}{2^j} < \infty$ であるから無限乗積

$$f(z) = \prod_{j=1}^{\infty} (1 - f_j(z))^j$$

は Ω 上で広義一様収束する (たとえば，参考書 [野口] 第 2 章 §6 を参照)．もちろん，$f \not\equiv 0$ である．

f は，Ω をその存在域としていることを示そう．仮に，そうでないとしてある境界点 $b \in \partial\Omega$ を越えて $f(z)$ が b のある多重円板近傍に解析接続されたとする．b に収束する部分列 $\{a_{j_\nu}\}$ をとる．$\delta_{\mathrm{P}\Delta}(a_{j_\nu}, \partial\Omega) \to 0 \ (\nu \to \infty)$ であるから，$\{z_{j_\nu}\}$ も b に収束する．$f(z)$ は，$z = z_{j_\nu}$ で j_ν 位の零点を持っている．つまり任意の偏微分 ∂^α，$|\alpha| \leq j_\nu$ に対し

$$\partial^\alpha f(z_{j_\nu}) = 0.$$

したがって，任意に ∂^α を止めたとき，$\nu \gg 1$ に対し $\partial^\alpha f(z_{j_\nu}) = 0$ であり

$$\partial^\alpha f(z_{j_\nu}) \to \partial^\alpha f(b), \quad \nu \to \infty$$

である．したがって

$$\partial^\alpha f(b) = 0, \quad {}^\forall \alpha.$$

一致の定理 1.2.16 により，$f \equiv 0$ となり矛盾を得る．

(ii)⇒(i) f 自身が Ω より真に大きな領域に解析接続できないので，Ω は自身が極大正則拡大である．よって Ω は正則領域である．

これで定理 5.3.1 の証明が完了した． □

二つの集合 $E, F \subset \mathbf{C}^n$ に対し

$$\delta_{\mathrm{P}\Delta}(E, F) = \inf\{\|z - w\|_{\mathrm{P}\Delta}; z \in E, w \in F\}$$

とおく．

系 5.3.9 $\Omega_\gamma, \gamma \in \Gamma$ を正則領域の任意の族とする．このとき $\bigcap_{\gamma \in \Gamma} \Omega_\gamma$ の内点の連結成分 Ω は正則領域である．

証明 任意にコンパクト部分集合 $K \Subset \Omega$ をとる．$K \subset \widehat{K}_\Omega \subset \widehat{K}_{\Omega_\gamma}$ が成立している．Ω_γ は正則領域であるから (5.3.8) より

$$\delta_0 := \delta_{\mathrm{P}\Delta}(K, \partial\Omega) \leq \delta_{\mathrm{P}\Delta}(K, \partial\Omega_\gamma)$$
$$= \delta_{\mathrm{P}\Delta}(\widehat{K}_{\Omega_\gamma}, \partial\Omega_\gamma).$$

包含関係より

$$\delta_{\mathrm{P}\Delta}(K, \partial\Omega_\gamma) \geq \delta_{\mathrm{P}\Delta}(\widehat{K}_\Omega, \partial\Omega_\gamma) \geq \delta_{\mathrm{P}\Delta}(\widehat{K}_{\Omega_\gamma}, \partial\Omega_\gamma).$$

したがって $\delta_{\mathrm{P}\Delta}(\widehat{K}_\Omega, \partial\Omega_\gamma) = \delta_{\mathrm{P}\Delta}(K, \partial\Omega_\gamma) \geq \delta_0 > 0$ となる．これは任意の $a \in \widehat{K}_\Omega$ に対し
$$a + \delta_0 \mathrm{P}\Delta \subset \Omega_\gamma, \quad {}^\forall \gamma \in \Gamma$$
が成立していることになる．$a + \delta_0 \mathrm{P}\Delta$ は連結であるから $a + \delta_0 \mathrm{P}\Delta \subset \Omega$ が従う．よって $\widehat{K}_\Omega \Subset \Omega$ がわかった．Ω は，正則凸となり定理 5.3.1 より正則領域となる． $\square$

系 5.3.10 Ω を正則 (凸) 領域，$f \in \mathcal{O}(\Omega), c > 0$ とすると $\{z \in \Omega; |f(z)| < c\}$ の連結成分 Ω' は正則 (凸) 領域である．特に任意の多重円板 $\mathrm{P}\Delta(a; r)$ に対し $\Omega \cap \mathrm{P}\Delta(a; r)$ の連結成分は正則 (凸) 領域である．

証明 任意のコンパクト部分集合 $K \Subset \Omega'$ をとる．
$$\theta := \sup_K |f| < c.$$
もちろん，$\sup_{\widehat{K}_{\Omega'}} |f| = \theta < c$ が成立する．$\widehat{K}_{\Omega'} \subset \widehat{K}_\Omega \Subset \Omega$ かつ $\widehat{K}_{\Omega'} \Subset \{z \in \Omega; |f(z)| \leq \theta\}$ であるから $\widehat{K}_{\Omega'} \Subset \Omega'$ が成立する． $\square$

系 5.3.11 Ω を正則 (凸) 領域とする．
 (i) 任意の $\varepsilon > 0$ に対して $\Omega_\varepsilon = \{z \in \Omega; \delta_{\mathrm{P}\Delta}(z, \partial\Omega) > \varepsilon\}$ の任意の連結成分は正則 (凸) 領域である．
 (ii) $\Omega_\varepsilon \cap \mathrm{P}\Delta(0; r)(\Subset \Omega)$ の任意の連結成分も正則 (凸) 領域である．
 (iii) 特に一点 $a_0 \in \Omega$ をとり，$\Omega_{1/\nu} \cap \mathrm{P}\Delta_{(\nu)}$ $(\nu = 1, 2, \ldots)$ の a_0 を含む連結成分を Ω_ν とすれば，Ω_ν は正則 (凸) 領域で
$$\Omega_\nu \Subset \Omega_{\nu+1}, \quad \bigcup_{\nu=1}^\infty \Omega_\nu = \Omega$$
となる．

証明 (i) Ω_ε の任意の連結成分 Ω'_ε をとる．任意のコンパクト部分集合 $K \Subset \Omega'_\varepsilon$ に対し $\varepsilon' = \inf_K \delta_{\mathrm{P}\Delta}(z, \partial\Omega)(>\varepsilon)$ とおく．$\widehat{K}_\Omega$ は有界で Ω 内閉である．補題 5.3.7 より
$$\inf_{\widehat{K}_\Omega} \delta_{\mathrm{P}\Delta}(z, \partial\Omega) = \varepsilon' > \varepsilon.$$
したがって，$\widehat{K}_\Omega \Subset \Omega_\varepsilon$ が成立する．よって，$\widehat{K}_{\Omega'_\varepsilon} \Subset \Omega'_\varepsilon$ となり，Ω'_ε は正則凸領域となる．定理 5.3.1 から Ω'_ε は正則領域である．
 (ii) 系 5.3.10 より

$$\Omega'_\varepsilon \cap \mathrm{P}\Delta(0;r) = \{z \in (z_j) \in \Omega'_\varepsilon; |z_j| < r_j\}$$

の任意の連結成分も正則 (凸) 領域となる.

(iii) これは, (ii) より従う. □

5.4 正則領域と近似列

前節の定理 5.3.1 により正則領域 $\Omega \subset \mathbf{C}^n$ は正則凸であることと同じであることがわかった. よって次の重要な定理を得る.

定理 5.4.1 (岡–カルタンの基本定理) $\Omega \subset \mathbf{C}^n$ を正則領域とすると, 任意の連接層 $\mathscr{F} \to \Omega$ に対して

$$H^q(\Omega, \mathscr{F}) = 0, \quad q \geq 1.$$

注意 5.4.2 この定理により, 繰り返しは避けるが, $\bar\partial$ 方程式についての系 4.4.20 や解析的ド・ラームの定理 (系 4.4.28) が正則領域に対しても成立することがわかる.

この節ではこの岡–カルタンの基本定理 5.4.1 を用いて正則関数の近似を論じ, さらに正則領域の増大列の極限が正則領域になることを示す. その際, 解析的多面体 (定義 4.4.1) と岡の上空移行の原理が再び本質的役割を果たす.

定理 5.4.3 (ルンゲ–岡の近似定理) $\Omega \subset \mathbf{C}^n$ を領域とし $K = \widehat{K}_\Omega \Subset \Omega$ と仮定する.

(i) K は $\mathcal{O}(\Omega)$-解析的多面体による基本近傍系を持つ.

(ii) K の近傍で正則な関数は K 上 $\mathcal{O}(\Omega)$ の元で一様近似可能である.

証明 (i) K の近傍 U を $K \Subset U \Subset \Omega$ と取る. 任意の $\xi \in \partial U$ に対しある $f \in \mathcal{O}(\Omega)$ で

$$\sup_K |f| < |f(\xi)|$$

を満たすものがとれる. するとある近傍 $V_\xi \ni \xi$ と定数 $\theta_\xi > 0$ があって

$$\sup_K |f| < \theta_\xi < |f(z)|, \quad z \in V_\xi$$

となる. ∂U はコンパクトであるから有限個の $\xi_1, \ldots, \xi_N \in \partial U$, $\bigcup_{j=1}^N V_{\xi_j} \supset \partial U$, $f_j \in \mathcal{O}(\Omega)$ があって

$$\sup_K |f_j| < \theta_{\xi_j} < |f_j(z)|, \quad z \in V_{\xi_j}$$

となる. f_j を f_j/θ_{ξ_j} に取り換えれば,

$$\sup_K |f_j| < 1 < |f_j(z)|, \quad z \in V_{\xi_j}, \quad 1 \leq j \leq N$$

となり, $K \subset \{z \in \Omega;\ |f_j(z)| < 1\}$ となる. $\{z \in \Omega;\ |f_j(z)| < 1\}$ の K の点を含む連結成分の有限和を P とすれば

$$K \Subset P \Subset U.$$

P は $\mathcal{O}(\Omega)$-解析的多面体である.

(ii) g を K の近傍 U で正則な関数とする. (i) により $K \Subset P \Subset U$ と $\mathcal{O}(\Omega)$-解析的多面体 P をとる. $g|_P \in \mathcal{O}(P)$ である. 補題 4.4.17 により g の K への制限 $g|_K$ は $\mathcal{O}(\Omega)$ の元で一様近似できる. □

定義 5.4.4 二つの領域 $\Omega_1 \subset \Omega_2$ がルンゲ対とは, 任意の $f \in \mathcal{O}(\Omega_1)$ が, Ω_1 内 $\mathcal{O}(\Omega_2)$ の元で広義一様近似可能であることとする.

定理 5.4.5 二つの正則領域 $\Omega_1 \subset \Omega_2$ について, 次は同値である.
 (i) $\Omega_1 \subset \Omega_2$ はルンゲ対である.
 (ii) 任意のコンパクト部分集合 $K \Subset \Omega_1$ に対して次が成立する.

$$\widehat{K}_{\Omega_1} = \widehat{K}_{\Omega_2}.$$

 (iii) 任意のコンパクト部分集合 $K \Subset \Omega_1$ に対して次が成立する.

$$\widehat{K}_{\Omega_2} \Subset \Omega_1.$$

証明 (i)⇒(ii) $K_1 = \widehat{K}_{\Omega_1}$ と書く. $K_1 \Subset \Omega_1$ である. 次を示せばよい.

主張 5.4.6 $\widehat{K}_{\Omega_2} = K_1$.

∵) 定義より $\widehat{K}_{\Omega_2} \supset K_1$. $\widehat{K}_{\Omega_2} \neq K_1$ とする. $\xi \in \widehat{K}_{\Omega_2} \backslash K_1$ をとる.

$$K_2 = K_1 \cup \{\xi\}\ (\Subset \Omega_2)$$

とおく. 条件より $\widehat{K_2}_{\Omega_2} \Subset \Omega_2$ である. 定理 5.4.3 により $\mathcal{O}(\Omega_2)$-解析的多面体 P_2 を

$$\widehat{K_2}_{\Omega_2} \Subset P_2 \Subset \Omega_2$$

と取る. K_1 の近傍 U を

$$K_1 \Subset U \Subset P_2 \cap \Omega_1, \quad \xi \notin \bar{U}$$

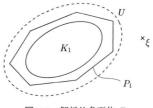

図 5.6 解析的多面体 P_1

と取る. $\mathcal{O}(\Omega_1)$-解析的多面体 P_1 を

$$K_1 \Subset P_1 \Subset U$$

と取る (図 5.6). 有限個の元 $f_1, \ldots, f_N \in \mathcal{O}(\Omega_1)$ があって P_1 は

$$\{z \in \Omega_1;\ |f_j(z)| < 1,\ 1 \leq j \leq N\}$$

のいくつか有限個の連結成分の和集合である. 仮定より各 f_j は $g_j \in \mathcal{O}(\Omega_2)$ で $\bar{U}$ 上一様近似可能である. $\bar{U}$ 上 f_j を $g_j \in \mathcal{O}(\Omega_2)$ で十分近く近似すれば $\mathcal{O}(\Omega_2)$-解析的多面体

$$Q = \{z \in P_2;\ |g_j(z)| < 1,\ 1 \leq j \leq N\}$$

で Q のある有限個の連結成分和 Q' がとれて, $K_1 \Subset Q' \Subset U$ となる.

ξ の取り方から $|g_j(\xi)| < 1,\ 1 \leq j \leq N$ であるから $\xi \in Q$ である. ξ を含む Q の連結成分を Q'' とすると $\xi \in Q'' \Subset \Omega_2$ となる. $Q' \cap Q'' = \emptyset$. $Q_0 = Q' \cup Q''$ は $\mathcal{O}(\Omega_2)$-解析的多面体で,

(5.4.7) $$Q_0 \Supset K_2.$$

$$F(z) = \begin{cases} 0, & z \in Q'\ (\ni K_1), \\ 1, & z \in Q''\ (\ni \xi) \end{cases}$$

とおくと $F \in \mathcal{O}(Q_0)$, $K_2 \Subset Q_0$ であるから, 定理 5.4.3 により F は $\mathcal{O}(\Omega_2)$ の元で K_2 上一様近似可能である. よってある $G \in \mathcal{O}(\Omega_2)$ で

$$\sup_{K_1} |G| < \frac{1}{2}, \quad |G(\xi)| > \frac{1}{2}$$

となるものがある. したがって $\xi \notin \widehat{K}_{\Omega_2}$ となり矛盾が出る.

(ii)⇒(iii) これは明らか.

(iii)⇒(i) 任意にコンパクト部分集合 $K \Subset \Omega_1$ をとる. $\widehat{K}_{\Omega_2} \Subset \Omega_1$ であるから定理 5.4.3 (i) より $\mathcal{O}(\Omega_2)$-解析的多面体 P で

$$\widehat{K}_{\Omega_2} \Subset P \Subset \Omega_1$$

となるものをとれる. 任意の $f \in \mathcal{O}(\Omega_1)$ に対し, $f|_P \in \mathcal{O}(P)$ であるから定理

5.4.3 (ii) により f は K 上 $\mathcal{O}(\Omega_2)$ の元で一様近似可能である. つまり $\Omega_1 \subset \Omega_2$ はルンゲ対である. $\square$

命題 5.4.8 正則 (凸) 領域の増大列
$$\Omega_1 \subset \Omega_2 \subset \cdots \subset \Omega_\nu \subset \Omega_{\nu+1} \subset \cdots$$
に対し $\Omega = \bigcup_{\nu=1}^\infty \Omega_\nu$ を極限領域とする. 全ての $\Omega_\nu \subset \Omega_{\nu+1}$ ($\nu = 1, 2, \dots$) がルンゲ対であるとする. このとき次が成立する.

(i) $\Omega_\nu \subset \Omega$ ($\nu = 1, 2, 3, \dots$) はルンゲ対である.

(ii) Ω は正則 (凸) 領域である.

証明 (i) 任意のコンパクト部分集合 $K \Subset \Omega_\nu \Subset \Omega_{\nu+1} \Subset \Omega_{\nu+2}$, 任意の $f \in \mathcal{O}(\Omega_\nu)$ と任意の $\varepsilon > 0$ に対し正則関数 $f_k \in \mathcal{O}(\Omega_{\nu+k})$ を順に以下のようにとる.

$$f_1 \in \mathcal{O}(\Omega_{\nu+1}), \quad \|f - f_1\|_K < \varepsilon,$$
$$f_2 \in \mathcal{O}(\Omega_{\nu+2}), \quad \|f_2 - f_1\|_{\overline{\Omega_\nu}} < \frac{\varepsilon}{2},$$
$$\vdots$$
$$f_k \in \mathcal{O}(\Omega_{\nu+k}), \quad \|f_k - f_{k-1}\|_{\overline{\Omega_{\nu+k-2}}} < \frac{\varepsilon}{2^{k-1}},$$
$$\vdots$$

次の級数で $F \in \mathcal{O}(\Omega)$ を定義する.
$$F = f_1 + \sum_{k=1}^\infty (f_{k+1} - f_k)$$
$$= f_\mu + \sum_{k=\mu}^\infty (f_{k+1} - f_k).$$

任意の $\Omega_{\nu+\mu}$ に対し $\overline{\Omega}_{\nu+\mu}$ 上
$$\sum_{k=\mu+1}^\infty \|f_{k+1} - f_k\|_{\overline{\Omega}_{\nu+\mu}} \le \sum_{k=\mu+1}^\infty \frac{\varepsilon}{2^k} = \frac{\varepsilon}{2^\mu}$$
となり, 優級数収束する. よって $F \in \mathcal{O}(\Omega_{\nu+\mu})$ となり $F \in \mathcal{O}(\Omega)$ を得る.
$$\|f - F\|_K \le \|f - f_1\|_K + \sum_{k=1}^\infty \|f_{k+1} - f_k\|_K$$
$$\le \sum_{k=0}^\infty \frac{\varepsilon}{2^k} = 2\varepsilon.$$
$\varepsilon > 0$ は任意であったから, $\Omega_\nu \subset \Omega$ はルンゲ対である.

(ii) 任意のコンパクトな $K \Subset \Omega$ に対し Ω_ν を $K \Subset \Omega_\nu$ と取れば $\widehat{K}_{\Omega_\nu} \Subset \Omega_\nu$

となる. $\widehat{K}_\Omega = \widehat{K}_{\Omega_\nu}$ を示せば十分である. もし $\widehat{K}_\Omega \supsetneq \widehat{K}_{\Omega_\nu}$ とするとある $z_0 \in \widehat{K}_\Omega \setminus \widehat{K}_{\Omega_\nu}$ がある. Ω_μ を $K_1 := \widehat{K}_{\Omega_\nu} \cup \{z_0\} \Subset \Omega_\mu$ と取る. 定理 5.4.5 より

$$\widehat{K}_{\Omega_\nu} = \widehat{K}_{\Omega_\mu} \not\ni z_0.$$

よって, ある $f \in \mathcal{O}(\Omega_\mu)$ で

$$\max_K |f| < |f(z_0)|.$$

(i) の結果からこの f を K_1 上 $\tilde{f} \in \mathcal{O}(\Omega)$ で一様近似すれば

$$\max_K |\tilde{f}| < |\tilde{f}(z_0)|.$$

これは $z_0 \in \widehat{K}_\Omega$ の取り方に反する. □

命題 5.4.8 (ii) でルンゲ対 ($\Omega_\nu \subset \Omega_{\nu+1}$) の条件を外したのが, これから述べるベーンケ–スタインの定理である. そのために補題を二つ準備する. (5.3.2) で用いた多重円板 PΔ に関する距離関数 $\delta_{\mathrm{P}\Delta}(\cdot, \cdot)$ を使う.

補題 5.4.9 領域列 $D_1 \Subset D_2 \Subset D_3 \Subset \mathbf{C}^n$ があり, D_3 は正則領域で次が満たされているとする.

$$\delta_{\mathrm{P}\Delta}(\partial D_1, \partial D_3) > \max_{z_2 \in \partial D_2} \delta_{\mathrm{P}\Delta}(z_2, \partial D_3).$$

すると $\mathcal{O}(D_3)$-解析的多面体 P で

$$D_1 \Subset P \Subset D_2$$

となるものがとれる.

証明 $K = \bar{D}_1$ はコンパクトである. $K_1 = \widehat{K}_{D_3} (\Subset D_3)$ とおく. 条件と (5.3.8) より

$$\max_{z_2 \in \partial D_2} \delta_{\mathrm{P}\Delta}(z_2, \partial D_3) < \delta_{\mathrm{P}\Delta}(\partial D_1, \partial D_3)$$
$$= \inf_{z_1 \in K} \delta_{\mathrm{P}\Delta}(z_1, \partial D_3) = \inf_{z_1 \in K_1} \delta_{\mathrm{P}\Delta}(z_1, \partial D_3)$$

であるから $K_1 \Subset D_2$ となる. $K_1 = \widehat{K}_{D_3}$ であったから定理 5.4.3 (i) より $K_1 \Subset P \Subset D_2$ となる $\mathcal{O}(D_3)$-解析的多面体 P がある. □

記号の簡略化のために $\rho > 0$ に対し

(5.4.10) $$\mathrm{P}\Delta_{(\rho)} = \mathrm{P}\Delta(0; (\rho, \ldots, \rho)) \subset \mathbf{C}^n$$

と書くことにする.

補題 5.4.11 $\Omega \subset \mathbf{C}^n$ を領域とし $r > 0$ に対し $\Omega_{(r)}$ で $\Omega \cap \mathrm{P}\Delta_{(r)}$ の任意の連結成分を表す．このとき Ω が正則領域であることと任意の $r > 0$ に対し全ての $\Omega_{(r)}$ が正則領域であることは同値である．

証明 Ω が正則領域ならば系 5.3.10 により任意の $\Omega_{(r)}$ も正則領域である．

逆を示そう．命題 5.4.8 により任意の対 $R > r > 0$ に対し $\Omega_{(r)} \subset \Omega_{(R)}$ であるとして，これがルンゲ対であることを言えば十分である．任意にコンパクト部分集合 $K \Subset \Omega_{(r)}$ をとる．$\Omega_{(R)}$ は正則領域であるから $K_1 := \widehat{K}_{\Omega_{(R)}} \Subset \Omega_{(R)}$ である．一方 $K \subset \mathrm{P}\Delta_{(r)}$ であるから $s < r$ を r に十分近くとれば $K_1 \subset \mathrm{P}\Delta_{(s)}$ となり $K_1 \Subset \Omega_{(r)}$ が従う．定理 5.4.5 により $\Omega_{(r)} \subset \Omega_{(R)}$ がルンゲ対であることがわかる． □

定理 5.4.12 (ベーンケ–スタイン) $\Omega_j \subset \mathbf{C}^n$, $j = 1, 2, \ldots$, を正則 (凸) 領域の増加列 ($\Omega_j \subset \Omega_{j+1}$) とする．このとき，$\Omega = \bigcup_{j=1}^{\infty} \Omega_j$ も正則 (凸) 領域である．

証明 補題 5.4.11 により任意の $r > 0$ について
$$\Omega \cap \mathrm{P}\Delta_{(r)} = \bigcup_{j=1}^{\infty} \Omega_j \cap \mathrm{P}\Delta_{(r)}$$
の連結成分が正則領域であることがわかれば十分であるから $\Omega \Subset \mathbf{C}^n$ と仮定してよい．さらに系 5.3.11 より
$$\Omega_j \Subset \Omega_{j+1}, \quad j = 1, 2, \ldots$$
としてよい．$\mathrm{P}\Delta$ を多重円板として次のようにおく．
$$M_j = \max_{z \in \partial \Omega_j} \delta_{\mathrm{P}\Delta}(z, \partial\Omega) \quad \searrow 0 \quad (j \nearrow \infty),$$
$$m_j = \min_{z \in \partial \Omega_j} \delta_{\mathrm{P}\Delta}(z, \partial\Omega) \quad \searrow 0 \quad (j \nearrow \infty).$$
もちろん，$m_j \leq M_j$ である．単調性は座標関数に関する最大値原理 (定理 1.2.19) より従う．次に $j_1 < j_2$ に対し
$$M_{j_1 j_2} = \max_{z \in \partial \Omega_{j_1}} \delta_{\mathrm{P}\Delta}(z, \partial\Omega_{j_2}),$$
$$m_{j_1 j_2} = \min_{z \in \partial \Omega_{j_1}} \delta_{\mathrm{P}\Delta}(z, \partial\Omega_{j_2})$$
とおく．$j_2 \nearrow \infty$ とするとき，単調に
$$M_{j_1 j_2} \nearrow M_{j_1}, \quad m_{j_1 j_2} \nearrow m_{j_1}$$
と収束する．

列 $\nu_1 < \nu_2 < \cdots$ を帰納的に

(5.4.13)　　　　(i)　$m_{\nu_{q-1}} > M_{\nu_q}, \quad q = 2, 3, \ldots,$

(ii)　$m_{\nu_{q-2}\nu_q} > M_{\nu_{q-1}\nu_q}, \quad q = 3, 4, \ldots,$

と取れることを示そう.$\nu_1 = 1$ と取る.$m_\nu > 0$ であり,$\nu \to \infty$ とするとき $M_\nu \searrow 0$ であるから,ある $\nu_2 > \nu_1$ で $m_{\nu_1} > M_{\nu_2}$ となる.また,$M_{\nu_2\nu} \nearrow M_{\nu_2}$ ($\nu \to \infty$) であるから,ある $\nu_3 > \nu_2$ を

$$m_{\nu_2} > M_{\nu_3}$$

かつ

$$m_{\nu_1\nu_3} > M_{\nu_2\nu_3}$$

が満たされるようにとれる.

ν_q,$q \geq 3$ まで決まったとする.$m_{\nu_{q-1}} > M_{\nu_q}$ ($\geq m_{\nu_q} > 0$) であるから $\nu_{q+1} > \nu_q$ を十分大きくとれば

$$m_{\nu_q} > M_{\nu_{q+1}},$$
$$m_{\nu_{q-1}\nu_{q+1}} > M_{\nu_q\nu_{q+1}}$$

が成立するようにとれる.

このように帰納的に決まる三つの領域列

$$\Omega_{\nu_{q-1}} \Subset \Omega_{\nu_q} \Subset \Omega_{\nu_{q+1}}, \quad q = 2, 3, \ldots,$$

は補題 5.4.9 の条件を満たす.よって $\mathcal{O}(\Omega_{\nu_{q+1}})$-解析的多面体で $\Omega_{\nu_{q-1}}$ を含む連結成分を P_{q-1} とすると,

$$\Omega_{\nu_{q-1}} \Subset P_{q-1} \Subset \Omega_{\nu_q}, \quad q = 2, 3, \ldots,$$

となる.

$$P_{q-1} \Subset \Omega_{\nu_q} \Subset P_q \Subset \Omega_{\nu_{q+1}}$$

であるから P_{q-1} は $\mathcal{O}(P_q)$-解析的多面体でもあり,補題 4.4.17 により $P_{q-1} \Subset P_q$ はルンゲ対である.$\Omega = \bigcup_{q=1}^\infty P_q$ であるから命題 5.4.8 により Ω が正則領域であることがわかる.　□

注意 5.4.14　ベーンケ–スタインの定理 5.4.12 は,$\mathbf{C}^n$ 上のリーマン領域までは成立するが,一般の複素多様体では成立しない.興味ある読者は参考書 [西野],p. 250 を参照されたい.

ここでは,次の定理が成立することを確認しておこう.この定理は第 7 章の岡の定理 (レビ問題 (ハルトークスの逆問題) の解決) の証明で用いられる.

ルンゲ対の定義 5.4.4 を一般の複素多様体上にそのまま拡張しておく．

定理 5.4.15 M を複素多様体とし部分領域の増大列

$$\Omega_1 \subset \Omega_2 \subset \cdots \subset \Omega_\nu \subset \Omega_{\nu+1} \subset \cdots,$$

$$M = \bigcup_{\nu=1}^{\infty} \Omega_\nu$$

があるとする．全ての Ω_ν がスタインでかつ $\Omega_\nu \subset \Omega_{\nu+1}$ $(\nu = 1, 2, \ldots)$ がルンゲ対であるとする．このとき次が成立する．

(i) $\Omega_\nu \subset M$ $(\nu = 1, 2, 3, \ldots)$ はルンゲ対である．

(ii) M はスタインである．

証明 (i) この証明は命題 5.4.8 と同じようにしてなされる．

(ii) スタイン条件 (iii) の証明は，命題 5.4.8 のそれと同様である．スタイン条件 (i) を示すため，任意に相異なる 2 点 $a, b \in M$ に対し $\Omega_\nu \supset \{a, b\}$ をとる．Ω_ν はスタインであるから，ある $f \in \mathcal{O}(\Omega_\nu)$ で $f(a) \neq f(b)$ となるものが存在する．この f を $\{a, b\}$ 上で元 $g \in \mathcal{O}(M)$ で十分一様近似すれば，$g(a) \neq g(b)$ となる．

スタイン条件 (ii) を示そう．任意の点 $a \in M$ をとる．$\Omega_\nu \ni a$ を一つとり止める．仮定により $x_j \in \mathcal{O}(\Omega_\nu), 1 \leq j \leq n$ $(n = \dim M)$ が存在して $(x_j)_{1 \leq j \leq n}$ は a のある近傍 $U \Subset \Omega_\nu$ 上で正則局所座標系を与える．(i) の結果，各 x_j を $g_j \in \mathcal{O}(M)$ で U 上一様近似できる $(g_j \to x_j \ (1 \leq j \leq n))$．$a$ の近傍 $V \Subset U$ をとれば，g_j の偏導関数も V 上一様近似される．よって，V 上一様にヤコビアン $\frac{\partial(g_k)}{\partial(x_j)} \to 1$ となる．したがって U 上 x_j を十分一様近似する $g_j \in \mathcal{O}(M)$ をとれば逆関数定理 1.2.46 により (g_j) は a のある近傍で正則局所座標を与える． $\square$

5.5 クザンの問題と岡原理

5.5.1 クザン I 問題

一変数のミッターク-レッフラーの定理を思い起こそう．$\Omega \subset \mathbf{C}$ を領域とし，Ω 内に任意に離散的部分集合 $\{\zeta_\nu\}_{\nu \in \mathbf{N}} \subset \Omega$ をとる．各点 ζ_ν で主要部

$$Q_\nu(z) = \sum_{j > 0 \text{ 有限}} \frac{a_{\nu j}}{(z - \zeta_\nu)^j}, \quad a_{\nu j} \in \mathbf{C}$$

を与える．

定理 5.5.1 (ミッターク-レッフラー) $\Omega, \{\zeta_\nu\}, \{Q_\nu(z)\}$ を上述のものとするとき，Ω 上の有理型関数 $f(z)$ で各 ζ_ν の近傍で

$$f(z) - Q_\nu(z)$$

が正則であるものが存在する.

各 ζ_ν の近傍 U_ν を他の ζ_μ ($\mu \neq \zeta_\nu$) を含まないようにとり, $U_0 = \Omega \setminus \{\zeta_\nu\}$ とおくと Ω の開被覆 $\mathscr{U} = \{U_\nu\}_{\nu=0}^\infty$ が得られる. U_0 上では, $Q_0 = 0$ と取る. $c_{\nu\mu} = Q_\mu - Q_\nu \in \mathcal{O}(U_\nu \cap U_\mu)$ であるから, 1次余輪体

$$(c_{\nu\mu}) \in Z^1(\mathscr{U}, \mathcal{O}_\Omega)$$

が得られたことになる. 定理 5.5.1 の解 f をとると,

$$b_\nu = Q_\nu - f \in \mathcal{O}(U_\nu)$$

を得る. 定義により, $\delta(b_\nu) = (c_{\nu\mu})$ である. つまりコホモロジー類として $[(c_{\nu\mu})] = 0 \in H^1(\mathscr{U}, \mathcal{O}_\Omega)$ である. 逆も容易に確認できる.

この有理型関数の存在定理の多変数版を考える. 領域 Ω ($\subset \mathbf{C}^n$) 上の有理型関数の芽の層を $\mathscr{M}_\Omega$ とする (定義 1.3.14).

5.5.2 (クザン I 問題) 正則領域 Ω の開被覆 $\Omega = \bigcup_{\alpha \in \Gamma} U_\alpha$ と $f_\alpha \in \Gamma(U_\alpha, \mathscr{M}_\Omega), \alpha \in \Gamma$ が

$$f_\alpha - f_\beta \in \mathcal{O}(U_\alpha \cap U_\beta)$$

であるように与えられたとき, 対 $(\{U_\alpha\}_{\alpha \in \Gamma}, \{f_\alpha\}_{\alpha \in \Gamma})$ を**クザン I 分布**と呼ぶ. このとき, ある $F \in \Gamma(\Omega, \mathscr{M}_\Omega)$ で各 U_α 上

$$F - f_\alpha \in \mathcal{O}(U_\alpha)$$

となるものが存在するか?

この問題は, 多変数解析関数論の黎明期を先導する問題であった. Oka I, II (1936, '37) によってこれは肯定的に解決された. 我々は, これを連接層に対する岡–カルタンの基本定理 5.4.1 を用いて証明するが, もともとはこの岡のクザン I 問題の証明をさらに深く理解しようとする営みの中から岡による "連接性" (岡自身はこれを "不定域イデアルの有限擬基底性" と呼んだ) の概念が得られ, "岡の連接定理" が証明された (Oka VII (1948), VIII (1951))[2]. その証明で見たように, 連接層に対し任意の長さの岡分解の存在と基本定理 5.4.1 は本質的に同値である. その意味では, 基本定理 5.4.1 は「岡の基本定理」と呼んでも良いのであ

---

[2] その動機は, 第 7 章で扱われるレビ (ハルトークスの逆) 問題を特異点を許す分岐リーマン領域で解決しようとする試みにあった (文献[34],[36] を参照).

るが,層の概念を用いて理解しやすい形にした H. カルタンの功績も無視はできない.ただ,この層を用いる証明により岡の証明が簡単な証明に置き換わったということではないことには注意したい.むしろ,わかりやすい層の言葉を用いて岡のアイデアとその証明を追っているのである.

定理 5.5.3(岡) 正則領域 Ω 上ではクザン I 問題は可解である.

証明 記号は上のクザン I 問題で与えられたものを使う.$\mathscr{U} = \{U_\alpha\}$ とおく.$g_{\alpha\beta} = f_\alpha - f_\beta$ とおき,$g = (g_{\alpha\beta}) \in C^1(\mathscr{U}, \mathcal{O}_\Omega)$ と見る.

$$(\delta g)_{\alpha\beta\gamma} = g_{\beta\gamma} - g_{\alpha\gamma} + g_{\alpha\beta}$$
$$= (f_\beta - f_\gamma) - (f_\alpha - f_\gamma) + (f_\alpha - f_\beta) = 0.$$

したがって,$g \in Z^1(\mathscr{U}, \mathcal{O}_\Omega)$ となりコホモロジー類 $[g] \in H^1(\mathscr{U}, \mathcal{O}_\Omega)$ を決める.命題 3.4.11 により

$$H^1(\mathscr{U}, \mathcal{O}_\Omega) \hookrightarrow H^1(\Omega, \mathcal{O}_\Omega).$$

Ω は正則領域であるから岡–カルタンの基本定理 5.4.1 より $H^1(\Omega, \mathcal{O}_\Omega) = 0$.したがって $[g] \in H^1(\mathscr{U}, \mathcal{O}_\Omega) = 0$.ある $h_\alpha \in \mathcal{O}(U_\alpha)$, $\alpha \in \Gamma$ が存在して次が成立する.

$$h_\beta - h_\alpha = g_{\alpha\beta} = f_\alpha - f_\beta,$$
$$f_\alpha + h_\alpha = f_\beta + h_\beta \quad (U_\alpha \cap U_\beta \text{上}).$$

よって $F \in \Gamma(\Omega, \mathscr{M}_\Omega)$ を

$$F|_{U_\alpha} = f_\alpha + h_\alpha$$

と定義すれば求めるものが得られる. □

5.5.2 クザン II 問題

一変数関数論では次のワイエルストラスの定理が知られている.

定理 5.5.4 $\Omega \subset \mathbf{C}$ を領域とする.$Z \subset \Omega$ を離散的部分集合とする.各 $\zeta \in Z$ に整数 $\nu_\zeta \in \mathbf{Z}\setminus\{0\}$ を対応させる.このとき Ω 上の有理型関数 $f(z)$ が存在し各 ζ の近傍で,ある正則関数 $h(z)$ をもって

$$f(z) = (z - \zeta)^{\nu_\zeta} \cdot h(z), \quad h(\zeta) \neq 0$$

と表される.しかも $\Omega \setminus Z$ 上で $f(z)$ は正則で零を持たない.

ミッターク-レッフラーの定理 5.5.1 の場合と同様にこの定理の多変数版を考え

る．$\Omega \subset \mathbf{C}^n$ を領域とし次の乗法に関してアーベル群をなす層を考える．

$$\mathcal{O}^*_{\Omega,z} = \{\underline{f}_z \in \mathcal{O}_{\Omega,z};\quad f(z) \neq 0\},$$
$$\mathcal{O}^*_\Omega = \bigcup_{z\in\Omega} \mathcal{O}^*_{\Omega,z},$$
$$\mathscr{M}^*_{\Omega,z} = \{\underline{g}_z \in \mathscr{M}_{\Omega,z};\quad \underline{g}_z \neq 0\},$$
$$\mathscr{M}^*_\Omega = \bigcup_{z\in\Omega} \mathscr{M}^*_{\Omega,z}.$$

$\mathcal{O}^*_\Omega$ は $\mathscr{M}^*_\Omega$ の部分群の層であるから，商の層

$$\mathscr{D}_\Omega = \mathscr{M}^*_\Omega / \mathcal{O}^*_\Omega$$

を定義できる．これを Ω の因子群の層と呼ぶ．次の短完全列を得る

(5.5.5) $\quad\quad\quad 0 \longrightarrow \mathcal{O}^*_\Omega \longrightarrow \mathscr{M}^*_\Omega \longrightarrow \mathscr{D}_\Omega \longrightarrow 0.$

$H^0(\Omega, \mathscr{D}_\Omega)(= \Gamma(\Omega, \mathscr{D}_\Omega))$ を Ω の因子群と呼び，その元を Ω 上の因子と呼ぶ．

因子 $\varphi \in H^0(\Omega, \mathscr{D}_\Omega)$ とは何かを考えてみる．各点 $a \in \Omega$ の連結近傍 U_a で $f_{U_a}, g_{U_a} \in \mathcal{O}(U_a), f_{U_a} \neq 0, g|_{U_a} \neq 0$, が存在し

$$\varphi(z) = \frac{\underline{f_{U_a}}_z}{\underline{g_{U_a}}_z} \cdot \mathcal{O}^*_{\Omega,z}, \quad z \in U_a$$

と書かれる．同様な U_b $(b \in \Omega)$, f_{U_b}, g_{U_b} があり $U_a \cap U_b \neq \emptyset$ ならば

$$\frac{\underline{f_{U_a}}_z}{\underline{g_{U_a}}_z} \cdot \frac{\underline{g_{U_b}}_z}{\underline{f_{U_b}}_z} \in \mathcal{O}^*_{\Omega,z}, \quad z \in U_a \cap U_b$$

となる．したがってある開被覆 $\Omega = \cup U_\alpha$ と $f_\alpha, g_\alpha \in \mathcal{O}(U_\alpha), f_\alpha \neq 0, g_\alpha \neq 0$ があり

$$\varphi_\alpha(z) = \frac{\underline{f_\alpha}_z}{\underline{g_\alpha}_z}, \quad z \in U_\alpha,$$

(5.5.6) $\quad\quad\quad \varphi_\alpha(z)\varphi_\beta^{-1}(z) \in \mathcal{O}^*_{\Omega,z}, \quad z \in U_\alpha \cap U_\beta$

が成立している．

定義 5.5.7 Ω の開被覆 $\mathscr{U} = \{U_\alpha\}_{\alpha\in\Gamma}$ と $\varphi_\alpha \in \Gamma(U_\alpha, \mathscr{M}^*_\Omega)$ が (5.5.6) を満たすように与えられたとき，対 $(\{U_\alpha\}_{\alpha\in\Gamma}, \{\varphi_\alpha\}_{\alpha\in\Gamma})$ を**クザン II 分布**と呼ぶ．

5.5.8 (クザン II 問題) 正則領域 Ω 上でクザン II 分布 $(\{U_\alpha\}_{\alpha\in\Gamma}, \{\varphi_\alpha\}_{\alpha\in\Gamma})$ が与えられたとき，Ω 上の有理型関数 $F \in \Gamma(\Omega, \mathscr{M}^*_\Omega)$ で

$$F|_{U_\alpha} \cdot \varphi_\alpha^{-1} \in \Gamma(U_\alpha, \mathcal{O}^*_\Omega), \quad {}^\forall \alpha \in \Gamma$$

となるものがあるか？

このクザン II 問題の解 F があるとして
$$\psi_\alpha = F|_{U_\alpha} \cdot \varphi_\alpha^{-1} \in \Gamma(U_\alpha, \mathcal{O}_\Omega^*)$$
とおくと, $U_\alpha \cap U_\beta$ 上
$$\psi_\alpha \cdot \psi_\beta^{-1} = F|_{U_\alpha} \cdot \varphi_\alpha^{-1} \cdot (F|_{U_\beta} \cdot \varphi_\beta^{-1})^{-1} = \varphi_\beta \cdot \varphi_\alpha^{-1}.$$
よって
(5.5.9) $$\psi_\alpha = \frac{\varphi_\beta}{\varphi_\alpha} \cdot \psi_\beta, \quad U_\alpha \cap U_\beta \text{ 上}.$$
逆に (5.5.9) を満たす $\psi_\alpha \in \Gamma(U_\alpha, \mathcal{O}_\Omega^*)$ が存在するならば F を U_α 上
$$F|_{U_\alpha} = \varphi_\alpha \psi_\alpha$$
とおけば $F \in \Gamma(\Omega, \mathscr{M}_\Omega^*)$ となりクザン II 問題の解が得られる.

定義 5.5.10 クザン II 問題 5.5.8 が位相的に可解であるとは U_α 上の零をとらない連続関数 (複素数値) $c_\alpha, \alpha \in \Gamma$ が存在して
(5.5.11) $$\frac{c_\beta(z)}{c_\alpha(z)} = \frac{\varphi_\beta(z)}{\varphi_\alpha(z)}, \quad z \in U_\alpha \cap U_\beta$$
が成立することである.

Ω 上の連続関数の芽の層 $\mathscr{C}_\Omega$ と 0 をとらない連続関数の芽の層 $\mathscr{C}_\Omega^*$ を考える. $\underline{c}_z \in \mathscr{C}_{\Omega,z}$ に対し
$$\mathbf{e}(\underline{c}_z) = \underline{\exp(2\pi i c)}_z \in \mathscr{C}_{\Omega,z}^*$$
と定義すると, 次の Ω 上の層の短完全列を得る.
(5.5.12) $$0 \longrightarrow \mathbf{Z} \longrightarrow \mathscr{C}_\Omega \overset{\mathbf{e}}{\longrightarrow} \mathscr{C}_\Omega^* \longrightarrow 0.$$
(5.5.13) $$\xi_{\alpha\beta} = \varphi_\beta / \varphi_\alpha$$
とおけば
$$(\xi_{\alpha\beta}) \in Z^1(\mathscr{U}, \mathcal{O}_\Omega^*) \subset Z^1(\mathscr{U}, \mathscr{C}_\Omega^*)$$
(ただし $\mathscr{U} = \{U_\alpha\}$) を得る.
$$\delta : H^0(\Omega, \mathscr{D}_\Omega) \to H^1(\Omega, \mathcal{O}_\Omega^*)$$
を短完全列 (5.5.5) より導かれる余境界射とすると,
$$\iota : [(\xi_{\alpha\beta})] = \delta[(\varphi_\alpha)] \in H^1(\Omega, \mathcal{O}_\Omega^*) \to \iota([(\xi_{\alpha\beta})]) \in H^1(\Omega, \mathscr{C}_\Omega^*)$$
を得る.
$$H^1(\mathscr{U}, \mathscr{C}_\Omega^*) \longrightarrow H^1(\Omega, \mathscr{C}_\Omega^*)$$

は単射であったから (命題 3.4.11), (5.5.11) は
$$\iota([(\xi_{\alpha\beta})]) = 0 \in H^1(\Omega, \mathscr{C}_\Omega^*)$$
と同値である.

$\mathscr{C}_\Omega$ は細層であるから $H^q(\Omega, \mathscr{C}_\Omega) = 0$, $q \geq 1$ である (定理 3.4.35). (5.5.12) より次の完全列が従う.

(5.5.14) $\quad H^1(\Omega, \mathscr{C}_\Omega) = 0 \to H^1(\Omega, \mathscr{C}_\Omega^*) \xrightarrow{\delta} H^2(\Omega, \mathbf{Z}) \to H^2(\Omega, \mathscr{C}_\Omega) = 0.$

よって

(5.5.15) $\quad\quad\quad\quad\quad\quad H^1(\Omega, C_\Omega^*) \cong H^2(\Omega, \mathbf{Z}),$

$$c_1(\varphi) := -\delta(\iota([(\xi_{\alpha\beta})])) \in H^2(\Omega, \mathbf{Z})$$

を得る. $c_1(\varphi)$ を因子 φ の**第 1 チャーン類**と呼ぶ. 以上より次の命題がわかったことになる.

命題 5.5.16 クザン II 問題 (5.5.8) が位相的に可解であるのは $c_1(\varphi) = 0$ のときで, かつそのときに限る.

さて, もともとの解析的関数に関するクザン II 問題について, 次の岡原理と呼ばれる有名な定理が示される.

定理 5.5.17 (岡原理, Oka III (1939)) 正則領域 Ω 上でクザン II 問題 5.5.8 が可解であるのはそれが位相的に可解であるときで, かつそのときに限る.

証明 Ω 上の因子 $\varphi = (\varphi_\alpha)$ に対するクザン II 問題 5.5.8 が位相的に可解であるとする. 命題 5.5.16 により
$$c_1(\varphi) = 0 \in H^2(\Omega, \mathbf{Z}).$$
(5.5.12) と同様に次の短完全列が成立している.

(5.5.18) $\quad\quad\quad\quad\quad\quad 0 \to \mathbf{Z} \to \mathcal{O}_\Omega \xrightarrow{\mathbf{e}} \mathcal{O}_\Omega^* \to 0.$

岡–カルタンの基本定理 5.4.1 により $H^q(\Omega, \mathcal{O}_\Omega) = 0, q \geq 1$ であるから (5.5.14)〜(5.5.15) と同様にして

(5.5.19)
$$\begin{array}{ccc} \delta: H^1(\Omega, \mathcal{O}_\Omega^*) & \xrightarrow{\cong} & H^2(\Omega, \mathbf{Z}) \\ \cup & & \cup \\ [(\xi_{\alpha\beta})] & \mapsto & c_1(\varphi). \end{array}$$

(5.5.13) のように $\xi_{\alpha\beta} = \varphi_\beta \varphi_\alpha^{-1}$ とおいた. $c_1(\varphi) = 0$ であるから $[(\xi_{\alpha\beta})] = 0 \in H^1(\Omega, \mathcal{O}_\Omega^*)$. 命題 3.4.11 により各 α について $\psi_\alpha \in \Gamma(U_\alpha, \mathcal{O}_\Omega^*)$ が存在して

$U_\alpha \cap U_\beta$ 上
$$\xi_{\alpha\beta} = \psi_\beta \cdot \psi_\alpha^{-1}$$
が成立する．$\xi_{\alpha\beta}$ の取り方から $U_\alpha \cap U_\beta$ 上
$$\varphi_\alpha \cdot \psi_\alpha^{-1} = \varphi_\beta \cdot \psi_\beta^{-1}$$
となる．よって U_α 上 $F|_{U_\alpha} = \varphi_\alpha \cdot \psi_\alpha^{-1}$ とおけば $F \in \Gamma(\Omega, \mathscr{M}_\Omega^*)$ が定義され，求める解となっている．

逆は明らかである． □

5.5.3 岡 原 理

定理 5.5.17 は，解析解の存在が純位相的な条件で完全に記述されるという点で衝撃的な結果であった．これ以降，より一般に複素解析的問題の可解性が位相的条件で判定されることを**岡原理** (Oka principle) と呼ぶようになった．

一般に複素多様体 M 上の階数 r の**正則ベクトル束** E とは次のように定義される複素多様体である．

定義 5.5.20 　　(i) E は複素多様体で正則な全射 $p : E \to M$ がある．
(ii) 一点 $a \in M$ のファイバー $E_a = p^{-1}\{a\}$ は複素 r 次元ベクトル空間の構造を持つ．
(iii) 任意の点 $a \in M$ に正則座標近傍 $U(x^1, \ldots, x^m)$ と双正則写像

(5.5.21) $$\Phi_U : p^{-1}U \longrightarrow U \times \mathbf{C}^r$$

が存在して $q : U \times \mathbf{C}^r \ni (x, v) \to x \in U$ を射影とすれば次が成立する．
a) $q \circ \Phi_U(w) = p(w),\, w \in p^{-1}U$．
b) 任意の $x \in U$ に対し
$$\Phi_U|_{E_x} : E_x \longrightarrow \{x\} \times \mathbf{C}^r \cong \mathbf{C}^r$$
は複素線形同型写像である．

(5.5.21) の Φ_U を**局所自明化**と呼ぶ．$r = 1$ のとき，これを**正則直線束**と呼ぶ．M 上に二つの正則ベクトル束 $p : E \to M$, $q : F \to M$ があるとする．正則写像 $\Phi : E \to F$ が $p = q \circ \Phi$ を満たし，
$$\Phi_x = \Phi|_{E_x} : E_x \longrightarrow F_x, \quad {}^\forall x \in M$$
が線形写像であるとき，Φ を E から F への**準同型**と呼ぶ．逆 $\Phi^{-1} : F \to E$ があるとき，Φ は**同型**，E と F も**同型**であると言う．このとき $E \cong F$ と書く．

Φ が単に連続写像であるときは，位相 (準) 同型と呼び，位相同型であるとき，E と F も位相同型であると言う．

直積 $F = M \times \mathbf{C}^r$ は第 1 射影 $q: F \to M$ によって M 上の正則ベクトル束になる．これを自明なベクトル束と呼ぶ．ベクトル束 E が自明なベクトル束に (位相) 同型であるとき E は (位相的に) 自明であると言う．

$p: E \to M$ を上述の M 上の階数 r の正則ベクトル束とし，$V \subset M$ を開集合とするとき，V 上の E の切断 σ とは写像 $\sigma: V \to E$ で $p \circ \sigma = \mathrm{id}_V$ (V の恒等写像) を満たすものを言う．σ が連続写像ならば連続切断と呼び，σ が正則ならば正則切断と呼ぶ．

開集合 $V(\subset M)$ 上の r 個の切断の族 $\{\sigma_j: V \to E, 1 \leq j \leq r\}$ が枠 (frame) であるとは，任意の $x \in V$ で $\{\sigma_1(x), \ldots, \sigma_r(x)\}$ が E_x の基底をなしていることを言う．このとき任意の $w_x \in E_x (x \in V)$ は，
$$w_x = \sum_{j=1}^{r} w_j(x) \sigma_j(x), \quad w_j(x) \in \mathbf{C}$$
と一意的に書き表され，次の全単射が定義される．

$$\begin{array}{ccc}
\psi: p^{-1}V \ni w_x & \longrightarrow & (x, (w_j(x))) \quad \in V \times \mathbf{C}^n \\
\downarrow p & & \downarrow \\
V \ni x & = & x \in V, \\
\psi|_{E_x}: E_x & \longrightarrow & \{x\} \times \mathbf{C}^r \cong \mathbf{C}^r, \quad \text{線形同型．}
\end{array}$$

枠 $\{\sigma_j\}$ が連続切断からなれば ψ は同相写像であり，正則切断からなれば ψ は双正則写像である．

以下しばらく正則直線束 $L \xrightarrow{p} M$ を考える．定義 5.5.20 により M にはある開被覆 $\mathscr{U} = \{U_\alpha\}$ と (5.5.21) のような局所自明化
$$\varphi_\alpha: p^{-1}U_\alpha \to U_\alpha \times \mathbf{C}$$
が存在する．任意に $w_x \in p^{-1}\{x\}, x \in U_\alpha$ をとると $\varphi_\alpha(w_x) = (x, \xi_\alpha) \in U_\alpha \times \mathbf{C}$ が対応する．別の U_β があって $x \in U_\beta$ ならば
$$\varphi_\beta(w_x) = (x, \xi_\beta) \in U_\beta \times \mathbf{C}$$
と表される．すると $\varphi_\alpha \circ \varphi_\beta^{-1}(x, \xi_\beta) = (x, \xi_\alpha)$ で変数 ξ_β については線形性がある．したがって $U_\alpha \cap U_\rho$ 上の零をとらない正則関数 $\varphi_{\alpha\beta} \in \mathcal{O}^*(U_\alpha \cap U_\beta)$ が存在して，次が成立する．

(5.5.22) $$\xi_\alpha = \varphi_{\alpha\beta}(x)\xi_\beta, \quad U_\alpha \cap U_\beta \text{ 上}$$

この $\{\varphi_{\alpha\beta}\}$ を局所自明化被覆 $\mathscr{U} = \{U_\alpha\}$ に付随する L の変換関数系と呼ぶ．

$\{\varphi_{\alpha\beta}\}$ はコサイクル条件と呼ばれる次の関係式を満たす.

(5.5.23) (i) $\varphi_{\alpha\beta} \cdot \varphi_{\beta\alpha} = 1,$ $U_\alpha \cap U_\beta$ 上,
(ii) $\varphi_{\alpha\beta} \cdot \varphi_{\beta\gamma} \cdot \varphi_{\gamma\alpha} = 1,$ $U_\alpha \cap U_\beta \cap U_\gamma$ 上.

逆に M の開被覆 $\mathscr{U} = \{U_\alpha\}$ と正則関数 $\varphi_{\alpha\beta} \in \mathcal{O}^*(U_\alpha \cap U_\beta)$ の族 $\{\varphi_{\alpha\beta}\}$ が与えられ, コサイクル条件 (5.5.23) を満たしていると以下の手順で $\{\varphi_{\alpha\beta}\}$ を変換関数系とする正則直線束 $L \longrightarrow M$ を作ることができる.

互いに素な合併集合
$$\mathscr{L} = \bigsqcup_\alpha (U_\alpha \times \mathbf{C})$$
を考える. $U_\alpha \times \mathbf{C}$ には直積位相を入れておく. $\mathscr{L}$ の 2 元 $(x_\alpha, \zeta_\alpha) \in U_\alpha \times \mathbf{C}$ と $(x_\beta, \zeta_\beta) \in U_\beta \times \mathbf{C}$ に関係 "$\sim$" を次で定義する.

$$(x_\alpha, \zeta_\alpha) \sim (x_\beta, \zeta_\beta) \iff \begin{cases} \text{(i)} & x_\alpha = x_\beta, \\ \text{(ii)} & \zeta_\alpha = \varphi_{\alpha\beta}(x_\beta)\zeta_\beta. \end{cases}$$

コサイクル条件 (5.5.23) により "$\sim$" は同値関係になる. 商空間 $L = \mathscr{L}/\sim$ と自然な射影
$$p : [(x_\alpha, \zeta_\alpha)] \in L \longrightarrow x_\alpha \in M$$
が定義され, L は Ω 上の正則直線束になる. この正則直線束を $L(\{\varphi_{\alpha\beta}\})$ と表すことにする.

§5.5.2 で考えた因子 $\varphi = (\varphi_\alpha) \in H^0(\Omega, \mathscr{D}_\Omega)$ を考える. (5.5.13) より
$$\delta(\varphi_\alpha) = [(\xi_{\alpha\beta})] \in H^1(\Omega, \mathcal{O}_\Omega^*)$$
を得る. $\{\xi_{\alpha\beta}\}$ は, コサイクル条件 (5.5.23) を満たす. 因子 φ が定める正則直線束を
$$L(\varphi) = L\left(\left\{\frac{1}{\xi_{\alpha\beta}}\right\}\right)$$
とおく. 定義により, (φ_α) は, $L(\varphi)$ の切断になる. 作り方より次がわかる.

命題 5.5.24 次は同値である.
 (i) L は自明である.
 (ii) M 上に正則枠が存在する. すなわち正則切断 $\sigma : M \to L$, $p \circ \sigma = \mathrm{id}_M$ で
$$\sigma(x) \neq 0, \quad {}^\forall x \in M$$
 であるものがある.
 (iii) 各 U_α 上の正則関数 $\phi_\alpha : U_\alpha \to \mathbf{C}^*$ があって

$$\xi_{\alpha\beta} = \phi_\beta \cdot \phi_\alpha^{-1} \qquad (U_\alpha \cap U_\beta \text{ 上})$$

を満たすものが存在する.

証明 (i)⇒(ii) 同型 $\Phi : L \to M \times \mathbf{C}$ がある. $x \in M \to \sigma(x) = \Phi^{-1}((x,1))$ をとれば, $\sigma \in \Gamma(M,L)$ は M 上の枠である.

(ii)⇒(iii) 各 U_α 上で自明化

$$L|_{U_\alpha} \cong U_\alpha \times \mathbf{C}$$

がある. 枠 σ を $U_\alpha \times \mathbf{C}$ の正則切断として書けば

$$\sigma|_{U_\alpha} : x \in U_\alpha \to (x, \sigma_\alpha(x)) \in U_\alpha \times \mathbf{C}$$

と書かれ, $\sigma_\alpha(x) \neq 0 \ (^\forall x \in U_\alpha)$ を満たす. $\phi_\alpha = \sigma_\alpha$ と取ればよい.

(iii)⇒ (i) $\Phi : M \times \mathbf{C} \to L$ を各 $U_\alpha \times \mathbf{C}$ 上で

$$\Phi|_{U_\alpha \times \mathbf{C}} : (x,z) \in U_\alpha \times \mathbf{C} \to (x, z\phi_\alpha(x)) \in U_\alpha \times \mathbf{C} \cong L|_{U_\alpha}$$

とおく. $x \in U_\alpha \cap U_\beta$ では

$$z\phi_\alpha(x) = \frac{1}{\xi_{\alpha\beta}(x)} z\phi_\beta(x)$$

となるので, $\Phi : M \times \mathbf{C} \to L$ が定義できている. $\phi_\alpha(x) \neq 0$ であるから Φ は同型である. □

定理 5.5.25 M をスタイン多様体とする. M 上の任意の 1 次コサイクル $(\xi_{\alpha\beta}) \in Z^1(\mathscr{U}, \mathcal{O}_M^*)$ ($\mathscr{U} = \{U_\alpha\}$ は, M の開被覆) に対して, 正則関数から成るクザン II 分布 $(\{U_\alpha\}, \{\varphi_\alpha\})$ が存在して

$$\varphi_\alpha(x) \not\equiv 0, \qquad x \in U_\alpha,$$
$$\varphi_\alpha(x) = \xi_{\alpha\beta}(z)\varphi_\beta, \quad x \in U_\alpha \cap U_\beta$$

が成立する.

証明 正則直線束 $L = L\{\xi_{\alpha\beta}\} \to M$ をとる. L の正則切断の芽の層を $\mathcal{O}(L)$ で表す. 1 点 $a \in M$ の幾何学的イデアル層 $\mathscr{I}\langle a \rangle$ をとり次の連接層の短完全列を考える.

$$0 \to \mathcal{O}(L) \otimes \mathscr{I}\langle a \rangle \to \mathcal{O}(L) \to \mathcal{O}(L)/(\mathcal{O}(L) \otimes \mathscr{I}\langle a \rangle) \to 0.$$

M はスタインであるから岡–カルタンの基本定理により $H^1(M, \mathcal{O}(L) \otimes \mathscr{I}\langle a \rangle) = 0$ であるから,

$$H^0(M, \mathcal{O}(L)) \to H^0(M, \mathcal{O}(L)/(\mathcal{O}(L) \otimes \mathscr{I}\langle a \rangle)) \cong \mathbf{C} \to 0.$$

$1 \in \mathbf{C}$ に対応する正則切断 $\varphi = (\varphi_\alpha) \in H^0(M, \mathcal{O}(L))$ をとれば, 所望の用件を満

たすクザン II 分布が得られる. □

M 上に二つの正則直線束 $L_j, j=1,2,$ が与えられているとする．共通の M の開被覆 $\mathscr{U} = \{U_\alpha\}$ がとれて，それぞれ変換関数系 $\{\varphi_{j\alpha\beta}\}$ で与えられているとして良い．このとき，上述の作り方で積 $\varphi_{1\alpha\beta} \cdot \varphi_{2\alpha\beta}$ から作られる正則直線束を $L_1 \otimes L_2$ と書く．M 上の正則直線の同型類の全体を $\mathrm{Pic}(M)$ と書き，M のピカール群と呼ぶ．これは群としてはアーベル群をなす．これまでの議論で次のアーベル群の準同型が得られた．

(5.5.26) $\qquad H^0(M, \mathscr{D}_M) \longrightarrow H^1(M, \mathcal{O}_M^*) \stackrel{\cong}{\longrightarrow} \mathrm{Pic}(M).$

正則直線束 L の変換関数系 $\{\varphi_{\alpha\beta}\}$ を $H^1(M, \mathcal{O}_M^*)$ の元と見る．余境界射 ((5.5.19) を参照)

$$\delta : H^1(M, \mathcal{O}_M^*) \longrightarrow H^2(M, \mathbf{Z})$$

により

(5.5.27) $\qquad c_1(L) = \delta(\{\varphi_{\alpha\beta}\}) \in H^2(M, \mathbf{Z})$

と定義し，これを L の**第 1 チャーン類**と呼ぶ．L が因子 φ から定まっているとき，符号の付け方より

(5.5.28) $\qquad c_1(L(\varphi)) = c_1(\varphi)$

が成立する．

定理 5.5.29 (岡原理)　M をスタイン多様体，$L \to M$ を正則直線束とする．このとき L が自明であるために $c_1(L) = 0$ が必要かつ十分条件である．

注意 5.5.30　この定理は，クザン問題 II を解決する定理 5.5.17 と同値である．

証明　M はスタインであるから (5.5.19) より

$$H^1(M, \mathcal{O}_M^*) \cong H^2(M, \mathbf{Z})$$

である．したがって，$c_1(L) = 0$ と $\{\varphi_{\alpha\beta}\} = 0 \in H^1(M, \mathcal{O}_M^*)$ は同値である．ただし $\{\varphi_{\alpha\beta}\}$ は L の変換関数系である．$H^1(M, \mathcal{O}_M^*)$ 内で $\{\varphi_{\alpha\beta}\} = 0$ とは正則関数 $\phi_\alpha : U_\alpha \longrightarrow \mathbf{C}^*$ が存在して

$$\varphi_{\alpha\beta} = \phi_\beta \cdot \phi_\alpha^{-1}$$

が成立することであるから，命題 5.5.24 によりこれは L が自明であることと同値である． □

H. グラウェルトは岡原理を次のように拡張した. ただし証明は本書のレベルを越えるので紹介に留める.

定理 5.5.31 (グラウェルトの岡原理 (Grauert's Oka principle)) $E \to M$ をスタイン多様体 M 上の正則ベクトル束とする. E が位相的に自明ならば E は自明である.

5.5.4 エルミート正則直線束

一般に複素多様体 M 上に与えられた正則直線束 $p: L \to M$ の第 1 チャーン類 $c_1(L) \in H^2(M, \mathbf{Z})$ を調べるのは容易ではない. そこで $\iota: \mathbf{Z} \hookrightarrow \mathbf{C}$ から誘導される準同型
$$\iota: \lambda \in H^2(M, \mathbf{Z}) \to \lambda_{\mathrm{DR}} \in H^2(M, \mathbf{C})$$
を考えると, $H^2(M, \mathbf{C})$ はド・ラームの定理 3.5.13 により閉 2 次形式で代表されるので計算しやすくなる.

$\mathscr{U} = \{U_\alpha\}$ を L の局所自明化被覆として, $\{\varphi_{\alpha\beta}\}$ を変換関数系とする.

定義 5.5.32 各 U_α 上の正値 C^∞ 級関数 h_α の族 $h = \{h_\alpha\}$ が L のエルミート計量であるとは, 任意の $U_\alpha \cap U_\beta$ 上で

(5.5.33) $$h_\alpha = |\varphi_{\alpha\beta}|^2 h_\beta$$

が満たされることである.

このとき, $L|_{U_\alpha} \cong U_\alpha \times \mathbf{C} \ni v = (x, v_\alpha), w = (x, w_\alpha)$ の二元に対し
$$\langle v, w \rangle = \frac{v_\alpha \bar{w}_\alpha}{h_\alpha(x)} \in \mathbf{C}$$
とおくことにより, x について C^∞ 級のエルミート形式

(5.5.34) $$(v, w) \in L \times_M L \to \langle v, w \rangle \in \mathbf{C}$$

が得られる. ただし
$$L \times_M L = \{(v, w) \in L \times L; p(v) = p(w)\}$$
とおいた. C^∞ 級写像 (5.5.34) を L のエルミート計量と呼ぶことも多い. (5.5.33) より, $\partial\bar{\partial} \log |\varphi_{\alpha\beta}|^2 = 0$ であるから, M 上の実 $(1,1)$ 形式

(5.5.35) $$\omega_h = \frac{i}{2\pi} \partial\bar{\partial} \log h_\alpha$$

が定義される. ω_h は, エルミート計量を持つ正則直線束 (または, h) の曲率形式またはチャーン形式と呼ばれる. 定義により ω は d 閉であるので, 2 次のコホ

モロジー類 $[\omega_h] \in H^2(M, \mathbf{R}) \subset H^2(M, \mathbf{C})$ を決める.

定理 5.5.36 (i) M が第二可算公理を満たすならば, M 上の正則直線束にエルミート計量が入る.

(ii) $L \to M$ を正則直線束とし, $h = \{h_\alpha\}$ をエルミート計量とするとき
$$c_1(L)_{\mathrm{DR}} = [\omega_h] \in H^2(M, \mathbf{R})$$
が成立する.

証明 (i) L に対し上述の局所有限な局所自明化被覆 $\mathscr{U} = \{U_\alpha\}$ と対応する変換関数系 $\{\varphi_{\alpha\beta}\}$ をとる. $\mathscr{U}$ に従属する 1 の分割 $\{c_\alpha\}$ をとる. U_α 上で
$$\rho_\alpha = \sum_\gamma c_\gamma \log |\varphi_{\alpha\gamma}|^2$$
とおく. $U_\alpha \cap U_\beta$ 上次が成り立つ.
$$\rho_\alpha - \rho_\beta = \sum_\gamma \left(c_\gamma \log |\varphi_{\alpha\gamma}|^2 - c_\gamma \log |\varphi_{\beta\gamma}|^2 \right)$$
$$= \sum_\gamma \left(c_\gamma \log |\varphi_{\alpha\gamma}|^2 + c_\gamma \log |\varphi_{\gamma\beta}|^2 \right)$$
$$= \sum_\gamma c_\gamma \log |\varphi_{\alpha\beta}|^2 = \log |\varphi_{\alpha\beta}|^2.$$
$h_\alpha = e^{\rho_\alpha}$ とおけば, 求めるエルミート計量になっている.

(ii) 三つの完全列について図式 (3.4.18) の追跡をする. 上記 (i) でとった被覆 $\mathscr{U}$ を全ての台 $\operatorname{Supp}\sigma_q, \sigma_q \in N_q(\mathscr{U})$ $(q \geq 0)$ が $\mathbf{C}^n$ $(n = \dim M)$ と位相的に同相であるようにとっておく[3]. すると, $\mathscr{U}$ は定数層 $\mathbf{C}$ に関するルレイ被覆となり定理 3.4.40 より
$$H^q(\mathscr{U}, \mathbf{C}) \cong H^q(M, \mathbf{C}), \quad q \geq 0.$$
各 $U_\alpha \cap U_\beta$ 上で分枝 $\log \varphi_{\alpha\beta}$ を一つづつ決めておく. (5.5.18) の短完全列
$$0 \to \mathbf{Z} \to \mathcal{O}_M \xrightarrow{\mathrm{e}} \mathcal{O}_M^* \to 0$$
を考える. これから誘導される長完全列の一部と対応するコホモロジー類を書く.
$$H^1(M, \mathcal{O}_M^*) \ni [(\varphi_{\alpha\beta})] \mapsto \delta\left[\left(\frac{1}{2\pi i} \log \varphi_{\alpha\beta}\right)\right] \in H^2(M, \mathbf{Z}).$$

---

[3] このことは, M が $\mathbf{C}^n$ の領域ならば各 U_α を凸にとっておけば $U_\alpha \cap U_\beta$ も凸になるので満たされる. 一般の第二可算複素多様体上ではリーマン計量を導入してリーマン多様体とすれば測地線に関して凸な近傍 $U(a)$ を各点 $a \in M$ の周りにとれるので, $U(a) \cap U(b)$ $(a, b \in M)$ は空でなければ測地線に関して凸になり, 特に $\mathbf{C}^n$ と同相である. 証明は, たとえば酒井隆著, リーマン幾何学, 裳華房数学選書 (11) 1992, 第 IV 章 §5 を参照されたい.

次にド・ラーム分解 (3.5.8) と可換図式 (3.4.44) 用いる．ここでは，2次まで書き下す：
(5.5.37)

$$
\begin{array}{ccccccc}
& 0 & & 0 & & 0 & & 0 \\
& \downarrow & & \downarrow & & \downarrow & & \downarrow \\
0 \to & \Gamma(M,\mathbf{C}) & \to & \Gamma(M,\mathscr{E}^{(0)}) & \longrightarrow & \Gamma(M,\mathscr{E}^{(1)}) & \longrightarrow & \Gamma(M,\mathscr{E}^{(2)}) & \to \\
& & & & & & & \cup \\
& & & & & & & (\frac{1}{2\pi i}\bar{\partial}\partial \log h_\alpha) \\
& \downarrow & & \downarrow & & \downarrow & & \downarrow \\
0 \to & C^0(\mathscr{U},\mathbf{C}) & \to & C^0(\mathscr{U},\mathscr{E}^{(0)}) & \longrightarrow & C^0(\mathscr{U},\mathscr{E}^{(1)}) & \xrightarrow{d} & C^0(\mathscr{U},\mathscr{E}^{(2)}) & \to \\
& & & & & \cup & & \cup \\
& & & & & (\frac{1}{2\pi i}\partial \log h_\alpha) & & (\frac{1}{2\pi i}d\partial \log h_\alpha) \\
& \downarrow & & \downarrow & & \downarrow \delta & & \downarrow \\
0 \to & C^1(\mathscr{U},\mathbf{C}) & \to & C^1(\mathscr{U},\mathscr{E}^{(0)}) & \xrightarrow{-d} & C^1(\mathscr{U},\mathscr{E}^{(1)}) & \longrightarrow & C^1(\mathscr{U},\mathscr{E}^{(2)}) & \to \\
& & & \cup & & \cup \\
& & & (\frac{1}{2\pi i}\log \varphi_{\alpha\beta}) & & (-d\frac{1}{2\pi i}\log \varphi_{\alpha\beta}) \\
& \downarrow & & \downarrow \delta & & \downarrow & & \downarrow \\
0 \to & C^2(\mathscr{U},\mathbf{C}) & \to & C^2(\mathscr{U},\mathscr{E}^{(0)}) & \longrightarrow & C^2(\mathscr{U},\mathscr{E}^{(1)}) & \longrightarrow & C^2(\mathscr{U},\mathscr{E}^{(2)}) & \to \\
& \cup & & \cup \\
& c_1(L)_{\mathbf{R}} & & \delta(\frac{1}{2\pi i}\log \varphi_{\alpha\beta}) \\
& \downarrow & & \downarrow & & \downarrow & & \downarrow
\end{array}
$$

これを用いて $c_1(L)_{\mathbf{R}} \in H^2(\mathscr{U},\mathbf{C})$ を計算する．

$$\left(\frac{1}{2\pi i}\log\varphi_{\alpha\beta}\right) \in C^1(\mathscr{U},\mathscr{E}^{(0)}),$$

$$\delta\left(\frac{1}{2\pi i}\log\varphi_{\alpha\beta}\right) \in Z^2(\mathscr{U},\mathbf{C}) \subset C^2(\mathscr{U},\mathscr{E}^{(0)}),$$

$$\left[\delta\left(\frac{1}{2\pi i}\log\varphi_{\alpha\beta}\right)\right] = c_1(L)_{\mathbf{R}} \in H^2(\mathscr{U},\mathbf{C}).$$

エルミート計量 $h = \{h_\alpha\}$ は，$h_\alpha = |\varphi_{\alpha\beta}|^2 h_\beta$ を満たす．log をとり ∂ を作用させると，$\partial\log\bar{\varphi}_{\alpha\beta} = \bar{\partial}\log\varphi_{\alpha\beta} = 0$ より

$$\partial\log h_\alpha = \partial\log\varphi_{\alpha\beta} + \partial\log h_\beta = d\log\varphi_{\alpha\beta} + \partial\log h_\beta.$$

よって，

$$d\log\varphi_{\alpha\beta} = \partial\log h_\alpha - \partial\log h_\beta,$$

$$\left(\frac{1}{2\pi i}\partial\log h_\alpha\right) \in C^0(\mathscr{U},\mathscr{E}^{(1)}),$$

$$\left(-d\frac{1}{2\pi i}\log\varphi_{\alpha\beta}\right) = \delta\left(\frac{1}{2\pi i}\partial\log h_\alpha\right) \in C^1(\mathscr{U},\mathscr{E}^{(1)}).$$

したがって，次を得る．
$$d\left(\frac{1}{2\pi i}\partial \log h_\alpha\right) \in \Gamma(M, d\mathscr{E}^{(1)}) \subset \Gamma(M, \mathscr{E}^{(2)}),$$
$$c_1(L)_{\mathrm{DR}} = \left[\left(\frac{1}{2\pi i}d\partial \log h_\alpha\right)\right] = \left[\left(\frac{i}{2\pi}\partial\bar\partial \log h_\alpha\right)\right].$$
ここで，$\frac{i}{2\pi}\partial\bar\partial \log h_\alpha$ は，実形式であることに注意する． □

5.5.5　K. スタインによる非可解なクザン II 分布の例[51]

ここでは M が領域 $\Omega \subset \mathbf{C}^n$ の場合を考えてみる．正則領域で $H^2(\Omega, \mathbf{Z}) \neq 0$ となるものを探す．

(a) $\Omega = \mathbf{C}^n$ では，$H^q(\Omega, \mathbf{Z}) = 0$ $(q \geq 1)$ である．

(b) $\Omega = \mathbf{C}^* \times \mathbf{C}^{n-1}$ では，
$$H^1(\Omega, \mathbf{Z}) \cong \mathbf{Z}, \qquad H^q(\Omega, \mathbf{Z}) = 0 \quad (q \geq 2).$$

(c) $\Omega = (\mathbf{C}^*)^2 \times \mathbf{C}^{n-2}$ では
$$H^1(\Omega, \mathbf{Z}) \cong \mathbf{Z} \oplus \mathbf{Z}, \quad H^2(\Omega, \mathbf{Z}) \cong \mathbf{Z}.$$

初めて $H^2(\Omega, \mathbf{Z}) \neq 0$ となった．簡単のため，$\Omega = (\mathbf{C}^*)^2$ とする．この場合は非可解なクザン II 分布が存在するはずである．座標を $(z, w) \in (\mathbf{C}^*)^2$ と書き，次の因子を考える．
$$D^+ : \quad w = z^i = e^{i\log z},$$
$$D^- : \quad w = z^{-i} = e^{-i\log z}.$$

$D^\pm$ から決まる正則直線束を $L(D^\pm)$ と書く．$H^2((\mathbf{C}^*)^2, \mathbf{R})$ の双対ホモロジー空間 $H_2((\mathbf{C}^*)^2, \mathbf{R})$ の生成元として
$$e_2 = \{|z| = 1\} \times \{|w| = 1\} \subset (\mathbf{C}^*)^2$$
がある．

定理 5.5.38　記号は，上述のものとする．第 1 チャーン類 $c_1(L(D^\pm))_{\mathrm{DR}}$ について，

(5.5.39)　　　　$\langle c_1(L(D^+))_{\mathrm{DR}}, e_2\rangle = 1, \quad \langle c_1(L(D^-))_{\mathrm{DR}}, e_2\rangle = -1$

が成立する．特に，$D^\pm$ に対するクザン II 問題は非可解である．また，
$$c_1(L(D^+ + D^-)) = 0$$
となり，因子 $D^+ + D^-$ に対するクザン II 問題は可解である．

証明 因子 D^+ の多価正則関数による解析表現として次の無限積表示をスタインは与えた.

$$(5.5.40) \quad F^+(z,w) = \exp\left(\frac{(\log z)^2}{4\pi} + \frac{\log z}{1-i}\right) \times \prod_{\nu=0}^{\infty}\left(1 - \frac{w}{e^{i\log z + 2\nu\pi}}\right)$$
$$\times \prod_{\nu=1}^{\infty}\left(1 - \frac{1}{we^{-i\log z + 2\nu\pi}}\right).$$

この無限積は広義一様絶対収束している. z が原点の周りを反時計回りに一周すると,

$$i\log z \longrightarrow i\log z - 2\pi$$

と変化し $F^+(z,w)$ は

$$(5.5.41) \quad F^+(z,w) \longrightarrow wF^+(z,w)$$

と変換される. w については一価である.

$$D^+ = \{F^+ = 0\}$$

と与えられる.

$$(5.5.42) \quad F^-(z,w) = F^+\left(z, \frac{1}{w}\right)$$

とおく. z が原点の周りを反時計回りに一周すると (5.5.41) より

$$(5.5.43) \quad F^-(z,w) \longrightarrow w^{-1}F^-(z,w)$$

と変換される.

$$(5.5.44) \quad D^- = \{F^-(z,w) = 0\}$$

となっている. $F^+(z,w) \cdot F^-(z,w)$ は $(\mathbf{C}^*)^2$ 上一価正則で

$$(5.5.45) \quad D^+ + D^- = \{F^+(z,w) \cdot F^-(z,w) = 0\}$$

である. したがって $L(D^+ + D^-)$ は自明であり $c_1(D^+ + D^-) = c_1(L(D^+ + D^-)) = 0$ である.

$L(D^+)$ に入るエルミート計量として, 正値多価関数

$$h(z,w) = |w|^{(\arg z)/\pi}$$

を考える. 実際,

$$\frac{|F^+(z,w)|^2}{|w|^{(\arg z)/\pi}}$$

は一価関数になる. したがって h のチャーン形式 ω は次で与えられる.

$$\omega = \frac{i}{2\pi}\partial\bar{\partial}\log|w|^{(\arg z)/\pi} = dd^c\log|w|^{(\arg z)/\pi}.$$

ただし,d^c は (3.5.18) で定義した.$z = r_1 e^{i\theta_1}$, $w = r_2 e^{i\theta_2}$ と極座標表示すると
$$d = \sum_{j=1}^{2} \left(\frac{\partial}{\partial r_j} dr_j + \frac{\partial}{\partial \theta_j} d\theta_j \right),$$
$$d^c = \frac{1}{4\pi} \sum_{j=1}^{2} \left(r_j \frac{\partial}{\partial r_j} d\theta_j - \frac{1}{r_j} \frac{\partial}{\partial \theta_j} dr_j \right).$$

直接計算により
$$\omega = dd^c \log |w|^{\frac{1}{\pi} \arg z}$$
$$= d \left\{ \frac{1}{4\pi} \sum_{j=1}^{2} \left(r_j \frac{\partial}{\partial r_j} d\theta_j - \frac{1}{r_j} \frac{\partial}{\partial \theta_j} dr_j \right) \frac{\theta_1}{\pi} \log r_2 \right\}$$
$$= \frac{1}{4\pi^2} (d \log r_1 \wedge d \log r_2 + d\theta_1 \wedge d\theta_2).$$

最後の式の第 1 項は,$d((\log r_1) d \log r_2)$ となり,d 完全形式である.したがって,コホモロジー類としては
$$[\omega] = \left[\frac{1}{4\pi^2} d\theta_1 \wedge d\theta_2 \right] \in H^2((\mathbf{C}^*)^2, \mathbf{R}).$$
と書かれる.したがって,
$$\langle [\omega], e_2 \rangle = \int_0^{2\pi} \int_0^{2\pi} \frac{1}{4\pi^2} d\theta_1 \wedge d\theta_2 = 1.$$
D^- についても同様である. □

5.5.6 岡 の 例

Oka III[42] で与えられた反例を参考書 [西野] に従い紹介しよう.環状領域 $R = \{z; 2/3 < |z| < 1\}$ をとり,$(z,w) \in \mathbf{C}^2$ 空間で次の柱状領域を考える.
$$\Omega = R^2 \subset (\mathbf{C}^*)^2.$$
Ω は,正則 (凸) 領域であり,位相的には $(\mathbf{C}^*)^2$ と同相である.

$f(z,w) = w - z + 1$ とおき,複素超曲面 $S = \{f(z,w) = 0\}(\subset \mathbf{C}^2)$ をとる.
$$S \cap \{(z,w) \in \overline{\Omega}; \Im z = 0\} = \emptyset$$
である.なぜならば,上記集合の元 (z,w) があったとする.$w = z - 1$ で $z \leq 1$ あるから,$w \leq 0$ である.よって $-1 \leq w \leq -2/3$,つまり $0 \leq z \leq 1/3$ となり,矛盾をきたす.したがって,小さな $\delta > 0$ をとれば,
$$S \cap \{(z,w) \in \overline{\Omega}; |\Im z| \leq \delta\} = \emptyset.$$
次のようにおく:

$$U_1 = \{(z,w) \in \Omega; \Im z > -\delta\},$$
$$U_2 = \{(z,w) \in \Omega; \Im z < \delta\},$$
$$\Omega = U_1 \cup U_2,$$
$$S_1 = S \cap U_1.$$

S_1 は，Ω の複素超曲面である．S_1 を零点集合とするクザン II 分布を

$$f_1(z,w) = f(z,w) = w - z + 1, \quad (z,w) \in U_1,$$
$$f_2(z,w) = 1, \quad\quad\quad\quad\quad\quad\quad\quad (z,w) \in U_2,$$

とおく．

命題 5.5.46 このクザン II 分布 $\{(U_j, f_j(z,w))\}_{j=1,2}$ は，Ω 上で解を持たない．

証明 このクザン II 分布の解析解 $F(z,w) \in \mathcal{O}(\Omega)$ が存在したとする．z 平面，w 平面上にそれぞれ円周を次のようにとる：

$$C_1 = \left\{|z| = \frac{5}{6}\right\}, \quad C_2 = \left\{|w| = \frac{5}{6}\right\}.$$

次が成り立つ．

$$C_1 \times C_2 \subset \Omega, \quad (C_1 \times C_2) \cap S_1 = \left\{\left(\frac{1}{2} + \frac{2}{3}i, -\frac{1}{2} + \frac{2}{3}i\right)\right\}.$$

$z \in C_1$ で $(\{z\} \times C_2) \cap S_1 = \emptyset$ であるものに対し

$$\Theta(z) = \int_{w \in C_2} \partial_w \arg F(z,w) = \frac{1}{i} \int_{w \in C_2} \frac{\partial_w F(z,w)}{F(z,w)} dw \in 2\pi \mathbf{Z}$$

とおく．U_1 上では

$$F(z,w) = (w - z + 1)\phi(z,w), \quad \phi \in \mathcal{O}^*(U_1)$$

と書かれる．よって，U_1 上では

$$\Theta(z) = \int_{w \in C_2} \partial_w \arg(w - z + 1) + \int_{w \in C_2} \partial_w \arg \phi(z,w),$$
$$\tau(z) := \int_{w \in C_2} \partial_w \arg \phi(z,w).$$

初めに $\tau(z)$ を考える．z が $C_1, \Im z \geq 0$ 上を $\frac{5}{6}$ から $-\frac{5}{6}$ まで動くとき，$\tau(z)$ は連続に動く．その値は $2\pi \mathbf{Z}$ にもつので，$\tau(z) = \tau_0$ (定数) である．一方，

$$\int_{w \in C_2} \partial_w \arg\left(w - \frac{5}{6} + 1\right) = 2\pi,$$
$$\int_{w \in C_2} \partial_w \arg\left(w + \frac{5}{6} + 1\right) = 0$$

である．したがって，

$$\Theta\left(\frac{5}{6}\right) = 2\pi + \tau_0, \quad \Theta\left(-\frac{5}{6}\right) = \tau_0,$$

(5.5.47) $$\Theta\left(\frac{5}{6}\right) - \Theta\left(-\frac{5}{6}\right) = 2\pi.$$

一方，z が $C_1, \Im z \leq 0$ 上を $\frac{5}{6}$ から $-\frac{5}{6}$ まで動くとき，そこでは $F(z,w)$ は零点を持たないので，$\tau(z)$ に関する議論と同様に，$\Theta(z)$ は定数である．すると，

$$\Theta\left(\frac{5}{6}\right) - \Theta\left(-\frac{5}{6}\right) = 0$$

となり，(5.5.47) に矛盾する． □

5.5.7 セールの例

上記スタインと岡の例では，領域は正則領域ではあるが単連結ではない．単連結正則領域でクザン II 問題が非可解となる J.-P. セールの例を与えよう．3 次元空間 $(z_1, z_2, z_3) \in \mathbf{C}^3$ で領域

$$\Omega: \quad |z_1^2 + z_2^2 + z_3^2 - 1| < 1$$

を考える．詳しくは述べられないが，$x_j = \Re z_j, 1 \leq j \leq 3$, とすると実 2 次元球面

$$S: \quad x_1^2 + x_2^2 + x_3^2 - 1 = 0$$

は，Ω のレトラクトとなることがわかり，Ω は単連結で

$$H^2(\Omega, \mathbf{Z}) \cong H^2(S, \mathbf{Z}) \cong \mathbf{Z}$$

が成立することがわかる (詳しくはセール[49], §9 を参照)．Ω は正則領域 (スタイン) であるから，(5.5.19) により $1 \in \mathbf{Z}$ に対応する $[(\xi_{\alpha\beta})] \in H^1(\Omega, \mathcal{O}_M^*)$ が存在する．これに定理 5.5.25 を適用して決まるクザン II 分布 $(\{U_\alpha\}, \{\varphi_\alpha\})$ をとれば，$(\{U_\alpha\}, \{\varphi_\alpha\})$ は非可解である．

この例について，具体的に非可解なクザン II 分布を与えよう．$z_1 - iz_2 = 0$ で与えられる $\mathbf{C}^3$ の超平面 H を考える．$H \cap S$ は 2 点 $P^+ = (0, 0, 1)$(北極) と $P^- = (0, 0, -1)$(南極) からなる．

$$H \cap \Omega \cap \{(z_1, z_2, z_3) \in \mathbf{C}^3; \Re z_3 = 0\} = \emptyset$$

であるから，$H \cap \Omega$ は二つの連結成分 $D^\pm \ni P^\pm$ からなる．

命題 5.5.48 $D^\pm$ の一方で決まるクザン II 分布は，Ω 上で解を持たない．

証明 どちらでも同じなので，D^+ を考えよう．D^+ のみを零とする $F \in \mathcal{O}(\Omega)$ があったとしよう．小さな $\varepsilon > 0$ に対し円周

$$C(\varepsilon;P): |(z_1-P_1)+i(z_2-P_2)|=\varepsilon,\ z_3=P_3,$$
$$(z_1-P_1)-i(z_2-P_2)=0,$$
$$P=(P_1,P_2,P_3)\in S$$

をとる. ε を十分小さくとれば

$$C(\varepsilon;P)\subset\Omega\setminus S.$$

S 上の関数

$$\varphi(P)=\frac{1}{2\pi i}\int_{C(\varepsilon;P)}d\log F,\quad P\in S$$

を考える. $\varphi(P)$ は, 連続で偏角の原理より $\mathbf{Z}$ に値を持つ. 北極 $P=P^+$ で考えると, $\varphi(P^+)=1$ であるから, $\varphi(P)\equiv 1$ のはずである. 一方, 南極 $P=P^-$ では, その近傍で F は零を持たない正則関数であるから $\varphi(P^-)=0$ となり, 矛盾を得る. □

5.5.8 単連結スタイン多様体上の非可解クザン II 分布の例

単連結スタイン多様体上の非可解クザン II 分布の例をもう一つ与えよう. この例は ($\mathbf{C}^2$ の) 領域ではないが, 検証はしやすい. 次の章 §6.1.1 の記号を用いる. リーマン球面 $\hat{\mathbf{C}}=\mathbf{C}\cup\{\infty\}=\mathbf{P}^1(\mathbf{C})$ (注意 6.1.3 参照) の直積 $M=\mathbf{P}^1(\mathbf{C})\times\mathbf{P}^1(\mathbf{C})$ を考える. 同次座標を用いて $([z_0,z_1],[w_0,w_1])\in M$ と書く. その対角線集合 $\Delta=\{(a,a)\in M;\ a\in\mathbf{P}^1(\mathbf{C})\}$ は,

(5.5.49) $$\Delta:\quad z_0w_1-z_1w_0=0$$

で表される. リーマン球面 $\mathbf{P}^1(\mathbf{C})$ を実 2 次元球面 S^2 とみて次の可微分埋め込みを考える.

(5.5.50) $$\psi:[z_0,z_1]\in\mathbf{P}^1(\mathbf{C})=S^2\to([z_0,z_1],[-\bar{z}_1,\bar{z}_0])\in M.$$

Δ の定義方程式 (5.5.49) に代入すると, $z_0\bar{z}_0-z_1(-\bar{z}_1)=|z_0|^2+|z_1|^2>0$ であるから $\psi(S^2)\cap\Delta=\emptyset$. $X=M\setminus\Delta$ とおく.

命題 5.5.51 X は, 単連結スタイン多様体である.

証明 (イ) 次の正則写像を考える.

$$\Psi:([z_0,z_1],[w_0,w_1])\in M\to[z_0w_0,z_0w_1,z_1w_0,z_1w_1]$$
$$=[u_0,\ldots,u_3]\in\mathbf{P}^3(\mathbf{C}).$$

すると, Ψ は正則埋め込みであることがわかる. M と像 $\Psi(M)$ を同一視する.

$H \subset \mathbf{P}^3(\mathbf{C})$ を

$$u_1 - u_2 = 0$$

で定義される超平面とすると, $\Delta = M \cap H$ となる. $\mathbf{P}^3(\mathbf{C}) \setminus H$ は, 正則同型写像

$$[u_0, \ldots, u_3] \in \mathbf{P}^3(\mathbf{C}) \setminus H \to \left(\frac{u_0}{u_1 - u_2}, \frac{u_1}{u_1 - u_2}, \frac{u_3}{u_1 - u_2} \right) \in \mathbf{C}^3$$

によって $\mathbf{C}^3$ と正則同型であるからスタインである. $X = M \setminus \Delta = M \setminus H \subset \mathbf{C}^3$ となり, X は $\mathbf{C}^3$ の複素部分多様体であるから, スタインである (命題 4.5.11).

(ロ) X は, 単連結であることを示そう. $z = z_1/z_0, w = w_1/w_0$ とおくと, $\mathbf{C} \times \mathbf{C} \subset M$ の中で Δ は,

$$z - w = 0$$

で表される. $(\mathbf{C} \times \hat{\mathbf{C}}) \setminus \Delta \ (\subset X)$ 上で次の正則同型を考える.

(5.5.52) $$\phi : (z, w) \in (\mathbf{C} \times \hat{\mathbf{C}}) \setminus \Delta \to \left(z, \frac{1}{z-w} \right) \in \mathbf{C} \times \mathbf{C},$$

$$\phi(z, \infty) = (z, 0).$$

$(\mathbf{C} \times \hat{\mathbf{C}}) \setminus \Delta = X \setminus (\{\infty\} \times \hat{\mathbf{C}})$ であるから, 任意の閉曲線 $C \subset X$ をとると, それを $(\{\infty\} \times \hat{\mathbf{C}})$ と交わらないように連続変形 (ホモトピー変形) できる. それを改めて C と書けば, それは $\mathbf{C} \times \mathbf{C}$ 内の閉曲線である. C は $\mathbf{C}^2 \subset X$ 内で 1 点にホモトープである. よって, X は単連結である. $\square$

任意に 1 点 $a = [a_0, a_1] \in \mathbf{P}^1(\mathbf{C})$ をとり, a を因子と考える. $\mathbf{P}^1(\mathbf{C})$ の開被覆 $U_i = \{z_i \neq 0\}$ をとり U_0 での座標を $z = z_1/z_0$, U_1 での座標を $\tilde{z} = z_0/z_1$ とする. $U_0 \cap U_1$ 上では, $z = \frac{1}{\tilde{z}}$ の関係がある. a はどこにとっても同じであるが, 例えば $a = 1 \in U_0 \ (\in U_1)$ とする. この因子 a に対応するクザン II 分布は次のように書かれる.

$$U_0 \text{上}, \quad \psi_0 = z - 1,$$

$$U_1 \text{上}, \quad \psi_1 = \tilde{z} - 1.$$

したがって, この a により決まる正則直線束 L_a の変換関数は $U_0 \cap U_1$ 上で

$$\psi_0 = \xi_{01} \psi_1, \quad \xi_{01} = \frac{-1}{z}$$

で与えられる.

$$h_0 = \frac{1}{1 + |z|^2} \ (U_0 \text{ 上}), \quad h_1 = \frac{1}{1 + |\tilde{z}|^2} \ (U_1 \text{ 上})$$

とおけば, $U_0 \cap U_1$ 上で $h_0 = |\xi_{01}|^2 h_1$ が成立し, L_a のエルミート計量を与える.

この曲率形式を計算すると，

$$\omega_0 = \begin{cases} \dfrac{i}{2\pi}\partial\bar{\partial}\log\dfrac{1}{1+|z|^2} = \dfrac{i}{2\pi}\dfrac{1}{(1+|z|^2)^2}dz\wedge d\bar{z} & (U_0 \text{ 上}), \\ \dfrac{i}{2\pi}\dfrac{1}{(1+|\tilde{z}|^2)^2}d\tilde{z}\wedge d\bar{\tilde{z}} & (U_1 \text{ 上}) \end{cases}$$

となり，$c_1(L_a)_{\mathrm{DR}} = [\omega_0] \in H^2(\mathbf{P}^1(\mathbf{C}), \mathbf{R})$ を得る．極座標表示 $z = re^{i\theta}$ を使って計算すると，

$$(5.5.53) \qquad \int_{\mathbf{P}^1(\mathbf{C})} \omega_0 = \int_{\mathbf{C}} \dfrac{i}{2\pi}\dfrac{1}{(1+|z|^2)^2}dz\wedge d\bar{z} = 1.$$

$\pi_1 : (p,q) \in X(\subset \mathbf{P}^1(\mathbf{C}) \times \mathbf{P}^1(\mathbf{C})) \to p \in \mathbf{P}^1(\mathbf{C})$ を第 1 射影とする．因子の引き戻し $D = \pi_1^* a = (\{a\} \times \mathbf{P}^1(\mathbf{C})) \cap X \subset X$ と対応する X 上のクザン II 分布を考える．$L_D = \pi_1^* L_a$ となっている．したがって，

$$c_1(L_D)_{\mathrm{DR}} = [\pi_1^*\omega_0] \in H^2(X, \mathbf{R}).$$

これを (5.5.50) で定義される S^2 上で積分すると (5.5.53) より

$$\int_{S^2} \pi_1^*\omega_0 = \int_{\mathbf{P}^1(\mathbf{C})} \omega_0 = 1.$$

したがって，$[\pi_1^*\omega_0] \neq 0$ である．なぜならば，仮に $\pi_1^*\omega_0 = d\eta$ (η は X 上の C^∞ 級 1 次微分形式) と書かれたとすると，ストークスの定理より，S^2 の境界は $\partial S^2 = \emptyset$ であるから

$$\int_{S^2} d\eta = \int_\emptyset \eta = 0$$

となり，矛盾となる．

以上と定理 5.5.29 (岡原理) により，次が示された (章末問題 10 も参照)．

命題 5.5.54 X の因子 D に対応するクザン II 分布は，非可解である．

歴史的補足

本章の内容は，カルタン–トゥーレン[9] で示された結果と Oka I〜III で解決されたものが主である．これで Oka VII から岡論文の順を逆に遡り始め Oka I〜III を修了したことになる．"岡の上空移行の原理"は，Oka I による．"岡の上空移行の原理"と 12 年後に発見された "岡の第 1 連接定理" が非常にうまくマッチしていることを読者には，理解してもらえたものと思う．"上空移行の原理"の発見の様子を岡潔博士は，随筆で色々書いている．このときの岡博士の感激の様子を中野茂男教授 (京都大学) は，ある歌 "岡潔頌" の中で次のように記している．

...... 自らも直にききえし

岡大人[4]の感慨一言「第一の 作成りしとき
天地の我を最中と 一列に整い並ひき」感激を
……

問　題

1. $\Omega \subset \mathbf{C}^n$ $(n \geq 2)$ を領域とし，$f \in \mathcal{O}(\Omega)$ とする．もし $\{z \in \Omega; f(z) = 0\} \Subset \Omega$ ならば，f は Ω 内で 0 をとらないことを示せ．
2. $f(z_1, z_2) = \sum_{\nu=0}^{\infty} z_1^\nu z_2^\nu$ とする．このとき，$\Omega(f)$ と $\log \Omega(f)^*$ の図形を描け．
3. (全実部分空間除去可能定理) $a = (a_j) \in \mathbf{C}^n$ に対し
$$a + \mathbf{R}^n = \{z = (z_j) \in \mathbf{C}^n : \Im(z_j - a_j) = 0, 1 \leq j \leq n\}$$
を a を通る**全実部分空間** (totally real subspace) と呼ぶ．$\Omega \subset \mathbf{C}^2$ を領域とし，$a \in \Omega, n \geq 2$ とする．

このとき，任意の $f \in \mathcal{O}(\Omega \setminus (a + \mathbf{R}^n))$ は Ω に解析接続されることを次に従い証明せよ．

　a) 任意の点 $b \in \Omega \cap (a + \mathbf{R}^n)$ の近傍で示せばよい．座標の平行移動と正定数倍の変換で次のような位置関係になっているとしてよい．
$$\mathrm{P}\Delta = \mathrm{P}\Delta(0; (2, \ldots, 2)) \subset \Omega,$$
$$b = a = (\rho i, \ldots, \rho i) \in \mathrm{P}\Delta, \quad 1 < \rho < \sqrt{2}.$$

　b) $\omega := \bigcup_{j=1}^{n} \{(z_1, \ldots, z_n) \in \mathrm{P}\Delta; |z_j| < 1\}$ とおくと，$\omega \cap (a + \mathbf{R}^n) = \emptyset$.

　c) ラインハルト領域 ω の対数凸包 $\hat{\omega}$ は，a を含む．

4. (5.3.3) で定義される $\|\cdot\|_{\mathrm{P}\Delta}$ は，ノルムの公理を満たすことを示せ．
5. $B = \{z \in \mathbf{C}^n; \|z\| < 1\}$ を $\mathbf{C}^n$ の単位球とし，$\Omega \subset \mathbf{C}^n$ を領域とする．$\delta_B(z, \partial\Omega)$ を (5.3.2) で $\mathrm{P}\Delta$ を B で置き換えて同様に定義する．

　a) 全ての $z, w \in \Omega$ に対し $|\delta_B(z, \partial\Omega) - \delta_B(w, \partial\Omega)| \leq \|z - w\|$ が成立することを示せ．

　b) $\mathrm{P}\Delta \subset B$ を原点を中心とする多重円板とする．次を示せ．

---

[4] "大人" は "ウシ" と読み，"大先生" というような意味合いである．例えば，本居宣長は，賀茂真淵を "縣居大人 (アガタイノウシ)" と呼んでいた．

$$\delta_B(z,\partial\Omega) \leq \delta_{\mathrm{P}\Delta}(z,\partial\Omega), \quad {}^\forall z \in \Omega.$$

6. 補題 5.3.5 において, $\delta_{\mathrm{P}\Delta}(z,\partial\Omega)$ を $\delta_B(z,\partial\Omega)$ に置き換えて同補題を証明せよ.

7. 補題 5.3.7 において, $\delta_{\mathrm{P}\Delta}(z,\partial\Omega)$ を $\delta_B(z,\partial\Omega)$ に置き換えて同補題を証明せよ.

8. $\Omega \subset \mathbf{C}^n$ を正則領域とし, $f_j \in \mathcal{O}(\Omega), 1 \leq j \leq k(<\infty)$ とする. すると, 開集合 $\{z \in \Omega; |f_j(z)| < 1, 1 \leq j \leq k\}$ の任意の連結成分は, 正則領域であることを証明せよ.

9. 命題 5.5.54 の X, D を考える. さらに, 因子 $E = X \cap (\mathbf{P}^1(\mathbf{C}) \times \{1\})$ を考える. すると, $D+E$ に対応するクザン II 分布は可解であることを示せ[5]).

10. 命題 5.5.51 の X を考える. 因子 $D = X \cap (\{\infty\} \times \mathbf{P}^1(\mathbf{C}))$ をとる. このとき, D に関するクザン II 問題は非可解であることを次のようにして直接示せ.

    a) D 上で丁度 1 位の零を持ち, その他の点では零を持たない正則関数 $f \in \mathcal{O}(X)$ が存在したとする. 点 $(\infty, 1) \in D$ の周りの正則局所座標 $(\tilde{z}, w)$ $(\tilde{z} = 1/z)$ をとる. 小さな $\varepsilon > 0$ をとり円周 (向きは, $\tilde{z}$ について反時計回り)

    $$C_\varepsilon = \{(\tilde{z},1); |\tilde{z}| = \varepsilon\} \subset X$$

    をとるとき,

    $$\nu := \int_{C_\varepsilon} d\log f = 1$$

    となることを示せ.

    b) 一方, (5.5.52) を用いて, $\nu = 0$ となることを示せ.

---

[5]) $D \cap E = \emptyset$ に注意. 岡は, このような E を D の余零と呼んだ.

6

解析的集合と複素空間

 $\mathbf{C}^n$ の領域 Ω あるいはより一般的に複素多様体上の正則関数 f を考えると必然的にその定数面 $\{f = c\}$ あるいはその零面 $\{f = 0\}$ を考える必要が生ずる．さらに，局所的には有限個の正則関数の零面の共通部分を考えることになる．このようにして定義される部分集合 X を "解析的集合" と呼ぶ．$n \geq 2$ であると一般的に X は，特異点というものを持ち，複素部分多様体よりはるかに複雑な幾何構造を持つことになる．

この章の前半で中心となるのは，解析的集合を定義するイデアル層が連接層であるという岡の第 2 連接定理である．この定理を用いて特異点集合が次元の低い解析的部分集合になることが示される．後半に入り複素空間を定義する．複素空間の特異点を性質の良い正規特異点に還元する岡の正規化定理と正規化層の連接性を主張する岡の第 3 連接定理を証明する．正規複素空間の特異点集合は余次元が 2 以上であることを示し，正規複素空間上では関数の正則性が，その空間内の性質のみで判定できることを示す．最後にスタイン空間上の岡−カルタンの基本定理を得る．

6.1 準　　　備

6.1.1 代数的集合

$\mathbf{C}^n$ の代数的 (部分) 集合 X とは，有限個の多項式 $P_1(z), \ldots, P_l(z)$ が存在して
$$X = \{z \in \mathbf{C}^n; P_j(z) = 0, 1 \leq j \leq l\}$$
と書かれるものである．逆に任意の部分集合 $A \subset \mathbf{C}^n$ に対し
$$I\langle A \rangle = \{P \in \mathbf{C}[z_1, \ldots, z_n]; P|_A \equiv 0\}$$
は多項式環 $\mathbf{C}[z_1, \ldots, z_n]$ のイデアルとなり，そのネーター性より有限生成となる．$I \subset \mathbf{C}[z_1, \ldots, z_n]$ をイデアルとすると，I は有限生成であるのでその生成元を

$Q_j, 1 \leq j \leq m$ とする. I が決める零点集合

$$V(I) = \{z \in \mathbf{C}^n; P(z) = 0, {}^\forall P \in I\}$$
$$= \{z \in \mathbf{C}^n; Q_j(z) = 0, 1 \leq j \leq m\}$$

は代数的部分集合である. 任意の代数的部分集合族 $X_\alpha, \alpha \in \Gamma$ があるとき, $\bigcap_{\alpha \in \Gamma} X_\alpha$ も代数的部分集合である.

$\mathbf{C}^{n+1} \setminus \{0\}$ に乗法群 $\mathbf{C}^* = \mathbf{C}\setminus\{0\}$ の作用を次で与える.

$$(\lambda, z) \in \mathbf{C}^* \times (\mathbf{C}^{n+1} \setminus \{0\}) \to \lambda z \in \mathbf{C}^{n+1} \setminus \{0\}.$$

この作用による商空間を $\mathbf{P}^n(\mathbf{C}) = (\mathbf{C}^{n+1} \setminus \{0\})/\mathbf{C}^*$ と書き, n 次元複素射影空間と呼ぶ. $\mathbf{P}^n(\mathbf{C})$ はコンパクトハウスドルフ位相空間である. 定義により射影

(6.1.1) $$\pi: \mathbf{C}^{n+1} \setminus \{0\} \to \mathbf{P}^n(\mathbf{C})$$

は連続写像となり, ホップ写像とも呼ばれる. $z = (z_0, \ldots, z_n) \in \mathbf{C}^{n+1}\setminus\{0\}$ に対し $\pi(z) = [z] = [z_0, \ldots, z_n] \in \mathbf{P}^n(\mathbf{C})$ と書くとき $[z_0, \ldots, z_n]$ を同次座標と呼ぶ.

(6.1.2) $$U_i = \{[z_0, \ldots, z_n]; z_i \neq 0\}, \quad 0 \leq i \leq n$$

は $\mathbf{P}^n(\mathbf{C})$ の開被覆をなし, $\mathbf{P}^n(\mathbf{C}) = \bigcup_{i=0}^n U_i$ となる. U_i の点 $[z_0, \ldots, z_n]$ に対し代表元

$$\left(\frac{z_0}{z_i}, \ldots, \overset{i\text{番}}{1}, \ldots, \frac{z_n}{z_i}\right)$$

は一意的に定まる. U_i 上の座標を

$$(z_{i0}, \ldots, \check{z}_{ii}, \ldots, z_{in}) = \left(\frac{z_0}{z_i}, \ldots, \check{1}, \ldots, \frac{z_n}{z_i}\right) \in \mathbf{C}^n, \quad z_{ik} = z_k/z_i$$

で定める. ここで, $\check{\bullet}$ は, それを除いていることを意味する. この座標系 $(z_{ik})_{0 \leq k \neq i \leq n}$ により $U_i = \mathbf{C}^n$ と見なせる. $U_i \cap U_j$ $(i \neq j)$ 上ではそれぞれの座標の間に

$$z_{ik} = z_{jk}/z_{ji}$$

という座標変換の関係が成立している. これにより $\mathbf{P}^n(\mathbf{C})$ は n 次元複素多様体となる. (6.1.1) の $\pi: \mathbf{C}^{n+1} \setminus \{0\} \to \mathbf{P}^n(\mathbf{C})$ は正則写像となる.

部分集合 $X \subset \mathbf{P}^n(\mathbf{C})$ が (射影) 代数的であるとは, $X \cap U_i \subset \mathbf{C}^n$ が任意の i に対し代数的部分集合であることを言う.

$$X \cap U_i = \left\{P_{ij}\left(\frac{z_0}{z_i}, \ldots, \frac{\check{z}_i}{z_i}, \ldots, \frac{z_n}{z_i}\right) = 0, 1 \leq j \leq l_i\right\}$$

とおく. $X \cap U_i \neq \phi$ として

$$P_{ij}(z_0, \cdots, z_i, \cdots, z_n) = z_i^{\deg P_{ij}} P_{ij}\left(\frac{z_0}{z_i}, \ldots, \frac{\check{z}_i}{z_i}, \ldots, \frac{z_n}{z_i}\right)$$

とおけば, P_{ij} は同次多項式である. P_{ij} の同次性により
$$X = \bigcup_{i=0}^{n} \{[z_0,\ldots,z_n] \in \mathbf{P}^n(\mathbf{C}); P_{ij}(z_0,\ldots,z_n) = 0, 1 \leq j \leq l_i\}$$
と表される.

注意 6.1.3 1 次元複素射影空間 $\mathbf{P}^1(\mathbf{C})$ は, 次のようにしてリーマン球面 $\hat{\mathbf{C}} = \mathbf{C} \cup \{\infty\}$ と同一視される. (6.1.2) で定まる U_0, U_1 を考える. U_0 で座標 $z = z_1/z_0$, U_1 で座標 $\tilde{z} = z_0/z_1$ をとる. U_0 は,
$$U_0 \ni z \mapsto z \in \mathbf{C}$$
により, $\mathbf{C}$ と同一視される. $\infty \in \hat{\mathbf{C}}$ は, $\tilde{z} = 0 \in U_1$ に対応する.

6.1.2 解析的集合

$\Omega \subset \mathbf{C}^n$ を開集合とする. 部分集合 $X \subset \Omega$ が解析的であることの定義はすでに定義 2.3.1 で述べた.

命題 6.1.4 部分集合 $X \subset \Omega$ に対し次は同値である.
  (i) X は解析的集合である.
  (ii) X は Ω 内の閉集合で, 任意の $a \in X$ に対し, a の近傍 $U \subset \Omega$ と有限個の $f_\nu \in \mathcal{O}(U), 1 \leq \nu \leq l$ が存在して
  $$U \cap X = \{z \in U; f_\nu(z) = 0, 1 \leq \nu \leq l\}.$$

注. (ii) で X が閉集合であることを仮定しないとき, X を Ω 内の局所解析的 (部分) 集合と呼ぶ. 開部分集合も局所解析的集合の一つである.

定義 6.1.5 X を Ω の解析的集合とする ($X = \Omega$ の場合も考える). 部分集合 $A \subset X$ が X 内で**薄い集合** (thin set in X) であるとは, A は閉集合でかつ任意の $a \in A$ に対しその近傍 $U \subset \Omega$ と X の内点を含まない解析的部分集合 $S \subset U$ が存在して $A \cap U \subset S \subsetneqq X \cap U$ となることである. X 内でということが明らかな場合は単に**薄い部分集合**であるという.

定理 6.1.6 $\Omega \subset \mathbf{C}^n$ を領域, $A \subset \Omega$ を薄い部分集合とする.
  (i) $\Omega \setminus A$ は Ω 内で稠密である.
  (ii) $\Omega \setminus A$ は連結である.
  (iii) 任意の $a \in A$ に対し, ある連続曲線 (実は実解析的でもある) φ で次を満たすものがある.

$$\varphi : [0,1] \longrightarrow \Omega, \quad \varphi(0) = a,$$
$$\varphi(t) \notin A, \quad 0 < t \leq 1.$$

証明 (i) 定理 2.3.3 により A は Ω 内の内点を持たないので，$\Omega \setminus A$ は Ω 内で稠密である．

(ii) もし $\Omega \setminus A$ が非連結ならば開部分集合 $U_i \subset \Omega$ を $U_i \neq \emptyset, i=1,2, U_1 \cap U_2 = \emptyset$ かつ $\Omega \setminus A = U_1 \cup U_2$ が成立するようにとることができる．任意の $a \in A$ をとり連結近傍 $V \ni a$ と，解析的部分集合 $S \subsetneq V$ を $S \supset A \cap V$ と取る．次が成立する．
$$V \setminus S \subset V \setminus A = (V \cap U_1) \cup (V \cap U_2),$$
$$V \setminus S = ((V \cap U_1) \setminus S) \cup ((V \cap U_2) \setminus S).$$

定理 2.3.3 より $(V \cap U_i) \setminus S \neq \emptyset, i=1,2,$ は開集合で互いに素で $V \setminus S$ は定理 2.3.5 により連結であるから矛盾が従う．

(iii) $a \in A$ に対し，多重円板近傍 $\mathrm{P}\Delta(a;r)$ と $f \in \mathcal{O}(\mathrm{P}\Delta(a;r))$ を $f \neq 0$, $A \cap \mathrm{P}\Delta(a;r) \subset \{f=0\}$ と取る．$\mathrm{P}\Delta(a;r) = \mathrm{P}\Delta_{n-1} \times \Delta(a_n;r_n)$ は f の標準多重円板としてよい．$a=0$ となるように平行移動する．$\{z_n \in \Delta(0;r_n); f(0,z_n) = 0\} = \{0\}$ であるから，$0 < s_n < r_n$ をとり $\varphi(t) = (0, ts_n), 0 \leq t \leq 1$ とおく．
$$f(\varphi(t)) = f(0, ts_n) \neq 0, \quad t > 0.$$
よって $\varphi(t) \notin A, t > 0$． □

6.1.3 通常点と特異点

$\Omega \subset \mathbf{C}^n$ を領域とし，$X \subset \Omega$ を解析的集合とする．

定義 6.1.7 $a \in X$ が**通常点** (非特異点) とは a のある近傍 $U(\subset \Omega)$ があり $X \cap U$ が U 中の複素部分多様体となっていることとする．これは次のように定めても同値である．ある $f_1, \ldots, f_q \in \mathcal{O}(U), 0 \leq q \leq n$ で

(6.1.8) $\qquad \{f_1 = \cdots = f_q = 0\} = X \cap U,$

(6.1.9) $\qquad df_1(a) \wedge \cdots \wedge df_q(a) \neq 0$

が成立する．

X の通常点でない点を**特異点**と呼び，その全体を $\Sigma(X)$ と書く．$\Sigma(X) = \emptyset$ のとき，X は**非特異**であると言う．このとき X は複素部分多様体になる．

定義により $X \setminus \Sigma(X)$ は X 内の開集合なので, $\Sigma(X)$ は閉集合である. 気をつけなければいけないのは, (6.1.8) のように表されて, かつ
$$df_1(a) \wedge \cdots \wedge df_q(a) = 0$$
であるからといって, a が特異点かどうかは, わからないことである (注意 6.5.13 を参照).

6.1.4 有限写像

二つの位相空間の間の連続写像 $f : X \to Y$ が, 開 (閉) 写像であるとは任意の開 (または閉) 集合 $E \subset X$ の像 $f(E)$ が開 (または閉) 集合であることと定義する.

定義 6.1.10 (有限写像)　連続写像 $f : X \to Y$ が**有限写像**であるとは, 固有かつ任意の点 $y \in f(Y)$ に対し逆像 $f^{-1}y$ が有限集合であることと定義する.

命題 6.1.11　位相空間 X, Y はハウスドルフ局所可算かつ局所コンパクトとする.
 (i) 固有写像 $f : X \to Y$ は, 閉である.
 (ii) $f : X \to Y$ を有限写像とする. 任意の点 $y \in f(X)$ と $f^{-1}y$ の任意の近傍 U に対し, y の近傍 V がとれて $f^{-1}V \subset U$ が成り立つ.
 (iii) $f : X \to Y$ を有限かつ全射とする. 任意の点 $y \in Y$ に対し $f^{-1}y = \{x_i\}_{i=1}^l$ とおく. このとき, 近傍 $V \ni y$ と互いに素な近傍 $U_i \ni x_i$ がとれて次が成立する.
  a)　$f^{-1}V = \bigcup_{i=1}^l U_i$.
  b)　制限 $f|_{U_i} : U_i \to V (1 \leq i \leq l)$ は有限である.

証明　(i) f は固有とする. 任意の閉集合 $E \subset X$ をとる. $b \in Y$ を $f(E)$ の集積点とすると点列 $\{x_\nu\} \subset E$ で $\lim f(x_\nu) = b$ となるものがある. 集合 $\{f(x_\nu)\}_\nu \cup \{b\}$ はコンパクトであるから, $f^{-1}(\{f(x_\nu)\}_\nu \cup \{b\})$ もコンパクトである. したがって $\{x_\nu\}$ は収束部分列 $\{x_{\nu_\mu}\}_\mu$ を持つ. $a = \lim_\mu x_{\nu_\mu}$ とおけば, E は閉であるから $a \in E$ で, $f(a) = b$ となる. したがって, $f(E)$ は閉集合である.

(ii) (i) より $X \setminus U$ は閉集合であるから, $f(X \setminus U)$ は閉集合である. $y \notin f(X \setminus U)$ であるから, 近傍 $V \ni y$ が, $V \cap f(X \setminus U) = \emptyset$ としてとれる. したがって, $f^{-1}V \subset U$ となる.

(iii) 互いに素な近傍 $W_i \ni x_i$ をとる. $W = \bigcup W_i$ は $f^{-1}y$ の近傍である. (ii) より y のある近傍 V が存在して, $f^{-1}V \subset W$ となる. $U_i = W_i \cap f^{-1}V (\ni x_i)$ とおく. 次に各 i について制限

$$f|_{U_i} : U_i \to V$$

は固有,したがって有限写像であることを示そう.$i = 1$ に対し示す.任意にコンパクト部分集合 $K \Subset V$ をとる.$f^{-1}K = f^{-1}K \cap (\bigcup_i U_i) = \bigcup_i f^{-1}K \cap U_i$ はコンパクト集合である.$f^{-1}K \cap U_1$ の任意の開被覆

$$f^{-1}K \cap U_1 \subset \bigcup_{\lambda \in \Lambda} O_\lambda$$

をとる.$\bigcup_\lambda O_\lambda \subset U_1$ としてよい.$\{O_\lambda, U_i; \lambda \in \Lambda, 2 \le i \le l\}$ はコンパクト集合 $f^{-1}K$ の開被覆である.したがって有限個の $O_{\lambda_j}, 1 \le j \le m$ が存在して $f^{-1}K \cap U_1 \subset \bigcup_{j=1}^m O_{\lambda_j}$ となる.したがって,$f^{-1}K \cap U_1$ はコンパクトであることがわかった. □

6.2 解析的集合の芽

$a \in \mathbf{C}^n$ に対し a の近傍 U と U 内の解析的集合 $A_U(\subset U)$ の全体 $\mathfrak{A}_a$ を考える.二元 $A_U, A_V \in \mathfrak{A}_a$ に対し $A_U \sim A_V$ とは a のある近傍 $W \subset U \cap V$ が存在し $A_U \cap W = A_V \cap W$ が成立することとする.これは $\mathfrak{A}_a$ に同値関係を与える.商集合を $\underline{\mathfrak{A}}_a = \mathfrak{A}_a/\sim$ とおく.

A_U の同値類 $\underline{A_V}_a \in \underline{\mathfrak{A}}_a$ を a での解析的集合の芽 (germ) と呼ぶ.二元 $\underline{A}_a, \underline{B}_a \in \underline{\mathfrak{A}}_a$ に対しそれらが代表元 A, B を持つ共通の近傍 $W \ni a$ が存在し $A \supset B$ となるとき $\underline{A}_a \supset \underline{B}_a$ と書く.

$\underline{f}_a \in \mathcal{O}_{n,a} = \mathcal{O}_{\mathbf{C}^n,a}$ が $\underline{A}_a$ 上 0 をとるとは,それぞれが代表元 f, A を持つ近傍 $U \ni a$ があり $f|_A \equiv 0$ となることとする.このとき,$\underline{f}_a|_{\underline{A}_a} = 0$ と書く.

(6.2.1) $$\mathscr{I}\langle \underline{A}_a \rangle = \left\{ \underline{f}_a \in \mathcal{O}_{n,a}; \underline{f}_a|_{\underline{A}_a} = 0 \right\}$$

は $\mathcal{O}_{n,a}$ のイデアルである.

イデアル $\mathfrak{a} \subset \mathcal{O}_{n,a}$ に対しその根基 (radical) を次のように定義する.

(6.2.2) $$\sqrt{\mathfrak{a}} = \left\{ \underline{f}_a \in \mathcal{O}_{n,a}; {}^\exists N \in \mathbf{N}, \underline{f}_a^N \in \mathfrak{a} \right\}$$

$\mathfrak{a} = \sqrt{\mathfrak{a}}$ となるとき $\mathfrak{a}$ は根基 (ラディカル) であると言う.

命題 6.2.3 $\mathscr{I}\langle \underline{A}_a \rangle$ は,根基である.

これは (6.2.1) の定義よりわかる.

$\mathfrak{a} \subset \mathcal{O}_{n,a}$ をイデアルとすると $\mathcal{O}_{n,a}$ のネーター性 (定理 2.2.15) より有限個の元 $f_j \in \mathcal{O}_{n,a}, 1 \le j \le l$,が存在して

6.2 解析的集合の芽

$$\mathfrak{a} = \sum \mathcal{O}_{n,a} \cdot \underline{f_j}_a.$$

U は a の近傍, $f_j \in \mathcal{O}(U)$ として,

$$\mathscr{V}(\mathfrak{a}) = \underline{\{z \in U; f_j(z) = 0, 1 \leq j \leq l\}}_a \in \mathfrak{A}_a$$

とおく.

命題 6.2.4 (i) $\underline{A_1}_a \subset \underline{A_2}_a$ ならば, $\mathscr{I}\langle \underline{A_1}_a \rangle \supset \mathscr{I}\langle \underline{A_2}_a \rangle$.
(ii) 二つのイデアル $\mathfrak{a}_1 \subset \mathfrak{a}_2 \subset \mathcal{O}_{n,a}$ に対し, $\mathscr{V}(\mathfrak{a}_1) \supset \mathscr{V}(\mathfrak{a}_2)$.
(iii) $\mathscr{I}\langle \mathscr{V}(\mathfrak{a}) \rangle \supset \mathfrak{a}$.
(iv) $\mathscr{V}(\mathscr{I}\langle \underline{A}_a \rangle) = \underline{A}_a$ $(\underline{A}_a \in \mathfrak{A}_a)$.
(v) イデアル $\mathfrak{a}_1, \ldots, \mathfrak{a}_l \subset \mathcal{O}_{n,a}$ $(l \leq \infty)$ に対し

$$\mathscr{V}\left(\sum_{j=1}^{l} \mathfrak{a}_j\right) = \bigcap_{j=1}^{l} \mathscr{V}(\mathfrak{a}_j) \in \mathfrak{A}_a.$$

(vi) (v) で $l < \infty$ (有限) ならば,

$$\mathscr{V}\left(\bigcap_{j=1}^{l} \mathfrak{a}_j\right) = \bigcup_{j=1}^{l} \mathscr{V}(\mathfrak{a}_j).$$

(vii) 有限個の $\underline{A_1}_a, \ldots, \underline{A_l}_a \in \mathfrak{A}_a$ に対し

$$\mathscr{I}\left\langle \bigcup_{j=1}^{l} \underline{A_j}_a \right\rangle = \bigcap_{j=1}^{l} \mathscr{I}\langle \underline{A_j}_a \rangle.$$

証明 (i)〜(iii) はやさしいので読者に任す.
(iv) $\underline{f_j}_a \in \mathscr{I}\langle \underline{A}_a \rangle, 1 \leq j \leq l < \infty, \underline{A}_a = \underline{\{f_1 = \cdots = f_l = 0\}}_a$ とすると

$$\mathscr{V}(\mathscr{I}\langle \underline{A}_a \rangle) \subset \underline{\{f_j = 0, 1 \leq j \leq l\}}_a = \underline{A}_a.$$

一方定義より, $\underline{f}_a \in \mathscr{I}\langle \underline{A}_a \rangle$ であるから $\underline{f}_a|_{\underline{A}_a} = 0$ であり, $\underline{\{f = 0\}}_a \supset \underline{A}_a$ となる. したがって

$$\mathscr{V}(\mathscr{I}\langle \underline{A}_a \rangle) \supset \underline{A}_a.$$

よって, $\mathscr{V}(\mathscr{I}\langle \underline{A}_a \rangle) = \underline{A}_a$.
(v) $\sum_{j=1}^{l} \mathfrak{a}_j \supset \mathfrak{a}_j$ であるから

$$\mathscr{V}\left(\sum_{j=1}^{l} \mathfrak{a}_j\right) \subset \mathscr{V}(\mathfrak{a}_j).$$

よって

$$\mathscr{V}\left(\sum_{j=1}^{l} \mathfrak{a}_j\right) \subset \bigcap_{j=1}^{l} \mathscr{V}(\mathfrak{a}_j).$$

ネーター性よりある $\nu_0 \in \mathbf{N}$ が存在して $\sum_{j=1}^{\nu_0} \mathfrak{a}_j = \sum_{j=1}^{\nu_0+1} \mathfrak{a}_j = \cdots = \sum_{j=1}^{l} \mathfrak{a}_j$. これより

$$\mathscr{V}\left(\sum_{j=1}^{\nu_0} \mathfrak{a}_j\right) = \bigcap_{j=1}^{\nu_0} \mathscr{V}(\mathfrak{a}_j) \supset \bigcap_{j=1}^{l} \mathscr{V}(\mathfrak{a}_j).$$

したがって

$$\mathscr{V}\left(\sum_{j=1}^{l} \mathfrak{a}_j\right) = \bigcap_{j=1}^{l} \mathscr{V}(\mathfrak{a}_j).$$

(vi) $l < \infty$ なので $\mathfrak{a}_j$ の生成元 $\left\{\underline{f_{jk}}_a\right\}$ が全て定義される近傍 $U \ni a$ ($f_{jk} \in \mathcal{O}(U)$) をとって考える.

$$A_j = \{x \in U; f_{jk}(x) = 0, {}^\forall k\} \subset U, \quad \underline{A_j}_a = \mathscr{V}(\mathfrak{a}_j)$$

が成立する. U を必要ならさらに小さくとりイデアル $\bigcap_j \mathfrak{a}_j$ は $\mathcal{O}(U)$ の有限個の元 $\{g_i\}$ の芽で生成されていると仮定してよい.

$$B = \{x \in U; g_i(x) = 0\} \subset U, \quad \underline{B}_a = \mathscr{V}\left(\bigcap_j \mathfrak{a}_j\right)$$

となる. 各 j について k_j を任意にとると $\prod_j \underline{f_{jk_j}}_a \in \bigcap_j \mathfrak{a}_j$ である. そのような $\prod_j \underline{f_{jk_j}}_a$ は有限個なので, U 上で次が成立しているとしてよい.

(6.2.5) $$\prod_j f_{jk_j} = \sum_i h_i g_i, \quad h_i \in \mathcal{O}(U).$$

$x \in U \setminus \bigcup_j A_j$ とすると, 任意の j についてある f_{jk_j} が存在して $f_{jk_j}(x) \neq 0$. したがって $\prod_{j=1}^{l} f_{jk_j}(x) \neq 0$. すると (6.2.5) より, ある $g_i(x) \neq 0$. したがって $x \notin B$. つまり $U \setminus \bigcup_j A_j \subset U \setminus B$. よって

(6.2.6) $$\bigcup_j A_j \supset B, \quad \bigcup_{j=1}^{l} \mathscr{V}(\mathfrak{a}_j) \supset \mathscr{V}\left(\bigcap_{j=1}^{l} \mathfrak{a}_j\right)$$

が従う.

一方, $\mathfrak{a}_i \supset \bigcap_j \mathfrak{a}_j$ と (ii) より $\mathscr{V}(\mathfrak{a}_i) \subset \mathscr{V}\left(\bigcap_j \mathfrak{a}_j\right)$ であるので,

$$\bigcup_{j=1}^{l} \mathscr{V}(\mathfrak{a}_j) \subset \mathscr{V}\left(\bigcap_{j=1}^{l} \mathfrak{a}_j\right)$$

が成立する. (6.2.6) と併せれば, 等号が得られる.

(vii) は, 定義より従う. □

命題 6.2.7 $\Omega \subset \mathbf{C}^n$ を開集合とし, $A_\alpha \subset \Omega$, $\alpha \in \Gamma$ を任意の解析的集合族とすると, $\bigcap_{\alpha \in \Gamma} A_\alpha$ も Ω の解析的集合である.

証明 まず，$\bigcap_\alpha A_\alpha$ は Ω の閉集合である．任意の $a \in \bigcap_{\alpha \in \Gamma} A_\alpha$ をとる．イデアル $\mathscr{I}\langle \underline{A_\alpha}_a \rangle \subset \mathcal{O}_{n,a}$ の合併

$$\mathfrak{a} = \sum_{\alpha \in \Gamma} \mathscr{I}\langle \underline{A_\alpha}_a \rangle \subset \mathcal{O}_{n,a}$$

を考える．ネーター性より $\mathfrak{a}$ は有限生成なので，ある近傍 $U \ni a$ と $f_j \in \mathcal{O}(U)$，$1 \leq j \leq l < \infty$ があって

$$\mathfrak{a} = \sum \mathcal{O}_{n,a} \underline{f_j}_a = \sum_{\alpha : 有限個} \mathscr{I}\langle \underline{A_\alpha}_a \rangle$$

$$\underline{\bigcap_{\alpha \in \Gamma} A_\alpha}_a = \bigcap_{\alpha : 有限個} \underline{A_\alpha}_a = \underline{\{f_1 = \cdots = f_l = 0\}}_a.$$

したがって，$\bigcap A_\alpha$ は，Ω の解析的集合である． $\square$

定義 6.2.8 $\underline{X}_a \in \underline{\mathfrak{A}}_a$ が可約とは，ある $\underline{X_i}_a \in \underline{\mathfrak{A}}_a$，$i = 1, 2$ が存在して

$$\underline{X}_a = \underline{X_1}_a \cup \underline{X_2}_a,$$
$$\underline{X}_a \neq \underline{X_i}_a, \quad i = 1, 2$$

が成立することである．このとき "$\underline{X}_a = \underline{X_1}_a \cup \underline{X_2}_a$ と真に分解する" と言う．可約でないとき **既約** と言う．

定理 6.2.9 (i) $\underline{X}_a \in \underline{\mathfrak{A}}_a$ が既約であることと $\mathscr{I}\langle \underline{X}_a \rangle$ が素イデアルであることは同値である．

(ii) $\underline{X}_a \in \underline{\mathfrak{A}}_a$ は有限個の互いに相異なる包含関係のない既約な元 $\underline{X_j}_a \in \underline{\mathfrak{A}}_a$，$1 \leq j \leq l$ に $\underline{X}_a = \bigcup_{j=1}^l \underline{X_j}_a$ と順序を除いて一意的に分解される．

証明 (i) もし $\mathscr{I}\langle \underline{X}_a \rangle$ が素イデアルでないとすると，二元 $\underline{f}_a, \underline{g}_a \in \mathcal{O}_{n,a} \setminus \mathscr{I}\langle \underline{X}_a \rangle$ が存在して，$\underline{f}_a \cdot \underline{g}_a \in \mathscr{I}\langle \underline{X}_a \rangle$ が成立する．

$$\underline{X}_a = \underline{X}_a \cap \underline{\{f \cdot g = 0\}}_a$$
$$= \left(\underline{X}_a \cap \underline{\{f = 0\}}_a\right) \cup \left(\underline{X}_a \cap \underline{\{g = 0\}}_a\right)$$

となる．とり方から，

$$\underline{X}_a \cap \underline{\{f = 0\}}_a \subsetneq \underline{X}_a, \quad \underline{X}_a \cap \underline{\{g = 0\}}_a \subsetneq \underline{X}_a.$$

よって $\underline{X}_a$ は可約である．

逆にもし $\underline{X}_a$ が可約とすると，$\underline{X}_a = \underline{X_1}_a \cup \underline{X_2}_a$ と真に分解し，次を得る．

$$\mathscr{I}\langle \underline{X}_a \rangle = \mathscr{I}\langle \underline{X_1}_a \rangle \cap \mathscr{I}\langle \underline{X_2}_a \rangle,$$
$$\mathscr{I}\langle \underline{X_i}_a \rangle \supsetneq \mathscr{I}\langle \underline{X}_a \rangle, \quad i = 1, 2.$$

これより, $\underline{f_i}_a \in \mathscr{I}\langle \underline{X_i}_a\rangle \setminus \mathscr{I}\langle \underline{X}_a\rangle$, $i=1,2$ をとれば, $\underline{f_1}_a \cdot \underline{f_2}_a \in \mathscr{I}\langle \underline{X}_a\rangle$ となり $\mathscr{I}\langle \underline{X}_a\rangle$ は素ではない.

(ii) $\underline{X}_a$ が可約ならば, $\underline{X}_a = \underline{X_1}_a \cup \underline{X_2}_a$ と真に分解する. $\mathscr{I}\langle \underline{X}_a\rangle \subsetneq \mathscr{I}\langle \underline{X_i}_a\rangle$, $i=1,2$ が成立する. さらに, $\underline{X_i}_a$ が既約でなければ, 再び $\underline{X_i}_a = \underline{X_{i1}}_a \cup \underline{X_{i2}}_a$ と真に分解する. すると

$$\mathscr{I}\langle \underline{X}_a\rangle \subsetneq \mathscr{I}\langle \underline{X_i}_a\rangle \subsetneq \mathscr{I}\langle \underline{X_{ij}}_a\rangle, \qquad i,j=1,2.$$

これを繰り返す. $\mathcal{O}_{n,a}$ はネーター環なのでこの操作は有限回で止まる.

一意性を示そう. もし二通りに分解したとする.

$$\underline{X}_a = \bigcup \underline{X_i}_a = \bigcup \underline{\tilde{X}_j}_a.$$

任意の $\underline{X_i}_a$ に対し $\underline{X_i}_a = \bigcup_j (\underline{X_i}_a \cap \underline{\tilde{X}_j}_a)$ である. $\underline{X_i}_a$ は既約であるから, ある $\underline{\tilde{X}_{j(i)}}_a$ があって

$$\underline{X_i}_a \subset \underline{\tilde{X}_{j(i)}}_a.$$

同様にして $\underline{\tilde{X}_{j(i)}}_a \subset \underline{X_{i(j(i))}}_a$ とする. $\underline{X_{i(j(i))}}_a$ が属する $\{\underline{X_i}_a\}$ の元は相異なり, 包含関係もないので

$$\underline{X_i}_a = \underline{\tilde{X}_{j(i)}}_a = \underline{X_{i(j(i))}}_a.$$

したがって $\{\underline{X_i}_a\}$ と $\{\underline{\tilde{X}_j}_a\}$ は, 順序を除いて一致する. □

定理 6.2.9 の各 $\underline{X_j}_a$ を $\underline{X}_a$ の a での**既約成分**と呼ぶ.

注意 6.2.10 以上の解析的集合の芽と $\mathcal{O}_{n,a}$ のイデアルの関係について同様なことが, $\mathbf{C}^n$ の代数的集合と多項式環 $\mathbf{C}[z_1,\ldots,z_n]$ のイデアルに対して成立する. たとえば, 代数的集合 $A \subset \mathbf{C}^n$ が代数的に既約であることは, 対応する $\mathbf{C}[z_1,\ldots,z_n]$ のイデアルが素であることと同値である.

例 6.2.11 代数的に既約でも解析的に既約とは限らない.

$$P(x,y) = x^2 - x^3 - y^2 \in \mathbf{C}[x,y]$$

は既約多項式である.

$$X = \{(x,y) \in \mathbf{C}^2;\ P(x,y) = 0\} \subset \mathbf{C}^2$$

とおくと, X は代数的には既約である.

0 の近傍で解析的には

$$x^2 - x^3 - y^2 = x^2(1-x) - y^2$$

$$= (x\sqrt{1-x})^2 - y^2$$
$$= (x\sqrt{1-x} - y)(x\sqrt{1-x} + y).$$

ただし $\sqrt{1-x}$ の分枝を一つ決めておく．
$$\underline{X}_0 = \underline{\{x\sqrt{1-x} - y = 0\}}_0 \cup \underline{\{x\sqrt{1-x} + y = 0\}}_0$$
となり，これは 0 で可約である．

例 6.2.12 $\underline{X}_a$ が既約でも a の近くの点 b で $\underline{X}_b$ が既約とは限らない．X を $\mathbf{C}^3$ で
$$x^2 - zy^2 = 0$$
と定義する．$\underline{X}_0$ は既約である．0 のいくら近くでも $z \neq 0$ ならば，$(0,0,z)$ で X は二つの既約成分 $x = \pm\sqrt{z} \cdot y$ に分解する．

6.3 代数的基本事項

この節では，これから使うことになる代数学からの基本的事項をできるだけ証明付きで紹介する．

A を整域環とし，$A \ni 1 \neq 0$ とする．A の商体 K の代数的閉包を $\bar{K}$ で表す．$A[X]$ で A 係数一変数 X の多項式環を表す．

二つの多項式 $f, g \in A[X]$ を考える．それ等の終結式を $R(f,g)$ とする（(2.2.4) を参照）．$f(X) = 0$ （および $g(X) = 0$）の全ての根 $\alpha_1, \ldots, \alpha_m$ （および $\beta_1, \ldots, \beta_n$）を重複度を込めて $\bar{K}$ よりとると，次のように表せる．

(6.3.1) $$f(X) = a_0 \prod_{i=1}^{m}(X - \alpha_i),$$

(6.3.2) $$g(X) = b_0 \prod_{j=1}^{n}(X - \beta_j).$$

補題 6.3.3 上述の記号のもとで，次が成立する．
$$R(f,g) = a_0^n b_0^m \prod_{i=1}^{m}\prod_{j=1}^{n}(\alpha_i - \beta_j) = a_0^n \prod_{i=1}^{m} g(\alpha_i) = b_0^m \prod_{j=1}^{n} f(\beta_j).$$

証明 a_i/a_0 （および b_j/b_0）は，$\alpha_1, \ldots, \alpha_m$ （および $\beta_1, \ldots, \beta_n$）の基本対称式で表されることに注意する．これより，$R(f,g)$ は a_i （および b_j）の次数 n （および m）の同次多項式であることがわかる．したがって，$R(f,g)$ は α_i および β_j の基本対称式の多項式に $a_0^n b_0^m$ を掛けたものになる．

ここで，α_i, β_j を不定元と考える．もし $\alpha_i = \beta_j$ ならば，f と g は共通因子

$(x - \alpha_i)$ を持つので定理 2.2.6 より $R(f,g) = 0$ が従う．したがって α_i と β_j の多項式として，$R(f,g)$ は $(\alpha_i - \beta_j)$ で割れることになる．これより，$R(f,g)$ は $\prod_{i=1}^{m} \prod_{j=1}^{n} (\alpha_i - \beta_j)$ で割れることになる．次に項 $(\beta_1 \cdots \beta_n)^m$ の $R(f,g)$ および $\prod_{i=1}^{m} \prod_{j=1}^{n} (\alpha_i - \beta_j)$ での係数を調べる：

$$\frac{b_n}{b_0} = (-1)^n \beta_1 \cdots \beta_n,$$

$$R(f,g) = a_0^n b_0^m \left(\left(\frac{b_n}{b_0}\right)^m + \cdots \right)$$

$$= a_0^n b_0^m \left((-1)^{mn} (\beta_1 \cdots \beta_n)^m + \cdots \right),$$

$$\prod_{i=1}^{m} \prod_{j=1}^{n} (\alpha_i - \beta_j) = (-1)^{mn} (\beta_1 \cdots \beta_n)^m + \cdots.$$

これより，初めの求められていた係数 $a_0^n b_0^m$ が得られる．

他は，(6.3.1) と (6.3.2) より従う． □

多項式 $f(X)$ の**判別式** (discriminant) は，次で定義される：

$$\Delta(f) = a_0^{2m-2} \prod_{i<j} (\alpha_i - \alpha_j)^2.$$

$f(X)$ の形式的微分は次で与えられる．

(6.3.4) $\quad f'(X) = m a_0 X^{m-1} + \cdots + a_{m-1}$

$$= a_0 \sum_{i=1}^{m} (X - \alpha_1) \cdots (X - \alpha_{i-1})(X - \alpha_{i+1}) \cdots (X - \alpha_m).$$

ここでは，便宜上 $(X - \alpha_0) = (X - \alpha_{m+1}) = 1$ とした．

定理 6.3.5 多項式 $f \in A[X]$ に対し次が成立する．

(i) $R(f, f') = (-1)^{\frac{m(m-1)}{2}} a_0 \Delta(f)$.

(ii) ある $\varphi(X), \psi(X) \in A[X]$ があって，$\deg \varphi < m - 1, \deg \psi < m$, かつ

$$\varphi(X) f(X) + \psi(X) f'(X) = (-1)^{\frac{m(m-1)}{2}} a_0 \Delta(f).$$

証明 (i) (6.3.4) において，$f'(\alpha_i) = a_0 \prod_{j \neq i}(\alpha_i - \alpha_j)$ であるから，補題 6.3.3 より次がわかる．

$$R(f, f') = a_0^{m-1} \prod_{i=1}^{m} f'(\alpha_i) = a_0^{2m-1} \prod_{i=1}^{m} \prod_{j \neq i} (\alpha_i - \alpha_j)$$

$$= (-1)^{\frac{m(m-1)}{2}} a_0 \Delta(f).$$

(ii) これは，(i) と定理 2.2.5 より直ちに従う． □

イデアル $\mathfrak{a} \subset A$ に対しその根基 (radical) $\sqrt{\mathfrak{a}}$ を (6.2.2) と同様に次のように定める.
$$\sqrt{\mathfrak{a}} = \{a \in A; \text{ある } N \in \mathbf{N} \text{ があって } a^N \in \mathfrak{a}\}.$$
$\mathfrak{a}$ が素イデアルならば, $\sqrt{\mathfrak{a}} = \mathfrak{a}$. $\sqrt{\mathfrak{a}}$ が素イデアルとなる $\mathfrak{a}$ を準素イデアルと言う.

以下の二つの定理の証明は, 例えば巻末参考書［森田］III §6.2, V §4.4,［永田］III §3.6, II §2.5 等を参照されたい.

定理 6.3.6 (準素イデアル分解) A をネーター環とする. 任意のイデアル $\mathfrak{a} \subset A$ に対し準素イデアル $\mathfrak{p}_1, \ldots, \mathfrak{p}_l$ $(l < \infty)$ が存在して, 次が成立する.
$$\mathfrak{a} = \bigcap_{i=1}^{l} \mathfrak{p}_i,$$
$$\mathfrak{a} \subsetneq \bigcap_{i \in I} \mathfrak{p}_i, \quad {}^{\forall} I \subsetneq \{1, \ldots, l\}.$$
この条件のもとで $\{\mathfrak{p}_1, \ldots, \mathfrak{p}_l\}$ は順序を除いて一意的である.

k を体で標数 $\operatorname{char} k = 0$ とする.

定理 6.3.7 (原始元) $L = k(u_1, \ldots, u_r)$ を k の有限次拡大体とする. $S \subset k$ を任意の無限部分集合とする. このとき, ある $c_1, \ldots, c_r \in S$ が存在して
$$L = k\left(\sum_{j=1}^{r} c_j u_j\right)$$
となる.

定義 6.3.8 二つの環の間の準同型 $\eta : R \to A$ が有限準同型であるとは, η を通して A を R 加群と見たときに有限生成であることとする. つまりある有限個の元 $v_1, \ldots, v_n \in A$ (有限生成系) があって $A = \sum_{j=1}^{n} \eta(R) \cdot v_j$ となっている. さらに, $\eta : R \to A$ が単射であるとき, R を A の部分環と見なして $A \supset R$ (または $R \subset A$) を環の有限次拡大と呼ぶ.

定理 6.3.9 A を環 R 上の有限生成加群で A 自身は積構造 (R 代数構造) も持っているとする. このとき任意の $f \in A$ に対し f の R 係数のモニック多項式
$$D(f) = f^n + \sum_{\nu=1}^{n} c_\nu f^{n-\nu} \quad (c_\nu \in R)$$
が存在して
$$D(f) \cdot A = 0.$$

特に A が環 $(\ni 1)$ ならば $D(f) = 0$, f は R 上整である.

証明 A の R 上の有限生成系 $\{v_1, \ldots, v_n\} \subset A$ をとる. $f \cdot v_j = \sum (-c_{jk}) \cdot v_k$, $c_{jk} \in R$ とおく. すると

$$\begin{pmatrix} f + c_{11} & c_{12} & \cdots & c_{1n} \\ c_{21} & f + c_{22} & \cdots & c_{2n} \\ \vdots & \vdots & \ddots & \vdots \\ c_{n1} & \cdots & \cdots & f + c_{nn} \end{pmatrix} \begin{pmatrix} v_1 \\ \vdots \\ \vdots \\ v_n \end{pmatrix} = \begin{pmatrix} 0 \\ \vdots \\ \vdots \\ 0 \end{pmatrix}.$$

左辺の行列の行列式を $D(f) = f^n + \sum_{\nu=1}^{n} c_\nu f^{n-\nu}$ と書けば, クロネッカーの関係式より

$$D(f) v_j = 0, \quad 1 \leq j \leq n.$$

よって $D(f) \cdot A = 0$.

A が環ならば $A \ni 1$ より, $D(f) = 0$. □

系 6.3.10 定理 6.3.9 において, さらに A を整域環とし, A (および R) の商体を L (および K) とする. このとき任意の $f \in A$ の K 上の最小多項式は

$$P(f) = f^d + \sum_{\nu=1}^{d} a_\nu f^{d-\nu} = 0, \quad a_\nu \in R$$

と書ける.

証明 定理 6.3.9 より f は R 上整であるから, その最小多項式も A 上整である (参考書 [永田], [Lan] p. 240). □

定理 6.3.11 R を整閉整域環, $R \ni 1 \neq 0$, $A \supset R$ を環の有限次拡大とし, L/K をそれら商体の拡大とする. $\alpha \in A$, $L = K(\alpha)$ とし, α の最小多項式を $P(X) \in R[X]$ とする.

このとき, 任意の $f \in A$ に対し次が成立する.

$$P'(\alpha) \cdot f = Q_1(\alpha) \in R[\alpha], \quad \deg Q_1 < \deg P.$$

ただし P' は, 多項式 P の形式的な微分とする. 特に $P(X)$ の判別式を $\Delta (\in R)$ とすると,

$$\Delta \cdot f = Q_2(\alpha) \in R[\alpha], \quad \deg Q_2 < \deg P.$$

証明 $\alpha = \alpha^{(1)}, \ldots, \alpha^{(d)}$ を α とその共役の全てとする. K のガロア拡大 $\tilde{L} = L(\alpha^{(1)}, \ldots, \alpha^{(d)})$ の中で考える.

f は α の有理式 $Q(\alpha)$ で $f = Q(\alpha)$ と書ける。f は R 上整なので $Q(\alpha^{(j)})$ も R 上整である。次の等式を考える。

$$(6.3.12) \quad \sum_{j=1}^{d} \frac{P(X)}{X - \alpha^{(j)}} Q(\alpha^{(j)})$$

$$= \sum_{j=1}^{d} \frac{P(X) - P(\alpha^{(j)})}{X - \alpha^{(j)}} Q(\alpha^{(j)})$$

$$= \sum_{j=1}^{d} \frac{X^d - (\alpha^{(j)})^d + \sum_{\nu=1}^{d-1} a_\nu (X^{d-\nu} - (\alpha^{(j)})^{d-\nu})}{X - \alpha^{(j)}} Q(\alpha^{(j)})$$

$$= \sum_{j=1}^{d} \left\{ \sum_{\nu=0}^{d-1} X^{d-\nu-1} (\alpha^{(j)})^\nu Q(\alpha^{(j)}) \right.$$

$$\left. + \sum_{\nu=1}^{d-1} a_\nu \sum_{\mu=0}^{d-\nu-1} X^{d-\nu-\mu-1} (\alpha^{(j)})^\mu Q(\alpha^{(j)}) \right\}$$

$$= \sum_{j=0}^{d-1} b_j X^{d-1-j}.$$

最後の多項式を $Q_1(X)$ とおけば、$\deg Q_1 < d = \deg P$. $b_j \in \tilde{L}$ は R 上整かつガロア群 $\mathrm{Gal}(\tilde{L}/K)$ 不変であるから、$b_j \in K$ である。R は整閉であるから $b_j \in R$ となる。(6.3.12) で $X = \alpha$ を代入すると、

$$\text{左辺} = P'(\alpha) Q(\alpha) = P'(\alpha) \cdot f = Q_1(\alpha) \in A[\alpha].$$

定理 6.3.5 によりある $\alpha(X), \beta(X) \in R[X]$ が存在して

$$(6.3.13) \quad \alpha(X) P(X) + \beta(X) P'(X) = \Delta.$$

$X = \alpha$ とおけば

$$\Delta \cdot f = \beta(\alpha) P'(\alpha) f = \beta(\alpha) Q_1(\alpha).$$

最後の α の多項式を $P(\alpha)$ で割って余りを $Q_2(\alpha) \in R[\alpha]$ とすれば、

$$\Delta \cdot f = Q_2(\alpha), \quad \deg Q_2 < \deg P.$$

(参考書 [永田] p. 106, 定理 3.9.2 参照.) □

6.4 正則局所環のイデアル

正則局所環 $\mathcal{O}_{\mathbf{C}^n, 0} = \mathcal{O}_{n,0}$ のイデアル $\mathfrak{a}$ を考える。

仮定 6.4.1 $\{0\} \subsetneq \mathfrak{a} \subsetneq \mathcal{O}_{n,0}$.

$z_1, \ldots, z_n$ を $\mathbf{C}^n$ の座標として、次のようにおく。

$$\mathcal{O}_{n,0} = \mathbf{C}\{z_1, \ldots, z_n\}$$
$$\cup$$
$$\mathcal{O}_{p,0} = \mathbf{C}\{z_1, \ldots, z_p\}, \quad 0 \leq p \leq n,$$
$$\mathcal{O}_{p,0} \hookrightarrow \mathcal{O}_{n,0}$$
$$\eta \searrow \downarrow$$
$$\mathcal{O}_{n,0}/\mathfrak{a} = A.$$

注. 以下，記号の煩雑さを避けるために 0 の近傍上の正則関数 f とそれが決める 0 での芽 $\underline{f}_0$ を，前後の内容からどちらの意味で用いているかが明瞭な場合は，同じ記号で表す．たとえば，z_n は $\underline{z_{n_0}}$ の意味でも用いる．

また，$\mathcal{O}_{n,0}$ の 0 と $\mathcal{O}_{p,0}$ の 0 は厳密には別の記号を用いるべきかもしれないが，共に原点という意味で同じ 0 を用いることとする．

命題 6.4.2 $z_1, \ldots, z_n$ に適当に線形変換を施すと，ある $0 \leq p < n$ に対し
$$\eta : \mathcal{O}_{p,0} \longrightarrow A$$
が単射かつ A は $\mathcal{O}_{p,0}$ 加群と見て有限生成となる．特に，A は $\mathcal{O}_{p,0}$ 上整である．

証明 仮定 6.4 よりある $\underline{f_{n_0}} \in \mathfrak{a}$, $\underline{f_{n_0}} \neq 0$ がある．$\underline{f_{n_0}}$ に対する標準座標 $(z_1, \ldots, z_n)$ をとる．$z_1, \ldots, z_{n-1}$ はまだ任意に線形変換できる．ワイエルストラスの予備定理 2.1.3 により次のように書ける．

$f_n(z', z_n) = u_n(z) W_n(z', z_n),$

$\underline{u_{n_0}}$ は単元,

$W_n(z', z_n) \in \mathfrak{a}$ は z_n のワイエルストラス多項式,

$\deg W_n = d_n.$

もし $\mathfrak{a} \cap \mathcal{O}_{n-1,0} = \{0\}$ ならば $p = n - 1$ と取る．もし $\mathfrak{a} \cap \mathcal{O}_{n-1,0} \neq \{0\}$ ならば，$\underline{f_{n-1_0}} \in \mathfrak{a} \cap \mathcal{O}_{n-1,0} \setminus \{0\}$ をとり $\underline{f_{n-1_0}}$ に対する標準座標を $(z_1, \ldots, z_{n-2}, z_{n-1}) = (z'', z_{n-1})$ とする．

$$f_{n-1}(z'', z_{n-1}) = u_{n-1}(z'', z_{n-1}) W_{n-1}(z'', z_{n-1}).$$

ただし $\underline{u_{n-1_0}}(z'', z_{n-1})$ は単元で，$W_{n-1}(z'', z_{n-1}) \in \mathfrak{a} \cap \mathcal{O}_{n-1,0}$ は，z_{n-1} のワイエルストラス多項式である．

$$\deg W_{n-1} = d_{n-1}$$

とおく．これを繰り返して初めて $\mathfrak{a} \cap \mathcal{O}_{p,0} = \{0\}$ となるところまで

$$W_\nu(z_1, \cdots, z_{\nu-1}, z_\nu) \in \mathfrak{a} \cap \mathcal{O}_{\nu,0}, \quad p+1 \leq \nu \leq n,$$
$$W_\nu(z_1, \cdots, z_{\nu-1}, z_\nu) \in \mathcal{O}_{\nu-1,0}[z_\nu], \quad \text{ワイエルストラス多項式},$$
$$\deg W_\nu = d_\nu$$

をとる. $\mathfrak{a} \cap \mathcal{O}_{p,0} = \{0\}$ であるから, η は単射である.

主張 6.4.3 A は, $\mathcal{O}_{p,0}$ 加群として有限生成である.

∵) これを示すのに, 任意に $\underline{f}_0 \in \mathcal{O}_{n,0}$ をとる. ワイエルストラスの予備定理 2.1.3 により

$$f = a_n W_n + \sum_{\nu=0}^{d_n-1} b_\nu(z_1, \ldots z_{n-1}) z_n^\nu$$
$$\equiv \sum_{\nu=0}^{d_n-1} b_\nu(z_1, \ldots z_{n-1}) z_n^\nu \pmod{\mathfrak{a}}.$$

さらに

$$b_\nu(z_1, \ldots, z_{n-1}) = a_{\nu n-1} W_{n-1} + \sum_{\mu=0}^{d_{n-1}-1} c_{\nu\mu}(z_1, \ldots, z_{n-2}) z_{n-1}^\mu$$

と割れば,

$$f \equiv \sum_{\nu=0}^{d_n-1} \sum_{\mu=0}^{d_{n-1}-1} c_{\nu\mu}(z_1, \ldots, z_{n-2}) z_{n-1}^\mu z_n^\nu \pmod{\mathfrak{a}}.$$

これを繰り返すと

$$f \equiv \sum_{\nu_n=0}^{d_n-1} \cdots \sum_{\nu_{p+1}=0}^{d_{p+1}-1} c_{\nu_{p+1} \cdots \nu_n}(z_1, \ldots, z_p) z_{p+1}^{\nu_{p+1}} \cdots z_n^{\nu_n} \pmod{\mathfrak{a}}.$$

よって

$$A = \sum_{\substack{0 \leq \nu_j \leq d_j - 1 \\ p+1 \leq j \leq n}} \mathcal{O}_{p,0} \cdot z_{p+1}^{\nu_{p+1}} \cdots z_n^{\nu_n}$$

となり, A は $\mathcal{O}_{p,0}$ 上有限生成となる. 最後は, 定理 6.3.9 による. □

η は単射であるから, $\mathcal{O}_{p,0}$ を A の部分環と見なす.

系 6.4.4 命題 6.4.2 の仮定の下で, $\mathfrak{a}$ は素イデアルとする. K を $\mathcal{O}_{p,0}$ の商体, L を A の商体とすれば, L/K は有限次拡大体で

$$L = K(z_{p+1}, \ldots, z_n)$$

となる.

一般に $\lambda_j \in \mathbf{C}, p+1 \leq j \leq n, \lambda_{p+1} \neq 0$ をとり

$$z'_{p+1} = \sum_{j=p+1}^{n} \lambda_j z_j$$

とおく．定理 6.3.7 によりある (λ_j) で $L = K(z'_{p+1})$ となる．z'_{p+1} を改めて z_{p+1} と書くことにすれば

(6.4.5) $$L = K(z_{p+1}).$$

$z' = (z_1, \ldots, z_p)$ として，z_{p+1} の最小多項式を

(6.4.6) $$P_{p+1}(z', z_{p+1}) = z_{p+1}^{d_{p+1}} + \sum_{\nu=1}^{d_{p+1}} b_\nu(z') z_{p+1}^{d_{p+1}-\nu} = 0$$

とおく．z_{p+1} は $\mathcal{O}_{p,0}$ 上整であるから系 6.3.10 より $b_\nu \in \mathcal{O}_{p,0}$ となる．

補題 6.4.7 $P_{p+1}(z', z_{p+1})$ はワイエルストラス多項式である．

証明 もし $b_\nu(0) \neq 0$, $1 \leq \nu \leq d_{p+1}$ であれば，そのような ν の最大を ν_0 とおくと，

$$P_{p+1}(0, z_{p+1}) = z_{p+1}^{d_{p+1}-\nu_0}(b_{\nu_0}(0) + O(z_{p+1}))$$

と書ける．ワイエルストラスの予備定理 2.1.3 により

$$P_{p+1}(z', z_{p+1}) = u(z', z_{p+1})Q(z', z_{p+1})$$

と書かれる．ただし，$u(z', z_{p+1})$ は単元，$Q(z', z_{p+1})$ は次数 $d_{p+1} - \nu_0 (< d_{p+1})$ のワイエルストラス多項式である．これは $P_{p+1}(z', z_{p+1})$ が z_{p+1} の最小多項式であることに反する． □

注意 6.4.8 $z_j, p+1 < j \leq n$ についてもその K 上の最小多項式 $P_j(z', z_j)$ をとると，これはワイエルストラス多項式である．したがって $P_j(0, z_j) = 0$, $p+1 \leq j \leq n$ の根は $z_j = 0$, $p+1 \leq j \leq n$ に限る．

注意 6.4.9 $p = 0$ とするとある $N \in \mathbf{N}$ が存在して $z_j^N = 0$ (A 内), $1 \leq j \leq n$ となる．つまり全ての j について $z_j^N \in \mathfrak{a}$ となり $\mathfrak{a}$ は素なので $z_j \in \mathfrak{a}$, $\mathscr{V}(\mathfrak{a}) = \underline{\{0\}}_0$ が従う．逆に $\mathscr{I}\langle\underline{\{0\}}_0\rangle$ に対しては任意の $z_j \in \mathscr{I}\langle\underline{\{0\}}_0\rangle$ なので $p = 0$ となる．

以下 $\mathfrak{a}$ は素であるとして，命題 6.4.2 および (6.4.5) の条件下で考える．

$$P(z', z_{p+1}) = P_{p+1}(z', z_{p+1}), \quad d = d_{p+1}$$

とおく．$\delta(z')$ を $P(z', z_{p+1})$ の判別式とする．(6.3.13) より $\alpha(z_{p+1}), \beta(z_{p+1}) \in \mathcal{O}_{p,0}[z_{p+1}]$ があって

(6.4.10) $$\alpha(z_{p+1})P_{p+1}(z_{p+1}) + \beta(z_{p+1})P'_{p+1}(z_{p+1}) = \delta(z').$$

補題 6.4.11 任意の $f \in \mathcal{O}_{n,0}$ に対し, ある $R_f(z_{p+1}) \in \mathcal{O}_{p,0}[z_{p+1}]$ で $\deg R_f < d$ かつ

$$\delta f - R_f(z_{p+1}) \in \mathfrak{a}$$

となるものがある.

証明 定理 6.3.11 を $R = \mathcal{O}_{p,0}$, $A = \mathcal{O}_{n,0}/\mathfrak{a}$, $\alpha = z_{p+1}$ として適用する. $\mathcal{O}_{p,0}$ は素元分解環であるから整閉である. よってある $R_f(z_{p+1}) \in \mathcal{O}_{p,0}[z_{p+1}]$, $\deg R_f < d$ が存在して

$$\delta f - R_f(z_{p+1}) \in \mathfrak{a}. \qquad \square$$

$f = z_j$, $p+2 \leq j \leq n$, に上の補題を適用すれば, ある $Q_j(z_{p+1}) \in \mathcal{O}_{p,0}[z_{p+1}]$ があって

(6.4.12) $\qquad \delta z_j - Q_j(z_{p+1}) \in \mathfrak{a}, \quad p+2 \leq j \leq n, \quad \deg Q_j < d.$

補題 6.4.13 任意の $f \in \mathcal{O}_{n,0}$ に対し, ある $g \in \mathcal{O}_{n,0} \setminus \mathfrak{a}$, $h \in \mathcal{O}_{p,0}$ が存在して

$$gf - h \in \mathfrak{a}.$$

証明 $f \in \mathfrak{a}$ ならば, $g = 1$, $h = 0$ と取ればよい. $f \notin \mathfrak{a}$ とする. f は $\mathcal{O}_{p,0}$ 上整であるから多項式

$$P(z', f) = f^m + \sum_{\nu=0}^{m-1} a_\nu(z') f^\nu \in \mathfrak{a}, \quad a_\nu \in \mathcal{O}_{p,0}$$

で m を最小にするものをとる. これは f の最小多項式でもあるので, 補題 6.4.7 と同じ理由で $P(z', f)$ は f のワイエルストラス多項式である.

$$g = f^{m-1} + \sum_{\nu=1}^{m-1} a_\nu(z') f^{\nu-1},$$

$$h = -a_0$$

とおけば, $g \notin \mathfrak{a}$, $h \in \mathcal{O}_{p,0}$ となり $gf - h \in \mathfrak{a}$ である. $\qquad \square$

命題 6.4.2, (6.4.5), (6.4.6), 補題 6.4.7, 注 6.4.8, 補題 6.4.11, (6.4.12) で得られたことを以下にまとめる.

定理 6.4.14 [設定] 素イデアル $\{0\} \subsetneq \mathfrak{a} \subsetneq \mathcal{O}_{n,0}$ に対し, 座標を適当に線形変換し次のようにできる.

$$z = (z_1, \ldots, z_p, z_{p+1}, \ldots, z_m), \qquad z' = (z_1, \ldots, z_p)$$

とおくとき, 次が成立する.

(i) 自然な準同型 $\mathcal{O}_{p,0} \to \mathcal{O}_{n,0}/\mathfrak{a} = A$ は単射かつ有限．A は $\mathcal{O}_{p,0}$ 上整である．

(ii) $\mathcal{O}_{p,0}$ と A の商体をそれぞれ K, L とすると
$$L = K(z_{p+1}).$$

(iii) 任意の $p+1 \leq j \leq n$ に対し z_j の最小多項式 $P_j(z', z_j) \in \mathcal{O}_{p,0}[z_j]$ はワイェルストラス多項式でもある．

(iv) $d = \deg P_{p+1}$ とおく．$\delta(z')$ を $P_{p+1}(z', z_{p+1})$ の判別式とすると $p+2 \leq j \leq n$ に対しある $Q_j(z_{p+1}) \in \mathcal{O}_{p,0}[z_{p+1}]$, $\deg Q_j < d$, が存在して A の元として

(6.4.15) $\qquad \delta(z')z_j - Q_j(z_{p+1}) = 0, \quad p+2 \leq j \leq n$

が成立する．

以下定理 6.4.14 でのようにイデアル $\mathfrak{a}$ と座標がとられている設定下で考える．$\mathfrak{a}$ の生成元 $\underline{f_1}_0, \ldots, \underline{f_m}_0$ をとり 0 の適当な近傍で
$$S = \{f_1 = \cdots = f_m = 0\}$$
とおけば $\underline{S}_0 = \mathscr{V}(\mathfrak{a})$ は既約な解析的集合の芽となる．

定理 6.4.16 上の S に対し，$0 \in \mathbf{C}^n$ の基本近傍系を以下の性質が満たされるようにとることができる．
$$0 \in U = U' \times U'' \subset \mathbf{C}^p \times \mathbf{C}^{n-p},$$
$$\pi : U \cap S \to U', \quad \text{射影}$$
とおくとき，以下の性質が成立する．

(i) π は有限写像で $\pi^{-1}0 = 0$ である．

(ii) $\quad S \cap U \cap \{z = (z', z'') \in U' \times U''; \delta(z') \neq 0\}$
$\qquad = \{z \in U; \delta(z') \neq 0, P_{p+1}(z', z_{p+1}) = 0,$
$\qquad\qquad \delta(z')z_j - Q_j(z_{p+1}) = 0, p+2 \leq j \leq n\}.$

(iii) もし $z = (z', z'') \in U' \times \mathbf{C}^{n-p}$ で $\delta(z') \neq 0$ かつ
$$P_{p+1}(z', z_{p+1}) = \delta(z')z_j - Q_j(z_{p+1}) = 0, \quad p+2 \leq j \leq n$$
ならば $z \in U' \times U'' = U$．

(iv) $\Sigma(S) \cap U \subset \pi^{-1}\{\delta(z') = 0\}$ かつ
$$\pi|_{S \cap U \setminus \pi^{-1}\{\delta = 0\}} : S \cap U \setminus \pi^{-1}\{\delta = 0\} \to U' \setminus \{\delta = 0\}$$
は不分岐被覆となり，$S \cap U \setminus \pi^{-1}\{\delta = 0\}$ は連結開集合 (S 内) である．

(v) $\pi: S\cap U \to U'$ は，全射である．

証明 定理 6.4.14 で現れた全ての関数および $\underline{f_1}_0, \ldots, \underline{f_m}_0$ が全て代表元を持つ 0 の近傍 V をとり，その中で $\mathrm{P}\Delta_p(0;r') \times \mathrm{P}\Delta_{n-p}(0;r'')$ を考える．
$$|z'| = \max\{|z_i|; 1 \le i \le p\}$$
とおく．$P_j(z', z_j), p+1 \le j \le n,$ は全てワイエルストラス多項式であるから，任意の $\rho > 0$ に対しある $\sigma > 0$ をとれば $P_j(z', z_j) = 0, |z'| < \sigma$ の根は全て $|z_j| \le \rho/2$ となるようにできる．$\rho \searrow 0$ とするとき，$\sigma \searrow 0$．このように ρ, σ をとり

(6.4.17) $U'_\sigma = \mathrm{P}\Delta_p(0;(\sigma)), \quad (\sigma) = (\sigma, \ldots, \sigma) \ (p \, \text{ベクトル}),$
$U''_\rho = \mathrm{P}\Delta_{n-p}(0;(\rho)), \quad (\rho) = (\rho, \ldots, \rho) \ (n-p \, \text{ベクトル}),$
$U_{\sigma,\rho} = U'_\sigma \times U''_\rho$

とおく．

(i) $z = (z', z'') \in S \cap U_{\sigma,\rho}$ ならば
$$P_j(z', z_j) = 0, \quad p+1 \le j \le n,$$
であるから $|z_j| \le \rho/2, p+1 \le j \le n$．よって $\pi: S \cap U_{\sigma,\rho} \to U'_\sigma$ は固有であり，$\pi^{-1}z'$ は有限集合である．$z' = 0$ ならば注意 6.4.8 より $z'' = 0$ である．

(ii) $U_{\sigma,\rho}$ 上，ワイエルストラスの予備定理 2.1.3 により f_i を $P_n(z', z_n)$ で割ると
$$f_i = a_{in} P_n(z', z_n) + \sum_{\nu=1}^{d_n} b_{in\nu} z_n^{d_n - \nu}, \qquad a_{in} \in \mathcal{O}(U_{\sigma,\rho}),$$
$$b_{in\nu} = b_{in\nu}(z', z_{p+1}, \ldots, z_{n-1}) \in \mathcal{O}(\mathrm{P}\Delta_p(0, (\sigma)) \times \mathrm{P}\Delta_{n-1-p}(0, (\rho))).$$
$b_{in\nu}$ を $P_{n-1}(z', z_{n-1})$ で割る．
$$b_{in\nu} = a_{in-1\nu} P_{n-1}(z', z_{n-1}) + \sum_{\mu=1}^{d_{n-1}} b_{in-1\mu} z_{n-1}^{d_{n-1} - \mu}.$$
これを z_{p+1} まで繰り返せば，
$$f_i \equiv \sum_{0 \le \nu_j < d_j} c_{i\nu_{p+1} \cdots \nu_n}(z') z_{p+1}^{\nu_{p+1}} \cdots z_n^{\nu_n} \pmod{P_{p+1}, \ldots, P_n}.$$
次に $N > 0$ を十分大きくとれば，
$$\delta^N f_i \equiv \sum_{0 \le \nu_j < d_j} c'_{i\nu_{p+1} \cdots \nu_n}(z') z_{p+1}^{\nu_{p+1}} (\delta z_{p+2})^{\nu_{p+2}} \cdots (\delta z_n)^{\nu_n} \pmod{P_{p+1}, \ldots, P_n}$$
の形になる．$p+2 \le j \le n$ について $\mathfrak{a}$ の元である
$$\delta(z')z_j - Q_j(z_{p+1})$$

を使うことにより，

$$\delta^N f_i \equiv \sum_{\text{有限}} d_{i\nu_{p+1}}(z') z_{p+1}^{\nu_{p+1}} \ (\text{mod } \delta z_j - Q_j, p+2 \leq j \leq n, P_{p+1}, \ldots, P_n).$$

右辺を $P_{p+1}(z', z_{p+1})$ で割れば

$$\delta^N f_i \equiv R_i(z', z_{p+1}) \ (\text{mod } P_{p+1}, \ldots, P_n, \delta z_{p+2} - Q_{p+2}, \ldots, \delta z_n - Q_n),$$
$$\deg R_i < d = \deg P_{p+1}$$

となる．

$$\underline{\delta_0^N f_{i_0}} \in \mathfrak{a}, \quad \underline{P_{p+1_0}}, \ldots, \underline{P_{n_0}} \in \mathfrak{a},$$
$$\underline{\delta_0 z_{j_0}} - \underline{Q_j(z_{p+1})_0} \in \mathfrak{a}, \quad p+2 \leq j \leq n,$$

であるから $R_i(z', z_{p+1}) \in \mathfrak{a}$．$P_{p+1}$ が z_{p+1} の最小多項式であったから次数の関係から $R_i(z', z_{p+1}) = 0$ でなければならない．

$p+2 \leq j \leq n$ について M を大きくとれば

$$\delta^M P_j(z', z_j) \equiv A_j(z', z_{p+1}) \ (\text{mod } P_{p+1}(z', z_{p+1}), \delta z_j - Q_j(z_{p+1})).$$

ここで $\deg A_j < d$ かつ $\underline{A_j(z', z_{p+1})_0} \in \mathfrak{a}$ であるから，P_{p+1} が最小多項式であることより $A_j = 0$．以上より N をさらに大きくとれば

$$\delta^N f_i \equiv 0 \ (\text{mod } P_{p+1}(z', z_{p+1}), \delta z_j - Q_j(z_{p+1}), \ p+2 \leq j \leq n),$$
$$1 \leq i \leq m.$$

したがって，$z = (z', z'') \in U'_\sigma \times U''_\rho, \delta(z') \neq 0$ に対し

$$f_i(z) = 0, \ 1 \leq i \leq m \iff \begin{cases} P_{p+1}(z', z_{p+1}) = 0, \\ \delta(z') z_j - Q_j(z_{p+1}) = 0, \ p+2 \leq j \leq n. \end{cases}$$

(iii) $z' \in U_\sigma$, $P_{p+1}(z', z_{p+1}) = 0$ の根は $|z_{p+1}| \leq \rho/2$ を満たす．$\delta(z') \neq 0$ なので $z_j = Q_j(z_{p+1})/\delta(z'), p+2 \leq j \leq n$ とおけば，z_j は $P_j(z', z_j) = 0$ を満たす．したがって $|z_j| \leq \rho/2$ を満たす．よって $(z', z_{p+1}, \ldots, z_n) \in U_{\sigma, \rho}$．

(iv) $P_{p+1}(z', z_{p+1}) = 0, \delta(z') \neq 0$ とする．$\frac{\partial P_{p+1}}{\partial z_{p+1}}(z', z_{p+1}) \neq 0$ であるから，陰関数の定理により $z_{p+1} = \varphi_{p+1}(z')$ と局所的に z' の正則関数として表される．

$$z_j = Q_j(\varphi_{p+1}(z'))/\delta(z')$$

とおけば S は $(z', z_{p+1}, \ldots, z_n)$ の近くで複素部分多様体となり $z' = (z_1, \ldots, z_p)$ が正則局所座標系を与える．

定理 6.1.6 により，$U'_\sigma \setminus \{\delta = 0\}$ は U'_σ 内稠密な連結開集である．上でとった局所解 $z_{p+1} = \varphi_{p+1}(z')$ を $z' \in U'_\sigma \setminus \{\delta = 0\}$ 上解析接続してできる分枝の基本

6.4 正則局所環のイデアル

対称式を $a_1(z'), \ldots, a_{d'}(z')$ $(d' \leq d)$ とする. $a_j \in \mathcal{O}(U'_\sigma \setminus \{\delta = 0\})$ で有界であるからリーマンの拡張定理 2.3.4 により $a_j \in \mathcal{O}(U'_\sigma)$ となる. 作り方より
$$P(z', z_{p+1}) = z_{p+1}^{d'} + a_1 z_{p+1}^{d'-1} + \cdots + a_{d'} = 0.$$
d が最小多項式の次数であったから, 結局 $d' = d$, $P(z', z_{p+1}) = P_{p+1}(z', z_{p+1})$ でなければならない. したがって $P_{p+1}(z', z_{p+1}) = 0$ の局所解 $z_{p+1} = \varphi_{p+1}(z')$ は解析接続で全て繋がっている. よって $S \cap U_{\sigma,\rho} \setminus \pi^{-1}\{\delta = 0\}$ は連結である.

(v) $\pi : S \cap U_{\sigma,\rho} \to U'_\sigma$ は, 有限で像は閉集合である. 一方 $\pi(S \cap U_{\sigma,\rho}) \supset \{\delta \neq 0\}$ であり, $\{\delta \neq 0\} \subset U'_\sigma$ は稠密であるから, $\pi(S \cap U_{\sigma,\rho}) = U'_\sigma$ となる. □

定義 6.4.18 上の定理 6.4.16 の $U = U' \times U'' = U_{\sigma,\rho} = \mathrm{P}\Delta_p \times \mathrm{P}\Delta_{n-p}$ を S の 0 での**標準多重円板近傍**と呼ぶ.

補題 6.4.19 定理 6.4.16 と (6.4.17) の記法のもとで, $f \in \mathcal{O}(U_{\sigma,\rho})$ が, 任意の $z' \in U'_\sigma \setminus \{\delta = 0\}$ に対しある $z = (z', z'') \in S \cap U_{\sigma,\rho}$ で $f(z) = 0$ となるならば, $\underline{f}_0 \in \mathfrak{a}$.

証明 $\underline{f}_0 \notin \mathfrak{a}$ とする. 補題 6.4.13 により, ある $g \in \mathcal{O}_{n,0} \setminus \mathfrak{a}$ と $h \in \mathcal{O}_{p,0}$ が存在して
$$\underline{g}_0 \underline{f}_0 - \underline{h}_0 \in \mathfrak{a}.$$
$\mathfrak{a}$ は素イデアルであるから, $\underline{g}_0 \underline{f}_0 \notin \mathfrak{a}$. よって $\underline{h}_0 \notin \mathfrak{a}$. $h \in \mathcal{O}(U'_\sigma)$ となるように U'_σ を必要ならさらに小さくとる. $z' \in U'_\sigma \setminus \{\delta = 0\}$ を任意にとると, ある $z = (z', z'') \in S \cap U_{\sigma,\rho}$ で $f(z', z'') = 0$ となる. よって $h(z') = 0$, つまり $h|_{U'_\sigma \setminus \{\delta = 0\}} \equiv 0$. よって $h = 0$. これは, $\underline{h}_0 \notin \mathfrak{a}$ に反する. □

次の定理は, 代数的な場合にちなんでヒルベルト (Hilbert) の零点定理と呼ばれることもある.

定理 6.4.20 (リュッケルトの零点定理) 任意のイデアル $\mathfrak{a} \subset \mathcal{O}_{n,0}$ に対し
$$\mathscr{I}(\mathscr{V}(\mathfrak{a})) = \sqrt{\mathfrak{a}}.$$

証明 $\mathfrak{a} = \{0\}$ ならば, $\mathscr{V}(\mathfrak{a}) = \underline{\mathbf{C}}^n{}_0$, $\mathscr{I}(\underline{\mathbf{C}}^n{}_0) = \{0\}$ となる.

$\mathfrak{a} = \mathcal{O}_{n,0}$ ならば, $\mathscr{V}(\mathfrak{a}) = \phi$ となり, $\mathscr{I}(\mathscr{V}(\mathcal{O}_{n,0})) = \mathcal{O}_{n,0}$ となる.

以下 $\{0\} \subsetneq \mathfrak{a} \subsetneq \mathcal{O}_{n,0}$, $\underline{S}_0 = \mathscr{V}(\mathfrak{a})$ とする.

(1) $\mathfrak{a}$ が素イデアルの場合. $\underline{f}_0 \in \mathscr{I}(\underline{S}_0)$ とする. 補題 6.4.19 により $\underline{f}_0 \in \mathfrak{a}$ となる. よって, $\mathscr{I}(\mathscr{V}(\mathfrak{a})) = \mathfrak{a}$.

(2) $\mathfrak{a}$ が一般の場合．定理 6.3.6 より準素イデアル $\mathfrak{p}_1, \ldots, \mathfrak{p}_l$ $(l < \infty)$ が存在して
$$\mathfrak{a} = \mathfrak{p}_1 \cap \cdots \cap \mathfrak{p}_l$$
となる．$\mathscr{V}(\mathfrak{a}) = \bigcup_{\nu=1}^{l} \mathscr{V}(\mathfrak{p}_\nu)$ であるから
(6.4.21) $$\mathscr{I}(\mathscr{V}(\mathfrak{a})) = \mathscr{I}\left(\bigcup_{\nu=1}^{l} \mathscr{V}(\mathfrak{p}_\nu)\right) = \bigcap_{\nu=1}^{l} \mathscr{I}(\mathscr{V}(\mathfrak{p}_\nu)).$$
ここで，$\mathscr{V}(\mathfrak{p}_\nu) = \mathscr{V}(\sqrt{\mathfrak{p}_\nu})$ であり $\sqrt{\mathfrak{p}_\nu}$ は素イデアルなので (1) の結果より，$\mathscr{I}(\mathscr{V}(\sqrt{\mathfrak{p}_\nu})) = \sqrt{\mathfrak{p}_\nu}$．これと (6.4.21) より
$$\mathscr{I}(\mathscr{V}(\mathfrak{a})) = \bigcap_{\nu=1}^{l} \sqrt{\mathfrak{p}_\nu} = \operatorname{rad} \mathfrak{a}. \qquad \square$$

この定理より，次の系が従う．

系 6.4.22 (i) $\mathfrak{a}$ が素イデアルであることと $\mathscr{V}(\mathfrak{a})$ が既約であることは同値である．

(ii) $\mathfrak{a} = \bigcap_{\nu=1}^{l} \mathfrak{p}_\nu$ を準素イデアル分解とすると
$$\mathscr{V}(\mathfrak{a}) = \bigcup_{\nu} \mathscr{V}(\mathfrak{p}_\nu) = \bigcup_{\nu} \mathscr{V}(\sqrt{\mathfrak{p}_\nu})$$
は $\mathscr{V}(\mathfrak{a})$ の既約分解である．

補題 6.4.23 $(z, w) \in \mathbf{C}^2$, $|z| < 1$, $d \in \mathbf{N}$ とする．$a_j \in \mathcal{O}(\Delta(0; 1))$, $1 \leq j \leq d$ を係数とする多項式方程式
$$P(z, w) = w^d + \sum_{\nu=1}^{d} a_\nu(z) w^{d-\nu} = 0$$
を考える．$z_0 \in \Delta(0; 1)$ で $w = w_0$ が上の方程式の根であるとする．z_0 に十分近い任意の z_1 に対し連続曲線 $\gamma : t \in [0, 1] \to (z(t), w(t)) \in \{P(z, w) = 0\}$ で $\gamma(0) = (z_0, w_0)$, $z(t) = (1-t)z_0 + tz_1$ を満たすものがとれる．

証明 $z_0 = w_0 = 0$ として一般性を失わない．ワイエルストラスの予備定理 2.1.3 により $P(z, w)$ は既約ワイエルストラス多項式としてよい．$P(z, w)$ の判別式を $\delta(z)$ とする．$\underline{\delta_0 \neq 0}$ である．

イデアル $\mathfrak{a} = \mathcal{O}_{2,0} \cdot \underline{P(z,w)}_0$ として定理 6.4.16 を使う．$\sigma > 0$ を十分小さくとれば $\delta(z) \neq 0$, $0 < |z| < \sigma$．$S = \{P(z, w) = 0\}$ とすれば，
$$\pi|_{S \cap U_{\sigma,\rho}} : S \cap U_{\sigma,\rho} \to U'_\sigma$$
は全射であるから $z_1 \in \Delta^*(0; \sigma)$ を任意にとれば，$(z_1, w_1) \in S \cap U_{\sigma,\rho}$ が存在

する.

$$\pi|_{S\cap U_{\sigma,\rho}\setminus\{z=0\}} : S \cap U_{\sigma,\rho} \setminus \{z=0\} \to U'_\sigma \setminus \{0\}$$

は不分岐被覆であるから, $z(t) : (0,1] \ni t \mapsto tz_1 \in U'_\sigma \setminus \{0\}$ の連続持ち上げ $\gamma : (0,1] \to S \cap U_{\sigma,\rho} \setminus \{z=0\}$ がある. $\gamma(t) = (z(t), w(t))$ と書けば,

$$(w(t))^d + \sum_{\nu=1}^{d} a_\nu(z(t))(w(t))^{d-\nu} = 0.$$

$\lim_{t\to 0} z(t) = 0$, $\lim_{t\to 0} a_\nu(z(t)) = a_\nu(0) = 0$ であるから $\lim_{t\to 0} w(t) = 0$. つまり $\gamma(0) = (0,0)$ とおけば, $\gamma : [0,1] \to S \cap U_{\sigma,\rho}$ は連続曲線で求める性質を持つ. □

定理 6.4.24 $\mathrm{P}\Delta_n = \mathrm{P}\Delta_p \times \mathrm{P}\Delta_{n-p} \subset \mathbf{C}^n$ を 0 を中心とする多重円板とする. $\phi \in \mathcal{O}(\mathrm{P}\Delta_p)$, $\phi \neq 0$, とし $X \subset (\mathrm{P}\Delta_p \setminus \{\phi=0\}) \times \mathrm{P}\Delta_{n-p}$ を解析的集合とする. 射影

$$\pi : (z', z'') \in X \to z' \in \mathrm{P}\Delta_p \setminus \{\phi = 0\}$$

は有限かつ不分岐被覆であるとする. さらに (位相的) 閉包 $\bar{X} \subset \mathrm{P}\Delta_p \times \mathrm{P}\Delta_{n-p}$ をとると π は固有な写像

$$\bar{\pi} : \bar{X} \to \mathrm{P}\Delta_p$$

に拡張されると仮定する. すると $\bar{X}$ は解析的集合である.

証明 $I(X) = \{f \in \mathcal{O}(\mathrm{P}\Delta_n); f|_X \equiv 0)\}$ とおく. X の解析的閉包

$$\bar{X}^{\mathrm{an}} = \{z \in \mathrm{P}\Delta_n; f(z) = 0, {}^\forall f \in I(X)\}$$

をとる. 命題 6.2.7 より $\bar{X}^{\mathrm{an}}$ は $\mathrm{P}\Delta_n$ の解析的集合である. $\bar{X}^{\mathrm{an}}$ は X を含む閉集合であるから $\bar{X} \subset \bar{X}^{\mathrm{an}}$ となる. $z' \in \mathrm{P}\Delta_p$ に対し

$$\bar{X}^{\mathrm{an}}_{z'} = \bar{X}^{\mathrm{an}} \cap (\{z'\} \times \mathrm{P}\Delta_{n-p}), \quad \bar{X}_{z'} = \bar{X} \cap (\{z'\} \times \mathrm{P}\Delta_{n-p})$$

とおく. 次を示せば十分である.

主張: 任意の $z' \in \mathrm{P}\Delta_p$ に対し, $\bar{X}^{\mathrm{an}}_{z'} = \bar{X}_{z'}$.

∵) (イ) $z'_0 \in \mathrm{P}\Delta_p$ で $\phi(z'_0) \neq 0$, $\bar{X}^{\mathrm{an}}_{z'_0} \neq \bar{X}_{z'_0}$ であるとすると, $z_0 \in \bar{X}^{\mathrm{an}}_{z'_0} \setminus \bar{X}_{z'_0}$ がとれる. $\bar{X}_{z'_0}$ は有限集合であるから有界な $f \in \mathcal{O}(\mathrm{P}\Delta_n)$ で

$$f(z_0) \notin f(\bar{X}_{z'_0})$$

となるものをとることができる. $z' \in \mathrm{P}\Delta_p \setminus \{\phi = 0\}$ に対し $X_{z'} = \bar{X}_{z'_0} = \{z^{(1)}, \ldots, z^{(d)}\}$ とおき, $f(z^{(1)}), \ldots, f(z^{(d)})$ の ν 次基本対称式

$$a_\nu(z') = (-1)^\nu \sum_{1 \le i_1 < \cdots < i_\nu \le d} f(z^{(i_1)}) \cdots f(z^{(i_\nu)})$$

をとると，$\bar{\pi}$ が固有との仮定より $a_\nu(z')$ は $z' \in \mathrm{P}\Delta_p \setminus \{\phi = 0\}$ 上の有界正則関数である．リーマン拡張定理 2.3.4 により $a_\nu \in \mathcal{O}(\mathrm{P}\Delta_p)$ となる．

(6.4.25) $$P_f(z) = P_f(z', z'') = \prod_{i=1}^{d}(f(z) - f(z^{(i)}))$$
$$= f(z)^d + \sum_{\nu=1}^{d} a_\nu(z')f(z)^{d-\nu} \in \mathcal{O}(\mathrm{P}\Delta_n)$$

とおく．作り方より $P_f|_X \equiv 0$. つまり $P_f \in \mathscr{I}\langle X \rangle$. 一方，
$$P_f(z_0) = \prod_{i=1}^{d}(f(z_0) - f(z^{(i)})) \neq 0.$$
よって $z_0 \notin \bar{X}^{\mathrm{an}}$ となり矛盾をきたす．

(ロ) $\phi(z'_0) = 0$ の場合が残っている．任意の有界な $f \in \mathcal{O}(\mathrm{P}\Delta_n)$ に対し
$$f(\bar{X}^{\mathrm{an}}_{z'_0}) = f(\bar{X}_{z'_0})$$
がわかれば十分である．$\alpha \in f(\bar{X}^{\mathrm{an}}_{z'_0})$ を任意にとる．この f に対し $P_f(z)$ を (6.4.25) と同様に作る．$P_f|_X \equiv 0$ である．とり方から $\alpha = f(z_0)$ となる $z_0 \in \bar{X}^{\mathrm{an}}_{z'_0}$ がある．$P_f|_{\bar{X}^{\mathrm{an}}} \equiv 0$ であるから
$$\alpha^d + \sum_{\nu=1}^{d} a_\nu(z'_0)\alpha^{d-\nu} = 0.$$
$z' = (z_1, \ldots, z_{p-1}, z_p)$ を $z'_0 = (z_{01}, \ldots, z_{0p})$ での ϕ の標準座標とすれば
$$\phi(z_{01}, \ldots, z_{0p-1}, z_p) = (z_p - z_{0p})^e h(z_p), \quad h(z_{0p}) \neq 0.$$
したがって，ある $\varepsilon > 0$ が存在して，$0 < |z_p - z_{0p}| < \varepsilon$ に対し
$$\phi(z_{01}, \ldots, z_{0p-1}, z_p) \neq 0.$$
$\hat{a}_\nu(z_p) = a_\nu(z_{01}, \ldots, z_{0p-1}, z_p)$ とおき，ξ についての多項式方程式

(6.4.26) $$\xi^d + \sum_{\nu=1}^{d} \hat{a}_\nu(z_p)\xi^{d-\nu} = 0$$

を考える．$\xi = \alpha$ は，$z_p = z_{0p}$ での (6.4.26) の根である．補題 6.4.23 によりある連続関数 $z_p(t), \xi(t), 0 \leq t \leq 1$ があって，$0 < t \leq 1$ では $z_p(t) \neq z_{0p}$ かつ $\phi(z_{01}, \ldots, z_{0p-1}, z_p(t)) \neq 0$, $\xi(t)$ は $z_p = z_p(t)$ での (6.4.26) の根で次を満たす．
$$\lim_{t \to 0} z_p(t) = z_{0p}, \quad \lim_{t \to 0} \xi(t) = \alpha.$$
$z'(t) = (z_{01}, \ldots, z_{0p}, z_p(t))$ とおくと $\xi(t) \in f(X_{z'(t)})$ である．$\pi: \bar{X} \to \mathrm{P}\Delta_p$ は固有であるから $t \searrow 0$ として $\alpha \in f(\bar{X}_{z'_0})$ が従う． □

定理 6.4.27 定理 6.4.16, (6.4.17) の仮定の下で次が成立する．

(i) $S \setminus \pi^{-1}\{\delta = 0\}$ は，S 内稠密である．

(ii) $S \cap U_{\sigma,\rho}$ は，弧状連結である．

(iii) $S \setminus \Sigma(S)$ も連結かつ S 内で稠密である．特に，$\Sigma(S)$ は S 内の薄い集合である．

証明 $S' = S \cap U_{\sigma,\rho} \setminus \pi^{-1}\{\delta = 0\}$ とおくと定理 6.4.16 により
$$\pi|_{S'} : S' \to U_\sigma \setminus \{\delta = 0\}$$
は連結な不分岐被覆である．$S \supset \bar{S}'$ なので
$$\pi|_{\bar{S}'} : \bar{S}' \to V_\sigma$$
は固有である．定理 6.4.24 により $\bar{S}'$ は解析的集合である．もし $\underline{\bar{S}'}_0 \subsetneq \underline{S}_0$ とすると，$\pi^{-1}\{\delta \neq 0\}$ 上では $\bar{S}'$ と S は同じであるから十分小さい $U_{\sigma,\rho}$ 内で
$$S = \bar{S}' \cup (S \cap \{\delta = 0\}) = \bar{S}' \cup S'',$$
$$\underline{S}_0 \neq \underline{\bar{S}'}_0, \quad \underline{S}_0 \neq \underline{S''}_0,$$
となり $\underline{S}_0$ は既約でなくなる．一方 $\mathfrak{a}$ は素イデアルであるから系 6.4.22 により $\underline{S}_0$ は既約でなければならないので矛盾をきたす．よって $U_{\sigma,\rho}$ を必要ならさらに小さくとることにより $\bar{S}' = S$ となる．

(ii) S' は弧状連結である．定理 6.4.16 (ii) により，S' の点と $0 \in S$ が曲線で結ばれることを示せば十分である．$z' = (z_1, \ldots, z_{p+1}, z_p)$ を $\delta(z')$ の標準座標とすれば，
$$\delta(0, \ldots, 0, z_p) = z_p^e h(z_p), \quad h(0) \neq 0,$$
$$\delta(0, \ldots, 0, z_p) \neq 0, \quad 0 < |z_p| < \varepsilon$$
とできる．補題 6.4.23 を使えば，任意の点 $z \in S \cap U_{\sigma,\rho}$，$z = (0, \ldots, 0, z_p, z'')$ ($0 < |z_p| < \varepsilon$) は $0 \in S$ と曲線で結べる．

(iii) S' を上述のものとして，$S' \subset S \setminus \Sigma(S) \subset S$ である．S' は稠密であるから $S \setminus \Sigma(S)$ も稠密である．したがって，$\Sigma(S) \subset S$ は薄い部分集合である．もし $S \setminus \Sigma(S)$ が非連結であるとする．$S \setminus \Sigma(S) = T_1 \cup T_2$，ここで $T_i \subset S \setminus \Sigma(S)$ は開部分集合，$T_i \neq \emptyset, T_1 \cap T_2 = \phi$ と表される．S' は S 内稠密であるから $S' \cap T_i \neq \emptyset$，$i = 1, 2$，$S' = (S' \cap T_1) \cup (S' \cap T_2)$ となる．これは S' の連結性に反する． □

$\Omega \subset \mathbf{C}^n$ を開集合とする．

定義 6.4.28 (次元)　(i) 一般に解析的集合 $X \subset \Omega$ と任意の点 $a \in X$ に対し，$\underline{X}_a$ が既約ならば定理 6.4.27 により a の基本近傍系 $\mathrm{P}\Delta(a)$ が存在して $(X \setminus \Sigma(X)) \cap \mathrm{P}\Delta(a)$ はそれ自身として連結複素多様体をなす．このとき

$$\dim_a X = \dim (X \setminus \Sigma(X)) \cap \mathrm{P}\Delta(a)$$

とおく．$\underline{X}_a$ が可約の場合 $\underline{X}_a = \bigcup_{(\text{有限})} \underline{X_j}_a$ と既約分解し X の a での (局所) 次元を

$$\dim_a X = \max_j \dim_a X_j$$

と定義する．X の次元は，

$$\dim X = \max_{a \in X} \dim_a X$$

で定義される．

(ii) 任意の点 $a \in X$ において $\dim X = \dim_a X$ が成立するとき，X を純次元であると言う．

(iii) $Y \subset X$ を X に含まれる解析的集合とするとき，

$$\operatorname*{codim}_{X,b} Y = \dim_b X - \dim_b Y \quad (b \in Y)$$

とおき，Y の $(X$ 内$)$ b での**余次元**と呼ぶ．

$$\operatorname*{codim}_X Y = \min_{b \in Y} \operatorname*{codim}_{X,b} Y$$

を Y の $(X$ 内の$)$ **余次元**と呼ぶ．

この次元の定義から次が成立する．

命題 6.4.29 (次元の半連続性)　$X \subset \Omega$ を解析的集合とする．任意の点 $a \in X$ に対しある近傍 $U \ni a$ が存在して

$$\dim_z X \leq \dim_a X, \quad {}^{\forall} z \in U$$

が成立する．

命題 6.4.30　$X, Y \subset \Omega$ を二つの解析的集合とし，$a \in X \cap Y$ とする．$\underline{X}_a$ の任意の局所既約成分 $\underline{X_\alpha}_a$ に対し，

(6.4.31) $$Y \cap \underline{X_\alpha}_a \neq \underline{X_\alpha}_a$$

ならば

$$\dim_a X \cap Y \leq \dim_a X - 1.$$

特に，$Y \subset X$ で X 内で薄い部分集合ならば，$\dim Y \leq \dim X - 1$．

証明　$\underline{X}_a, \underline{Y}_a$ は既約として示せば十分である．平行移動で $a = 0$ としてよい．$\mathfrak{a} = \mathscr{I}\langle \underline{X}_0 \rangle$ を $\mathcal{O}_{n,0} (= \mathcal{O}_{\mathbf{C}^n, o})$ 内の $\underline{X}_0$ の定義イデアルとする．このとき，$\dim_0 X$ は命題 6.4.2 で決まる p に一致する．$\mathfrak{b} = \mathscr{I}\langle \underline{Y}_0 \rangle$ とおくと，$\mathfrak{b} + \mathfrak{a} \neq \mathfrak{a}$ である

から $g \in \mathfrak{b} \setminus \mathfrak{a}$ がある. g は $\mathfrak{a}$ を法 (mod) として $\mathcal{O}_{p,0}$ 上整である. したがって $c_\nu \in \mathcal{O}_{p,0}$ を係数とする方程式

$$g^d + \sum_{\nu=1}^{d} c_\nu g^{d-\nu} \equiv 0 \pmod{\mathfrak{a}}$$

が成立する. d はそのようなものの中で最小であるとする. すると, $c_d \neq 0$ であり, 次を得る.

$$g\left(g^{d-1} + \sum_{\nu=1}^{d-1} c_\nu g^{d-1-\nu}\right) = -c_d \in \mathcal{O}_{p,0} \cap \mathfrak{b}$$

したがって, $\mathfrak{b} + \mathfrak{a}$ に対し命題 6.4.2 の証明の帰納的作業をさらに進めることができて, その結果得られる非負整数を q とすると, $q < p$ が成立する. したがって $\dim_0 Y \cap X < \dim_0 X$ が示された.

もし $Y \subset X$ が薄い部分集合ならば, 任意の点で (6.4.31) が成立するので, $\dim Y \leq \dim X - 1$ である. □

定理 6.4.32 解析的集合 $X \subset \Omega$ に対し, $\Sigma(X)$ は X 内で薄い集合である.

証明 任意の点 $a \in X$ の近傍で考える.

(1) $\underline{X}_a$ が既約ならば, 定理 6.4.27 (iii) により, a のある近傍 $U \subset \Omega$ が存在して, $\Sigma(X) \cap U$ は $X \cap U$ 内で薄い集合である.

(2) $\underline{X}_a$ が既約でない場合は $\underline{X}_a = \bigcup \underline{X}_{i_a}$ と既約分解する. (1) より, a の十分小さな近傍 $U \subset \Omega$ をとれば, 全ての $\Sigma(X_i) \cap U$ は $X_i \cap U$ で薄い集合である. また, $x \in X \setminus \Sigma(X)$ ならば, x での X の局所既約成分は唯一つでなければならない. したがって,

$$(6.4.33) \qquad \Sigma(X) \cap U = \bigcup_i \left(\Sigma(X_i) \cap U\right) \bigcup \left(\bigcup_{i \neq j} X_i \cap X_j\right).$$

命題 6.4.30 により, $X_i \cap X_j$ は $X \cap U$ 内で薄い集合である. したがって $\Sigma(X) \cap U$ は $X \cap U$ 内で薄い集合である. □

6.5 岡の第 2 連接定理

6.5.1 幾何学的イデアル層

$\Omega \subset \mathbf{C}^n$ を開集合, $X \subset \Omega$ を解析的集合とする. 各点 $a \in \Omega$ でイデアル $\mathscr{I}\langle \underline{X}_a \rangle \subset \mathcal{O}_{\Omega,a}$ が決まり, $\mathcal{O}_\Omega$ のイデアル層

$$\mathscr{I}\langle X \rangle = \bigcup_{a \in \Omega} \mathscr{I}\langle \underline{X}_a \rangle$$

を得る．このようにして得られる $\mathcal{O}_\Omega$ 加群の層を幾何学的イデアル層と呼んだ (定義 2.3.6)．X が非特異ならば，定理 4.4.6 により $\mathscr{I}\langle X\rangle$ は連接である．これを一般の解析的集合に対し何の条件も付けずに証明するのがこの節の目標である．

定理 6.5.1 (岡の第 2 連接定理)　開集合 $\Omega \subset \mathbf{C}^n$ 上の幾何学的イデアル層 $\mathscr{I}\langle X\rangle$ は，連接である．

証明　$\mathscr{I}\langle X\rangle \subset \mathcal{O}_\Omega$ で $\mathcal{O}_\Omega$ 自身の連接性は岡の第 1 連接定理 2.5.1 ですでに示されているので，$\emptyset \neq X \subsetneq \Omega$ として $\mathscr{I}\langle X\rangle$ の局所有限性を示せばよい．問題は局所的なので $a \in X$ の近傍で考える．平行移動により $a = 0$ とする．

$\underline{X}_0 = \bigcup_{j=1}^l \underline{X}_{j_0}$ ($l < \infty$) を既約成分 $\underline{X}_{j_0}$ への分解とする．PΔ を中心 0 の十分小さな多重円板近傍とすると

$$\mathscr{I}\langle X \cap \mathrm{P}\Delta\rangle = \bigcap_{j=1}^l \mathscr{I}\langle X_j \cap \mathrm{P}\Delta\rangle$$

となる．$\mathscr{I}\langle X_j \cap \mathrm{P}\Delta\rangle$ が全て連接層ならば，命題 2.4.9 により $\mathscr{I}\langle X \cap \mathrm{P}\Delta\rangle$ の連接性が従う．したがって $\underline{X}_0$ は既約と仮定して主張を証明すれば十分である．以下，これを仮定する．

$\mathscr{I}\langle \underline{X}_0\rangle$ は素イデアルで $0 \subsetneq \mathscr{I}\langle \underline{X}_0\rangle \subsetneq \mathcal{O}_{n,0}(= \mathcal{O}_{\mathbf{C}^n,0})$ である．$\mathfrak{a} = \mathscr{I}\langle \underline{X}_0\rangle$ として定理 6.4.16 でとった標準多重円板近傍 P$\Delta = U = U' \times U''$ と $P_j(z', z_j)$, $p+1 \leq j \leq n$, $\delta(z')$, $Q_j(z', z_{p+1})$, $p+2 \leq j \leq n$, さらに $\mathfrak{a}$ の生成元 $f_1, \ldots, f_L \in \mathcal{O}(U)$ をとる．必要ならさらに U を小さくして

$$X \cap U = \{f_1 = \cdots = f_L = 0\}$$

となるようにとる．

$$d = \max_j \deg P_j = \deg P_{p+1},$$
$$P_j(z', z_j) \in \Gamma(U, \mathscr{I}\langle X\rangle), \quad p+1 \leq j \leq n,$$
$$\delta(z')z_j - Q_j(z', z_{p+1}) \in \Gamma(U, \mathscr{I}\langle X\rangle), \quad p+2 \leq j \leq n$$

が成立している．取り方から，次が成立する．

(6.5.2) $\quad X \cap \{(z', z'') \in U;\ \delta(z') \neq 0\}$
$\quad\quad = \{(z', z'') \in U;\ \delta(z') \neq 0,\ P_{j+1}(z', z_{p+1}) = 0,$
$\quad\quad\quad \delta(z')z_j - Q_j(z', z_{p+1}) = 0,\ p+2 \leq j \leq n\},$

(6.5.3) $\quad X \cap \{\delta(z') \neq 0\}$ は $X \cap U$ 内稠密である．

$\mathcal{O}_U$ のイデアル層 $\mathscr{J}$ を次で定義する.

(6.5.4) $$\mathscr{J}_z = \sum_{j=p+1}^{n} \mathcal{O}_{n,z} \cdot \underline{P_j}_z + \sum_{j=p+2}^{n} \mathcal{O}_{n,z} \cdot \underline{(\delta z_j - Q_j)}_z$$
$$+ \sum_{h=1}^{L} \mathcal{O}_{n,z} \cdot \underline{f_h}_z, \quad z \in U.$$

上式の右辺の生成元を順に $\underline{F_h}_z$ $(1 \le h \le H)$ と書き, $\mathscr{J}_z = \sum_{h=1}^{H} \mathcal{O}_{n,z} \underline{F_h}_z$ と表す. $N \in \mathbf{N}$ に対しイデアル層 $\mathscr{B}^{(N)} \subset \mathcal{O}_U$ を
$$\mathscr{B}^{(N)}_z = \left\{ \underline{f}_z \in \mathcal{O}_{n,z};\ \underline{\delta}^N_z \underline{f}_z \in \mathscr{J}_z \right\}$$
で定義する.

さて $\underline{f}_z \in \mathscr{B}^{(N)}_z$ とはどういうことか考える. (6.5.4) よりある $\underline{f_h}_z \in \mathcal{O}_{n,z}$, $1 \le h \le H$ が存在して
$$\underline{f}_z \cdot \underline{\delta}^N_z = \sum_{h=1}^{H} \underline{f_h}_z \cdot \underline{F_h}_z$$
が成立することである. これは次と同値である.
$$\underline{f}_z \cdot (-\underline{\delta}^N_z) + \sum_{h=1}^{H} \underline{f_h}_z \cdot \underline{F_h}_z = 0$$
$$\iff \left(\underline{f}_z, \underline{f_1}_z, \ldots, \underline{f_H}_z \right) \in \mathscr{R}\left(-\delta^N, F_1, \ldots, F_H \right).$$

つまり, $\underline{f}_z$ は関係層 $\mathscr{R}(-\delta^N, F_1, \ldots, F_H)$ の元の第 1 成分である. 岡の第 1 連接定理 2.5.1 により $\mathscr{R}(-\delta^N, F_1, \ldots, F_H)$ は連接層であり, 局所有限生成系を持つ. したがってその局所有限生成系の第 1 成分である $\mathscr{B}^{(N)}$ も局所有限生成系を持つ. よって次がわかった

(6.5.5) $\qquad\qquad\qquad \mathscr{B}^{(N)}$ は, 連接層である.

したがって次を示せば証明は終わる.

主張 6.5.6 ある $N \in \mathbf{N}$ があって, 任意の $b \in U$ で
$$\mathscr{B}^{(N)}_b = \mathscr{I}\langle X \rangle_b.$$

∵) まず任意に $\underline{f}_b \in \mathscr{B}^{(N)}_b$ をとる. $\underline{\delta}^N_b \underline{f}_b \in \mathscr{J}_b$ であるから b のある近傍 $V \subset U$ があって
$$\delta(z')^N f(z', z'') = 0, \quad (z', z'') \in V \cap X.$$
したがって $f(z', z'') = 0, (z', z'') \in V \cap X \setminus \{\delta = 0\}$. (6.5.3) より $V \cap X \setminus \{\delta = 0\}$ は $V \cap X$ 内で稠密であるから $f|_{V \cap X} = 0$ を得る. つまり $\underline{f}_b \in \mathscr{I}\langle X \rangle_b$ となり, $\mathscr{B}^{(N)}_b \subset \mathscr{I}\langle X \rangle_b$ がわかった.

逆を示そう. $b = (b', b'') \in U$ を任意にとる. もし $b \notin X \cap U$ ならば, ある $f_k(b) \neq 0$ となり, $\mathscr{B}_b^{(N)} = \mathcal{O}_{n,b}$. もちろん $\mathscr{I}\langle X \rangle_b = \mathcal{O}_{n,b}$ なので $\mathscr{B}_b^{(N)} = \mathscr{I}\langle X \rangle_b$ が成立している.

以下 $b \in X \cap U$ とする. $b = (b', b'') = (b_1, \ldots, b_p, b_{p+1}, \ldots, b_n)$ とおく. $P_j(b', b_j) = 0, p+1 \leq j \leq n$, で $P_j(b', z_j)$ は z_j についてモニックであるから $P_j(b', z_j) \not\equiv 0$ (z_j について). ワイエルストラスの予備定理 2.1.3 により

$$P_j(z', z_j) = u_j \cdot A_j(z', z_j - b_j) \in \mathcal{O}_{p+1, (b', b_j)}$$

と書かれる. ここで u_j は (b', b_j) での単元で $A_j(z', z_j - b_j)$ は (b', b_j) でのワイエルストラス多項式である. 補題 2.2.10 により $u_j \in \mathcal{O}_{p,b}[z_j]$, $\deg A_j = e_j \leq d_j$ となる.

任意に $f \in \mathcal{O}_{n,b}$ をとる. f を $A_{p+1}, \ldots, A_n$ で割れば (ワイエルストラスの予備定理 2.1.3 により)

$$\underline{f}_b \equiv \sum_{0 \leq \alpha_j < e_j} f_\alpha(z') z_{p+1}^{\alpha_{p+1}} \cdots z_n^{\alpha_n} \quad \left(\mathrm{mod} \sum_j \mathcal{O}_{n,b} \underline{A_j}_b \subset \mathscr{I}_b \right).$$

上式で右辺も $b = (b', b'')$ での芽を考えているが, 記号が煩雑になるので省略した. 以下においても, 同様な省略をする. $(e_{p+2} - 1) + \cdots + (e_n - 1) \leq \sum_{j=p+2}^n (d_j - 1) = N (\leq (n-p-1)(d-1))$ とおく. 次を得る.

$$\delta_{b'}^N \underline{f}_b \equiv \sum_{0 \leq \alpha_j < e_j} g_\alpha(z') z_{p+1}^{\alpha_{p+1}} (\delta z_{p+2})^{\alpha_{p+2}} \cdots (\delta z_n)^{\alpha_n}$$

$$\equiv Q(z', z_{p+1}) \pmod{\mathscr{I}_b}.$$

$Q(z', z_{p+1}) \in \mathcal{O}_{p,b'}[z_{p+1}]$ である. これを $A_{p+1}(z_{p+1})$ で割れば

(6.5.7) $$\delta_{b'}^N \underline{f}_b \equiv R(z', z_{p+1}) \pmod{\mathscr{I}_b},$$
$$\deg R < e_{p+1}$$

となる.

$b = (b', b'')$ とし b' の十分近くの z' で $\delta(z') \neq 0$ なるものを考える. $P_{p+1}(z', z_{p+1}) = 0$ の根は, 相異なる d 個の単根からなる. よって $A_{p+1}(z', z_{p+1} - b_{p+1}) = 0$ の根も e_{p+1} 個の相異なる単根 $z_{p+1}^{(\nu)}$, $1 \leq \nu \leq e_{p+1}$ からなる.

$\delta(z') \neq 0$ なので $\delta(z') z_j^{(\nu)} = Q_j(z', z_{p+1}^{(\nu)})$, $p+2 \leq j \leq n$ と $z_j^{(\nu)}$ を決めれば, $A_j(z', z_j^{(\nu)} - b_j) = 0$, $p+2 \leq j \leq n$ で $A_j(z', z_j - b_j)$ は全てワイエルストラス多項式なので $z' \to b'$ とするとき $z_j^{(\nu)} \to b_j$ ($p+1 \leq j \leq n$), $z^{(\nu)} = (z', z_{p+1}^{(\nu)}, \ldots, z_n^{(\nu)}) \in X$ となる. (6.5.7) より

$$\delta(z')^N f(z^{(\nu)}) = R\left(z', z_{p+1}^{(\nu)}\right), \quad 1 \leq \nu \leq e_{p+1}$$

が成立する. $\underline{f}_b \in \mathscr{I}\langle X \rangle_b$ ならば, $f(z^{(\nu)}) = 0, 1 \leq \nu \leq e_{p+1}$, となるので $R\left(z', z_{p+1}^{(\nu)}\right) = 0$. $\deg R < e_{p+1}$ であったから $R = 0$ でなければならない. したがって $\underline{f}_b \in \mathscr{B}_b^{(N)}$ となり $\mathscr{I}\langle X \rangle_b \subset \mathscr{B}_b^{(N)}$ が従う. □

系 6.5.8 $X \subset \Omega$ を解析的集合とし $a \in X$ とする. $\mathscr{I}\langle X \rangle_a$ の生成元 $\underline{f_1}_a, \ldots, \underline{f_M}_a$ をとれば, a のある近傍 $V(\subset \Omega)$ が存在して任意の $b \in V$ で

$$\mathscr{I}\langle X \rangle_b = \sum_{i=1}^{M} \mathcal{O}_{n,b} \cdot \underline{f_i}_b.$$

つまり

$$\mathscr{I}\langle X \rangle|_V = \sum_{i=1}^{M} \mathcal{O}_V \cdot f_i.$$

証明 これは, 岡の第 2 連接定理 6.5.1 と命題 2.4.6 より従う. □

6.5.2 特異点集合

解析的集合 X の特異点集合 $\Sigma(X)$ は, X 内で薄い集合である (定理 6.4.32). ここでは, 岡の第 2 連接定理 6.5.1 の応用として $\Sigma(X)$ の解析性を証明しよう. これまで通り, $\Omega \subset \mathbf{C}^n$ を開集合とする.

定理 6.5.9 $X \subset \Omega$ を解析的集合とすると, その特異点集合 $\Sigma(X)$ も解析的集合であり, 次が成立する.

(6.5.10) $$\dim_a \Sigma(X) \leq \dim_a X - 1, \quad {}^\forall a \in \Sigma(X),$$
$$\dim \Sigma(X) \leq \dim X - 1.$$

証明 $\Sigma(X)$ は閉集合であるから, 任意の点 $a \in \Sigma(X)$ の近傍で解析的集合であることがわかればよい. 岡の第 2 連接定理 6.5.1 により a の近傍 $U(\subset \Omega)$ と有限個の $f_i \in \mathcal{O}(U), 1 \leq j \leq l(< \infty)$ が存在して

$$X \cap U = \{f_1 = \cdots = f_l = 0\},$$
$$\mathscr{I}\langle X \rangle_b = \sum_{j=1}^{l} \mathcal{O}_{n,b} \cdot \underline{f_j}_b, \quad {}^\forall b \in U$$

が成立する.

(イ) 初め $\underline{X}_a$ を既約とし U を a の標準多重円板近傍にとる. すると $X \cap U \setminus \Sigma(X)$ は $U \setminus \Sigma(X)$ の連結な m 次元複素部分多様体である. 任意の点 $b \in X \cap U \setminus \Sigma(X)$ の十分小さい近傍 $V(\subset U \setminus \Sigma(X))$ では, 正則関数 $g_1, \ldots, g_{n-m} \in \mathcal{O}(V)$ が存在

して
$$X \cap V = \{g_1 = \cdots = g_{n-m} = 0\},$$
$$dg_1 \wedge \cdots \wedge dg_{n-m}(z) \neq 0, \quad {}^\forall z \in X \cap V.$$

$\{f_j\}$ の取り方から,必要なら V をさらに小さくして V 上で $g_k = \sum_{j=1}^{l} \alpha_{kj} f_j$, $\alpha_{kj} \in \mathcal{O}(V)$ と表される.$X \cap V$ 上で

$$dg_1 \wedge \cdots \wedge dg_{n-m} = \sum_{1 \leq j_1 < \cdots < j_{n-m} \leq l} \beta_{j_1 \cdots j_{n-m}} df_{j_1} \wedge \cdots \wedge df_{j_{n-m}},$$
$$\beta_{j_1 \cdots j_{n-m}} \in \mathcal{O}(V)$$

と書ける.よって V 上である $j_1 < \cdots < j_{n-m}$ について
(6.5.11) $$df_{j_1} \wedge \cdots \wedge df_{j_{n-m}}(z) \neq 0$$
が成立しなければならない.逆に (6.5.11) がある $V \subset U$ 上成立していれば,$V \cap \{f_{j_1} = \cdots = f_{j_{n-m}} = 0\}$ は m 次元複素部分多様体で $X \cap V$ を含む.$\dim X \cap V = m$ であるから命題 6.4.30 より

$$X \cap V = \{f_{j_1} = \cdots = f_{j_{n-m}} = 0\} \cap V = \{f_1 = \cdots = f_l = 0\} \cap V$$

となり $X \cap V$ は X の通常点集合である.以上より
(6.5.12)
$$\Sigma(X) \cap U = \{df_{j_1} \wedge \cdots \wedge df_{j_{n-m}} = 0; 1 \leq j_1 < \cdots < j_{n-m} \leq l\} \cap X$$
と表され,$\Sigma(X)$ は解析的部分集合であることがわかる.

(ロ) $\underline{X}_a$ が既約でない場合は,(イ) で示したことと (6.4.33) より,$\Sigma(X) \cap U$ が U の解析的集合であることがわかる.

定理 6.4.32 より $\Sigma(X)$ は X 内で薄い集合であるから命題 6.4.30 よりその次元に関する不等式が従う. $\square$

注意 6.5.13 上の証明で $\mathscr{I}\langle X \rangle$ の連接性は本質的である.(6.5.12) において定義と陰関数定理により

$$\Sigma(X) \cap U \subset \{df_{j_1} \wedge \cdots \wedge df_{j_{n-m}} = 0; 1 \leq j_1 < \cdots < j_{n-m} \leq l\} \cap X$$

はすぐにわかる.右辺の解析的集合の点 z を任意にとるとき,z で X の定義方程式系をうまく取り直せば,z の近傍 W と $h_j \in \mathcal{O}(W)$, $1 \leq j \leq n-m$, がとれて

$$X \cap W = \{h_1 = \cdots = h_{n-m} = 0\},$$
$$dh_1 \wedge \cdots \wedge dh_{n-m}(w) \neq 0, \quad w \in W$$

とできるかもしれないのである.このようなことが起こらないことを $\mathscr{I}\langle X \rangle$ の連

6.5.3 ハルトークスの拡張定理

後で使うためにハルトークス現象の系 1.2.29 を拡張しておく.

定理 6.5.14 (ハルトークス拡張) $\Omega \subset \mathbf{C}^n$ を領域とし $A \subset \Omega$ を解析的集合とする. $\mathrm{codim}\, A \geq 2$ ならば任意の $f \in \mathcal{O}(\Omega \setminus A)$ は $\mathcal{O}(\Omega)$ の元に一意的に解析接続される.

証明 一意性は一致の定理 1.2.16 より従う. したがって各点 $a \in A$ の近傍で考えればよい. 通常点 $a \in A \setminus \Sigma(A)$ の近傍では, 正則局所座標系を適当に取り直せば, 系 1.2.29 の状況に帰着できる. したがって f は $\Omega \setminus \Sigma(A)$ 上に正則に解析接続される. 定理 6.5.9 により $\Sigma(A)$ は解析的集合で, $\dim \Sigma(A) < \dim A$ である. そこで A を $\Sigma(A)$ に取り直して同じ議論を繰り返す. 以下帰納的に Ω 全体まで接続されることがわかる. □

6.5.4 解析的集合上の連接層

$\Omega \subset \mathbf{C}^n$ を開集合とする. $X \subset \Omega$ を解析的集合, $\mathscr{I}\langle X \rangle$ をその幾何学的イデアル層とする.

定義 6.5.15 X 上の正則関数の芽の層を

$$\mathcal{O}_X = \mathcal{O}_\Omega / \mathscr{I}\langle X \rangle$$

で定義する. これを解析的集合 X の構造層と呼ぶ.

任意の点 $a \in X$ において, $\mathcal{O}_{n,a} = \mathcal{O}_{\Omega,a}$ は極大イデアル $\mathfrak{m}_{n,a} \subset \mathcal{O}_{n,a}$ を持つ. したがって, $\mathcal{O}_{X,a}$ も局所環である.

開集合 $U \subset X$ 上の切断 $f \in \Gamma(U, \mathcal{O}_X)$ を U 上の正則関数と呼ぶ. $\mathcal{O}_X(U) = \Gamma(U, \mathcal{O}_X)$ と書く. このとき任意の $a \in U$ において, a のある近傍 $V \subset \Omega$ と $F \in \mathcal{O}(V)$ が存在して

$$f = F|_{V \cap X}$$

と書ける.

次の定理は岡の第 1 および第 2 連接定理からの直接的結果であるが重要である.

定理 6.5.16 (岡) $\mathcal{O}_X$ は連接層である.

証明 定義により
$$0 \to \mathscr{I}\langle X \rangle \to \mathcal{O}_\Omega \to \mathcal{O}_X \to 0$$
は層の完全列である. 岡の第1と第2連接定理により $\mathcal{O}_\Omega$ と $\mathscr{I}\langle X \rangle$ は連接である. セールの定理 3.3.1 により $\mathcal{O}_X$ も連接である. □

$f_j \in \Gamma(X, \mathcal{O}_X), 1 \leq j \leq m$ をもって与えられる写像
$$f = (f_1, \ldots, f_m) : X \to \mathbf{C}^m$$
を X から $\mathbf{C}^m$ への**正則写像**と呼ぶ. Y を $\mathbf{C}^m$ のある開集合の解析的部分集合とし $f(X) \subset Y$ であるとき,
$$f : X \to Y$$
を X から Y への**正則写像**と呼ぶ. f は自然に局所環の間の準同型

(6.5.17) $\qquad f^* : \mathcal{O}_{Y, f(x)} \to \mathcal{O}_{X, x}, \quad x \in X$

を導く. これを f による**引き戻し**と呼ぶ. したがって Y 上の正則関数 $\varphi \in \Gamma(Y, \mathcal{O}_Y)$ に対しその引き戻し $f^*\varphi \in \Gamma(X, \mathcal{O}_X)$ が定まる.

$X(\subset \Omega)$ を解析的集合とし, X 上の $\mathcal{O}_X$ 加群の層 $\mathscr{S} \to X$ を考える. 層 $\mathscr{S}$ を $\Omega \setminus X$ 上 0 として Ω 上に $\mathcal{O}_\Omega$ 加群の層として拡張したものを $\widehat{\mathscr{S}} \to \Omega$ と書き, $\mathscr{S}$ の Ω 上への**単純拡張**と呼ぶ. 幾何学的イデアル層 $\mathscr{I}\langle X \rangle$ の連接性がすでに得られているので, 次の命題が成立する (定理 4.4.6 を参照).

命題 6.5.18 解析的集合 $X(\subset \Omega)$ 上の $\mathcal{O}_X$ 加群の層 $\mathscr{S}$ が連接であることと, その単純拡張 $\widehat{\mathscr{S}}$ が Ω 上 $\mathcal{O}_\Omega$ 加群として連接であることは, 同値である.

6.6 解析的集合の既約分解

$\Omega \subset \mathbf{C}^n$ を開集合, $X \subset \Omega$ を解析的集合とする. $a \in X$ で $\underline{X}_a$ を次のように既約分解する (定理 6.2.9 (iii)).

(6.6.1) $\qquad \underline{X}_a = \bigcup_{j=1}^{l} \underline{X}_{j_a} \quad (l < \infty).$

各 $\mathscr{I}\langle X_{j_a} \rangle$ は素イデアルである. 定理 6.4.14 を $\mathfrak{a} = \mathscr{I}\langle X_{j_a} \rangle$ として適用する. このとき線形変換された座標 $(z_1, \ldots, z_{p_j}, \ldots z_n)$ は番号 $p = p_j$ は j によるが, 座標としては共通のものがとれることに注意する. したがって a の基本近傍系として全ての $\underline{X}_{j_a}$ が代表元を持つ a を中心とする多重円板 $\mathrm{P}\Delta(a)$ があって定理 6.4.27

(iii) から次の補題が従う.

補題 6.6.2 任意の $j = 1, 2, \ldots, l$ について $X_j \cap \mathrm{P}\Delta(a) \setminus \Sigma(X_j)$ は, X_j 内稠密かつ連結である.

補題 6.6.3 任意に解析的集合 $Y \subsetneq X_j \cap \mathrm{P}\Delta(a) \setminus \Sigma(X_j)$ をとるとき $X_j \cap \mathrm{P}\Delta(a) \setminus (\Sigma(X_j) \cup Y)$ は X_j 内稠密かつ連結である.

証明 これは一致の定理を用いて定理 6.1.6 と同じ理由で成立する. □

定理 6.6.4 解析的集合の芽 $\underline{X}_a$ に対し a のある多重円板による基本近傍系 $\{\mathrm{P}\Delta(a)\}$ がとれて, $X \cap \mathrm{P}\Delta(a) \setminus \Sigma(X) = \bigcup_\alpha X'_\alpha$ が連結成分への分割とすると, 各 X'_α に対し (6.6.1) の X_j が互いに丁度一対一に対応し,

$$\bar{X}'_\alpha = X_j,$$
$$X'_\alpha = X_j \setminus \Sigma(X)$$

が成立する. 特に $X \cap \setminus \Sigma(X)$ は X 内で稠密である.

証明 補題 6.6.2 の近傍系 $\mathrm{P}\Delta(a)$ をとれば $X_j \cap \mathrm{P}\Delta(a) \setminus \Sigma(X_j)$ は連結である.

(6.6.5) $\quad X'_j = X_j \cap \mathrm{P}\Delta(a) \setminus \Sigma(X) = X_j \cap \mathrm{P}\Delta(a) \setminus \left(\Sigma(X_j) \cup \bigcup_{k \neq j} X_k \right)$

とおくと, 補題 6.6.3 により X'_j は連結であり, $X_j \cap \mathrm{P}\Delta(a)$ 内で稠密かつ

$$X'_j \cap X'_h = \emptyset, \quad j \neq h,$$
$$X \setminus \Sigma(X) = \bigcup X'_j.$$

すなわち $\{X'_j\}$ は $X \setminus \Sigma(X)$ の連結成分の族となり $\{X'_\alpha\}$ に一致する. X'_j は X_j 内で稠密であるので $\bar{X}'_j = X_j$ が従う. □

$a \in X$ で定理 6.6.4 でとった多重円板近傍 $\mathrm{P}\Delta(a)$ を X の a での**標準多重円板(近傍)** と呼ぶ.

解析的集合 $X \subset \Omega$ は, 各点 $a \in X$ で局所的に有限個の既約成分に分解し (定理 6.6.4), それぞれの既約成分 X_j の a の近傍での幾何学的状況は定理 6.4.16, 定理 6.4.27 で基本的なことは概ねわかったことになる.

次に X の Ω 内での大域的性質について考える.

定義 6.6.6 $X \subset \Omega$ を解析的集合とする. X が**可約**であるとは, 解析的集合 $X_i \subset \Omega$ $(i = 1, 2)$ で $X_i \neq X$ $(i = 1, 2)$ かつ $X = X_1 \cup X_2$ を満たすものが存在

することを言う.そうでないとき, X は既約であると言う.

定理 6.6.7 $X \subset \Omega$ を既約な解析的集合とすると $X' = X \setminus \Sigma(X)$ は,連結で X 内稠密である.逆に $X \setminus \Sigma(X)$ が連結ならば, X は既約である.

証明 任意の点 $a \in X$ での標準多重円板近傍 $\mathrm{P}\Delta(a)$ をとれば, $X' \cap \mathrm{P}\Delta(a) = X \cap \mathrm{P}\Delta(a) \setminus \Sigma(X)$ は $X \cap \mathrm{P}\Delta(a)$ 内で稠密である.したがって X' は X 内で稠密である.

もし X' が非連結であると二つの互いに素な非空開集合 $Z_i \subset X'$, $i = 1, 2$, がとれて $X' = Z_1 \cup Z_2$ となる.任意に $a \in \bar{Z}_1 \cap X$ をとる.$\mathrm{P}\Delta(a)$ を X の a での標準多重円板近傍とする.$X' \cap \mathrm{P}\Delta(a) = \bigcup_j Y'_j$ を連結成分への分割とする.すると各 Y'_j について $Y'_j \cap Z_i = Y'_j$ または $Y'_j \cap Z_1 = \emptyset$ である.$Y_i = \bigcup_{Y'_j \cap Z_1 = Y'_j} \bar{Y}'_j$ とおくと Y_i は $\mathrm{P}\Delta(a)$ 内の解析的集合で $\bar{Z}_i \cap \mathrm{P}\Delta(a) = Y_i$ となる.したがって $X_i = \bar{Z}_i$ は Ω 内の解析的集合である.$X \neq X_i \neq \emptyset$ $(i = 1, 2)$, $X = X_1 \cup X_2$ となり, X の既約性に反する.

一方 X が既約でないとすると $X = X_1 \cup X_2$, $X \neq X_i$, $i = 1, 2$ と分解する.

$$W_1 = X_1 \setminus \Sigma(X) = X_1 \setminus (\Sigma(X_1) \cup X_2),$$
$$W_2 = X_2 \setminus \Sigma(X) = X_2 \setminus (\Sigma(X_2) \cup X_1)$$

とおくと $W_i \neq \emptyset$ (定理 6.5.9), $W_1 \cap W_2 = \emptyset$, $X \setminus \Sigma(X) = W_1 \cup W_2$ となり $X \setminus \Sigma(X)$ は非連結である. □

定理 6.6.8 解析的集合 $X \subset \Omega$ は順序を除いて高々可算個の相異なる既約な解析的集合 $X_\alpha \subset \Omega$ $(\alpha \in \Gamma)$ をもって $X = \bigcup_{\alpha \in \Gamma} X_\alpha$ と一意的に分解される.

各 X_α は, $X \setminus \Sigma(X)$ のある連結成分の閉包に一致し,それらで尽くされる.族 $\{X_\alpha\}_{\alpha \in \Gamma}$ は Ω 内で局所有限である.

証明 X'_0 を $X \setminus \Sigma(X)$ の一つの連結成分とする.任意に $a \in \bar{X}'_0 (\subset X)$ をとる. X の a での標準多重円板近傍 $\mathrm{P}\Delta(a)$ をとる.

$$\mathrm{P}\Delta(a) \cap X \setminus \Sigma(X) = \bigcup_h Z'_h \quad (\text{有限和})$$

と連結成分に分割される.$Z'_h \subset X_0$ または $Z'_h \cap X_0 = \emptyset$ である.よって $Z'_h \subset X_0$ について和

(6.6.9) $$\bar{X}'_0 \cap \mathrm{P}\Delta(a) = \bigcup \bar{Z}'_h$$

をとれば $\bar{X}'_0 \cap \mathrm{P}\Delta(a)$ は解析的集合である.したがって

$$\bar{X}'_0 \supset \bar{X}'_0 \setminus \Sigma(\bar{X}'_0) \supset X_0.$$

X_0 は連結で $\bar{X}'_0$ 内稠密であるから $\bar{X}'_0 \setminus \Sigma(\bar{X}'_0)$ も連結であり, 定理 6.6.7 により, $\bar{X}'_0$ は既約である.

$X \setminus \Sigma(X) = \bigcup_{\alpha \in \Gamma} X'_\alpha$ を連結成分への分解とすると (6.6.9) より $\mathrm{P}\Delta \cap \bar{X}'_\alpha \neq \emptyset$ となる $\bar{X}'_\alpha$ は有限個しかない. よって $\{\bar{X}'_\alpha\}_{\alpha \in \Gamma}$ は局所有限であり, したがって Γ は高々可算である. 各 $\bar{X}'_\alpha$ は既約な解析的集合で $X = \bigcup \bar{X}'_\alpha$ が成立する.

連結成分への分解 $X \setminus \Sigma(X) = \bigcup X'_\alpha$ は一意的であるので, 分解 $X = \bigcup \bar{X}'_\alpha$ も一意的である. □

注. 定理 6.6.8 は Ω を複素多様体としたときも Γ の高々可算性を除いてそのまま成立する. 複素多様体が第 2 可算公理を満たせば, Γ は高々可算である.

定理 6.6.8 の各 X_α を X の**既約成分**と言い, $X = \bigcup X_\alpha$ を X の**既約成分への分解**と呼ぶ. X が既約でも $\underline{X}_a$ $(a \in X)$ が既約とは限らない.

例 6.6.10 $X \subset \mathbf{C}^2$ を次の方程式で定義する.

$$z^2 - w^2(1-w) = 0.$$

X は既約であるが, $\underline{X}_0$ は $w = 0$ での $\sqrt{1-w}$ の分枝を一つ決めれば二つの既約成分

$$z = w\sqrt{1-w}, \quad z = -w\sqrt{1-w}$$

の和集合になる.

命題 6.6.11 Ω 内の二つの解析的集合 X, Y を考え, Y は既約とする. ある $a \in Y$ に近傍 U が存在して $Y \cap U \subset X$ かつ $\dim_a Y = \dim_a X$ が成り立つならば, Y は X の既約成分の一つである.

証明 初めに, X, Y に特異点がなく共に Ω の複素部分多様体ならば主張は正則関数の一致の定理 1.2.16 より従うことに注意する.

$\dim Y = k$ とおく. $X = \bigcup X_\alpha$ と既約成分の和に分解する. $X' = \bigcup_{\dim X_\alpha \leq k} X_\alpha$, $X'' = \bigcup_{\dim X_\alpha > k} X_\alpha$ とおく. 仮定より, $a \in X' \setminus X''$ であるから $X = X'$ としてよい. $Z = \Sigma(Y) \cup \Sigma(X)$ とおく. 定理 6.5.9 より Z は解析的集合で $\dim Z < k$ となる. Y は既約であるから定理 6.6.8 により $Y \setminus \Sigma(Y)$ は連結である. 定理 2.3.5 より $Y \setminus Z$ も連結である. $X \setminus Z = \bigcup X'_j$ を連結成分への分解とする. 仮定よりある X'_j が存在して $\dim X'_j = k$ かつ $X'_j \supset (Y \setminus Z) \cap U$ が成立する. $\bar{X}'_j$ は, X の一つの既約成分であることに注意する. 次元が等しい

ので
$$X'_j = Y \setminus Z, \quad \bar{X}'_j = Y$$
となる． □

定理 6.6.12 (最大値原理) $X \subset \Omega$ を解析的集合，$f \in \mathcal{O}(X)$ とする．もし $|f(z)|$ が $a \in X$ で最大値をとるならば，$f(z)$ は X の a を含む連結成分上定数である．

証明 $\underline{X}_a = \bigcup \underline{X}_{\alpha_a}$ を a での既約分解とする．各 X_α 上 f が定数であることを示せばよいので，$\underline{X}_a$ は既約であるとする．平行移動により $a = 0, p = \dim_a X$ とし X の 0 での標準多重円板 $\mathrm{P}\Delta_p \times \mathrm{P}\Delta_{n-p}$ をとる．以下 X はこの中で考える．$\pi: X \to \mathrm{P}\Delta_p$ を射影として，定理 6.4.16 を適用する．π は固有で $\pi^{-1}0 = 0$．真解析的部分集合 $Z \subsetneq \mathrm{P}\Delta_p$ が存在して，$X' = X \setminus \pi^{-1}Z$ とおくと X' は X 内稠密な開集合で
$$\pi|_{X'}: X' \to \mathrm{P}\Delta_p \setminus Z$$
は不分岐有限被覆である．$\pi^{-1}\zeta$ ($\zeta \in \mathrm{P}\Delta_p \setminus Z$) の元の個数を k とする．
$$g(\zeta) = \sum_{z \in \pi^{-1}\zeta} f(z)$$
とおく．$g(\zeta)$ は有界正則関数であるからリーマンの拡張定理 2.3.4 により $\mathrm{P}\Delta_p$ 上の正則関数と見なしてよい．
$$|g(\zeta)| \leq k|f(a)|, \quad \zeta \in \mathrm{P}\Delta_p,$$
$$|g(a)| = k|f(a)|$$
が成り立っている．最大値原理 (定理 1.2.19) より $g(\zeta)$ は定数である．$\zeta \in \mathrm{P}\Delta_p \setminus Z$ に対し
$$k|f(a)| = k|g(\zeta)| \leq \sum_{z \in \pi^{-1}\zeta} |f(z)| \leq k|f(a)|,$$
$$|f(z)| \leq |f(a)|$$
が成立しているので，任意の $z \in \pi^{-1}\zeta$ に対し $|f(z)| = |f(a)|$ が成立する．再び最大値原理 (定理 1.2.19) より $f(z)$ は X' 上定数である．$X = \bar{X}'$ であるから $f(z)$ は X 上定数である． □

系 6.6.13 コンパクトな解析的集合 $X \subset \Omega$ ($\subset \mathbf{C}^n$) は，有限集合である．

証明 X は有限個の連結成分に分割される．各連結成分ごとに座標関数を正則関数として定理 6.6.12 を適用すれば，それは定数になる．したがって連結成分は点

になる.よって X は有限集合である. □

6.7　有限正則写像

本節では有限な (定義 6.1.10) 正則写像の重要ないくつかの定理を証明する. $U \subset \mathbf{C}^n, V \subset \mathbf{C}^m$ をそれぞれ開集合とし,$X \subset U, Y \subset V$ を解析的集合とする.

命題 6.7.1 $f : X \to Y$ を正則写像とする.このとき,f が有限写像であることと固有写像であることは同値である.

証明 定義により固有ならば,有限を示せばよい.任意に $y \in Y$ をとると逆像 $f^{-1}y$ はコンパクトである.系 6.6.13 より,$f^{-1}y$ は有限集合である. □

定理 6.7.2 (有限写像定理) $f : X \to Y$ を正則写像とする.f が有限ならば,像 $f(X)$ は解析的集合である.このとき X が既約ならば $f(X)$ も既約である.

この定理は,一般の複素空間の場合には固有正則写像に対し成立するものの特別な場合である (固有写像定理 6.9.7 を参照).

証明 最後の主張を初めに示す.$f(X)$ が可約な解析的集合であったとする. $f(X) = Y_1 \cup Y_2$ $(f(X) \neq Y_i, i = 1,2)$ と分解する.$X_i = f^{-1}Y_i \neq X$ は解析的集合で $X = X_1 \cup X_2$ であるから X は可約になる.

f は固有であるから (命題 6.7.1),像 $f(X) \subset V$ は閉集合である (命題 6.1.11). 定理は $Y = V$ として示せば十分である.

$b \in f(X)$ を任意にとる.$f^{-1}b = \{a_i\}_{i=1}^{l}$ $(l \in \mathbf{N})$ とおく.命題 6.1.11 より b の十分小さな近傍 ω をとると近傍 $W_i \ni a_i$ があり,$W_i \cap W_j = \emptyset$ $(i \neq j)$, $f^{-1}\omega = \bigcup W_i$,かつ全ての i に対し

$$f|_{W_i} : W_i \to \omega$$

は有限である.したがって各像 $f(W_i) \subset \omega$ が解析的集合であることを示せばよい.よって問題は,局所的で $f^{-1}b = \{a\}$ (1点) と仮定して $X \subset U$ は a の,また V は b の適当な近傍に制限したものを以下では表すことにする.

平行移動して $a = b = 0$ とする.f のグラフ

$$G = \{(x, f(x)) \in X \times V\} \subset X \times V \subset \mathbf{C}^n \times \mathbf{C}^m$$

と射影 $\pi : G \to V$ をとる.仮定より π は有限で $\pi^{-1}0 = \{0\}$ である.そこで一般的に次の主張を示せばよい.

主張 6.7.3 解析的集合 $Z \subset X \times V$ に対し射影 $\pi : Z \to V$ が有限と仮定するとき，$\pi(Z)$ は解析的集合である．

m は任意として n についての帰納法による．準備があるのでしばらく $n \geq 1$ として扱う．

(イ) $(x, y) = (x_1, \ldots, x_n, y_1, \ldots, y_m) \in \mathbf{C}^n \times \mathbf{C}^m$ を座標とする．Z の $0 = (0, 0)$ での定義イデアル $\mathscr{I}\langle \underline{Z_0} \rangle \subset \mathcal{O}_{\mathbf{C}^n \times \mathbf{C}^m, 0} = \mathcal{O}_{n+m, 0}$ を考える．$\{g_\mu\}_{\mu=1}^N$ を $\mathscr{I}\langle \underline{Z_0} \rangle$ の有限生成系とする．$\mathfrak{a}$ を $\mathscr{I}\langle \underline{Z_0} \rangle$ と $\underline{y_{j_0}}$, $1 \leq j \leq m$ で生成される $\mathcal{O}_{n+m, 0}$ のイデアルとする．仮定とリュッケルトの零点定理 6.4.20 により

(6.7.4) $$\sqrt{\mathfrak{a}} = \mathfrak{m}_{n+m, 0}.$$

ここで，$\mathfrak{m}_{n+m, 0}$ は $\mathcal{O}_{n+m, 0}$ の極大イデアルを表す．ある $d \in \mathbf{N}$ があって $\underline{x_{1_0}^d} \in \mathfrak{a}$．したがってある $\underline{a_{\mu_0}}, \underline{b_{j_0}} \in \mathcal{O}_{n+m, 0}$ があって

$$\underline{x_{1_0}^d} = \sum_{\mu=1}^N \underline{a_{\mu_0}} \cdot \underline{g_{\mu_0}} + \sum_{j=1}^m \underline{b_{j_0}} \cdot \underline{y_{j_0}}$$

と表される．$(x, y) = (x_1, 0, \ldots, 0, 0, \ldots, 0)$ を代入すると局所的に次が成立する.

$$x_1^d = \sum_{\mu=1}^N a_\mu(x_1, 0, \ldots, 0) \cdot g_\mu(x_1, 0, \ldots, 0).$$

よって少なくとも一つの g_μ は $g_\mu(x_1, 0, \ldots, 0, 0, \ldots, 0) \not\equiv 0$ となる．今これを $g_1(x, y)$ としよう．ワイエルストラスの予備定理 2.1.3 により，$g_1(x_1, x', y)$ $(x' = (x_2, \ldots, x_n))$ は x_1 に関する d_1 次のワイエルストラス多項式であるとして良い．またほかの g_μ は g_1 で商をとり剰余の部分を考えればよいので,

(6.7.5) $$g_1(x_1, x', y) = x_1^{d_1} + \sum_{\nu=1}^{d_1} c_{1\nu}(x', y) x_1^{d_1 - \nu}, \quad c_{1,\nu}(0, 0) = 0,$$

$$g_\mu(x_1, x', y) = \sum_{\nu=1}^{d_1} c_{\mu\nu}(x', y) x_1^{d_1 - \nu}, \quad 2 \leq \mu \leq N$$

と書かれているとしてよい．$x_1 = 0$ を中心とする小さな円板近傍 Δ_1 をとる．$(0, 0)$ を中心とする十分小さな多重円板近傍 $\mathrm{P}\Delta_{n-1} \times \mathrm{P}\Delta_m$ をとれば，任意の $(x', y) \in \mathrm{P}\Delta_{n-1} \times \mathrm{P}\Delta_m$ に対し $g_1(x_1, x', y) = 0$ の全ての根は Δ_1 に入るようにできる．射影 $\pi_1 : (x_1, x', y) \in \{g_1 = 0\} \to (x', y) \in \mathrm{P}\Delta_{n-1} \times \mathrm{P}\Delta_m$ は有限である．これを $Z' := Z \cap (\Delta_1 \times \mathrm{P}\Delta_{n-1} \times \mathrm{P}\Delta_m)$ に制限すると

(6.7.6) $$\pi_1 : Z' \to \mathrm{P}\Delta_{n-1} \times \mathrm{P}\Delta_m$$

はもちろん有限になる．像 $Z_1 = \pi_1(Z')$ は

$$g_\mu(x_1, x', y) = 0, \quad 1 \leq \mu \leq N$$

が共通根 $x_1 \in \Delta_1$ を持つような (x', y) の全体である. 新しい変数 $t(\in \mathbf{C})$ をとり
$$G(x_1, x', y; t) = \sum_{\mu=2}^{N} g_\mu(x_1, x', y) t^{\mu-2}$$
とおく. $g_1(x_1, x', y)$ と $G(x_1, x', y; t)$ の終結式を ((2.2.4) を参照)
$$R(x', y; t) = \sum_{\lambda=1}^{L} R_\lambda(x', y) t^\lambda, \quad {}^\exists L \in \mathbf{N}$$
と展開する. 定理 2.2.6 により (x', y) について次の同値性が成り立つ.
$$g_\mu(x_1, x', y) = 0, {}^\exists x_1 \in \Delta_1, 1 \leq {}^\forall \mu \leq N \iff R(x', y; t) = 0, \; {}^\forall t \in \mathbf{C}$$
$$\iff R_\lambda(x', y) = 0, \; 1 \leq {}^\forall \lambda \leq L.$$
したがって
$$Z_1 = \{(x', y) \in \mathrm{P}\Delta_{n-1} \times \mathrm{P}\Delta_m; R_\lambda(x', y) = 0, \; 1 \leq {}^\forall \lambda \leq L\}$$
となり Z_1 は解析的集合である.

以上で $n = 1$ の場合の証明は終わった.

(ロ) $n - 1$ で主張が成立すると仮定する. n の場合,(イ)の議論から $Z_1 = \pi_1(Z) \subset \mathrm{P}\Delta_{n-1} \times \mathrm{P}\Delta_m$ は解析的集合である. $\pi_2 : (x', y) \in Z_1 \to y \in \mathrm{P}\Delta_m$ を射影とする. $\pi = \pi_2 \circ \pi_1$ が成立している. π が有限であるから π_2 も有限である. 帰納法の仮定より $\pi(Z) = \pi_2(Z_1) \subset \mathrm{P}\Delta_m$ は解析的集合である. □

注意 6.7.7 (帰納的射影法) 上の証明では,写像 f に関する主張を f のグラフをとることにより直積空間 $\mathbf{C}^n \times \mathbf{C}^m$ 内のある性質を持つ解析的集合の問題に置き換え,n に関する帰納法により $n = 0$ の場合に帰着する方法をとった. これを帰納的射影法と呼ぼう. この方法は,わかりやすく大変効果的で,以下の二つの重要な定理 6.7.8 と定理 6.7.17 の証明でも使われる.

定理 6.7.8 $f : X \to Y$ を正則写像とし, $a \in X, b = f(a) \in Y$ とするとき,次は同値である.

(i) 準同型 $f^* : \mathcal{O}_{Y,b} \to \mathcal{O}_{X,a}$ により $\mathcal{O}_{X,a}$ は $\mathcal{O}_{Y,b}$ 加群として有限生成である.

(ii) ある近傍 $W \ni a, \omega \ni b$ が存在して $f|_W : W \to \omega$ は有限である.

(iii) $a \in f^{-1}b$ は孤立点である.

証明 平行移動により $a = b = 0$ とする.

(i)⇒ (ii) $\mathcal{O}_{X,0}$ の任意の元は $\mathcal{O}_{Y,0}$ 上整である (定理 6.3.9). $(x_1, \ldots, x_n)$ を $\mathbf{C}^n$ の座標とし X 上 0 の近傍で任意の x_i に対し

(6.7.9) $$x_i^{d_i} + \sum_{\nu=1}^{d_i} c_{i\nu}(y) x_i^{d_1-\nu} = 0, \quad 1 \leq i \leq n$$

が成立する．これらはワイェルストラスの予備定理 2.1.3 により x_i に関するワイェルストラス多項式であるとしてよい．したがって，全ての $c_{i\nu}(0) = 0$．多重円板近傍 $0 \in \mathrm{P}\Delta_n \Subset U$ を小さくとり，さらに $0 \in \omega \Subset V$ を十分小さくとれば，

$$f|_{X \cap \mathrm{P}\Delta_n} : X \cap \mathrm{P}\Delta_n \to \omega$$

は有限になる．

(ii)⇒ (iii) これは，有限性の定義より従う．

(iii)⇒ (i)[1] f のグラフ $G = \{(x, f(x)) \in X \times Y; x \in X\}$ と射影 $\pi : (x, y) \in G \to y \in Y$ を考え，前定理 6.7.2 同様に帰納的射影法による．次を示せば十分である．

主張 6.7.10 $Z \subset U \times V$ を解析的集合とし $\pi : Z \to V(\subset \mathbf{C}^m)$ を射影，$\pi(0) = 0$ とする．$0 \in \pi^{-1}0$ が孤立しているならば，π^* によって $\mathcal{O}_{Z,a}$ は $\mathcal{O}_{m,0}$ 加群として有限生成である．

∵) (イ) $x = (x_1, \ldots, x_n), y = (y_1, \ldots, y_m)$ を座標とし $x' = (x_2, \ldots, x_n)$ と書く．$\underline{Z}_0$ の定義イデアル $\mathscr{I}\langle \underline{Z}_0\rangle \subset \mathcal{O}_{n+m,0}$ を考える．前定理 6.7.2 の (イ) の議論から $\mathscr{I}\langle \underline{Z}_0\rangle$ に属する x_1 に関するワイェルストラス多項式 $g_1(x_1, x', y)$ がある．この次数を d_1 とする．ワイェルストラスの予備定理により，任意の $\underline{f}_0 \in \mathcal{O}_{n+m,0}$ は 0 で

$$f(x_1, x', y) = u(x_1, x', y) g_1(x_1, x', y) + \sum_{\nu=1}^{d_1} c_\nu(x', y) x_1^{d_1-\nu}$$

と表される．したがって，$\mathcal{O}_{Z,0}$ は $\mathcal{O}_{(n-1)+m,0,0}$ 上の加群として有限生成系 $\{x_1^\nu\}_{\nu=0}^{d_1-1}$ を持つ．

これで $n = 1$ の場合の証明が終わった．

(ロ) $n-1$ で主張が成立すると仮定する．n の場合，$(0,0,0) \in \mathbf{C} \times \mathbf{C}^{n-1} \times \mathbf{C}^m$ の適当な多重円板近傍 $\Delta_1 \times \mathrm{P}\Delta_{n-1} \times \mathrm{P}\Delta_m$ をとれば，射影 $\pi_1 : Z \to \mathrm{P}\Delta_{n-1} \times \mathrm{P}\Delta_m$ は有限である．定理 6.7.2 により像 $Z_1 = \pi_1(Z) \subset \mathrm{P}\Delta_{n-1} \times \mathrm{P}\Delta_m$ は解析的集合である．さらに射影 $\pi_2 : Z_1 \to \mathrm{P}\Delta_m$ を考えると，$\pi = \pi_2 \circ \pi_1$ となり，$(0,0) \in \pi_2^{-1}0$ は孤立している．直前の (イ) の議論の結果から $\mathcal{O}_{Z,0}$ は $\mathcal{O}_{Z_1,(0,0)}$ 上の加群として有限生成である．帰納法の仮定から π_2^* により $\mathcal{O}_{Z_1,(0,0)}$ は $\mathcal{O}_{m,0}$ 加群として有

---

[1] 以下は，筆者の知る限りで本書が初めての新証明である．終結式しか使わない定理 6.7.2 を先に証明しておくのが，ポイントである．

限生成である．したがって，$\mathcal{O}_{Z,0}$ は $\mathcal{O}_{m,0}$ 加群として有限性である． □

系 6.7.11 定理 6.7.8 の設定の下で，$a \in f^{-1}b$ が孤立していれば a の近傍 $W \subset X$ があって
$$\dim_z f^{-1}f(z) = 0, \quad {}^\forall z \in W$$
が成立する．つまり $z \in f^{-1}f(z)$ は孤立している．

証明 a の近傍で (6.7.9) が成立するので，そこでは $f^{-1}f(z)$ は有限集合であることからわかる． □

系 6.7.12 定理 6.7.2 の条件下で，
$$\dim_a X = \dim_{f(a)} f(X) \leq \dim_{f(a)} Y, \quad {}^\forall a \in X.$$
特に $\dim X = \dim f(X)$ が成立する．

証明 $\underline{X}_a$ は既約と仮定してよい．以下 a の近傍に制限して考える．$Z = f(X) \subset Y$ とおき，f のグラフ $G = \{(f(x), x); x \in X\} \subset V \times X$ を考える．第 1 成分への射影 $\pi : G \to Z = \pi(G) \subset V$ をとる．$\dim_a X = \dim_{(b,a)} G$ であり，$\pi^* : \mathcal{O}_{Z,b} \to \mathcal{O}_{G,(b,a)}$ は単射である．$\underline{Z}_b$ は既約で Z の b での標準多重円板近傍 $\mathrm{P}\Delta_p \times \mathrm{P}\Delta_{m-p}$ をとると，$p = \dim_b Z \leq \dim_{f(a)} Y$ が成立する．a の多重円板近傍 $\mathrm{P}\Delta_n$ を小さくとれば $\mathrm{P}\Delta_p \times (\mathrm{P}\Delta_{m-p} \times \mathrm{P}\Delta_n)$ は G の点 (b,a) での標準多重円板近傍となる．したがって $p = \dim_{(b,a)} G = \dim_a X$ である． □

定理 6.7.13 (次元の半連続性) $f : X \to Y$ を正則写像とする．任意の点 $a \in X$ に対しある近傍 $W \subset X$ が存在して，次の不等式が成立する．
$$\dim_x f^{-1}f(x) \leq \dim_a f^{-1}f(a), \quad {}^\forall x \in W.$$

証明 $Y = \mathbf{C}^m$, $a = 0$, $f(a) = 0$ としてよい．$p = \dim_0 f^{-1}f(0)$ とする．$f^{-1}f(0)$ の 0 での標準座標近傍 $z = (z', z'') \in \mathrm{P}\Delta_p \times \mathrm{P}\Delta_{n-p}$ をとる．特に 0 は $f^{-1}f(0) \cap \{z_1 = \cdots = z_p = 0\}$ の孤立点である．したがって
$$F : x \in X \to (f(x), z_1, \ldots, z_p) \in \mathbf{C}^m \times \mathbf{C}^p$$
とおくと，$0 \in F^{-1}(0,0)$ は孤立している．定理 6.7.8 (ii) より，ある 0 の近傍 $W \subset X$ が存在して任意の $x \in W$ に対し $x \in F^{-1}F(x)$ は孤立している．$x \in W$ を任意に固定して，射影
$$\pi : \zeta \in (f^{-1}f(x)) \cap W \to (z_1(\zeta), \ldots, z_p(\zeta)) \in \mathbf{C}^p$$

を考えると $\zeta \in \pi^{-1}\pi(\zeta)$ は孤立している．定理 6.7.8 と系 6.7.12 より $\dim_x f^{-1}f(x) \leq p$ が成り立つ． □

定理 6.7.14 $f: X \to Y$ を正則写像，$a \in X, b = f(a)$ とする．次を仮定する．
(イ) $\underline{Y}_b$ は既約である．
(ロ) $a \in f^{-1}b$ は孤立点である．
(ハ) $\dim_a X = \dim_b Y$.
すると a の基本近傍系 $\{U'\}$ と b の基本近傍系 $\{V'\}$ が存在して以下が成立する．
  (i) $f(U' \cap X) = V' \cap Y$.
 (ii) $f|_{U' \cap X} : U' \cap X \to V' \cap Y$ は有限である．
(iii) X は純次元とする．するとある解析的集合 $R \subsetneq Y, R \supset \Sigma(Y), f^{-1}R \supset \Sigma(X)$ が存在して
$$f|_{X \setminus f^{-1}R} : X \setminus f^{-1}R \to Y \setminus R$$
は，有限葉の不分岐被覆となる．

証明 (i), (ii) は定理 6.7.8 と系 6.7.12 より従う．

(iii) を示そう．$\underline{X}_a = \bigcup_\alpha \underline{X}_{\alpha_a}$ と既約分解する．各既約成分 X_α 毎に定理が示されればよいので，$\underline{X}_a$ は，既約であると仮定する．

(1) $Y = \mathbf{C}^p$ の場合をまず示す．$f: X \to \mathbf{C}^p, a = b = 0$ とする．X は，0 の開近傍 Ω の解析的集合とする．f のグラフ $\Gamma(f) = \{(f(z), z); z \in X\} \subset \mathbf{C}^p \times \Omega$ と射影 $\pi : \Gamma(f) \ni (w, z) \mapsto w \in \mathbf{C}^p$ をとる．$0 \in f^{-1}0$ が孤立点であることと $0 \in \pi^{-1}0$ が孤立点であることは同値である．よって一般に原点の近傍の解析的集合 $X \subset \Omega \subset \mathbf{C}^n \ni z = (z_1, \ldots, z_p, \ldots, z_n)$ と射影
$$\pi : z = (z_1, \ldots, z_p, z_{p+1}, \ldots, z_n) \in X \to (z_1, \ldots, z_p) \in \mathbf{C}^p$$
に対し主張を証明すればよい．
$$\mathfrak{a} = \mathscr{I}\langle \underline{X}_0 \rangle \subset \mathcal{O}_{n,0}$$
とおく．仮定より
$$\mathscr{V}\left(\mathfrak{a} + \sum_{j=1}^p \mathcal{O}_{n,0} \cdot \underline{z_{j_0}}\right) = \{0\},$$
$$\mathscr{I}\langle \{0\} \rangle = \mathfrak{m}_{n,0} = \sum_{j=1}^n \mathcal{O}_{n,0} \cdot \underline{z_{j_0}}.$$
リュッケルトの零点定理 6.4.20 により，ある $d \in \mathbf{N}$ が存在して
(6.7.15) $\qquad \underline{z_{k_0}}^d \in \mathfrak{a} + \sum_{j=1}^p \mathcal{O}_{n,0} \cdot \underline{z_{j_0}}, \quad p < {}^\forall k \leq n.$

命題 6.4.2 の証明のプロセスを繰り返す．$\mathcal{O}_{n,0}, \mathcal{O}_{n-1,0}, \ldots, \mathcal{O}_{p,0}$ をそこで使われた記号とすると (6.7.15) より $p < h \leq n$ について $\mathfrak{a} \cap \mathcal{O}_{h,0} \neq \{0\}$ がわかる．$\dim_0 X = p$ であるから，命題 6.4.2 と定理 6.4.16 より，ある射影

$$\pi : X \cap (\mathrm{P}\Delta_p \times \mathrm{P}\Delta_{n-p}) \to \mathrm{P}\Delta_p$$

は全射かつ有限になる．

$\dim_0 X = p$ となり，定理 6.4.16 の δ をとり，$R = \{\delta = 0\} \subsetneq \mathrm{P}\Delta_p$ とおくと

$$\pi|_{X \cap (\mathrm{P}\Delta_p \times \mathrm{P}\Delta_{n-p}) \setminus \pi^{-1}R} : X \cap (\mathrm{P}\Delta_p \cap \mathrm{P}\Delta_{n-p}) \setminus \pi^{-1}R \to \mathrm{P}\Delta_p \setminus R$$

は不分岐被覆となる．

(2) Y が一般の場合は，まず定理 6.4.16 により Y の 0 での標準多重円板近傍 $\mathrm{P}\Delta_p \times \mathrm{P}\Delta_{m-p}$ をとりそこに制限して考える．射影

$$\pi : Y \to \mathrm{P}\Delta_p$$

は有限で，解析的部分集合 $S \subsetneq \mathrm{P}\Delta_p$ があり $Y \setminus \pi^{-1}S \to \mathrm{P}\Delta_p \setminus S$ は有限不分岐被覆である．$g = \pi \circ f : X \to \mathrm{P}\Delta_p$ は，定理の条件を満たす．(1) の結果から，ある解析的部分集合 $T \subsetneq \mathrm{P}\Delta_p$ があり，

$$g|_{X \setminus g^{-1}T} : X \setminus T \to \mathrm{P}\Delta_p \setminus T$$

は，有限葉の不分岐被覆である．$R = \pi^{-1}(S \cup T) \subsetneq Y$ とおく．$X \setminus f^{-1}R, Y \setminus R$ は p 次元複素多様体で，

$$(\pi \circ f)|_{X \setminus f^{-1}R} : X \setminus f^{-1}R \to \mathrm{P}\Delta_p \setminus (S \cup T),$$
$$\pi|_{Y \setminus \pi^{-1}(S \cup T)} : Y \setminus \pi^{-1}(S \cup T) \to \mathrm{P}\Delta \setminus (S \cup T)$$

は共に有限葉の不分岐被覆である．したがって，

$$f|_{X \setminus f^{-1}R} : X \setminus f^{-1}R \to Y \setminus R$$

は，有限葉の不分岐被覆である． $\square$

系 6.7.16 定理 6.7.14 の条件の下で，準同型 $f^* : \mathcal{O}_{Y,b} \to \mathcal{O}_{X,a}$ は，単射有限である．

証明 単射であることは，定理 6.7.14 より従う．有限であることは定理 6.7.8 ですでに示されている． $\square$

最後に，連接層の順像について考える (§1.3.3 (8) を参照)．次の定理も一般の複素空間 (§6.9) の場合は，固有正則写像に対し成立するものの特別な場合である (定理 6.9.8)．

定理 6.7.17 (順像定理)　$f: X \to Y$ を有限な正則写像とする．$\mathscr{S} \to X$ を連接層とすると，順像 $f_*\mathscr{S} \to Y$ も連接層である．

証明　f は有限写像であるから命題 6.1.11 (iii) により

(6.7.18) $$(f_*\mathscr{S})_y \cong \bigoplus_{x \in f^{-1}y} \mathscr{S}_x,$$

(6.7.19) $$(f_*\mathcal{O}_X)_y \cong \bigoplus_{x \in f^{-1}y} \mathcal{O}_{X,x}.$$

ただし，ここでは $f^*: \mathcal{O}_{Y,y} \to \mathcal{O}_{X,x}$ を通して $\mathscr{S}_x$ および $\mathcal{O}_{X,x}$ を $\mathcal{O}_{Y,y}$ 加群と見ている．$\mathscr{S}$ は X 上の連接層であるから次が成立する．
 (i) $f_*\mathscr{S}$ は $f_*\mathcal{O}_X$ 加群の層として局所有限である．
 (ii) $f_*\mathscr{S}$ の $f_*\mathcal{O}_X$ 加群の層としての関係層は，$f_*\mathcal{O}_X$ 加群の層として局所有限である．
したがって，次の補題が示されれば十分である．　　　　　□

補題 6.7.20　正則写像 $f: X \to Y$ が有限ならば，$f_*\mathcal{O}_X$ は $\mathcal{O}_Y$ 加群の層として局所有限である．

証明　この証明も帰納的射影法による．問題は局所的であるから $0 \in X, f(0) = 0$ と仮定してよい．さらに，$X \subset U = \mathrm{P}\Delta_n$ (n 次元の 0 を中心とする多重円板) $Y = V = \mathrm{P}\Delta_m$ (m 次元の 0 を中心とする多重円板) として証明すれば十分である．f のグラフと射影

$$G = \{(x, f(x)) \in X \times Y; x \in X\},$$
$$\pi: (x, y) \in G \to y \in Y$$

をとる．次の主張が示されれば良い．

主張 6.7.21　$Z \subset \mathrm{P}\Delta_n \times \mathrm{P}\Delta_m$ を解析的集合とし $\pi: Z \to \mathrm{P}\Delta_m$ を射影，$\pi(0) = 0$ とする．π が有限ならば，$\pi_*\mathcal{O}_Z$ は $\mathcal{O}_{\mathrm{P}\Delta_m}$ 加群として局所有限生成である．

∵) **(イ)**　$x = (x_1, \ldots, x_n), y = (y_1, \ldots, y_m)$ を座標とし $x' = (x_2, \ldots, x_n)$ と書く．(6.7.19) と同様に $y \in \pi(Z)$ に対し $\mathcal{O}_{\mathrm{P}\Delta_m, y}$ 加群として次の同型がある．

(6.7.22) $$(\pi_*\mathcal{O}_Z)_y \cong \bigoplus_{(x,y) \in \pi^{-1}y} \mathcal{O}_{Z,(x,y)}.$$

0 の近傍で示せばよい．$\underline{Z}_0$ の定義イデアル $\mathscr{I}\langle \underline{Z}_0 \rangle \subset \mathcal{O}_{\mathrm{P}\Delta_n \times \mathrm{P}\Delta_m, 0} = \mathcal{O}_{n+m, 0}$ をとる．主張 6.7.3 の (イ) の議論から $\mathscr{I}\langle \underline{Z}_0 \rangle$ に属する x_1 に関するワイエルス

トラス多項式 $W(x_1, x', y)$ がある.この次数を d とする.$\mathrm{P}\Delta_n, \mathrm{P}\Delta_m$ を必要なら小さく取り直して $W(x_1, x', y) \in \mathcal{O}(\mathrm{P}\Delta_n \times \mathrm{P}\Delta_m)$ とする.ワイェルストラスの予備定理により,任意の $\underline{f}_0 \in \mathcal{O}_{n+m,0}$ は 0 で

$$f(x_1, x', y) = u(x_1, x', y)W(x_1, x', y) + \sum_{\nu=1}^{d} c_\nu(x', y) x_1^{d-\nu},$$

$$x = (x_1, x') \in \Delta_{(1)} \times \mathrm{P}\Delta_{n-1}, \ y \in \mathrm{P}\Delta_m$$

と表される.$\mathcal{O}_{Z,0}$ は $\mathcal{O}_{\mathrm{P}\Delta_{n-1} \times \mathrm{P}\Delta_m, 0}$ 上の加群として有限生成系 $\{x_1^\nu\}_{\nu=0}^{d-1}$ を持つ.π は有限であるから射影

$$\pi_1 : (x_1, x', y) \in Z \to (x', y) \in \mathrm{P}\Delta_{n-1} \times \mathrm{P}\Delta_m$$

は有限である.定理 6.7.2 より像 $Z_1 = \pi_1(X) \subset \mathrm{P}\Delta_{n-1} \times \mathrm{P}\Delta_m$ は解析的集合である.任意に点 $(a, b) = (a_1, a', b) \in Z$ をとる.$W(a, b) = 0$ である.$W(x_1, x', y)$ を点 (a, b) 中心のワイェルストラス多項式に書き直す.

$$W(x_1, x', y) = u(x, y) W_1(x_1 - a_1, x', y),$$
$$W_1(x_1 - a_1, x', y) = (x_1 - a_1)^{d_1} + \sum_{\nu=1}^{d_1} \beta_\nu(x', y)(x_1 - a_1)^{d_1 - \nu}.$$

ここで,$d_1 \leq d$,$u(a, b) \neq 0$ で全ての $\beta_\nu(a', b) = 0$ である.ワイェルストラスの予備定理 2.1.3 により $\mathcal{O}_{Z,(a,b)}$ は,$\pi_1^* : \mathcal{O}_{Z_1,(a',b)} \to \mathcal{O}_{Z,(a,b)}$ を通して $\mathcal{O}_{Z_1,(a',b)}$ 加群として $\{(x_1 - a_1)^\nu\}_{\nu=0}^{d_1 - 1}$ で生成される.これらは,

$$1, x_1, x_1^2, \ldots, x_1^{d_1 - 1}, \ldots, x_1^{d-1}$$

で生成される.このことと (6.7.22) より,$\pi_{1*} \mathcal{O}_Z$ は $\mathcal{O}_{Z_1}$ 加群として有限生成であることがわかる.

これで $n = 1$ の場合の証明が終わった.

(ロ) $n - 1$ で主張が成立すると仮定する.n の場合,(イ) の議論により $(0, 0, 0) \in \mathbf{C} \times \mathbf{C}^{n-1} \times \mathbf{C}^m$ の適当な多重円板近傍 $\Delta_{(1)} \times \mathrm{P}\Delta_{n-1} \times \mathrm{P}\Delta_m$ をとれば,射影 $\pi_1 : Z \to \mathrm{P}\Delta_{n-1} \times \mathrm{P}\Delta_m$ は有限である.定理 6.7.2 により像 $Z_1 = \pi_1(Z) \subset \mathrm{P}\Delta_{n-1} \times \mathrm{P}\Delta_m$ は解析的集合であり,$\pi_{1*} \mathcal{O}_Z$ は $\mathcal{O}_{Z_1}$ 加群の層として局所有限である.さらに射影 $\pi_2 : Z_1 \to \mathrm{P}\Delta_m$ を考えると,$\pi = \pi_2 \circ \pi_1$ となり,π_2 も有限である.帰納法の仮定から $\pi_{2*} \mathcal{O}_{Z_1}$ は $\mathcal{O}_{\mathrm{P}\Delta_m}$ 加群の層として局所有限である.したがって,$\pi_* \mathcal{O}_Z = \pi_{1*}(\pi_{2*} \mathcal{O}_Z)$ は $\mathcal{O}_{\mathrm{P}\Delta_m}$ 加群の層として局所有限である. □

6.8 解析的集合の接続

(a) 正則関数の解析接続のように解析的集合の接続問題を考える. $\Omega \subset \mathbf{C}^n$ を領域とする.

定理 6.8.1 (レンメルトの接続定理) $Y \subset \Omega$ を解析的集合, $X \subset \Omega \setminus Y$ を解析的集合で

(6.8.2) $$\dim_a X > \dim Y, \quad {}^\forall a \in X$$

を仮定する. すると X の Ω での閉包 $\bar{X}$ は Ω の解析的集合である.

証明 $X = \Omega \setminus Y$ なら $\bar{X} = \Omega$ となり成立している. よって $X \neq \Omega \setminus Y$ とする. $X = \bigcup X_\alpha$ と既約分解する. $\dim Y < m < n$ を満たす m に対し $X^{(m)} = \bigcup_{\dim X_\alpha = m} X_\alpha$ とおく. 各 $X^{(m)}$ 毎に閉包 $\bar{X}^{(m)}$ が解析的であることが示されればよいので, X は純 m 次元であるとしてよい. さらに, 任意の点 $a \in \bar{X} \cap Y$ のある近傍 U で $U \cap \bar{X}$ が解析的であることを示せばよい.

主張 6.8.3 $a \in Y \setminus \Sigma(Y)$ ならばある近傍 U で $\bar{X} \cap U$ は解析的である.

これがわかれば $\bar{X} \cap (\Omega \setminus \Sigma(Y))$ は解析的であることがわかる. $\dim Y > \dim \Sigma(Y)$ であるから, これを繰り返せば $\bar{X}$ が解析的であることが従う.

主張 6.8.3 の証明. $l = \dim_a Y$ とおく. a の近傍 U で座標 $(z_1, \ldots, z_n)$ を取り直せば, $a = 0$, かつ

(6.8.4) $\qquad U \cap Y$ は l 次元線形部分空間と U との共通部分

と仮定してよい. $(z_1, \ldots, z_n)$ の線形関数 L_1 を X の全ての既約成分 X' について $\dim X' \cap \{L_1 = 0\} < m$ となるようにとる. これを繰り返して $L_1, \ldots, L_m$ を

$$\dim X \cap \{L_1 = \cdots = L_m = 0\} = 0,$$
$$Y \cap \{L_1 = \cdots = L_m = 0\} = \{0\}$$

となるようにとる. 座標 $z = (z_1, \ldots, z_m, \ldots, z_n)$ を $z_j = L_j, 1 \leq j \leq m$ と取り直す. $X \cap \{z_1 = \cdots = z_m = 0\}$ は高々可算集合であるから $X \cap \{z_1 = \cdots = z_m = 0\} = \{x^{(\nu)}\}_{\nu=1}^\infty$ とおく.

$$\varphi(z) = \max_{m+1 \leq k \leq n} |z_k|$$

とおくと，任意に小さい正数 $\delta \notin \{\varphi(x^{(\nu)})\}$ がとれて
$$(X \cup Y) \cap U \cap \{z = (0,\ldots,0,z_{m+1},\ldots,z_n); \varphi(z) = \delta\} = \emptyset.$$
$(X \cup Y) \cap U$ は U の閉部分集合で $\{z = (0,\ldots,0,z_{m+1},\ldots,z_m); \varphi(z) = \delta\}$ はコンパクトなので，ある $\varepsilon > 0$ が存在して
$$(X \cup Y) \cap U \cap \{z = (z_1,\ldots,z_m,\ldots,z_n);$$
$$|z_j| \leq \varepsilon, 1 \leq j \leq m, \varphi(z) = \delta\} = \emptyset.$$
ここで
$$\mathrm{P}\Delta' = \{(z_1,\ldots,z_m); |z_j| < \varepsilon\} \subset \mathbf{C}^m,$$
$$\mathrm{P}\Delta'' = \{(z_{m+1},\ldots,z_n); |z_j| < \delta\} \subset \mathbf{C}^{n-m},$$
$$\mathrm{P}\Delta = \mathrm{P}\Delta' \times \mathrm{P}\Delta'' \Subset U$$
とおく．射影
$$\pi : z = (z', z'') \in (X \cup Y) \cap \mathrm{P}\Delta \to z' \in \mathrm{P}\Delta'$$
は有限になる．$E' = \pi(Y \cap \mathrm{P}\Delta)$ とおくと，(6.8.4) より $\mathbf{C}^m$ の $l(< m)$ 次元線形部分空間 E があって $E' = \mathrm{P}\Delta' \cap E$ が成立する．任意の点 $z' \in \mathrm{P}\Delta' \setminus E'$ に対し $X \cap (\pi^{-1}z')$ は，コンパクトな解析的集合なので有限集合となる．定理 6.7.14 により $\pi(X)$ は z' の近傍を含む．よって $\pi((X \cup Y) \cap \mathrm{P}\Delta) = \mathrm{P}\Delta'$ となる．
$$d = \max_{z' \in \mathrm{P}\Delta' \setminus E'} |X \cap (\pi^{-1}z')| \ (< \infty)$$
とおく．z_k $(m+1 \leq k \leq n)$ が $X \cap (\pi^{-1}z')$ 上とる d 個の値の基本対称式を $a_{k1}(z'),\ldots,a_{kd}(z')$ とすれば

(6.8.5) $\quad z_k^d + \sum_{\nu=1}^{d} a_{k\nu}(z') z_k^{d-1} = 0, \quad m+1 \leq k \leq n.$

$a_{k\nu}(z')$ は，$\mathrm{P}\Delta' \setminus E'$ 上の有界正則関数であるからリーマンの拡張定理 2.3.4 により $\mathrm{P}\Delta'$ 上正則になる．(6.8.5) で決まる $\mathrm{P}\Delta$ 内の解析的集合を Z とすれば Z は純 m 次元である．以下，全て $\mathrm{P}\Delta$ 内に制限したものとする．
$$Z \supset \bar{X}$$
が成立している．$X \setminus \Sigma(X)$ の連結成分 X'_α を含む $Z \setminus \Sigma(Z)$ の連結成分 Z'_α をとると
$$X'_\alpha = Z'_\alpha \setminus Y.$$
したがって，$\bar{X}'_\alpha = \bar{Z}'_\alpha$ は Z の既約成分である．よって $\bar{X} = \bigcup \bar{Z}'_\alpha$ は解析的となる． $\square$

(b) レンメルトの接続定理の簡単ではあるが重要な応用を与えよう．

定理 6.8.6 (周 (Chow))　解析的集合 $X \subset \mathbf{P}^n(\mathbf{C})$ は代数的部分集合である．

証明　(6.1.1) のホップ写像
$$\pi : \mathbf{C}^{n+1} \setminus \{0\} \to \mathbf{P}^n(\mathbf{C})$$
を考える．$\widetilde{X} = \pi^{-1}X$ は，$\mathbf{C}^{n+1} \setminus \{0\}$ の解析的集合である．$\widetilde{X}$ はいたる所で正次元であり，$Y = \{0\}$ は 0 次元であるからレンメルトの拡張定理 6.8.1 により $\widetilde{X}$ の閉包 $\widehat{X} = \bar{\widetilde{X}}$ は $\mathbf{C}^{n+1}$ の解析的集合である．

$\mathscr{I}\langle\widehat{X}_0\rangle$ の生成元 $\underline{f_1}_0, \ldots, \underline{f_l}_0$ をとる．全ての f_j が正則である原点を中心とする多重円板 $\mathrm{P}\Delta$ をとり，そこで f_j を巾級数展開する．
$$f_j(z_0, \ldots, z_n) = \sum_\alpha c_{j\alpha} z^\alpha = \sum_{\nu=1}^\infty P_{j\nu}(z),$$
$$P_{j\nu}(z) = \sum_{|\alpha|=\nu} c_{j\alpha} z^\alpha.$$
$P_{j\nu}(z)$ は ν 次同次多項式である．$z \in \widehat{X} \cap \mathrm{P}\Delta$ を任意にとると $\widehat{X}$ の取り方から，$\zeta \in \mathbf{C}$ を $|\zeta|$ が十分小さく $\zeta z \in \mathrm{P}\Delta$ となるようにとれば $\zeta z \in \widehat{X} \cap \mathrm{P}\Delta$ が成り立たなければならない．したがって
$$f_j(\zeta z) = \sum_{\nu=1}^\infty P_{j\nu}(z)\zeta^\nu = 0.$$
これより $P_{j\nu}(z) = 0$, $\nu = 1, 2, \ldots$, がわかる．したがって
$$\widehat{X} = \bigcap_{j,\nu} \{P_{j,\nu} = 0\}.$$
多項式環のネーター性より有限個の (j, ν) について
$$\widehat{X} = \bigcap_{(j,\nu)} \{P_{j,\nu} = 0\}$$
となり，$\widehat{X}$ が代数的集合であることがわかる．以上より X は代数的であることがわかった． $\square$

6.9　複 素 空 間

一般に位相空間 X とその上の環の層 $\mathscr{R}_X$ の対 $(X, \mathscr{R}_X)$ を**環付空間** (ringed space) と呼ぶ．

定義 6.9.1　環付空間 $(X, \mathcal{O}_X)$ が**複素空間** (または複素解析空間) であるとは，次の条件が満たされることとする．

(i) X はハウスドルフ位相空間である.

(ii) 開被覆 $X = \bigcup_{\alpha \in \Gamma} U_\alpha$ と各 $\alpha \in \Gamma$ に対応して $\mathbf{C}^{n_\alpha}$ 内の開集合 Ω_α の解析的集合 A_α, および同相写像 $\varphi_\alpha : U_\alpha \to A_\alpha$ と両立する層の同型写像 $\Phi_\alpha : \mathcal{O}_X|_{U_\alpha} \to \mathcal{O}_{A_\alpha}$ が存在する. 両立するとは, 次が可換であることを意味する.

$$\begin{array}{ccc} \mathcal{O}_X|_{U_\alpha} & \xrightarrow{\Phi_\alpha} & \mathcal{O}_{A_\alpha} \\ \downarrow & & \downarrow \\ U_\alpha & \xrightarrow{\varphi_\alpha} & A_\alpha \end{array}$$

$\mathcal{O}_X$ を複素空間 $(X, \mathcal{O}_X)$ の**構造層**と呼び, 三つ組 $(U_\alpha, \varphi_\alpha, A_\alpha)$ を**局所図** (local chart) と呼ぶ. U_α をある点 $x \in U_\alpha$ の近傍と考えるときは, U_α または $(U_\alpha, \varphi_\alpha, A_\alpha)$ をその**局所図近傍**と呼ぶ.

上の (ii) で $U_\alpha \cap U_\beta \neq \emptyset$ の場合, 次の層の同型が成り立つ.

$$\begin{array}{ccc} \mathcal{O}_{A_\alpha \cap \varphi_\alpha(U_\alpha \cap U_\beta)} & \xrightarrow{\Phi_\beta \circ \Phi_\alpha^{-1}} & \mathcal{O}_{A_\beta \cap \varphi_\beta(U_\alpha \cap U_\beta)} \\ \downarrow & & \downarrow \\ A_\alpha \cap \varphi_\alpha(U_\alpha \cap U_\beta) & \xrightarrow{\varphi_\beta \circ \varphi_\alpha^{-1}} & A_\beta \cap \varphi_\beta(U_\alpha \cap U_\beta) \end{array}$$

ここで, $\Phi_\beta \circ \Phi_\alpha^{-1}, \varphi_\beta \circ \varphi_\alpha^{-1}$ 等はしかるべく制限を考えているものとする. この意味で

$$\varphi_\beta \circ \varphi_\alpha^{-1} : A_\alpha \cap \varphi_\alpha(U_\alpha \cap U_\beta) \longrightarrow A_\beta \cap \varphi_\beta(U_\alpha \cap U_\beta)$$

は正則写像で逆も正則, つまり正則同型である.

$(X, \mathcal{O}_X)$ を複素空間とする. 単に, X を複素空間と呼ぶこともある. 開集合 $U \subset X$ 上の $\mathcal{O}_X$ の切断を U 上の**正則関数**と呼ぶ. その全体を

$$\mathcal{O}_X(U) = \Gamma(U, \mathcal{O}_X)$$

と書く. また制限を $\mathcal{O}_U = \mathcal{O}_X|_U$ と書く. $f \in \mathcal{O}_X(U)$ が与えられたとき, 各 $x \in U$ に対し $f(x) \in \mathcal{O}_{X,x}$ が対応するが, 関数の値として $f(x) \in \mathbf{C}$ も得る. つまり, 関数 $f : U \to \mathbf{C}$ が決まる. 混用してもどちらの意味かは, 前後関係から明らかと思うが, 必要な場合はどちらの意味かを明確にする.

$(X, \mathcal{O}_X)$ を複素空間とし $\mathcal{O}_X$ 加群の連接層 $\mathscr{S} \to X$ を X 上の**連接層**と言う. 次の事実は, 基本的である.

定理 6.9.2 (岡) 複素空間 $(X, \mathcal{O}_X)$ の構造層 $\mathcal{O}_X$ は, 連接層である.

これは, 岡の連接定理 6.5.16 より直ちに従う. 命題 3.3.5 と同様にして次の命

題が成立する．

命題 6.9.3 X 上の $\mathcal{O}_X$ 加群の層 $\mathscr{S}$ について次は同値である．
(i) $\mathscr{S}$ は連接層である．
(ii) 任意の $x \in X$ にある近傍 $U \subset X$ とその上の完全列
$$\mathcal{O}_U^q \xrightarrow{\phi} \mathcal{O}_U^p \xrightarrow{\psi} \mathscr{S}|_U \to 0$$
が存在する．

$x \in X$ に対しその局所図近傍 $(U_\alpha, \varphi_\alpha, A_\alpha)$ をとり，$\varphi_\alpha(x) \in A_\alpha$ が特異点 (通常点) であるとき x は X の特異点 (通常点) であると言う．これは，局所図近傍の取り方によらない．X の特異点の全体を $\Sigma(X)$ と書く．$\Sigma(X) = \emptyset$ のとき，X は非特異であると言う．このとき，X は一般に非連結な複素多様体になる．

部分集合 $Y \subset X$ が解析的集合であるとは，任意の局所図 $(U_\alpha, \varphi_\alpha, A_\alpha)$ に対し $\varphi_\alpha(Y \cap U_\alpha)$ が A_α の解析的集合であることとして定義できる．Y で 0 をとる X の正則関数の芽の層として Y のイデアル層 $\mathscr{I}\langle Y \rangle \subset \mathcal{O}_X$ が自然に定義される．$\mathcal{O}_Y = \mathcal{O}_X/\mathscr{I}\langle Y \rangle$ を商層とすれば，$(Y, \mathcal{O}_Y)$ は複素空間をなす．これを，$(X, \mathcal{O}_X)$ の複素部分空間と呼ぶ．

定理 6.5.9 より次が直ちに従う．

定理 6.9.4 複素解析空間 $(X, \mathcal{O}_X)$ の特異点集合 $\Sigma(X)$ は，X 内で薄い解析的部分集合である．

二つの複素空間 $(X, \mathcal{O}_X), (Y, \mathcal{O}_Y)$ があるとする．連続写像 $f : X \to Y$ が正則写像であるとは，任意の点 $x \in X$ に対し，x と $f(x)$ の局所図 $(U_\alpha, \varphi_\alpha, A_\alpha)$ と $(V, \lambda, \psi_\lambda, B_\lambda)$ を $f(U_\alpha) \subset V_\lambda$ と取るとき
$$\psi_\lambda \circ f \circ \varphi_\alpha^{-1} : A_\alpha \to B_\lambda$$
が解析的集合間の正則写像になることとする．

正則写像 $f : X \to Y$ が全単射で逆 $f^{-1} : Y \to X$ も正則であるとき X と Y は正則同型であると言い，f を双正則写像または正則同型写像と呼ぶ．

一般の複素空間の間の正則写像 $f : X \to Y$ に対しては，固有であることと有限であることは異なる (命題 6.7.1 を参照)．たとえば射影 $p : \mathbf{C}^n \times \mathbf{P}^m(\mathbf{C}) \to \mathbf{C}^n$ は固有正則であるが，有限ではない．

例 6.9.5 ブローアップは，多変数関数論では良く現れる操作なので，もっ

とも簡単な場合である 1 点ブローアップを紹介しておこう．$n \geq 2$ として $z = (z_1, \ldots, z_n) \in \mathbf{C}^n$ を座標，$w = [w_1, \ldots, w_n] \in \mathbf{P}^{n-1}(\mathbf{C})$ を同次座標とする．$X \subset \mathbf{C}^n \times \mathbf{P}^{n-1}(\mathbf{C})$ を次の連立方程式で定義される解析的集合とする．

(6.9.6) $$z_j w_k - z_k w_j = 0, \quad 1 \leq j, k \leq n.$$

$\pi : (z, w) \in X \to z \in \mathbf{C}^n$ を第 1 射影とする．$z \neq 0$ ならば，たとえば $z_1 \neq 0$ として，
$$w_k = \frac{w_1}{z_1} z_k, \quad 1 \leq k \leq n.$$
$(w_k) \neq 0$ であるから，この場合 $w_1 \neq 0$ でなければならず，$\pi^{-1} z = (z, w) \in X$ はただ 1 点決まる．$z = 0$ では，明らかに $\pi^{-1} 0 = \{0\} \times \mathbf{P}^{n-1}(\mathbf{C})$. $\pi : X \to \mathbf{C}^n$ は固有だが有限ではない．しばしば $X = \widehat{\mathbf{C}^n}$ と書き $\mathbf{C}^n$ の 1 点ブローアップと呼ぶ．$\widehat{\mathbf{C}^n}$ は非特異であることが簡単に確かめられ，制限
$$\pi|_{\widehat{\mathbf{C}^n} \setminus \pi^{-1} 0} : \widehat{\mathbf{C}^n} \setminus \pi^{-1} 0 \to \mathbf{C}^n \setminus \{0\}$$
は双正則である．

前節で証明した解析的集合と正則写像の局所的な性質は，そのまま複素空間とそれらの間の正則写像に対し証明も込めて成立する．以下に有限の仮定を固有として成立しているものを証明なしで述べる．証明は，参考書 [G-R2] などを参照してほしい．

$\mathrm{dir}^q f_* \mathscr{S}$ または $f_* \mathscr{H}^q(X, \mathscr{S})$ と書かれる**高次順像層**の定義をしよう．一般に $f : X \to Y$ を位相空間の間の連続写像，$\mathscr{S} \to X$ を層とする．開集合 $V \subset Y$ に対し $H^q(f^{-1} V, \mathscr{S})$ を対応させてできる前層が誘導する Y 上の層を q 次順像層と呼び，$\mathrm{dir}^q f_* \mathscr{S}$ または $f_* \mathscr{H}^q(X, \mathscr{S})$ と表す．

以下 X, Y を複素空間とする．

定理 6.9.7 (固有写像定理)　$f : X \to Y$ を固有な正則写像とすると，像 $f(X)$ は Y の解析的部分集合である．このとき X が既約ならば $f(X)$ も既約である．

定理 6.9.8 (順像定理, H. グラウェルト)　$f : X \to Y$ を固有な正則写像とする．$\mathscr{S} \to X$ を連接層とすると，順像 $f_* \mathscr{S} \to Y$ も連接層である．より一般に q 次順像層 $\mathrm{dir}^q f_* \mathscr{S}$ $(q \geq 0)$ も連接である．

定義 6.9.9　$\mathscr{S} \to X$ を加群の層とする．$\mathscr{S}$ の台 $\mathrm{Supp}\, \mathscr{S}$ を次で定義する．
$$\mathrm{Supp}\, \mathscr{S} = \overline{\{x \in X; \mathscr{S}_x \neq 0\}}.$$

定義により Supp $\mathscr{S}$ は，閉集合である．

定理 6.9.10 (台定理) $\mathscr{S} \to X$ が連接層ならば，Supp $\mathscr{S}$ は解析的集合である．

証明 命題 6.9.3 により任意の $x \in X$ にある近傍 $U \subset X$ とその上の完全列
$$\mathcal{O}_U^q \xrightarrow{\phi} \mathcal{O}_U^p \xrightarrow{\psi} \mathscr{S}|_U \to 0$$
が存在する．$\mathscr{S}_x \neq 0$ は，$\phi(\mathcal{O}_{U,x}^q) \neq \mathcal{O}_{U,x}^p$ と同値である．準同型 ϕ は U 上の正則関数を成分とする (q,p) 行列 $A(x) = (a_{ij}(x))$ で表される．したがって，
$$\text{Supp } \mathscr{S} = \{x \in U; \text{rank } A(x) < p\}.$$
$\text{rank } A(x) < p$ とは，$A(x)$ の全ての p 次小行列式が 0 となることであるから，Supp $\mathscr{S}$ は，解析的部分集合となる． □

定義 4.5.9 の (不) 分岐被覆領域の概念も複素空間の場合に拡張される．複素空間 X の連結開集合を X の部分領域，または単に領域と呼ぶ．

定義 6.9.11 $\pi : X \to Y$ を二つの複素空間 X, Y の間の正則写像とする．$\pi : X \to Y$ が Y 上の**不分岐被覆領域**であるとは，任意の点 $x \in X$ に対し近傍 $U \ni x$ と $V \ni \pi(x)$ が存在して $\pi|_U : U \to V$ が双正則であることとする．この性質を π は，局所双正則であると言うことにする．

一般には $\pi|_U : U \to V$ が双正則とは限らないが有限写像であるとき $\pi : X \to Y$ を Y 上の**分岐被覆領域**と呼ぶ．特に，$\pi : X \to Y$ が不分岐被覆領域で π が単射であるときこれを**単葉領域**と言う．この場合は，π により X を Y 内の部分領域を見なすことができる．

6.10 正規複素空間と岡の第3連接定理

6.10.1 正規複素空間

$(X, \mathcal{O}_X)$ を複素空間とする．$\mathcal{O}_X$ の非零因子による商環の層を $\mathscr{M}_X$ と書く．$f \in \mathscr{M}_{X,x}$ で $\mathcal{O}_{X,x}$ 上整であるもの，つまりある $a_1, \ldots, a_d \in \mathcal{O}_{X,x}$ が存在して

(6.10.1) $$f^d + \sum_{j=1}^{d} a_j f^{d-j} = 0$$

を満たすものの全体を $\hat{\mathcal{O}}_{X,x}$ と表し，それから作られる環の層を $\hat{\mathcal{O}}_X$ と書く．もちろん，$\mathcal{O}_X \subset \hat{\mathcal{O}}_X$ が成り立つ．$\mathcal{O}_{X,x}$ が**整閉**であるとは $\mathcal{O}_{X,x} = \hat{\mathcal{O}}_{X,x}$ が成り立つことを言う．

定義 6.10.2 $\mathcal{O}_{X,x}$ が整閉であるとき，点 $x \in X$ は正規 (normal) であると言う．X の非正規点 (non-normal point) の全体を $\check{\mathcal{N}}(X)$ と書く．$\check{\mathcal{N}}(X) = \emptyset$ (つまり $\mathcal{O}_X = \hat{\mathcal{O}}_X$) であるとき，$(X, \mathcal{O}_X)$ または単に X を**正規複素空間**と呼ぶ．

命題 6.10.3 通常点 $x \in X \setminus \Sigma(X)$ は，正規である．つまり $\check{\mathcal{N}}(X) \subset \Sigma(X)$．

証明 仮定より，$\mathcal{O}_{X,x} \cong \mathcal{O}_{n,0}$ ($\dim_x X = n$) であり，$\mathcal{O}_{n,0}$ は素元分解環である (定理 2.2.7)．一般に環が素元分解環ならば，それは整閉である．なぜならば，$f = g/h \in \hat{\mathcal{O}}_{n,0} \setminus \mathcal{O}_{n,0}$ とする．g, h に共通因子はないとしてよい．(6.10.1) が満たされるので，
$$-g^d = (a_1 g^{d-1} + \cdots + a_{d-1} g h^{d-1} + a_d h^{d-1}) h.$$
したがって，g は h の因子を含まなければならず，g, h の取り方に反する． □

命題 6.10.4 $x \in X$ で X が可約ならば，ある $h \in \mathscr{M}_{X,x}$ で
$$h \notin \mathcal{O}_{X,x}, \qquad h^2 - h \in \mathcal{O}_{X,x}$$
となるものがある．特に，x は正規でない．X は，正規点では既約である．

証明 問題は局所的であるから，X は $\mathbf{C}^n$ の原点 $x = 0$ の近傍内の解析的集合として良い．$\underline{X}_0 = \bigcup_{j=1}^l \underline{X}_{j_0}$ ($l \geq 2$) を既約成分への分解とする．
$$f \in \mathscr{I}\langle \underline{X}_{1_0}\rangle \setminus \mathscr{I}\Big\langle \bigcup_{j=2}^l \underline{X}_{j_0}\Big\rangle, \quad g \in \mathscr{I}\Big\langle \bigcup_{j=2}^l \underline{X}_{j_0}\Big\rangle \setminus \mathscr{I}\langle \underline{X}_{1_0}\rangle$$
をとる．$f + g \notin \mathscr{I}\langle \underline{X}_{j_0}\rangle$ ($1 \leq {}^\forall j \leq l$) であるので，$f + g$ は $\mathcal{O}_{X,0}$ の非零因子である．$h = \frac{f}{f+g} \in \mathscr{M}_{X,0}$ とおくと，次を得る．
$$h^2 - h = \frac{f^2 - f(f+g)}{(f+g)^2} = \frac{-fg}{(f+g)^2} = 0 \in \mathcal{O}_{X,0}. \qquad \square$$

定義 6.10.5 (弱正則関数) (i) $U \subset X$ を開集合とする．U 上の**弱正則関数** f とは，$f \in \mathcal{O}_X(U \setminus \Sigma(X))$ で，各点 $x \in U \cap \Sigma(X)$ の周りで局所有界，つまり x のある近傍 $V \subset U$ があって制限 $f|_{V \setminus \Sigma(X)}$ は有界であるものを言う．その全体を $\tilde{\mathcal{O}}_X(U)$ と書く．

(ii) 前層 $\{\tilde{\mathcal{O}}_X(U)\}_U$ から作られる層を $\tilde{\mathcal{O}}_X$ と書き，X 上の弱正則関数の芽の層と呼ぶ．

命題 6.10.6 複素空間 X の任意の点で，
$$\hat{\mathcal{O}}_{X,x} \subset \tilde{\mathcal{O}}_{X,x}, \quad x \in X.$$

証明 任意の元 $\underline{f}_x = \underline{g}_x/\underline{h}_x \in \hat{\mathcal{O}}_{X,x}$ をとる. x の近傍 U を十分小さくとりそれぞれ代表元

$$f, g, h \in \mathcal{O}_X(U)$$

を持つようにする. (6.10.1) が満たされているので f は有界として良い. $\underline{h}_x$ は非零因子なので $S = \{h = 0\}$ は U で薄い解析的集合である. したがって f は, $(U \setminus \Sigma(X)) \setminus S$ 上で正則である. リーマンの拡張定理 2.3.4 により f は $U \setminus \Sigma(X)$ 上有界な正則関数になる. よって $\underline{f}_x \in \tilde{\mathcal{O}}_{X,x}$ となる. □

実は, 次の小節で $\hat{\mathcal{O}}_X = \tilde{\mathcal{O}}_X$ が示される (定理 6.10.19). 複素空間 X 上の正則関数 f は, その定義によりまずは X 上の連続関数で任意の点 $a \in X$ の局所図近傍 $(U_\alpha, \varphi_\alpha, A_\alpha)$ をとり $f|_{U_\alpha}$ を A_α 上の関数と見るとき A_α を解析的集合として含む開集合 $\Omega_\alpha \subset \mathbf{C}^{n_\alpha}$ をとり, f は a の Ω_α での近傍上の正則関数に拡張されていなければならない. これは, 空間 X 上のみで検証できる性質ではない. 一方で, 弱正則関数であることの性質は, X 上のみで検証可能である (注 6.11.11 も参照). しかしこれら二つは実際異なることをいくつかの例で確かめよう.

例 6.10.7 $X = \{(z, w) \in \mathbf{C}^2 ; w^2 = z^3\}$ とおく. $\Sigma(X) = \{0\}$ である. $f(z, w) = w/z$ は, X 上連続で $f(0,0) = 0$ である. 実際 $(z,w) \in X \setminus \{(0,0)\}$ に対し

$$(6.10.8) \qquad |f(z,w)| = \left|\frac{w}{z}\right| = \sqrt{|z|} \to 0 \quad ((z,w) \to 0).$$

$f \in \mathcal{O}(X \setminus \Sigma(X))$ であるから f は弱正則関数であるが, 0 の近傍の正則関数としては表せないことを示そう. もし 0 の近傍 $\mathrm{P}\Delta \subset \mathbf{C}^2$ の正則関数 F があって $F|_{X \cap \mathrm{P}\Delta} = f|_{X \cap \mathrm{P}\Delta}$ であったとする. $F(0,0) = 0$ であるから, ある定数 $M > 0$ が存在して

$$(6.10.9) \qquad |F(z,w)| \leq M \max\{|z|, |w|\}, \quad (z,w) \in \mathrm{P}\Delta$$

が成立しているとしてよい. $|z| < 1, |w| < 1$ として $(z,w) \in X \cap \mathrm{P}\Delta$ とすると $|w|^2 = |z|^3$ より, $|w| \leq |z|$ となり (6.10.8) と (6.10.9) より

$$\sqrt{|z|} = |f(z,w)| = |F(z,w)| \leq M|z|.$$

これは成立しない. しかし f は次のモニック方程式を満たす.

$$f^2 - z = 0.$$

したがって $\underline{f}_0 \in \hat{\mathcal{O}}_{X,0}$ となり, 原点 0 は X の正規点ではない.

例 6.10.10 $(u, v, w, t) \in \mathbf{C}^4$ について次の方程式で定義される解析的集合 X を考える.
$$ut = vw, \quad w^3 = t(t-w), \quad u^2 w = v(v-u).$$
正則写像
$$\Phi : (x, y) \in \mathbf{C}^2 \to (x, xy, y(y-1), y^2(y-1)) = (u, v, w, t) \in \mathbf{C}^4$$
は固有である. 直接計算により $\Phi(\mathbf{C}^2) \subset X$ がわかる.
$$\Phi^{-1} 0 = \{(0,0), (0,1)\}$$
であり, $u \neq 0$ ならば, $x = u, y = v/u, v \neq 0$ ならば, $x \neq 0, y \neq 0$ となり $x = u, y = v/u$ は正則である. $w \neq 0$ ならば, $x = u, y = t/w$ は正則, $t \neq 0$ ならば $x = u, y = t/w$ は正則である. 以上より制限
$$\Phi|_{\mathbf{C}^2 \setminus \{(0,0),(0,1)\}} : \mathbf{C}^2 \setminus \{(0,0), (0,1)\} \to X \setminus \{(0,0)\}$$
は双正則であることがわかった. 関数 $f = v/u$ を X 上で考える. $x = y \neq 0$ に対し
$$\lim_{x \to 0} \Phi(x, x) = 0, \quad \lim_{x \to 0} f(\Phi(x, x)) = 0.$$
$y = 1 + x \ (x \neq 0)$ とすれば $\Phi(x, 1+x) \in X \setminus \{0\}$ かつ $\lim_{x \to 0} \Phi(x, 1+x) = 0$ となり
$$\lim_{x \to 0} f(\Phi(x, 1+x)) = 1.$$
したがって, f は X 上連続でもない. しかし f は次のモニック方程式を満たす.
$$f^2 - f - w = 0.$$
したがって, f は X 上の弱正則関数であり, $\underline{f}_0 \in \hat{\mathcal{O}}_{X,0}$ でもある. よって原点 0 は X の正規点ではない.

6.10.2 普遍分母
局所的な補題から始めよう.

補題 6.10.11 $U \subset \mathbf{C}^n$ を 0 の近傍とし, $X \subset U$ を 0 を含む解析的集合とする. $\underline{X}_0$ は既約であるとする.
 (i) 任意の元 $\underline{f}_0 \in \tilde{\mathcal{O}}_{X,0}$ は, $\mathcal{O}_{X,0}$ 上整である.
 (ii) X の 0 での標準多重円板近傍 $\mathrm{P}\Delta_n$ と正則関数
$$u \in \mathcal{O}(\mathrm{P}\Delta_n), \quad \underline{u|_X}_0 \neq 0 \in \mathcal{O}_{X,0},$$

が存在して，次が成立する．
$$\underline{u|_X}_a \cdot \tilde{\mathcal{O}}_{X,a} \subset \mathcal{O}_{X,a}, \quad {}^\forall a \in X \cap \mathrm{P}\Delta_n,$$
$$\underline{g}_a \in \tilde{\mathcal{O}}_{X,a} \hookrightarrow \underline{u|_X}_a \cdot \underline{g}_a \in \mathcal{O}_{X,a},$$
$$\Sigma(X) \cap \mathrm{P}\Delta_n \subset \{u=0\}.$$

証明 (i) **(a)** 仮定より，イデアル $\mathscr{I}\langle \underline{X}_0 \rangle \subset \mathcal{O}_{\mathbf{C}^n,0} = \mathcal{O}_{n,0}$ は素である．定理 6.4.14 と定理 6.4.16 でとられた X の 0 での標準多重円板近傍 $\mathrm{P}\Delta_n = \mathrm{P}\Delta_p \times \mathrm{P}\Delta_{n-p} \subset U$ と座標 $z = (z', z_{p+1}, z'') \in \mathrm{P}\Delta_p \times \mathrm{P}\Delta_{n-p}$ ($z' \in \mathbf{C}^p$, $z'' \in \mathbf{C}^{n-p-1}$) および z_{p+1} に関するワイエルストラス多項式 $P_{p+1}(z', z_{p+1})$ とその判別式 $\delta(z')$ を考える．以下 $\mathrm{P}\Delta_n$ 内で考えるので $X \cap \mathrm{P}\Delta_n$ を X と書くことにする．

射影 $\pi : (z', z_{p+1}, z'') \in X \to z' \in \mathrm{P}\Delta_p$ は有限全射である．$Z = \{\delta = 0\} \subset \mathrm{P}\Delta_p$, $X' = X \setminus \pi^{-1}Z$, $\mathrm{P}\Delta'_p = \mathrm{P}\Delta_p \setminus Z$ とおくと，Z と $\pi^{-1}Z$ は共に薄い解析的部分集合で制限
$$\pi|_{X'} : X' \to \mathrm{P}\Delta'_p$$
は $d(\in \mathbf{N})$ 葉の連結な不分岐被覆となる．

(b) 任意の $\underline{f}_0 \in \tilde{\mathcal{O}}_{X,0}$ をとる．上の $\mathrm{P}\Delta_n = \mathrm{P}\Delta_p \times \mathrm{P}\Delta_{n-p}$ をさらに小さくとりそこに制限することにして，f は X' 上有界正則な関数であるとしてよい．$z' \in \mathrm{P}\Delta'_p$ に対し変数 T の多項式を次のように定義する．

(6.10.12) $$\prod_{x \in \pi^{-1}z'} (T - f(x)) = T^d + c_1(z')T^{d-1} + \cdots + c_d(z'),$$
$$c_1(z') = - \sum_{x \in \pi^{-1}z'} f(x),$$
$$\vdots$$
$$c_d(z') = (-1)^d \prod_{x \in \pi^{-1}z'} f(x).$$

$c_\nu(z')$ は，$\mathrm{P}\Delta_p \setminus Z$ で有界正則であるから，$\mathrm{P}\Delta_p$ で正則である (リーマンの拡張定理 2.3.4)．$z = (z', z_{p+1}, z'') \in X$ に対し $T = f(z)$ と代入すれば，
$$(f(z))^d + c_1(z')(f(z))^{d-1} + \cdots + c_d(z') = 0.$$

したがって，$\underline{f}_0$ は，$\mathcal{O}_{p,0}$ 上整である．$\mathcal{O}_{p,0} \stackrel{\pi^*}{\hookrightarrow} \mathcal{O}_{X,0}$ であるから，$\underline{f}_0$ は $\mathcal{O}_{X,0}$ 上整である．

(ii) 上の (i) の証明中 (a) の準備を使う．(6.3.12) の真似をする．任意に点 $a = (a', a_{p+1}, a'') \in X$ と $\underline{g}_a \in \tilde{\mathcal{O}}_{X,a}$ をとる．$\pi^{-1}a' = \{(a', b_j)\}_{j=1}^{d'} \subset \mathrm{P}\Delta_p \times \mathrm{P}\Delta_{n-p}$, $a = (a', b_1)$ とおく．$\pi : X \to \mathrm{P}\Delta_p$ は有限であるから，命題

6.1.11 により a' の多重円板近傍 $V' \ni a'$ を十分小さくとれば互いに交わらない多重円板近傍 $b_j \in V_j'' \subset \mathrm{P}\Delta_{n-p}$ があって

$$\pi|_{X \cap (V' \times V_j'')} : X \cap (V' \times V_j'') \to V', \quad 1 \leq j \leq d',$$

は全て有限になる．これを X' に制限すると葉数 d_j の不分岐被覆

$$\pi|_{X' \cap (V' \times V_j'')} : X' \cap (V' \times V_j'') \to \mathrm{P}\Delta_p(a') \setminus Z, \quad 1 \leq j \leq d',$$

を得る (これは，非連結になり得るが，問題ではない)．$U_1 = X \cap (V' \times V_1'')$ とおく．g は，$X' \cap U_1$ 上有界正則であるとしてよい．$P_{p+1}(z', z_{p+1})$ を (i) の証明中 (a) でとったものとする．新しい変数 T を導入し $z' \in V' \setminus Z$ として次の多項式を考える．

(6.10.13) $$\sum_{z \in U_1 \cap \pi^{-1}z'} \frac{P_{p+1}(T)}{T - z_{p+1}} g(z) = \sum_{\nu=0}^{d-1} \tilde{b}_\nu(z') T^\nu.$$

$\tilde{b}_\nu(z')$ は，$V' \setminus Z$ 上の有界正則関数であるから V' 上正則になる．$z = (z', z_{p+1}, z'') \in U_1 \cap X'$ として $T = z_{p+1}$ を (6.10.13) に代入すれば

(6.10.14) $$P'_{p+1}(z_{p+1}) g(z) = \sum_{\nu=0}^{d-1} \tilde{b}_\nu(z') z_{p+1}^\nu \in \Gamma(U_1, \mathcal{O}_X)$$

が成立する．したがって $u(z) = P'_{p+1}(z_{p+1})$ とおけば，所用の条件を満たす．□

注． (6.4.10) があるので，$u(z) = \delta(z')$ ととってもよい．(ii) でとった u を $\tilde{\mathcal{O}}_X$ の $\mathrm{P}\Delta_n \cap X$ (または，X の 0) での**普遍分母**と呼ぶ．後の岡の正規化定理 6.10.35 の証明では，既約分解した後，それぞれについて構成するので，普遍分母についてはこの補題の内容で十分であるが，主張自体は $\underline{X}_0$ が既約との条件なしに一般に成立することなので，次に示す．

X を複素空間とする．

定理 6.10.15 (普遍分母) 任意の $a \in X$ に近傍 U とその上の正則関数 u が存在して次を満たす．

  (i) $\{u = 0\}$ は U 内で薄い解析的部分集合で

(6.10.16) $$\Sigma(X) \cap U \subset \{u = 0\}.$$

  (ii) 任意の $x \in U$ で

(6.10.17) $$\underline{f}_0 \in \tilde{\mathcal{O}}_{X,x} \overset{u_x \cdot}{\hookrightarrow} u_x \cdot \underline{f}_0 \in \underline{u}_x \cdot \tilde{\mathcal{O}}_{X,x} \subset \mathcal{O}_{X,x}.$$

証明 問題は局所的であるから，X は $\mathbf{C}^n$ のある開集合内の解析的部分集合で，$a = 0$ としてよい．$\underline{X}_0 = \bigcup_{\alpha=1}^{l} \underline{X}_{\alpha_0}$ を 0 での既約分解とする．$\underline{X}_{\alpha_0}$ の幾何学

的イデアルを $\mathfrak{a}_\alpha = \mathscr{I}\langle \underline{X_{\alpha_0}}\rangle$ とおく. $\underline{v_{\alpha_0}} \in \bigcap_{\beta \neq \alpha} \mathfrak{a}_\beta \setminus \mathfrak{a}_\alpha$ を各 α 毎にとっておく. また各 X_α に対し補題 6.10.11 により 0 の近傍での普遍分母 u_α をとる. 以上の関数が定義されている共通の十分小さな近傍 $U \ni 0$ をとる. U に制限して考える.

(6.10.18) $$u = \sum_\alpha v_\alpha u_\alpha$$

とおく. 各 X_α に対し $u|_{X_\alpha} = (v_\alpha u_\alpha)|_{X_\alpha} \not\equiv 0$. したがって $\{u = 0\}$ は薄い集合である. 異なる α, β に対し $x \in X_\alpha \cap X_\beta$ ならば $u(x) = 0$ である. 作り方と補題 6.10.11 (ii) より (6.10.16) と (6.10.17) が従う. □

定理 6.10.19 $\tilde{\mathcal{O}}_X = \hat{\mathcal{O}}_X$.

証明 任意の $x \in X$ で, $\tilde{\mathcal{O}}_{X,x} = \hat{\mathcal{O}}_{X,x}$ を示せばよい. 定理 6.10.15 より $\tilde{\mathcal{O}}_{X,x} \subset \mathscr{M}_{X,x}$ が従う. 命題 6.10.6 より, 残りは任意の $f \in \tilde{\mathcal{O}}_{X,x}$ が $\mathcal{O}_{X,x}$ 上整であることを言えばよい. $\underline{X}_x = \bigcup_{\alpha=1}^l \underline{X_{\alpha,x}}$ を既約分解とする. 補題 6.10.11 (i) より各 X_α に対して $\mathcal{O}_{X,x}$ 係数の f に関するモニック多項式 $P_\alpha(f)$ が存在して
$$P_\alpha(f) = 0 \in \mathcal{O}_{X_\alpha,x}.$$
$P(f) = \prod_\alpha P_\alpha(f)$ は, モニック多項式で $P(f) = 0 \ (\in \mathcal{O}_{X,x})$ である. よって f が $\mathcal{O}_{X,x}$ 上整であることが示された. □

補題 6.10.20 X は, $a \in X$ で既約とし, f を近傍 $U(\ni a)$ 上の弱正則関数とする. このとき極限値 $\lim_{\substack{x \to a \\ x \in U \setminus \Sigma(X)}} f(x)$ が存在する.

証明 問題は局所的であるから, X は $\mathbf{C}^n$ の原点を中心とする多重円板 $\mathrm{P}\Delta$ 内の解析的部分集合で $a = 0, U = \mathrm{P}\Delta$ であるとしてよい. $0 \in X$ の基本近傍系
$$V_\nu \subset V, \ \nu = 1, 2, \ldots, \quad V_\nu \ni V_{\nu+1}, \quad \bigcap_\nu V_\nu = \{0\}$$
で $V_\nu \setminus \Sigma(X)$ が連結なものがある (定理 6.4.16 参照).

定理 6.10.19 より $\underline{f}_0$ は $\mathcal{O}_{X,0}$ 上整である. したがって, 次のモニック方程式が成立しているとしてよい.

(6.10.21) $$f(x)^d + \sum_{j=1}^d a_j(x) f(x)^{d-j} = 0,$$
$$x \in X \setminus \Sigma(X), \quad a_j \in \mathcal{O}(X).$$

主張が成立しないと仮定する. すると 0 に収束する点列 $x_\nu, y_\nu \in V_\nu \setminus \Sigma(X)$, $\nu = 1, 2, \ldots$, が存在して

となる．$V_\nu \setminus \Sigma(X)$ は連結なので，x_ν と y_ν を結ぶ曲線 $\Gamma_\nu \subset V_\nu \setminus \Sigma(X)$ がとれる．閉円板 $\overline{\Delta(\alpha,\rho)} \not\ni \beta$ を任意にとりその周を C_ρ とする．$\nu \gg 1$ に対し，
$$f(x_\nu) \in \Delta(\alpha,\rho), \quad f(y_\nu) \notin \overline{\Delta(\alpha,\rho)}.$$
したがって，ある $w_\nu \in \Gamma_\nu$ があって $f(w_\nu) \in C_\rho$．部分列 $\{w_{\nu_\mu}\}_\mu$ をとることにより，極限 $\gamma_\rho = \lim_{\mu \to \infty} f(w_{\nu_\mu}) \in C_\rho$ が存在する．$\Gamma_{\nu_\mu} \to 0$ であるから (6.10.21) より
$$\gamma_\rho^d + \sum_{j=1}^d a_j(0)\gamma_\rho^{d-j} = 0.$$
$\rho > 0$ を動かすと，この方程式は根を無限個持つことになり，矛盾である． □

この補題より次の定理が直ちに従う．

定理 6.10.22 X 上の弱正則関数 f は，$\{a \in X; \underline{X}_a$ は既約$\}$ 上へ連続関数として一意的に拡張される．

注意 6.10.23 f を X 上の弱正則関数とし，X は $a \in X$ で既約とする．$f(a)$ を a で連続拡張したときの極限値とする．$\underline{f}_a$ は，$\mathcal{O}_{X,a}$ 上整であるから a の近傍で次のモニック方程式を満たす．
$$P(x;f) = f(x)^d + \sum_{\nu=1}^d c_\nu(x)f(x)^{d-\nu} = 0.$$
ただし，c_ν は a の近傍で正則な関数である．そのようなモニック多項式で d が最小なものをとる．もし，$f(a) = 0$ ならば，補題 6.10.20 とワイェルストラスの予備定理により，$c_\nu(a) = 0, 0 \leq \nu \leq d$ となり，$P(x;f)$ はワイェルストラス多項式になる．

6.10.3 非正規点集合の解析性

X を複素空間とする．次小節で示す岡の正規化定理 6.10.35 では，正規点集合 $X \setminus \check{\mathcal{N}}(X)$ が開集合であることが，つまり $\check{\mathcal{N}}(X)$ が閉集合であることが重要なポイントになる．

定理 6.10.24 $\check{\mathcal{N}}(X)$ は，解析的部分集合である．特に，$\check{\mathcal{N}}(X)$ は閉である．

証明 任意に点 $a \in X$ をとる．定理 6.10.15 (ii) の条件を満たす近傍 $U \ni a$ と普遍分母 $u \in \Gamma(U, \mathcal{O}_X)$ がある．問題は局所的なので，以降 $X = U$ として考える．$S = \{u = 0\}$ とおくと，これは $\Sigma(X)$ を含む薄い集合である．S の定める幾何

学的イデアル層を $\mathscr{I} = \mathscr{I}\langle S \rangle$ とするとリュッケルトの零点定理 6.4.20 により

(6.10.25) $$\mathscr{I} = \sqrt{u \cdot \mathcal{O}_X}.$$

$\mathscr{I}$ の $\mathcal{O}_X$ 上の自己準同型の層を

(6.10.26) $$\mathscr{F} = \mathscr{H}\!om_{\mathcal{O}_X}(\mathscr{I}, \mathscr{I})$$

とおく．岡の第 2 連接定理 6.5.1 により $\mathscr{I}$ は連接であるから $\mathscr{F}$ も連接である．任意に $\alpha \in \mathscr{F}_x$ $(x \in X)$ をとり，

(6.10.27) $$g_\alpha = \frac{\alpha(u_x)}{u_x} \in \mathscr{M}_{X,x}$$

とおく．任意の $h \in \mathscr{I}_x$ に対し

$$g_\alpha \cdot h = \frac{\alpha(u_x)}{u_x} h = \frac{\alpha(u_x h)}{u_x} = \frac{u_x}{u_x}\alpha(h) = \alpha(h) \in \mathscr{I}_x.$$

これで，"$\alpha = g_\alpha \cdot$" と書けたことになる．g_α が一意的に決まることを見よう．"$\alpha = g \cdot$" と書けたとすると，任意の $h \in \mathscr{I}_x$ に対し

$$(g_\alpha - g) \cdot h = 0.$$

特に h として $\mathcal{O}_{X,x}$ の非零因子をとれば，$g_\alpha = g$ が従う．よって

$$\alpha \in \mathscr{F}_x \to g_\alpha \in \mathscr{M}_{X,x}$$

は単射である．

$g_\alpha \cdot \mathscr{I}_x \subset \mathscr{I}_x$ であり，$\mathscr{I}_x$ は有限生成であるから定理 6.3.9 (の証明) により g_α の $\mathcal{O}_{X,x}$ 係数のモニック多項式 $D(g_\alpha)$ が存在して

$$D(g_\alpha) \cdot \mathscr{I}_x = 0.$$

$\mathscr{I}_x$ は非零因子 (たとえば u_x) を含むから，$D(g_\alpha) = 0$ となる．$g_\alpha \in \hat{\mathcal{O}}_{X,x}$ がわかった．したがって単射準同型

$$\alpha \in \mathscr{F} \hookrightarrow g_\alpha \in \hat{\mathcal{O}}_X$$

を得る．これにより $\mathscr{F} \subset \hat{\mathcal{O}}_X$ と見なす．

$f \in \mathcal{O}_{X,x}$ に対し，$\mathscr{F}_x$ の元を積により $h \in \mathscr{I}_x \to f \cdot h \in \mathscr{I}_x$ と対応させると $\mathcal{O}_{X,x} \subset \mathscr{F}_x$ と見なせる．以上より次の包含関係が成立する．

(6.10.28) $$\mathcal{O}_X \subset \mathscr{F} \subset \hat{\mathcal{O}}_X.$$

次がわかれば，台定理 6.9.10 により証明が終わる．

主張 6.10.29 $\check{\mathscr{N}}(X) - \{x \in X; \mathcal{O}_{X,x} \neq \mathscr{F}_x\} = \operatorname{Supp} \mathscr{F}/\mathcal{O}_X$.

∵) $x \in \operatorname{Supp} \mathscr{F}/\mathcal{O}_X$ とすると，(6.10.28) より $\mathcal{O}_{X,x} \neq \hat{\mathcal{O}}_{X,x}$ であるから

$x \in \check{\mathscr{N}}(X)$ である.

　逆に,$x \in \check{\mathscr{N}}(X)$ とする.$\mathscr{I}_x$ の有限生成系 $\{v_1, \ldots, v_N\}$ をとる.リュッケルトの零点定理 6.4.20 によりある $d \in \mathbf{N}$ があって $v_j^d \in \underline{u}_x \cdot \mathcal{O}_{X,x}, 1 \leq j \leq N$.任意の $f \in \mathscr{I}_x$ は,$f = \sum_{j=1}^N c_j v_j \ (c_j \in \mathcal{O}_{X,x})$ と書けるので,十分大きな $k \in \mathbf{N}$ をとれば

$$\mathscr{I}_x^k \subset \underline{u}_x \cdot \mathcal{O}_{X,x}$$

となる.したがって次の包含関係を得る.

$$\mathscr{I}_x^k \cdot \hat{\mathcal{O}}_{X,x} \subset \underline{u}_x \cdot \hat{\mathcal{O}}_{X,x} \subset \mathcal{O}_{X,x}.$$

$\hat{\mathcal{O}}_{X,x} \supsetneq \mathcal{O}_{X,x}$ であるから,$k \in \mathbf{N}$ を次のようにとることができる.

(6.10.30) $\qquad \mathscr{I}_x^k \cdot \hat{\mathcal{O}}_{X,x} \subset \mathcal{O}_{X,x}, \quad \mathscr{I}_x^{k-1} \cdot \hat{\mathcal{O}}_{X,x} \not\subset \mathcal{O}_{X,x}.$

$\underline{w}_x \in \mathscr{I}_x^{k-1} \cdot \hat{\mathcal{O}}_{X,x} \setminus \mathcal{O}_{X,x}$ をとる.(6.10.30) より

$$\underline{w}_x \cdot \mathscr{I}_x \subset \mathcal{O}_{X,x}.$$

$\underline{f}_x \in \mathscr{I}_x$ とすると,$\underline{w}_x \cdot \underline{f}_x \in \mathcal{O}_{X,x}$ である.x の十分小さな近傍 V で正則関数 $w(z)f(z)$ を考える.任意に $y \in V \cap S$ をとり,$z \in V \setminus S \ (\subset V \setminus \Sigma(X))$,$z \to y$ とするとき $f(z) \to 0$.一方 $w(z)$ は有界であるので,$w(y)f(y) = 0$.したがって $\underline{wf}_x \in \mathscr{I}_x$ となる.

$$\alpha : \underline{f}_x \in \mathscr{I}_x \to \underline{w}_x \cdot \underline{f}_x \in \mathscr{I}_x$$

とおくと,$\alpha \in \mathscr{F}_x$ である.$\underline{w}_x \notin \mathcal{O}_{X,x}$ であるから,$\mathscr{F}_x \neq \mathcal{O}_{X,x}$,つまり $x \in \operatorname{Supp} \mathscr{F}/\mathcal{O}_X$. $\qquad \square$

6.10.4　岡の正規化と第 3 連接定理

複素空間 X の正規化の定義から始めよう.

定義 6.10.31　正規複素空間 $\hat{X}$ と有限正則全射 $\pi : \hat{X} \to X$ があり,$\hat{X} \setminus \pi^{-1} \Sigma(X)$ への制限

(6.10.32) $\qquad \pi|_{\hat{X} \setminus \pi^{-1}\Sigma(X)} : \hat{X} \setminus \pi^{-1}\Sigma(X) \to X \setminus \Sigma(X)$

が正則同型であるとき,三つ組 $(\hat{X}, \pi, X)$,または $\pi : \hat{X} \to X$,あるいは単に $\hat{X}$ を X の**正規化**と呼ぶ.

　$\pi : \hat{X} \to X$ が正規化ならば,(6.10.32) により $\pi_* \tilde{\mathcal{O}}_{\hat{X}} = \tilde{\mathcal{O}}_X$ であり,定理 6.10.19 により次の層の同型が得られる.

(6.10.33) $$\pi_*\mathcal{O}_{\hat{X}} = \pi_*\tilde{\mathcal{O}}_{\hat{X}} \cong \tilde{\mathcal{O}}_X = \hat{\mathcal{O}}_X.$$

定理 6.10.34 (正規化の一意性)　複素空間の正規化は，存在すれば一意的である．

証明　X を複素空間，(Y, π, X), (Z, η, X) を X の二つの正規化とする．正規化の定義により，$Y \setminus \pi^{-1}\Sigma(X)$, $X \setminus \Sigma(X)$, $Z \setminus \eta^{-1}\Sigma(X)$ の三者は互いに正則同型でなければならない．よって正則同型

$$\varphi : Y \setminus \pi^{-1}\Sigma(X) \to Z \setminus \eta^{-1}\Sigma(X),$$
$$\pi|_{Y \setminus \pi^{-1}\Sigma(X)} = \eta \circ \varphi|_{Y \setminus \pi^{-1}\Sigma(X)}$$

がある．

任意に点 $x \in X$ をとる．$\pi^{-1}x = \{y_j\}_{j=1}^M$, $\eta^{-1}x = \{z_k\}_{k=1}^N$ とおく．命題 6.1.11 により近傍 $U \ni x$, 互いに素な近傍 $V_j \ni y_j$, $W_k \ni z_k$ がそれぞれ存在して $\pi^{-1}U = \bigcup_j V_j$, $\eta^{-1}U = \bigcup_k W_k$ が成り立ち，

$$\pi|_{V_j} : V_j \to U, \qquad \eta|_{W_k} : W_k \to U$$

はそれぞれ有限全射である．$\underline{Y}_{y_j}, \underline{Z}_{z_k}$ は既約であるから，$V_j \setminus \pi^{-1}\Sigma(X)$, $W_k \setminus \eta^{-1}\Sigma(X)$ は，それぞれ連結であるようにとれる．

$$\varphi|_{\pi^{-1}(U \setminus \Sigma(X))} : \pi^{-1}(U \setminus \Sigma(X)) \to \eta^{-1}(U \setminus \Sigma(X))$$

は正則同型である．したがって $M = N$ であり，番号を付け変えて，

$$\varphi|_{V_j \setminus \pi^{-1}\Sigma(X)} : V_j \setminus \pi^{-1}\Sigma(X) \to W_j \setminus \eta^{-1}\Sigma(X), \quad 1 \leq j \leq M$$

が双正則となる．V_j, W_j は，それぞれ局所図近傍に相対コンパクトに含まれているとして良いので，$\varphi|_{V_j \setminus \pi^{-1}\Sigma(X)}, \varphi^{-1}|_{W_j \setminus \eta^{-1}\Sigma X}$ は，有界正則関数を成分としている正則写像である．V_j, W_j が正規であることと定理 6.10.19 より，$\varphi|_{V_j \setminus \pi^{-1}\Sigma(X)}$ は V_j 上に，$\varphi^{-1}|_{W_j \setminus \eta^{-1}\Sigma(X)}$ は W_j 上に正則に拡張される．

$x \in X$ は任意の点であったから，φ は正則同型 $\varphi : Y \to Z$ に拡張される．　□

定理 6.10.35 (岡の正規化と第 3 連接定理)　　(i) 任意の複素空間 X は，正規化を持つ．

(ii) $\hat{\mathcal{O}}_X\, (= \tilde{\mathcal{O}}_X)$ は，$\mathcal{O}_X$ 加群として連接である．

証明　(i) が示されれば，正規化 $\pi : \hat{X} \to X$ は有限正則写像であるから順像層 $\pi_*\mathcal{O}_{\hat{X}}$ は連接である (定理 6.7.17)．(6.10.33) より，$\hat{\mathcal{O}}_X$ の連接性が従う．

以下は，(i) の証明である．各点 $a \in X$ の近傍で正規化が存在することがわかれば，定理 6.10.34 によりそれらは互いに双正則に貼り合う．したがって X は $\mathbf{C}^n$

の開集合 Ω 内の解析的集合とし,$a = 0 \in X$ としてよい.$\underline{X}_0 = \bigcup_\alpha \underline{X}_{\alpha_0}$ を既約分解とする.Ω を必要ならさらに小さくとり,解析的部分集合 $X_\alpha \subset \Omega$ が $\underline{X}_{\alpha_0}$ を代表しているとしてよい.$X_\alpha \setminus \Sigma(X)$ は,それぞれ連結複素多様体である.各 X_α の正規化 $\hat{X}_\alpha$ が存在すれば,互いに素な合併複素空間 $\hat{X} = \bigsqcup_\alpha \hat{X}_\alpha$ は X の正規化を与える.したがって,$\underline{X}_0$ は,既約であると仮定してよい.

補題 6.10.11 により X の 0 での標準多重円板近傍 $\mathrm{P}\Delta_n = \mathrm{P}\Delta_p \times \mathrm{P}\Delta_{n-p}$ と $\mathrm{P}\Delta_n \cap X$ 上の普遍分母 u をとると,次が成立する.

$$\hat{\mathcal{O}}_{X,0} \hookrightarrow \underline{u}_0 \cdot \hat{\mathcal{O}}_{X,0} \subset \mathcal{O}_{X,0}.$$

$\mathcal{O}_{X,0}$ のネーター性より,$\underline{u}_0 \cdot \hat{\mathcal{O}}_{X,0}$ は $\mathcal{O}_{X,0}$ 内のイデアルとしての有限生成系 $\{\underline{u}_0 \cdot \underline{f_{\nu_0}}\}_{\nu=0}^{l}$ を持つ.ただし,$f_0 = 1$, $f_\nu(0) = 0$ $(1 \leq \nu \leq l)$ とする($\underline{X}_0$ が既約であることと定理 6.10.22 に注意).必要なら $\mathrm{P}\Delta_n$ を小さく取り直すことにより,f_ν は $X \cap \mathrm{P}\Delta_n \setminus \Sigma(X)$ 上の正則関数であるとしてよい.$X \cap \mathrm{P}\Delta_n$ 上の正則関数 g_ν $(1 \leq \nu \leq l)$ が存在して

(6.10.36) $\qquad u(x)f_\nu(x) = g_\nu(x), \quad x \in X \cap \mathrm{P}\Delta_n \setminus \Sigma(X).$

さらに,f_ν は全て $|f_\nu| < 1$ と仮定してよい.

$$\pi : x = (x', x'') \in (\mathrm{P}\Delta_p \times \mathrm{P}\Delta_{n-p}) \cap X \to x' \in \mathrm{P}\Delta_p$$

を射影とする.$\mathcal{O}_{\mathrm{P}\Delta_p, 0} \subset \mathcal{O}_{X,0}$ は整拡大であり,$\underline{f_{\nu_0}}$ は,$\mathcal{O}_{X,0}$ 上整であるから $\underline{f_{\nu_0}}$ は,$\mathcal{O}_{\mathrm{P}\Delta_p, 0}$ 上整である.したがって,必要なら $\mathrm{P}\Delta_p$ をさらに小さくとれば $\mathcal{O}(\mathrm{P}\Delta_p)$ 係数の f_ν に関するモニック多項式 $W_\nu(z', f_\nu)$ が存在して

$$W_0 := f_0 = 1,$$
$$W_\nu(x', f_\nu(x)) = 0, \quad x = (x', x'') \in X \cap (\mathrm{P}\Delta_p \times \mathrm{P}\Delta_{n-p}),$$
$$1 \leq \nu \leq l.$$

ワイエルストラスの準備定理 2.1.3 により,$W_\nu(x', f_\nu)$ はワイエルストラス多項式であるとしてよい.したがって次が成立する.

(6.10.37) $\qquad W_\nu(x', f_\nu(x)) = f_\nu^{d_\nu}(x) + \sum_{\mu=1}^{d_\nu} c_{\nu\mu}(x') f_\nu^{d_\nu - \mu}(x) = 0,$

$$1 \leq \nu \leq l,\ c_{\nu\mu} \in \mathcal{O}(\mathrm{P}\Delta_p),$$
$${}^\forall c_{\nu\mu}(0) = 0.$$

これより,

$$\lim_{\substack{x \to 0 \\ x \notin \Sigma(X)}} f_\nu(x) = 0, \quad 1 \leq \nu \leq l.$$

以下 X を $X \cap \mathrm{P}\Delta_n$ に制限して考えるので，$X \cap \mathrm{P}\Delta_n$ を X と書く．$\mathrm{P}\Delta_l$ を l 次元単位多重円板として正則写像

(6.10.38)
$$F : x \in X \setminus \Sigma(X) \to (x, f_1(x), \ldots, f_l(x)) = (x, w_1, \ldots, w_l) \in X \times \mathrm{P}\Delta_l$$

をとる．$S = \pi(\{u = 0\}) \subsetneq \mathrm{P}\Delta_p$ とおく．補題 6.10.11 により $\Sigma(X) \subset \pi^{-1}S$ である．(6.10.36) より

$$F(X \setminus \pi^{-1}S) = \{(x, w_1, \ldots, w_l) \in (X \setminus \pi^{-1}S) \times \mathrm{P}\Delta_l;$$
$$u(x) w_\nu = g_\nu(x), 1 \leq \nu \leq l\}.$$

したがって，$Y = F(X \setminus \pi^{-1}S)$ とおくと，Y は $(X \setminus \pi^{-1}S) \times \mathrm{P}\Delta_l$ 内の非特異解析的部分集合である．射影

$$\eta : (x, w) \in Y \to x \in X \setminus \pi^{-1}S,$$
$$\pi : x = (x', x'') \in X \setminus \pi^{-1}S \to x' \in \mathrm{P}\Delta_p \setminus S,$$
$$\lambda = \pi \circ \eta : Y \to \mathrm{P}\Delta_p \setminus S$$

を考える．$\lambda : Y \to \mathrm{P}\Delta_p \setminus S$ は不分岐被覆である．閉包 $\bar{Y}(\subset X \times \mathrm{P}\Delta_l)$ をとり λ と η を

$$\bar{\lambda} : \bar{Y} \to \mathrm{P}\Delta_p, \quad \bar{\eta} : \bar{Y} \to X$$

と拡張しておく．(6.10.37) より $\mathrm{P}\Delta_p$ を十分小さくとれば $\bar{\lambda}$ は固有になる．したがって定理 6.4.24 より $\bar{Y}$ は解析的集合になる．

主張 6.10.39 $\bar{Y}$ は，$0 \ (\in X \times \mathrm{P}\Delta_l)$ で正規である．

∵) これは，一点 0 での主張である．任意に $\underline{g}_0 \in \hat{\mathcal{O}}_{\bar{Y},0}$ をとる．0 の近傍 $V = V_1 \times V_2 \subset X \times \mathrm{P}\Delta_l$ を十分小さくとれば $g|_{Y \cap V}$ は有界正則関数である．$g \circ F$ は $X \setminus \pi^{-1}S$ 上の有界関数である．したがって $\underline{g \circ F}_0 \in \hat{\mathcal{O}}_{X,0}$ であるから，次のように表せる．

$$\underline{g \circ F}_0 = \sum_{\nu=0}^{l} a_\nu \cdot \underline{f_\nu}_0, \quad a_\nu \in \mathcal{O}_{X,0}.$$

これを $\bar{Y}$ 上で見れば，

$$\underline{g}_0 = \bar{\eta}^* a_0 + \sum_{\nu=1}^{l} \bar{\eta}^* a_\nu \cdot \underline{w_\nu}_0.$$

よって，$\underline{g}_0 \in \mathcal{O}_{\bar{Y},0}$ がわかった． △

定理 6.10.24 により正規点集合は開集合であるから $\bar{Y}$ は 0 の近傍 W で正規である．$\underline{X}_0$ は既約で，$\bar{\eta} : \bar{Y} \to X$ は有限全射であるから，定理 6.7.14 より $\bar{\eta}(W)$

は $0 \in X$ の近傍 ω を含む. ω を小さくとれば, $\bar{\eta}^{-1}\omega \subset W$ となる. これで局所的に正規化

$$\bar{\eta}|_{\bar{\eta}^{-1}\omega} : \bar{\eta}^{-1}\omega \to \omega$$

が構成された. □

系 6.10.40 X を複素空間, $\pi : \hat{X} \to X$ を正規化とする. もし X が任意の点 $x \in \Sigma(X)$ で既約ならば, π は位相的に同相写像である.

証明 $x \in X \setminus \Sigma(X)$ では, X は既約であるから, 結局全ての点 $x \in X$ で X は既約であることになる. π の制限 $\pi_0 = \pi|_{\hat{X} \setminus \pi^{-1}\Sigma(X)} : \hat{X} \setminus \pi^{-1}\Sigma(X) \to X \setminus \Sigma(X)$ は双正則である. 逆写像 π_0^{-1} は, (6.10.38) により局所的には弱正則関数を成分とするベクトル値関数で表されるので定理 6.10.22 より任意の点 $x \in \Sigma(X)$ で連続に拡張される. したがって π^{-1} も連続になり, π は同相になる. □

注意 6.10.41 定理 6.10.35 は, Oka VIII で初めて証明された. その証明では, 上の (i), (ii) の順序が逆で (ii) が先に示され, それから (i) が導かれた. 定理 6.10.35 (ii) がわかれば台定理 6.9.10 により $\check{\mathcal{N}}(X)$ が解析的集合で, 特に閉集合であることがわかる. 正規化の存在証明には, 上で見たように $\check{\mathcal{N}}(X)$ が閉集合であることが本質的であるので, 定理 6.10.35 において (ii) がわかるということは (i) がわかるということになる.

6.11 正規複素空間の特異点

この節の目的は, 正規複素空間の特異点集合は常に余次元 2 以上であることを示すことである.

6.11.1 極大イデアルの階数

X を複素空間, $x \in X$ とする. $\mathcal{O}_{X,x}$ 上の有限生成加群 $\mathscr{F}_x$ の生成元の最小個数を階数と呼び

$$\operatorname{rk}_{\mathcal{O}_{X,x}} \mathscr{F}_x = \operatorname{rk} \mathscr{F}_x$$

と書くことにする.

命題 6.11.1 $x \in X$ での極大イデアル $\mathfrak{m}_{X,x} (\subset \mathcal{O}_{X,x})$ について

$$\operatorname{rk} \mathfrak{m}_{X,x} \geq \dim_x X$$

が成立する．ここで等号成立は $x \notin \Sigma(X)$ の場合に限る．

証明 問題は局所的であるので，X は $0 \in \mathbf{C}^n$ の近傍 U 内の解析的集合で，$x = 0 \in X$, $\dim_0 X = p$ であるとしてよい．

$0 \notin \Sigma(X)$ ならば，0 の周りの局所座標 $(z_1, \ldots, z_n)$ を適当にとれば，
$$X = \{z_{p+1} = \cdots = z_n = 0\},$$
$$\mathfrak{m}_{X,0} = \sum_{j=1}^{p} \mathcal{O}_{X,0} z_j.$$
したがって，$\operatorname{rk} \mathfrak{m}_{X,x} = p$ である．

逆に，$\operatorname{rk} \mathfrak{m}_{X,0} = q$ とする．$g_1, \ldots, g_q \in \mathfrak{m}_{X,0}$ を生成元とする．X の幾何学的イデアル層 $\mathscr{I}\langle X \rangle$ を考える．取り方から，$f_j \in \mathscr{I}\langle X \rangle_0$ ($1 \leq j \leq n$) があって

(6.11.2) $$z_j = \sum_{k=1}^{q} c_{jk} g_k + f_j, \quad c_{jk} \in \mathcal{O}_{n,0}$$

と書かれる．0 での微分 1 形式のベクトルとしての階数も
$$\operatorname{rk} \langle df_1(0), \ldots, df_n(0) \rangle$$
と書くことにする．(6.11.2) より外微分について次の関係が従う．

(6.11.3) $$dz_j = \sum_{k=1}^{q} c_{jk}(0) dg_k(0) + df_j(0), \quad 1 \leq j \leq n.$$

したがって，$\operatorname{rk} \langle df_1(0), \ldots, df_n(0) \rangle \geq n - q$．順序を付け替えて，$\operatorname{rk} \langle df_1(0), \ldots, df_{n-q}(0) \rangle = n - q$ とすると，
$$Y = \{f_1 = \cdots = f_{n-q} = 0\}$$
は q 次元複素部分多様体となる．$\underline{X}_0 \subset \underline{Y}_0$ であるから
$$q = \operatorname{rk} \mathfrak{m}_{Y,0} = \dim_0 Y \geq \dim_0 X = p.$$

もしここで等号 $q = p$ が成立すれば，$\underline{X}_0 = \underline{Y}_0$ となり，$0 \notin \Sigma(X)$ である．□

系 6.11.4 $Y \subset X$ を解析的部分集合とする．X は純 p 次元で $\operatorname{codim}_X Y \geq q$ とする．このとき，次が成立する．
$$\operatorname{rk}_{\mathcal{O}_{X,x}} \mathscr{I}\langle Y \rangle_x \geq q, \quad {}^{\forall} x \in Y,$$
$$\operatorname{rk}_{\mathcal{O}_{X,x}} \mathscr{I}\langle Y \rangle_x \geq q + 1, \quad {}^{\forall} x \in \Sigma(X) \cap Y \setminus \Sigma(Y).$$

証明 $x \in Y$ での局所的な問題であるから，X は $x = 0 \in \mathbf{C}^n$ の近傍の解析的集合であるとしてよい．$s = \operatorname{rk}_{\mathcal{O}_{X,0}} \mathscr{I}\langle Y \rangle_0$ として $\mathcal{O}_{X,0}$ 上の生成元 $\underline{g_1}_0, \ldots, \underline{g_s}_0 \in \mathscr{I}\langle Y \rangle_0$ をとる．岡の第 2 連接定理 6.5.1 により $\mathscr{I}\langle Y \rangle$ は連接であるから，ある近傍 $U \ni 0$ があって任意の $a \in U$ で $\underline{g_1}_a, \ldots, \underline{g_s}_a$ は $\mathscr{I}\langle Y \rangle_a$ を

生成する．$a \in U \cap Y \setminus \Sigma(Y)$ と取る．$\dim_a Y = r$ とする．a の周りの局所座標系 $(z_1, \ldots, z_n)$ があって $a = (a_j)_{1 \leq j \leq n}$ とすれば，a の近傍で
$$Y = \{z_{r+1} - a_{r+1} = \cdots = z_n - a_n = 0\}$$
となる．$\mathfrak{m}_{Y,a} = \mathfrak{m}_{X,a}/\mathscr{I}\langle Y \rangle_a$ は $\underline{z_1 - a_1}_a, \ldots, \underline{z_r - a_r}_a$ で生成される．したがって $\mathfrak{m}_{X,a}$ は，
$$\underline{z_1 - a_1}_a, \ldots, \underline{z_r - a_r}_a, \underline{g_1}_a, \ldots, \underline{g_s}_a$$
で生成される．命題 6.11.1 により，$r + s \geq p$．よって
$$s \geq p - r = \operatorname*{codim}_X Y \geq q.$$
ここで，$a \in \Sigma(X)$ ならば，等号は成立しないので，$s \geq q + 1$ である． $\square$

6.11.2 正規空間の特異点集合は余次元 2 以上

定理 6.11.5 正規複素空間 X では，$\operatorname{codim} \Sigma(X) \geq 2$．

証明 $S = \Sigma(X)$ とおき，$\operatorname{codim}_X S = 1$ として矛盾を導こう．$x \in S$ で
$$\dim_x X = p, \quad \dim_x S = p - 1$$
となる点がある．X は正規なので x で既約であり，その近傍 U で純次元である．必要なら x を近傍内で動かせば $S \cap U$ も純次元であるとしてよい．岡の第 2 連接定理 6.5.1 により幾何学的イデアル層 $\mathscr{I}\langle S \rangle$ は連接であるので，U 上でその有限生成系 $\{f_j\}_{j=1}^l \subset \Gamma(U, \mathscr{I}\langle S \rangle)$，$\underline{f_j}_x \neq 0$ があり
$$S = \bigcap_{j=1}^l \{f_j = 0\} \subset \bigcup_{j=1}^l \{f_j = 0\}$$
が成立しているとしてよい．両辺は，純 $p-1$ 次元であるから，ある $a \in S \setminus \Sigma(S)$ とその近傍 V，$V \cap \Sigma(S) = \emptyset$，がとれて
$$S \cap V = \{f_j = 0\} \cap V, \quad 1 \leq j \leq l$$
となる．以下 V に制限して考えるので，すでに制限してあるものとして "$\cap V$" を略す．

$\operatorname{codim}_X S = 1$ で $a \in S \setminus \Sigma(S)$ であるから系 6.11.4 により，$\mathscr{I}\langle S \rangle_a$ の生成系には 2 個以上の元が必要である．l はそのようなもので最小であるとする．$l \geq 2$ なので f_1 と f_2 を用いて
$$h = \frac{f_2}{f_1} \in \Gamma(X, \mathscr{M}_{X,a})$$
とおく．作り方より

$$\underline{h}_a \notin \mathcal{O}_{X,a}.$$

なぜならば，もし $\underline{h}_a \in \mathcal{O}_{X,a}$ ならば，$\underline{f_2}_a \in \underline{f_1}_a \cdot \mathcal{O}_{X,a}$ となり，生成元の個数 l を真に小さくできることになり，l の最小性に反する．しかし h は，$X \setminus S$ 上正則である．点列 $a_\nu \in X \setminus S$, $a_\nu \to a$ で $\{h(a_\nu)\}_{\nu=1}^\infty$ は有界であるものがとれる．なぜなら，もしこれが非有界ならば部分点列を適当にとり f_1 と f_2 を入れ換えればよい．

$S = \{f_1 = 0\}$ であるからリュッケルトの零点定理 6.4.20 によりある $m \in \mathbf{N}$ があって

$$(\mathscr{I}\langle S\rangle_a)^m \subset \underline{f_1}_a \cdot \mathcal{O}_{X,a}$$

となる．したがって

$$\underline{h}_a \cdot (\mathscr{I}\langle S\rangle_a)^m \subset \underline{f_2}_a \cdot \mathcal{O}_{X,a} \subset \mathcal{O}_{X,a}.$$

m として

$$\underline{h}_a \cdot (\mathscr{I}\langle S\rangle_a)^m \subset \mathcal{O}_{X,a}$$

が成立する最小の m をとる．すると，多重添字 $\alpha = (\alpha_1,\ldots,\alpha_l) \in \mathbf{Z}_+^l$ で次を満たすものがとれる．

$$|\alpha| = m - 1,$$
(6.11.6) $$\underline{u}_a := \underline{h}_a \cdot \underline{f}_a^\alpha \notin \mathcal{O}_{X,a},$$
$$\underline{u}_a \cdot \underline{f_j}_a \in \mathcal{O}_{X,a}, \quad 1 \leq {}^\forall j \leq l.$$

ただし，$f^\alpha = f_1^{\alpha_1} \cdots f_l^{\alpha_l}$ とおいた．$\{a_\nu\}$ の取り方から

$$u(a_\nu) \cdot f_j(a_\nu) \to 0 \ (\nu \to \infty)$$

であるから，$u(a)f_j(a) = 0$．u と f_j の取り方より，

$$a \in \{u \cdot f_j = 0\} \subset \bigcup_{j=1}^l \{f_j = 0\} = S.$$

$\dim\{u \cdot f_j = 0\} = \dim S = p - 1$ であるから

$$\underline{u}_a \cdot \underline{f_j}_a \in \mathscr{I}\langle S\rangle_a.$$

$\left\{\underline{f_j}_a\right\}_{j=1}^l$ は $\mathscr{I}\langle S\rangle_a$ の生成系であったから

$$\underline{u}_a \cdot \mathscr{I}\langle S\rangle_a \subset \mathscr{I}\langle S\rangle_a.$$

$\mathscr{I}\langle S\rangle_a$ は $\mathcal{O}_{X,a}$ 上有限生成であるから，命題 6.3.9 により $\underline{u}_a$ は $\mathcal{O}_{X,a}$ 上整である．つまり，$\underline{u}_a \in \hat{\mathcal{O}}_{X,a}$ である．正規性 $\mathcal{O}_{X,a} = \hat{\mathcal{O}}_{X,a}$ より，$\underline{u}_a \in \mathcal{O}_{X,a}$ となる．これは，(6.11.6) に反する． $\square$

系 6.11.7 X を正規複素空間とする．$\dim X = 1$ ならば，X は特異点を持たない．$\dim X = 2$ ならば特異点は孤立している．

注意 6.11.8 複素空間 X に対し非特異複素空間 $\tilde{X}$ と固有な正則全射 $\pi : \tilde{X} \to X$ が存在して，

$$\pi|_{\tilde{X} \setminus \pi^{-1}\Sigma(X)} : \tilde{X} \setminus \pi^{-1}\Sigma(X) \to X \setminus \Sigma(X)$$

が双正則であるとき，三つ組 $(\tilde{X}, \pi, X)$ を X の特異点の解消と呼ぶ．$\dim X = 1$ ならば，定理 6.10.35 により $(\tilde{X}, \pi, X)$ を X の正規化とすれば，系 6.11.7 により $(\tilde{X}, \pi, X)$ は X の特異点の解消を与える．広中の特異点解消は一般次元で X の特異点の解消の存在を保証するものであるが，詳細は本書のレベルを超える．

定理 6.11.9 正規複素空間 X においては，通常点集合 $X \setminus \Sigma(X)$ で正則な関数は，X 上で正則である．

証明 $X \setminus \Sigma(X)$ 上の正則関数 f をとる．f が任意の点 $x \in \Sigma(X)$ の近傍 $U(\subset X)$ で正則に拡張されることを示せばよい．正規の仮定より f は $U \setminus \Sigma(X)$ で有界であることを示せば十分である．x の局所図近傍をとれば，X は $\mathbf{C}^n$ のある開集合内の解析的集合としてよく，平行移動で $x = 0$ としてよい．$\underline{X}_0$ は既約であるから純次元である．X の 0 での標準多重円板近傍 $\mathrm{P}\Delta_n = \mathrm{P}\Delta_p \times \mathrm{P}\Delta_{n-p}$ $(p = \dim_0 X)$ をとる．射影

$$\pi : (z', z'') \in X \cap (\mathrm{P}\Delta_p \times \mathrm{P}\Delta_{n-p}) \to z' \in \mathrm{P}\Delta_p$$

は有限全射である．以後，$X \cap \mathrm{P}\Delta_n$ に制限して考えるのでそれを X と書くことにする．解析的部分集合 $R \subsetneq \mathrm{P}\Delta_p$ があって制限

$$\pi|_{X \setminus \pi^{-1}R} : (z', z'') \in X \setminus \pi^{-1}R \to z' \in \mathrm{P}\Delta_p \setminus R$$

は d 葉の連結不分岐被覆になる (定理 6.4.16)．$z' \in \mathrm{P}\Delta_p \setminus R$ に対し $\pi^{-1}z' = \{z^{(1)}, \ldots, z^{(d)}\}$ とおき，$f(z^{(1)}), \ldots, f(z^{(d)})$ の ν $(1 \leq \nu \leq d)$ 次基本対称式を

$$c_\nu(z') = (-1)^\nu \sum_{1 \leq i_1 < \cdots < i_\nu \leq d} f\left(z^{(i_1)}\right) \cdots f\left(z^{(i_\nu)}\right)$$

とおく．次が成立する．

(6.11.10) $\qquad (f(z))^d + \sum_{\nu=1}^d c_\nu(z')(f(z))^{d-\nu} = 0,$
$\qquad\qquad z \in X \setminus \pi^{-1}R,\ z' = \pi(z) \in \mathrm{P}\Delta_p \setminus R.$

$\pi(\Sigma(X))$ は $\Sigma(X)$ と同じ次元の $\mathrm{P}\Delta_p$ の解析的部分集合になる (定理 6.7.2)．$f(z)$ は $z \in X \setminus \Sigma(X)$ で正則であるから，各 $c_\nu(z')$ は $z' \in \mathrm{P}\Delta_p \setminus \pi(\Sigma(X))$ まで正則

に拡張される．定理 6.11.5 により $\mathrm{codim}_{\mathrm{P}\Delta_p} \pi(\Sigma(X)) = \mathrm{codim}_X \Sigma(X) \geq 2$ であるから，ハルトークスの拡張定理 6.5.14 により $c_\nu \in \mathcal{O}(\mathrm{P}\Delta_p)$ となる．必要なら $\mathrm{P}\Delta_n$ をさらに小さくすれば (6.11.10) より，f は有界でなければならない． □

注意 6.11.11 一般に複素空間 X 上の関数 f が正則かどうかを見ようとすると，任意の点 $x \in X$ の局所図近傍をとり f が X が局所的に埋め込まれている $\mathbf{C}^n$ の開集合の上に正則関数として拡張されるかどうかを調べなければならない．つまり空間として X の上だけでなく埋め込まれている空間の情報を知らなければならない．しかし X が正規ならば，f が $X \setminus \Sigma(X)$ で正則かどうかを調べれば良いことを定理 6.11.9 は意味する．$X \setminus \Sigma(X)$ はそれ自身として複素多様体であるから f がそこで正則かどうかは $X \setminus \Sigma(X)$ 上で決定できるので，正則性の判定に X の外の情報を必要としないことになる．岡の正規化定理 6.10.35 は，全ての複素空間はそのような正規複素空間に帰着できることを保証する点で意義深い．

6.12 スタイン空間と岡–カルタンの基本定理

スタイン多様体の概念を複素空間の場合に拡張することは，容易である．念のため定義を書き下そう．

定義 6.12.1 連結で第 2 可算公理を満たす複素空間 X がスタイン空間であるとは，次のスタイン条件 (i)〜(iii) が満たされることである．

(i) (正則分離性) 相異なる 2 点 $x, y \in X$ に対し X 上の正則関数 $f \in \Gamma(X, \mathcal{O}_X)$ が存在して，$f(x) \neq f(y)$ を満たす．

(ii) (局所図近傍) 任意の点 $x \in X$ に対し局所図近傍 (U, φ, A) を φ として X 上の正則関数からなるベクトル値関数 $\varphi = (\varphi_j)_{1 \leq j \leq n}$ ($\varphi_j \in \Gamma(X, \mathcal{O}_X)$) をとることができる．

(iii) (正則凸性) 任意のコンパクト部分集合 $K \Subset X$ に対し，その正則凸包
$$\hat{K}_X = \left\{ x \in X ; |f(x)| \leq \max_K |f|, \; {}^\forall f \in \Gamma(X, \mathcal{O}_X) \right\}$$
もまたコンパクトである．

第 4 章で展開した理論は，そのままスタイン空間の上で成り立つ．定理 4.5.12 と同様にして次が成立する．

定理 6.12.2 (岡–カルタンの基本定理) X をスタイン空間とし，$\mathscr{F}$ をその上の

連接層とすると

$$H^q(X, \mathscr{F}) = 0, \qquad q \geq 1$$

が成立する.

系 4.4.28 と同様にして，この定理より次の系が直ちに従う．

系 6.12.3 (解析的ド・ラームの定理)　X をスタイン多様体とすると次の同型が成立する．

$$H^q(X, \mathbf{C}) \cong \mathscr{H}^q\left(X, \{\mathcal{O}_\Omega^{(p)}\}_{p \geq 0}\right)$$
$$= \left\{f \in \Gamma\left(X, \mathcal{O}_X^{(q)}\right); df = 0\right\} \Big/ d\Gamma\left(X, \mathcal{O}_X^{(q-1)}\right), \quad q \geq 0.$$

特に, $H^q(X, \mathbf{C}) = 0, q \geq n+1$.

スタインの与えた定義 6.12.1 は，X の正則凸性はいたしかたないとして，(i), (ii) を簡略化し判定しやすい条件に帰着できないかを考えるのは自然である．次の弱分離条件は H. グラウェルトによる．

定義 6.12.4 (弱分離条件)　X を複素空間とする．任意の点 $x \in X$ に対し有限個の元 $f_j \in \Gamma(X, \mathcal{O}_X)$, $f_j(x) = 0$, $1 \leq j \leq N$ があり, x は共通零点集合 $\bigcap_{j=1}^N \{f_j = 0\}$ の孤立点になるとき，X は**弱分離条件**を満たすという．

スタイン空間ならば，弱分離条件を満たす．逆について，ここではレベルを超えるので証明はしないが，次の定理が知られている．

定理 6.12.5 (H. グラウェルト[16])　複素空間 X が正則凸かつ弱分離条件を満たせば，X はスタイン空間である．

このグラウェルトの定理では，X が第 2 可算であることも仮定していないことに注意しよう．この定理を仮定すると，有限正則写像 $Y \to X$ があり X がスタインならば，Y は正則凸かつ弱分離条件を満たすので，Y もスタインであることがわかる．特に解析空間の正規化の場合に適用すると次の基本的な事実が従う．

定理 6.12.6　スタイン空間 X の正規化 $\hat{X}$ は，スタインである．

歴 史 的 補 足

岡の第 2 連接定理，第 3 連接定理の呼称については巻末「連接性について」を参照されたい．このように書いてくると岡の第 3 連接定理の証明は，やはり難し

い．筆者には，次の章で扱うレビ問題(ハルトークスの逆問題)よりも，難しいと感じた．H. カルタンは岡全集[45]，Oka VIII のコメントの冒頭を次のように始めている．

　　Ce Mémoire VIII, de lecture très difficile, est ...

　　(和訳) この第 VIII 論文は，読むのに大変難しく，...

本書で述べた証明は，グラウェルト–レンメルト [G-R2] (1984) によるもので，大分やさしくなったが，それでも大変である．この証明法は，R. ナラシムハーン[29] p. 121 (1966) に既に紹介されているので，大分以前より知られていたもののようである．

岡潔は，次の章で扱うレビ問題(ハルトークスの逆問題)をリーマン領域のような不分岐被覆領域の場合だけでなく，分岐点を許す分岐被覆領域に対しても証明しようとして一連の不定域イデアルの理論つまり連接性の理論を考え出した．しかし分岐被覆領域の場合はうまくいかず，Oka IX で不分岐被覆領域に対して積年の大問題であったレビ問題(ハルトークスの逆問題)を解決する論文を書くことになった．結局，特異点がある場合が本質的である岡の第 2 連接定理と第 3 連接定理は Oka IX では使われなかった．

一方 H. カルタンは，論文[5] (1944) を見ると念頭にあったのはクザン問題で，"クザン"の名は実に頻繁に現れる．しかし，レビ問題(ハルトークスの逆問題)への言及はない．この差異は，数学進展の観点から興味深い．

問　題

1. $U \subset \mathbf{C}^n$ を開集合，$f \in \mathcal{O}(U)$ とし，$X = \{f = 0\}$ とおき点 $a \in X$ をとる．$\mathscr{I}\langle X \rangle_a = \mathcal{O}_{\mathbf{C}^n, a} \cdot \underline{f}_a$ と仮定する．このとき，a のある近傍 V があって $\Sigma(X) \cap V = \{f = df = 0\} \cap V$ が成立することを示せ．
2. 命題 6.5.18 を証明せよ．
3. (解析的サードの定理) $\Omega \subset \mathbf{C}^n$ を領域，$f \in \mathcal{O}(\Omega)$ とする．このとき，高々可算部分集合 $Z \subset \mathbf{C}$ が存在して任意の $w \in \mathbf{C} \setminus Z$ に対し次が成立することを示せ．
$$df(z) \neq 0, \quad {}^\forall z \in f^{-1}w.$$

4. $X = \{(z, w) \in \mathbf{C}^2; w^2 = z^3\}$ とおく．すると，例 6.10.7 で見たように $\Sigma(X) = \{0\}$ で X は 0 で正規でない．X の正規化を求めよ．

5. $X = \{(u, v, w) \in \mathbf{C}^3; w^2 = uv\}$ とする．$\Sigma(X) = \{0\}$ かつ X は正規であることを示せ．

   (ヒント：有限写像 $\pi : (u, v) \in \mathbf{C}^2 \to (u^2, v^2, uv) \in X$ をとり，$\underline{f}_0 \in \tilde{\mathcal{O}}_{X,0}$ の π による引き戻し $\pi^* f$ を考えよ．)

6. $U \subset \mathbf{C}^n$ を開集合，$Y \subset X \subset U$ を解析的部分集合とする．$f : X \to \mathbf{C}$ を連続な弱正則関数とする．このとき，制限 $f|_Y$ は Y 上の弱正則関数であることを示せ．(これは，例えば $Y \subset \Sigma(X)$ の場合には非自明である．)

7. X を正規複素空間，Y をその薄い解析的部分集合とする．$f : X \setminus Y \to \mathbf{C}$ を正則関数で，Y の任意の点の周りで局所有界であるとする．このとき，f は X 上の正則関数に一意的に拡張されることを示せ．

8. $\mathbf{C}^3$ 内で次の関係式で与えられる点 (z_1, z_2, z_3) の集合を $A(\subset \mathbf{C}^3)$ とする：
$$z_1 = u, \quad z_2 = uv, \quad z_3 = uve^v, \quad (u, v) \in \mathbf{C}^2.$$

   このとき，$A \cap \{z_1 \neq 0\}$ は，$\{z_1 \neq 0\}$ の解析的部分集合であるが，原点 0 での芽 $\underline{A}_0$ は，解析的部分集合の芽にはならないことを証明せよ．

   (ヒント：もし $\underline{f}_0 \in \mathcal{O}_{3,0}$ が，$\underline{f}_0|_{\underline{A}_0} = 0$ を満たすならば，$\underline{f}_0 = 0$．)

7

擬凸領域と岡の定理

第4章で正則凸領域に対して岡–カルタンの基本定理 4.4.2 が成り立つことを見た．第5章では正則凸領域と正則領域が同値なものであることを見た．本章ではそのような領域を含む概念として**擬凸領域**と呼ばれる正則関数を用いず実関数だけの条件で特徴付けられる領域を定義する．本章の目的は，Oka IX で初めて証明された，擬凸領域が正則凸領域になるという岡の定理を証明することである．$\mathbf{C}^n$ の単葉な領域から始めても正則包を考えると単葉に留まらずに $\mathbf{C}^n$ の多葉不分岐被覆領域 (リーマン領域) になることを第5章の例で見た．これは，この問題を扱うのに単葉領域に限定していては，理論が不完全であることを意味する．

この章では，レビ問題 (ハルトークスの逆問題) を解決するために岡が定義した多重劣調和関数を初めに導入し，単葉領域の場合にレビ問題 (ハルトークスの逆問題) を解決する．その後，一般のリーマン領域で問題を解決する．結果的に単葉領域の場合は二度証明されることになる．そのようにした理由は，証明で使われる連接層に関する定理の内容の深さが異なるためで，そこを読者に理解してほしいからである．方法は，岡の原証明ではなく理解しやすい H. グラウェルトによる連接層コホモロジーの有限次元性定理による．この定理は，応用が広く次章でも使われる．

7.1 多重劣調和関数

7.1.1 劣調和関数

イェンゼンの公式から始めよう．これは，後に多変数化もされ色々な所で使われる基本的公式である．(3.5.18) で定めた記号を用いる．複素平面 $\mathbf{C}$ の座標を $z = x + iy\ (x, y \in \mathbf{R})$ とする．計算により，

7.1 多重劣調和関数

$$dd^c\varphi = \frac{i}{2\pi}\partial\bar{\partial}\varphi = \frac{\partial^2\varphi}{\partial z\partial\bar{z}}\frac{i}{2\pi}dz\wedge d\bar{z}$$
$$= \frac{1}{4\pi}\left(\frac{\partial^2\varphi}{\partial x^2} + \frac{\partial^2\varphi}{\partial y^2}\right)dx\wedge dy.$$

記法として，$dd^c\varphi \geq 0\,(>0)$ とは，

$$\frac{\partial^2\varphi}{\partial z\partial\bar{z}} = \frac{1}{4}\left(\frac{\partial^2\varphi}{\partial x^2} + \frac{\partial^2\varphi}{\partial y^2}\right) \geq 0\,(>0)$$

のこととする．

極座標 $z = re^{i\theta}$ ($\log z = \log r + i\theta$) を用いると，

(7.1.1) $\quad d^c\varphi = \dfrac{1}{4\pi}\left\{\dfrac{\partial\varphi}{\partial(\log r)}d\theta - \dfrac{\partial\varphi}{\partial\theta}d(\log r)\right\} = \dfrac{1}{4\pi}\left(r\dfrac{\partial\varphi}{\partial r}d\theta - \dfrac{1}{r}\dfrac{\partial\varphi}{\partial\theta}dr\right).$

特に，$\varphi = \log|z| = \log r$ とおくと，

(7.1.2) $\qquad\qquad\qquad d^c\log|z| = \dfrac{1}{4\pi}d\theta.$

$D \Subset \mathbf{C}$ を有界な領域とし，境界 ∂D は C^1 級とする．閉包 $\bar{D}$ の近傍上の C^1 級 1 形式 $\eta = Pdz + Qd\bar{z}$ に対してストークスの定理は次のように述べられる．

(7.1.3) $\qquad\displaystyle\int_{\partial D}\eta = \int_D d\eta = \int_D\left(-\frac{\partial P}{\partial\bar{z}} + \frac{\partial Q}{\partial z}\right)dz\wedge d\bar{z}.$

$\varphi(z)$ を開集合 $U \subset \mathbf{C}$ 上の関数とする．$\Delta(a;r) \Subset U$ とする．次のように略記する．

$$\frac{1}{2\pi}\int_{|\zeta|=r}\varphi(a+\zeta)d\theta = \frac{1}{2\pi}\int_0^{2\pi}\varphi(a+re^{i\theta})d\theta.$$

$\frac{1}{2\pi}\int_{|\zeta|=0}\varphi(a+\zeta)d\theta = \varphi(a)$ と解することにする．

補題 7.1.4 (イェンゼンの公式) $\varphi(z)$ を $\overline{\Delta(a;r)}$ の近傍上で C^2 級の関数とする．$0 \leq s < r$ に対し，

$$\frac{1}{2\pi}\int_{|\zeta|=r}\varphi(a+\zeta)d\theta - \frac{1}{2\pi}\int_{|\zeta|=s}\varphi(a+\zeta)d\theta$$
$$= 2\int_s^r\frac{dt}{t}\int_{\Delta(a;t)}\frac{i}{2\pi}\partial\bar{\partial}\varphi.$$

証明 平行移動で $a=0$ としてよい．(7.1.2) とストークスの定理を何度か使って計算すると，

$$\frac{1}{2\pi}\int_{|z|=r}\varphi(z)d\theta - \frac{1}{2\pi}\int_{|z|=s}\varphi(z)d\theta$$
$$= 2\int_{|z|=r}\varphi(z)d^c\log|z| - 2\int_{|z|=s}\varphi(z)d^c\log|z| \qquad\text{(続く)}$$

$$= 2\int_{\Delta(r)\setminus\Delta(s)} d\varphi \wedge d^c \log|z| = 2\int_{\Delta(r)\setminus\Delta(s)} d\log|z| \wedge d^c\varphi$$
$$= 2\int_s^r \frac{dt}{t} \int_{|z|=t} d^c\varphi = 2\int_s^r \frac{dt}{t} \int_{\Delta(t)} dd^c\varphi. \qquad \square$$

U を $\mathbf{C}$ の開集合とし，値として $-\infty$ を許す関数 $\varphi : U \to [-\infty, \infty)$ を考える．

定義 7.1.5 φ が劣調和関数であるとは，φ が上半連続で，劣平均値性を持つことである．すなわち，

(i) (上半連続) $\quad \overline{\lim}_{z \to a} \varphi(z) \leq \varphi(a), \quad \forall a \in U.$

(ii) (劣平均値) 任意の円板 $\Delta(a; r) \Subset U$ に対し，
$$\varphi(a) \leq \frac{1}{2\pi} \int_0^{2\pi} \varphi(a + re^{i\theta})d\theta.$$

$\pm\varphi$ が共に劣調和であるとき φ を調和関数と呼ぶ．すなわち，$\varphi : U \to \mathbf{R}$ は連続で平均値性

(7.1.6) $\qquad \varphi(a) = \dfrac{1}{2\pi}\displaystyle\int_0^{2\pi} \varphi(a + re^{i\theta})d\theta, \qquad \Delta(a; r) \Subset U$

が成立する．

注意 7.1.7 (i) $\varphi : U \to [-\infty, \infty)$ が上半連続ならば，任意のコンパクト集合 $K \Subset U$ 上 φ は上方有界である．

(ii) $\varphi : U \to [-\infty, \infty)$ が上半連続であるために，任意の $c \in \mathbf{R}$ に対し $\{z \in U; \varphi(z) < c\}$ が開集合であることが，必要十分条件である．

(iii) $\varphi : U \to [-\infty, \infty)$ が上半連続であることと次は同値である：単調減少連続関数列 $\psi_\nu : U \to \mathbf{R}, \nu = 1, 2, \ldots,$ があって，各点 $z \in U$ で $\lim_{\nu \to \infty} \psi_\nu(z) = \varphi(z)$ が成立する．

(iv) 上の定義 7.1.5 (ii) より次が直ちに従う．

(7.1.8) $\qquad \varphi(a) \leq \dfrac{1}{\pi r^2} \displaystyle\int_0^r tdt \int_0^{2\pi} \varphi(a + te^{i\theta})d\theta$
$\qquad\qquad\qquad = \dfrac{1}{r^2} \displaystyle\int_{|\zeta|<r} \varphi(a + \zeta) \dfrac{i}{2\pi} d\zeta \wedge d\bar{\zeta} < \infty.$

定理 7.1.9 (i) φ は U 上の劣調和関数であるとする．$a \in U$ で $\varphi(a) > -\infty$ ならば，a を含む U の連結成分 U' 上 φ は局所可積分関数である

(ii) (最大値原理) φ を U 上の劣調和関数とする．もしある $a \in U$ で φ が最大値をとるならば，a を含む U の連結成分 U' 上 φ は定数関数である．

(iii) $\varphi \in C^2(U)$ ならば,φ が劣調和であるために,$dd^c\varphi = (i/2\pi)\partial\bar{\partial}\varphi \geq 0$ は必要十分条件である.

(iv) $\varphi : U \to [-\infty, \infty)$ を劣調和関数,λ を $[\inf\varphi, \sup\varphi)$ 上で定義されている単調増加凸関数とする.このとき,$\lambda \circ \varphi$ は劣調和関数である.ただし,$\lambda(-\infty) = \lim_{t \to -\infty} \lambda(t)$ とする.

(v) $\varphi_\nu : U \to [-\infty, \infty)$, $\nu = 1, 2, \ldots$, を劣調和関数列で,単調減少とする.すると,極限関数 $\varphi(z) = \lim_{\nu \to \infty} \varphi_\nu(z)$ は劣調和である.

(vi) U 上の任意の劣調和関数族 $\{\varphi_\lambda\}_{\lambda \in \Lambda}$ に対し,$\varphi(z) := \sup_{\lambda \in \Lambda} \varphi_\lambda(z)$ が上半連続ならば $\varphi(z)$ は劣調和である.特に Λ が有限ならば $\varphi(z)$ は上半連続になり劣調和になる.

証明 (i) U は連結と仮定して一般性を失わない.もし $\varphi(a) > -\infty$ ならば (7.1.8) より任意の U 内相対コンパクトな円板 $\Delta(a; r)$ 上 φ は可積分であることに注意する.$\varphi(a) > -\infty$ となる点 $a \in U$ があると仮定する.$z \in U$ にある近傍 W が存在して制限 $\varphi|_W$ が可積分であるような z の全体を U_0 とする.明らかに U_0 は,非空開集合である.U_0 が U 内で閉集合であることを示そう.$a \in U$ が U_0 の集積点であるとする.a に収束する点列 $z_\nu \in U_0, \nu = 1, 2, \ldots$, をとる.$\varphi(z_\nu) > -\infty, \nu = 1, 2, \ldots$, としてよい.ある $r > 0$ と十分大きな ν が存在して,$a \in \Delta(z_\nu; r) \Subset U$ が成立する.初めに注意したことから,$\varphi|_{\Delta(z_\nu;r)}$ は可積分である.したがって,$a \in U_0$.U_0 は U 内で開かつ閉である.U は連結であるから,$U_0 = U$.

(ii) U は連結で,$\varphi(a)$ は最大値であるとする.(7.1.8) より任意の $\Delta(a; r) \Subset U$ に対し

$$(7.1.10) \qquad \int_{\Delta(a;r)} \{\varphi(\zeta) - \varphi(a)\} \frac{i}{2\pi} d\zeta \wedge d\bar{\zeta} = 0.$$

$\varphi(\zeta) - \varphi(a) \leq 0$ である.もし,ある点 $b \in \Delta(a; r)$ で $\varphi(b) - \varphi(a) = \delta_0 < 0$ とする.φ の上半連続性より,b のある近傍 $\Delta(b; \varepsilon)(\subset \Delta(a; r))$ 上 $\varphi(\zeta) - \varphi(a) < \frac{\delta_0}{2}$.すると,

$$\int_{\Delta(a;r)} \{\varphi(\zeta) - \varphi(a)\} \frac{i}{2\pi} d\zeta \wedge d\bar{\zeta}$$
$$\leq \int_{\Delta(b;\varepsilon)} \{\varphi(\zeta) - \varphi(a)\} \frac{i}{2\pi} d\zeta \wedge d\bar{\zeta} \leq \frac{\delta_0 \pi \varepsilon^2}{2} < 0$$

となり,(7.1.10) に反する.したがって,$\varphi|_{\Delta(a;r)} \equiv \varphi(a)$.$z \in U$ にある近傍 W が存在して $\varphi|_W \equiv \varphi(a)$ が成立するような z の全体を U_1 とする.前の (i) と同様な議論で U_1 は U 内開かつ閉であることがわかる.よって,$U_1 = U$ が成立する.

(iii) 各点 $a \in U$ の近傍で φ を 2 次まで展開すると,
$$\varphi(a+\varepsilon e^{i\theta}) = \varphi(a) + \frac{\partial \varphi}{\partial z}(a)\varepsilon e^{i\theta} + \frac{\partial \varphi}{\partial \bar{z}}(a)\varepsilon e^{-i\theta}$$
$$+ \frac{1}{2}\varepsilon^2 \left(\frac{\partial^2 \varphi}{\partial z^2}(a)e^{2i\theta} + 2\frac{\partial^2 \varphi}{\partial z \partial \bar{z}}(a) + \frac{\partial^2 \varphi}{\partial z^2}(a)e^{-2i\theta} \right)(1+o(1)).$$

θ について積分して平均値をとると,
$$\frac{1}{2\pi}\int_0^{2\pi} \varphi(a+\varepsilon e^{i\theta})d\theta = \varphi(a) + \varepsilon^2(1+o(1))2\frac{\partial^2 \varphi}{\partial z \partial \bar{z}}(a).$$

劣平均値性より, $\frac{\partial^2 \varphi}{\partial z \partial \bar{z}}(a) \geq 0$ を得る.

逆に, $\frac{\partial^2 \varphi}{\partial z \partial \bar{z}} \geq 0$ であるとする.
$$d(a, \partial U) = \inf\{|a-w|; w \in \partial U\}$$
とおく. 補題 7.1.4 より各点 $a \in U$ の周りで, 任意の $0 \leq s < r < d(a, \partial U)$ に対し
$$(7.1.11) \qquad \frac{1}{2\pi}\int_{|\zeta|=s} \varphi(a+\zeta)d\theta \leq \frac{1}{2\pi}\int_{|\zeta|=r} \varphi(a+\zeta)d\theta.$$
$s=0$ とすると,
$$\varphi(a) \leq \frac{1}{2\pi}\int_{|\zeta|=r} \varphi(a+\zeta)d\theta.$$

(iv) 有界性より λ は連続関数になる. したがって $\lambda \circ \varphi$ は上半連続である. $\Delta(a; r) \Subset U$ を任意にとる. λ の凸性より周平均について
$$\int_0^{2\pi} \lambda(\varphi(a+re^{i\theta}))\frac{d\theta}{2\pi} \geq \lambda \left(\int_0^{2\pi} \varphi(a+re^{i\theta})\frac{d\theta}{2\pi} \right).$$
φ の劣平均値性と λ が単調増加であることから,
$$\lambda \left(\int_0^{2\pi} \varphi(a+re^{i\theta})\frac{d\theta}{2\pi} \right) \geq \lambda(\varphi(a)).$$
したがって, $\lambda \circ \varphi$ の劣平均値性が従い, 劣調和であることがわかる.

(v) φ が上半連続であることは, 仮定よりすぐにわかる. 上半連続関数は相対コンパクト集合上で上方有界である. したがって, φ_ν は相対コンパクト集合上で一様上方有界である. 任意の円板 $\Delta(a; r) \Subset U$ をとり, 積分論でのファツーの補題を用いて計算すると,
$$\varphi(a) = \lim_{\nu \to \infty} \varphi_\nu(a) \leq \varlimsup_{\nu \to \infty} \frac{1}{2\pi}\int_0^{2\pi} \varphi_\nu(a+re^{i\theta})d\theta$$

$$\leq \frac{1}{2\pi}\int_0^{2\pi} \varlimsup_{\nu\to\infty} \varphi_\nu(a+re^{i\theta})d\theta = \frac{1}{2\pi}\int_0^{2\pi}\varphi(a+re^{i\theta})d\theta.$$

(vi) Λ が有限ならば $\varphi(z)$ の上半連続性は，定義より明らかであろう．劣平均値性を示そう．任意に $\Delta(a;r) \Subset U$ をとる．任意の $\lambda \in \Lambda$ に対し

$$\varphi_\lambda(a) \leq \int_0^{2\pi}\varphi_\lambda(a+re^{i\theta})\frac{d\theta}{2\pi} \leq \int_0^{2\pi}\varphi(a+re^{i\theta})\frac{d\theta}{2\pi}.$$

左辺の上限をとれば，次の劣平均値性が出る．

$$\varphi(a) \leq \int_0^{2\pi}\varphi(a+re^{i\theta})\frac{d\theta}{2\pi}. \qquad \square$$

例 7.1.12 (i) 正則関数 $f:U\to \mathbf{C}$ に対し，$\log|f|, |f|^c, c>0$ は共に劣調和である．なぜならば，直接偏微分計算をすることにより，$\log(|f|^2+C)$ ($C>0$) が劣調和であることが簡単に確かめられる．$C=1/\nu, \nu=1,2,\ldots,$ とおき，極限をとれば，定理 7.1.9 (v) より $\log|f|^2 = 2\log|f|$ が劣調和となるから，$\log|f|$ は劣調和である．指数関数 $e^{ct}, t\in\mathbf{R}$ は単調増加凸関数であるから，定理 7.1.9 (iv) より，$|f|^c$ が劣調和であることがわかる．

(ii) (不連続な例) $\alpha_k \in \Delta(0;1)\setminus\{0\}, k=1,2,\ldots,$ を 0 に収束する任意の複素数列とする．c_k を

$$0 < c_k \leq \frac{1}{2^k}, \qquad c_k\left|\log\left|\frac{\alpha_k}{2}\right|\right| < \frac{1}{2^k}, \qquad k=1,2,\ldots,$$

と取り，

$$\varphi_N(z) = \sum_{k=1}^N c_k \log\frac{|z-\alpha_k|}{2}, \quad z\in\mathbf{C} \quad N=1,2,\ldots$$

とおく．上の (i) より，$\varphi_N(z)$ は $\mathbf{C}$ 上の劣調和関数である．$z\in\Delta(0;1)$ に対しては $\frac{|z-\alpha_k|}{2} < 1$ であるから，取り方から，各点毎に単調減少して極限 $\varphi(z) = \lim_{N\to\infty}\varphi_N(z)$ に収束する．定理 7.1.9 (v) より $\varphi(z)$ は，$\Delta(0;1)$ 上で劣調和である (実際には，$\mathbf{C}$ 上で劣調和になっている)．

$$\varphi(0) = \sum_{k=1}^\infty c_k \log\frac{|\alpha_k|}{2} \in \mathbf{R}$$

であるが，$\varphi(\alpha_k) = -\infty, k=1,2,\ldots,$ である．

値として $-\infty$ を避けたければ，$\psi(z) = \exp\varphi(z)$ とおけば，$\exp(\cdot)$ は増加凸関数なので定理 7.1.9 (iv) により，$\psi(z)$ は劣調和で，$\psi(0)>0, \psi(\alpha_k)=0, k=1,2,\ldots,$ となる．

$\chi \in C_0^\infty(\mathbf{C})$ を $\mathrm{Supp}\,\chi \subset \Delta(1), \chi(z) = \chi(|z|) \geq 0$ かつ

$$\int \chi(z)\frac{i}{2}dz \wedge d\bar{z} = 1$$

と取る．$\chi_\varepsilon(z) = \chi(\varepsilon^{-1}z)\varepsilon^{-2}, \varepsilon > 0$ とおくと，

$$\int \chi_\varepsilon(z)\frac{i}{2}dz \wedge d\bar{z} = 1.$$

U 上の劣調和関数 φ で U の各連結成分上 $\varphi \not\equiv -\infty$ であるものを考える．定理 7.1.9 (i) により φ は U 上局所可積分であることに注意する．

$$U_\varepsilon = \{z \in U; d(z, \partial U) > \varepsilon\}$$

とおく．φ の滑性化 (smoothing) $\varphi_\varepsilon(z), z \in U_\varepsilon$ を次で定義する．

(7.1.13) $$\varphi_\varepsilon(z) = \varphi * \chi_\varepsilon(z) = \int_{\mathbf{C}} \varphi(w)\chi_\varepsilon(w-z)\frac{i}{2}dw \wedge d\bar{w}$$
$$= \int_{\mathbf{C}} \varphi(z+w)\chi_\varepsilon(w)\frac{i}{2}dw \wedge d\bar{w}$$
$$= \int_0^1 \chi(t)tdt \int_0^{2\pi} \varphi(z+\varepsilon te^{i\theta})d\theta$$
$$\geq \varphi(z)\int_0^1 2\pi\chi(t)tdt = \varphi(z).$$

$\varphi_\varepsilon(z)$ は U_ε 上 C^∞ でかつ劣平均値性を持つ．それは次の計算よりわかる．$\Delta(z;r) \Subset U_\varepsilon$ に対し，

(7.1.14) $$\frac{1}{2\pi}\int_{|\zeta|=r} \varphi_\varepsilon(z+\zeta)d\theta$$
$$= \int_{|\zeta|=r} \frac{d\theta}{2\pi} \int_0^1 \chi(t)tdt \int_0^{2\pi} \varphi(z+\zeta+\varepsilon te^{i\vartheta})d\vartheta$$
$$= \int_0^1 \chi(t)tdt \int_0^{2\pi} d\vartheta \int_{|\zeta|=r} \varphi(z+\zeta+\varepsilon te^{i\vartheta})\frac{d\theta}{2\pi}$$
$$\geq \int_0^1 \chi(t)tdt \int_0^{2\pi} \varphi(z+\varepsilon te^{i\vartheta})d\vartheta = \varphi_\varepsilon(z).$$

したがって $\varphi_\varepsilon(z)$ は劣調和であることがわかった．定理 7.1.9 (iii) により，

$$\frac{\partial^2}{\partial z \partial \bar{z}}\varphi_\varepsilon(z) \geq 0.$$

次に $\varepsilon_1 > \varepsilon_2 > 0, \delta > 0$ をとり二重滑性化 $(\varphi_\delta)_{\varepsilon_i} = (\varphi_{\varepsilon_i})_\delta, i = 1,2$ を考える．φ_δ は，C^∞ で劣調和であるから (7.1.11) が適用でき，

$$\int_0^{2\pi} \varphi_\delta(z+\zeta+\varepsilon_1 te^{i\vartheta})d\vartheta \geq \int_0^{2\pi} \varphi_\delta(z+\zeta+\varepsilon_2 te^{i\vartheta})d\vartheta$$

が成立する．これと (7.1.14) の計算から次を得る．

$$(\varphi_\delta)_{\varepsilon_1} \geq (\varphi_\delta)_{\varepsilon_2}.$$

積分の順序交換をして，$(\varphi_{\varepsilon_1})_\delta \geq (\varphi_{\varepsilon_2})_\delta$. $\delta \to 0$ として，$\varphi_{\varepsilon_1} \geq \varphi_{\varepsilon_2}$. したがって，$\varepsilon \searrow 0$ とするとき $\varphi_\varepsilon(z)$ は単調減少する．(7.1.13) より

$$\varphi(z) \leq \lim_{\varepsilon \to 0} \varphi_\varepsilon(z).$$

ここで等号を示す．上半連続性を用いる．

$\varphi(z) = -\infty$ の場合，任意の $K < 0$ に対し円板近傍 $\Delta(z;r) \subset U$ が存在して $\varphi|_{\Delta(z;r)} < K$. (7.1.13) の定義から，$\varepsilon < r$ に対し $\varphi_\varepsilon(z) < K$. したがって，$\lim_{\varepsilon \to 0} \varphi_\varepsilon(z) \leq K$. $K < 0$ は任意であったから，$\lim_{\varepsilon \to 0} \varphi_\varepsilon(z) = -\infty$.

$\varphi(z) > -\infty$ の場合，任意の $\varepsilon' > 0$ に対し円板近傍 $\Delta(z;r) \subset U$ が存在して $\varphi|_{\Delta(z;r)} < \varphi(z) + \varepsilon'$. 上と同様の理由により，$\varepsilon < r$ に対し $\varphi_\varepsilon(z) < \varphi(z) + \varepsilon'$. したがって，$\lim_{\varepsilon \to 0} \varphi_\varepsilon(z) = \varphi(z)$. これで $\varphi_\varepsilon(z) \searrow \varphi(z)$ ($\varepsilon \searrow 0$) と単調に収束することがわかった．

C^∞ 劣調和関数 φ_ε に (7.1.11) を適用する．$\Delta(a;r) \Subset U$, $0 < s < r$ と十分小さな $\varepsilon > 0$ に対し

$$\frac{1}{2\pi}\int_{|\zeta|=s}\varphi_\varepsilon(a+\zeta)d\theta \leq \frac{1}{2\pi}\int_{|\zeta|=r}\varphi_\varepsilon(a+\zeta)d\theta.$$

$\varepsilon \searrow 0$ とするとき，ルベーグの単調収束定理より

(7.1.15) $$\frac{1}{2\pi}\int_{|\zeta|=s}\varphi(a+\zeta)d\theta \leq \frac{1}{2\pi}\int_{|\zeta|=r}\varphi(a+\zeta)d\theta.$$

定理 7.1.9 (i) より，φ は U 上で局所可積分である．フビニの定理により，ルベーグ測度に関しほとんど全ての $s \in (0, r)$ に対して

(7.1.16) $$\frac{1}{2\pi}\int_{|\zeta|=s}\varphi(a+\zeta)d\theta > -\infty.$$

このことと (7.1.15) より，任意の $s \in (0, r]$ に対し (7.1.16) が成立する．

以上をまとめて次を得る．

定理 7.1.17 $\varphi : U \to [-\infty, \infty)$ を U の各連結成分上 $\varphi \not\equiv -\infty$ である劣調和関数とする．

(i) 滑性化 $\varphi_\varepsilon(z)$ は劣調和で，$\varepsilon \searrow 0$ とするとき単調減少して $\varphi(z)$ に収束する．

(ii) 任意の $\Delta(a;r) \Subset U$ と任意の $s \in (0, r)$ に対し

$$-\infty < \frac{1}{2\pi}\int_{|\zeta|=s}\varphi(a+\zeta)d\theta \leq \frac{1}{2\pi}\int_{|\zeta|=r}\varphi(a+\zeta)d\theta < \infty.$$

系 7.1.18 関数 $\varphi : U \to \mathbf{R}$ が調和であることと C^∞ 級でラプラスの偏微分方程式

$$\Delta\varphi = \left(\frac{\partial^2}{\partial x^2} + \frac{\partial^2}{\partial y^2}\right)\varphi = 0, \quad (U \text{ 上で})$$

を満たすことは，同値である．

証明 φ は調和であると仮定する．上述の滑性化 $\varphi_\varepsilon(z)$ を考える．$\pm\varphi_\varepsilon(z)$ は C^∞ で，$\varepsilon \searrow 0$ とするとき共に単調減少して $\varphi(z)$ に収束する．したがって，$\varphi_\varepsilon(z) = \varphi(z)$ でなければならない．これより，$\frac{\partial^2}{\partial z \partial \bar{z}}\varphi = 0$ も従う．

逆は，定義と定理 7.1.9 (iii) より出る． □

例 7.1.19 U 上の正則関数 $f(z)$ の実部 $\Re f(z)$ は，平均値の性質を満たし，また $\Delta \Re f = 0$ でもあるから調和である．特に多項式 $P(z)$ の実部 $\Re P(z)$ は $\mathbf{C}$ 上で調和である．

定理 7.1.20　(i) 劣調和性は，局所的性質である．すなわち，関数 $\varphi : U \to [-\infty, \infty)$ が任意の点 $a \in U$ のある開近傍上で劣調和ならば，φ は U 上劣調和である．

(ii) U, V を $\mathbf{C}$ の開集合とし，$f : V \to U$ を正則写像とする．U 上の劣調和関数 φ の引き戻し $f^*\varphi = \varphi \circ f$ は，V 上の劣調和関数である．f が双正則ならば，逆も正しい．

証明 (i) 滑性化 $\varphi_\varepsilon(z)$ を考える．$\Delta(z; r) \subset U$ 上 φ が劣調和ならば，$\Delta(z; r/2)$ 上 $\varphi_\varepsilon, 0 < \varepsilon < r/2$ は劣調和である．したがって，$dd^c\varphi_\varepsilon(z) \geq 0$. 定理 7.1.9 (iii) より，$\varphi_\varepsilon(z)$ は U_ε 上劣調和である．

定義 7.1.5 (ii) を示すのには，任意の U_δ ($\delta > 0$) を止め，その上で φ が劣調和であることを示せば十分である．$\delta > \varepsilon \searrow 0$ とすると U_δ 上単調に $\varphi_\varepsilon(z) \searrow \varphi(z)$ と収束するので定理 7.1.9 (v) により φ は U_δ 上劣調和である．

(ii) φ が C^2 級ならば，
$$\frac{\partial^2 f^*\varphi}{\partial \zeta \partial \bar{\zeta}}(\zeta) = \frac{\partial^2 \varphi}{\partial z \partial \bar{z}}(f(\zeta)) \cdot \left|\frac{df}{d\zeta}\right|^2 \geq 0$$
となるので，$f^*\varphi$ は，劣調和である．一般には，(i) により各点 $\zeta \in V \mapsto f(\zeta) \in U$ の近傍で調べれば良い．ζ のある連結近傍 V' で $f^*\varphi \not\equiv -\infty$ と仮定してよい．φ は，$f(\zeta)$ のある連結近傍 $U' (\subset f(V'))$ で $\varphi \not\equiv -\infty$ である．以下必要なら V', U' はさらに小さい連結近傍に取り換えることとする．定理 7.1.17 (i) により，φ は U' 上で C^∞ 劣調和関数列 $\{\phi_\nu\}$ の単調減少極限である．したがって $f^*\varphi$ は V' で劣調和関数列 $\{f^*\phi_\nu\}$ の単調減少極限となる．定理 7.1.9 (v) により，$f^*\varphi$ は V'

で劣調和である. □

定理 7.1.21 上半連続関数 $\varphi : U \to [-\infty, \infty)$ について次の条件は, 同値である.
 (i) φ は, U 上劣調和である.
 (ii) 任意の $\Delta(a;r) \subset U$ に対し
(7.1.22) $$\varphi(a) \leq \frac{1}{r^2} \int_{\Delta(a;r)} \varphi(z) \frac{i}{2\pi} dz \wedge d\bar{z}.$$
 (iii) 任意のコンパクト部分集合 $K \Subset U$ とその上で連続, K の内点集合 K° で調和な関数 $h : K \to \mathbf{R}$ が与えられている. もし K の境界 $\partial K = K \setminus K^\circ$ 上 $\varphi(z) \leq h(z)$ が成立しているならば, K 上で $\varphi(z) \leq h(z)$ が成立する.

証明 (i)⇒(ii) これは (7.1.8) ですでに示されている.
 (ii)⇒(iii) (iii) の主張である $\varphi(z) \leq h(z)$ $(z \in K)$ が成立しないとすると,
$$\eta := \sup\{\varphi(z) - h(z); z \in K\} > 0$$
となる. K はコンパクトであるから K 内の収束点列 $\{z_\nu\}_{\nu=1}^\infty$ がとれて,
$$\eta = \lim_{\nu \to \infty} \{\varphi(z_\nu) - h(z_\nu)\},$$
$$a = \lim_{\nu \to \infty} z_\nu \in K$$
となる. 上半連続性より $\eta \leq \varphi(a) - h(a)$ が成立する. η の定義より, $\eta = \varphi(a) - h(a) (> 0)$ となる. したがって, $a \in K^\circ$ である. (ii) の仮定と η の取り方から $\Delta(a;r) \subset K$ に対し
$$\eta = \varphi(a) - h(a) \leq \frac{1}{r^2} \int_{\Delta(a;r)} \{\varphi(z) - h(z)\} \frac{i}{2\pi} dz \wedge d\bar{z} \leq \eta.$$
したがって
(7.1.23) $$\frac{1}{r^2} \int_{\Delta(a;r)} \{\varphi(z) - h(z) - \eta\} \frac{i}{2\pi} dz \wedge d\bar{z} = 0.$$
$\varphi(z) - h(z) - \eta \leq 0$, $z \in \Delta(a;r)$ である. もしある $b \in \Delta(a;r)$ で $\gamma := \varphi(b) - h(b) - \eta < 0$ とすると, $\{z \in \Delta(a;r); \varphi(z) - h(z) - \eta < \gamma/2\}$ は, b の近傍を含み, (7.1.23) は成立し得ない ((7.1.10) の後の議論を参照). したがって,
$$(\varphi - h)|_{\Delta(a;r)} \equiv \eta.$$
すると定理 7.1.9 (ii) の証明と同じ議論で, K° の a を含む連結成分 V 上で $(\varphi - h)|_V \equiv \eta$ が成立する. よって $z \in \bar{V} \cap \partial K \neq \emptyset$ に対し, $\varphi(z) - h(z) \geq \eta > 0$ となり, 矛盾を得る.
 (iii) ⇒(i) 任意に開円板 $\Delta(a;r) \Subset U$ をとり, $K = \overline{\Delta(a;r)}$ として適用する. 簡単のため, 定理 7.1.20 (ii) を利用して $a = 0, r = 1$ として良い.

$\partial\Delta(0;1)$ 上の連続関数列 $\{h_\nu(e^{i\theta})\}_{\nu=1}^\infty$ で $\varphi(e^{i\theta})$ に単調減少収束するものをとる. h_ν のポアソン積分

$$(7.1.24) \qquad \hat{h}_\nu(z) = \int_0^{2\pi} \frac{h_\nu(e^{i\theta})(1-|z|^2)}{|e^{i\theta}-z|^2} \frac{d\theta}{2\pi}$$

をとる ([野口] 第3章 §6 参照). $\hat{h}_\nu(z)$ は, $\overline{\Delta(0;1)}$ 上で連続, 内部 $\Delta(0;1)$ で調和な関数であり, 境界上では $\hat{h}_\nu(e^{i\theta}) = h_\nu(e^{i\theta}) \geq \varphi(e^{i\theta})$ となっている. 仮定より内部で, 特に中心で

$$\varphi(0) \leq \hat{h}_\nu(0) = \int_{|\zeta|=1} h_\nu(\zeta) \frac{d\theta}{2\pi}.$$

よってルベーグの単調収束定理により

$$\varphi(0) \leq \int_{|\zeta|=r} \varphi(\zeta) \frac{d\theta}{2\pi}$$

となり, 劣平均値性が示された. □

定理 7.1.25 上半連続関数 $\varphi : U \to [-\infty, \infty)$ が劣調和であることと次の性質を満たすことは同値である.

7.1.26 性質. 任意の $\Delta(a;r) \Subset U$ と多項式 $P(z)$ に対し

$$\varphi(z) \leq \Re P(z), \qquad |z-a| = r$$

ならば, 必ず $\varphi(a) \leq \Re P(a)$ となる.

証明 φ が劣調和ならば, $\varphi(z) - \Re P(z)$ も劣調和関数である (例 7.1.19). 最大値原理 (定理 7.1.9 (ii)) により, 境界 $|z-a|=r$ 上で $\varphi(z) - \Re P(z) \leq 0$ ならば, 内部でも

$$\varphi(z) - \Re P(z) \leq 0, \qquad |z-a| < r.$$

特に, $\varphi(a) - \Re P(a) \leq 0$ となる.

次に性質 7.1.26 を仮定する. 示すべきは, 劣平均値性

$$\varphi(a) \leq \frac{1}{2\pi} \int_{|\zeta-a|=r} \varphi(a+\zeta) d\theta, \quad \Delta(a;r) \Subset U$$

である. 簡単のため, 定理 7.1.20 (ii) により $a=0, r=1$ と仮定してよい.

境界 $\partial\Delta(0;1)$ 上の単調減少連続関数列 $\{h_\nu(e^{i\theta})\}_{\nu=1}^\infty$ で $\varphi(e^{i\theta})$ に収束するものをとる (注意 7.1.7 (iii)). (7.1.24) により各 $h_\nu(e^{i\theta})$ のポアソン積分 $\hat{h}_\nu(z)$ をとる. $\hat{h}_\nu(z)$ は, $|z| \leq 1$ で連続, 内部 $|z| < 1$ で調和な関数であり, 境界上では

$$\hat{h}_\nu(z) = h_\nu(z), \qquad |z|=1$$

となっている. $\hat{h}_\nu(z)$ の随伴調和関数 $\hat{h}_\nu^*(z), \hat{h}_\nu^*(0) = 0$ をとり

$$g_\nu(z) = \hat{h}_\nu(z) + i\hat{h}_\nu^*(z), \qquad |z| < 1$$

とおくと，これは正則関数であり

$$\Re g_\nu(z) = \hat{h}_\nu(z)$$

となっている．

以下しばらく，ν を任意に固定して考える．任意の $\varepsilon > 0$ に対し $0 < r < 1$ を 1 に十分近くとれば

(7.1.27) $\qquad \hat{h}_\nu(re^{i\theta}) - \varepsilon < h_\nu(e^{i\theta}) < \hat{h}_\nu(re^{i\theta}) + \varepsilon = \Re g_\nu(re^{i\theta}) + \varepsilon.$

$g_\nu(z)$ は，$|z| \leq r$ 上その巾級数展開 $g_\nu(z) = \sum c_\mu z^\mu$ の有限和で一様近似可能だから多項式 $P_\nu(z)$, $P_\nu(0) = g_\nu(0)$ があって

(7.1.28) $\qquad |g_\nu(z) - P_\nu(z)| < \varepsilon, \qquad |z| \leq r.$

これより，

$$h_\nu(e^{i\theta}) < \Re P_\nu(re^{i\theta}) + 2\varepsilon.$$

したがって，

$$\varphi(z) < \Re P_\nu(rz) + 2\varepsilon, \qquad |z| = 1$$

が満たされる．$P_\nu(rz)$ は z の多項式であるから，仮定より

$$\varphi(0) \leq \Re P_\nu(0) + 2\varepsilon$$

を得る．$\Re P_\nu(rz)$ は調和関数であるから，平均値性より

$$\Re P_\nu(0) = \int_0^{2\pi} \Re P_\nu(re^{i\theta}) \frac{d\theta}{2\pi}.$$

したがって，(7.1.28) と (7.1.27) を用いて次を得る．

$$\varphi(0) \leq \int_0^{2\pi} \Re P_\nu(re^{i\theta}) \frac{d\theta}{2\pi} + 2\varepsilon \leq \int_0^{2\pi} \Re g_\nu(re^{i\theta}) \frac{d\theta}{2\pi} + 3\varepsilon$$
$$= \int_0^{2\pi} \hat{h}_\nu(re^{i\theta}) \frac{d\theta}{2\pi} + 3\varepsilon \leq \int_0^{2\pi} h_\nu(e^{i\theta}) \frac{d\theta}{2\pi} + 4\varepsilon.$$

$\varepsilon > 0$ は任意だから，$\varepsilon \searrow 0$ として

$$\varphi(0) \leq \int_0^{2\pi} h_\nu(e^{i\theta}) \frac{d\theta}{2\pi}.$$

ルベーグの単調収束定理により $\nu \to \infty$ として

$$\varphi(0) \leq \int_0^{2\pi} \varphi(e^{i\theta}) \frac{d\theta}{2\pi}. \qquad \square$$

7.1.2 多重劣調和関数

多変数の場合を考える．改めて $U \subset \mathbf{C}^n$ を開集合とし，$z = (z_1, \ldots, z_n)$ を $\mathbf{C}^n$

の標準的座標とし,
$$d(z, \partial U) = \inf\{\|z - w\|; w \in \partial U\}, \qquad z \in U,$$
$$U_\varepsilon = \{z \in U; d(z, \partial U) > \varepsilon\}, \qquad \varepsilon > 0,$$
とおく.

$z_j = x_j + iy_j$ $(1 \leq j \leq n)$ とし, (3.5.18) の記号を用いる. さらに, 次の記号を導入する.

(7.1.29)
$$B(r) = B(0; r),$$
$$\alpha = dd^c \|z\|^2, \quad \beta = dd^c \log \|z\|^2,$$
$$\gamma = d^c \log \|z\|^2 \wedge \beta^{m-1}.$$

超球面 $\{\|z\| = r\}$ の $\mathbf{C}^n$ への包含写像 $\iota : \{\|z\| = r\} \hookrightarrow \mathbf{C}^n$ で $\mathbf{C}^n$ 上の微分形式を ι で引き戻した微分形式を $\{\|z\| = r\}$ 上に誘導された微分形式と呼ぶことにする. 今の場合, $\iota^*(d\|z\|^2) = 0$ であるから, $\{\|z\| = r\}$ 上に誘導された微分形式として, $d\|z\|^2 = \partial\|z\|^2 + \bar{\partial}\|z\|^2 = 0$. これより $\{\|z\| = r\}$ 上に誘導された微分形式として
$$\partial\|z\|^2 \wedge \bar{\partial}\|z\|^2 = 0.$$

よって, α と β を超球面 $\{\|z\| = t\}$ 上に誘導すると,

(7.1.30)
$$\beta = \frac{1}{t^2}\alpha.$$

以上の記号のもとで次が成立する.
$$\int_{B(r)} \alpha^n = r^{2n}, \qquad \int_{\|z\|=r} \gamma = 1.$$

定義 7.1.31 関数 $\varphi : U \to [-\infty, \infty)$ が多重劣調和または擬凸[1]であるとは次の条件が成立することである.

(i) φ は上半連続である.

(ii) 任意の $z \in U$ と任意の $v \in \mathbf{C}^n$ に対し, 関数
$$\zeta \in \mathbf{C} \to \varphi(z + \zeta v) \in [-\infty, \infty)$$
が定義されている開集合上で劣調和である.

例 7.1.12 より, 次の例を得る.

例 7.1.32 正則関数 $f : U \to \mathbf{C}$ に対し, $\log|f|, |f|^c, c > 0$ は共に多重劣調和で

---

[1] 節末の「歴史的補足」を参照.

ある.

φ を U 上の多重劣調和関数とし，$B(a;r) \Subset U$ とする．α が変換 $z \to e^{i\theta}z$ ($\theta \in [0, 2\pi]$) に関して不変であることを使うと，定義 7.1.5 (ii) より，

$$\int_{B(r)} \varphi(a+z)\alpha^n = \int_{B(r)} \varphi(a+e^{i\theta}z)\alpha^n$$

$$= \frac{1}{2\pi}\int_0^{2\pi} d\theta \int_{B(r)} \varphi(a+e^{i\theta}z)\alpha^n$$

$$= \int_{z \in B(r)} \left(\frac{1}{2\pi}\int_0^{2\pi} \varphi(a+e^{i\theta}z)d\theta \right) \alpha^n$$

$$\geq \int_{B(r)} \varphi(a)\alpha^n = r^{2n}\varphi(a).$$

したがって，(7.1.8) と同様の次の式が示された.

(7.1.33) $$\varphi(a) \leq \frac{1}{r^{2n}}\int_0^r 2nt^{2n-1}dt \int_{\|z\|=t} \varphi(a+z)\gamma(z)$$

$$= \frac{1}{r^{2n}}\int_{B(a;r)} \varphi(z)\alpha^m \qquad (B(a;r) \Subset U).$$

これは，φ が $\mathbf{C}^n \cong \mathbf{R}^{2n}$ と見たときに，$\mathbf{R}^{2n}$ の領域 U 上の**劣調和関数**[2]であることを意味する.

φ が C^2 級のとき，

$$dd^c\varphi = \sum_{1 \leq j,k \leq m} \frac{\partial^2 \varphi}{\partial z_j \partial \bar{z}_k} \frac{i}{2\pi} dz_j \wedge d\bar{z}_k.$$

$dd^c\varphi \geq 0$ とはエルミート行列 $\left(\frac{\partial^2 \varphi}{\partial z_j \partial \bar{z}_k} \right)$ が半正値であるを意味する．すなわち，任意の $(\xi_j) \in \mathbf{C}^n$ に対し

$$\sum_{j,k} \frac{\partial^2 \varphi}{\partial z_j \partial \bar{z}_k} \xi_j \bar{\xi}_k \geq 0.$$

この場合，$v = (v_1, \ldots, v_n) \in \mathbf{C}^n$ として $\varphi(z+\zeta v)$ ($\zeta \in \mathbf{C}$) を考えると

$$\left. \frac{\partial^2}{\partial \zeta \partial \bar{\zeta}} \right|_{\zeta=0} \varphi(z+\zeta v) = \sum_{j,k} \frac{\partial^2 \varphi}{\partial z_j \partial \bar{z}_k}(z) v_j \bar{v}_k \geq 0$$

となる.

以上と，定理 7.1.9 の証明と同様の議論より次が従う.

定理 7.1.34 (i) 多重劣調和関数は，$\mathbf{C}^n \cong \mathbf{R}^{2n}$ とみて劣調和関数である.

---

[2] 一般に $\mathbf{R}^n$ の開集合 W 上の関数 $\psi : W \to [-\infty, \infty)$ が劣調和関数であるとは，ψ が上半連続で，(7.1.33) の意味での劣平均値性を満たすことである.

(ii) φ が U 上の多重劣調和関数で，ある $a \in U$ で $\varphi(a) > -\infty$ ならば，a を含む U の連結成分 U' 上 φ は局所可積分である．

(iii) φ を U 上の多重劣調和関数とする．もしある $a \in U$ で φ が最大値をとるならば，a を含む U の連結成分 U' 上 φ は定数関数である．

(iv) C^2 級の φ に対し，多重劣調和であることと $dd^c\varphi \geq 0$ は同値である．

(v) $\varphi : U \to [-\infty, \infty)$ を多重劣調和関数，λ を $[\inf \varphi, \sup \varphi)$ 上で定義されている単調増加凸関数とする[3]．このとき，$\lambda \circ \varphi$ は多重劣調和関数である．ただし，$\lambda(-\infty) = \lim_{t \to -\infty} \lambda(t)$ とする．

(vi) $\varphi_\nu : U \to [-\infty, \infty)$，$\nu = 1, 2, \ldots$，を多重劣調和関数列で，単調減少とする．すると，極限関数 $\varphi(z) = \lim_{\nu \to \infty} \varphi_\nu(z)$ は多重劣調和である．

(vii) U 上の任意の多重劣調和関数族 $\{\varphi_\lambda\}_{\lambda \in \Lambda}$ に対し，$\varphi(z) := \sup_{\lambda \in \Lambda} \varphi_\lambda(z)$ が上半連続ならば $\varphi(z)$ は多重劣調和である．特に Λ が有限ならば $\varphi(z)$ は上半連続になり多重劣調和になる．

定義 7.1.35 関数 $\varphi : U \to \mathbf{R}$ が**強多重劣調和**または**強擬凸**であるとは，C^2 級で
$$dd^c\varphi(z) > 0, \quad z \in U.$$
すなわち，エルミート行列 $\left(\frac{\partial^2 \varphi}{\partial z_j \partial \bar{z}_k}\right)$ が "正値" であることを意味する．つまり，
$$\sum_{j,k} \frac{\partial^2 \varphi}{\partial z_j \partial \bar{z}_k} \xi_j \bar{\xi}_k > 0, \quad {}^\forall (\xi_j) \in \mathbf{C}^n \setminus \{0\}.$$

定理 7.1.34 (iv) により強多重劣調和関数は，多重劣調和である．

例 7.1.36 (i) $\varphi(z) = \|z\|^2 = \sum_{j=1}^n |z_j|^2$ は，$z \in \mathbf{C}^n$ の強多重劣調和関数である．実際計算により，行列 $\left(\frac{\partial^2 \varphi}{\partial z_j \partial \bar{z}_k}\right)$ は単位行列になり，正値である．

(ii) $z = (z_j) = (x_j + iy_j)$，$(1 \leq j \leq n)$ に対し，虚部の平方和を
$$\phi(z) = \sum_{j=1}^n |y_j|^2 = \sum_{j=1}^n \frac{|z_j - \bar{z}_j|^2}{4}$$
とおく．計算により
$$dd^c\phi(z) = \sum_{j=1}^n \frac{i}{4\pi} dz_j \wedge d\bar{z}_j > 0.$$
よって $\phi(z)$ は強多重劣調和関数である．

同様に実部についても，$\sum_{j=1}^n |x_j|^2$ は強多重劣調和関数である．

---

[3] 注意．$\lambda(t)$ が区間 $I \subset \mathbf{R}$ 上の C^2 級実関数ならば，$\lambda(t)$ が凸であることと $\lambda''(t) \geq 0$ は，同値である．

補題 7.1.37 $\varphi(z)$ を U 上の強多重劣調和関数とする. $\lambda(t)$ を φ の値域 $\varphi(U)$ を含む開区間で定義された C^2 級の関数で,$\lambda'(t) > 0, \lambda''(t) \geq 0$ とする.このとき,合成 $\lambda \circ \varphi(z)$ は強多重劣調和関数である.

証明 実際計算してみると,

$$dd^c \lambda \circ \varphi(z) = \frac{i}{2\pi} \partial \bar{\partial} \lambda \circ \varphi(z)$$

$$= \sum_{j,k} \left(\lambda''(\varphi(z)) \frac{\partial \varphi}{\partial z_j} \cdot \overline{\frac{\partial \varphi}{\partial z_k}} + \lambda'(\varphi(z)) \frac{\partial^2 \varphi}{\partial z_j \partial \bar{z}_k} \right) \frac{i}{2\pi} dz_j \wedge d\bar{z}_k.$$

任意の $(\xi_j) \in \mathbf{C}^n \setminus \{0\}$ に対し,

$$\sum_{j,k} \left(\lambda''(\varphi(z)) \frac{\partial \varphi}{\partial z_j} \cdot \overline{\frac{\partial \varphi}{\partial z_k}} + \lambda'(\varphi(z)) \frac{\partial^2 \varphi}{\partial z_j \partial \bar{z}_k} \right) \xi_j \bar{\xi}_k$$

$$= \lambda''(\varphi(z)) \sum_j \left| \frac{\partial \varphi}{\partial z_j} \xi_j \right|^2 + \lambda'(\varphi(z)) \sum_{j,k} \frac{\partial^2 \varphi}{\partial z_j \partial \bar{z}_k} \xi_j \bar{\xi}_k$$

$$\geq \lambda'(\varphi(z)) \sum_{j,k} \frac{\partial^2 \varphi}{\partial z_j \partial \bar{z}_k} \xi_j \bar{\xi}_k > 0.$$

よって $dd^c \lambda \circ \varphi > 0$. □

$$\chi(z) = \chi(|z_1|, \ldots, |z_n|) \in C_0^\infty(\mathbf{C}^n) \text{ を } \chi(z) \geq 0, \operatorname{Supp} \chi \subset B(1),$$

$$\int \chi(z) \alpha^m = 1$$

と取り,

$$\chi_\varepsilon(z) = \chi(\varepsilon^{-1} z) \varepsilon^{-2n}, \quad \varepsilon > 0$$

とおく.

定義 7.1.38 U 上の局所可積分な多重劣調和関数 φ の滑性化を

$$\varphi_\varepsilon(z) = \varphi * \chi_\varepsilon(z) = \int_{\mathbf{C}^n} \varphi(w) \chi_\varepsilon(w-z) \alpha^n(w)$$

$$= \int_{\mathbf{C}^n} \varphi(z+w) \chi_\varepsilon(w) \alpha^n(w), \quad z \in U_\varepsilon$$

とおくと,$\varphi_\varepsilon(z)$ は U_ε で C^∞ 級かつ多重劣調和である.

回転対称性 $\chi(w) = \chi(e^{i\theta} w)$ ($0 \leq \theta \leq 2\pi$) を使うと,

$$\varphi_\varepsilon(z) = \int_{\mathbf{C}^n} \varphi(z + \varepsilon w) \chi(w) \alpha^n(w)$$

$$= \int_{\mathbf{C}^n} \alpha^n(w) \frac{1}{2\pi} \int_0^{2\pi} d\theta \, \varphi(z + \varepsilon e^{i\theta} w) \chi(w) \quad \text{(続く)}$$

$$\geq \varphi(z) \int_{\mathbf{C}^n} \chi(w) \alpha^n = \varphi(z).$$

よって定理 2.1.9 (iii) より，$\varepsilon \searrow 0$ とするとき，φ_ε は単調減少する．φ は上半連続であるから，定理 2.1.9 (ii) の証明と同様にして，$\varphi_\varepsilon(z) \searrow \varphi(z)$ となる．

以上より次を得る．

定理 7.1.39 $\varphi : U \to [-\infty, \infty)$ を多重劣調和関数とし，U の各連結成分上 $\varphi \not\equiv -\infty$ とする．

(i) 滑性化 $\varphi_\varepsilon(z)$ は U_ε 上の C^∞ 級多重劣調和関数で，$\varepsilon \searrow 0$ とするとき単調減少して $\varphi(z)$ に収束する．

(ii) 任意の $B(a; R) \subset U$, $0 < s < r < R$ に対し

(7.1.40) $$-\infty < \int_{\|z\|=s} \varphi(a+z)\gamma(z) \leq \int_{\|z\|=r} \varphi(a+z)\gamma(z) < \infty.$$

証明 (i) 多重劣調和性のみ残っている．ベクトル $v = (v_1, \ldots, v_n) \in \mathbf{C}^n$ に対し $\varphi_\varepsilon(z + \zeta v)$ を定義されている $\zeta \in \mathbf{C}$ について考える．$r > 0$ を十分小さくとれば

$$\varphi(z + \zeta v) \leq \int_0^{2\pi} \varphi(z + (\zeta + re^{i\theta})v) \frac{d\theta}{2\pi}.$$

この両辺を z の関数として滑性化をとり，右辺でフビニの定理を用いて積分の順序交換をすることにより

$$\varphi_\varepsilon(z + \zeta v) \leq \int_0^{2\pi} \varphi_\varepsilon(z + (\zeta + re^{i\theta})v) \frac{d\theta}{2\pi}$$

を得る．これは，$\varphi_\varepsilon(z)$ が多重劣調和であることを意味する．

(ii) まず定理 7.1.34 (ii) より φ は局所可積分であることに注意する．(7.1.33) とフビニの定理より，ルベーグ測度零の集合 E があって，全ての $t \in (0, R) \setminus E$ に対し $\int_{\|z\|=t} \varphi(a+z)\gamma(z)$ は有限である．

一方任意の $t \in (0, R)$ と $\theta \in [0, 2\pi]$ に対し $\mathbf{C}^*$ 不変性，$\gamma(te^{i\theta}z) = \gamma(z)$，より

$$\int_{\|z\|=t} \varphi(a+z)\gamma(z) = \int_{\|z\|=1} \varphi(a+te^{i\theta}z)\gamma(z)$$
$$= \int_{\|z\|=1} \int_0^{2\pi} \varphi(a+te^{i\theta}z) \frac{d\theta}{2\pi} \gamma(z).$$

この右辺と定理 2.1.9 (iii) より，任意の $0 < s < r < R$ に対し

$$\int_{\|z\|=s} \varphi(a+z)\gamma(z) \leq \int_{\|z\|=r} \varphi(a+z)\gamma(z) < \infty.$$

このことを $0 < t < s, t \notin E$ に適用すれば

$$-\infty < \int_{\|z\|=t} \varphi(a+z)\gamma(z) \leq \int_{\|z\|=s} \varphi(a+z)\gamma(z).$$

したがって，(7.1.40) が成立する． □

定理 7.1.20 と同様に次が成立する．

定理 **7.1.41**　　(i) 多重劣調和性は，局所的性質である．
(ii) U, V を $\mathbf{C}^n$ の開集合とし，$f : V \to U$ を正則写像とする．U 上の多重劣調和関数 φ の引き戻し $f^* \varphi = \varphi \circ f$ は，V 上の多重劣調和関数である．f が双正則ならば，逆も正しい．

補足．多重劣調和関数に関連して定理を三つ述べておきたい．それぞれに興味深いものではあるが本書の理論展開からは独立であり，必要とはしないので証明は割愛するが，興味を持つ読者は参考書等を見られたい．
(a) 多変数の正則関数について分離正則性という興味深い性質がある．ハルトークスによるもので次のように述べられる．

定理 **7.1.42** (ハルトークスの分離正則性定理)　　$f(z_1, \ldots, z_n)$ を $\mathbf{C}^n$ の領域 Ω 上の関数とする．Ω の任意の点で各変数 z_j 毎に，ほかの変数を止めて一変数 z_j の関数として $f(z_1, \ldots, z_j, \ldots, z_n)$ が正則ならば，$f(z_1, \ldots, z_n)$ は n 変数の関数として正則である．

f に連続性も仮定していないことに注意されたい．実解析的関数の範疇では連続であっても成立しない．例としては次をとればよい．

$$f(x, y) = \begin{cases} \dfrac{x^2 y^2}{x^2 + y^2} & , (x, y) \neq (0, 0), \\ 0 & , (x, y) = (0, 0). \end{cases}$$

定理の証明は，[西野] 第 1 章 §1.4, [Hör] 第 2 章などを参照されたい．
(b) 多重劣調和関数についてもリーマン拡張とハルトークス拡張が成立する．

定理 **7.1.43** (リーマン拡張)　　$U \subset \mathbf{C}^n$ を開集合，$A \subset U$ を薄い集合とし，φ を $U \setminus A$ 上の多重劣調和関数とする．もし φ が A の点の周りで局所上方有界，すなわち任意の $a \in A$ に近傍 V と定数 M があって

$$\varphi(z) \leq M, \quad {}^\forall z \in V \setminus A$$

ならば，φ は U 上に多重劣調和関数として一意的に拡張される．

定理 **7.1.44** (ハルトークス拡張)　　$U \subset \mathbf{C}^n$ を開集合，$A \subset U$ を解析的部分集合とし，φ を $U \setminus A$ 上の多重劣調和関数とする．もし $\operatorname{codim}_U A \geq 2$ ならば，φ は

U 上に多重劣調和関数として一意的に拡張される.

以上証明は, 野口–落合[37] 第 3 章を参照されたい.

歴 史 的 補 足

多重劣調和関数の概念は, 岡潔により 1942 年 (Oka VI, 1941 年 10 月受理) に初めて提出された. 岡は, "Nouvelle classe de fonctions réelles" と題する節を一つ立て, これを "擬凸関数 (fonction pseudoconvexe)" と呼びその性質を論じた. 目的は, レビ問題 (ハルトークスの逆問題) を解くためである. 実際, E.E. レビ (Levi) が用いていた擬凸性を特徴付ける関数よりも自由度が高く, 問題の解決へ本質的役割を果たした.

定義 7.1.35 に現れる $(1,1)$ 型実形式 $dd^c\varphi$ は, 一般にはレビ形式と呼ばれ
$$L[\varphi] = dd^c\varphi = \frac{i}{2\pi}\partial\bar\partial\varphi$$
と書かれるが, しかしこの形式は, 岡 (Oka VI) によるもので E.E. レビによるもともとの定義とは異なる. E.E. レビは複素 2 変数の場合を扱い, 実 4 変数で書いているが, それを複素 2 変数 (z,w) の C^2 級実数値関数 $\varphi(z,w)$ に対し書くと

$$\text{Levi}[\varphi] = \begin{vmatrix} 0 & \varphi_z & \varphi_w \\ \varphi_{\bar z} & \varphi_{z\bar z} & \varphi_{w\bar z} \\ \varphi_{\bar w} & \varphi_{z\bar w} & \varphi_{w\bar w} \end{vmatrix}.$$

そして領域 $\{\varphi < 0\}$ が擬凸とは $\{\varphi = 0\}$ 上の点で $\text{Levi}[\varphi] \geq 0$ であることとした. このレビの定義では, $\text{Levi}[\varphi_j] \geq 0$, $(j=1,2)$ から $\text{Levi}[\varphi_1 + \varphi_2] \geq 0$ が従わない. $L[\varphi]$ は, もちろんこの性質を満たす. 岡は E.E. レビの擬凸関数と役は同じだがもっと取り扱いやすいものを求め, ハルトークス関数の劣調和性に立ち戻り, 得たのがここで述べた多重劣調和関数 (擬凸関数) の概念であった. このことがレビ問題の解決へ大いに役立った. この画期的な第 VI 論文の概略速報が 1941 年の東京帝国学士院紀要[42][ii] に発表されている.

H. カルタンの記録[4]によれば, この問題の解決のニュースは, 岡からカルタン宛の手紙により, それが H. ベーンケ (Behnke) の手を経て 1941 年にはパリにももたらされていた. 同じ頃少し遅れてフランスの P. ルロン (Lelong) が Comptes Rendus, 1942 年 (同年 11 月受理) にこの関数の概念の定義だけを述べる 2 頁程

---

[4]) H. Cartan, "Quelques Souvenirs" presented to H. Behnke's 80th birthday in October 1978 at Münster (Springer-Verlag).

の速報2編を発表し,これを "多重劣調和関数 (fonction plurisousharmonique)" と呼んだ. そこでは,擬凸性との関係は何も述べられていない. しかし,その名前の良さからか地の利からか,今は "多重劣調和関数" の名前の方が一般的になっている.

7.2 擬凸領域

$\Omega \subset \mathbf{C}^n$ を領域とする. 多重円板 $P\Delta = P\Delta(0; (r_1, \ldots, r_n))$ を任意に固定し, $P\Delta$ に関する Ω の境界距離関数 $\delta_{P\Delta}(z, \partial \Omega)$ を考える ((5.3.2)).

正則領域が正則凸領域であることの証明で鍵となった補題 5.3.7 は,今までのところ f が定数の場合でしか使っていない. ここでは,f に定数でない正則関数に適用し,正則 (凸) 領域はこれから定義する擬凸領域になることを示す.

定理 7.2.1 (岡) 正則領域 Ω に対し,$-\log \delta_{P\Delta}(z, \partial \Omega)$ は連続な多重劣調和関数である.

証明 (5.3.4) より $-\log \delta_{P\Delta}(z, \partial \Omega)$ は連続関数である.

任意の複素直線 $L \subset \mathbf{C}^n$ をとる. 制限 $-\log \delta_{P\Delta}(z, \partial \Omega)|_L$ が $L \cong \mathbf{C}$ の定義されているところで劣調和であることを示す. 定理 7.1.25 の判定法を用いる. $L \cap \Omega$ の中に任意に閉円板
$$E = \{a + \zeta \mathrm{v}; |\zeta| \leq R\} \subset L \cap \Omega$$
をとる. ただし $\mathrm{v} \in \mathbf{C}^n \setminus \{0\}$ は L の方向ベクトルである.
$$K = \{a + \zeta \mathrm{v}; |\zeta| = R\}$$
とおく. 多項式 $P(\zeta)$ で
(7.2.2) $\qquad -\log \delta_{P\Delta}(a + \zeta \mathrm{v}, \partial \Omega) \leq \Re P(\zeta), \quad |\zeta| = R$
を満たすものを任意にとる. 次が示されればよい.

主張 7.2.3 $\quad -\log \delta_{P\Delta}(a, \partial \Omega) \leq \Re P(0).$

L は $\mathbf{C}^n$ のアフィン線形部分空間であるから $\mathbf{C}^n$ 上の多項式 $\hat{P}(z)$ で,$\hat{P}|_L = P$ となるものが存在する. (7.2.2) より,
$$\delta_{P\Delta}(z, \partial \Omega) \geq \left| e^{-\hat{P}(z)} \right|, \quad z \in K$$
が成立している. 最大値原理により,$\hat{K}_\Omega \supset E$ であるから,補題 5.3.7 より

$$\delta_{\mathrm{P}\Delta}(z,\partial\Omega) \geq \left|e^{-\hat{P}(z)}\right|, \quad z \in E$$

となる. $z=a$ では, $\delta_{\mathrm{P}\Delta}(a,\partial\Omega) \geq \left|e^{-\hat{P}(a)}\right| = \left|e^{-P(0)}\right|$ となり, 主張 7.2.3 が示された. $\square$

注意 7.2.4 岡の定理 7.2.1 は, $n=1$ の場合はほとんど自明である. なぜならば, PΔ は原点中心の単位円板をとることとして, $\delta(z,\partial\Omega) = \delta_{\mathrm{P}\Delta}(z,\partial\Omega)$ と書くことにすれば

$$-\log \delta(z,\partial\Omega) = \sup_{w\in\partial\Omega} -\log|z-w|$$

である. $w \in \partial\Omega$ に対して $-\log|z-w|$ は $z \in \Omega$ について劣調和 (この場合は, 調和) である. $-\log\delta(z,\partial\Omega)$ は連続であることはすでにわかっている. 定理 7.1.9 (vi) により $-\log\delta(z,\partial\Omega)$ は劣調和である.

定義 7.2.5 一般に連続関数 $\varphi : \Omega \to \mathbf{R}$ が,

$$\{\varphi < c\} = \{z\in\Omega; \varphi(z) < c\} \Subset \Omega, \quad {}^\forall c \in \mathbf{R}$$

を満たすとき, φ を Ω の**階位関数** (exhaustion function) と呼ぶ.

定義 7.2.6 領域 Ω に多重劣調和階位関数 $\varphi : \Omega \to \mathbf{R}$ が存在するとき, Ω を**擬凸領域**と呼ぶ.

定義 7.2.7 有界領域 Ω の境界 $\partial\Omega$ が**強擬凸境界**であるとは, $\partial\Omega$ の近傍 U で定義された強多重劣調和関数 ψ が存在して

$$\Omega \cap U = \{\psi < 0\}$$

と表されることである. ψ を強擬凸境界 $\partial\Omega$ の定義関数と呼ぶ. またこのとき, Ω を**強擬凸領域**と呼ぶ.

注意 7.2.8 上述の定義において, $\delta > 0$ を十分小さくとれば, $\{\psi = -\delta\} \Subset U$ とできる. $\psi(z) = -\infty, z \notin U$ とひとまずおいて, $z \in \Omega \cup U$ に対し

$$\tilde{\psi}(z) = \max\{-\delta, \psi(z)\}$$

と定義する. $\tilde{\psi}(z)$ は, $\Omega \cup U$ 上で連続な多重劣調和関数で,

$$\Omega = \{\tilde{\psi} < 0\}$$

と表される. $\tilde{\psi}(z)$ は境界 $\partial\Omega$ の近傍では, 強多重劣調和である. このように内部 Ω 全体まで連続多重劣調和に拡張した $\tilde{\psi}(z)$ を Ω の定義関数と呼ぶ.

命題 7.2.9 強擬凸領域は，擬凸領域である．

証明 強擬凸領域 Ω の連続多重劣調和関数 $\tilde{\psi}(z)$ を注意 7.2.8 のようにとる．
$$\{\tilde{\psi} < 0\} = \Omega$$
である．関数 $\lambda(t) = -1/t$ は，$t < 0$ で増加凸関数である．定理 7.1.34 (v) により，$\varphi(z) = -1/\tilde{\psi}(z)$ は，Ω 上多重劣調和で階位関数でもある． □

例 7.2.10 超球 $B(0; R)$ は強擬凸領域である．実際 $\psi = \|z\|^2 - R^2$ と取れば良い．

定理 7.2.11 (ハルトークス，レビ，岡) 正則 (凸) 領域は，擬凸領域である．

証明 Ω を正則 (凸) 領域とする．$\|z\|^2$ は強擬凸関数で，もちろん連続多重劣調和関数である．定理 7.2.1 により $-\log \delta_{\mathrm{P}\Delta}(z, \partial\Omega)$ も連続多重劣調和関数である．
$$\varphi(z) = \max\{\|z\|^2, -\log \delta_{\mathrm{P}\Delta}(z, \partial\Omega)\}$$
とおけば，定理 7.1.34 (vii) により $\varphi(z)$ は連続多重劣調和である．任意の $c \in \mathbf{R}$ に対し $\{\varphi < c\}$ は，有界で境界 $\partial\Omega$ の点に集積しないので，$\{\varphi < c\} \Subset \Omega$ が満たされ，φ は階位関数である． □

この定理 7.2.11 の逆を問うのが，レビ問題 (ハルトークスの逆問題) である．

定義 7.2.12 領域 Ω の境界点 $b \in \partial\Omega$ が (Ω の) 正則凸点とは，ある正則関数 $f \in \mathcal{O}(\Omega)$ があって，$\lim_{z \to b} |f(z)| = \infty$ となることである．

例 7.2.13 $\varphi(z) = -r^2 + \|z - a\|^2$ は，強擬凸関数で $B(a; r) = \{\varphi < 0\}$ と表される．$b \in \partial B(a; r)$ とする．
$$L(z) = -r^2 + \sum_{j=1}^{n} (z_j - a_j)\overline{(b_j - a_j)}$$
とおく．これは，z の正則関数であり，$L(b) = 0$．$z \in B(a; r)$ ならばシュヴァルツの不等式より
$$|L(z)| \geq r^2 - \|z - a\|\|b - a\| > 0.$$
$f(z) = 1/L(z)$ とおけば，$f \in \mathcal{O}(B(a; r))$ で，$\lim_{z \to b} |f(z)| = \infty$．よって，$b$ は $B(a; r)$ の正則凸点である．

補題 7.2.14 領域 Ω の全ての境界点 $b \in \partial\Omega$ が正則凸点ならば，Ω は正則凸領域であり，正則領域である．

証明 コンパクト部分集合 $K \Subset \Omega$ を任意にとる．$\hat{K}_\Omega$ は有界である．$\hat{K}_\Omega$ が Ω 内相対コンパクトでないとすると，ある境界点 $b \in \partial\Omega$ に収束する点列 $z_\nu \in \hat{K}_\Omega$, $\nu = 1, 2, \ldots$, が存在する．仮定より，ある $f \in \mathcal{O}(\Omega)$ で，$\lim_{z \to b} |f(z)| = \infty$ となるものがある．したがって，

$$\infty = \lim_{\nu \to \infty} |f(z_\nu)| \leq \max_K |f| < \infty$$

となり，矛盾が生ずる． □

強擬凸領域の境界点は，全て正則凸点であることを証明しようとしているのであるが，これもコホモロジー理論を用いて局所から大域へと議論する．ここでは，局所の準備をする．

補題 7.2.15 強擬凸領域 Ω の任意の境界点 $b \in \partial\Omega$ に対し $\delta > 0$ が存在して，$B(b; \delta) \cap \Omega$ の境界点は全て $B(b; \delta) \cap \Omega$ の正則凸点である．

証明 φ を Ω を定義する強擬凸関数とする．$\varphi(z)$ を b の近くで 2 次まで展開する．記述を簡単にするために，平行移動で $b = 0$ ($\varphi(0) = 0$) とする．

$$\varphi(z) = \Re\left\{ 2 \sum_{j=1}^n \frac{\partial \varphi}{\partial z_j}(0) z_j + \sum_{j,k} \frac{\partial^2 \varphi}{\partial z_j \partial z_k}(0) z_j z_k \right\}$$
$$+ \sum_{j,k} \frac{\partial^2 \varphi}{\partial z_j \partial \bar{z}_k}(0) z_j \bar{z}_k + o(\|z\|^2).$$

$\left(\frac{\partial^2 \varphi}{\partial z_j \partial \bar{z}_k}(0)\right)$ は正値であるから，ある $\varepsilon, \delta > 0$ が存在して，$\|z\| \leq \delta$ ならば

$$\sum_{j,k} \frac{\partial^2 \varphi}{\partial z_j \partial \bar{z}_k}(0) z_j \bar{z}_k + o(\|z\|^2) \geq \varepsilon \|z\|^2$$

とできる．したがって，$\|z\| \leq \delta$ に対し，

$$(7.2.16) \quad \varphi(z) \geq \Re\left\{ 2 \sum_{j=1}^n \frac{\partial \varphi}{\partial z_j}(0) z_j + \sum_{j,k} \frac{\partial^2 \varphi}{\partial z_j \partial z_k}(0) z_j z_k \right\} + \varepsilon \|z\|^2.$$

φ は C^2 級であるから，必要なら ε, δ をさらに小さく取り直して，中心を 0 の近傍で動かしても (7.2.16) が成立するようにできる．すなわち，任意の $c \in B(0; \delta) \cap \partial\Omega$ と任意の $z \in \overline{B(c; \delta)}$ に対し，

$$(7.2.17) \quad \varphi(z) \geq \Re\left\{ 2 \sum_{j=1}^n \frac{\partial \varphi}{\partial z_j}(c)(z_j - c_j) + \sum_{j,k} \frac{\partial^2 \varphi}{\partial z_j \partial z_k}(c)(z_j - c_j)(z_k - c_k) \right\}$$
$$+ \varepsilon \|z - c\|^2.$$

z の 2 次多項式を

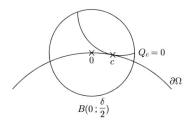

図 **7.1** 局所的な正則凸点

$$Q_c(z) = 2\sum_{j=1}^n \frac{\partial \varphi}{\partial z_j}(c)(z_j - c_j) + \sum_{j,k} \frac{\partial^2 \varphi}{\partial z_j \partial z_k}(c)(z_j - c_j)(z_k - c_k)$$

とおく. (7.2.17) により任意の $c \in \overline{B(0;\delta/2)} \cap \partial\Omega$ に対し,

(7.2.18) $\qquad \bar{\Omega} \cap B(0;\delta/2) \cap \{Q_c(z) = 0\} = \{c\}$

となっている (図 7.1).

$$U = \Omega \cap B(0;\delta/2)$$

とおけば, U の境界点 $c \in \partial U$ が, $c \in \partial\Omega$ ならば, $f(z) = 1/Q_c(z)$ とおけば, $f \in \mathcal{O}(U)$ であり, $\lim_{z \to c}|f(z)| = \infty$ となるので, U の正則凸点である. $c \in \partial B(0;\delta/2)$ ならば, 例 7.2.10 により $B(0;\delta/2)$ の, したがって U の正則凸点である. □

7.3 L. シュヴァルツの定理

本節では, 線形空間は全て **C** 上定義されているものとする. 本節の主目標は, L. シュヴァルツによるある有限次元性定理 7.3.19 を示すことである. 内容的には, 線形位相空間の一般論に属する事柄であるが, 次節で示そうとしているグラウェルトの定理 7.4.1 と次章の定理 8.4.1 の証明には不可欠である.

7.3.1 線形位相空間

線形空間 E のセミノルム $\|x\|$ $(x \in E)$ とは, 次の条件を満たす関数である [5].

(i) $\|x\| \geq 0, x \in E$.
(ii) $\|\lambda x\| = |\lambda| \cdot \|x\|, \lambda \in \mathbf{C}, x \in E$.
(iii) $\|x + y\| \leq \|x\| + \|y\|, x, y \in E$.

---

[5] 線形位相空間全般についての参考書としては, 山中 健著「線形位相空間論と一般関数」(共立出版), 前田 周一郎著「函数解析」(森北出版) を挙げておこう.

$\|x\| = 0$ となるのは $x = 0$ に限るとすれば，$\|x\|$ はノルムと呼ばれる．ノルムは自然に E に距離位相を誘導する．

E にセミノルム系 $\{\|x\|_\alpha\}_{\alpha \in \Gamma}$ が与えられているとする．このとき，$\varepsilon > 0$ と有限個の $\alpha_j \in \Gamma, 1 \leq j \leq N \in \mathbf{N}$ により決まる集合

$$U(\varepsilon; \alpha_j, 1 \leq j \leq N) = \{x \in E; \|x\|_{\alpha_j} < \varepsilon, 1 \leq j \leq N\}$$

は，全体として 0 の周りの基本近傍系の公理を満たす．

定義 7.3.1 E の各点 a の周りで，$a + U(\varepsilon; \alpha_j, 1 \leq j \leq N)$ を近傍系として E に位相をいれたものを**線形位相空間**と呼ぶ．近傍 $U(\varepsilon; \alpha_j, 1 \leq j \leq N)$ は凸であるから E は**局所凸線形位相空間**とも呼ばれる．

仮定 7.3.2 以下本節では，Γ は高々可算集合で，位相はハウスドルフ分離公理を満たすと仮定する．

以下，E をセミノルム系 $\|\cdot\|_j, j \in \mathbf{N}$ をもつ線形位相空間とし，

(7.3.3) $$U(\varepsilon, N) = \{x \in E; \|x\|_j < \varepsilon, 1 \leq j \leq N\}$$

とおく．

補題 7.3.4 $M \subset E$ を閉部分空間とし，$v \in E \setminus M$ とする．このとき，ある $N \in \mathbf{N}$ と $C > 0$ が存在して，$x = y + \alpha v, y \in M, \alpha \in \mathbf{C}$ と書かれる任意の $x \in E$ に対し

$$|\alpha| \leq C \max_{1 \leq j \leq N} \|x\|_j.$$

証明 M は閉であるから，ある $N \in \mathbf{N}$ と $\varepsilon > 0$ が存在して，

(7.3.5) $$(v + \{w \in E; \|w\|_j < \varepsilon, 1 \leq j \leq N\}) \cap M = \emptyset.$$

$\alpha = 0$ ならば，自明であるので $\alpha \neq 0$ とする．与えられた x の式を変形して

$$v - \frac{1}{\alpha}x = \frac{1}{\alpha}y \in M.$$

(7.3.5) より

$$\max_{1 \leq j \leq N} \left\|\frac{1}{\alpha}x\right\|_j \geq \varepsilon.$$

これより，

$$|\alpha| \leq C \max_{1 \leq j \leq N} \|x\|_j, \qquad C := \frac{1}{\varepsilon}. \qquad \Box$$

定理 7.3.6 M を E の閉部分空間とし,M_0 を E の有限次元部分空間とする.このとき,$M + M_0$ も閉部分空間である.特に,任意の有限次元部分空間は閉である.

証明 $m = \dim M_0$ として,m についての帰納法による.

(1) $m = 1$ の場合.$v \in M_0 \setminus \{0\}$ をとれば $M_0 = \langle v \rangle$ (v の張る部分空間)である.$x \in \overline{M + \langle v \rangle}$ を任意にとる.x に収束する点列
$$x_\nu = y_\nu + \alpha_\nu v, \quad y_\nu \in M, \; \alpha_\nu \in \mathbf{C},$$
$$\nu = 1, 2, \ldots$$
がある.補題 7.3.4 により,ある $N \in \mathbf{N}$ と $C > 0$ が存在して,
$$|\alpha_\nu - \alpha_\mu| \le C \max_{1 \le j \le N} \|x_\nu - x_\mu\|_j \to 0, \quad \nu, \mu \to \infty.$$
したがって,$\{\alpha_\nu\}_\nu$ はコーシー列をなし,極限 $\alpha = \lim_{\nu \to \infty} \alpha_\nu$ を持つ.したがって,
$$M \ni y_\nu = x_\nu - \alpha_\nu v \to x - \alpha v, \quad \nu \to \infty$$
であるから,$y = x - \alpha v$ とおけば,M は閉なので $y \in M$.したがって,$x = y + \alpha v \in M + \langle v \rangle$.$M + \langle v \rangle$ は閉である.

(2) $\dim M_0 = m - 1$ で成立と仮定し,$\dim M_0 = m$ の場合.$m - 1$ 次元部分空間 $M_1 \subset M_0$ と,$v \in M_0 \setminus M_1$ をとる.
$$M_0 = M_1 + \langle v \rangle$$
である.帰納法の仮定より $M + M_1$ は,閉である.
$$M + M_0 = (M + M_1) + \langle v \rangle$$
であるから,上の (1) より $M + M_0$ も閉である.

最後の主張は,$M = \{0\}$ として上述の結果を適用すればよい. □

7.3.2 フレッシェ空間

線形位相空間 E のセミノルム系を $\|x\|_j, j = 1, 2, \ldots,$ とする.セミノルムが有限個の場合は,ある番号から先が,$\|x\|_{n_0} = \|x\|_{n_0+1} = \cdots = 0$ と考える.2 点 $x, y \in E$ に対し,

(7.3.7) $$d(x, y) = \sum_{j=1}^\infty \frac{1}{2^j} \cdot \frac{\|x - y\|_j}{1 + \|x - y\|_j}$$

とおく.関数 $t/(1+t)$ は $t \ge 0$ について単調増加である.また $t, s \ge 0$ に対して計算すると,

$$\frac{t+s}{1+t+s} - \frac{t}{1+t} - \frac{s}{1+s} = \frac{-2ts - ts^2 - t^2s}{(1+t+s)(1+t)(1+s)} \leq 0$$

であるから，$d(x,y)$ は，距離の公理を満たすことがわかる．

補題 7.3.8 線形位相空間 E の位相は，$d(x,y)$ による距離位相と同相である．

証明 $0 \in E$ での近傍系を考えれば十分である．0 の近傍系の一つ (7.3.3) をとる．$d(x,0) < \delta$ ($\delta > 0$) とする．定義より，

$$\frac{1}{2^j} \cdot \frac{\|x\|_j}{1+\|x\|_j} < d(x,0) < \delta.$$

$\delta 2^N < \varepsilon$ と δ をとると，

$$\|x\|_j < \frac{\delta 2^j}{1 - \delta 2^j} \leq \frac{\delta 2^N}{1 - \delta 2^N}, \quad 1 \leq j \leq N.$$

さらに，$\frac{\delta 2^N}{1-\delta 2^N} < \varepsilon$ を満たすように $\delta > 0$ をとれば，

$$\{x \in E; d(x,0) < \delta\} \subset U(\varepsilon, N)$$

となる．

逆に，任意の $\varepsilon > 0$ に対し $\{x \in E; d(x,0) < \varepsilon\}$ を考える．

$$d(x,0) = \sum_{j=1}^{N} \frac{1}{2^j} \cdot \frac{\|x\|_j}{1+\|x\|_j} + \sum_{j=N+1}^{\infty} \frac{1}{2^j} \cdot \frac{\|x\|_j}{1+\|x\|_j}$$

$$\leq \sum_{j=1}^{N} \frac{1}{2^j} \|x\|_j + \sum_{j=N+1}^{\infty} \frac{1}{2^j}$$

$$\leq \max_{1 \leq j \leq N} \|x\|_j + \frac{1}{2^N}$$

であるから，N を $\frac{1}{2^N} < \frac{\varepsilon}{2}$ と取り，$U(\frac{\varepsilon}{2}, N)$ と 0 の近傍をとれば，

$$U\left(\frac{\varepsilon}{2}, N\right) \subset \{x \in E; d(x,0) < \varepsilon\}$$

となる． □

定義 7.3.9 上で定義した距離 $d(x,y)$ が完備であるとき，E をフレッシェ (Fréchet) 空間と呼ぶ．

定義 7.3.10 位相空間 F がベール (Baire) 空間であるとは，任意の内点を含まない可算個の閉部分集合 $G_n (\subset F)$ ($n \in \mathbf{N}$) に対し和集合 $\bigcup_{n \in \mathbf{N}} G_n$ も内点を含まないこととする．線形位相空間でかつベール空間であるものを**線形ベール空間**と呼ぶ．

注意 7.3.11 (1) 基本的な事柄として，完備距離空間がベール空間であることは

注意しておこう (章末問題 3). したがって, 特にフレッシェ空間はベール線形空間である.

(2) ベール空間ではないものの例としては, $\mathbf{Q}$ に $\mathbf{R}$ からの (距離) 位相を誘導して位相空間としたものがある. もちろん, 一点 $a \in \mathbf{Q}$ は閉集合をなし, $\mathbf{Q}$ 自身は可算集合であるから, $\{a\}$ の可算和で表される. しかし, $\{a\}$ は内点を含まない.

補題 7.3.12 E を線形位相空間, F を線形ベール空間, $A : E \to F$ を連続線形全射とする. すると, $0 \in E$ の任意の近傍 U に対し, $\overline{A(U)}$ は $0 \in F$ を内点として含む.

証明 演算 $(x,y) \in E \times E \to x - y \in E$ の連続性より $0 \in E$ の近傍 W があって $W - W \subset U$. $E = \bigcup_{\nu=1}^{\infty} \nu W$ であるから, $F = \bigcup_{\nu=1}^{\infty} \nu \overline{A(W)}$. $\nu \overline{A(W)}$ は閉集合であるから, 仮定により, ある ν_0 が在り, $\nu_0 \overline{A(W)}$ は内点を含む. したがって, $\overline{A(W)}$ も内点 x_0 を含む. よって 0 は $\overline{A(W)} - x_0$ の内点である.
$$0 \in \overline{A(W)} - x_0 \subset \overline{A(W)} - \overline{A(W)} = \overline{A(W - W)} \subset \overline{A(U)}.$$
よって, 0 は $\overline{A(U)}$ の内点である. □

定理 7.3.13 (バナッハの開写像定理) E をフレッシェ空間, F を線形ベール空間とする. $A : E \to F$ が連続線形全射ならば, A は開写像である.

証明 E はフレッシェであるから (7.3.7) で定義される完備距離 $d(x,w)$ を持つ. $d(x,w)$ は次の性質を持つことに注意する.

(7.3.14) $\quad d(x+v, w+v) = d(x,w), \quad d(-x, 0) = d(x, 0),$
$$d(x+w, 0) \leq d(x+w, w) + d(w, 0) = d(x, 0) + d(w, 0).$$

$U(\varepsilon) = \{x \in E; d(x, 0) < \varepsilon\}, \varepsilon > 0$ とおく. 任意の $\varepsilon > 0$ に対し $A(U(\varepsilon))$ が $0 \in F$ を内点として含むことを示せば十分である. 補題 7.3.12 により, $0 \in F$ の近傍 V があって $V \subset \overline{A(U(\varepsilon))}$ が成立する. $U_\nu = U\left(\frac{\varepsilon}{2^{\nu+1}}\right), \nu = 1, 2, \ldots,$ とおく. 各 $\overline{A(U_\nu)}$ に対し $0 \in F$ の近傍 V_ν を $V_\nu \subset \overline{A(U_\nu)}, V_\nu \supset V_{\nu+1}, \bigcap_{\nu=1}^{\infty} V_\nu = \{0\}$ が成立するようにとる.

主張. $A(U(\varepsilon)) \supset V_1$.

∵) 任意に $y = y_1 \in V_1$ をとる. $y_1 \in \overline{A(U_1)}$ であるから $(y_1 - V_2) \cap A(U_1) \neq \emptyset$. ある $y_2 \in V_2, x_1 \in U_1$ があって, $y_1 - y_2 = A(x_1)$ となる. $y_2 \in \overline{A(U_2)}$ であるから, $(y_2 - V_3) \cap A(U_2) \neq \emptyset$. $y_3 \in V_3, x_2 \in U_2$ があって, $y_2 - y_3 = A(x_2)$ が成立する. 以下帰納的に, $x_\nu \in U_\nu$ と $y_\nu \in V_\nu$ を

$$y_\nu - y_{\nu+1} = A(x_\nu), \quad \nu = 1, 2, \ldots$$

と取る．$\{V_\nu\}_\nu$ の取り方から，$\lim_{\nu \to \infty} y_\nu = 0$．

(7.3.15)
$$y = y_1 = A(x_1) + y_2 = A(x_1) + A(x_2) + y_3$$
$$= \cdots = \sum_{j=1}^{\nu} A(x_j) + y_{\nu+1} = A\left(\sum_{j=1}^{\nu} x_j\right) + y_{\nu+1}.$$

$\sum_{\nu=1}^{\infty} x_\nu$ の収束を調べる．$x_\nu \in U_\nu = U(\frac{\varepsilon}{2^{\nu+1}})$ より，任意の $\nu, \mu \in \mathbf{N}$ に対して (7.3.14) を用いて計算すると

$$d\left(\sum_{j=1}^{\nu} x_j, \sum_{j=1}^{\nu+\mu} x_j\right) = d\left(0, \sum_{j=\nu+1}^{\nu+\mu} x_j\right) \leq \sum_{j=\nu+1}^{\nu+\mu} d(0, x_j)$$
$$< \sum_{j=\nu+1}^{\nu+\mu} \frac{\varepsilon}{2^{j+1}} < \frac{\varepsilon}{2^{\nu+1}}.$$

したがって，$\sum_{\nu=1}^{\infty} x_\nu$ はコーシー級数で収束する．極限を $w = \sum_{\nu=1}^{\infty} x_\nu$ とおくと，(7.3.15) より $y = A(w)$ となる．また

$$d(0, w) \leq \sum_{\nu=1}^{\infty} d(0, x_\nu) \leq \sum_{\nu=1}^{\infty} \frac{\varepsilon}{2^{\nu+1}} = \frac{1}{2}\varepsilon < \varepsilon.$$

よって，$A(U(\varepsilon)) \supset V_1$ が示された． □

例 7.3.16 フレッシェ空間の例は多くあるが，複素解析では次が重要である．$\Omega \subset \mathbf{C}^n$ を領域とする．部分領域による増大被覆 $\{\Omega_j\}_{j=1}^{\infty}$ を

$$\emptyset \neq \Omega_j \Subset \Omega_{j+1}, \qquad \Omega = \bigcup_{j=1}^{\infty} \Omega_j$$

と取る．$\mathcal{O}(\Omega)$ のセミノルム系

$$\|f\|_{\bar{\Omega}_j} = \max_{\bar{\Omega}_j} |f|, \quad j = 1, 2, \ldots, \quad f \in \mathcal{O}(\Omega)$$

をとる．このセミノルム系 $\|f\|_{\bar{\Omega}_j}, j \in \mathbf{N}$ により $\mathcal{O}(\Omega)$ はフレッシェ空間になる．この $\mathcal{O}(\Omega)$ の位相は，広義一様収束の位相と同値である．

線形位相空間 E の部分集合 B が相対コンパクトとは，B の任意の点列が E 内で収束する部分列をもつこととする．このとき，$B \Subset E$ と書く．

定義 7.3.17 (完全連続) E, F を二つの線形位相空間とする．線形連続写像 $S: E \to F$ が完全連続とは，$0 \in E$ のある近傍 U があって，$S(U)$ が，F 内で相対コンパクトであることとする．

定理 7.3.18 $\Omega_1 \Subset \Omega_2 \subset \mathbf{C}^n$ を二つの領域とする．制限写像

$$\rho: f \in \mathcal{O}(\Omega_2) \to f|_{\Omega_1} \in \mathcal{O}(\Omega_1)$$

は完全連続である．

証明 領域 Ω' を $\Omega_1 \Subset \Omega' \Subset \Omega_2$ と取る．$U = \{f \in \mathcal{O}(\Omega_2); \|f\|_{\bar{\Omega}'} < 1\}$ は $0 \in \mathcal{O}(\Omega_2)$ の近傍である．U の任意の点列 $\{f_\nu\}$ は，モンテルの定理 1.2.21 により，$\bar{\Omega}_1$ 上で一様収束する部分列をとることができる．極限関数は，内点 Ω_1 で正則である．したがって，$\rho(U)$ は $\mathcal{O}(\Omega_1)$ 内で相対コンパクトである． □

7.3.3　L. シュヴァルツの有限次元性定理

さて次が，この節の目的の定理である．

定理 7.3.19 (L. シュヴァルツの定理)　E をフレッシェ空間，F を線形ベール空間とする．$A: E \to F$ を連続全射線形写像とし，$B: E \to F$ を完全連続線形写像とする．このとき，像 $(A+B)(E)$ は閉で余核 $\mathrm{Coker}(A+B) = F/(A+B)(E)$ は有限次元である．

証明　(イ) $A_0 = A + B : E \to F$ とおく．有限次元線形部分空間 $S \subset F$ があって A_0 と商写像 $F \to F/S$ の合成を $\check{A}_0$ とするとき，$\check{A}_0$ が全射であることを示せば十分である．なぜならば，まず $S = S' \oplus (S \cap A_0(E))$ と S を直和分解する．代数的に $F = A_0(E) \oplus S'$ となる．S' は，有限次元であるから線形位相空間としてフレッシェである．また $\mathrm{Ker}\, A_0$ は閉であるから商空間 $E/\mathrm{Ker}\, A_0$ はハウスドルフである．次の連続線形全射と全単射を考える．

$$\widetilde{A}_0 : x \oplus y \in E \oplus S' \to A_0(x) + y \in F,$$
$$\widehat{A}_0 : [x] \oplus y \in \widehat{E} := (E/\mathrm{Ker}\, A_0) \oplus S' \to A_0(x) + y \in F.$$

定理 7.3.13 により $\widetilde{A}_0$ は，開写像であるから，$\widehat{A}_0$ も開写像である．したがって，$\widehat{A}_0$ は線形位相同型であることがわかった．$(E/\mathrm{Ker}\, A_0) \oplus \{0\} (\subset \widehat{E})$ は閉であるから $\widehat{A}_0((E/\mathrm{Ker}\, A_0) \oplus \{0\}) = A_0(E)$ は閉である．$\mathrm{Coker}\, A_0 = F/A_0(E) \cong S'$ となるので，$\mathrm{Coker}\, A_0$ は有限次元である．

上記 S の存在を示そう．仮定により，$0 \in E$ のある凸近傍 U_0 で $-U_0 = U_0$ を満たし，かつ $K := \overline{B(U_0)}$ がコンパクトなものがある．A は全射なので，定理 7.3.13 により $V_0 := A(U_0)$ は開である．開被覆 $K \subset \bigcup_{b \in K}(b + \frac{1}{2}V_0)$ を考えると，K はコンパクトであるから，有限個の点 $b_j \in K$, $1 \leq j \leq l$ があって $K \subset \bigcup_{j=1}^{l}(b_j + \frac{1}{2}V_0)$．$S = \langle b_1, \ldots, b_l \rangle$ を $b_j, 1 \leq j \leq l$ で張られる有限次元部分空間とする．定理 7.3.6 により S は閉であるから，商空間 F/S は線形ベール空間になることに注意する．$\pi : F \to F/S$ を商写像とする．$\widetilde{V}_0 = \pi(V_0)$ とおく．

$\tilde{K} = \pi(K)$ はコンパクトである．$\tilde{K} \subset \frac{1}{2}\tilde{V}_0$ となっている．F を F/S で置き換えて，
$$K \subset \frac{1}{2}V_0$$
が初めから満たされているとして，A_0 が全射であることを示せば良い．

(ロ) $A_0(E)$ は，F の線形部分空間であるから，次より $A_0(E) = F$ が従う．

主張 7.3.20 上述の仮定の下で，$A_0(E) \supset V_0$．

∵) 任意の $y_0 \in V_0$ をとる．ある $x_0 \in U_0$ があって $A(x_0) = y_0$．
$$y_1 := y_0 - A_0(x_0) = -B(x_0) \in K \subset \frac{1}{2}V_0 = A\left(\frac{1}{2}U_0\right)$$
であるから，ある $x_1 \in \frac{1}{2}U_0$ で $A(x_1) = y_1$ となるものがある．
$$y_2 := y_1 - A_0(x_1) = -B(x_1) \in B\left(\frac{1}{2}U_0\right) = \frac{1}{2}B(U_0)$$
$$\subset \frac{1}{2}K \subset \frac{1}{2^2}V_0 = A\left(\frac{1}{2^2}U_0\right).$$
したがって，$x_2 \in \frac{1}{2^2}U_0$ があって $y_2 = A(x_2)$．以下順次，$x_\nu \in \frac{1}{2^\nu}U_0, y_\nu = A(x_\nu)$，$\nu = 1, 2, \ldots,$ を
$$y_{\nu+1} = y_\nu - A_0(x_\nu) \in \frac{1}{2^\nu}K \subset A\left(\frac{1}{2^{\nu+1}}U_0\right)$$
が満たされるようにとることができる．したがって $\lim_{\nu \to \infty} y_\nu = 0$ が成立し，
$$(7.3.21) \qquad y_{\nu+1} = y_\nu - A_0(x_\nu) = \cdots = y_0 - A_0\left(\sum_{j=0}^{\nu} x_j\right).$$

$\sum_{j=0}^{\infty} x_j$ が収束するように取り直せることを示したい．(7.3.7) で定義される E の完備距離を d とし，$U(r) = \{x \in E; d(x, 0) < r\}$ と書く．$0 \in E$ の基本近傍系 $\{U_p\}_{p=0}^{\infty}$ を次のようにとる．

(i) U_0 は既にとってあるが，$U_0 \subset U(1)$ が成り立っているとしてよい．さらに，$U_p \subset U(2^{-p}), p = 1, 2, \ldots,$ が成り立つ．

(ii) 各 U_p は，凸かつ対称．$-U_p = U_p$，である．

(iii) $U_{p+1} \subset \frac{1}{2}U_p, p = 0, 1, \ldots$．

K の開被覆
$$K \subset A\left(\left(\bigcup_{\mu=1}^{\infty} 2^\mu U_p\right) \cap \frac{1}{2}U_0\right) = \bigcup_{\mu=1}^{\infty} A\left((2^\mu U_p) \cap \frac{1}{2}U_0\right)$$
を考えると，ある $N(p)(\geq 1)$ が存在して
$$(7.3.22) \qquad K \subset A\left(\left(2^{N(p)}U_p\right) \cap \frac{1}{2}U_0\right)$$

となる．$N(p) < N(p+1)$ $(p = 1, 2, \ldots)$ が成立しているとしてよい．$0 \leq \nu \leq N(1)$ に対しては上でとった x_ν をとり

$$\tilde{x}_0 = x_0 + \cdots + x_{N(1)}$$

とおく．以下順に，$N(p) < \nu \leq N(p+1)$ $(p = 1, 2, \ldots)$ に対しては (7.3.22) より

$$\frac{1}{2^{\nu-1}} K \subset A\left(\left(2^{N(p)-\nu+1} U_p\right) \cap \frac{1}{2^\nu} U_0\right)$$

が成立し，$y_\nu \in \frac{1}{2^{\nu-1}} K$ であったから，$x_\nu \in \left(2^{N(p)-\nu+1} U_p\right) \cap \frac{1}{2^\nu} U_0$ を $A(x_\nu) = y_\nu$ が成立するようにとることができる．すると

$$\tilde{x}_p := x_{N(p)+1} + \cdots + x_{N(p+1)} \in \left(1 + \frac{1}{2} + \cdots + \frac{1}{2^{N(p+1)-N(p)-1}}\right) U_p$$

$$\subset 2U_p \subset U_{p-1} \subset U\left(\frac{1}{2^{p-1}}\right);$$

(7.3.23) $d(\tilde{x}_p, 0) < \dfrac{1}{2^{p-1}}$.

任意の $p > q > q_0$ に対し，(7.3.14) と (7.3.23) を使って

$$d\left(\sum_{\nu=0}^{p} \tilde{x}_\nu, \sum_{\nu=0}^{q} \tilde{x}_\nu\right) \leq \sum_{\nu=q+1}^{p} d(\tilde{x}_\nu, 0) < \sum_{\nu=q+1}^{p} \frac{1}{2^{\nu-1}}$$

$$< \frac{1}{2^{q-1}} \leq \frac{1}{2^{q_0}} \to 0 \quad (q_0 \to \infty).$$

よって $\sum_{\nu=0}^{\infty} \tilde{x}_\nu$ は，コーシー級数をなし，d は完備であるから極限 $w = \sum_{\nu=0}^{\infty} \tilde{x}_\nu$ が存在する．(7.3.21) より

$$y_{N(p+1)+1} = y_0 - A_0\left(\sum_{\nu=0}^{p} \tilde{x}_\nu\right)$$

である．$p \to \infty$ として，$y_0 = A_0(w)$. よって，$A_0(E) \supset V_0$. □

注意 7.3.24 (1) 上記証明のアイデアは，次の文献 [†] の Chap. IX, Theorem (1.8) b) による．

[†] J.-P. Demailly, Complex Analytic and Differentiable Geometry, 2012, www-fourier.ujf-grenoble.fr/~demailly/ ．

L. シュヴァルツの定理の自足的な証明は，従前かなり複雑な手順を踏み長いものであったが，この証明でだいぶ簡略化された．

(2) L. シュヴァルツの定理 7.3.17 において，既存の文献 (L. Schwartz, C.R. Paris **236** (1953), [一松], [Gu-R], [G-R1], [†] 等を参照) では F もフレッシェ空間と仮定しているが，上述のようにベール空間と仮定すれば十分である．

7.4 岡 の 定 理

岡潔自身のレビ問題 (ハルトークスの逆問題) を証明する最も本質的な部分は, 正則領域の "接合補題"(Oka's Heftungs Lemma と呼ばれた) というものであった. この方法は, 構成的ではあるが理解するのにかなり難しいものであった. 後年 A. アンドゥレオッチと R. ナラシムハーン[1] は, これを複素空間上に拡張し種々の応用をしている. [西野] 第 4 章でも, この問題を複素空間上で扱っている.

本書で与えようとしている証明は, H. グラウェルト[17] による別証である. 前節で示した L. シュヴァルツの定理を用いる. 連接層のコホモロジーの有限次元性に L. シュヴァルツの定理を用いるアイデアはカルタン–セールの定理 8.2.1 にある. これを, 境界付きの領域に強擬凸性の仮定の下で適用できることを見いだしたのは H. グラウェルトであった. その内容と証明は岡の連接定理の本質をより浮かび上がらせていると言え, 応用も広い (次章参照).

定理 7.4.1 (グラウェルトの定理)　Ω を $\mathbf{C}^n$ の強擬凸領域とすると,
$$\dim H^1(\Omega, \mathcal{O}_\Omega) < \infty.$$

注.　この定理そのものは, もっと一般に複素空間上の連接層に対し成立する (複素多様体上の場合は, 定理 7.5.29 と定理 8.4.1 を参照). 単葉領域の場合は, 上の形で十分である. この証明法は, 膨らませ法と呼ばれ, 以降繰り返し用いられる.

証明　$\partial \Omega$ を定義する強擬凸関数を φ とする. 以下いくつかのステップに分けて証明する.

ステップ 1.　各点 $a \in \partial\Omega$ に補題 7.2.15 の球近傍 $U = B(a;\delta)$ がとれる. $V = B(a;\delta/2) \Subset U$ と二重に近傍をとる. $\partial\Omega$ はコンパクトであるからこのような $a_i \in \partial\Omega$ を中心とする二重近傍 $V_i \Subset U_i$ の有限個で覆うことができる.

(7.4.2) $$\partial\Omega \subset \bigcup_{i=1}^{l} V_i \Subset \bigcup_{i=1}^{l} U_i.$$

$\Omega \setminus \bigcup_{i=1}^{l} V_i$ はコンパクトであるから, 有限個の二重球近傍

(7.4.3)　　$V_i = B(a_i;\delta_i/2) \Subset U_i = B(a_i;\delta_i) \Subset \Omega, \quad i = l+1, \ldots, L$

で覆うことができる. 全ての $\Omega \cap V_i$ と $\Omega \cap U_i$, $1 \le i \le L$ は正則凸領域であるから, 被覆 $\mathscr{V} = \{\Omega \cap V_i\}$ と $\mathscr{U} = \{\Omega \cap U_i\}$ は層 $\mathcal{O}_\Omega$ に関するルレイ被覆になる.

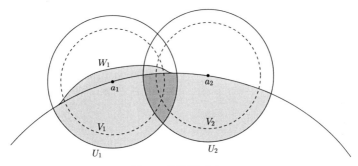

図 7.2 境界膨らませ 1

したがって，特に

(7.4.4) $$H^1(\Omega, \mathcal{O}_\Omega) \cong H^1(\mathcal{V}, \mathcal{O}_\Omega) \cong H^1(\mathcal{U}, \mathcal{O}_\Omega).$$

ステップ 2. C^∞ 級関数 $c_1(z) \geq 0$ を

$$\operatorname{Supp} c_1 \subset U_1, \qquad c_1|_{V_1} = 1$$

と取る．$\varepsilon > 0$ を十分小さくとれば，$\varphi_\varepsilon(z) := \varphi(z) - \varepsilon c_1(z)$ は，$\bigcup_{i=1}^l \bar{U}_i$ の近傍上で強擬凸である．

(7.4.5) $$W_1 = U_1 \cap \{\varphi_\varepsilon < 0\}$$

とおく (図 7.2 参照)．$\varepsilon > 0$ を十分小さくとれば，

$$\overline{V_1 \cap \Omega} \Subset W_1$$

かつ $\partial W_1 \setminus \Omega$ の境界点 b は，W_1 の正則凸点であり (補題 7.2.15)，さらに U_1 と交わりを持つ他の U_j について，b は $(U_j \cap W_1) \cup (U_j \cap \Omega)$ の正則凸点であるとしてよい (図 7.3 参照)．次のようにおく．

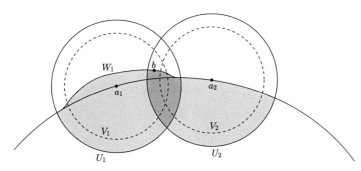

図 7.3 境界膨らませ 2

$$U_1^{(1)} = W_1, \qquad U_j^{(1)} = U_j \cap \Omega, \quad j \geq 2,$$
$$\mathscr{U}^{(1)} = \{U_j^{(1)}\}_{j=1}^L, \quad \Omega^{(1)} = \bigcup_{j=1}^L U_j^{(1)}.$$

$\mathscr{U}^{(1)}$ は, $\Omega^{(1)}$ の $\mathcal{O}_{\Omega^{(1)}}$ に関するルレイ被覆であり, 単体 $\sigma = (U_{j_0}, U_{j_1}) \in N_1(\mathscr{U})$ ($j_0 \neq j_1$) と同じ添字対 (j_0, j_1) を持つ単体 $\tau = \left(U_{j_0}^{(1)}, U_{j_1}^{(1)}\right) \in N_1(\mathscr{U}^{(1)})$ に対し $|\sigma| = |\tau|$ が成立している. したがって, 次の等式と完全列が得られる.

(7.4.6) $\qquad Z^1(\mathscr{U}, \mathcal{O}_\Omega) = Z^1(\mathscr{U}^{(1)}, \mathcal{O}_{\Omega^{(1)}}),$
$$H^1(\Omega^{(1)}, \mathcal{O}_{\Omega^{(1)}}) \cong H^1(\mathscr{U}^{(1)}, \mathcal{O}_{\Omega^{(1)}}) \to H^1(\mathscr{U}, \mathcal{O}_\Omega) \cong H^1(\Omega, \mathcal{O}_\Omega) \to 0.$$

ステップ 3. $\Omega^{(1)}$ の被覆を次のように取り換える. W_1 は (7.4.5) ですでにとった.

$$W_j = \Omega^{(1)} \cap U_j, \qquad j \geq 2,$$
$$\mathscr{W} = \{W_j\}_{j=1}^L$$

とおく. W_j は全て正則凸領域であるから $\mathcal{O}_{\Omega^{(1)}}$ に関するルレイ被覆である. よって,

(7.4.7) $\qquad\qquad H^1(\Omega^{(1)}, \mathcal{O}_{\Omega^{(1)}}) \cong H^1(\mathscr{W}, \mathcal{O}_{\Omega^{(1)}}).$

ステップ 4. $\Omega^{(1)} = \bigcup_j W_j$ と W_2 に対しステップ 2 とステップ 3 の操作を行う. これを l 回繰り返して, $U_i \cap \partial\Omega$, $i = 1, 2, \ldots, l$ を全て少し外側へ膨らませる. でき上がった $\partial\Omega$ の被覆を

$$\tilde{U}_1, \tilde{U}_2, , \ldots, \tilde{U}_l,$$

とする (図 7.4). $l+1$ 番目以降は変えずに,

$$\tilde{U}_i = U_i, \qquad l+1 \leq i \leq L$$

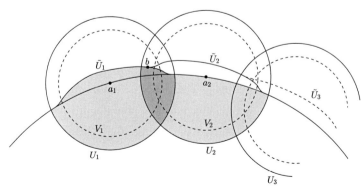

図 **7.4** 境界膨らませ 3

7.4 岡の定理

とする.

$$\tilde{\mathscr{U}} = \{\tilde{U}_i\}_{i=1}^L, \qquad \tilde{\Omega} = \bigcup_{i=1}^L \tilde{U}_i$$

とおく. 作り方と (7.4.6) より次が成立することになる.

(7.4.8)
$$V_i \Subset \tilde{U}_i, \quad 1 \leq i \leq L,$$
$$\tilde{\rho} : H^1(\tilde{\mathscr{U}}, \mathcal{O}_{\tilde{\Omega}}) \to H^1(\mathscr{V}, \mathcal{O}_\Omega) \to 0.$$

ここで, $\tilde{\rho}$ は制限射から誘導される自然な射である. したがって次の全射が得られる.

(7.4.9) $\Psi : \xi \oplus \eta \in Z^1(\tilde{\mathscr{U}}, \mathcal{O}_{\tilde{\Omega}}) \oplus C^0(\mathscr{V}, \mathcal{O}_\Omega) \to \rho(\xi) + \delta\eta \in Z^1(\mathscr{V}, \mathcal{O}_\Omega) \to 0.$

ここで, $\rho : Z^1(\tilde{\mathscr{U}}, \mathcal{O}_{\tilde{\Omega}}) \to Z^1(\mathscr{V}, \mathcal{O}_\Omega)$ は, $\tilde{U}_\alpha \cap \tilde{U}_\beta$ から $V_\alpha \cap V_\beta$ 上への制限射で,

$$H^1(\mathscr{V}, \mathcal{O}_{\tilde{\Omega}}) = Z^1(\mathscr{V}, \mathcal{O}_{\tilde{\Omega}})/\delta C^0(\mathscr{V}, \mathcal{O}_{\tilde{\Omega}})$$

が定義であった. $V_\alpha \cap V_\beta \Subset \tilde{U}_\alpha \cap \tilde{U}_\beta$ であるから ρ は完全連続である. シュヴァルツの定理 7.3.19 により,

$$\mathrm{Coker}(\Psi - \rho) = Z^1(\mathscr{V}, \mathcal{O}_\Omega)/\delta C^0(\mathscr{V}, \mathcal{O}_\Omega) = H^1(\mathscr{V}, \mathcal{O}_\Omega)$$

は有限次元である. よって (7.4.4) より $\dim H^1(\Omega, \mathcal{O}_\Omega) < \infty$ がわかった. □

さて以上の準備の下で, 次の岡の定理を証明しよう.

定理 7.4.10 (岡の定理) 擬凸領域は, 正則領域 (正則凸領域と同値) である.

 証明の方針は, まず擬凸領域 Ω の強擬凸領域による被覆増大列 $\Omega_\nu \Subset \Omega_{\nu+1}$, $\nu = 1, 2, \ldots$, を作る. 次に強擬凸領域は正則凸領域であることを示す. これとベーンケ–スタインの定理 5.4.12 を併せて Ω が正則凸領域であることが結論される.

補題 7.4.11 擬凸領域 Ω は, 強擬凸領域による被覆増大列 $\Omega_\nu \Subset \Omega_{\nu+1}$, $\nu = 1, 2, \ldots, \bigcup_{\nu=1}^\infty \Omega_\nu = \Omega$ を持つ.

 証明 $\varphi : \Omega \to [-\infty, \infty)$ を多重劣調和階位関数とする. $\Omega'_\nu = \{\varphi < \nu\}$, $\nu = 1, 2, \ldots$, とおく. $\nu \in \mathbf{N}$ を任意に固定する. φ の滑性化 φ_ε をとる. $\varepsilon > 0$ を十分小さくとれば, φ_ε は $\Omega'_{\nu+1}$ で C^∞ 級で

$$\Omega'_\nu \Subset \left\{\varphi_\varepsilon < \nu + \frac{1}{2}\right\} \Subset \Omega'_{\nu+1}$$

とできる. $\varepsilon' > 0$ を十分小さくとれば, $\psi_\nu(z) = \varphi_\varepsilon(z) + \varepsilon'\|z\|^2$ は

$$\Omega'_\nu \Subset \left\{\psi_\nu < \nu + \frac{1}{2}\right\} \Subset \Omega'_{\nu+1}$$

を満たすようにできる.

$$\Omega_\nu = \left\{\psi_\nu < \nu + \frac{1}{2}\right\}$$

とおけば, ψ_ν は $\Omega'_{\nu+1}$ で強擬凸であるから, Ω_ν は強擬凸領域であり, このようにして, $\Omega_\nu, \nu = 1, 2, \ldots,$ を定めれば条件

$$\Omega_\nu \Subset \Omega_{\nu+1}, \quad \bigcup_{\nu=1}^{\infty} \Omega_\nu = \Omega$$

を満たす. □

定理 7.4.12 強擬凸領域 Ω の全ての境界点は, Ω の正則凸点である. したがって, Ω は正則凸領域である.

証明 $\partial\Omega$ の近傍で強擬凸な Ω を定義する擬凸関数 φ をとる. $\Omega = \{\varphi < 0\}$ である. 任意に $b \in \partial\Omega$ をとる. 平行移動で $b = 0$ とする.

$$Q(z) = 2\sum_{j=1}^{n} \frac{\partial \varphi}{\partial z_j}(0)z_j + \sum_{j,k} \frac{\partial^2 \varphi}{\partial z_j \partial z_k}(0)z_j z_k$$

とおく. (7.2.16) により, ある $\varepsilon, \delta > 0$ があって

$$\varphi(z) \geq \Re Q(z) + \varepsilon \|z\|^2, \quad \|z\| \leq \delta,$$
$$\inf\{\varphi(z); Q(z) = 0, \|z\| = \delta\} \geq \varepsilon \delta^2 > 0.$$

$0 < c < \varepsilon\delta^2$ と取り $\Omega' = \{\varphi < c\}$ とおく (図 7.5). $U_0 = B(0; \delta) \cap \Omega'$,

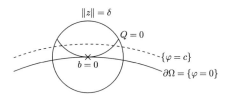

図 7.5 強擬凸境界点

$X = \{Q = 0\} \cap U_0$ とおく. 取り方から X は, Ω' の解析的超曲面, 特に閉集合であるから $U_1 = \Omega' \setminus X$ は開集合である.

$$f_{01}(z) = \frac{1}{Q(z)}, \quad z \in U_0 \cap U_1,$$
$$f_{10}(z) = -f_{01}(z), \quad z \in U_1 \cap U_0,$$

とおく．$\mathscr{U} = \{U_0, U_1\}$ は，Ω' の開被覆で，1 余輪体 $f = (f_{01}(z), f_{10}(z)) \in Z^1(\mathscr{U}, \mathcal{O}_{\Omega'})$ が得られた．$k \in \mathbf{N}$ に対し，

$$f_{01}^{[k]}(z) = (f_{01}(z))^k, \quad z \in U_0 \cap U_1,$$
$$f_{10}^{[k]}(z) = -f_{01}^{[k]}(z), \quad z \in U_1 \cap U_0,$$

と定義すると $(f^{[k]}) \in Z^1(\mathscr{U}, \mathcal{O}_{\Omega'})$．以上より，コホモロジー類

$$[f^{[k]}] \in H^1(\mathscr{U}, \mathcal{O}_{\Omega'}) \hookrightarrow H^1(\Omega', \mathcal{O}_{\Omega'}), \quad k \in \mathbf{N}$$

が得られた（単射性 "$\hookrightarrow$" は命題 3.4.11 を参照）．Ω' は強擬凸領域であるから，定理 7.4.1 により $H^1(\Omega', \mathcal{O}_{\Omega'})$ は有限次元である．したがって十分大きな N をとれば非自明な一次関係式

$$\sum_{k=1}^{N} c_k [f^{[k]}] = 0 \in H^1(\mathscr{U}, \mathcal{O}_{\Omega'}) \quad (c_k \in \mathbf{C})$$

がある．$c_N \neq 0$ としてよい．すると $g_i \in \mathcal{O}(U_i), i = 0, 1$ が存在して，

$$\sum_{k=1}^{N} \frac{c_k}{Q^k(z)} = g_1(z) - g_0(z), \quad z \in U_0 \cap U_1.$$

したがって，

$$g_0(z) + \sum_{k=1}^{N} \frac{c_k}{Q^k(z)} = g_1(z), \quad z \in U_0 \cap U_1, \quad c_N \neq 0.$$

これは，Ω' 上に X で位数 N の極を持つ有理型関数 F が作られたことになる．$X \cap \Omega = \emptyset$ なので F の Ω への制限 $F|_\Omega$ は正則で，

$$\lim_{z \to 0} |F(z)| = \infty.$$

よって $b = 0 \in \partial \Omega$ は Ω の正則凸点である．

以上と補題 7.2.14 を併せれば，Ω の正則凸性が従う． □

岡の定理 7.4.10 の証明． Ω を擬凸領域とする．補題 7.4.11 にある強擬凸領域の増加列 $\Omega_\nu, \nu \in \mathbf{N}$ をとる．定理 7.4.12 により，全ての Ω_ν は正則領域である．ベーンケ–スタインの定理 5.4.12 により，Ω が正則領域であることが結論される． □

次の系は，岡の定理 7.4.10 と岡–カルタンの基本定理 4.4.2 より直ちに出る．

系 7.4.13 Ω を擬凸領域，$\mathscr{F} \to \Omega$ を連接層とすると，

$$H^q(\Omega, \mathscr{F}) = 0, \quad q \geq 1.$$

7.5 リーマン領域上の岡の定理

リーマン領域についてレビ問題 (ハルトークスの逆問題) を解決した岡の定理 (Oka IX) についても, 現在複数の証明法が知られている. 参考書 [西野] は岡の方法に基づく. それ以外に拡張も含めてたとえば, ドッケ-グラウェルト[10], R. ナラシムハーン[29], ガニング-ロッシ [Gu-R], L. ヘルマンダー [Hör] 第 5 章 (この本ではリーマン領域の定義ですでに正則分離性は仮定されているので本節のリーマン領域の定義よりも強い条件が付されている) などがある. 本節では, 著者[32]によるリーマン領域の特徴を用いるできるだけやさしい証明を与える.

7.5.1 リーマン領域

まず定義を述べよう. X を複素多様体とし $\pi: X \to \mathbf{C}^n$ を正則写像とする.

定義 7.5.1 $\mathbf{C}^n$ 上の不分岐被覆領域 $\pi: X \to \mathbf{C}^n$ (定義 4.5.9) をリーマン領域と呼ぶ. 繰り返しにはなるが, 次が成立することである.

(i) X は連結である.
(ii) π は, 局所双正則である.

リーマン領域 X には $\mathbf{C}^n$ 上のユークリッド計量を π で引き戻すことによりリーマン計量が入る. したがって X には距離が入るので第 2 可算公理を満たす.

本節では, X は常にリーマン領域を表す. 原点 $0 \in \mathbf{C}^n$ を中心とする多重円板 $\mathrm{P}\Delta = \mathrm{P}\Delta(0; r_0)$ $(r_0 = (r_{0j}))$ を一つとる. 定義により, 任意の $x \in X$ に対しある $\rho > 0$ と近傍 $U_\rho(x) \ni x$ が存在して

$$\pi|_{U_\rho(x)} : U_\rho(x) \to \pi(x) + \rho \mathrm{P}\Delta$$

は双正則になる. そのような $\rho > 0$ の上限を

(7.5.2) $$\delta_{\mathrm{P}\Delta}(x, \partial X) = \sup\{\rho > 0; {}^\exists U_\rho(x)\} \leq \infty$$

とおく. これを X の**境界距離関数**と呼ぶ.

$\delta_{\mathrm{P}\Delta}(x, \partial X) = \infty$ ならば π は正則同型になりこれからの議論は不要である. 以後, $\delta_{\mathrm{P}\Delta}(x, \partial X) < \infty$ とする.

開部分集合 $\Omega \subset X$ についても同様に

$$\delta_{\mathrm{P}\Delta}(x, \partial \Omega) = \sup\{\rho > 0; {}^\exists U_\rho(x) \subset \Omega\}$$

と定義する．$\delta_{\mathrm{P}\Delta}(x, \partial X)$ および $\delta_{\mathrm{P}\Delta}(x, \partial \Omega)$ はリプシッツ条件を満たす連続関数である (証明は単葉領域の場合と同じで (5.3.4) を参照)．$A \subset X$ ($A \subset \Omega$) に対し

$$\delta_{\mathrm{P}\Delta}(A, \partial X) = \inf_{x \in A} \delta_{\mathrm{P}\Delta}(x, \partial X)$$

$$(\delta_{\mathrm{P}\Delta}(A, \partial \Omega) = \inf_{x \in A} \delta_{\mathrm{P}\Delta}(x, \partial \Omega))$$

とおく．

定義 7.5.3 (定義 1.2.33, 定義 5.1.1 を参照) リーマン領域 $\pi: X \to \mathbf{C}^n$ に対し，次のように定義する．

(i) リーマン領域 $\tilde{\pi}: \tilde{X} \to \mathbf{C}^n$ が $\pi: X \to \mathbf{C}^n$ の**正則拡大** (extension of holomorphy) であるとは，正則開埋め込み $\varphi: X \hookrightarrow \tilde{X}$ で $\pi = \varphi \circ \tilde{\pi}$ を満たすものが存在して φ により $X \subset \tilde{X}$ と見なすとき，任意の $f \in \mathcal{O}(X)$ が $\tilde{X}$ 上に解析接続可能 ($\varphi^* \mathcal{O}(\tilde{X}) = \mathcal{O}(X)$) であることとする．

(ii) X の正則拡大の中で極大のものを X の**正則包** (envelope of holomorphy) と呼ぶ．

(iii) X が**正則領域** (domain of holomorphy) であるとは，X の正則包が X 自身であることである．

注意 7.5.4 $\mathbf{C}^n$ ($n \geq 2$) の単葉領域であっても，その正則拡大が単葉で収まるとは限らない (例 5.1.5)．したがって，$n \geq 2$ では領域の問題を正則関数の立場から調べるのには単葉領域に限っていては不完全であると言わざるを得ない．また，リーマン領域が，必ずしも正則包をもつとも限らない．そのような反例を以下に与えよう．

例 7.5.5 $\mathrm{P}\Delta = \Delta(0; 1)^2 \subset \mathbf{C}^2$ を 2 次元多重単位円板として，次のようにおく．

$$K = \{(z_1, z_2) \in \mathrm{P}\Delta; \tfrac{1}{4} \leq |z_j| \leq \tfrac{3}{4}, j = 1, 2\},$$

$$\Omega = \mathrm{P}\Delta \setminus K,$$

$$\Omega_{\mathrm{H}} = \left(\Delta(0; 1) \times \Delta(0; \tfrac{1}{4})\right) \cup \left(\{\tfrac{3}{4} < |z_1| < 1\} \times \Delta(0; 1)\right),$$

$$\omega = \Delta(0; \tfrac{1}{4})^2,$$

$$U = \Delta(0; 1) \times \Delta(0; \tfrac{1}{4}),$$

$$V = \Delta(0; \tfrac{1}{4}) \times \Delta(0; 1).$$

すると U と V は，Ω の部分領域であり，$U \cap V = \omega$ となる．そこで U の部分領域としての ω と V の部分領域としての ω を区別することにより (2 葉) リーマン

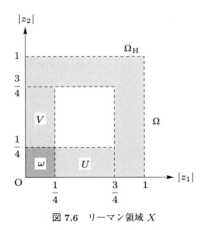

図 7.6 リーマン領域 X

領域 $\pi : X \to \Omega \subset \mathbf{C}^2$ を定義する (図 7.6 を参照). Ω_{H} ($\subset X$) はハルトークス領域で, その正則包は $\mathrm{P}\Delta$ である: $\mathcal{O}(X) \cong \mathcal{O}(\mathrm{P}\Delta)$. よって, X を部分領域として含む正則領域は存在しない.

$\pi : X \to \mathbf{C}^n$ をリーマン領域として, $a \in X, \pi(a) = z$ とする. π_a で a の近傍から z の近傍への局所双正則写像を表し, $f \in \mathcal{O}(X)$ に対し, $\underline{f_{a_z}} := \underline{f \circ \pi_a^{-1}}_z$ で a での z の関数としての f の芽を表す. 次の条件を考える.

条件 7.5.6 $\pi(a) = \pi(b) = z$ であるような任意の相異なる 2 点 $a, b \in X$ に対し, ある元 $f \in \mathcal{O}(X)$ で $\underline{f_{a_z}} \neq \underline{f_{b_z}}$ を満たすものが存在する.

注意 7.5.7 $f \in \mathcal{O}(X)$ の $z = (z_j) (\in \mathbf{C}^n)$ に関する偏導関数を考えれば, 上の条件は, $f(a) \neq f(b)$ を満たす f が存在することと同値である (章末問題 6).

定理 7.5.8 リーマン領域 $\pi : X \to \mathbf{C}^n$ が条件 7.5.6 を満たせば, X の正則包が存在する.

証明 基点 $a_0 \in X$ を一つ定め, $z_0 = \pi(a_0)$ とする. z_0 を始点として $w \in \mathbf{C}^n$ を終点とする曲線 C_w をとる. $f \in \mathcal{O}(X)$ に対し z_0 の近傍で定義された局所的な解析関数 $f \circ \pi_a^{-1}(z)$ の C_w に沿う解析接続が一変数の場合と同様に定義される (巻末参考書 [野口] 第 5 章参照). 今 $f \circ \pi_a^{-1}(z)$ の C_w に沿う解析接続が可能であるとして, ここでは, 任意の点 $z \in C_w$ において $f \in \mathcal{O}(X)$ によらないある近傍 V が存在して $f \circ \pi_a^{-1}(z)$ の C_w に沿う z_0 から z まで解析接続した解析関数が V で定義されているものとする. 特に, $w \in C_w$ の近傍で定義された $f \circ \pi_a^{-1}(z)$ の

解析接続を f_{C_w} で表す．

そのような解析接続が可能な z_0 を始点とする曲線の全体を $\mathcal{X}$ とする．$\mathcal{X}$ の二元 $C_w, C'_{w'}$ が同値，$C_w \sim C'_{w'}$ とは，$w = w'$ かつ
$$f_{C_w}{}_w = f_{C'_{w'}}{}_w, \quad {}^\forall f \in \mathcal{O}(X)$$
が成り立つこととする．実際，これが同値関係であることが容易に確かめられる．商集合 $\tilde{X} = \mathcal{X}/\sim$ を考え，C_w の同値類を $[C_w]$ で表す．自然な射影
$$\tilde{\pi} : [C_w] \in \tilde{X} \longrightarrow w \in \mathbf{C}^n$$
がある．構成から，$\tilde{\pi}$ を局所同相写像とする位相が $\tilde{X}$ に自然に入る．これにより，$\tilde{X}$ は連結な複素多様体の構造をもち，$\tilde{\pi} : \tilde{X} \to \mathbf{C}^n$ はリーマン領域となる．条件 7.5.6 より X は $\tilde{X}$ の部分領域として自然に埋め込まれている．構成法より $\tilde{X}$ が X の正則包であることが従う． □

補題 7.5.9 $\pi : X \to \mathbf{C}^n$ は正則領域であるとする．$K \Subset X$ をコンパクト部分集合，$\hat{K}_X$ をその正則凸包，$f \in \mathcal{O}(X)$ とする．
$$\delta_{\mathrm{P}\Delta}(x, \partial X) \geq |f(x)|, \quad x \in K$$
ならば
$$\delta_{\mathrm{P}\Delta}(x, \partial X) \geq |f(x)|, \quad x \in \hat{K}_X$$
が成立する．特に f を定数として適用すると，
(7.5.10) $$\delta_{\mathrm{P}\Delta}(K, \partial X) = \delta_{\mathrm{P}\Delta}(\hat{K}_X, \partial X).$$

証明は，正則関数の巾級数展開の収束域に関する性質のみによるので，単葉領域の場合 (補題 5.3.7) と同じ証明が適用できる．定理 5.3.1 の場合と同様にして次の定理が証明される．

定理 7.5.11 リーマン領域 X が正則凸ならば，ある $f \in \mathcal{O}(X)$ があって，X は f の存在域である．特に，X は正則領域である．

この定理の逆は，岡の定理 7.5.47 を待たねばならない．

補題 7.5.9 から次の定理が出ることも，単葉領域の場合と同様である (定理 7.2.1)．

定理 7.5.12 (岡) X が正則領域ならば，$-\log \delta_{\mathrm{P}\Delta}(x, \partial X)$ は連続な多重劣調和関数である．

7.5.2 擬 凸 性

一般の複素多様体に対し擬凸性を定義しよう．

定義 7.5.13 複素多様体 M が**擬凸**とは，多重劣調和階位関数 $\phi: M \to \mathbf{R}$ が存在することとする．

補題 7.5.14 (岡の補題) リーマン領域 X に対し $-\log \delta_{\mathrm{P}\Delta}(x, \partial X)$ が多重劣調和ならば，X は擬凸である．

証明 証明は，初等的だが少々長いので，いくつかのステップに分けて証明する．

(1) 一点 $x_0 \in X$ をとる．以下，$0 < \rho < \delta_{\mathrm{P}\Delta}(x_0, \partial X)$ と仮定する．
$$X_\rho = \{x \in X; \delta_{\mathrm{P}\Delta}(x, \partial X) > \rho\} \text{ の } x_0 \text{ を含む連結成分}$$
とおく．$0 < \rho' < \rho$ に対し，$X_\rho \subset X_{\rho'}$, $\bigcup_{\rho > 0} X_\rho = X$ が成り立つ．

X 上に $\mathbf{C}^n$ のユークリッド計量を π で引き戻して計量を導入し，これを X 上のユークリッド計量と呼ぶことにする．任意の $x \in X_\rho$ に対し x と x_0 を結ぶ X_ρ 内の区分的 C^1 級曲線 $C(x)$ のユークリッド距離に関する長さを $L(C(x))$ と書く．
$$d_\rho(x) = \inf_{C(x) \subset X_\rho} L(C(x))$$
とおく．次のリプシッツ連続性が満たされる．

(7.5.15) $\quad |d_\rho(x') - d_\rho(x'')| \leq \|\pi(x') - \pi(x'')\|$
$$= \|x' - x''\|, \quad x', x'' \in U_\rho(x).$$
ここで，単葉な領域 $U_\rho(x)$ に含まれる点 x', x'' と $\pi(x'), \pi(x'')$ を同一視した．このように，記号の簡略化のため，X の単葉な領域に含まれる点を扱うときは混乱の恐れがない限り，それを $\mathbf{C}^n$ の点と同一視した書き方をする．

次の補題を証明しよう．

補題 7.5.16 任意の $b > 0$ に対し，$\{x \in X_\rho; d_\rho(x) < b\} \Subset X$ が成立する．

証明 $b = \rho$ とする．取り方から
$$\{x \in X_\rho; d_\rho(x) \leq \rho\} \subset \bar{U}_\rho(x_0) \Subset U_{\delta_{\mathrm{P}\Delta}(x_0)}(x_0).$$
したがって，$\{x \in X_\rho; d_\rho(x) \leq \rho\} \Subset X$ となり，$b = \rho$ で成立している．

今ある $b \geq \rho$ で主張が成立しているとする．すなわち $K := \{x \in \bar{X}_\rho; d_\rho(x) \leq b\}$ はコンパクトであるとする．任意の $x \in K$ に対し，$\bar{U}_{\rho/2}(x) \Subset X$ である．
$$K' = \bigcup_{x \in K} \bar{U}_{\rho/2}(x)$$

はコンパクトである．なぜならば，点列 $y_\nu \in K', \nu \in \mathbf{N}$ をとると，$x_\nu \in K, w_\nu \in \mathbf{C}^n$ ($\|w_\nu\| \leq \rho/2$) が存在して
$$y_\nu = x_\nu + w_\nu, \quad \nu \in \mathbf{N}$$
と書くことができる．K はコンパクトであるから部分列を取り直すことにより，$\lim_{\nu\to\infty} x_\nu = x_0 \in K$, $\lim_{\nu\to\infty} w_\nu = w_0$ ($\|w_0\| \leq \rho/2$) となる．したがって
$$\lim_{\nu\to\infty} y_\nu = x_0 + w_0 \in K'.$$
$\{x \in X_\rho; d_\rho(x) < b + \rho/2\} \subset K'$ であるから，$b + \rho/2$ に対し主張が成立する．帰納的に $\rho + \nu\rho/2, \nu = 1, 2, \ldots$，について主張は成立する．したがって任意の $b > 0$ について主張は成立する． $\triangle$

(2) 定義 7.1.38 でのように，$\mathbf{C}^n$ 上の C^∞ 級関数 $\chi(z) \geq 0$ を次のようにとる．
(7.5.17) $$\operatorname{Supp} \chi \subset \mathrm{P}\Delta,$$
$$\int_{w \in \mathbf{C}^n} \chi(w) \alpha^n(w) = 1, \quad \alpha = \frac{i}{2\pi} \partial\bar\partial \|w\|^2.$$
$\varepsilon > 0$ に対し
$$\chi_\varepsilon(w) = \chi\left(\frac{w}{\varepsilon}\right) \frac{1}{\varepsilon^{2n}}$$
とおく．
$$\operatorname{Supp} \chi_\varepsilon \subset \varepsilon \mathrm{P}\Delta, \quad \int_{\mathbf{C}^n} \chi_\varepsilon(w) \alpha^n(w) = 1$$
が成立する．

$0 < \varepsilon \leq \rho$ に対し d_ρ の滑性化を
$$(d_\rho)_\varepsilon(x) = (d_\rho) * \chi_\varepsilon(x) = \int_{w \in \varepsilon\mathrm{P}\Delta} d_\rho(x+w) \chi_\varepsilon(w) \alpha^n(w), \quad x \in X_\rho$$
とおく（定義 7.1.38）．これは X_ρ 上の C^∞ 級の関数である．

$\mathrm{P}\Delta = \mathrm{P}\Delta(0; (r_{0j}))$ である．$C_0 = \sqrt{\sum_j r_{0j}^2}$ とおく．定義と (7.5.15) より
$$|(d_\rho)_\varepsilon(x) - d_\rho(x)| \leq \varepsilon C_0, \quad x \in X_\rho.$$
したがって次が成立する．
(7.5.18) $$\{x \in X_\rho; (d_\rho)_\varepsilon(x) < b\} \Subset X, \quad {}^\forall b > 0.$$

$x \in X$ について $\pi(x) = (z_j) = (x_j + iy_j)$ を X の局所座標として $x_j, y_j, 1 \leq j \leq n$ の方向ベクトルの一つを ξ ($\|\xi\| = 1$) とその方向微分を $\frac{\partial}{\partial \xi}$ と書くことにすると，
$$\lim_{h \to 0} \frac{(d_\rho)_\varepsilon(x+h\xi) - (d_\rho)_\varepsilon(x)}{h} = \frac{\partial (d_\rho)_\varepsilon}{\partial \xi}(x).$$

一方 (7.5.15) より次の評価が成立する.
$$\left|\frac{(d_\rho)_\varepsilon(x+h\xi)-(d_\rho)_\varepsilon(x)}{h}\right|$$
$$=\left|\frac{1}{h}\int_w \{(d_\rho)(x+h\xi+w)-(d_\rho)(x+w)\}\chi_\varepsilon(w)\alpha^n(w)\right|$$
$$\leq \frac{1}{|h|}\int_w |(d_\rho)(x+h\xi+w)-(d_\rho)(x+w)|\chi_\varepsilon(w)\alpha^n(w)$$
$$\leq \frac{1}{|h|}C_0|h|\cdot\|\xi\|=C_0.$$

したがって次を得る.

(7.5.19) $\qquad \left|\dfrac{\partial (d_\rho)_\varepsilon}{\partial \xi}(x)\right|\leq C_0,\quad x\in X_\rho,\ 0<\varepsilon\leq\rho.$

$0<2\varepsilon\leq\rho$ をとり
$$\tilde{d}_{\rho,\varepsilon}(x)=\left((d_\rho)_\varepsilon\right)_\varepsilon(x),\quad x\in X_\rho$$
を考える.
$$\frac{\partial \tilde{d}_{\rho,\varepsilon}}{\partial \xi}(x)=\int_w \frac{\partial (d_\rho)_\varepsilon}{\partial \xi}(x+w)\chi_\varepsilon(w)\alpha^n(w)$$
$$=\int_w \frac{\partial (d_\rho)_\varepsilon}{\partial \xi}(w)\chi\left(\frac{w-x}{\varepsilon}\right)\frac{1}{\varepsilon^{2n}}\alpha^n(w).$$

$\frac{\partial}{\partial \eta}$ を $\frac{\partial}{\partial \xi}$ と同様に, $x_j, y_j, 1\leq j\leq n$ の方向微分の一つとすれば
$$\frac{\partial^2 \tilde{d}_{\rho,\varepsilon}}{\partial \eta \partial \xi}(x)=\int_w \frac{\partial (d_\rho)_\varepsilon}{\partial \xi}(w)\frac{\partial \chi}{\partial \eta}\left(\frac{w-x}{\varepsilon}\right)\frac{-1}{\varepsilon^{2n+1}}\alpha^n(w).$$

これと (7.5.19) より次が成立する.

(7.5.20) $\qquad \left|\dfrac{\partial^2 \tilde{d}_{\rho,\varepsilon}}{\partial \eta \partial \xi}(x)\right|\leq \int_w \left|\dfrac{\partial (d_\rho)_\varepsilon}{\partial \xi}(w)\right|\cdot\left|\dfrac{\partial \chi}{\partial \eta}\left(\dfrac{w-x}{\varepsilon}\right)\right|\dfrac{1}{\varepsilon^{2n+1}}\alpha^n(w)$
$$\leq \frac{C_0}{\varepsilon}\int_w\left|\frac{\partial \chi}{\partial \eta}(w)\right|\alpha^n(w)=\frac{C_1}{\varepsilon}.$$

ここで, C_1 は, ε, ρ によらない正定数である.
$$\hat{d}_\rho(x)=\tilde{d}_{\rho,\frac{\rho}{2}}(x),\quad x\in X_\rho$$
とおく. (7.5.18) より $\hat{d}_\rho(x)$ についても次が成り立つ.

(7.5.21) $\qquad \{x\in X_\rho; \hat{d}_\rho(x)<b\}\Subset X,\quad {}^\forall b>0.$

(7.5.20) により $C_2\gg \frac{C_1}{\rho}$ をとり

(7.5.22) $\qquad \varphi_\rho(x)=\hat{d}_\rho(x)+C_2\|\pi(x)\|^2$

とおくと,

$$\sum_{j,k} \frac{\partial^2 \varphi_\rho}{\partial z_j \partial \bar{z}_k} \xi_j \bar{\xi}_k \geq \|(\xi_j)\|^2$$

が成立するようにできる．以上をまとめて次の補題を得る．

補題 7.5.23 X_ρ 上に C^∞ 級強擬凸関数 $\varphi_\rho(x) > 0$ が存在し，

$$\{x \in X_\rho; \varphi_\rho(x) < b\} \Subset X, \quad {}^\forall b > 0$$

が成立する．

(3) ここで，$-\log \delta_{\mathrm{P}\Delta}(x, \partial X)$ が多重劣調和であると仮定する．$-\log \delta_{\mathrm{P}\Delta}(x, \partial X)$ は，連続関数であることに注意する．$a_1 > 0$ を $\delta_{\mathrm{P}\Delta}(x_0) > e^{-a_1}$ と取り発散する単調増加数列 $a_1 < a_2 < \cdots < a_j \nearrow \infty$ を一つとり

$$X_j = X_{e^{-a_j}} = \{x \in X; -\log \delta_{\mathrm{P}\Delta}(x, \partial X) < a_j\} \text{ の } x_0 \text{ を含む連結成分}$$

とおく．$X_j \subset X_{j+1}, X = \bigcup_{j=1}^\infty X_j$ である．

X_j に対し補題 7.5.23 を適用して得られる C^∞ 級強擬凸関数 $\varphi_j(x)$ をとる．ただしここでは，$\varphi_j(x)$ が連続多重劣調和関数であることしか使わない．

任意の $b > 0$ に対し

$$\{x \in X_j; \varphi_j(x) < b\} \Subset X_{j+1}$$

が成立することに注意する．単調増加列 $b_1 < b_2 < \cdots \nearrow \infty$ を以下のように選ぶ．$b_1 > 0$ を任意にとり

$$\Delta_1 = \{x \in X_1; \varphi_4(x) < b_1\}$$

とおく．

(7.5.24) $$\partial \Delta_1 \subset \{-\log \delta_{\mathrm{P}\Delta}(x) = a_1\} \cup \{\varphi_4(x) = b_1\}$$

が成立する．$\Delta_1 \Subset X_2$ であるから $b_2 \gg \max\{2, b_1\}$ をとれば

$$\Delta_2 = \{x \in X_2; \varphi_5(x) < b_2\} \ni \Delta_1$$

が成立する．以下順次帰納的に $b_j > \max\{j, b_{j-1}\}$ を

$$\Delta_j = \{x \in X_j : \varphi_{j+3}(x) < b_j\} \ni \Delta_{j-1}$$

が成立するようにとる．

$$X = \bigcup_{j=1}^\infty \Delta_j$$

である．

$\Phi_1(x) = \varphi_4(x) + 1 (> 1), x \in \Delta_4$ とおく．$j \geq 1$ について $\Phi_h(x), 1 \leq h \leq j$ が次を満たすように定まったとする．

7.5.25 (i) $\Phi_h(x)$ は, Δ_{h+3} 上の連続多重劣調和関数である.
(ii) $\Phi_h(x) > h$, $^\forall x \in \Delta_{h+2} \setminus \Delta_{h+1}$, $1 \leq h \leq j$.
(iii) $\Phi_h(x) = \Phi_{h-1}(x)$, $^\forall x \in \Delta_h$, $2 \leq h \leq j$.

Δ_{j+4} 上の連続多重劣調和関数を
$$\psi_{j+1}(x) = \max\{-\log \delta_{\mathrm{P}\Delta}(x, \partial X) - a_{j+1}, \varphi_{j+4}(x) - b_{j+1}\}, \quad x \in \Delta_{j+4}$$
とおく.
(7.5.26) $$\psi_{j+1}(x) < 0, \quad x \in \Delta_{j+1},$$
$$\min_{\bar{\Delta}_{j+3} \setminus \Delta_{j+2}} \psi_{j+1}(x) > 0.$$
これより $k_{j+1} > 0$ を十分大きくとれば
(7.5.27) $$\min_{\bar{\Delta}_{j+3} \setminus \Delta_{j+2}} k_{j+1}\psi_{j+1}(x) > \max\{j+1, \max_{\bar{\Delta}_{j+2}} \Phi_j(x)\}$$
とできる.
$$\Phi_{j+1}(x) = \begin{cases} \max\{\Phi_j(x), k_{j+1}\psi_{j+1}(x)\}, & x \in \Delta_{j+2}, \\ k_{j+1}\psi_{j+1}(x), & x \in \Delta_{j+4} \setminus \Delta_{j+2}, \end{cases}$$
とおく (図 7.7). (7.5.27) により, $\partial\Delta_{j+2}$ のある近傍上では, $\Phi_{j+1}(x) = k_{j+1}\psi_{j+1}(x)$ であるから, $\Phi_{j+1}(x)$ は Δ_{j+4} 上の連続多重劣調和関数である. (7.5.26) と (7.5.27) より
$$\Phi_{j+1}(x) = \Phi_j(x), \quad x \in \Delta_{j+1},$$
$$\Phi_{j+1}(x) > j+1, \quad x \in \Delta_{j+4} \setminus \Delta_{j+2}$$
が成立している. よって帰納的に 7.5.2 を満たす $\Phi_j(x), j = 1, 2, \ldots,$ が求まる.

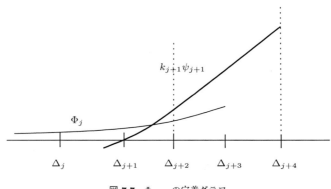

図 7.7 Φ_{j+1} の定義グラフ

$$\Phi(x) = \lim_{j \to \infty} \Phi_j(x), \quad x \in X$$

とおけば，$\Phi(x)$ は X 上の連続多重劣調和関数である．7.5.2 (ii) より

$$\Phi(x) > j, \quad x \in X \setminus \Delta_{j+1}, \quad j = 1, 2, \ldots$$

が成立するので，$\Phi(x)$ は階位関数である．

これで補題 7.5.14 の証明が完了した． □

7.5.3 強擬凸領域

一般に M を複素多様体とし，$\Omega \Subset M$ を相対コンパクトな領域とする．

定義 7.5.28 Ω が強擬凸であるとは，Ω の境界 $\partial\Omega$ の近傍 U とその上の C^2 級の実関数 $\phi : U \to \mathbf{R}$ があり次の条件が満たされることを言う．

(i) $\{x \in U; \phi(x) < 0\} = \Omega \cap U$.
(ii) $i\partial\bar{\partial}\phi(x) > 0 \ (x \in U)$.

グラウェルトの定理 7.4.1 を次のように少し拡張する．この定理は，実は任意の連接層に対し成立する (定理 8.4.1 を参照)．リーマン領域上のレビ問題 (ハルトークスの逆問題) にはこれで十分である．

定理 7.5.29 $\Omega \Subset M$ を強擬凸領域とする．

(i) $\dim H^1(\Omega, \mathcal{O}_\Omega) < \infty$.
(ii) 複素部分多様体 $N \subset M$ の幾何学的イデアル層 $\mathscr{I}\langle N \rangle$ に対し

$$\dim H^1(\Omega, \mathscr{I}\langle N \rangle) < \infty.$$

証明 まず定理 7.4.1 の証明を見ると，使っているのは $\partial\Omega$ の近傍の情報と操作だけである．したがって，膨らませ法を M の局所正則座標近傍内の相対コンパクトな部分で行えば，その証明はそのまま複素多葉体上で有効である．これで (i) の証明が終わる．

定理 7.4.1 の証明では膨らませ法と L. シュヴァルツの定理 7.3.19 を用いた．L. シュヴァルツの定理 7.3.19 の証明では正則関数のなす線形位相空間の位相として広義一様収束の位相が用いられた．(ii) では，$\mathscr{I}\langle N \rangle \subset \mathcal{O}_M$ である．任意の開集合 $U \subset M$ 上で $\Gamma(U, \mathcal{O}_M)$ に広義一様収束の位相を入れた．これを $\Gamma(U, \mathscr{I}\langle N \rangle) \subset \Gamma(U, \mathcal{O}_M)$ に自然に導入する．$\Gamma(U, \mathscr{I}\langle N \rangle)$ は $\Gamma(U, \mathcal{O}_M)$ 内で閉である．つまり，点列 $f_\nu \in \Gamma(U, \mathscr{I}\langle N \rangle)$ $(\nu = 1, 2, \ldots)$ が $f \in \Gamma(U, \mathcal{O}_M)$ に広義一様収束すれば当然 $f \in \Gamma(U, \mathscr{I}\langle N \rangle)$ となる．これで，(ii) の証明が終わる． □

定理 7.5.30 $\Omega \Subset M$ を強擬凸領域とすると,任意の境界点 $x \in \partial\Omega$ は正則凸点である.特に,Ω は正則凸である.

証明 証明は,定理 7.4.12 と同様である.任意の境界点 $a \in \partial\Omega$ は局所的に正則凸であることと定理 7.5.29 (i) の有限次元性しか使わなかった. □

次の補題が要である.

補題 7.5.31 X はリーマン領域とする.$\Omega \Subset X$ を強擬凸領域とすると,Ω はスタインである.

証明 スタイン条件 (iii) (正則凸性) は定理 7.5.30 で終わっている.スタイン条件 (ii) (正則局所座標系) はリーマン領域の定義に含まれている.残るはスタイン条件 (i) (正則分離性) のみである.

次元 $n \geq 1$ に関する帰納法により証明する.

(イ) $n = 1$ の場合.相異なる 2 点 $a, b \in \Omega$ をとる.$\pi(a) \neq \pi(b)$ ならば終わる.$\pi(a) = \pi(b)$ とする.$\mathbf{C}$ の平行移動で $\pi(a) = \pi(b) = 0 \in \mathbf{C}$ とする.a の近傍 $U_0 \subset \Omega$ を $U_0 \not\ni b$ かつ $\pi|_{U_0} : U_0 \to \Delta(0; \delta)$ ($\delta > 0$) が双正則となるようにとる.$U_1 = \Omega \setminus \{a\}$ とおき Ω の開被覆 $\mathscr{U} = \{U_0, U_1\}$ をとる.$k \in \mathbf{N}$ に対し
$$\gamma_k(x) = \frac{1}{\pi(x)^k}, \quad x \in U_0 \cap U_1$$
とおく.γ_k は $H^1(\mathscr{U}, \mathcal{O}_\Omega)$ の元 $[\gamma_k]$ を定める.$H^1(\mathscr{U}, \mathcal{O}_\Omega) \hookrightarrow H^1(\Omega, \mathcal{O}_\Omega)$ (単射) である.定理 7.5.29 (i) の有限次元性より,非自明な線形関係式
$$\sum_{k=1}^{h} c_k [\gamma_k] = 0, \quad c_k \in \mathbf{C}, c_h \neq 0$$
がある.したがって,$f_j \in \mathcal{O}(U_j), j = 0, 1$ が存在して,
$$f_1(x) - f_0(x) = \sum_{k=1}^{h} c_k \frac{1}{\pi(x)^k}, \quad x \in U_0 \cap U_1.$$
移項して a のみに位数 h の極を持つ Ω 上の有理型関数
$$F(x) = f_1(x) = f_0(x) + \sum_{k=1}^{h} c_k \frac{1}{\pi(x)^k}$$
が得られた.作り方から
$$\pi(x)^h F(x) \in \mathcal{O}(\Omega),$$
$$\pi(a)^h F(a) = c_h \neq 0,$$
$$\pi(b)^h F(b) = 0.$$
よって,a, b は $\mathcal{O}(\Omega)$ の元で分離できた.

(ロ) $\dim X = n \geq 2$ の場合. $\dim X = n-1$ で主張は成立しているとする.

(1) 任意に $a, b \in \Omega, a \neq b$ をとる. $\pi(a) \neq \pi(b)$ ならば証明は終わっている. $\pi(a) = \pi(b)$ とする. 平行移動で $\pi(a) = \pi(b) = 0$ とする. 超平面 $L = \{z_n = 0\}$ をとり制限

$$\pi_{X'} : X' = \pi^{-1}L \longrightarrow L$$

を考える. $L \cong \mathbf{C}^{n-1}$ (正則同型) であるから, X' の各連結成分 X'' は $(n-1)$ 次元リーマン領域である. $X' \cap \Omega$ の各連結成分は, 帰納法の仮定よりスタインである.

(2) $\mathfrak{m}_a \subset \mathcal{O}_{X',a}$ を局所環 $\mathcal{O}_{X',a}$ の極大イデアルとし, $\mathfrak{m}_a^k$ でその k 巾乗を表す.

$$\mathfrak{m}^k \langle a, b \rangle = \mathfrak{m}_a^k \otimes \mathfrak{m}_b^k \subset \mathcal{O}_{X'}$$

とおく. これは, $\mathcal{O}_{X'}$ の連接イデアル層である.

$X' \cap \Omega$ の各連結成分はスタイン多様体であるから, 定理 4.5.12 により各 $k \in \mathbf{N}$ について次の性質を満たす $g_k \in \mathcal{O}(X' \cap \Omega)$ が存在する.

(7.5.32)
$$\underline{g_k}_a \equiv 0 \quad (\mathrm{mod}\ \mathfrak{m}^{k-1} \langle a, b \rangle_a),$$
$$\underline{g_k}_a \not\equiv 0 \quad (\mathrm{mod}\ \mathfrak{m}^k \langle a, b \rangle_a),$$
$$\underline{g_k}_b \equiv 0 \quad (\mathrm{mod}\ \mathfrak{m}^k \langle a, b \rangle_b).$$

ただし, $\underline{g_k}_a$ は g_k の a での芽を表す.

(3) $\Omega' = \Omega \cap X'$ とおく. 複素部分多様体 $X' \subset X$ の幾何学的イデアル層を $\mathscr{I}$ と書く. X' は複素多様体であるから $\mathcal{O}_{X'}$ は連接である (岡の第 1 連接定理 2.5.1). 定理 4.4.6 (i) により $\mathscr{I}$ も連接である. これを Ω に制限して次の短完全列を得る.

$$0 \to \mathscr{I} \to \mathcal{O}_\Omega \to \mathcal{O}_{\Omega'} \to 0.$$

これより次の完全列を得る.

(7.5.33) $$\mathcal{O}(\Omega) \to \mathcal{O}(\Omega') \xrightarrow{\delta} H^1(\Omega, \mathscr{I}).$$

g_k より $\{\delta(g_k)\}_{k \in \mathbf{N}} \subset H^1(\Omega, \mathscr{I})$ を得る. 定理 7.5.29 (ii) により $H^1(\Omega, \mathscr{I})$ は有限次元であるから, 非自明な一次関係式

$$\sum_{k=k_0}^N c_k \delta(g_k) = 0, \quad c_k \in \mathbf{C}, \ N < \infty$$

がある. $c_{k_0} \neq 0$ としてよい. (7.5.33) よりある $f \in \mathcal{O}(\Omega)$ が存在して

$$f|_{\Omega'} = \sum_{k=k_0}^{N} c_k g_k.$$

$a \in \Omega$ の十分小さい近傍で $\pi = (z_1, \ldots, z_n)$ を局所座標として使用し、$z' = (z_1, \ldots, z_{n-1})$ と表せば、

(7.5.34) $$f(z) = \sum_{k=k_0}^{N} c_k g_k(z') + h(z) \cdot z_n$$

と表される。ただし、$h(z)$ は a の近傍の正則関数である。(7.5.32) より z' に関する次数 k_0 の偏微分作用素

$$\mathrm{D} = \frac{\partial^{k_0}}{\partial z_1^{\alpha_1} \cdots \partial z_{n-1}^{\alpha_{n-1}}}, \quad \sum_{j=1}^{n-1} \alpha_j = k_0$$

が存在して

(7.5.35) $$\mathrm{D}g_{k_0}(a) \neq 0,$$
$$\mathrm{D}g_k(a) = 0, \quad k > k_0,$$
$$\mathrm{D}g_k(b) = 0, \quad k \geq k_0.$$

D の定義と (7.5.34) より

$$\mathrm{D}f(z) = \sum_{k=k_0}^{N} c_k \mathrm{D}g_k(z') + (\mathrm{D}h(z)) \cdot z_n.$$

a および b では、$z_n = 0$ であるから (7.5.35) より

$$\mathrm{D}f(a) \neq 0, \quad \mathrm{D}f(b) = 0$$

が従う。$\mathrm{D}f \in \mathcal{O}(\Omega)$ であるから、Ω の正則分離性が示された。 □

補題 7.5.36 (i) 部分領域列 $\Omega_1 \Subset \Omega_2 \Subset \Omega_3 \Subset X$ があるとする。Ω_3 はスタインと仮定する。もし

$$\delta_{\mathrm{P}\Delta}(\partial \Omega_1, \partial \Omega_3) > \max_{x \in \partial \Omega_2} \delta_{\mathrm{P}\Delta}(x, \partial \Omega_3)$$

ならば、$\mathcal{O}(\Omega_3)$ 解析的多面体 P で

$$\Omega_1 \Subset P \Subset \Omega_2$$

となるものがある。

(ii) 任意の $f \in \mathcal{O}(P)$ は、$\mathcal{O}(\Omega_3)$ の元で P 内広義一様近似可能である。つまり (P, Ω_3) はルンゲ対である。

証明 (i) 単葉領域の場合 (補題 5.4.9) と同じ証明が可能である。

(ii) Ω_3 はスタインと仮定されているので、岡の基本補題 4.3.11 により岡の上空移行が使えて、多重円板の場合に帰着して証明される。 □

これによりベーンケ–スタインの定理 5.4.12 がリーマン領域の場合に拡張される．

定理 7.5.37 リーマン領域 $\pi : X \to \mathbf{C}^n$ に単調増加部分領域列 $X_\nu \subset X_{\nu+1}$, $\nu = 1, 2, \ldots$, があり，$X = \bigcup_\nu X_\nu$ とする．もし全ての X_ν がスタインならば，X もスタインである．

この定理の証明は，読者に任せよう．次の定理の証明の中で，この定理を使うこともできるが，ここでは少し別の道を紹介する．逆に，目標である岡の定理 7.5.47 を用いると
$$-\log \delta_{\mathrm{P}\Delta}(x, \partial X_\nu) \searrow -\log \delta_{\mathrm{P}\Delta}(x, \partial X), \quad \nu \to \infty$$
であるから，$-\log \delta_{\mathrm{P}\Delta}(x, \partial X_\nu)$ が多重劣調和ならば極限 $-\log \delta_{\mathrm{P}\Delta}(x, \partial X)$ も多重劣調和になることより定理 7.5.37 の証明が得られる．

定理 7.5.38 (岡 (Oka IX))　擬凸なリーマン領域は，スタインである．

証明　仮定により，多重劣調和階位関数 $\phi : X \to \mathbf{R}$ をとる．一点 $x_0 \in X$ を固定し $c > \phi(x_0) = c_0$ に対し
$$\Omega_c = \{x \in X; \phi(x) < c\} \text{ の } x_0 \text{ を含む連結成分}$$
とおく．
$$\Omega_c \Subset \Omega_b \Subset X, \quad c_0 < c < b,$$
$$\bigcup_{c > c_0} \Omega_c = X$$
が成立している．X のスタイン性を得るには，定理 5.4.15 があるので次の補題がわかれば十分である．　□

補題 7.5.39　(i) 任意の $c > c_0$ に対し，Ω_c はスタインである．
(ii) 任意の $c < b$ に対し (Ω_c, Ω_b) はルンゲ対である．

証明　(i) $K \Subset \Omega_c$ をコンパクト部分集合とする．
$$\eta = \delta_{\mathrm{P}\Delta}(K, \partial \Omega_c) (> 0)$$
とおく．$b > c$ を
$$(7.5.40) \qquad \max_{x \in \partial \Omega_c} \delta_{\mathrm{P}\Delta}(x, \partial \Omega_b) < \eta$$
となるようにとる．
$0 < \rho < \delta_{\mathrm{P}\Delta}(\bar{\Omega}_b, \partial X)$ を一つとり止める．$0 < \varepsilon < \rho$ を考える．(7.5.17) で

$\chi(z) = \chi(|z_1|, \ldots, |z_n|)$ を満たすようにとり，$\phi(x)$ の滑性化 $\phi_\varepsilon(x) = \phi * \chi_\varepsilon(x)$ をとる．$\phi_\varepsilon(x)$ は $X_\rho (\ni \Omega_b)$ 上 C^∞ 級の多重劣調和関数である (定理 7.1.39).

$$\psi_\varepsilon(x) = \phi_\varepsilon(x) + \varepsilon \|\pi(x)\|^2$$

とおくと，これは $X_\rho(\ni \bar{\Omega}_b)$ 上の強擬凸関数で $\varepsilon \to 0$ とするとき $\bar{\Omega}_b$ 上 ϕ に一様収束する．よって $\varepsilon > 0$ を十分小さくとり Ω を $\{x \in \Omega_b; \psi_\varepsilon(x) < \frac{b+c}{2}\}$ の Ω_c を含む連結成分とすると，Ω は強擬凸領域で次を満たす．

$$\Omega_c \Subset \Omega \Subset \Omega_b.$$

補題 7.5.31 により，Ω はスタインである．したがって，Ω_c はスタイン条件の (i), (ii) は満たしている．残りはスタイン条件 (iii) (正則凸性) のみである．

主張 7.5.41 $\hat{K}_{\Omega_c} \Subset \Omega_c$．

∵) $K(\Subset \Omega_c) \Subset \Omega$ に (7.5.10) を適用すると

$$\delta_{\mathrm{P}\Delta}(\hat{K}_\Omega, \partial\Omega) = \delta_{\mathrm{P}\Delta}(K, \partial\Omega) > \eta.$$

一方 (7.5.40) より

$$\max_{x \in \partial\Omega_c} \delta_{\mathrm{P}\Delta}(x, \partial\Omega) < \eta.$$

以上の 2 式より，

(7.5.42) $\qquad \hat{K}_{\Omega_c} \subset \hat{K}_\Omega \Subset \Omega_c. \qquad \triangle$

(ii) 記号は，上述のものをそのまま使う．

(1) 各 Ω_c $(c > c_0)$ はスタインであることがわかったので，(i) の議論で Ω の役を Ω_b が果たすことができる．したがって

(7.5.43) $\qquad \hat{K}_{\Omega_c} \subset \hat{K}_{\Omega_b} \Subset \Omega_c \Subset \Omega_b.$

主張 7.5.44 $\hat{K}_{\Omega_c} = \hat{K}_{\Omega_b}$．

∵) (7.5.43) より $\mathcal{O}(\Omega_b)$ 解析的多面体 P を

$$\hat{K}_{\Omega_c} \subset \hat{K}_{\Omega_b} \Subset P \Subset \Omega_c \Subset \Omega_b$$

と取ることができる．もし $\zeta \in \hat{K}_{\Omega_b} \setminus \hat{K}_{\Omega_c}$ があったとする．ある $g \in \mathcal{O}(\Omega_c)$ があって

$$\max_K |g| < |g(\zeta)|.$$

補題 7.5.36 (ii) により，g は $\hat{K}_{\Omega_b}$ 上一様に $\mathcal{O}(\Omega_b)$ の元で近似可能である．よってある $f \in \mathcal{O}(\Omega_b)$ があって

$$\max_K |f| < |f(\zeta)|.$$

これは矛盾である. △

(2) 主張 7.5.44 より

(7.5.45) $$\hat{K}_{\Omega_c} = \hat{K}_{\Omega_t}, \quad c \leq {}^\forall t \leq b.$$

$$E = \{t \geq c; \hat{K}_{\Omega_t} = \hat{K}_{\Omega_c}\} \subset [c, \infty)$$

とおく. 定義より, $t \in E$ ならば $[c, t] \subset E$ である. (1) の結果より E は $[c, \infty)$ の "開集合" である.

(3) $a = \sup E$ とおく.

主張 7.5.46 $a = \infty$. つまり $E = [c, \infty)$.

∵) もし $a < \infty$ であったとする. 定義により

$$K_1 = \hat{K}_{\Omega_c} = \hat{K}_{\Omega_t}, \quad c \leq {}^\forall t < a.$$

$t < a$ を a に十分近くとれば

$$\delta_{\mathrm{P}\Delta}(K_1, \partial \Omega_a) > \max_{x \in \partial \Omega_t} \delta_{\mathrm{P}\Delta}(x, \partial \Omega_a).$$

Ω_a はスタインであるから,

$$\delta_{\mathrm{P}\Delta}(\hat{K}_{1\Omega_a}, \partial \Omega_a) = \delta_{\mathrm{P}\Delta}(K_1, \partial \Omega_a) > \max_{x \in \partial \Omega_t} \delta_{\mathrm{P}\Delta}(x, \partial \Omega_a).$$

これより $\hat{K}_{1\Omega_a} \Subset \Omega_t$ が従う. よって

$$\hat{K}_{\Omega_t} \subset \hat{K}_{\Omega_a} \subset \hat{K}_{1\Omega_a} \Subset \Omega_t \Subset \Omega_a.$$

上述 (1) の議論と同様にして, $\hat{K}_{\Omega_t} = \hat{K}_{\Omega_a}$ がわかる. したがって, $a \in E$. E は開であるからある $a' > a, a' \in E$ が存在する. これは, a の取り方に反する. △

(4) 上述 (2) の結果より, 任意の $c < b$ と任意のコンパクト部分集合 $K \Subset \Omega_c$ に対し,

$$\hat{K}_{\Omega_c} = \hat{K}_{\Omega_b}.$$

したがって, 岡の上空移行と岡の基本補題 4.3.11 から (Ω_c, Ω_b) はルンゲ対であることがわかる. □

次が, 主目標の岡の最後の定理である.

定理 7.5.47 (岡の定理) リーマン領域 X について, 次は同値である.

(i) X は, スタインである.

(ii) X は, 正則領域である.

(iii) $-\log \delta_{\mathrm{P}\Delta}(x, \partial X)$ は，多重劣調和である．
(iv) X は，擬凸である．

証明 定理 7.5.11，定理 7.5.12，補題 7.5.14，定理 7.5.38 より従う． □

注意 7.5.48 定理 7.5.38 および定理 7.5.47 において，条件 7.5.6 が課されていないことに注意しよう．X の擬凸性あるいは ∂X の局所的な擬凸性から条件 7.5.6 の大域的性質が導かれていることに注目したい．

注意 7.5.49 定理 7.5.38 の結果，系 4.4.20，系 4.4.21，系 4.4.28 が擬凸リーマン領域 X に対して成立する．特に $\bar{\partial}$ 方程式
$$\bar{\partial} g = f \in \Gamma(X, \mathscr{E}_X^{(p,q)}), \quad \bar{\partial} f = 0, \; p \geq 0, \; q \geq 1$$
は，常に解 $g \in \Gamma(X, \mathscr{E}_X^{(p,q-1)})$ を持つ．L. ヘルマンダー [Hör] は，逆に擬凸領域 X 上で位相解析的手法により $\bar{\partial}$ 方程式を解くことにより X が正則領域 (スタイン) であることを示した．

注意 7.5.50 リーマン領域に対する岡の定理の拡張および分岐被覆の場合の反例について次のような結果が得られている．
(i) $\mathbf{P}^n(\mathbf{C})$ 上のリーマン領域 (不分岐被覆領域) の場合への拡張が藤田[15]，武内[52] によりなされた．
(ii) $\mathbf{P}^n(\mathbf{C})$ 上の分岐被覆領域の場合の反例が H. グラウェルト[28],[20] により与えられた．
(iii) $\mathbf{C}^n$ 上の (非特異) 分岐被覆領域の場合の反例が J.E. フォルナェス[12] により与えられた．少し詳しく述べると，n 次元複素多様体 X と正則写像 $\pi: X \to \mathbf{C}^n$ があり，これが分岐被覆領域になっているとする．X が局所スタインであるとは，任意の点 $z \in \mathbf{C}^n$ に対し近傍 $U \ni z$ があり，$\pi^{-1} U$ がスタインであることとする．この論文では，$\mathbf{C}^2$ 上で局所スタインな非特異分岐被覆領域 X で，X 自身は正則凸でない例を構成している．
(iv) $\mathbf{C}^n$ 上の分岐被覆領域の場合のレビ問題について肯定的な結果が最近得られている[34]．

歴史的補足

§7.1 の最後で述べたように，レビ問題を定式化するのにレビ自身が用いた条件は多重劣調和関数の条件とは異なる．岡はこのレビ問題を "ハルトークスの逆問

題"と呼んでいる．ハルトークスの逆問題というときは境界付近を内部から局所的に見たときに正則領域になっているときに大域的に正則領域かを問うもので境界を定義する境界関数を必要としない．その意味で，ハルトークスの逆問題と言う方がレビ問題よりも問題が一般化されている意味合いがある．

さてこのレビ問題 (ハルトークスの逆問題) は，当時最も困難な問題とされていた．岡はこの問題を 1942 年 (Oka VI) に 2 次元単葉領域の場合に解決し，しばらく間をおいて 1953 年 (Oka IX) に一般次元多葉不分岐領域 (リーマン領域) の場合を解決した．すでに述べたように，レビ問題 (ハルトークスの逆問題) では，初めに領域を $\mathbf{C}^n$ 内に単葉にとっておいても，その正則包をとると必然的に $\mathbf{C}^n$ 上の多葉領域になる場合がある (例 5.1.5)．したがって，この問題については単葉領域での解決だけでは完全ではない[6]．本章でその証明を見たように，単葉領域から多葉不分岐領域 (リーマン領域) へと問題の困難さが本質的に増大する．Oka IX の内容は，1943 年に高木貞治 (東京帝国大学教授，類体論の創始者) 宛の研究報告書に日本語で記されたものであることが判明している．残念ながら論文としては出版されなかったが，岡にとってレビ問題 (ハルトークスの逆問題) は $\mathbf{C}^n$ 上の不分岐領域に対し 1943 年暮れの時点では，解決済みであったことになる．その後に，岡は二つの論文 Oka VII (1950), VIII (1951) を発表し三つの連接定理を証明した．その目的は，レビ問題 (ハルトークスの逆問題) を分岐被覆領域の場合も含めて一般に解決しようとしていたことによる．結局，岡は不分岐の場合に限定して論文をまとめ発表したことになる．それゆえ，岡の第 2・第 3 連接定理は使われていない．

§7.4 の初めに述べたように本章の証明はグラウェルトの定理 7.5.29 を本質的に使うもので，岡の原証明とは異なる．この証明について H. グラウェルトは，彼の全集[21] Vol. I, pp. 155–156 の中で次のようなコメントを書き，C.L. ジーゲルの見立てを紹介している．

> Oka's methods are very complicated. At first he proved (rather simply) that in any unbranched pseudoconvex domain X there is a continuous strictly plurisubharmonic function $p(x)$ which converges to $+\infty$ as x goes to the (ideal) boundary of X. Then he got the existence of holomorphic functions f from this property. In [19] (巻末[17] のこと)

---

[6] この意味で，1954 年の H.J. Bremermann[3], F. Norguet[39] によるレビ問題の解決は，任意次元ではあるが単葉領域の場合であるので完全とは言えない．また，この内容ならば一松[22] が和文 (英文なし) で 1949 年に発表済みであった．

the existence of the f comes from a theorem of L. Schwartz in functional analysis (topological vector spaces, see: H. Cartan, Séminaire E.N.S. 1953/54, Exposés XVI and XVII). The approach is much simpler, but my predecessor in Göttingen C.L. Siegel nevertheless did not like it: Oka's method is constructive and this one is not!

分岐領域については上述のように，その後，反例が出された．しかし，岡潔生誕百年会議 (京都, 2001) で H. グラウェルトは分岐被覆領域でのレビ問題 (ハルトークスの逆問題) がなお未解決であると言及していたのは心に残る．

本項の歴史的経緯については，拙著[36] でより詳しく文献を引用しつつ論じたので興味を持たれた読者は合わせて参照されたい．

問 題

1. 注意 7.1.7 を示せ．
2. 定理 7.1.42 を関数 f の連続性を仮定して証明せよ．
3. 完備距離空間は，ベール空間であることを証明せよ．
4. $\Omega_\mathrm{H} = \Omega_1 \cup \Omega_2$ を (3.7.2) で与えられた $\mathbf{C}^2$ 内のハルトークス領域とする．$\mathscr{U} = \{\Omega_1, \Omega_2\}$ を Ω_H のスタイン被覆とする．このとき，1 次コホモロジー $H^1(\Omega_\mathrm{H}, \mathcal{O}_{\Omega_\mathrm{H}})$ は，無限次元 (命題 3.7.5) のみならず，非ハウスドルフ位相空間であることを次に従い証明せよ．

    a) $H^1(\Omega_\mathrm{H}, \mathcal{O}_{\Omega_\mathrm{H}}) \cong H^1(\mathscr{U}, \mathcal{O}_{\Omega_\mathrm{H}})$.

    b) $\Omega_{12} = \Omega_1 \cap \Omega_2$ とおく．$Z^1(\mathscr{U}, \mathcal{O}_{\Omega_\mathrm{H}}) = \mathcal{O}(\Omega_{12})$ はフレッシェ空間である．

    c) $a, b \in \mathbf{C}$ を $|a| \leq 2$, $1 \leq |b| < 3$ と取り，$\psi(z, w) = \frac{1}{a-z} \cdot \frac{1}{b-w} \in \mathcal{O}(\Omega_{12})$ を考える．
    $$\psi(z, w) = \frac{1}{a-z} \cdot \frac{1}{b} \sum_{\nu=0}^{\infty} \left(\frac{w}{b}\right)^\nu$$
    は，Ω_{12} で広義一様収束し，有限和は $\mathcal{O}(\Omega_2)$ の元であるから Ω_1 上では 0 を考えることにより，$B^1(\mathscr{U}, \Omega_\mathrm{H})$ の閉包 $\overline{B^1(\mathscr{U}, \Omega_\mathrm{H})}$ に $\psi(z, w)$ は含まれる．

    d) 今仮に，$\psi \in B^1(\mathscr{U}, \Omega_\mathrm{H})$ であるとすると $g_j \in \mathcal{O}(\Omega_j)$ $(j = 1, 2)$ が存在して $\psi = g_2 - g_1$ であるから

$$(b-w)g_1 = (b-w)g_2 + \frac{1}{a-z}.$$

この左辺は Ω_1 で正則, 右辺は Ω_2 で正則であるから $F \in \mathcal{O}(\Delta(0;3)^2)$ があって

$$F(z,w) = (b-w)g_1 + \frac{1}{a-z}, \quad (z,w) \in \Omega_2.$$

e) $2 < |z| < 3$ として $w = b$ とおくと

$$F(z,b) = \frac{1}{a-z}.$$

これは, 一致の定理に反する.

f) $B^1(\mathscr{U}, \mathcal{O}_{\Omega_H})$ は, 閉でない.

5. $\pi : X \to \mathbf{C}^n$ をリーマン領域とする. すると, 条件 7.5.6 を満たすリーマン領域 $\pi_0 : X_0 \to \mathbf{C}^n$ と不分岐写像 $\lambda : X \to X_0$ があって, $\pi = \pi_0 \circ \lambda$ かつ $\lambda^* \mathcal{O}(X_0) = \mathcal{O}(X)$ となることを証明せよ.

6. 注意 7.5.7 を示せ.

7. $B \subset \mathbf{C}^n$ を原点中心の球とする. $X \to \mathbf{C}^n$ をリーマン領域とする. $\delta_B(x, \partial X)$ を $\delta_{P\Delta}(x, \partial X)$ の定義 (7.5.2) において PΔ を B に置き換えて定義する.

 a) 補題 7.5.9 を, $\delta_{P\Delta}(x, \partial X)$ を $\delta_B(z, \partial X)$ に置き換えて証明せよ.

 b) 定理 7.5.12 を, $\delta_{P\Delta}(x, \partial X)$ を $\delta_B(z, \partial X)$ に置き換えて証明せよ.

8. 定理 7.5.37 を定理 5.4.12 の証明に沿って, 直接証明せよ.

9. $\pi : X \to \mathbf{C}^n$ をリーマン領域, PΔ を原点中心の多重円板とする. $\tilde{\pi} : \tilde{X} \to \mathbf{C}^n$ を擬凸リーマン領域で $\tilde{X} \supset X$ かつ $\tilde{\pi}|_X = \pi$ であるものとする. 任意の点 $b \in \partial X$ ($\tilde{X}$ 内の意味で) に $\tilde{X}$ における b の近傍 U があって $-\log \delta_{P\Delta}(x, \partial X)$ は $x \in U \cap X$ について多重劣調和であると仮定する. すると, X は擬凸であることを示せ.

10. X をリーマン面 (1 次元複素多様体) とする. $\Omega \Subset X$ を部分領域とする. グラウェルトの定理 7.4.1 と補題 7.5.31 の証明を $n = 1$ として参考にしつつ次を証明せよ.

 a) $\dim_{\mathbf{C}} H^1(\Omega, \mathcal{O}_\Omega) < \infty$.

 b) 領域 $\tilde{\Omega}$ を $\Omega \Subset \tilde{\Omega} \Subset X$ と取る. 境界点 $p_0 \in \partial \Omega$ を任意に一つとる. 前項の 10a) を $\tilde{\Omega}$ に適用することにより p_0 に対し $\tilde{\Omega}$ 上の有理型関数で p_0 にのみ極をもつものがあることがわかる. 結果, Ω の正則凸性が従う.

c) 任意の $q \in \Omega$ に対し p_0 のみに極をもつ $\tilde{\Omega}$ 上の有理型関数で $df(q) \neq 0$ となるものがある.

d) 任意の相異なる 2 点 $q, q' \in \Omega$ に対し p_0 のみに極をもつ $\tilde{\Omega}$ 上の有理型関数 g で $g(q) \neq g(q')$ となるものがある.

したがって, Ω はスタインである (これより最終的には $H^1(\Omega, \mathcal{O}_\Omega) = 0$ がわかったことになる [7]).

11. 任意の領域 $\Omega \subset \mathbf{C}^n$ に対しスタインリーマン領域 $X \xrightarrow{\pi} \mathbf{C}^n$ で $\Omega \subset X$ かつ制限 $\pi|_\Omega$ は包含写像 $\Omega \hookrightarrow \mathbf{C}^n$ であるものが存在することを示せ.

---

[7] $\Omega \nearrow X$ とすることにより X のスタイン性が従うが, ここでルンゲ型の近似定理が必要になる. 詳しくは [34] を参照.

8

連接層コホモロジーと小平の埋め込み定理

これまではもっぱら開複素多様体を扱ってきたが，ここではコンパクトな場合も扱う．連接層の切断に位相を導入する．その結果，コンパクト複素多様体上では全ての連接層のコホモロジーが有限次元であるというカルタン–セールの定理が導かれる．さらにグラウェルトの定理を一般の連接層に対し証明する．そして最後に応用としてホッジ多様体を複素射影空間へ埋め込む小平の埋め込み定理を証明する．小平の埋め込み定理は，コンパクトケーラー多様体の理論と複素射影代数多様体の理論の架け橋をなすもので，これが岡の連接定理の延長線上で自然に証明されるのを見るのは素晴らしい．

8.1 連接層の切断空間の位相

グラウェルトの定理 7.4.1 (定理 7.5.29) の有限次元性の証明では正則関数に対する広義一様収束の位相と L. シュヴァルツの定理 7.3.19 を適用する所がポイントであった．したがって，一般の連接層を扱うには，連接層の切断空間に広義一様収束に相当する位相を導入する必要がある．

8.1.1 $\mathbf{C}^n$ の領域
初めに準備として $\mathbf{C}^n$ の領域で局所的な場合を扱う．次の設定で考える．

8.1.1 (設定) 第 2 章でのように，$\mathcal{O}_n = \mathcal{O}_{\mathbf{C}^n}$, $\mathcal{O}_{n,a} = \mathcal{O}_{\mathbf{C}^n,a}$ ($a \in \mathbf{C}^n$) と書く．直積加群 $\mathcal{O}_n^p$ を考える．$M_0 \subset \mathcal{O}_{n,0}^p$ を $\mathcal{O}_{n,0}$ 部分加群とし，$\Omega \subset \mathbf{C}^n$ を 0 を含む領域とする．

定理 2.2.15 (ネーター性) により，M_0 は有限生成である．

補題 8.1.2 $p \geq 1$ とし M_0 の有限生成系を $\{\underline{U_j}\}_{j=1}^l$ とする．このとき，0 を中心とする多重円板近傍 $\mathrm{P}\Delta \subset \Omega$ と定数 $C > 0$ が存在して，$f \in \mathcal{O}(\Omega)^p$ が $\underline{f}_0 \in M_0$ を満たすならば，次を満たす $f_j \in \mathcal{O}(\mathrm{P}\Delta)$，$1 \leq j \leq l$，が存在する．

$$\underline{f}_0 = \sum_{j=1}^l \underline{f_{j}}_0 \underline{U_{j}}_0,$$

$$\|f_j\|_{\mathrm{P}\Delta} \leq C\|f\|_{\mathrm{P}\Delta}.$$

ここで，$\|\cdot\|_{\mathrm{P}\Delta}$ は，$\mathrm{P}\Delta$ での上限ノルムを表す．

証明 証明は，岡の第 1 連接定理の証明の帰納法の部分をまねて，次元 n と p についての二重帰納法による．$n = 0, p \geq 1$ の場合は，明らかであろう．

(イ) $p > 1$ として補題の主張は $\mathcal{O}_{n,0}^q$，$q < p$ に対しては成立していると仮定する．

$$\pi : \mathcal{O}_{n,0}^p \to \mathcal{O}_{n,0},$$

$$\pi_* : \mathcal{O}(\Omega)^p \to \mathcal{O}(\Omega)$$

をそれぞれ第 1 成分への射影とする．$\pi(M_0)$ と $\pi_* f$ について帰納法の仮定を適用する．$\pi(M_0)$ は $\{\pi(U_j)\}$ で生成されている．したがって，0 の多重円板近傍 $\mathrm{P}\Delta$ と定数 $C' > 0$ および $g_j \in \mathcal{O}(\mathrm{P}\Delta)$ が存在して

$$\underline{\pi_* f}_0 = \sum_{j=1}^l \underline{g_{j}}_0 \pi(\underline{U_{j}}_0),$$

$$\|g_j\|_{\mathrm{P}\Delta} \leq C'\|\pi_* f\|_{\mathrm{P}\Delta} \leq C'\|f\|_{\mathrm{P}\Delta}$$

が成り立つ．$\mathrm{P}\Delta$ を全ての $\underline{U_{j}}_0$ が代表元 U_j を持つように小さくとっておく．

$$\underline{f - \sum_{j=1}^l g_j U_j}_0 \in M_0 \cap \operatorname{Ker} \pi \subset \operatorname{Ker} \pi \cong \mathcal{O}_{n,0}^{p-1}$$

である．定理 2.2.15 により $M_0 \cap \operatorname{Ker} \pi$ は有限生成系 $\{\underline{V_{k}}_0\}_k$ を持つ．

$$f - \sum_{j=1}^l g_j U_j \in \mathcal{O}(\mathrm{P}\Delta)^{p-1}$$

であるから再び帰納法の仮定により，$\mathrm{P}\Delta$ をさらに小さくとることにより（このとき，すでに上でとった C' をさらに大きくする必要があるかもしれない）．定数 $C'' > 0, C''' > 0$ と $h_k \in \mathcal{O}(\mathrm{P}\Delta)$ があり次が成立するようにできる．

$$f - \sum_{j=1}^l g_j U_j = \sum_k h_k V_k,$$

$$\|h_k\|_{\mathrm{P}\Delta} \leq C'' \left\| f - \sum_{j=1}^l g_j U_j \right\|_{\mathrm{P}\Delta} \leq C'''\|f\|_{\mathrm{P}\Delta}.$$

よって
$$f = \sum_j g_j U_j + \sum_k h_k V_k,$$
$$\underline{V_{k}}_0 = \sum_j \underline{a_{kj}}_0 \underline{U_j}_0 \quad (\underline{a_{kj}}_0 \in \mathcal{O}_{n,0})$$

と書かれる．必要ならさらに $\mathrm{P}\Delta$ を小さくとり，$\overline{\mathrm{P}\Delta}$ の近傍で $\underline{a_{kj}}_0$ が代表元 $a_{kj} \in \mathcal{O}(\mathrm{P}\Delta)$ を持つようにし，
$$f_j = g_j + \sum_k h_k a_{kj}$$
とおけば，定数 $C > 0$ があって
$$\|f_j\|_{\mathrm{P}\Delta} \leq C\|f\|_{\mathrm{P}\Delta},$$
$$f = \sum_j f_j U_j,$$
と書かれる．

　（ロ）帰納法の仮定として主張は $n-1$ 変数の $\mathcal{O}_{n-1}^p$ ($p \geq 1$ は任意) に対し成立しているとする．$p = 1$ で n 変数の場合を示そう．元 $P \in M_0, P \neq 0$ を一つとる．ワイエルストラスの予備定理 2.1.3 により P に関する標準多重円板 $\mathrm{P}\Delta = \mathrm{P}\Delta' \times \Delta_n \Subset \Omega$ があって $P(z', z_n)$ (($z', z_n) \in \mathrm{P}\Delta = \mathrm{P}\Delta' \times \Delta_n$) は z_n に関する次数 d のワイエルストラス多項式としてよい．任意の $f \in \mathcal{O}(\Omega)$ は，次のように書かれる．

(8.1.3) $$f(z', z_n) = a(z)P(z', z_n) + \sum_{\lambda=1}^d b_\lambda(z') z_n^{d-\lambda},$$
$$a(z) \in \mathcal{O}(\mathrm{P}\Delta), \quad \|a\|_{\mathrm{P}\Delta} \leq C'\|f\|_{\mathrm{P}\Delta},$$
$$b_\lambda(z') \in \mathcal{O}(\mathrm{P}\Delta'), \quad \|b_\lambda\|_{\mathrm{P}\Delta'} \leq C'\|f\|_{\mathrm{P}\Delta}.$$

ここで $C' > 0$ は f によらない定数である．（（イ）の議論に出てきた C' 等とは別の定数である．）$\underline{f}_0 \in M_0$ ならば，
$$\underline{\sum_{\lambda=1}^d b_\lambda(z') z_n^{d-\lambda}}_0 \in M_0$$
である．$\mathcal{O}_{n-1,0} = \mathcal{O}_{\mathrm{P}\Delta',0}$ として，次のようにおく．
$$M_0' = \Big\{(B_1, \ldots, B_d) \in \mathcal{O}_{n-1,0}^d; \sum_{\lambda=1}^d B_\lambda \underline{z_n}_0^{d-\lambda} \in M_0\Big\}.$$
$\mathcal{O}_{n-1,0}$ 加群として M_0' の有限生成系を $\{\underline{W_k}_0\}_{k=1}^m$ とする．

　与えられた $f \in \mathcal{O}(\Omega)$, $\underline{f}_{\nu_0} \in M_0$ に対し (8.1.3) により a, b_λ を決める．帰納法の仮定により，$\mathrm{P}\Delta'$ をさらに小さくとれば，$\underline{W_k}_0$ が代表元 $W_k(z')$ を持ちかつ定数 $C'' > 0$ があって

$$(b_\lambda(z'))_\lambda = \sum_{k=1}^m e_k(z')(W_{k\lambda}(z'))_\lambda,$$

$$e_k(z') \in \mathcal{O}(P\Delta'), \qquad \|e_k\|_{P\Delta'} \leq C'' \|(b_\lambda)_\lambda\|_{P\Delta'}$$

と表される．

$$f = aP + \sum_{k=1}^l e_k \sum_{\lambda=1}^d W_{k\lambda} z_n^{d-\lambda}$$

と書かれ，$\underline{P}_0, \sum_{\lambda=1}^d W_{k\lambda} z_n^{d-\lambda}{}_0$ は $\underline{U}_{j_0}$ の $\mathcal{O}_{n,0}$ 係数線形和で書かれるから，必要ならさらに PΔ を小さくとれば，要件を満たす係数 $f_j \in \mathcal{O}(P\Delta)$ が求まる． $\square$

補題 8.1.4 列 $f_\nu \in \mathcal{O}(\Omega)^p$, $\nu = 1, 2, \ldots,$ が $f \in \mathcal{O}(\Omega)^p$ に広義一様収束し，全ての $\underline{f_\nu}_0 \in M_0$ ならば $\underline{f}_0 \in M_0$ である．

証明 差の列 $\{f_\nu - f_{\nu'}\}_{\nu,\nu'}$ は 0 に広義一様収束し，$\underline{f_\nu - f_{\nu'}}_0 \in M_0$ である．M_0 の有限生成系 $\{\underline{U}_{j_0}\}_{j=1}^l$ をとり固定する．補題 8.1.2 の P$\Delta \Subset \Omega$ と $C > 0$ をとる．代表元 U_j は $\overline{P\Delta}$ の近傍で正則であるとしてよく，

$$\lim_{N \to \infty} \sup_{\nu,\nu' \geq N} \|f_\nu - f_{\nu'}\|_{P\Delta} = 0.$$

したがって，次のような列 $\mathbf{N} \ni N_\lambda < N_{\lambda+1} < \cdots$ がとれる．

$$\|f_{N_{\lambda+1}} - f_{N_\lambda}\|_{P\Delta} \leq \frac{1}{2^\lambda}, \quad \lambda = 1, 2, \ldots.$$

補題 8.1.2 により，$a_{\lambda j} \in \mathcal{O}(P\Delta)$ があって

(8.1.5) $$f_{N_{\lambda+1}} - f_{N_\lambda} = \sum_{j=1}^l a_{\lambda j} U_j,$$

$$\|a_{\lambda j}\|_{P\Delta} \leq C \|f_{N_{\lambda+1}} - f_{N_\lambda}\|_{P\Delta} \leq \frac{C}{2^\lambda}.$$

したがって，$\sum_{\lambda=1}^\infty a_{\lambda j}$ は優級数収束し $\mathcal{O}(P\Delta)$ の元を定める．取り方から

$$f = \lim_{\lambda \to \infty} f_{N_\lambda} = f_{N_1} + \sum_{j=1}^l \left(\sum_{\lambda=1}^\infty a_{\lambda j} \right) U_j.$$

よって $\underline{f}_0 \in M_0$ である． $\square$

定理 8.1.6 $\mathscr{S} \subset \mathcal{O}_\Omega^p$ を任意の $\mathcal{O}_\Omega$ 部分加群の層とする．$\Gamma(\Omega, \mathscr{S})$ は $\mathcal{O}(\Omega)^p$ 内で広義一様収束の位相に関して閉である．

証明 列 $f_\nu \in \Gamma(\Omega, \mathscr{S}), \nu = 1, 2, \ldots,$ が $f \in \mathcal{O}(\Omega)^p$ に広義一様収束してれば，補題 8.1.4 により，任意の点 $x \in \Omega$ で $\underline{f}_x \in \mathscr{S}_x$ となる．したがって，$f \in \Gamma(\Omega, \mathscr{S})$ である． $\square$

注. この定理では，$\mathscr{S}$ に連接性を仮定する必要はない．

Ω 上の連接層 $\mathscr{F} \to \Omega$ を考える．任意の多重円板を

(8.1.7) $$\mathrm{P}\Delta \Subset \mathrm{P}\Delta_0 \Subset \Omega$$

と取る．補題 4.3.8 (岡分解) により $\mathscr{F}$ の $\mathrm{P}\Delta_0$ 上の有限生成系 $\{\sigma_j\}_{j=1}^l$ をとり固定する．岡の基本補題 4.3.11 により任意の $f \in \Gamma(\mathrm{P}\Delta, \mathscr{F})$ に対し，$f_j \in \mathcal{O}(\mathrm{P}\Delta)$，$1 \le j \le l$ があり

(8.1.8) $$f = \sum_{j=1}^l f_j \sigma_j$$

と書かれる．ここで $\{f_j\}$ をそのような係数関数全てにわたらせてセミノルム

(8.1.9) $$\|f\|_{\mathrm{P}\Delta} = \inf_{\{f_j\}} \sup\{|f_j(x)|; x \in \mathrm{P}\Delta\}$$

を定義する．もちろん $\|f\|_{\mathrm{P}\Delta} = \infty$ の場合もあり得る．もし f が閉包 $\overline{\mathrm{P}\Delta}$ の近傍で定義されていれば f_j も $\overline{\mathrm{P}\Delta}$ の近傍で正則にとれるので，$\|f\|_{\mathrm{P}\Delta} < \infty$ である．

$\mathscr{F}$ の $\mathrm{P}\Delta_0$ 上の別の有限生成系 $\{\tau_k\}_{k=1}^m$ をとれば，$f = \sum_k g_k \tau_k$ と表し，セミノルム

(8.1.10) $$\|f\|'_{\mathrm{P}\Delta} = \inf_{\{g_k\}} \sup\{|g_k(x)|; x \in \mathrm{P}\Delta\}$$

が定義される．σ_j (あるいは τ_k) は $\mathrm{P}\Delta_0$ 上で $\mathcal{O}(\mathrm{P}\Delta_0)$ を係数として τ_k (あるいは σ_j) の線形和で書かれるので，f によらない定数 $C > 0$ が存在して

(8.1.11) $$C^{-1} \|f\|'_{\mathrm{P}\Delta} \le \|f\|_{\mathrm{P}\Delta} \le C \|f\|'_{\mathrm{P}\Delta}, \quad {}^\forall f \in \Gamma(\mathrm{P}\Delta, \mathscr{F}).$$

したがって，$\|f\|_{\mathrm{P}\Delta}$ と $\|f\|'_{\mathrm{P}\Delta}$ は同値なセミノルムで同じ位相を $\Gamma(\mathrm{P}\Delta, \mathscr{F})$ に定める．

補題 8.1.12 記号は上で定めたものとする．$f \in \Gamma(\mathrm{P}\Delta, \mathscr{F})$ に対し $\|f\|_{\mathrm{P}\Delta} = 0$ ならば，任意の $x \in \mathrm{P}\Delta$ で $f(x) = 0$ である．

証明 (8.1.8) で $f_j \in \mathcal{O}(\mathrm{P}\Delta)$ を定める．一方，仮定により，$f = \sum_j a_{\nu j} \sigma_j$，$a_{\nu j} \in \mathcal{O}(\mathrm{P}\Delta)$，$\nu = 1, 2, \ldots$，と書かれ $\{a_{\nu j}\}_\nu$ は $\mathrm{P}\Delta$ 上で一様に 0 に収束する．$\mathscr{R} = \mathscr{R}(\sigma_1, \ldots, \sigma_l) \subset \mathcal{O}^l_{\mathrm{P}\Delta}$ を関係層とすると

$$(f_1 - a_{\nu 1}, \ldots, f_l - a_{\nu l}) \in \Gamma(\mathrm{P}\Delta, \mathscr{R}), \quad \nu = 1, 2, \ldots.$$

定理 8.1.6 により $(f_j) \in \Gamma(\mathrm{P}\Delta, \mathscr{R})$ となり，$f \equiv 0$ が従う． □

$\{f \in \mathcal{O}(\mathrm{P}\Delta); \|f\|_{\mathrm{P}\Delta} < \infty\}$ はノルム $\|\cdot\|_{\mathrm{P}\Delta}$ でバナッハ空間になる．したがって，補題 8.1.12 より次がわかる．

命題 8.1.13 記号は上のものとして，$\{f \in \Gamma(\mathrm{P}\Delta, \mathscr{F}); \|f\|_{\mathrm{P}\Delta} < \infty\}$ はノルム $\|\cdot\|_{\mathrm{P}\Delta}$ に関してバナッハ空間になる．

8.1.2 複素多様体

M を第 2 可算公理を満たす複素多様体とする．座標近傍 Ω の中に (8.1.7) のように相対コンパクトに含まれる多重円板近傍を二重に $P \Subset Q \Subset \Omega$ と取り，かかる近傍の可算個の族

(8.1.14) $\qquad P_\alpha \Subset Q_\alpha \Subset \Omega_\alpha, \quad \alpha = 1, 2, \ldots$

をとり，$\{P_\alpha\}_\alpha$ および $\{\Omega_\alpha\}_\alpha$ が M の開集合の基底を成すようにとっておく．

任意の開集合 $U \subset M$ 上で $f \in \Gamma(U, \mathscr{F})$ に可算個のセミノルム系

(8.1.15) $\qquad\qquad \|f\|_{P_\alpha}, \quad \Omega_\alpha \subset U$

を導入する．このセミノルム系により定義される位相を $\Gamma(U, \mathscr{F})$ の**広義一様収束位相**と呼ぶことにする．命題 8.1.13 により次が従う．

命題 8.1.16 広義一様収束の位相で $\Gamma(U, \mathscr{F})$ はフレッシェ空間になる．

補題 8.1.17 相対コンパクトな開部分集合 $V \Subset U$ に対し，制限写像

$$\rho : f \in \Gamma(U, \mathscr{F}) \to f|_V \in \Gamma(V, \mathscr{F})$$

は完全連続である．

証明 補題 8.1.2 とモンテルの定理 1.2.21 による（定理 7.3.18 も参照）． □

8.1.3 複素空間

この小節では，複素空間 $(X, \mathcal{O}_X)$ は，第 2 可算公理を満たすものとする．X の開集合 U 上で正則関数の広義一様収束を扱う．$\{f_\mu\}_{\mu=1}^\infty \subset \mathcal{O}(U)(= \Gamma(U, \mathcal{O}_X))$ の元からなる列として U 上広義一様収束し，極限関数 $f : X \to \mathbf{C}$ を持つとする．直ちに言えることとして，f は U 上の弱正則関数である；より正確には，f は U 上連続で，$U \setminus \Sigma(X)$ 上正則である．もし，X が正規ならば，$f \in \mathcal{O}(U)$ となる（定理 6.10.19）．我々は，これを正規性の条件なしで成立することを示す．

定理 8.1.18 X を複素空間とし，U をその開集合とする．

(i) $\{f_\mu\}_{\mu=1}^\infty$ を U 上の正則関数列で，U 上極限関数 $f : U \to C$ に広義一様収束しているものとする．すると，f は U 上正則である．特に，$\mathcal{O}(X)$ は，広義一様収束の位相によりフレッシェ空間となる．

8.1 連接層の切断空間の位相

(ii) X をスタイン空間とし，$Y \subset X$ を複素部分空間とする．Y の既約成分は有限個と仮定する．このとき，任意のコンパクト部分集合 $K \Subset X$ に対しコンパクト部分集合 $L \Subset Y$ と正定数 C が存在して，任意の $g \in \mathcal{O}(Y)$ に対しある $f \in \mathcal{O}(X)$ があって，次を満たす：

(8.1.19) $$f|_Y = g, \quad \|f\|_K \leq C\|g\|_L.$$

証明 (i) 問題は，局所的なので一点 $a \in U$ の近傍で考える．$\underline{X}_a = \bigcup_{\alpha=1}^{l} \underline{X}_{\alpha_a}$ を X の a での既約成分への分解とする．U は，開集合 $\Omega \subset \mathbf{C}^n$ 内の解析的集合で $a = 0$ で次の性質が成立するとしてよい．

① 各 X_α は Ω 内の既約解析的部分集合である．
② 0 の周りの多重円板 $\mathrm{P}\Delta \Subset \Omega$ があって，各 X_α に対し適当な多重円板の分解 $\mathrm{P}\Delta = \mathrm{P}\Delta' \times \mathrm{P}\Delta''$ が X_α の標準多重円板となっている．
③ $U = X \cap \Omega$．

$g \in \widetilde{\mathcal{O}}(X \cap \mathrm{P}\Delta)$ を弱正則関数とする．g に対し (6.10.13), (6.10.14) および (6.10.18) を適用する．$\delta_\alpha = v_\alpha u_\alpha$ を (6.10.18) にある X_α についての普遍分母で他の既約成分 X_β 上では消える (0 を値とする) ものとする．(6.10.13) と (6.10.14) より g によらない正定数 C が存在して

(8.1.20) $$\delta_\alpha g = B_\alpha|_{X \cap \mathrm{P}\Delta}, \quad B_\alpha \in \mathcal{O}(\mathrm{P}\Delta),$$
(8.1.21) $$\|B_\alpha\|_{\mathrm{P}\Delta} \leq C\|g\|_{X \cap \mathrm{P}\Delta}.$$

$f = \lim f_\mu$ を仮定のものとする．次を示せば十分である．

主張 8.1.22 $\underline{f}_0 \in \mathcal{O}_{X,0}$.

適当な部分列を選んで
$$\|f_\mu - f_{\mu-1}\|_{X \cap \mathrm{P}\Delta} < \frac{1}{2^\mu}, \quad \mu = 2, 3, \ldots$$
が満たされているとしてよい．
$$f = f_1 + \sum_{\mu=2}^{\infty} (f_\mu - f_{\mu-1})$$
と書く．(8.1.20) より $B_{\alpha\mu} \in \mathcal{O}(\mathrm{P}\Delta)$ ($\mu \geq 2$) が存在して
$$\delta_\alpha (f_\mu - f_{\mu-1}) = B_{\alpha\mu}|_{X \cap \mathrm{P}\Delta},$$
$$\|B_{\alpha\mu}\|_{\mathrm{P}\Delta} \leq C\|f_\mu - f_{\mu-1}\|_{X \cap \mathrm{P}\Delta} \leq \frac{C}{2^\mu}.$$
$B_{\alpha 1} \in \mathcal{O}(\mathrm{P}\Delta)$ を $\delta_\alpha f_1 = B_{\alpha 1}|_{X \cap \mathrm{P}\Delta}$ が満たされるようにとり，

$$g_{\alpha N} = B_{\alpha 1} + \sum_{\mu=2}^{N} B_{\alpha\mu} \to g_\alpha \in \mathcal{O}(\mathrm{P}\Delta) \quad (N \to \infty)$$

とおく．この収束は一様で次が成立する：

$$\delta_\alpha f_N = g_{\alpha N}|_{X \cap \mathrm{P}\Delta}.$$

$\mathscr{I}\langle X \rangle (\subset \mathcal{O}(\mathrm{P}\Delta))$ を $X \cap \mathrm{P}\Delta$ の幾何学的イデアル層とする．

$$\varphi : \underline{h}_0 \in \mathcal{O}_{n,0} \longrightarrow (\underline{\delta_{1_0}}\underline{h}_0, \underline{\delta_{2_0}}\underline{h}_0, \ldots, \underline{\delta_{l_0}}\underline{h}_0) \in (\mathcal{O}_{n,0})^l,$$
$$M_0 = \varphi(\mathcal{O}_{n,0}) + (\mathscr{I}\langle X \rangle_0)^l$$

とおく．すると，M_0 は $(\mathcal{O}_{n,0})^l$ の部分加群である．

$$g_{N,0} = (\underline{g_{1N}}_0, \ldots, \underline{g_{lN}}_0) \in M_0,$$
$$g_0 = (\underline{g_{1}}_0, \ldots, \underline{g_{l}}_0)$$

と書く．収束 $g_{\alpha N} \to g_\alpha$ $(N \to \infty)$ は一様であるから補題 8.1.4 より $g_0 \in M_0$ が従う．つまり，ある元 $\underline{h}_0 \in \mathcal{O}_{n,0}$ があって

$$\varphi(\underline{h}_0) - g_0 \in (\mathscr{I}\langle X \rangle_0)^l.$$

したがって，$0 \in X$ の X 内のある近傍で $\delta_\alpha(x) f(x) = \delta_\alpha(x) h(x)$ $(1 \leq \alpha \leq l)$. これより $X_\alpha \setminus \{\delta_\alpha = 0\}$ 上で $f = h$ がわかる．$X_\alpha \setminus \{\delta_\alpha = 0\}$ は X_α 内で稠密であるから，X 内の 0 の近傍上 $f = h$ となる．よって，$\underline{f}_0 \in \mathcal{O}_{n,0}$ が示された．

(ii) $\mathscr{I}\langle Y \rangle \subset \mathcal{O}_X$ を Y の幾何学的イデアル層とする．連接層の短完全列

$$0 \to \mathscr{I}\langle Y \rangle \to \mathcal{O}_X \to \mathcal{O}_X / \mathscr{I}\langle Y \rangle = \mathcal{O}_Y \to 0$$

は，長完全列

$$0 \to \Gamma(X, \mathscr{I}\langle Y \rangle) \to \mathcal{O}(X) \to \mathcal{O}(Y) \to H^1(X, \mathscr{I}\langle Y \rangle) \to \cdots$$

を誘導する．X はスタインであるから，$H^1(X, \mathscr{I}\langle Y \rangle) = 0$ (岡–カルタンの基本定理 6.12.2)．したがって，制限写像は，全射である：

$$\rho : f \in \mathcal{O}(X) \to f|_Y \in \mathcal{O}(Y) \to 0.$$

上述 (i) の結論として，$\mathcal{O}(X)$ と $\mathcal{O}(Y)$ はフレッシェ空間である．バナッハの開写像定理 7.3.13 からコンパクト部分集合 $K \Subset X$ について $\rho(\{f \in \mathcal{O}(X); \|f\|_K < 1\})$ は，$\mathcal{O}(Y)$ 内の 0 の近傍を含む．よって，コンパクト部分集合 $L \Subset Y$ と $\varepsilon > 0$ が存在して

$$\rho(\{f \in \mathcal{O}(X); \|f\|_K < 1\}) \supset V := \{g \in \mathcal{O}(Y); \|g\|_L < \varepsilon\}.$$

Y の既約成分は有限個であるから L は，各既約成分の非空開集合を含むように

とっているとしてよい．取り方より，$g \in \mathcal{O}(Y)$ について $g = 0$ は，$\|g\|_L = 0$ と同値である．

さて，$g \in \mathcal{O}(Y)$ を一つとる．もし $\|g\|_L = 0$ ならば $g = 0$ である．この場合は，$f = 0$ と取れば，(8.1.19) は，どんな $C > 0$ でも満たされる．

$\|g\|_L \neq 0$ と仮定する．すると，$\frac{\varepsilon}{2\|g\|_L} g \in V$．ある $h \in \mathcal{O}(X)$ で $\|h\|_K < 1$ かつ $\rho(h) = \frac{\varepsilon}{2\|g\|_L} g$ を満たすものがある．$f = \frac{2\|g\|_L}{\varepsilon} h, C = \frac{2}{\varepsilon}$ とおけば，
$$\rho(f) = g,$$
$$\|f\|_K = \frac{2}{\varepsilon} \|g\|_L \|h\|_K < C\|g\|_L. \qquad \square$$

注意 8.1.23 上述 (ii) の仮定で Y の既約成分の有限性は，実際必要である．例えば，X を既約として K は X の非空開集合を含むものとする．もし，Y が無限個の既約成分を持つならば，どんな $L \Subset Y$ をとっても $g \in \mathcal{O}(Y), g \neq 0$ で $\|g\|_L = 0$ となるものがある．すると，どんな $f \in \mathcal{O}(X)$ をとっても $\rho(f) = g$ ならば，f は恒等的に 0 ではあり得ない．したがって，$\|f\|_K > 0$ であり，どんな正定数 $C > 0$ をもっても $\|f\|_K \leq C\|g\|_L$ は成立しない．

定理 8.1.24 (複素空間上のモンテルの定理) X を複素空間とし，$\{f_\nu\}_{\nu=1}^\infty$ を X 上の広義一様有界な正則関数列とする．すると，$\{f_\nu\}_{\nu=1}^\infty$ は，X 上の正則関数に広義一様収束する部分列をもつ．

証明 モンテルの定理 1.2.21 の証明と同様に，各点 $a \in X$ の周りで主張を示せばよい．a の周りの局所図近傍 $a \in U(\Subset X) \subset \mathrm{P}\Delta \subset \mathbf{C}^N$ をとる．もちろん，$\mathrm{P}\Delta$ はスタインであるから定理 8.1.18 (ii) が使える．仮定よりある $M > 0$ があって
$$|f_\nu|_U(z)| \leq M, \quad z \in U.$$
0 の多重円板近傍 $\mathrm{P}\Delta' \Subset \mathrm{P}\Delta$ をとれば，定理 8.1.18 (ii) よりある定数 $C > 0$ と $F_\nu \in \mathcal{O}(\mathrm{P}\Delta')$ ($\nu \in \mathbf{N}$) があって
$$F_\nu|_V = f_\nu|_V, \quad \|F_\nu\|_{\mathrm{P}\Delta'} \leq CM, \quad \nu \in \mathbf{N}.$$
ただし，$V = U \cap \mathrm{P}\Delta'$ とおいた．定理 1.2.21 により，$\{F_\nu\}_\nu$ は，$\mathrm{P}\Delta'$ 上広義一様収束する部分列をもつ．したがって，制限 $F_\nu|_V = f_\nu|_V, \nu = 1, 2, \ldots$，も広義一様収束し極限関数は，$\mathcal{O}(V)$ の元である (定理 8.1.18). $\qquad \square$

$\mathscr{F} \to X$ を連接層とする．$\mathscr{F}$ の切断のなす線形空間に位相を導入する．導入法は複数あり得るが，ここでは二つの方法を考え比較する．U を X の開部分集

合とし，切断 $f \in \Gamma(U, \mathscr{F})$ をとる．点 $a \in U$ を任意にとり，その局所図近傍 $V' \Subset V (\Subset U)$ を次が満たされているようにとる．

(i) $\mathscr{F}|_V$ は，有限個の切断 $\sigma_j \in \Gamma(V, \mathscr{F}), 1 \leq j \leq l$, により V 上生成されている．

(ii) V は，多重円板 $\mathrm{P}\Delta (\subset \mathbf{C}^n)$ の解析的部分集合 W と正則同型である．多重円板 $\mathrm{P}\Delta' \Subset \mathrm{P}\Delta$ をとり $V' = V \cap \mathrm{P}\Delta'$ とおく．ここで，V は W と同一視することにする．

$\mathscr{F}|_W$ の $\mathrm{P}\Delta$ 上への単純拡張を $\widehat{\mathscr{F}}_{\mathrm{P}\Delta}$ で表す．$\widehat{\mathscr{F}}_{\mathrm{P}\Delta}$ は $\mathrm{P}\Delta$ 上の連接層であり（命題 6.5.18），$\Gamma(W, \mathscr{F})$ は，自然に $\Gamma(\mathrm{P}\Delta, \widehat{\mathscr{F}}_{\mathrm{P}\Delta})$ と同一視される．

$$f|_{\mathrm{P}\Delta} = \sum_{j=1}^{l} f_j \sigma_j, \quad f_j \in \mathcal{O}(\mathrm{P}\Delta),$$

と表し，(8.1.9) および (8.1.15) と同様にして

(8.1.25) $\qquad \|f\|_{\mathrm{P}\Delta'} = \inf_{(f_j)} \sup \{|f_j(x)|; x \in \mathrm{P}\Delta'\}$

とセミノルムを定義する．このようにして $\Gamma(U, \mathscr{F})$ に可算個のセミノルムを導入することができる．ただし，$\{V\}$ と $\{V'\}$ は X の可算開基をなすものとする．

一方，

$$f|_V = \sum_{j=1}^{l} f'_j \sigma_j, \quad f'_j \in \mathcal{O}(V)$$

と表し，

(8.1.26) $\qquad \|f\|_{V'} = \inf_{(f'_j)} \sup \{|f'_j(x)|; x \in V'\}$

とおくことによりセミノルムが定義される．前と同様，$\{V\}$ と $\{V'\}$ は X の可算開基をなすものとして，$\Gamma(U, \mathscr{F})$ に可算個のセミノルムを導入し線形位相空間とすることができる．

定義より，

$$\|f\|_{V'} \leq \|f\|_{\mathrm{P}\Delta'}.$$

一方，定理 8.1.18 (ii) よりコンパクト部分集合 $L \Subset V$ に対し正定数 C があって

$$\|f\|_{\mathrm{P}\Delta'} \leq C \|f\|_L.$$

したがって，次の定理を得る．

補題 8.1.27 可算個のセミノルム系 (8.1.25) をもつ線形位相空間 $\Gamma(U, \mathscr{F})$ は，可算個のセミノルム系 (8.1.26) で定義される線形位相空間と同相である．

上の補題の意味で $\Gamma(U,\mathscr{F})$ を可算個のセミノルム系をもつ線形位相空間とみなす．§8.1.2 内の議論と同様に定理 8.1.18 (i) と定理 8.1.24 から次が従う．

定理 8.1.28 $\mathscr{F} \to X$ を複素空間 X 上の連接層とする．
 (i) U を X の開集合とすると，$\Gamma(U,\mathscr{F})$ はフレッシェ空間をなす．
 (ii) 相対コンパクトな部分開集合 $V \Subset U$ への制限写像
$$\rho : f \in \Gamma(U,\mathscr{F}) \to f|_V \in \Gamma(V,\mathscr{F})$$
は，完全連続である．

8.2　カルタン–セールの定理

定理 8.2.1 (カルタン–セールの定理[8])　X をコンパクト複素空間とし $\mathscr{F}$ を X 上の連接層とすると，$\mathbf{C}$ 上のベクトル空間として
$$\dim H^q(X,\mathscr{F}) < \infty, \qquad {}^\forall q \geq 0.$$

証明　X の相対コンパクトなスタイン部分領域
$$V_\alpha \Subset U_\alpha \Subset X$$
をとり，それら有限個の二重開被覆 $X = \bigcup_\alpha V_\alpha = \bigcup_\alpha U_\alpha$ をとる．$\mathscr{V} = \{V_\alpha\}$，$\mathscr{U} = \{U_\alpha\}$ とおくとルレイの定理 3.4.40 により，
$$(8.2.2) \qquad H^q(X,\mathscr{F}) \cong H^q(\mathscr{U},\mathscr{F}) \cong H^q(\mathscr{V},\mathscr{F}), \quad q \geq 0.$$
グラウェルトの定理 7.4.1 の証明を，境界点がないので境界の膨らませは必要なく二重被覆 $\mathscr{V}$ と $\mathscr{U}$ について適用する．グラウェルトの定理 7.4.1 では，$q = 1$ の場合のみ扱ったが $q \geq 0$ でも議論は全く同じで，次を得る ((7.4.9) を参照)．
$$(8.2.3) \quad \Psi : \xi \oplus \eta \in Z^q(\mathscr{U},\mathscr{F}) \oplus C^{q-1}(\mathscr{V},\mathscr{F}) \to \rho(\xi) + \delta\eta \in Z^q(\mathscr{V},\mathscr{F}) \to 0.$$
ただし，$q = 0$ の場合，$C^{-1}(*,\star) = 0$ とする．ここで，ρ は $N_q(\mathscr{U})$ の開集合からそれに相対コンパクトに含まれる $N_q(\mathscr{V})$ の開集合への制限射で定理 8.1.28 (ii) により完全連続である．
$$H^q(\mathscr{V},\mathscr{F}) = Z^q(\mathscr{V},\mathscr{F}) / \delta C^{q-1}(\mathscr{V},\mathscr{F})$$
が定義であった．したがってシュヴァルツの定理 7.3.19 により，
$$\mathrm{Coker}(\Psi - \rho) = Z^q(\mathscr{V},\mathscr{F}) / \delta C^{q-1}(\mathscr{V},\mathscr{F}) = H^q(\mathscr{V},\mathscr{F})$$
は有限次元である．(8.2.2) より $\dim H^q(X,\mathscr{F}) < \infty$ である．　□

8.3 正直線束とホッジ多様体

$L \to M$ を正則直線束とする.$L \to M$ の正則切断の芽の層を $\mathcal{O}(L) \to M$ と書く.L の局所自明化被覆 $M = \bigcup_\alpha U_\alpha$ と変換関数系 $\{\xi_{\alpha\beta}\}$ をとる.$h = \{h_\alpha\}$ を L のエルミート計量とする.

$$h_\alpha(x) = |\xi_{\alpha\beta}(x)|^2 h_\beta(x), \quad x \in U_\alpha \cap U_\beta$$

の関係を満たす.

$$\omega(L,h) = \frac{i}{2\pi} \partial\bar{\partial} \log h_\alpha$$

は,M 上の $(1,1)$ 閉形式を定義する.$\omega(L,h)$ はチャーン曲率形式と呼ばれる.$(z_\alpha^1, \ldots, z_\alpha^n)$ を U_α の正則局所座標とすると,

(8.3.1) $$\omega(L,h) = \frac{i}{2\pi} \sum_{j,k} \frac{\partial^2 \log h_\alpha}{\partial z_\alpha^j \partial \bar{z}_\alpha^k} dz_\alpha^j \wedge d\bar{z}_\alpha^k.$$

エルミート形式 $\left(\frac{\partial^2 \log h_\alpha}{\partial z_\alpha^j \partial \bar{z}_\alpha^k} \right)_{jk}$ が正値であるとき $\omega(L,h) > 0$ と書き,エルミート直線束 (L,h) は正であると言う.そのようなエルミート計量 $h = \{h_\alpha\}$ が入る正則直線束 L を**正直線束**と呼び,$L > 0$ と書く.L^{-1} が正であるとき,L は負であるといい $L < 0$ と表す.

一般に M 上の正則接ベクトル束 $\mathbf{T}(M)$ にエルミート計量

$$h = \sum_{j,k} h_{\alpha jk} dz_\alpha^j \otimes d\bar{z}_\alpha^k,$$

$$(h_{\alpha jk}) > 0 \quad (正値)$$

があるとする.付随するエルミート形式

(8.3.2) $$\omega = \frac{i}{2} \sum_{j,k} h_{\alpha jk} dz_\alpha^j \wedge d\bar{z}_\alpha^k$$

が閉,すなわち $d\omega = 0$ であるとき h はケーラー (Kähler) 計量と呼ばれ,(8.3.2) の ω はケーラー形式と呼ばれる.

(L,h) が正ならば,(8.3.1) はケーラー形式となり,M 上に特別なケーラー形式を与える.このようなケーラー形式を備えたコンパクト複素多様体を**ホッジ (Hodge) 多様体**と呼ぶ.

例 8.3.3 $\mathbf{P}^n(\mathbf{C})$ の同次座標系を $[z^0, \ldots, z^n]$ とする.正則局所座標近傍

$$U_j = \{[z^0, \ldots, z^n]; z^j \neq 0\} \cong \left\{ \left(\frac{z^0}{z^j}, \ldots, \check{1}, \ldots, \frac{z^n}{z^j} \right) \right\} \cong \mathbf{C}^n$$

をとる．$U_j \cap U_k$ 上で変換関数

$$\xi_{jk} = \frac{z^j}{z^k}$$

で決まる $\mathbf{P}^n(\mathbf{C})$ 上の正則直線束 $H \to \mathbf{P}^n(\mathbf{C})$ を超平面束と呼ぶ．各 U_j 上

$$h_j = 1 + \sum_{k \neq j} \left| \frac{z^k}{z^j} \right|^2 > 0$$

とおくと，$h = (h_j)$ は H のエルミート計量を定める．この計量のチャーン曲率形式 ω_H を計算してみよう．たとえば，$j = 0, z_0 = 1$ とおくと

$$h_0 = 1 + \sum_{k=1}^{n} |z^k|^2 = 1 + \|(z^k)\|^2.$$

これより，

$$\partial \bar{\partial} \log h_0 = \partial \bar{\partial} \log \left(1 + \|(z^k)\|^2 \right) = \partial \frac{\sum_k z^k d\bar{z}^k}{1 + \|(z^k)\|^2}$$

$$= \frac{\sum_k dz^k \wedge d\bar{z}^k + \|(z^k)\|^2 \sum_k dz^k \wedge d\bar{z}^k - (\sum_k \bar{z}^k dz^k) \wedge (\sum_k z^k d\bar{z}^k)}{(1 + \|(z^k)\|^2)^2}.$$

接ベクトル $X = \sum_j \xi^k \frac{\partial}{\partial z^k}$ をとり，2次形式 $(\partial \bar{\partial} \log h_0)(X, \bar{X})$ を計算すると，

$$(\partial \bar{\partial} \log h_0)(X, \bar{X}) = \frac{\|(\xi^k)\|^2 + \|(z^k)\|^2 \|(\xi^k)\|^2 - |\sum_k \bar{z}^k \xi^k|^2}{(1 + \|(z^k)\|^2)^2}$$

$$\geq \frac{\|(\xi^k)\|^2 + \|(z^k)\|^2 \|(\xi^k)\|^2 - \|(\bar{z}^k)\|^2 \|(\xi^k)\|^2}{(1 + \|(z^k)\|^2)^2}$$

$$= \frac{\|(\xi^k)\|^2}{(1 + \|(z^k)\|^2)^2} > 0, \quad (\xi^k) \neq 0.$$

よって，

$$\omega_H > 0$$

であることがわかった．したがって超平面束 $H \to \mathbf{P}^n(\mathbf{C})$ は正である．しばしば，$\mathcal{O}(H) = \mathcal{O}(1), \mathcal{O}(H^k) = \mathcal{O}(k)$ と略記される．ω_H は，フビニ–ストュディ計量形式とも呼ばれる．この計量で $\mathbf{P}^n(\mathbf{C})$ はホッジ多様体である．

命題 8.3.4 $\mathbf{P}^n(\mathbf{C})$ の複素部分多様体は，ホッジ多様体である．

証明 $M \subset \mathbf{P}^n(\mathbf{C})$ を複素部分多様体とする．超平面束 $H \to \mathbf{P}^n(\mathbf{C})$ の M 上への制限を $L = H_M \to M$ とすれば，$L > 0$ であり M はホッジである． $\square$

この逆を示すのが，小平の埋め込み定理である．

さて一般に正則直線束 $L \to M$ を考える．L の局所自明化被覆 $\{U_\alpha\}$ と変換関数系 $\{\xi_{\alpha\beta}\}$ をとる．L の正則切断

$$\sigma_0 = (\sigma_{0\alpha}), \ldots, \sigma_N = (\sigma_{N\alpha}) \in \Gamma(M, L)$$

をとる．σ_j の零点集合 $\{\sigma = 0\}$ を各 U_α で $\sigma_{j\alpha} = 0$ と定義すれば，U_α の取り方によらない．解析的部分集合

$$B = \bigcap_{j=0}^{N} \{\sigma_j = 0\}$$

を $\{\sigma_j\}$ の基点集合と呼ぶ．

$x \in U_\alpha \setminus B$ に対し $(\sigma_{0\alpha}(x), \ldots, \sigma_{N\alpha}(x)) \in \mathbf{C}^{N+1} \setminus \{0\}$ を対応させる．$x \in U_\beta \setminus B$ であるとすると

$$(\sigma_{0\alpha}(x), \ldots, \sigma_{N\alpha}(x)) = \xi_{\alpha\beta}(x)(\sigma_{0\beta}(x), \ldots, \sigma_{N\beta}(x)).$$

よって $\mathbf{P}^N(\mathbf{C})$ の点が U_α の取り方によらずに定義される．この正則写像を

(8.3.5) $\qquad \Phi : x \in M \setminus B \to [\sigma_0(x), \ldots, \sigma_N(x)] \in \mathbf{P}^N(\mathbf{C})$

と書く．$B = \emptyset$ ならば，もちろん Φ は M 全体で正則である．

ここで M をコンパクトと仮定する．定理 8.2.1 により

$$\dim \Gamma(M, L) = \dim H^0(M, \mathcal{O}(L)) < \infty$$

である．有限次元複素ベクトル空間 $\Gamma(M, L)$ の基底 $\{\sigma_j\}_{j=0}^{N}$ $(N = \dim \Gamma(M, L) - 1)$ をとる．

$$B(L) = \bigcap_{j} \{\sigma_j = 0\}$$

は，L の基点集合と呼ばれ，基底 $\{\sigma_j\}$ の取り方によらず L で決まる M の解析的部分集合である．(8.3.5) で決まる正則写像を

(8.3.6) $\qquad \Phi_L : x \in M \setminus B(L) \to [\sigma_0(x), \ldots, \sigma_N(x)] \in \mathbf{P}^N(\mathbf{C})$

と書く．

8.4 グラウェルトの定理

8.4.1 強擬凸領域

この小節では，M を一般に複素多様体とする．

定理 8.4.1 (グラウェルトの定理) $\Omega \Subset M$ を強擬凸領域，$\mathscr{F}$ を $\bar{\Omega}$ の近傍で定義された連接層とすると，

$$\dim H^q(\Omega, \mathscr{F}) < \infty, \quad q \geq 1.$$

証明 閉包 $\overline{\Omega}$ の近傍で考えるので，M は第 2 可算公理を満たしているとし，$\mathscr{F}$ は M 上で定義されているとしてよい．

グラウェルトの定理 7.4.1 の証明を，そのまま使い，境界 $\partial\Omega$ が強擬凸であるので，境界膨らませ法を適用する．

$\mathscr{F}$ の切断空間に広義一様収束の位相を入れフレッシェ空間として L. シュヴァルツの定理を用いる部分は，カルタン–セールの定理 8.2.1 と同じアイデアである．

ルレイ被覆 $\mathscr{V}$ と $\widetilde{\mathscr{U}}$ をグラウェルトの定理 7.4.1 の証明のようにとる．グラウェルトの定理 7.4.1 では，$q=1$ の場合のみ扱ったが $q \geq 1$ でも議論は全く同じである．

(8.4.2) $$H^q(\mathscr{V}, \mathscr{F}) \cong H^q(\Omega, \mathscr{F})$$

が成立している．さらに次を得る ((7.4.9) を参照)．

(8.4.3) $\Psi : \xi \oplus \eta \in Z^q(\widetilde{\mathscr{U}}, \mathscr{F}) \oplus C^{q-1}(\mathscr{V}, \mathscr{F}) \to \rho(\xi) + \delta\eta \in Z^q(\mathscr{V}, \mathscr{F}) \to 0.$

ここで，ρ は $N_q(\widetilde{\mathscr{U}})$ の q-単体の台からそれに相対コンパクトに含まれる対応する $N_q(\mathscr{V})$ の q-単体の台への制限射である．したがって ρ は，補題 8.1.17 により完全連続である．

$$H^q(\mathscr{V}, \mathscr{F}) = Z^q(\mathscr{V}, \mathscr{F})/\delta C^{q-1}(\mathscr{V}, \mathscr{F})$$

が定義である．シュヴァルツの定理 7.3.19 により，

$$\mathrm{Coker}(\Psi - \rho) = Z^q(\mathscr{V}, \mathscr{F})/\delta C^{q-1}(\mathscr{V}, \mathscr{F}) = H^q(\mathscr{V}, \mathscr{F})$$

は有限次元である．(8.4.2) より $\dim H^q(\Omega, \mathscr{F}) < \infty$ である． □

8.4.2 正直線束

この小節では，M はコンパクト複素多様体を表す．初めに局所的な補題を示す．

補題 8.4.4 $U \subset \mathbf{C}^n$ を開集合とし，$h > 0$ を U 上の C^2 級関数で $\log h$ が強多重劣調和であるとする．すると，$(\zeta, z) \in \mathbf{C}^* \times U$ の関数 $|\zeta|^2 h$ も強多重劣調和関数である．

証明 計算により

(8.4.5) $$\partial\bar{\partial} \log h = \frac{1}{h^2}(h\partial\bar{\partial}h - \partial h \wedge \bar{\partial}h) > 0.$$

次に $\partial\bar{\partial}(|\zeta|^2 h)$ の計算をする．

(8.4.6) $$\partial\bar{\partial}(|\zeta|^2 h) = \partial(\zeta h d\bar{\zeta} + |\zeta|^2 \bar{\partial}h) \hspace{4em} \text{(続く)}$$

$$= hd\zeta \wedge d\bar{\zeta} + \zeta \partial h \wedge d\bar{\zeta} + \bar{\zeta}d\zeta \wedge \bar{\partial} h + |\zeta|^2 \partial\bar{\partial}h.$$

最後の項に (8.4.5) を使うと,

$$(8.4.7) \quad \partial\bar{\partial}(|\zeta|^2 h) = hd\zeta \wedge d\bar{\zeta} + \zeta\partial h \wedge d\bar{\zeta} + \bar{\zeta}d\zeta \wedge \bar{\partial}h + \frac{|\zeta|^2}{h}\partial h \wedge \bar{\partial}h$$
$$+ |\zeta|^2 h \partial\bar{\partial} \log h$$
$$= \frac{1}{h}\left(h^2 d\zeta \wedge d\bar{\zeta} + \zeta h \partial h \wedge d\bar{\zeta} + \bar{\zeta}hd\zeta \wedge \bar{\partial}h + |\zeta|^2 \partial h \wedge \bar{\partial}h\right)$$
$$+ |\zeta|^2 h \partial\bar{\partial}\log h$$
$$= \frac{1}{h}(hd\zeta + \zeta\partial h) \wedge \overline{(hd\zeta + \zeta\partial h)} + |\zeta|^2 h \partial\bar{\partial}\log h \geq 0.$$

したがって, レビ形式 $\partial\bar{\partial}(|\zeta|^2 h)$ は半正値である. 正値性を示すには, 任意の接ベクトル $X = X^0 \frac{\partial}{\partial \zeta} + \sum_j X^j \frac{\partial}{\partial z^j}$ に対して, $\partial\bar{\partial}(|\zeta|^2 h)\langle X, \bar{X}\rangle = 0$ ならば $X = 0$ を示せばよい. この場合, (8.4.7) で X を代入したとき等号が成立しなくてはならない. したがって

$$(\partial\bar{\partial}\log h)\langle X, \bar{X}\rangle = 0.$$

(8.4.5) より $X^j = 0, 1 \leq j \leq n$ でなければならない. $X = X^0 \frac{\partial}{\partial \zeta}$ となるので (8.4.6) より $\partial\bar{\partial}(|\zeta|^2 h)\langle X, \bar{X}\rangle = |X^0|^2 h = 0$. したがって, $X^0 = 0$ である. □

定理 8.4.8 (グラウェルトの消滅定理) $L \to M$ を正直線束とする. $\mathscr{F} \to M$ を任意の連接層とする. ある $k_0 \in \mathbf{N}$ があって

$$H^q(M, \mathcal{O}(L^k) \otimes \mathscr{F}) = 0, \quad q \geq 1, \ k \geq k_0.$$

証明 L の局所自明化被覆 $\{U_\alpha\}$ と変換関数系 $\{\xi_{\alpha\beta}\}$ をとる. 仮定により L にエルミート計量 $h = \{h_\alpha\}$ が入り, 各 U_α 上,

$$\partial\bar{\partial}\log h_\alpha > 0$$

である. L の逆直線束 L^{-1} を考える.

$$L^{-1}|_{U_\alpha} = U_\alpha \times \mathbf{C} \ni (x, \zeta_\alpha)$$

と書くとき,

$$\zeta_\alpha = \frac{1}{\xi_{\alpha\beta}} \zeta_\beta \quad (U_\alpha \cap U_\beta \text{ 上で})$$

である.

$$\psi(x, \zeta_\alpha) = |\zeta_\alpha|^2 h_\alpha(x)$$

は, 複素多様体 L^{-1} 上の C^∞ 級階位関数である. 補題 8.4.4 により ψ は $L^{-1} \setminus O$

(O は零切断) 上で強多重劣調和である．O の近傍 $\Omega = \{\psi < 1\} \subset L^{-1}$ は，強擬凸領域である

$$\pi : L^{-1} \to M, \quad \pi : \Omega \to M$$

を射影とする．開集合 $U \subset M$ 上の L^k の切断 $\sigma = (\sigma_\alpha) \in \Gamma(U, L^k)$ は $(\pi^{-1}U) \cap \Omega$ 上の関数

$$\pi^*\sigma : (x, \zeta_\alpha) \in (\pi^{-1}U) \cap \Omega \to \zeta_\alpha^k \cdot \sigma_\alpha(x) \in \mathbf{C}$$

を決める．k が異なればこれらは互いに一次独立な関数を定める．$\pi^*\mathscr{F} \to L^{-1}$ を $\mathscr{F}$ の L^{-1} 上への引き戻しとする．$\pi^*\mathscr{F}$ は $\mathcal{O}_{L^{-1}}$ 加群の連接層である．各 U_α をスタインにとれば $\mathscr{U} = \{U_\alpha\}$ は M のスタイン被覆であり，$\pi^{-1}\mathscr{U} = \{(\pi^{-1}U_\alpha) \cap \Omega\}$ は Ω のスタイン被覆である．したがって次の完全列を得る．

$$0 \longrightarrow \bigoplus_{k \geq 1} H^q(M, \mathcal{O}(L^k) \otimes \mathscr{F}) \cong \bigoplus_{k \geq 1} H^q(\mathscr{U}, \mathcal{O}(L^k) \otimes \mathscr{F})$$
$$\stackrel{\pi^*}{\longrightarrow} H^q(\pi^{-1}\mathscr{U}, \pi^*\mathscr{F}) \cong H^q(\Omega, \pi^*\mathscr{F}).$$

グラウェルトの定理 8.4.1 により $H^q(\Omega, \pi^*\mathscr{F})$ は有限次元である．したがってある $k_0 \in \mathbf{N}$ があって

$$H^q(M, \mathcal{O}(L^k) \otimes \mathscr{F}) = 0, \quad k \geq k_0$$

でなければならない． □

注意 8.4.9 上述の証明では L^{-1} の零切断に強擬凸近傍 Ω がとれたことがポイントであった．グラウェルト[19]は，零切断が強擬凸近傍をもつ正則直線束または正則ベクトル束を**弱負** (weakly negative) と呼んだ．ここでの条件としては，"L^{-1} が弱負" で十分である．定理 8.4.8 は，より一般に，双対 E^* が弱負である M 上の正則ベクトル束 E に対し，L^k の代わりに対称テンソル積 $S^k E$ をとることにより成立することが上の証明よりわかる (章末問題 5 を参照)．

8.5 小平の埋め込み定理

この節では，M はコンパクト複素多様体を表す．

定理 8.5.1 (小平) ホッジ多様体 M は，$\mathbf{P}^N(\mathbf{C})$ へ正則に埋め込まれる．

証明 仮定により正直線束 $L \to M$ がある．任意の点 $x \in M$ での局所環 $\mathcal{O}_{M,x}$ の極大イデアルを $\mathfrak{m}_x$ とする．次の完全列を考える．

$$0 \to \mathfrak{m}_x^2 \to \mathcal{O}_M \to \mathcal{O}_M/\mathfrak{m}_x^2 \to 0.$$

これに $\mathcal{O}(L^k)$ $(k \geq 1)$ をテンソルして

$$0 \to \mathfrak{m}_x^2 \otimes \mathcal{O}(L^k) \to \mathcal{O}(L^k) \to (\mathcal{O}_M/\mathfrak{m}_x^2) \otimes \mathcal{O}(L^k) \to 0.$$

これより次の完全列が従う.

$$H^0(M, \mathcal{O}(L^k)) \to H^0(M, (\mathcal{O}_M/\mathfrak{m}_x^2) \otimes \mathcal{O}(L^k)) \to H^1(M, \mathfrak{m}_x^2 \otimes \mathcal{O}(L^k)).$$

グラウェルトの消滅定理 8.4.8 によりある $k_0 \in \mathbf{N}$ があって,

$$H^1(M, \mathfrak{m}_x^2 \otimes \mathcal{O}(L^k)) = 0, \quad k \geq k_0.$$

したがって次は完全である.

$$H^0(M, \mathcal{O}(L^k)) \to H^0(M, (\mathcal{O}_M/\mathfrak{m}_x^2) \otimes \mathcal{O}(L^k)) \to 0, \quad k \geq k_0.$$

これより元 $\sigma \in \Gamma(M, L^k)$ で

(8.5.2) $$\sigma(x) \neq 0$$

となるものが存在し, かつ $\sigma_1, \ldots, \sigma_n \in \Gamma(M, L^k)$ $(n = \dim M)$ で

(8.5.3) $$(d\sigma_1 \wedge \cdots \wedge d\sigma_n)(x) \neq 0$$

を満たすものが存在する. (8.5.2) と (8.5.3) は x の近傍 U で成立する. M はコンパクトであるから, 有限個のそのような近傍 U で被覆できる. したがって k_0 を十分大きくとれば, $B(L) = \emptyset$ となり,

(8.5.4) $$\Phi_{L^k} : M \to \mathbf{P}^N(\mathbf{C}), \quad N = \dim \Gamma(M, L^k) - 1, \; k \geq k_0$$

は正則はめ込みを与える. $M_k = \Phi_{L^k}(M)$ とおくと $\Phi_{L^k} : M \to M_k$ は局所双正則な不分岐被覆となる. M はコンパクトであるから, $\Phi_{L^k}^{-1}(\Phi_{L^k}(x))$ $(x \in M)$ は有限集合である. その元の個数 $\nu_k(x)$ は, $x \in M$ について定数となることが容易に示される. したがって, 1 点 $x_0 \in M$ で $\nu_k(x_0) = 1$ となるように k をとれれば, $\Phi_{L^k} : M \to M_k$ は双正則で, (8.5.4) は正則埋め込みを与えることになる.

主張 8.5.5 十分大きな任意の k に対して, $\nu_k(x_0) = 1$.

∵) 任意の $k \geq k_0$ に対して $\nu_k(x_0) = 1$ ならば, 証明は終わっている. ある $k \geq k_0$ に対して $\nu_k(x_0) \geq 2$ であったとする. 今, 改めてその k を k_0 と表す. $S_0 = \Phi_{L^{k_0}}^{-1}(\Phi_{L^{k_0}}(x_0))$ とおき, その幾何学的イデアル層 $\mathscr{I}\langle S_0 \rangle$ を考える. 次は完全列である.

$$0 \to \mathscr{I}\langle S_0 \rangle \otimes \mathcal{O}(L^k) \to \mathcal{O}(L^k) \to (\mathcal{O}_M/\mathscr{I}\langle S_0 \rangle) \otimes \mathcal{O}(L^k) \to 0.$$

これより次の完全列が従う.

$$H^0(M, \mathcal{O}(L^k)) \to H^0(M, (\mathcal{O}_M/\mathscr{I}\langle S_0\rangle) \otimes \mathcal{O}(L^k)) \to H^1(M, \mathscr{I}\langle S_0\rangle \otimes \mathcal{O}(L^k)).$$

再びグラウェルトの消滅定理 8.4.8 を用いると，$k_1 \geq k_0$ を大きくとれば，

$$H^1(M, \mathscr{I}\langle S_0\rangle \otimes \mathcal{O}(L^k)) = 0, \quad k \geq k_1.$$

したがって，次は完全である．

$$H^0(M, \mathcal{O}(L^k)) \to H^0(M, (\mathcal{O}_M/\mathscr{I}\langle S_0\rangle) \otimes \mathcal{O}(L^k)) \to 0, \quad k \geq k_1.$$

よって，ある元 $\sigma \in \Gamma(M, L^k)$ で

(8.5.6) $\qquad \sigma(x_0) \neq 0, \quad \sigma(y) = 0, \quad {}^\forall y \in S_0 \setminus \{x_0\}$

となるものがある．これより $k \geq k_1$ ならば，$\Phi_{L^k}(x_0) \neq \Phi_{L^k}(y)$ (${}^\forall y \in S_0 \setminus \{x_0\}$) となり，$\nu_k(x_0) = 1$ が示された． $\square$

注意 8.5.7 上述の証明は，M として特異点を許すコンパクト複素空間の場合でも有効で，H. グラウェルト (1962) はその場合に拡張して証明している．(たとえば，特異点をもつ複素空間上の強多重劣調和関数は，その局所図近傍において，近傍が埋め込まれているある $\mathbf{C}^N$ の開集合上の強多重劣調和関数の制限として定義される．) ここまで読んできた読者には，そのためには何をどうしたらよいかわかるであろう．したがって，小平の埋め込み定理 8.5.1[26] は，連接層を用いることにより特異点を持つ場合に拡張されたことになる．詳細を略して定理を述べておこう．

定理 8.5.8 (H. グラウェルト[19]) コンパクト複素空間 X が正直線束 $L \to X$ をもてば，X はある $\mathbf{P}^N(\mathbf{C})$ へ正則に埋め込まれる．

例 8.5.9 $(z^1, \ldots, z^n)$ を $\mathbf{C}^n$ の自然な座標系とする．$\gamma_j \in \mathbf{C}^n$, $1 \leq j \leq 2n$, を $2n$ 個の $\mathbf{R}$ 上線形独立なベクトルとする．

(8.5.10) $\qquad\qquad \Gamma = \sum_{j=1}^{2n} \mathbf{Z} \cdot \gamma_j \subset \mathbf{C}^n$

とおくとき，Γ は，$\mathbf{C}^n$ の格子と呼ばれる．Γ は，平行移動で $\mathbf{C}^n$ に作用する．その商空間を

(8.5.11) $\qquad\qquad M = \mathbf{C}^n/\Gamma$

と書くと，M はコンパクト複素多様体になり**複素トーラス**と呼ばれる．エルミート計量形式

$$\omega_0 = \sum_{j=1}^{n} \frac{i}{2} dz^j \wedge d\bar{z}^j$$

は d-閉であるから，M はケーラー多様体である．複素トーラス M が，ホッジ多様体であるかどうかは Γ のとりかたによる (章末問題 7 参照；より詳しくは参考文献 A. ヴェイユ[53] をみられたい)．

問　題

1. M を n 次元パラコンパクト複素多様体とするとき次を示せ．
$$H^q(M, \mathcal{O}_M) = 0, \quad q > n.$$

2. $\Delta \subset \mathbf{C}$ を単位円板，X をコンパクトリーマン面で普遍被覆 $\pi : \Delta \to X$ をもつものとする．その被覆変換群を $\Gamma \subset \text{Aut}(\Delta)$ とする．Δ のポアンカレ計量は $\text{Aut}(\Delta)$ 不変であることを用いて，X 上の正則 1 形式の直線束 K_X は，正 ($K_X > 0$) であることを示せ．結果，X は射影代数的であることが従う．

   もし読者が "ベルグマン計量" を知っているならば，上述の主張を，Δ を有界領域 $\Omega \Subset \mathbf{C}^n$ に，K_X を正則 n 形式の直線束に置き換えて，示せ．

3. X をコンパクトリーマン面とすると，
$$\dim_{\mathbf{C}} H^1(X, \mathcal{O}_X) < \infty$$
である (カルタン–セールの定理 8.2.1)．このことを用いて以下を示せ．
   a) $p_0 \in X$ を任意の一点とする．X 上の有理型関数 φ で p_0 のみに極をもつものがある．
   b) 前項 3a) の φ の極 p_0 の位数を d_0 とする．X 上の p_0 のみに極を持つ有理型関数 ψ でその極の位数が $kd_0 - 1$ ($^\exists k \in \mathbf{N}$) の形になるものが存在する．結果，$f = \psi/\varphi^k$ は p_0 の近傍で正則で，$f(p_0) = 0$ かつ $df(p_0) \neq 0$ を満たす．
   c) 任意の点 $p \in X \setminus \{p_0\}$ に対し p_0 のみに極をもつ X 上の有理型関数 φ があって $d\varphi(p) \neq 0$ となる．
   d) 任意の相異なる 2 点 $p, q \in X \setminus \{p_0\}$ に対し，p_0 のみに極をもつ X 上の有理型関数 ψ で $\psi(p) \neq \psi(q)$ となるものがある．
   e) 以上より X の射影代数性が従う．

4. X をコンパクト複素多様体 (または複素空間)，$E \to X$ をその上の正則ベクトル束とし，$\mathcal{O}(E)$ で E の正則切断の芽の層を表す．

$$\dim_{\mathbf{C}} H^q(X, \mathcal{O}(E)) < \infty, \quad q \geq 0$$

を示せ.

5. $E \to X$ を上述の正則ベクトル束とする. すると, その双対束 E^* が, 局所的には $E|_U \cong U \times \mathbf{C}^n$ とするとき $E^*|_U = U \times (\mathbf{C}^n)^*$ として自然に定義され X 上の正則ベクトル束になる. $0 (\subset E^*)$ 切断に強擬凸近傍 $\Omega \Subset E^*$ が存在すると仮定する. すると, 任意の連接層 $\mathscr{F} \to X$ に対しある番号 $k_0 \in \mathbf{N}$ があって

$$H^q(X, \mathscr{F} \otimes \mathcal{O}(S^k E)) = 0, \quad q \geq 1, \ k \geq k_0$$

となることを証明せよ. ここで, $S^k E$ は E の k 回対称テンソル積を表す.

6. $\alpha_j \in \mathbf{C}, j = 1, 2, |\alpha_j| > 1$, をとる. 次で定義される $\mathbf{C}^2 \setminus \{0\}$ の正則作用を考える.

$$\lambda_n : (z_1, z_2) \in \mathbf{C}^2 \setminus \{0\} \to (\alpha_1^n z_1, \alpha_2^n z_2) \in \mathbf{C}^2 \setminus \{0\}, \quad n \in \mathbf{Z}.$$

この作用による商位相空間 $X = (\mathbf{C}^2 \setminus \{0\})/\{\lambda_n; n \in \mathbf{Z}\}$ をとり, $\pi : \mathbf{C}^2 \setminus \{0\} \to X$ を自然な射影とする. このとき, 以下を示せ.

    a) X はコンパクト複素多様体, π は局所双正則写像になる. (この X をホップ多様体と呼ぶ.)

    b) ϕ を X 上の有理型関数とすると, $\pi^*\phi$ は, $\mathbf{C}^2$ 上の有理型関数に拡張される.

    c) X は, 射影代数的ではない. 実際, もし X が射影代数的であると前項6b) によりグラフ $G(\pi)(\subset (\mathbf{C}^2 \setminus \{0\}) \times X)$ の $\mathbf{C}^2 \times X$ における閉包は, 解析的部分集合になる. これより, 矛盾が導かれる.

       注. 実際, $H^2(X, \mathbf{R}) = 0$ であるので X はケーラーでもない.

(ヒント：レンメルトの拡張定理 6.8.1 とハルトークス拡張定理 1.2.29 を用いる.)

7. Γ と $M = \mathbf{C}^n/\Gamma$ を (8.5.10) および (8.5.11) でとったものとする.

    a) M は, コンパクト複素多様体になることを示せ.

$\gamma^{j*} (1 \leq j \leq 2n)$ を $\mathbf{R}$ 上の $\gamma_j (1 \leq j \leq 2n)$ の双対とする. すると 2 形式 $d\gamma^{j*} \wedge d\gamma^{k*} (1 \leq j < k \leq 2n)$ は, $\mathbf{Z}$ 上の $H^2(M, \mathbf{Z})$ の生成系になる.

$$\omega = \frac{i}{2} \sum_{\nu, \mu} g_{\nu\bar{\mu}} dz^\nu \wedge d\bar{z}^\mu$$

を M 上のケーラー形式とする. ただし, $g_{\nu\bar{\mu}} \in \mathbf{C}$ で $(g_{\nu\bar{\mu}})$ は正値エルミート行列である.

$$\omega = \sum_{1 \leq j < k \leq 2n} v_{jk} d\gamma^{j*} \wedge d\gamma^{k*}, \quad v_{jk} \in \mathbf{R}$$

と書くとき，ω がホッジになるために $v_{jk} \in \mathbf{Z}$ が必要十分であることを示せ．

b)
$$\gamma_j = \begin{pmatrix} \gamma_j^1 \\ \gamma_j^2 \\ \vdots \\ \gamma_j^n \end{pmatrix} \in \mathbf{C}^n$$

とおく．すると次が成立することを示せ．
$$v_{jk} = -\Im\left(\sum_{\nu,\mu} g_{\nu\bar{\mu}} \gamma_j^\nu \bar{\gamma}_k^\mu\right), \quad 1 \leq j < k \leq n.$$

c) $n = 1$ の場合は，全ての M が，ホッジであることを示せ（したがって，特に M は射影代数的である (定理 8.5.1)）．

d) $n = 2$ として，次のように定める．
$$(\gamma_1, \gamma_2, \gamma_3, \gamma_4) = \begin{pmatrix} 1 & 0 & \sqrt{2}i & \sqrt{3}i \\ 0 & 1 & i & \sqrt{5}i \end{pmatrix}.$$

このとき，M はホッジではないことを証明せよ．

e) $n = 2$ として
$$(\gamma_1, \gamma_2, \gamma_3, \gamma_4) = \begin{pmatrix} 1 & 0 & 2i & 3i \\ 0 & 1 & i & 5i \end{pmatrix}$$

とおく．このとき，M 上のホッジ計量を求めよ．

連接性について

　序文と第 2 章の終わりで "連接性" の発見と歴史的経緯について少し述べたが，世界的にもこのことに関する認識が不十分で誤ったままになっていることをいくらかでも正すべく，ここで資料に基づき論じてみたい．少々重複する部分もあるが厭わず述べてゆくこととする．

　岡の一連の成果について，§2.5 の終わりで既に述べたようにタイヒミューラーモジュライ理論で有名な L. ベアースは，ニューヨーク大学クーラン数理科学研究所 (米国ニューヨーク市) での多変数関数論講義録[2] "Introduction to Several Complex Variables" (1964) の序を次の文で閉じている.

> Every account of the theory of several complex variables is largely a report on the ideas of Oka. This one is no exception.

L. ベアースは，多変数関数論・多変数複素解析学を専門とする数学者というわけではないので，その意味でここには第三者的な客観的な評価が在ると言うことができるであろう．

　その岡の仕事の中で，大きな到達点を与えるのが Oka VII で，そこで岡の第 1 連接定理 2.5.1 が初めて証明された．岡の第 1 連接定理 2.5.1 の証明は，それを読むたびにその見事さに感嘆する．R. レンメルト[47] は，§2.5 の初めに引用した文に続けて，次のように記している．

> By sheafifying one suddenly was able to obtain results one had not dared to dream of in 1950. ... In algebraic geometry, Serre proved in 1955, cf. [FAC], that the structure sheaves of algebraic varieties are coherent. This result, however, is much easier to obtain than Oka's theorem [1]

---

[1] より易しい代数的な場合が解析的な場合の結果に触発されて示されたということは，進展過程として興味深い．[FAC] は，セール[50] である．

1950年以降の多変数解析関数論あるいは多変数複素解析学の発展は,ひとえに Oka VII による岡の第 1 連接定理 2.5.1 にかかっていたと言って過言ではないであろう.この定理により第 1 論文 Oka I 以来用いてきた「岡の上空移行の原理」,そしてそれによるクザン問題の解決等々が自然に特異点を含む (内分岐点を許す領域の) 場合にも解決される:[2]

> (Oka VII (岩波版) 序文より) ... dans le présent Mémoire on trouvera, comme conclusion, plusieurs théorèmes et un problème bien filtré de la même nature (Voir No. 7); dont les théorèmes me sont indispensables pour traiter les problèmes depuis le Mémoire I, aux domaines contenant les points de ramification, et ils sont utiles pour les domaines moins compliqués.

> (和訳,以下岡論文の和訳は西野利雄 (岡潔文庫[46]) による) ... この論文でも,結論として,その種の幾つかの定理と精選された一つの問題を見いだすであろう (No. 7 を見よ).それらの定理は第 I 論文以来の諸問題を分岐点を含んだ領域に対して研究するためには不可欠であるばかりでなく,それよりも単純な領域の研究に対しても有用である.

内容的には,本書で第 5 章までに述べた結果を特異点を許す複素空間の上で展開することを意味する.視野的にはレビ問題 (ハルトークスの逆問題) もその中に含まれていた (本書第 7 章).岡は原論文 (Oka VII 岩波版) では,序文の最後の辺で次のように述べている.

> Or, nous, devant le beau système de problèmes à F. Hartogs et aux successeurs, voulons léguer des nouveaux problèmes à ceux qui nous suivront; or, comme le champ de fonctions analytiques de plusieurs variables s'étend heureusement aux divers branches de mathématiques, nous serons permis de rêver divers types de nouveaux problèmes y préparant.

> (和訳) さて,我々は F. Hartogs やその後継者達に負う一連の美しい問題群の延長上に,新しい問題群を後続の人々に残したいと想う.幸い多変

---

[2] 岡潔が,高木貞治への手紙 (1947 年 5 月 10 日付け) の最後の部分で述べている言葉である.(岡潔文庫[46],岡潔先生遺稿集第二集,p. 103.)

数解析函数の分野は数学の色々な分野に拡がっているため，我々はここに提起された新しい問題の様々な変形を夢見ることが許されるであろう．

しかし，H. カルタンの手によって[3]修正された Bull. Soc. Math. France (1950) の版では，この部分はすっぽり削除されてしまった．H. カルタンの視野には，この連接性がクザンの問題によく適合するものと見えていたが，レビ問題はその外にあったと思われる[5]．第 7 章末の歴史的補足で述べたように，岡は，その当時最も困難とされていたレビ問題を 1942 年に 2 次元単葉領域の場合に解決したのに続き 1943 年には一般次元不分岐被覆領域に対し解決していた (未発表)．岡は，それを特異分岐多葉領域の場合に拡張するために研究を重ねて，得た概念が不定域イデアルつまり連接性の概念であった．

しかし岡は，Oka IX で不分岐多葉領域の場合に限定して，第 1 連接定理のみを用いてレビ問題 (ハルトークスの逆問題) を解決した．後年，H. グラウェルト (ナラシムハーン[28] を参照) および J.E. フォルナェス[12] により分岐領域の場合は反例が与えられることになったので，この選択は正しかったことになる．

H. カルタン[5] がなんとか証明したかった連接定理を，岡は一般化された分岐多葉領域の場合にレビ問題を拡張した上で解決しようという目的で研究し証明を与えた．そのレビ問題 (ハルトークスの逆問題) への岡のコメントを H. カルタンは自身の手で削除してしまったということは，歴史の一コマの事実として興味深い．

岡の論文で，レビ問題 (ハルトークスの逆問題) に関係するコメントをした論文は次のものがある．

(i) Oka IV (1941) 序文最後から二つめの文章．
(ii) Oka VI (1942) で $\mathbf{C}^2$ の単葉領域の場合を解決した．
(iii) Oka VII (1948/1950) オリジナル (岩波版，英訳版) の序文最後の辺でハルトークスの問題として言及．
(iv) Oka VIII (1951) の序文初頭二つ目の文で，凸性の問題は少なくとも不分岐の多葉領域に対しては解決し，1943 年に高木貞治教授 (東大) への研究報告に日本語で書いたと記している．
(v) Oka IX (1953) で一般次元 $\mathbf{C}^n$ 上不分岐多葉領域の場合のレビ問題 (ハルトークスの逆問題) を解決．

岡は分岐領域の場合にレビ問題 (ハルトークスの逆問題) を解決すべく考え抜いて，得た概念が "連接性" であり，それが論文 Oka VII, VIII になったというこ

---

[3] このことは，種々の記録からわかる．

とになる．したがって Oka VII でレビ問題 (ハルトークスの逆問題) に言及するのは当然であったろう．ここに，カルタンの見ていた数学上の視野との差を自然に見ることができる．実際 H. カルタン[5] にはクザンの名前は非常に多く引用されるが，レビやハルトークスの名は出てこない．

連接性は，見たようにそこはかとない概念で，頼りなくただそれを見ただけではこれがクザン問題はともかく，ルンゲ近似の問題，レビ問題までを解決する基礎になるとは，通常とても思えない．これを見通した岡の目は，やはり天才の目である．天才の目には，層のコホモロジー理論という解釈がなくても見えるものは見えていたのであろう．R. レンメルトは，1984 年に出版された英訳の岡潔全集[45]4) の序文でゲーテの言葉を引用して次のように述べている．

> Okas Mathematik bedarf der Interpretation. GOETHE spricht einmal von der Dumpfheit des Genies, das Dinge schaut, ohne dem Geshauten sofort den klaren Ausdruck geben zu können. Klarheit wird erst allmählich druch später Arbeit gewonnen.

> (和訳) 岡の数学には通訳が要る．かつてゲーテは天才のわかりにくさについて，天才は見たものについての明白な表現を与えることができないままでそれを見る，と言っている．明白さは後続の仕事によってようやく得られる 5)．

また H. カルタンはその全体の解説の中で

> Mais il faut avouer que les aspects techniques de ses démonstrations et le mode de présentation de ses résultats rendent difficile la tâche du lecteur, et que ce n'est qu'au prix d'un réel effort que l'on parvient à saisir la portée de ses résultats, qui est considérable.

> (和訳) しかし次のことは認めざるを得ない．すなわち，彼の証明の技術的側面や彼の結果の表現の様式は読者の責務を困難にしているし，彼の結果の影響は重要なものであるが，それを理解するには真の努力と引き換えでなければならない．

と書いている．

---

4) ここに収録されている第 VII 論文は岩波版である．
5) この和訳と次の文の和訳も西野利雄[46] による．

代数幾何学に初めて "連接層" の概念を導入した J.-P. セール[50] (1955) は，論文の序文を次のように始めている：

> On sait que les méthodes cohomologiques, et particulièrement la théorie des faisceaux, jouent un rôle croissant, non seulement en théorie des fonctions de plusieurs variables complexes (cf. [5][6])), mais aussi en géométrie algébrique classique (qu'il me suffise de citer les travaux récents de Kodaira-Spencer sur le théorème de Riemann-Roch). Le caractère algébrique de ces méthodes laissait penser qu'il était possible de les appliquer également à la géométrie algébrique abstraite; le but du présent mémoire est de montrer que tel est bien le cas.
>
> (和訳) コホモロジー的方法と，特に層の理論は，多変数複素解析関数論のみではなく ([5] を参照) 古典的な代数幾何学に於いてもその役割を増しつつあることは認識されているところである (このことは，私にとってはリーマン–ロッホの定理についての小平–スペンサーの最近の仕事を見れば充分である)．この方法の代数的な性質は，その方法が抽象的代数幾何学へ応用することも同様に可能であると考えることを残す；本論文の目的はまさにそれを示すことにある．

今では代数幾何学では当然のこととなっている連接層の概念はこのようにして岡の連接定理がもととなり導入された．

後年，H. グラウェルトは連接性の華のようなコホモロジーの有限次元性を示し，レビ問題 (ハルトークスの逆問題) の別証明を与えた．それが，本書第 7 章で述べた証明である．さらには，この H. グラウェルトの定理により小平の埋め込み定理が特異点を持つ複素空間の場合にまで拡張された (注意 8.5.7 を参照)．

それほどに，この「岡の第 1 連接定理」の含む処は深かったのである．岡は，まず連接性の問題を $\mathcal{O}_{\mathbf{C}^n}$ の元の定義されている所が定まっていないイデアルの生成系に関する問題と捉えて，かかるイデアルを "**idéal de domaines indéterminés**" (不定域イデアル) と呼んだ．

H. グラウェルトと R. レンメルトは有名な著書 [G-R2] (1984) の序文で，

[6)] これは H. カルタン[7] のことである．

Of greatest importance in Complex Analysis is the concept of a coherent analytic sheaf.

と述べ，続けて H. カルタンはこれを 1944 年に「実験」し，岡が **1948** 年に肯定的に解答したと記している．"cohérent" の用語は，H. カルタン[5] (1944) による．岡の論文は Oka[42] VII で出版は 1950 年である．**1948** 年は論文の受理された年である[7]．H. グラウェルトと R. レンメルトは共著・単著全てにおいて，岡の第 1 連接定理を引用するとき，年号は常に "**1948**" としている．H. カルタン[6] (1950) もまた，岡の第 1 連接定理について

　"Oka a écrit en **1948** un Mémoire où il étudie les mêmes questions, quoique en des termes un peu différents."

　(和訳) "岡は同じ問題を考える論文を，語彙は少々異なるのであるが，**1948** 年に書いた．"

と書いている．したがって本書でもこれに倣った．これに関連して R. レンメルトが著書[48]，p. 141 で次のように記していることは興味深い．

　..... Oka, in his 1948 paper with the significant title "Sur quelques notions arithmetiques" (not published until 1950), struggled with "idéaux de domaines indéterminés". .....

さて，H. グラウェルトと R. レンメルトは同書 [G-R2] 序文の中頃で，「複素解析学における **4 基本連接定理**」として以下の (ii)〜(v) を掲げている．

基本連接定理　(i) $\mathcal{O}_{\mathbf{C}^n}$ は，連接である (本書 (以下同) §2.5 を参照)．
　(ii) 複素空間 X の構造層 $\mathcal{O}_X$ は，連接である (§6.9 を参照)．
　(iii) 幾何学的イデアル層 $\mathscr{I}\langle A \rangle$ は，連接である (§6.5 を参照)．
　(iv) 複素空間 X の正規化層 $\hat{\mathcal{O}}_X$ は，連接である (§6.10 を参照)．
　(v) 固有正則写像による連接層の任意次の順像層は，連接である (定理 6.9.8 を参照)．

岡は Oka VII (1948/'50) と VIII (1951) において (i), (iii), (iv) の三つの連接

---

[7] この意味で，岡の論文の受理日は重要な情報事項である．Springer 出版の全集[45] では論文受理日が全て削除されているのは不可解である．

定理を証明した. ここで, 内容的的に (i) と (iii) から従う (ii) の連接定理を同著者等は「岡の定理」と呼んでいることには注意したい. (v) の連接定理は H. グラウェルト[18] (1960) による.

岡の論文 Oka VII と VIII を見れば, (i), (iii), (iv) の 3 連接定理は, 一体のものであることがわかる. (iii) の幾何学的イデアル層 $\mathscr{I}\langle A\rangle$ の連接性は, 初めての証明が H. カルタン[6] (1950) により出版されたので, H. カルタンの名で引用されることが多いが, 1948 年に受理された Oka VII の中程 (第 2 節最後の段落) と最後の 2 カ所で計 16 行に渡り「幾何学的イデアル層の連接性の問題は解決可能であり次の論文で扱う」とその解決が明確に宣言されているものである. 実際, 論文には次のように記されている. 少々長くなるが引用してみよう. 初めに原論文である岩波版を見よう (波下線は現著者による).

(岩波版)

[§2 最後]:

Nous verrons deux espèces d'idéaux de domaines indéterminés pour lesquelles le problème (J) est résoluble aux polycylindres fermés; dont l'une sera traitée dans le présent Mémoire.

L'autre espèce est *les idéaux géométriques de domaines indéterminés* (ce qui correspond aux idéaux géométriques au champ de polynomes), qui deviendront indispensables à nous, lorsque nous nous occuperons des domaines admettant des points de ramifications. La démonstration pour les idéaux de cette espèce (pour que le problème (J) soit résoluble aux polycylindre fermés) demande, outre les résultats du Mémoire actuel, quelque notions sur tels domaines. Nous le traiterons donc, dans un Mémoire ultérieur.

(和訳) 我々は閉多円筒に対して問題 (J) が解けるような二種類の不定域イデアルに出合うだろう. その一つはこの論文で扱う.

もう一種類のそれは幾何学的不定域イデアル (これは多項式の分野の幾何学的イデアルに対応する) であり, これは分岐点を許すような領域を研究するとき, 不可欠になる. この種のイデアルに対する (問題 (J) を閉多円筒に対して解くための) 証明には, この論文の結果以外に, 内分岐域についての或る概念が必要になる. だからそれは次の論文で扱う.

[論文最後]：

Problème (J) *Pour les idéaux de domaines indéterminés, trouver les pseudobases finies locales.*

....

Comme cas particulier de ce problème, nous venons de résoudre le *problème* (K). Ceci a été indispensable pour établir les théorèmes ci-dessus. Nous reviendrons encore une fois à ce problème, et montrerons, pour *les idéaux géométriques de domaines indéterminés*, qu'il est résoluble sans condition. Cela est indispensable à nous, pour traiter les problèmes depuis le Mémoire I en admettant les points de ramifications d'intervenir. Ces deux exemples parlerons de l'importance du problème.

(Juillet 1948 à Kimimura, Wakayama-Ken, Japon. Reçu le 15 octobre, 1948.)

(和訳) 問題 (J). 不定域イデアルに対して局所有限擬底を見つけること．

....

この問題の特別な場合として，問題 (K) を解いた．これは上の定理を確立するのに不可欠であった．我々はこの問題にもう一度立ち戻る．そして幾何学的不定域イデアルに対してそれが無条件に解ける事を見るだろう．これは我々にとって，第 I 論文以来の諸問題を，分岐点の生じることを許して，研究するのに不可欠である．この二つの例はこの問題の重要性を物語っている．

(1948 年 7 月 和歌山県紀見村にて，1948 年 10 月 15 日受理)

次にフランス数学会紀要に出版されたものを見てみよう．趣旨は同じであるが，フランス語の文章表現は微妙に異なる．

(Bull. Soc. Math. France 版)

[§2 最後]：

Nous étudierons deux catégories d'idéaux de domaines indéterminés pour lesquels le problème (J) peut être résolu pour les polycylindres fermés bornés. L'une d'elles va être étudiée dans le présent Mémoire. L'autre est celle des *idéaux géométriques de domaines indéterminés* (qui correspondent aux idéaux de polynomes attachés aux variétés algébriques), dont la considération deviendra indispensable quand nous aurons à nous occuper des domaines qui admettent des points de ramification. Pour pouvoir montrer que le problème (J) peut être résolu pour les idéaux de cette espèce (et pour les polycylindres bornés fermés), nous aurons besoin non seulement des résultats du présent Mémoire, mais de quelques notions concernant les domaines ramifiés. Nous réserverons donc cette étude pour un Mémoire ultérieur.

［論文最後］：

PROBLÈME (**J**). — *Pour les idéaux de domaines indéterminés, trouver une pseudo-base finie locale.*

....

C'est un cas, particulier de ce problème qui a été résolu sous la forme du problème (K). La solution du problème (K) nous était indispensable pour établir les théorèmes ci-dessus. Nous reviendrons une autre fois sur le problème (J), et montrerons qu'il est résoluble sans condition pour les *idéaux géométriques de domaines indéterminés*. Cela nous sera indispensable si nous voulons pouvoir traiter les problèmes envisagés depuis le Mémoire I, dans le cas où des points de ramification ne sont pas exclus. Ces deux exemples mettront en évidence l'importance du problème.

(Manuscrit reçu le 15 octobre 1948).

幾何学的イデアル層の連接性の証明を与える H. カルタンの論文が Oka VII が掲載されるフランス数学会紀要の同じ号に頁を続けて掲載されることになることを岡潔は知らされていなかったと思われる．それは，その直前に書かれた論文（論説）[42][49]（1949 年 12 月 19 日受理）で引用している H. カルタンの論文は[5] 1944 年のものまでである．Oka VII は，H. カルタンにより改変されており，この 16 行に渡る部分も元の文章からいくらか変更されている．論文出版に至るこの扱いは，岡潔からみればかなり心外なものであったろうと思われる [8]．

---

8) 岡潔は，後年この論文の文章表現の変更がいかに不本意なものであったかについて論述している（日本語）．題目は，「数学における主観的内容と客観的形式とについて」である．巻末参考文献[46] 参照．

この部分について，H. カルタンは後年岡潔全集[45] (Springer) のコメンタリーの中で次のように述べている．

> Oka pose ici une série de problèmes fondamentaux. Le problème (J), en termes de faisceaux, est le suivant: "un faisceau analytique d'idéaux est-il cohérent?" Oka donne lui-même un contre-exemple. Il semble qu'à cette époque il savait que le faisceau d'idéaux défini par un sous-ensemble analytique est cohérent (cf. les 5 dernières lignes du Mémoire): mais il n'a pas publié de démonstration, ce résultat ayant éte entre temps publié par CARTAN dan son article 1950.

> (和訳) 岡はここで一連の基本問題を与えている．問題 (J) は，層の言葉で言えば次のようになる："ある解析的イデアル層は連接であるか？" 岡は，同時に或る反例も与えている．彼はこの時点で解析的部分集合によって定義されるイデアル層は連接的であることを知っていたようである (この論文の最後 5 行を見よ)：しかし彼は証明を発表することなく，この結果はその間にカルタンの 1950 年の論文で発表された．

しかし，幾何学的イデアル層が連接であることを次の論文で証明するとアナウンスしているのは，論文最後の部分だけではなく，本文中 §2 の最後でもより詳しく明確に解決のアナウンスをしていることは，既に述べた通りである．

このような歴史的流れに基づき，本書では基本連接定理の (i), (iii), (iv) の三つを順に

岡の第 1 連接定理，岡の第 2 連接定理，岡の第 3 連接定理

と呼ぶことにした．第 2 連接定理については，H. カルタンがその間に岡の第 1 連接定理の証明に基づき独自の証明を与えたというのが歴史上の実際に最も近いであろう．

とまれ，岡の連接定理は，現在では (一変数・多変数) 複素解析学のみならず複素幾何学，代数幾何学，微分方程式論，佐藤の超関数論，D 加群の理論，表現論等々において基本的な概念を成し，陰に陽に数学理論の記述様式を与えている．(第 4 章の終わりも参照．)

余　　録

多変数解析関数論の発展の歴史については，参考書［一松］の巻末に写真入りの印象深い記事がある．本格的な多変数解析関数論の歴史を述べる能力は著者にはないので，岡潔先生の事跡を少々と本書に現れた数学者達の様子がどんなものかを "多変数解析関数論小話風" に紹介してみたいと思う．いくらか個人的な経験も入るので，名前は尊称を付けた形で書くことにする[9]．

既に何度か述べて来たように本書は，多変数解析関数論の基礎理論を解説したものであるが，内容的には順序は異なるが岡潔先生の一連の論文[42]の内容の解説となっている．その初めの頃の論文 Oka I, II が出版された頃，岡潔先生宛に 1938 年 5 月 16 日付けで書かれたフランス・ドイツの四方の名の良く知られた数学者からの葉書がある：

Münster i. W.

16-5-38

Monsieur et cher Colligue,

　A l'occasion d'une petite réunion de specialistes des fonctions analytiques de plusieurs variables, nous nous sommes aperçus qu'il restait un point obscur dans vos beaux travaux sur le problème de Cousin: il s'agit de savoir si le nom de Oka doit être prononcé à l'anglaise ou à la françaíse. C'est un problème que nous n'avons pas pu résoudre. En attendant la solution, nous vous envoyons notre meilleur souvenir.

H. Cartan　H. Behnke　E. Peschl　K. Stein

(和訳)　　　　　　　　　ヴェストファーレン県ミュンスターにて

1938 年 5 月 16 日

親愛なる友へ

---

[9] 本書を書き始めた頃は著者にとって "岡潔" の名は，"岡潔博士" が一番相応しい感であった．しかし，本書を書きながら多変数解析関数論の理解がこれまで考えていた以上に進み，小さいながらも新しい発見もあり，終える頃になると "岡潔先生" としたく思うようになった．

多変数函数論のある小さな集まりで，クザンの問題について貴方の素晴らしい論文を読み，私たちに残ったただ一つの不明確な点は，Oka という名はイギリス風に発音すべきか，あるいはフランス風にすべきかということだけでした．この解決に臨んで，我々の沢山の想いを込めつつ．
H. カルタン　H. ベーンケ　E. ペシュル　K. スタイン

ミュンスターにてとあるが，ここは H. ベーンケや K. スタインが勤めていた大学がある町であるから，そこで，Oka I, II を読む小研究集会がもたれそれに参加するため H. カルタンは彼の地を訪れていたものと思われる．文面は仏文で H. カルタンが署名の初めの名前となっている．おそらくは，H. ベーンケが中心になって認めたものと思われる．最後の文章はちょっと和訳しにくいが，文面からは親愛の気持ちがよく感じとられる．この一事からもいかに岡潔先生の研究成果が世界的インパクトを持って迎えられたかがわかる．

岡潔先生は 1901 (明治 34) 年 4 月 19 日大阪市東区田島町に生まれられた．郷里は大阪府と和歌山県の境にある紀見峠である．高校 (旧制) は第三高等学校 (京都) で京都帝国大学を卒業した．大学入学時は物理学科であったが 2 年次に数学科に転科した．初めは数学でやってゆく自信がなかったので物理に入ったが数学の期末試験のある問題について大いに自信をもてる解答ができ，それで数学科に変わったそうである．

写真 (1) はその頃のものである．この話は岡先生の随筆「春宵十話」(口述，毎日新聞社) にある．この随筆は昭和 37 (1962) 年 4 月に 10 日間連続して毎日新聞に連載されたもので，著者も家で毎日新聞をとっていたので，この随筆を読んだ．子供心にも何か不思議な印象が心に起こり，熱心に読んだ．現在，岡潔先生の色々な記録が奈良女子大学付属図書館が設けているインターネットサイト
URL "http://www.lib.nara-wu.ac.jp/oka/"
にある．そこには，岡潔先生が公式に学術誌に出版されたものの他に膨大な量の書き残された記録を見ることができる．それによると，岡先生が "連接性 (不定域イデアル)" の着想を得て形

写真 (1)

にするのに 7 年かかったと自身述べている[10]．これが結実したのが Oka VII (1948/'50) で，Oka VI (1942) 以降論文の出版はないので，この間岡先生はそれに全精神を集中させていたことになる．これは，実に大変なことと思う (想像してみただけでも)．その頃，収束巾級数環 $\mathcal{O}_{\mathbf{C}^n,a}$ などという基本的なものに未発見の重要な性質がまだあるなどとは誰も考えていなかったであろうその中で，岡潔先生は "未だある" と "影" を見始めていた．数学の先端方向ではなく底の方へ逆進し基本部分で真に新しい発見をするには，そのような精神の集中が必要なのだろう．写真 (2) はその頃のものである．やはり何か，数学の歴史上の大発見をする前夜の精神の緊張感が伝わって来るようである．

写真 (2)

この頃，岡先生は無職で，郷里の紀見峠に住んでおられたが，生活に困り高木貞治教授 (東京帝国大学，数論の類体論の創始者として有名) のお世話である奨学援助会から援助を受けていた．その後新制の奈良女子大学に職をとられ定年退官されるまで勤められた．岡潔先生は，その業績により色々な賞を受賞されたがやはり一番は 1960 年秋の文化勲章であろう (写真 (3))．写真右端が岡先生で順に吉川英治 (作家)，佐藤春夫 (詩人・作家) がいる．左端は内閣総理大臣池田勇人であった．

写真 (3)

---

[10] 岡潔文庫[46]「数学における主観的内容と客観的形式とについて」p. 3 を参照.

写真 (4) は 1955 年 J.-P. セールが奈良へ岡先生を訪ねられたときの写真で，秋月康夫，一松信，中野茂男諸先生等と奈良ホテル玄関でのもの，写真 (5) は 1963 年 H. カルタンが奈良へ岡先生を訪ねたときのものである．

写真 (4)

写真 (5)

岡潔先生は，1978 年 3 月 1 日に奈良で生涯を終えられた．

岡理論は色々な数学者が証明の改良，一般化をしている．数学は只一人天才の仕事だけで進展するものではなく，それを色々な見方・考え方で研究することや

小さいながらも新しい発見をすることも大事である．その意味で研究交流は数学の進展に重要な意味を持つ．ここでは，以下著者が経験した研究交流の一面を述べてみたい．本書で名前の出てきた数学者がどのような風貌をしているかわかると数学理論により親しみが湧くことと思う．

写真 (6)

写真 (7)

写真 (6) は，中央がスタイン空間の名で名高い K. スタイン，右が多変数値分布理論で高名な W. ストール，左は筆者である．写真 (7) は，左が R. レンメルト，中央と右は実解析で名高い E.M. スタイン夫妻である．これ等は，1981 年秋に上海の奥にある杭州 (南宋の首都) で開かれた研究集会のときのものである．

写真 (8)

写真 (9)

　写真 (8) は 1984 年 10 月アメリカ・インディアナ州にあるノートルダム大学で W. ストール先生の還暦祝いの研究集会が開かれたときのもので，H. グラウェルト (左より二番目) を交えて撮ったものである．右端が W. ストール，その左は著者，左端が W. ストールの弟子の P.-M. ワンである．写真 (9) は同じときのもので，左端が R. ナラシムハーン，中央が多変数保型形式や対称空間の理論で有名な W.L. ベイリー Jr., 右端は W. ストールである．

　多変数複素解析学の分野での国内における国際研究集会としては 1986 年秋に初

めて中野茂男先生(京都大学数理解析研究所教授)を組織委員長として京都大学数理解析研究所において "多変数国際会議・京都" が開催された．1995年には神奈川県葉山にある湘南国際村センターにおいて "Geometric Complex Analysis 1995" という数学の一分野の研究集会としてはかなり大きな(参加者約150名，海外参加者43名(13ヶ国))国際研究集会が開かれた．組織委員会は，著者を含めて内外の専門家10人で構成された．その頃までは海外渡航(派遣・招聘の両方)に使える研究資金が非常に限定的で，その部分で大変苦労した．その点は翌年の1996年度より公的に最も一般的な研究費である科学研究費が海外渡航使用解禁になり，日本の研究集会の国際化に大いに助けになった．この二つのことが契機となり，日本でも "Hayama Symposium on Complex Analysis in Several Variables" という国際研究集会が毎年開催されるようになり，この分野での研究活動で世界的な認知度も徐々に上がり，現在では一角を成すに至っている．

そのような中で，2001年秋には "岡潔生誕百年記念研究集会 (Memorial Conference of Kiyoshi Oka's Centennial Birthday on Complex Analysis in Several Variables, Kyoto/Nara 2001)" が京都大学数理解析研究所と奈良女子大学を会場として開催された．組織委員長は岡先生直弟子の西野利雄先生であった．写真(10)はそのとき海外よりの主招待者と組織委員を中心に夕食会を開いたときのも

写真(10)

名前(敬称略，最後列左より)

大沢健夫　藤本坦孝　辻元　平地健吾　L.Lempert　松本和子　志賀弘典　宮嶋公夫　上田哲生
松原さおり　岡睦哉　鯨岡すがね　野口潤次郎　N.Sibony　山口博史　風間英明
J.E.Fornaess　P.Dolbeault　J.Wermer　J.J.Kohn　H.Grauert　倉西正武　小林昭七　西野利雄

のである．海外からの参加者には他に Y.-T. Siu, B. Shiffman, E. Bedford, O. Riemenschneider, L. Lempert, … などがいた．これだけの世界的に著名な研究者が一堂に集まったのも "岡潔" の名のご威光であった．

　最後に岡先生の書かれた言葉で著者が読み最も印象深く残っているものを読者へ伝えたい．多分高校三年生か大学に入学した頃と思う．ある一般的な数学月刊誌に大学一年の夏休みに読むことを薦める本を大学の数学の先生が挙げる記事があった (記録を随分探したのだが見つからなかった)．弥永昌吉博士や，矢野健太郎先生が英語の原著の本などを挙げていた．その中に岡潔先生も入っておられたが，書かれていることが他の先生方とまるで違っていた．細かい表現は忘れたが，要旨は，

　　「万葉集を読みなさい．理由は，日本人が花を咲かせるその咲かせ方が
　　書いてある」

というものだった．永いことこの意味が著者には理解不能であった．しかし，最近この言葉の意味が少しわかるような気がしている．

参考書・文献

参　考　書

一変数関数論
一変数関数論の教科書は多くの著書が出版されている．ここでは，次のものを挙げておこう．

［小松］小松勇作，函数論，朝倉書店，1960．
［野口］野口潤次郎，複素解析概論，裳華房，1993．
［藤本］藤本坦孝，複素解析，岩波書店，2008．

これらの本には，第 1 章で引用した内容が全て詳しく書かれている．

多変数関数論
多変数解析関数論については，大学院レベルを想定した本は，色々出版されてきた．以下に挙げた著書はそれぞれ歴史的な意味もあり，特徴のある本である．

［一松］一松 信，多変数解析函数論，培風館，1960．
［中野］中野茂男，多変数函数論，数理科学ライブラリー 4, 朝倉書店，1981．
［西野］西野利雄，多変数函数論，東京大学出版会，1996．
［大沢］大沢健夫，多変数複素解析/増補版，岩波書店，2008/2018．
［Hör］Lars Hörmander, Introduction to Complex Analysis in Several Variables, Third Edition, North-Holland, 1989./ 笠原乾吉訳 (第 2 版) 多変数複素解析学入門，東京図書，1973．
［G-R1］Hans Grauert and Reinhold Remmert, Theorie der Steinschen Räume, Springer-Verlag, 1977./Translated by Alan Huckleberry, Theory of Stein Spaces, Springer-Verlag, 1979./ 宮嶋公夫訳，シュタイン空間論，シュプリンガー，2009．
［G-R2］Hans Grauert and Reinhold Remmert, Coherent Analytic Sheaves, Springer-Verlag, 1984．

[Gu-R] Robert C. Gunning and Hugo Rossi, Analytic Functions of Several Complex Variables, Prentice-Hall, 1965.

　[西野] は，岡論文 (Oka I～IX) を順序を含めてその通りに解説した特徴ある本である．証明法も原論文のものを用いており，したがって層のコホモロジーは出てこない．岡の連接定理は，後半に入って扱われ，岡の連接定理第1～第3は全て証明されている (p. 204, p. 227, p. 241).

　[一松] と [Gu-R] は，レビ問題 (ハルトークスの逆問題) をグラウェルトの有限次元性定理を用いて証明している．岡の連接定理は，後半になって扱われている．[一松] では岡の第2・第3連接定理の証明が与えられてなく，[Gu-R] では第3連接定理が扱われていない．

　[中野] は，スタイン多様体の理論と小平消滅定理を融合する弱1完備多様体上の中野の消滅定理を最終目標とする中野博士自身の手による意欲的な著書である．

　[大沢] は，$\bar{\partial}$方程式論の立場から多変数解析関数論を扱う専門書である．岡–カルタン理論で重要な役を果たした "岡の上空移行の原理" を評価付で解を求める "大沢–竹腰の拡張定理" は，代数幾何方面にまで多くの応用を含み有名である．

　[Hör] は，多変数解析関数論に$\bar{\partial}$方程式を通して関数解析的手法を導入し定着させた名著として名高い．ただし，解析的集合についてはあまり説明されていない．

　[G-R1] と [G-R2] は，ある意味一体のもので，[G-R2] では連接定理が詳細に扱われ，それに基づいて [G-R1] ではスタイン空間論が展開されている．ただ，不思議なことにレビ問題 (ハルトークスの逆問題) は扱われていない．

その他

代数の基本事項の引用は，次の本によった．
　[永田] 永田雅宜, 可換体論, 数学選書 6, 裳華房, 1967.
　[森田] 森田康夫, 代数概論, 数学選書 9, 裳華房, 1987.
　[Lan] Serge Lang, Algebra, Addison-Wesley Publ. Co., 1965.

可微分多様体からの引用は次の本にある基本事項の部分で十分である．
　[村上] 村上信吾, 多様体, 共立出版 (第2版), 1989.
　[松島] 松島与三, 多様体入門, 数学選書 5, 裳華房, 1965.

線形位相空間論からは，次の本を参考にした．
　[山中] 山中 健, 線形位相空間論と一般関数, 共立出版, 1966.

[前田] 前田周一郎, 函数解析, 森北出版, 1974.

専　門　書

さらにこの分野の勉強を進めたいという読者は, 上記の参考書を自分で開き判断してほしい. 第8章で少々現れたコンパクトケーラー多様体については, Weil[53]が名高い.

最近, 岡原理について意欲的な Forstnerič[14] が出版された. 前述の L^2-$\bar{\partial}$ 法による大沢–竹腰の定理の最良評価と吹田予想の解決など最近の進展については Ohsawa[41] が詳しい.

また, レビ問題(ハルトークスの逆問題)とは異なる方向性への複素解析性の研究発展である小林双曲的複素空間については Kobayashi[25] が詳しい. やはり複素解析性を究める多変数関数論の一分野である, ネヴァンリンナ理論を多変数化した正則写像の値分布理論については落合–野口[40](Noguchi–Ochiai[37]) やそれに続く野口[31], Noguchi–Winkelmann[38] を見られたい.

以上の著書とそこにある参考文献をたどればかなりの事がわかると思う.

文　献

[1] A. Andreotti and R. Narasimhan, Oka's Heftungslemma and the Levi problem, Trans. Amer. Math. Soc. **111** (1964), 345–366.

[2] L. Bers, Introduction to Several Complex Variables, Lecture Notes, Courant Inst. Math. Sci., New York University, 1964.

[3] H.J. Bremermann, Über die Äquivalenz der pseudokonvexen Gebiete und der Holomorphiegebiete im Raum von n komplexen Veränderlichen, Math. Ann. **128** (1954), 63–91.

[4] H. Cartan, Sur les matrices holomorphes de n variables complexes, J. Math. pure appl. **19** (1940), 1–26.

[5] H. Cartan, Idéaux de fonctions analytiques de n variables complexes, Ann. Sci. École Norm. Sup. **61** (1944), 149–197.

[6] H. Cartan, Idéaux et modules de fonctions analytiques de variables complexes Bull. Soc. Math. France **78** (1950), 29–64.

[7] H. Cartan, Variétés analytiques complexes et cohomologie, Colloque sur les fonctions de plusieurs variables, pp. 41–55, Bruxelles, 1953.

[8] H. Cartan et J.-P. Serre, Un théorème de finitude concernant les variétés analytiques compactes, C. R. Acad. Sci. Paris **237** (1953), 128–130.

[9] H. Cartan und P. Thullen, Regularitäts- und Konvergenzbereiche, Math. Ann. **106** (1932), 617–647.

[10] F. Docquier und H. Grauert, Levischen problem und Rungescher Satz für Teilgebiete Steinscher Mannigfaltigkeiten, Math. Ann. **140** (1960), 94–123.

[11] P. Dolbeault, Sur la cohomologie des variétés analytiques complexes, C.R. Acad. Sci. Paris **236** (1953), 175–177.
[12] J.E. Fornaess, A counterexample for the Levi problem for branched Riemann domains over $\mathbf{C}^n$, Math. Ann. **234** (1978), 275–277.
[13] J.E. Fornaess and B. Stensønes, Lectures on Counterexamples in Several Complex Variables, Math. Notes 33, Priceton University Press, Princeton N.J., 1987.
[14] F. Forstnerič, Stein Manifolds and Holomorphic Mappings : the homotopy principle in complex analysis, Ergebnisse der Math. ihrer Grenzgebiete 56, Springer-Verlag, that Berlin, 2011.
[15] R. Fujita, Domaines sans point critique intérieur sur l'espace projectif complexe, J. Math. Soc. Jpn. **15** (1963), 443–473.
[16] H. Grauert, Charakterisierung der holomorph vollständigen komplexen Räume, Math. Ann. **129** (1955), 233–259.
[17] H. Grauert, On Levi's problem and the imbedding of real-analytic manifolds, Ann. Math. **68** (1958), 460–472.
[18] H. Grauert, Ein Theorem der analytischen Garbentheorie und die Moduleräume komplexer Strukturen, Publ. IHES **5** (1960), 233–292. Berichtigung: Publ. IHES **16** (1963), 131–132.
[19] H. Grauert, Über Modifikationen und exzeptionelle analytische Mengen, Math. Ann. **146** (1962), 331–368.
[20] H. Grauert, Bemerkenswerte pseudokonvexe Mannigfaltigkeiten, Math. Z. **81** (1963), 377–391.
[21] H. Grauert, Selected Papers, Springer-Verlag, Berlin-New York, 1994.
[22] 一松信, 岡の接続定理について, 数学 **1** (4) (1949), 304–307.
[23] L. Hörmander, Introduction to Complex Analysis in Several Variables, First Edition 1966, Third Edition, North-Holland, 1989.
[24] 金子晃, 超函数入門, 東京大学出版会, 1996.
[25] S. Kobayashi, Hyperbolic Complex Sapces, Grundleh. Math. Wiss. Vol. 318, Springer-Verlag, Berlin-Heidelberg, 1998.
[26] K. Kodaira, On Kähler varieties of restricted type, Ann. Math. **60** (1954), 28–48.
[27] R. Narasimhan, The Levi problem for complex spaces, II, Math. Ann. **146** (1962), 195–216.
[28] R. Narasimhan, The Levi problem in the theory of functions of several complex variables, Proc. Internat. Congr. Mathematicians (Stockholm, 1962), pp. 385–388, Inst. Mittag-Leffler, Djursholm, 1963.
[29] R. Narasimhan, Introduction to the Theory of Analytic Spaces, Lecture Notes in Math. **25**, Springer-Verlag, 1966.
[30] 西野利雄, 多変数函数論, 東京大学出版会, 1996; 英訳, Function Theory in Several Complex Variables, transl. by N. Levenberg and H. Yamaguchi, Amer. Math. Soc. Providence, R.I., 2001.
[31] 野口潤次郎, 多変数ネヴァンリンナ理論とディオファントス近似, 共立出版, 2003.
[32] J. Noguchi, Another direct proof of Oka's theorem (Oka IX), J. Math. Sci. Univ. Tokyo **19** (2012), 1–15.
[33] J. Noguchi, A remark to a division algorithm in the proof of Oka's First Coherence Theorem, Internat. J. Math. **26** No. 4 (2015), DOI: 10.1142/S0129167X15400054.
[34] J. Noguchi, Inverse of Abelian integrals and ramified Riemann domains, Math. Ann. **367** (2017), 229–249; DOI: 10.1007/s00208-016-1384-2.

[35] J. Noguchi, Analytic Function Theory of Several Variables—Elements of Oka's Coherence, Springer, 2016.
[36] J. Noguchi, A brief chronicle of the Levi (Hartogs' Inverse) Problem, Coherence and an open problem, Manuscript, 2018, to appear in Notices Intern. Cong. Chin. Math., Intern. Press.
[37] J. Noguchi and T. Ochiai, Geometric Function Theory in Several Complex Variables, Math. Mono. Vol. 80, Amer. Math. Soc., 1990.
[38] J. Noguchi and J. Winkelmann, Nevanlinna Theory in Several Complex Variables and Diophantine Approximation, Grundl. der Math. Wiss. Vol. 350, Springer, Tokyo–Heidelberg–New York–Dordrecht–London, 2014.
[39] F. Norguet, Sur les domains d'holomorphie des fonctions uniformes de plusieurs variables complexes (Passage du local au global), Bull. Soc. Math. France **82** (1954), 137–159.
[40] 落合卓四郎・野口潤次郎, 幾何学的関数論, 岩波書店, 1984.
[41] T. Ohsawa, L^2 Approaches in Several Complex Variables, Springer Math. Mono., Springer, Tokyo, 2015.
[42] K. Oka, Sur les fonctions analytiques de plusieurs variables:
I – Domaines convexes par rapport aux fonctions rationnelles,
J. Sci. Hiroshima Univ. Ser. A **6** (1936), 245–255 *[Rec. 1 mai 1936]*.
II – Domaines d'holomorphie,
J. Sci. Hiroshima Univ. Ser. A **7** (1937), 115–130 *[Rec. 10 déc 1936]*.
III – Deuxième problème de Cousin,
J. Sci. Hiroshima Univ. **9** (1939), 7–19 *[Rec. 20 jan 1938]*.
IV – Domaines d'holomorphie et domaines rationnellement convexes,
Jpn. J. Math. **17** (1941), 517–521 *[Rec. 27 mar 1940]*.
V – L'intégrale de Cauchy,
Jpn. J. Math. **17** (1941), 523–531 *[Rec. 27 mar 1940]*.
VI – Domaines pseudoconvexes.
Tôhoku Math. J. **49** (1942(+43)), 15–52 *[Rec. 25 oct 1941]*.
VII – Sur quelques notions arithmétiques,
Bull. Soc. Math. France **78** (1950), 1–27 *[Rec. 15 oct 1948]*.
VIII – Lemme fondamental,
J. Math. Soc. Japan **3** (1951) No. 1, 204–214; No. 2, 259–278 *[Rec. 15 mar 1951]*.
IX – Domaines finis sans point critique intérieur,
Jpn. J. Math. **23** (1953), 97–155 *[Rec. 20 oct 1953]*.
X – Une mode nouvelle engendrant les domaines pseudoconvexes,
Jpn. J. Math. **32** (1962), 1–12 *[Rec. 20 sep 1962]*.
[i] Note sur les familles de fonctions multiformes etc.,
J. Sci. Hiroshima Univ. **4** (1934), 93–98 *[Rec. 20 jan 1934]*.
[ii] Sur les domaines pseudoconvexes,
Proc. of the Imperial Academy, Tokyo (1941), 7–10 *[Comm. 13 jan 1941]*.
[iii] Note sur les fonctions analytiques de plusieurs variables,
Kōdai Math. Sem. Rep. (1949), no. 5–6, 15–18 *[Rec. 19 déc 1949]*.
[43] K. Oka, Posthumous Papers of Kiyoshi Oka, Eds. T. Nishino and A. Takeuchi, Kyoto, 1980–1983: URL "http://www.lib.nara-wu.ac.jp/oka/".

[44] Kiyoshi Oka, Sur les fonctions analytiques de plusieurs variables, Iwanami Shoten, Tokyo, 1961.
[45] Kiyoshi Oka, Collected Works, Translated by R. Narasimhan, Ed. R. Remmert, Springer-Verlag, Berlin–Heidelberg–New York–Tokyo, 1984.
[46] 岡潔文庫，奈良女子大学付属図書館，URL "http://www.lib.nara-wu.ac.jp/oka/".
[47] R. Remmert, Local Theory of Complex Spaces, Chap. I, Several Complex Variables VII, Ency. Math. Vol. 74, Springer-Verlag, Berlin etc. 1994.
[48] R. Remmert, Classical Topics in Complex Function Theory, translated by L. Kay, G.T.M. 172, Springer, New York, 1998.
[49] J.-P. Serre, Quelques problèmes globaux relatifs aux variétés de Stein, Colloque sur les Fonctions de Plusieurs Variables, Bruxelles, 1953.
[50] J.-P. Serre, Faisceaux algébriques cohérents, Ann. Math. **61** No. 2 (1955), 197–278.
[51] K. Stein, Topologische Bedingungen für die Existenz analytischer Funktionen komplexer Veränderichen zu vorgegebenen Nullstellenflächen, Math. Ann. **117** (1941), 727–757.
[52] A. Takeuchi, Domaines pseudoconvexes infinis et la métrique riemannienne dans un espace projectif, J. Math. Soc. Jpn. **16** (1964), 159–181.
[53] A. Weil, Introduction à l'Étude des Variétés kähleriennes, Hermann, 1958：佐武一郎・小林昭七訳，ケーラー多様体論入門，シュプリンガー・ジャパン，2010.

一般索引

あ 行

イェンゼン (Jensen) の公式　275
一致の定理　8
一般補間定理　145
陰関数定理　18
因子　176
因子群　176
　　——の層　176

薄い集合　199
埋め込み (embedding)　141

エルミート (Hermite) 計量　184

岡–カルタンの基本定理　129, 143, 270
岡原理 (Oka principle)　100, 178, 179
岡写像　133
岡の基本補題　124
岡の上空移行　132–135
岡の上空移行写像 (岡写像)　133, 143
岡の第 1 連接定理　49
岡の第 2 連接定理　226
岡の第 3 連接定理　262
岡の定理　306, 309, 312, 327
岡の例　189
岡分解 (Oka syzygies)　119, 123

か 行

階位関数　294
開写像　201

階数　265
外積　86
解析関数　5
解析接続　12
解析的 (部分) 集合　43
解析的多面体　129
解析的閉包　221
解析的ポアンカレの補題　91
外微分　85, 87
滑性化　280, 289
可微分多様体　139
可約　205, 233
H. カルタン (Henri Cartan)　56, 57, 102, 109
カルタン–セールの定理　343
カルタン–トゥーレン (Thullen) の定理　160
カルタンの行列分解　112
カルタンの融合補題　116
関係層　45
(d) 完全　87
完全連続　302
環付空間　248
完備　24

基点集合　346
擬凸　286, 316
擬凸領域　294
帰納的極限 (inductive limit, direct limit)　23
帰納的射影法　239
既約　205, 234
逆関数定理　19
既約成分　206, 235
　　——への分解　235

境界距離関数　161, 312
強擬凸 (関数)　288
強擬凸境界　294
強擬凸領域　294
強多重劣調和　288
局所座標近傍　140, 141
局所座標系　140, 141
局所図　140, 141, 249
局所図近傍　249
局所有限　45, 73
局所有限生成系　45
曲率形式　184

クザン (Cousin) I 分布　174
クザン I 問題　97
クザン II 分布　100, 176
クザン II 問題　99
グラウェルトの岡原理 (Grauert's Oka principle)　184
グラウェルト (Hans Grauert) の消滅定理　348
グラウェルトの定理　306, 346

ケーラー (Kähler) 形式　344
ケーラー計量　344

広義一様収束位相　338
広義一様絶対収束　8
格子　351
高次順像層　251
構造層　231, 249
コサイクル (co-cycle)　69
コーシー (Cauchy) の定理　1
コバウンダリー (co-boundary)　69
コホモロジー (群) (cohomology (group))　69, 71, 78
固有 (proper)　vi
根基 (radical)　202, 209

さ　行

最大値原理　10
作用素ノルム　109

次元　19, 140, 224

自明解　51
自明なベクトル束　180
弱正則関数　253
弱分離条件　271
終結式 (resultant)　38
収束域　151
純次元　224
順像 (層)　28
真に分解　205

スタイン (K. Stein) 空間　270
スタイン条件　142, 270
スタイン多様体　142
ストークス (Stokes) の定理　275

正規 (normal)　253
正規化　261
正規複素空間　253
正則 p 形式　91
正則埋め込み　142
正則拡大 (extension of holomorphy)　313
正則関数　5, 231, 249
　　——の芽の層　26, 231
正則写像　232, 250
正則同型　6, 142, 250
正則同型写像　250
正則凸点　295
正則凸包　15
正則はめ込み　142
正則ベクトル束　179
正則包 (envelope of holomorphy)　313
正則領域 (domain of holomorphy)　15, 313
正則直線束　179
正直線束　344
整閉　252
切断　180
セミノルム (semi-norm)　297
セール (Jean-Pierre Serre) の定理　64
セールの例　191
線形位相空間　298
線形ベール空間　300
全実部分空間 (totally real subspace)　195
全実部分空間除去可能定理　195
全射　vi
前層 (presheaf)　22

層 (sheaf) 20
双正則写像 6, 142, 250
相対コンパクト 302
存在域 15

た 行

台 vi, 68
第 1 チャーン (陳, Chern) 類 101, 178, 183
(射影) 代数的 198
代数的部分集合 197
対数凸 154
対数凸包 155
多項式的元 51
多項式的切断 51
多項式的芽 51
多項式凸 145
多項式凸包 145
多重円板 (polydisc) 6
多重回転 152
多重添え字が狭義単調増加 86
多重添え字の長さ 86
多重半径 6
多重劣調和 286
短完全列 60
単射 vi
単純拡張 130
単体 (simplex) 68
単調減少 vi
単調増加 vi
単葉領域 142, 252

チェック (Čech) コホモロジー (群) 71
チャウの定理 248
チャーン形式 184
長完全列 74
超球 5
超球面 5
超平面束 345
調和関数 276

通常点 (非特異点) 200, 250

定係数微分形式 (constant differential form)

85
特異点 200, 250
トーラス 351
ド・ラーム (de Rham) コホモロジー (群) 89
ド・ラームの定理 89
ド・ラーム分解 89
ドルボー (P. Dolbeault) コホモロジー (群) 95
ドルボーの定理 95
ドルボーの補題 93
ドルボー分解 92

は 行

はめ込み (immersion) 141
パラコンパクト 73
ハルトークス (Hartogs) 現象 13
ハルトークス領域 13
半解析的多面体 133
判別式 (discriminant) 208

ピカール (Picard) 群 183
引き戻し 86, 232
——写像 87
(p, q) 型 90
非特異 200
非特異点 200
微分 85
微分形式 (differential form) 85, 86
標準座標 32
標準多重円板 (近傍) 32, 219, 233
ヒルベルト (Hilbert) の零点定理 219

複素空間 248
複素射影空間 198
複素多様体 141
複素トーラス 351
複素部分空間 250
複素部分多様体 19
複素ヤコビ行列 16
——式 16
複体 (complex) 78

膨らませ法　306
不定域イデアル　31, 102, 272, 357, 359, 361, 362, 366
　──の有限擬基底性　174
不分岐被覆　142
不分岐被覆領域　142, 252
普遍分母　257
フレッシェ (Fréchet) 空間　300
分解 (resolution)　79
分岐被覆　142
分岐被覆領域　142, 252

平均値性　276
閉写像　201
閉長方形　112
閉直方体　112
(d) 閉微分形式　87
ベクトル場 (vector field)　5, 85
ベール (Baire) 空間　300
変換関数系　180
H. ベーンケ (Heinrich Behnke)　292
ベーンケ–スタインの定理　171

ポアンカレの補題　87
補間定理　3, 137
補間問題　3
ホッジ (Hodge) 多様体　344
ホップ (Hopf) 写像　198

ま 行

脈体 (nerve)　68

芽　202

モニック多項式　vi

や 行

有限次拡大　209

有限次局所自由　54
有限写像　201
有限準同型　209
融合　118
誘導　286
有理型関数　28
　──の芽の層　28

余境界 (コバウンダリー co-boudary)　69
余境界　68
余鎖 (co-chain)　68
余次元　224
余輪体 (コサイクル co-cycle)　69

ら 行

ラインハルト (Reinhardt) 領域　152
　完備──　154

リーマン (Riemann) の拡張定理　2, 44
リーマンの写像定理　3
リーマン領域　312
リュッケルト (Rückert) の零点定理　219

P. ルロン (Pierre Lelong)　292
ルンゲ (Runge) 対　167
ルンゲの定理　3

零の位数　31
劣調和関数　276
E.E. レビ (Levi)　292
レビ形式　292
連接層　46, 249

わ 行

ワイエルストラス (Weierstrass) の予備定理　33
枠　180

記号索引

α 286
$A[X]$ 38
$B(a;r)$ 5
β 286
$B(r)$ 286
$c_1(L)$ 183
codim 224
$\mathscr{C}_X^*$ 26
$\mathbf{C}[z_1,\ldots,z_n]$ 5
$\mathscr{D}$ 176
$d(a, \partial U)$ 278
$d\bar{z}_j$ 90
d^c 90
∂ 90
$\bar{\partial}$ 90
$\frac{\partial}{\partial \bar{z}_j}$ 5
δ_{ji} 85
$\delta_{\mathrm{P}\Delta}(z, \partial\Omega)$ 161
$\frac{\partial}{\partial z_j}$ 5
$\dim M$ ($\dim_{\mathbf{R}} M$) 140
$\dim$ 224
$d\varphi$ 85
dx^I 86
$d(z, \partial U)$ 286
dz_j 90
$\mathscr{E}_\Omega^{(p,q)}$ 90
$\mathscr{E}_X^*$ 26
$\mathscr{E}(X)$ 85
γ 286
$\hookrightarrow$ vi
$H^q(\mathscr{U}, \mathscr{S})$ 69
$\mathscr{H}^q(X, \{\mathscr{S}_p\}_{p\geq 0})$ 78
$\Im z$ 1

$\hat{K}_P$ 145
$k^* = k \setminus \{0\}$ vi
$\log A^*$ 154
$\log a^*$ 154
$L(\varphi)$ 181
$L(\{\varphi_{\alpha\beta}\})$ 181
$L > 0$ 344
$\mathscr{N}(X)$ 253
$\|A\|$ 109
$\|A\|_E$ 109
$\|g\|_W$ 33
$O(1), O(\|z\|)$ vi
$o(1), o(\|z\|)$ vi
$\mathcal{O}(M)$ 19
$\omega(L, h) > 0$ 344
$\mathcal{O}_X^*$ 27
$\mathcal{O}(U)$ 1, 5
$\mathcal{O}_X$ 26
$\mathrm{P}\Delta(a;r)$ 6
$\mathrm{P}\Delta_{(\rho)}$ 170
$\varphi_\varepsilon(z)$ 280
$\mathrm{Pic}(M)$ 183
$\mathbf{P}^n(\mathbf{C})$ 198
$\mathrm{rk}_{\mathcal{O}_{X,x}}\mathscr{F}_x$, $\mathrm{rk}\,\mathscr{F}_x$ 265
$\Re z$ 1
$\sqrt{\mathfrak{a}}$ 209
$\mathscr{S}^p$ 27
$\mathscr{S} \oplus \mathscr{T}$ 27
$\mathrm{Supp}\,f$ vi
$\mathrm{Supp}\,\mathscr{S}$ 251
U_ε 280, 286
$\mathbf{Z}_+$ vi

著者略歴

野口潤次郎（のぐちじゅんじろう）

1948 年　神奈川県に生まれる
1971 年　東京工業大学 理学部卒業
1973 年　同 理工学研究科修士課程修了
1973 年　広島大学理学部助手
1988 年　東京工業大学理学部教授
1998 年　東京大学大学院数理科学研究科教授
現　在　東京大学名誉教授
　　　　東京工業大学名誉教授
　　　　理学博士

多変数解析関数論　第 2 版
―学部生へおくる岡の連接定理―

定価はカバーに表示

2013 年 3 月 30 日　初　版第 1 刷
2015 年 8 月 30 日　　　　第 4 刷
2022 年 7 月 25 日　第 2 版第 2 刷

著　者　野　口　潤　次　郎
発行者　朝　倉　誠　造
発行所　株式会社　朝　倉　書　店

東京都新宿区新小川町 6-29
郵便番号　162-8707
電話　03 (3260) 0141
FAX　03 (3260) 0180
https://www.asakura.co.jp

〈検印省略〉

© 2019〈無断複写・転載を禁ず〉　　中央印刷・渡辺製本

ISBN 978-4-254-11157-6　C 3041　　Printed in Japan

JCOPY ＜出版者著作権管理機構 委託出版物＞

本書の無断複写は著作権法上での例外を除き禁じられています。複写される場合は、そのつど事前に、出版者著作権管理機構（電話 03-5244-5088, FAX 03-5244-5089, e-mail: info@jcopy.or.jp）の許諾を得てください。

好評の事典・辞典・ハンドブック

数学オリンピック事典	野口　廣 監修	B5判 864頁
コンピュータ代数ハンドブック	山本　慎ほか 訳	A5判 1040頁
和算の事典	山司勝則ほか 編	A5判 544頁
朝倉　数学ハンドブック［基礎編］	飯高　茂ほか 編	A5判 816頁
数学定数事典	一松　信 監訳	A5判 608頁
素数全書	和田秀男 監訳	A5判 640頁
数論＜未解決問題＞の事典	金光　滋 訳	A5判 448頁
数理統計学ハンドブック	豊田秀樹 監訳	A5判 784頁
統計データ科学事典	杉山高一ほか 編	B5判 788頁
統計分布ハンドブック（増補版）	蓑谷千凰彦 著	A5判 864頁
複雑系の事典	複雑系の事典編集委員会 編	A5判 448頁
医学統計学ハンドブック	宮原英夫ほか 編	A5判 720頁
応用数理計画ハンドブック	久保幹雄ほか 編	A5判 1376頁
医学統計学の事典	丹後俊郎ほか 編	A5判 472頁
現代物理数学ハンドブック	新井朝雄 著	A5判 736頁
図説ウェーブレット変換ハンドブック	新　誠一ほか 監訳	A5判 408頁
生産管理の事典	圓川隆夫ほか 編	B5判 752頁
サプライ・チェイン最適化ハンドブック	久保幹雄 著	B5判 520頁
計量経済学ハンドブック	蓑谷千凰彦ほか 編	A5判 1048頁
金融工学事典	木島正明ほか 編	A5判 1028頁
応用計量経済学ハンドブック	蓑谷千凰彦ほか 編	A5判 672頁

価格・概要等は小社ホームページをご覧ください．